D1942006

Bundesministerium für Umwelt,
Naturschutz und Reaktorsicherheit (Hrsg.)
GreenTech made in Germany

GreenTech made in Germany

Umwelttechnologie-Atlas für Deutschland

Herausgegeben vom

Bundesministerium für Umwelt,
Naturschutz und Reaktorsicherheit

Verlag Franz Vahlen München

VERLAG
VAHLEN
MÜNCHEN
www.vahlen.de

BIBLIOTHEK
der Industrie- und Handelskammer
für München und Oberbayern
NZ 1451/740

ISBN 978 3 8006 3435 4

© 2007 Verlag Franz Vahlen GmbH
Wilhelmstr. 9, 80801 München

Redaktion: Roland Berger Strategy Consultants
Arnim Emrich, Torsten Henzelmann, Fedon Moog,
Philipp Müller, Andrea Wiedemann, Thilo Zelt

Satz: Fotosatz Buck
Zweikirchener Str. 7, 84036 Kumhausen
Druck und Bindung: Firmengruppe APPL, aprinta druck
Senefelder Str. 3–11, 86650 Wemding
Umschlag: simmel-artwork
Gedruckt auf 100 % Recyclingpapier (Recymago)

Vorwort von Bundesumweltminister Sigmar Gabriel

Liebe Leserinnen, liebe Leser,

der vorliegende Atlas der Umwelttechnologie in Deutschland zeichnet das Bild einer Branche, deren ökonomische Bedeutung selten ins allgemeine Bewusstsein dringt. Wir sind daran gewöhnt, dass sich politische Maßnahmen immer wieder daran messen lassen müssen, was sie für die großen Branchen bedeuten, für die Automobilindustrie, für den Maschinenbau oder für die Bauwirtschaft. Was Politik und Umwelttechnikwirtschaft miteinander zu tun haben und dass die Umwelttechnologie den Vergleich mit den klassischen Leitindustrien in Deutschland nicht zu scheuen braucht, ist weit weniger bekannt. „GreenTech" ist in Deutschland inzwischen ein bedeutender Wirtschaftsfaktor.

Das Bundesumweltministerium hat sich zum Ziel gesetzt, die Entwicklung und Anwendung der Umwelttechnologie zu fördern. Dafür gibt es viele gute ökologische Gründe, aber auch immer mehr ökonomische Argumente. Der sparsame Umgang mit Ressourcen schont nicht nur die Umwelt. Angesichts zunehmender Knappheit und steigender Preise von Rohstoffen – Energie und Stahl sind nur die geläufigsten Beispiele – wird Ressourceneffizienz ein wichtiger Aspekt der internationalen Wettbewerbsfähigkeit. Der Ersatz endlicher durch nachwachsende Rohstoffe wird zur Voraussetzung für eine zukunftsfähige industrielle Produktion und für die Versorgungssicherheit.

Die Märkte der Zukunft sind grün. Auf diese kurze Formel hat es der Vorsitzende des Club of Rome, Prinz Hassan von Jordanien, gebracht. Der vorliegende Atlas zeichnet uns nicht nur das Bild einer Branche, sondern umfasst auch eine Kartografie von sechs Leitmärkten der Zukunft. Märkte, in denen sich ökologische und ökonomische Belange und Herausforderungen in besonderer Weise verknüpfen.

Umwelttechnologie ist eine Wachstums- und Zukunftsbranche. Die ökologischen Probleme haben im globalen Maßstab zugenommen. Der Klimawandel führt uns das vor Augen, aber auch die Verschmutzung von Luft, Wasser und Boden in vielen Teilen der Welt. Der blaue Himmel über der Ruhr und die inzwischen wieder gute Gewässerqualität in Deutschland dürfen nicht darüber hinwegtäuschen, dass im globalen Maßstab der Umweltschutz ganz oben auf der Agenda politischer

Prioritäten stehen muss. Industrialisierung, Urbanisierung und eine wachsende Weltbevölkerung sind Megatrends, die noch auf lange Zeit hin ökologische Probleme verschärfen werden.

Umwelttechnologie ist eine Wachstums- und Zukunftsbranche. Mit ihr verbinden sich Chancen. Sie kann dazu beitragen, dass immer mehr Menschen von steigendem Wohlstand profitieren. Ein global verallgemeinerungsfähiges Entwicklungsmodell wird es nur geben, wenn wir mit unseren natürlichen Ressourcen, mit Energie und mit endlichen Rohstoffen ungleich effizienter als bisher umgehen und nachhaltig wirtschaften. Wir müssen die industrielle Produktion auf die neuen ökologischen und ökonomischen Realitäten einstellen. Die Verbreitung von Umwelttechnologie, eine ressourcenschonende Produktion und umweltverträglicher Konsum werden zum wichtigen Beitrag für und zur Voraussetzung von mehr Gerechtigkeit.

Umwelttechnologie ist eine Wachstums- und Zukunftsbranche. Gut für uns. Deutschland hat hervorragende Chancen, auf den grünen Leitmärkten der Zukunft eine wichtige Rolle zu spielen. Unternehmen aus Deutschland bieten heute schon Lösungen für globale Probleme. In vielen Bereichen sind sie Technologieführer, in etlichen halten sie eine marktführende Stellung. Diese gute Ausgangsbasis gilt es zu nutzen und auszubauen. Neue Wertschöpfung, neues Wachstum und neue Beschäftigung sind so möglich.

Dass die Branche heute so gut dasteht, ist auch Ausdruck einer anspruchsvollen Umweltpolitik vergangener Jahre. Die Politik prägt mit ihren Verordnungen und Grenzwerten, mit Anreizinstrumenten und Programmen das Innovationsregime in Deutschland mit. Wenn Unternehmen aus Deutschland heute zu den Weltmarktführern gehören, sei es im Bereich der erneuerbaren Energien, der Abfallwirtschaft oder bei Emissionsschutztechnologien, dann deshalb, weil deutsche Umweltpolitik frühzeitig wichtige Standards und Benchmarks und damit Anreize für technischen Fortschritt gesetzt hat. Das Bundesumweltministerium will mit einer innovationsorientierten Umweltpolitik diesen Zusammenhang weiter verstärken.

Wir wissen: Die Qualität des Lebens bemisst sich nicht allein an materiellem Wohlstand. Gängige Konsummuster und die Art und Weise, wie wir produzieren, müssen wir immer wieder kritisch hinterfragen. Aber wahr ist auch: Mit Verzichtsappellen lässt sich die Zukunft für den blauen Planeten nicht gewinnen. Wir können die Probleme einer industrialisierten Welt nur mit Mitteln der Industriegesellschaft lösen.

„GreenTech" muss den Kern einer neuen, dritten industriellen Revolution bilden.

Dieser Atlas soll auch dazu dienen, Wege zueinander zu finden und Kontakt herzustellen. Deshalb enthält dieser Atlas auch Unternehmens- und Forschungsinstitutsprofile. Diese runden das Bild ab, das uns die Karten, Schaubilder und Analysen des Umwelttechnologie-Atlas zeichnen. Sie geben Aufschluss über Produkte, Dienstleistungen und Forschungsaktivitäten. Sie dokumentieren ebenso wie ein umfangreiches Firmen- und Institutsverzeichnis die Vielschichtigkeit der Branche. Der vorliegende Atlas bietet damit auch eine Servicefunktion für jene Unternehmen im In- und Ausland, die sich nicht nur ein Bild machen wollen, sondern an konkreten Kooperationen interessiert sind.

Das Bundesumweltministerium hat Roland Berger Strategy Consultants beauftragt, dieses Buchprojekt zu realisieren. Eingeflossen sind dabei Ergebnisse aus unterschiedlichen Forschungsprojekten mit weiteren Partnern aus der Wissenschaft wie dem DIW und dem ISI Karlsruhe. Eingeflossen sind ebenso Daten einer umfangreichen Befragung von Unternehmen und Forschungsinstitutionen im Bereich der Umwelttechnologie in Deutschland. Ich danke allen Beteiligten für ihre Bereitschaft, daran mitzuwirken.

Die vorliegenden Analysen erheben ebenso wenig wie das Firmenverzeichnis oder die Firmenprofile den Anspruch, eine Branche lückenlos abgebildet zu haben. Ein solcher Anspruch wäre auch vermessen. Aber auch wenn die Pinselstriche mal feiner und mal gröber gesetzt sind: Es entsteht ein anschauliches Bild und eine Topografie der Branche, die wir brauchen, wenn wir Zukunft haben wollen und wenn wir die industrielle Produktion in Deutschland wettbewerbsfähig halten und von den Leitmärkten der Zukunft profitieren wollen.

Inhaltsverzeichnis

GreenTech made in Germany

GreenTech made in Germany – Umwelttechnologie aus Deutschland

Umwelttechnologien gehören zu den wichtigsten Zukunftsmärkten für das 21. Jahrhundert. Auf ganz unterschiedliche Art sorgen sie – häufig fast unbemerkt – dafür, Belastungen für die Umwelt von vornherein zu vermeiden, sie zu verringern oder zu beheben. Zugleich unterstützen sie Unternehmen dabei, mit knappen und teurer werdenden Rohstoffen effizienter zu wirtschaften.

In Deutschland sind Umwelttechnologien zu einem Wirtschaftsfaktor geworden, der zunehmend ein Motor für Wachstum und Beschäftigung wird. „GreenTech made in Germany" unternimmt eine umfassende Darstellung dieser Technologien. In den sechs Kapiteln dieses Buches wird aufgezeigt, welche Antwort die Technologien von heute auf wichtige ökologische Zukunftsfragen geben.

Ausgehend von den Herausforderungen der globalen Umweltbelastung orientiert sich die Gliederung dieses Buches an sechs zentralen Märkten. Ihnen kommt eine entscheidende Rolle für die Erhaltung der Lebensgrundlagen der Menschheit und für die Erfüllung ihrer Grundbedürfnisse zu, wie etwa Zugang zu reinem Wasser, hygienische Abwasserentsorgung, Nutzung von Rohstoffen und Materialien, Abfallbeseitigung, Energieversorgung oder Mobilität. Aus diesen Bedürfnissen ergeben sich die sechs „Leitmärkte" für Umwelttechnologien, die das Handlungsfeld von „GreenTech made in Germany" ausmachen:

- Umweltfreundliche Energieerzeugung und -speicherung,
- Energieeffizienz,
- Rohstoff- und Materialeffizienz,
- Kreislaufwirtschaft,
- Nachhaltige Mobilität,
- Nachhaltige Wasserwirtschaft.

Das Anliegen dieses Atlas ist es, die Breite und Vielfalt der Umwelttechnologien darzustellen. Welche enorme Innovationskraft in ihnen steckt und welche Zukunftschancen sie Unternehmen in Deutschland eröffnen, wird in den einzelnen Kapiteln deutlich. Diese stellen aufbauend auf den technologischen Lösungsmöglichkeiten für die globalen Herausforderungen die Marktpotenziale für Umwelttechnologien dar.

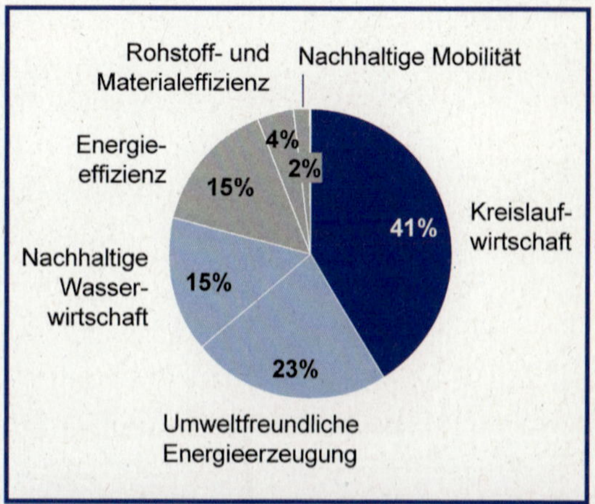

Verteilung der Unternehmen in der Befragung für „GreenTech made in Germany"
Quelle: Roland Berger

Um diese im Wesentlichen aus Marktstudien und Experteninterviews abgeleiteten Analysen zu vertiefen, wurde eine umfassende Befragung bei Umwelttechnologie-Unternehmen in Deutschland sowie bei relevanten Forschungseinrichtungen durchgeführt. Im Februar 2007 wurden Unternehmen der Umwelttechnologie-Branchen in Deutschland gebeten, sich an einer im Auftrag des Bundes-Umweltministeriums durchgeführten Online-Befragung für den vorliegenden Atlas zu beteiligten. Circa 1.500 Unternehmen und rund 250 Forschungseinrichtungen sind dieser Bitte nachgekommen (siehe Abbildung). Daraus ist ein repräsentatives Bild der Umwelttechnologie-Unternehmen und der Umwelttechnologie-Forschung in Deutschland entstanden. Aus der Befragung konnten wichtige Erkenntnisse in Bezug auf Tätigkeitsspektrum, Umsatz-, Beschäftigungs- und Ergebnisentwicklungen, Investitionen in Forschung und Entwicklung, Weltmarktanteile sowie Netzwerke und Kooperationen der Umwelt-Unternehmen in Deutschland gewonnen und die wichtigsten Forschungsthemen ermittelt werden.

Dies alles wird ergänzt durch die Beschreibung besonders innovativer Ansätze, die in speziellen blauen „Technologie-Kästen" vorgestellt werden, sowie durch Landkarten, die eine Topographie der Umwelttechnik in Deutschland zeichnen und die „GreenTech made in Germany" zu dem machen, was es sein soll: ein Umwelttechnologie-Atlas für Deutschland. Alle in diesem Atlas enthaltenen Karten sind Ergebnisse der Befragung von Unternehmen und Forschungseinrichtungen. Sie erheben nicht den Anspruch, die Branche lückenlos darzustellen, vermitteln aber wichtige und repräsentative Eindrücke. Ein Blick in die Forschungslandschaft für Umwelttechnologien und die relevanten politischen Rahmenbedingungen rundet die Kapitel ab.

Der Umwelttechnologie-Atlas will nicht nur Fakten und Analysen aufbereiten. Er soll auch einen hohen Gebrauchswert haben. Dazu wurden auch prägnante Profile von Unternehmen und Forschungseinrichtungen aufgenommen. Die Auswahl dieser Profile erfolgte auf Basis von Unternehmensangaben zu Umsatzwachstum bzw. Forschungsbudgets, Innovationserfolgen und Investitionen in die Forschung sowie internationaler Ausrichtung. Die Zusammenstellung soll auch widerspiegeln, wie vielschichtig das Leistungsspektrum der Branche ist. Ergänzt werden diese Daten durch ein noch umfangreicheres, ebenfalls nach Leitmärkten geordnetes Verzeichnis mit den Kontaktdaten jener Unternehmen und Forschungseinrichtungen, die sich an der Befragung beteiligt haben.

Zunächst aber soll als Einstieg der Blick auf die Umwelttechnik als Ganzes geworfen werden und auf die Herausforderungen, die „GreenTech made in Germany" zu einem Wachstumsmarkt und einer Leitbranche der Zukunft machen.

Globale Megatrends und ökologische Herausforderungen

Führende Wissenschaftler sind sich einig: Wenn wir so weiter leben wie bisher, wird sich die Erde in einen unwirtlichen Ort verwandeln. Drei Faktoren sind Ursache und Treiber für die Zerstörung der Lebensgrundlagen des Menschen: die globale Industrialisierung, die wachsende Weltbevölkerung und die zunehmende Urbanisierung.

Vor allem die weltweite Industrialisierung erhitzt das Klima (siehe Abbildung). Der wirtschaftliche Aufstieg der Schwellen- und Entwicklungsländer belastet die Umwelt zusätzlich: Allein in den ersten sechs Jahren des neuen Jahrtausends stieg Chinas Energiekonsum um gut 700 Mio. Tonnen Öleinheiten jährlich, zweimal so viel, wie die Bundesrepublik pro Jahr verbraucht. Die Wissenschaft ist sich weitgehend einig: Wenn es nicht gelingt, innerhalb der kommenden 15 Jahre den globalen Temperaturanstieg auf zwei Grad gegenüber dem vorindustriellen Zeitalter zu begrenzen, wären die Folgen für unsere Erde katastrophal.

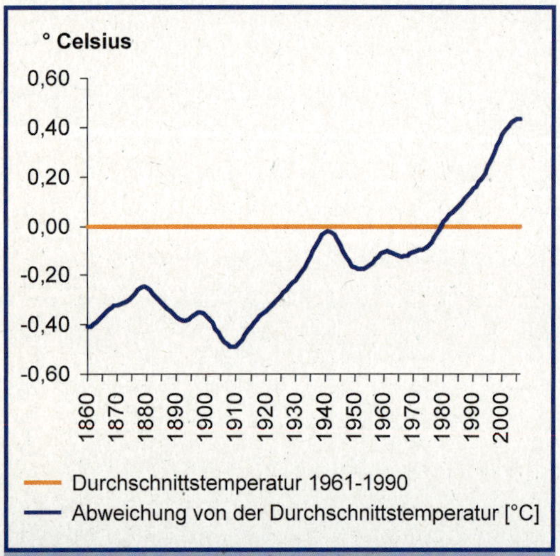

Globale Erderwärmung

Quelle: Climatic Research Unit, Roland Berger

Auch die wachsende Weltbevölkerung lässt die Umwelt nicht unberührt. Nach UN-Prognosen werden in etwa 50 Jahren statt derzeit 6,1

Milliarden Menschen über 9 Milliarden auf der Erde leben. Mehr Menschen brauchen mehr Ressourcen. Der Verbrauch wird also steigen, aber die Ressourcen sind begrenzt und ungleich verteilt. Die Verteilungskonflikte der Zukunft liegen auf der Hand. Beispiel Süßwasser: Schon im Jahr 2025 wird pro Kopf rund ein Drittel weniger Süßwasser zur Verfügung stehen als heute. Die Unterschiede der regionalen Betroffenheit werden sich noch vergrößern: In Asien leben über 60 % der Weltbevölkerung, aber dort lagert nur rund ein Drittel des verfügbaren Süßwassers. Die Regionen, in der die Bevölkerung überproportional wächst, werden noch stärker als bisher unter Wasserknappheit leiden. Im schlimmsten Fall könnten 2050 sieben Milliarden Menschen in 60 Ländern zu wenig Wasser haben.

Weil mehr Menschen auch mehr Nahrung benötigen, werden Waldflächen gerodet und in Äcker verwandelt. Zwischen 2000 und 2005 haben die Waldbestände jährlich weltweit um 7 Mio. Hektar abgenommen. Die brasilianischen Waldflächen schrumpfen am schnellsten: Dort werden jährlich über 3 Mio. Hektar gerodet. Jede Minute verschwinden Wälder mit der Fläche von neun Fußballfeldern. Besonders schwerwiegende Folgen hat die Rodung von Urwäldern, da ihr Ökosystem einzigartig ist und sich nicht regeneriert.

Industrialisierung und Bevölkerungswachstum treiben immer mehr Menschen in die Ballungszentren. Bereits zwischen 1965 und 1990 hat sich die Bevölkerung in den Städten der Entwicklungsländer fast verdreifacht, von 657 Millionen auf 1.800 Millionen Menschen. Laut UN-Prognosen wird sich die Abwanderung aus ländlichen Gebieten in den kommenden Jahren noch beschleunigen. Im Jahr 2020 werden bereits mehr als 60 % der Menschheit in Städten leben. Die Konzentration der Menschen in Megastädten erhöht den Druck auf natürliche Ressourcen. Die städtische Bevölkerung muss mit Trinkwasser und Lebensmitteln versorgt, Abwasser und Abfall müssen aus den urbanen Ballungsräumen geschafft werden. In den Großstädten der aufstrebenden Industrienationen ist die Luft am schwersten belastet: Von den weltweit 20 Metropolen mit der größten Luftverschmutzung liegen 16 in China.

Industrialisierung, Zunahme der Weltbevölkerung und Verstädterung verschärfen die Erwärmung des Klimas. Seit Mitte des 19. Jahrhunderts hat sich die globale Temperatur um fast ein Grad Celsius erhöht. Zwölf der höchsten Durchschnittstemperaturen der vergangenen 150 Jahren wurden nach 1990 gemessen. Für Wissenschaftler steht fest: Der Mensch ist für die Erwärmung des Klimas verantwortlich. Fast ein Drittel aller Klimagase, die im Jahr 2004 in die Atmosphäre geblasen

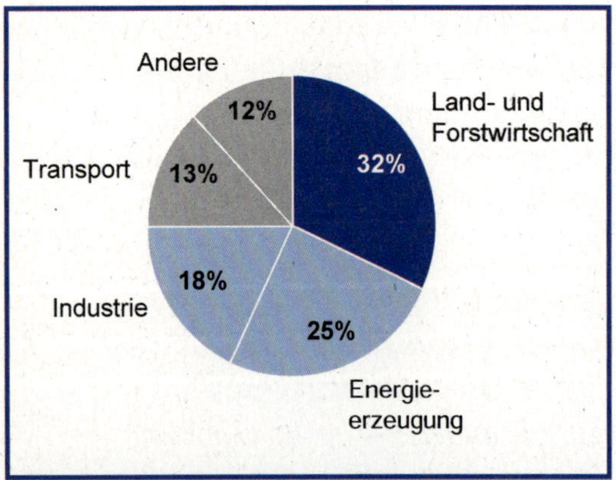

Herkunft der Treibhausgas-Emissionen
Quelle: World Resources Institute 2005, Roland Berger

wurden, stammt aus der Land- und Forstwirtschaft, ein Viertel aus der Energieerzeugung, ein Fünftel aus der Industrie (siehe Abbildung). Der globale Ausstoß von Treibhausgasen hat sich seit 1970 um mehr als 50 % gesteigert. Wenn wir nicht gegensteuern, werden die Emissionen bis 2030 noch einmal signifikant zunehmen.

Die Verschlechterung der Lebensbedingungen trifft die Ärmsten am stärksten. Es sind vorwiegend die Entwicklungsländer südlich der Sahara, in denen sich die Wüsten ausbreiten, und vor allem die Nationen in Asien werden unter der Wasserknappheit leiden. Es ist zu befürchten, dass Dürre, Überflutung und Trinkwassermangel Millionen Menschen zur Flucht zwingen werden. Die Vereinten Nationen erwarten bereits 2010 50 Millionen Umweltflüchtlinge. Dieser Entwicklung kann man nicht passiv entgegensehen. Gegenmaßnahmen sind gefordert, damit diese Katastrophenszenarien nicht Wirklichkeit werden. Dabei kann man die Uhr auch nicht zurückdrehen, denn für Milliarden von Menschen bedeutet die Industrialisierung ein besseres Leben als das ihrer Vorfahren.

Die moderne Industriegesellschaft belastet die Umwelt. Aber sie hält zugleich den Schlüssel für ihre Entlastung in der Hand. Um morgen in einer lebenswerten Welt zu leben, müssen die Technologien von heute besser genutzt und weiterentwickelt werden. Wir müssen mit moderner Umwelttechnologie dafür sorgen, dass wir ressourcenschonender produzieren und immer mehr auf nachwachsende Rohstoffe zurückgreifen, anstatt endliche Rohstoffe zu vergeuden. „GreenTech made in Germany" kann dazu einen wichtigen Beitrag leisten.

Die Wirtschaft nachhaltig umgestalten – Leitmärkte für Umwelttechnologien

Richtig ist: Nicht alle Umweltprobleme lassen sich mit Hilfe von Technologien bewältigen. Aber ebenso wie ein Großteil der Umweltschäden direkt oder indirekt technologisch verursacht wird, können moderne Technologien zur Behebung, Verminderung oder Vermeidung von Umweltbelastungen eingesetzt werden. Gerade in den vergangenen Jahren hat die technologische Entwicklung enorme Fortschritte gemacht. Zwei Beispiele von vielen: Strom aus erneuerbaren Quellen ist nicht nur sauber, sondern wird im Hinblick auf die Kosten zunehmend konkurrenzfähig, und sauberes Wasser wird für immer mehr Menschen erschwinglich.

Aus volkswirtschaftlicher Sicht ist es seit jeher kaum umstritten, dass Umweltschutzauflagen den Wohlstand einer Gesellschaft erhöhen, weil der ineffiziente Verbrauch von Ressourcen abnimmt. Aus der Perspektive der betroffenen Unternehmen führten strengere Regeln aber zu höheren Kosten, sodass dem volkswirtschaftlichen Nutzen das betriebswirtschaftliche Denken gegenübergestellt wurde. Der Wunsch, Kosten zu senken, widersprach dem freiwilligen Einsatz umweltfreundlicher Technik. Inzwischen gerät dieses alte Denken gründlich ins Wanken: Kontrahenten von gestern werden zu Verbündeten von morgen. Umwelttechnologien zeigen sich heute als wesentlicher Bestandteil wirtschaftlichen Handelns:

- Umwelttechnologien erhöhen die Wettbewerbsfähigkeit von Unternehmen, da sie angesichts stark steigender Weltmarktpreise für Energie und Rohstoffe unnötigen Verbrauch verhindern – und damit Kosten senken.
- Umwelttechnologie-Produkte haben ein gewaltiges Marktpotenzial. Angesichts des Klimawandels und eines Industrialisierungsschubs, der insbesondere von den Schwellenländern getragen wird, wächst der weltweite Bedarf an umweltschonenden Produkten und entsprechenden Produktionsverfahren.

GreenTech – das ist inzwischen weit mehr als klassische Umwelttechnologie. Der Zusammenhang zwischen ökologischem Handeln und betriebswirtschaftlichen Notwendigkeiten hat sich quantitativ und qualitativ verändert. Ein modernes Verständnis von Umwelttechnologien muss den Begriff weit fassen, weil die Herausforderungen der Umweltbelastung heute fast jede Branche betreffen. Angesichts einer durch die beschriebenen Megatrends sprunghaft steigenden Nachfrage nach Energie und knappen Rohstoffen sowie sich ausweitender Konsumbedürfnisse müssen die Aspekte Effizienz und Nachhaltigkeit in den Mittelpunkt betriebs- und volkswirtschaftlicher Modernisierungsstrategien rücken. Zu den Umwelttechnologien zählen in diesem weiten Verständnis also längst nicht mehr nur die „klassischen" Umwelttechnologien wie Filtertechnik, Abwasserreinigung oder Abfallbeseitigung, sondern alle Technologien, die einen Beitrag zur Reduktion von Emissionen und zur Verringerung und Vermeidung von Umweltbelastungen leisten können – das heißt also all jene Technologien, die dazu beitragen, dass wir wachsende Bedürfnisse umweltverträglich befriedigen können.

Zum besseren Verständnis wurde das weite Feld umwelttechnologisch relevanter Innovationen und Produkte in sechs Leitmärkte gegliedert, die aus wirtschaftlicher und ökologischer Sicht besonders wichtig sind: Umweltfreundliche Energieerzeugung und -speicherung, Energieeffizienz, Rohstoff- und Materialeffizienz, Kreislaufwirtschaft, Nachhaltige Wasserwirtschaft sowie Nachhaltige Mobilität. Diese Untergliederung der Leitmärkte wurde in Studien für das Bundesministerium für Umwelt, Naturschutz und Reaktorsicherheit entwickelt.

Leitmärkte sind jene Märkte, bei denen sich in besonderer Weise zentrale zukünftige Anforderungen mit technologischen Innovationen verknüpfen. Die Fähigkeit, auf diesen Leitmärkten mit innovativer Technologie präsent zu sein, entscheidet maßgeblich über die internationale Wettbewerbsfähigkeit eines Landes. Dazu bedarf es nicht nur der Forschung, sondern vor allem eines modernen Innovationssystems, also des Zusammenspiels all jener Institutionen, die Wissen produzieren, Wissen akkumulieren und vermitteln, die Arbeitskräfte ausbilden, die Technologien entwickeln, die innovative Produkte und Verfahren hervorbringen und verbreiten. Und dazu gehören auch die einschlägigen regulativen Rahmenbedingungen und die staatlichen Investitionen in entsprechende Infrastrukturen. Leitmärkte sind Zukunftsmärkte, die nicht ausschließlich ökonomisch bestimmt werden, sondern auch gesellschaftspolitische Leitvorstellungen berücksichtigen.

Von diesen Märkten werden starke Wachstumsimpulse für die Gesamtwirtschaft ausgehen. Die Entwicklung und Herstellung von Umweltschutzgütern sichern so internationale Absatzmärkte. Durch die Erhöhung der Energie- und Ressourceneffizienz schaffen sie Wettbewerbsvorteile auch für die „klassischen" Wirtschaftszweige. Ob sich Ökoinnovationen durchsetzen, ist allerdings nicht nur eine Frage des Know-hows und der Forschungs- und Entwicklungsaktivitäten von Wirtschaft und Wissenschaft. Es kommt vor allem auf die Nachfrage nach technologischen Lösungen und auf die politischen und institutionellen Rahmenbedingungen an. Dieser Umwelttechnologie-Atlas bietet einen Überblick über die Leistungsfähigkeit der deutschen Umwelttechnologie in ausgewählten Leitmärkten. Er macht deutlich, dass Umweltschutz nicht nur ein Wachstumsmotor ist, sondern in vielen Zukunftsmärkten zu einer Frage nationaler Wettbewerbsfähigkeit werden wird.

GreenTech ist Hightech – Neue Technologien treiben den Fortschritt

Wie sehr sich Ökonomie und Ökologie inzwischen angenähert haben und welche erheblichen Entlastungseffekte für die Umwelt technologische Innovationen haben können, illustrieren die Beispiele auf den folgenden Seiten. Sie machen deutlich: GreenTech ist in der Regel Hightech. Umweltschutz – das ist nicht der Blick zurück oder kultivierter Technikskeptizismus. Ganz im Gegenteil: Energie- und ressourceneffiziente Produktionsverfahren leben von der Idee des technologischen Fortschritts. Gerade Querschnittstechnologien wie die Weiße Biotechnologie und die Nanotechnologie spielen inzwischen in fast allen Leitmärkten eine immer wichtigere Rolle und verändern das Gesicht der Umwelttechnik. Die Anwendung der Nanotechnologie führt zu einer verbesserten Ökoeffizienz von Produkten und Prozessen. Als Beispiele können die Reduzierung des Material- und Energieeinsatzes, die erhöhte Wiederverwertbarkeit sowie die Verlängerung der Lebensdauer von Produkten genannt werden.

Nano-Keramik-Membranen sind zum Beispiel eine Idee der Zukunft, um CO_2 aus den Abgasen herauszufiltern und damit den Treibhauseffekt zu mindern. Im Energiesektor erhöhen die Membranen den Wirkungsgrad von Brennstoffzellen oder lassen sich als Separatoren in Hochleistungsbatterien einsetzen. Auch die Mess- und Regeltechnik ist stark von der Nanotechnologie beeinflusst; sie ermöglicht dabei energieeffizienteres Wirtschaften. Ein weiterer Einsatzbereich der Nanotechnologie sind kontaminierte Böden, wo sie durch neuartige Messverfahren und nanostrukturierte Pestizide einen wichtigen Beitrag zur Reduzierung der Schadstoffbelastung leistet.

Membrantechnologien: Nur das Richtige kommt durch

Membranen funktionieren wie Kaffeefilter – auch sie lassen nur bestimmte Stoffe durch. Allerdings filtern Membranen sehr viel kleinere Stoffe. Eine Membran besteht aus einer dünnen Schicht, die zwei unterschiedliche Stoffgemische (Lösungen oder Gase) voneinander trennt. Nanotechnologische Membranenfolien werden zum Beispiel in der Wasserwirtschaft eingesetzt: Sie reinigen Abwasser oder sie entsalzen Meerwasser. Membranfilter können Bakterien und Viren vom Trinkwasser fernhalten. Membranen können auch Gase trennen oder absorbieren. Bei der CO_2-Filterung in kohle-, öl- und gasgefeuerten Kraftwerken binden die Membranen das klimaschädliche CO_2. Die Abluft von Straßentunnels kann von Hohlfasermembranen gefiltert werden. Neue Hochtemperatur-Membranen sollen deutlich kompaktere, günstigere und effizientere Brennstoffzellensysteme für Automobile ermöglichen.

CO_2-arme Kraftwerke schonen das Klima

Deutsche Energieversorger können Kohle verfeuern und dabei nur geringe Mengen CO_2 produzieren. Zwei Verfahren werden gegenwärtig vorangetrieben. Das erste wird in einem „Kombi-Kraftwerk mit integrierter Vergasung"(IGCC) eingesetzt. Durch Vergasung der Kohle entsteht ein Gemisch aus Wasserstoff und Kohlendioxid. CO_2 wird vor der Verbrennung abgetrennt, der Wasserstoff kann dann sauber verbrannt werden. Das abgetrennte Kohlendioxid soll in ehemaligen Gaslagerstätten sowie in Sedimentgestein gespeichert werden. RWE will bis 2014 ein großtechnisches IGCC-Kraftwerk mit Kohlenstoffablagerung realisieren und ist weltweit das einzige Unternehmen, das die gesamte Prozesskette – von der Stromerzeugung über den Pipeline-Transport bis zur Lagerung – im großtechnischen Maßstab entwickelt.

Ein alternatives Verfahren zur Emissionsreduktion wird von Vattenfall Europe im Pilot-Kraftwerk Schwarze Pumpe im sächsischen Spremberg entwickelt. Es basiert auf der Anwendung des Oxyfuel-Verfahrens, bei dem ein von Stickstoff gereinigtes Gemisch aus Sauerstoff und Abgas mit Kohle verbrannt wird. Das dabei entstehende Rauchgas mit einem 98-prozentigen CO_2-Anteil lässt sich leicht verflüssigen und einlagern. Das 30-MW-Pilotkraftwerk – es soll bereits 2008 in Betrieb gehen – wird das erste CO_2-arme Kohlekraftwerk in Europa sein.

Messtechnik: Hightech fühlt den Puls der Erde

Umweltfreundliche Maßnahmen sind nur auf Grundlage zuverlässiger Daten möglich. Diese werden von modernen Umweltmessinstrumenten geliefert, die Schadstoffe in Luft, Wasser und Boden bestimmen und Lärm- und Klimabelastungen erfassen.

Deutsche Unternehmen sind international führend bei der Ultrafeinpartikelmessung, die besonders kleine Teilchen aufspüren kann. Intelligente Messtechniken optimieren auch den Energieverbrauch durch automatisierte Steuerungs- und Prozesssysteme. So misst eine Software der Essener Powitec GmbH die Flammenbildung im Brennraum von Kraftwerken, Zementöfen und Müllverbrennungsanlagen. Mit den Informationen wird der Verbrennungsprozess verbessert. Ein flächendeckender Einsatz dieser Technologie würde den Kohlendioxidausstoß in Deutschland pro Jahr um 3 Mio. Tonnen senken.

Messungen liefern nicht nur Informationen – sie können auch Leben retten. Das deutsch-indonesische Tsunami-Frühwarnsystem soll eine Wiederholung der Katastrophe vom Dezember 2005 verhindern: Innerhalb weniger Minuten nach der Entstehung eines Tsunamis können die Küstenregionen vor der anrückenden Flut gewarnt werden. Ihre Bewohner gewinnen Zeit, um sich in Sicherheit zu bringen.

Ebenso ist die Weiße Biotechnologie aus dem Umweltschutz nicht mehr wegzudenken. Egal ob Abwasserreinigung, Müllbehandlung, Kraftstoffherstellung oder Abluftreinigung: Die Weiße Biotechnologie ergänzt oder ersetzt klassische chemische und physikalisch-technische Prozesse durch biotechnologische Verfahren. Durch den dadurch verminderten Rohstoff- und Energieeinsatz wird die Umwelteffizienz deutlich erhöht. Letztere nimmt auch deshalb zu, weil biotechnologische Verfahren unter wesentlich milderen Reaktionsbedingungen (zum Beispiel Druck, Temperatur, Säuregehalt und Energie) stattfinden. Die Weiße Biotechnologie bedient sich dafür der Enzyme, Mikroorganismen und zellulärer Systeme.

Synthetische Kraftstoffe: Ganze Pflanzen in den Tank

Zu den Biokraftstoffen der zweiten Generation gehören Biomass-to-liquid-Kraftstoffe (BTL) sowie Bioethanol hergestellt durch enzymatischen Aufschluss von Zellulose. Anders als bei ihren Vorläufern aus der ersten Generation (wie zum Beispiel Biodiesel, Pflanzenöl und das auf klassischem Wege hergestellte Bioethanol) können zu deren Gewinnung nicht nur die Früchte von Pflanzen, sondern auch deren Reststoffe verarbeitet werden. Der Energieertrag pro Fläche ist dadurch mehr als doppelt so hoch und die CO_2-Bilanz wesentlich besser als bei den Biokraftstoffen der ersten Generation. Synthetische Biokraftstoffe reduzieren auch die Partikel-Emissionen – und das sogar bei älteren Fahrzeugen und ohne technische Anpassungen.

Besonders stark sind die Einflüsse der Biotechnologie im Bereich der Kraftstoffentwicklung. Sie hilft dabei, die in den Pflanzen gespeicherte Sonnenenergie in Kraftstoffe zu verwandeln. Biotechnologie könnte künftig auch zur Beseitigung von Umweltschäden eingesetzt werden: Versuche mit Pappeln, deren Re-

Solare Kühlung: Die Sonne als Kältespender

Die Sonne senkt die Temperatur – zumindest bei der solaren Kühlung. Diese Technologie nutzt die Sonnenenergie als Kältemittel. Das Prinzip der solaren Kühlung trägt dazu bei, den zusätzlichen Bedarf nach Kühlkapazitäten für Nahrungsmittel und industrielle Güter sowie nach angenehm temperierten Arbeitsräumen zu decken, ohne neue, Strom verbrauchende Klimaanlagen zu installieren. Solare Kühlung spart nicht nur Strom, sie kennt – anders als solare Wärmesysteme – kein Speicherproblem, denn der Kühlbedarf und das Angebot an Sonnenenergie verhalten sich proportional; der Kühlbedarf steigt, wenn es wärmer wird, zugleich arbeitet eine Solarkälteanlage umso wirksamer, je intensiver die Sonne strahlt. Je nach Anwendung werden bei der solaren Kühlung verschiedene Verfahren eingesetzt. Kühlschränke können nach dem Prinzip der Adsorption oder Kompression betrieben werden. Gebäude und Räume werden gekühlt, indem man der warmen Raumluft durch Adsorption Wasser entzieht. Die dabei entstehende Verdunstungskälte sorgt für angenehme Temperaturen.

zu beliefern. Gegenwärtig hält Deutschland je nach Marktsegment Anteile zwischen 5 und 30 % der weltweiten Märkte. Besondere Stärken hat Deutschland bei Technologien zur umweltfreundlichen Energieerzeugung und Schlüsselverfahren zur Trennung und Verwertung von Abfall. Hier halten deutsche Unternehmen mehr als ein Viertel des Weltmarktes (siehe Abbildung Seite 13). Umwelttechnologien fördern das Wirtschaftswachstum und damit die Beschäftigung. Allein im Sektor nachwachsende Rohstoffe könnten bis 2020 in Europa mehr als 2 Millionen Arbeitsplätze entstehen.

Umsatz und Beschäftigung – Energieerzeugung als Spitzenreiter

Vergangenes und erwartetes Umsatzwachstum nach Leitmärkten

Quelle: Roland Berger

Die Umweltindustrie in Deutschland boomt – dies ist das Kernergebnis der Befragung von rund 1.500 Unternehmen: Vom Energieberater bis zum Windkraftunternehmen, vom Kanalisationshersteller bis zur Dienstleistungsfirma für Dieselumrüstungen: 40 % der Firmen konnten ihre Umsätze von 2004 bis 2006 jährlich um über 10 % steigern und erwarten, dass sich dieser Aufwärtstrend bis 2009 fortsetzt. Innovative junge Unternehmen, aber auch etablierte Unternehmen in Boombranchen wie der Solarindustrie erreichen gar Wachstumsraten von mehr als 50 % pro Jahr. Die durchschnittlichen Wachstumsraten von 2004 bis 2006 reichen von 11 % in der Rohstoff- und Materialeffizienz bis zu 30 % in der umweltfreundlichen Energieerzeugung (siehe Abbildung).

Der Wachstumsmotor Nummer eins ist die umweltfreundliche Energieerzeugung. Hier sind besonders die erneuerbaren Energien sowie Unternehmen im Bereich Energiespeicherung erfolgreich. Danach folgen die Unternehmen der Nachhaltigen Mobilität, wo kleine Unternehmen aus den Produktbereichen Biokraftstoffe und Brennstoffzellen stark wachsen konnten.

Auch in Zukunft erwarten die Unternehmen in einzelnen Leitmärkten Wachstumsraten von durchschnittlich bis zu 27 %. Die Wachstumsdynamik wird sich in der Nachhaltigen Mobilität etwas abschwächen. Dagegen wird die zunehmende Bedeutung des Themas Rohstoff- und Materialeffizienz auch für die Unternehmen in diesem Bereich spürbar werden – die erwarteten Wachstumsraten bis 2009 liegen mit 17 % pro Jahr deutlich über dem bisher erreichten Niveau von 11 % (siehe Abbildung). Zwar rechnen die Unternehmen in einigen Leitmärkten mit einer leichten Verlangsamung des Umsatzwachstums, gleichwohl gehen alle Unternehmen immer noch von einem sehr dynamischen und im Schnitt zweistelligen Wachstum aus – und das selbst in Märkten wie der Energieeffizienz, wo heute schon hohe absolute Marktvolumina realisiert werden.

Vergangenes und erwartetes Mitarbeiterwachstum nach Leitmärkten

Quelle: Roland Berger

Anteil von Unternehmen mit Umsatzrenditen von über 10% je Leitmarkt

Quelle: Roland Berger

Die Befragung zeigt auch: Umwelttechnologie schafft Arbeitsplätze in Deutschland. Im Durchschnitt wuchsen die Belegschaften in allen Leitmärkten zwischen 2004 und 2006 jährlich um 15 %. Zwischen 2007 und 2009 liegen die Mittelwerte für das Mitarbeiterwachstum bei 13 %. Die beachtlichen Wachstumsraten sind eine Bestätigung dafür, dass die Umwelttechnologie einer der wichtigsten Sektoren für de Schaffung neuer Arbeitsplätze in Deutschland ist. Dabei ist die umweltfreundliche Energieerzeugung auch in Hinsicht auf die Beschäftigung Spitzenreiter. Eine leichte Annährung an die Niveaus anderer Leitmärkte ist aber zu erwarten: Von 30 % pro Jahr gehen die Wachstumsraten der Mitarbeiterzahlen für den Zeitraum von 2007 bis 2009 voraussichtlich auf durchschnittlich 22 % zurück (siehe Abbildung oben).

Auch die Profitabilität der Umwelttechnologie-Unternehmen ist überwiegend positiv. Die Umsatzrenditen sind bei kleinen Unternehmen unter 10 Mio. EUR Umsatz allerdings breiter gestreut als bei großen:

Die kleinen weisen sowohl den höchsten Anteil an Verlust schreibenden Unternehmen auf als auch den höchsten Anteil an Unternehmen mit einer Umsatzrendite über 10 %. Auch zwischen den Leitmärkten ergeben sich Unterschiede. Diese lassen sich zum Teil durch die Branchenstruktur erklären. Die höchsten Anteile hochprofitabler Firmen finden sich in den Leitmärkten Energieeffizienz, Nachhaltige Mobilität und Kreislaufwirtschaft (siehe Abbildung Seite 15). Dabei ist zu erkennen, dass dort gerade diejenigen Unternehmen profitabel sind, deren technologische Eigenleistung besonders hoch ist. Dies sind beispielsweise Hersteller von energieeffizienten Geräten, Planungsbüros und Anlagenbauer für Biokraftstoffanlagen oder Hersteller von Emissionsreduktionstechnik für die Industrie.

Internationale Perspektive – Osteuropa mit dem größten Entwicklungspotenzial

In allen Leitmärkten hat der heimische Markt eine hohe Bedeutung für die Unternehmen in Deutschland. Es ist mit Abstand der wichtigste Absatzmarkt. Auch bei den international aktiven Firmen liegt Deutschland in allen Leitmärkten an der Spitze. Dabei wird der Absatzmarkt in fünf von sechs Fällen mit über 80 von 100 möglichen Punkten auf dem Bedeutungsindex bewertet.

Für die produzierenden Unternehmen hat Deutschland auch als Produktionsstandort hohe Bedeutung. Dies wird bis 2010 so bleiben, in einigen Leitmärkten – beispielsweise bei Energieeffizienz – wird die Bedeutung sogar zunehmen. Dies bestätigt die These, dass sich GreenTech zu einem immer wichtigeren Standortfaktor für die deutsche Volkswirtschaft entwickelt.

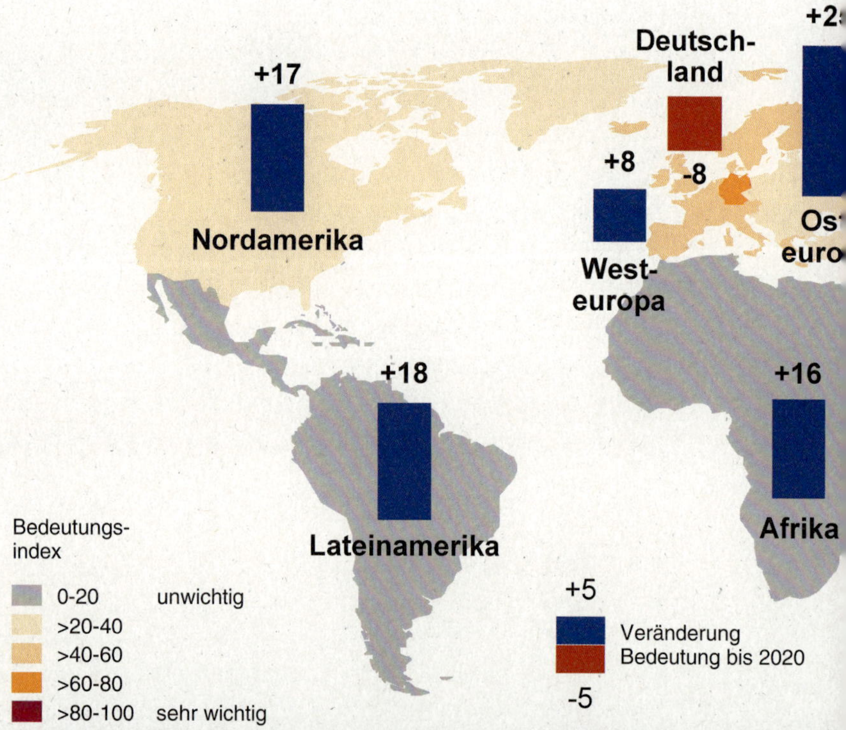

Bedeutung regionaler Absatzmärkte 2007 und 2020

Betrachtet man die regionale Ausrichtung der Unternehmen näher, fällt auf, dass bereits die Hälfte der mittleren und großen Unternehmen EU-weite oder globale Märkte bearbeitet (siehe Abbildung). Die Auslandsmärkte werden in Zukunft noch weiter an Bedeutung gewinnen. Dies gilt vor allem für die aufstrebenden Märkte Asiens und Osteuropas. Neben Osteuropa gewinnen Indien, China und Russland am stärksten an Bedeutung. Nach Einschätzung der Unternehmen werden die Absatzmärkte in Osteuropa 2020 fast die gleiche Bedeutung wie Westeuropa haben. Indien, China und Russland werden noch vor Nordamerika und weit vor Japan stehen.

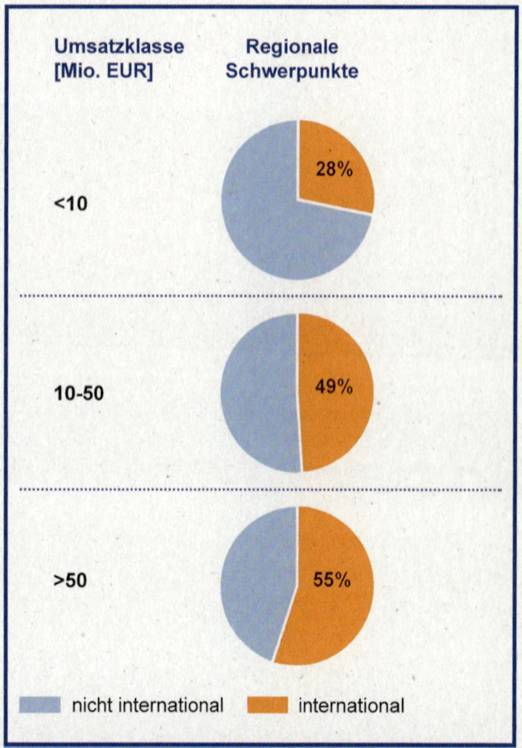

Anteil der international tätigen Unternehmen nach Umsatzklassen

Quelle: Roland Berger

Einzelne Regionen variieren allerdings stark in ihrer Bedeutung für die verschiedenen Leitmärkte: Beispielsweise ist Nordamerika im Leitmarkt Nachhaltige Mobilität wesentlich wichtiger als in den anderen Märkten. Afrika wird bis 2020 insbesondere für den Leitmarkt Umweltfreundliche Energieerzeugung ausgesprochen wichtig werden (siehe Weltkarte).

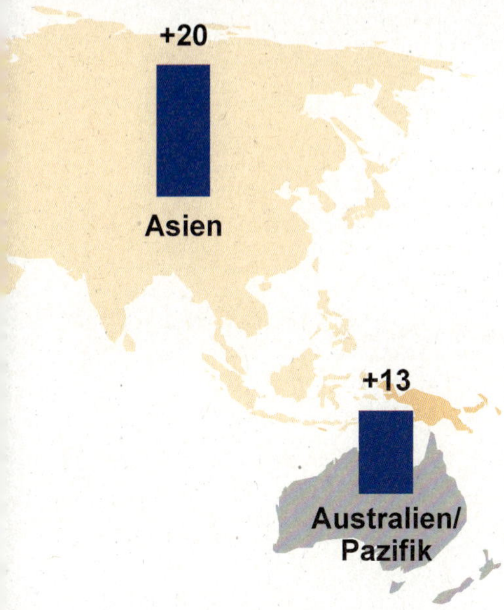

Innovationen in der Umweltindustrie – Deutschland in einer internationalen Spitzenposition

Deutschland ist einer der weltweit führenden Forschungsstandorte für Umwelttechnologien – dies gilt sowohl für die Qualität der Forschung als auch für das absolute Forschungsvolumen. Im Hinblick auf die privaten und öf-

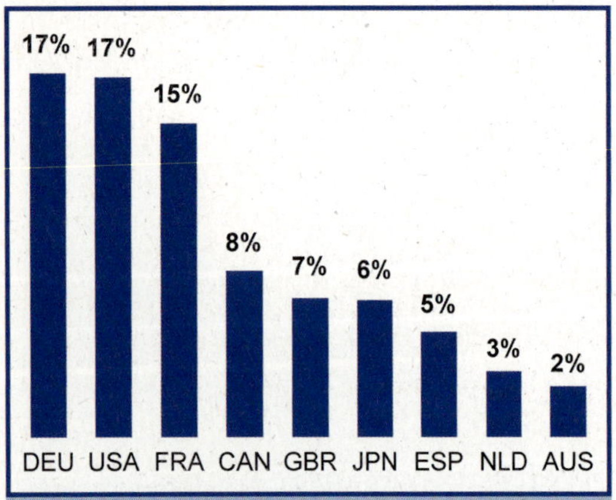

Anteil der Länder an den zivilen staatlichen Forschungsausgaben im Bereich Umwelt in der OECD

Quelle: NIW

fentlichen Ausgaben für Forschung und Entwicklung hält Deutschland hinter den USA und Japan einen der Spitzenplätze und gehört zu den europäischen Spitzenreitern. Um allerdings das von der EU gesteckte Ziel zu erreichen, bis 2010 den Anteil der Forschungsausgaben auf 3 % des Bruttoinlandsproduktes auszuweiten, bedarf es weiterer Anstrengungen von Politik und Wirtschaft. Im Umweltbereich ist die Bundesrepublik im Hinblick auf die zivilen staatlichen Forschungs- und Entwicklungsausgaben heute schon hervorragend positioniert. Im Jahr 2004 vereint Deutschland für den Umweltbereich in der OECD mit rund 17 % den höchsten Anteil auf sich (siehe Abbildung). Die Forschungsdynamik hat sich zwar in den letzten Jahren etwas abgeschwächt. Seit 2005 nimmt die Zahl der geförderten Forschungsprojekte aber wieder zu.

Die Unternehmen der Umweltindustrie in Deutschland investieren unterschiedlich viel in Innovationen. So geben die Unternehmen der Befragung durchschnittlich 3 % ihrer gesamten Umsätze für Forschung und Entwicklung aus. Diese Gesamtquote ist geprägt von den Großunternehmen mit entsprechend hohen Umsätzen und Forschungs- und Entwicklungsausgaben. Weitaus höher ist der Anteil bei kleineren Unternehmen: Je nach Leitmarkt werden von den kleinen Unternehmen 5–12 % der Umsätze in Forschung und Entwicklung investiert. Die Kreislaufwirtschaft liegt aufgrund ihres hohen Anteils von Dienstleistungsfirmen an letzter Stelle; führend sind die Leitmärkte Nachhaltige Mobilität und Rohstoff- und Materialeffizienz. Deren hohe Innovationsquote wird nicht unwesentlich davon beeinflusst, dass zahlreiche junge Unternehmen in dieser Gruppe sind – beispielsweise Hersteller von innovativen Antriebstechnologien oder von Brennstoffzellen.

Die Unternehmen wollen in den nächsten Jahren ihre Innovationsanstrengungen weiter verstärken. Dabei liegen die Leitmärkte Umweltfreundliche Energieerzeugung und Nachhaltige Mobilität an der Spitze. Im Schnitt der Unternehmen werden die Forschungsausgaben hier um 14 bzw. 12 % pro Jahr wachsen. Diese Felder sind auch in der Gesamtperspektive aller staatlich geförderte Forschungsprojekte prominent vertreten – mehr als die Hälfte der Forschungsausgaben für Projekte, die zwischen 2003 und 2005 begonnen haben, entfiel auf „erneuerbare Energien und CO_2-freie fossile Energien" sowie „Mobilität und Logistik".

Kooperationen und Netzwerke – Der Schlüssel zu Systemkompetenz und Erfolg

Die Umwelttechnologie stellt hohe Anforderungen an die Unternehmen. Der Innovationsprozess basiert häufig auf der interdisziplinären Kombination von Technologien und deren Umsetzung in Produkte. Kernherausforderung ist es demnach, Forschungseinrichtungen und Unternehmen eng zu verzahnen, um diesen Austausch zu ermöglichen. Eine Aufgabe, die Deutschland sehr gut erfüllt. International anerkannt ist die hohe „Systemkompetenz" Deutschlands, das heißt die hohe Anwendungsorientierung der Forschung und die hohe Kooperationsneigung zwischen Forschung und Wirtschaft.

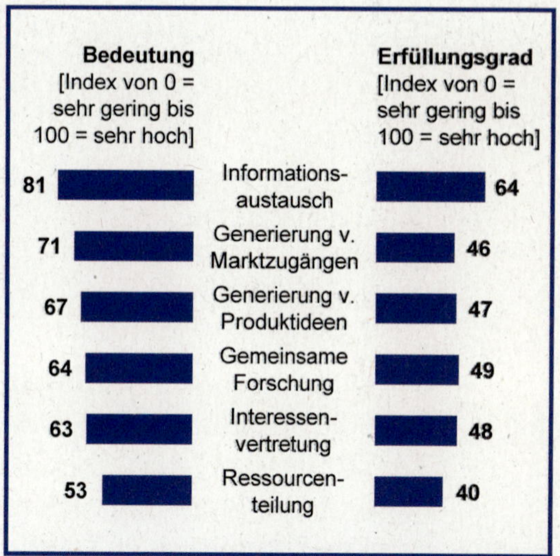

Bedeutung und Erfüllungsgrad von Motiven für Kooperationen von Unternehmen in den Umwelttechnologien

Quelle: Roland Berger

Die befragten Unternehmen bestätigen diesen Trend. 57 % geben an, dass sie in Innovationsnetzwerken kooperieren. Davon tauscht sich etwa die Hälfte in Netzwerken mit Forschungseinrichtungen aus. Die andere Hälfte arbeitet mit Kunden, Zulieferern oder – wenn auch seltener – mit Wettbewerbern zusammen.

Das Engagement in Netzwerken hat außerdem positive Auswirkungen auf den Unternehmenserfolg: Immerhin erzielt die Hälfte der Unternehmen, die Innovationskooperationen haben, Umsatzrenditen über 5 %. Von den Unternehmen ohne solche Kooperationen schaffen lediglich 43 % diese Marke. Außerdem zeigt sich in der Befragung, dass nationale oder internationale Kooperationen bessere Effekte erzielen als bloß regionale Netzwerke: Sowohl die Profitabilität als auch die Zufriedenheit mit der Netzwerkarbeit sind in dieser Gruppe deutlich höher.

Regionale Schwerpunkte von Umwelttechnologien – Innovationskerne in Ostdeutschland

Die Umwelttechnologiebranche ist nicht im ganzen Land gleich stark vertreten. Ein Vergleich der Beschäftigungsvolumina je Landkreis zeigt (siehe Karte Seite 21): Führend sind bayerische Landkreise, insbesondere die kreisfreien Städte München und Erlangen. Es folgen die Großstädte Berlin und Hamburg. Weitere Landkreise mit einer hohen Anzahl von GreenTech-Mitarbeitern liegen insbesondere in Nordrhein-Westfalen und Hessen. In Ostdeutschland haben zahlreiche Landkreise nur ein geringes Beschäftigungsvolumen. Ausnahmen sind unter anderem die Stadtkreise Dresden, Halle und Erfurt sowie der Landkreis Freiberg. Ein Landkreis sticht besonders hervor: Bitterfeld. Deutlich wird, dass gerade im Bereich Erneuerbarer Energien der Osten Deutschlands inzwischen ein wichtiger Standort geworden ist. Insbesondere im Bereich der industriellen Produktion profitiert Ostdeutschland von der wachsenden Bedeutung regenerativer Energien, und dank der Solarindustrie werden dort sehr viele Menschen im Bereich Umwelttechnologie beschäftigt.

Betrachtet man die absoluten Forschungsausgaben der Umwelttechnologie-Unternehmen, erhält man ein ähnliches Bild (siehe Karte Seite 22). Interessant sind aber die Abweichungen: Landkreise, die einen wesentlich höheren Rang bei den Forschungsausgaben einnehmen als bei der Beschäftigung, sind als besonders innovativ einzustufen. So steht Bitterfeld deutschlandweit auf Rang 20 hinsichtlich der GreenTech-Beschäftigung, aber auf Rang 5 bei den Forschungsausgaben. Gleiches gilt für Aschaffenburg: Der Landkreis steht auf Platz 9 bei den Forschungsausgaben, liegt aber erst auf Rang 24 beim Beschäftigungsvolumen.

Die Übersichtskarte aller Unternehmen fasst die Landkreisbetrachtung der Beschäftigung auf Bundeslandebene zusammen (siehe Karte Seite 23). Es wird deutlich, dass die Schwerpunkte der Umwelttechnologie-Unternehmen in Westdeutschland liegen. Gleichzeitig ist eine Verdichtung von Unternehmen in den Ballungszentren zu erkennen. Dies gilt für Berlin, wo zahlreiche junge Unternehmen ihren Sitz haben, und ebenso für Hamburg, wo Marktführer der Solar- und Windindustrie ansässig sind. Stuttgart ist eine Schwerpunktregion für Effizienztechnologien und Nachhaltige Mobilität. Erneuerbare Energien finden sich als regionale Schwerpunkte in den Regionen Freiberg und Bitterfeld.

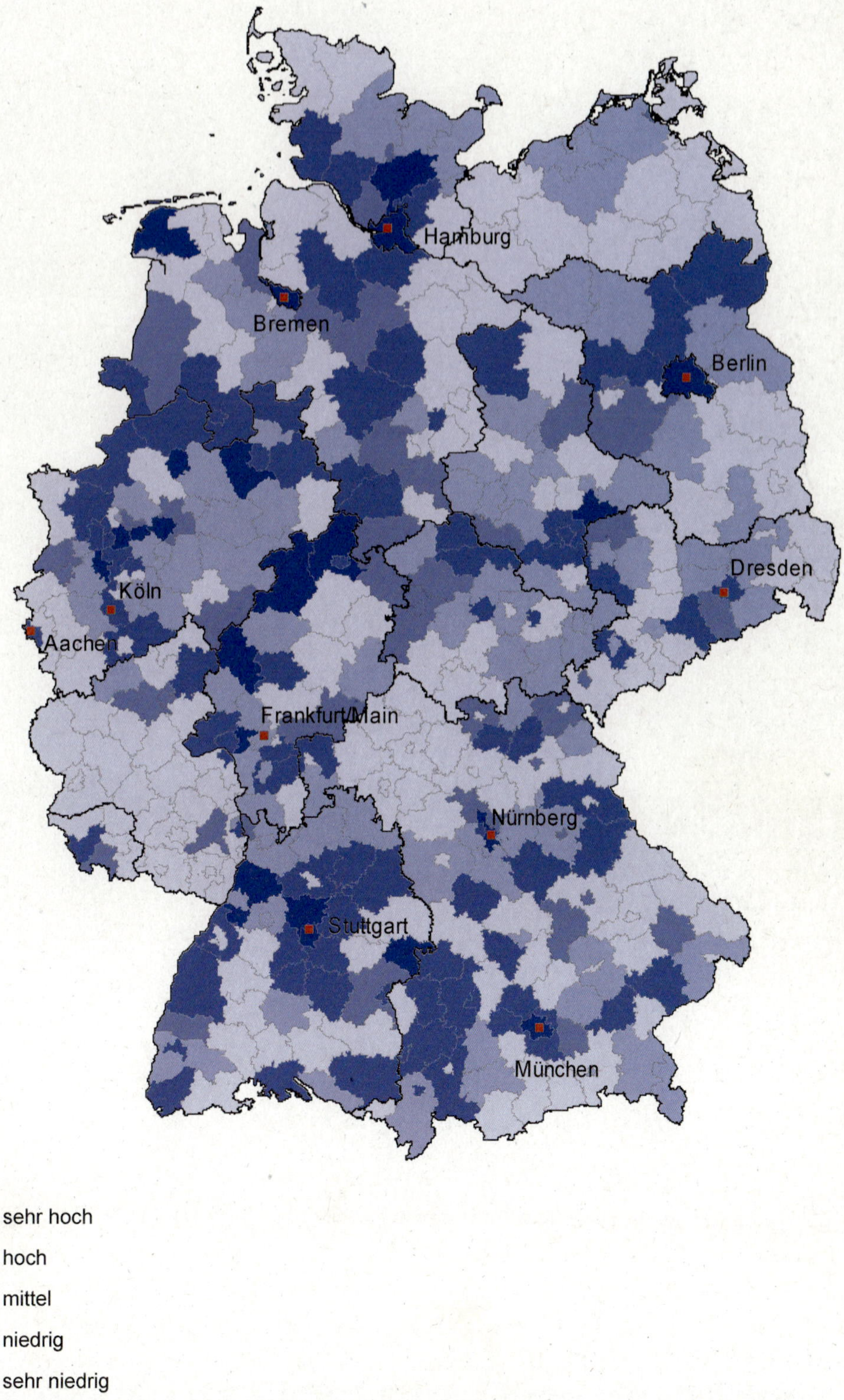

Beschäftigung in den Umwelttechnologien je Landkreis

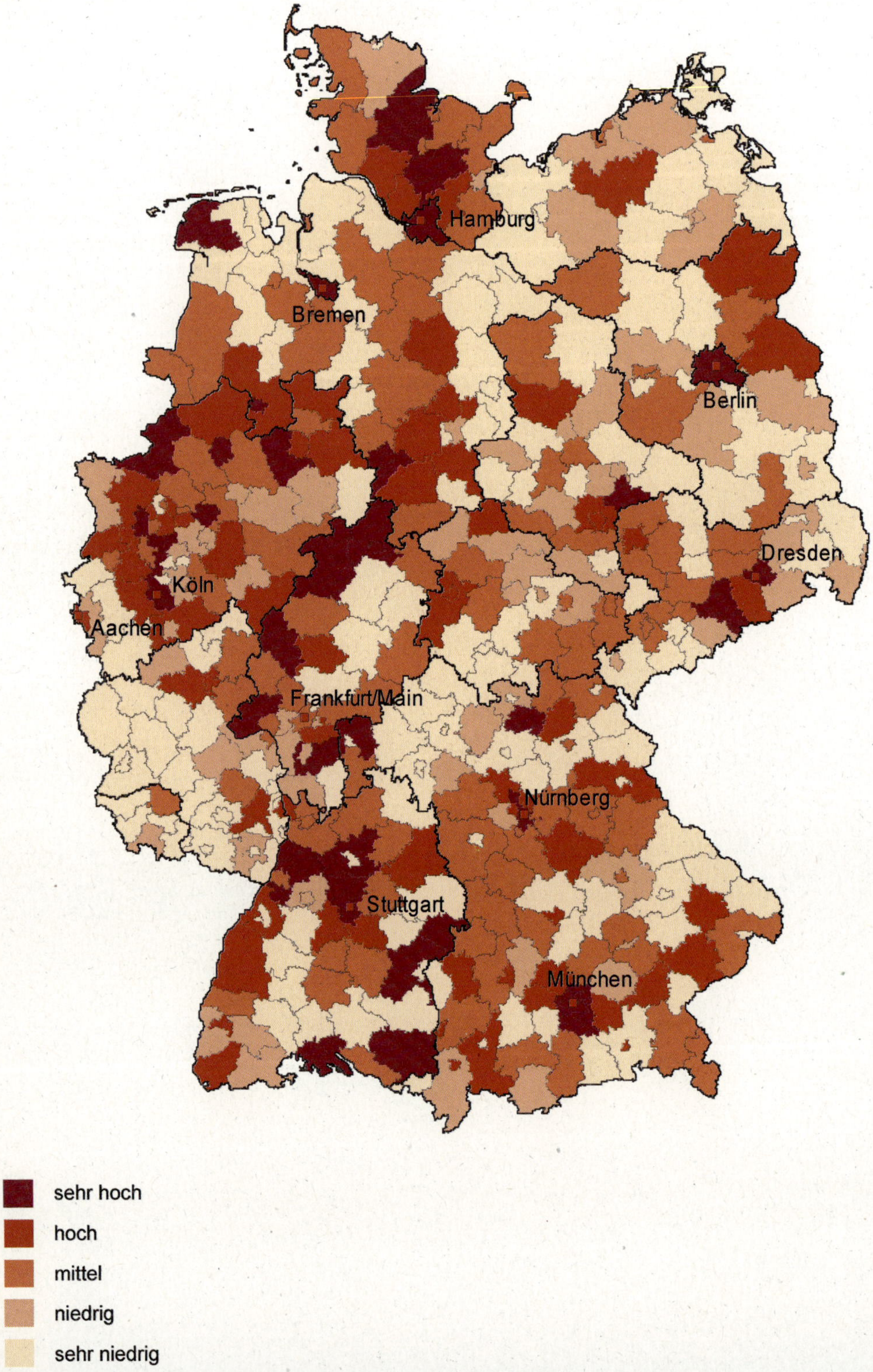

Forschungsausgaben in den Umwelttechnologien je Landkreis

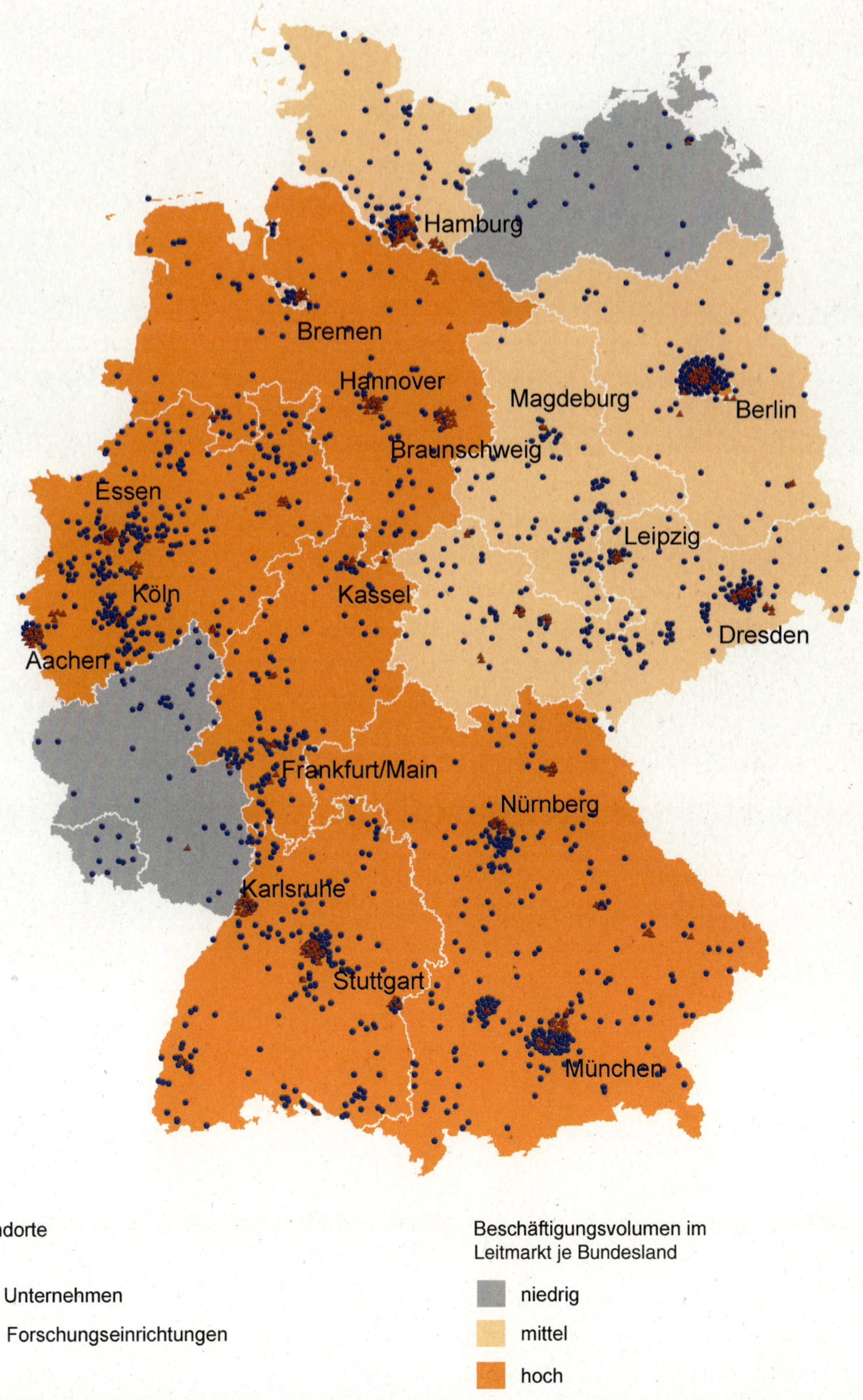

Regionale Verteilung der Unternehmen und Forschungseinrichtungen der Umwelttechnologien in Deutschland

Besonders viele Technologie-Unternehmen haben sich in den Regionen Dresden, Aachen, Karlsruhe und Erlangen/Nürnberg in der Nähe etablierter Forschungseinrichtungen angesiedelt. Neben den Forschungseinrichtungen an den genannten Standorten beschäftigen sich auch Institute in Hannover, Braunschweig und Leipzig sowie die technischen Hochschulen der deutschen Großstädte mit neuen Technologien für den Umweltschutz. In den Leitmarktkapiteln werden zahlreiche regionale und nationale Kooperationen zwischen Forschungseinrichtungen und Unternehmen vorgestellt. Ihnen allen ist gemein, dass sie nicht nur Grundlagenforschung leisten, sondern an der Entwicklung neuer Produkte arbeiten. Diese reichen vom Verkehrstelematikkonzept in Nürnberg über eine nationale Kooperation zur Entwicklung neuer Verfahren zur Reinigung von Ballastwasser bis hin zur Entwicklungskooperation für Dünnschichtsolarzellen in Bitterfeld und Halle. Ein wichtiges Resultat: Sowohl die lokale Zusammenarbeit, die häufig zwischen Forschungseinrichtungen und regional benachbarten Mittelständlern stattfindet, als auch nationale Kooperationen größerer Institute und Unternehmen sind wichtiger Bestandteil des Innovationsprozesses für „GreenTech made in Germany".

20 Jahre deutsche Umweltpolitik – Motor für Wachstum und Beschäftigung

Deutschland nimmt weltweit eine Vorreiterrolle in Sachen Umweltpolitik ein. Die Bedeutung des Umweltschutzes in Deutschland spiegelt sich heute auch in der exzellenten ökonomischen Position der Branche wider. Das Umweltprogramm der Bundesregierung von 1971 sowie zentrale Gesetzeswerke wie das Abfallbeseitigungsgesetz von 1972 und das Bundesimmissionsschutzgesetz von 1974 waren für ihre Zeit wegweisend.

1986 wurde die Verantwortung für die nationale Umweltpolitik im Ministerium für Umwelt, Naturschutz und Reaktorsicherheit gebündelt. Vom Verbot von bleihaltigem Benzin bis hin zum Verbot der Verwendung von FCKW: Die Minderung akuter Umweltbelastungen stand zunächst im Vordergrund der Arbeit. Technologisch spiegelte sich dieser sogenannte nachsorgende Umweltschutz in der Dominanz der End-of-Pipe-Technologien. Die frühen Anstrengungen haben sich gelohnt: Deutsche Flüsse sind wieder Lebensräume für viele Tierarten, und in deutschen Städten sind Phänomene wie Smog seltener geworden. Der Himmel über der Ruhr ist wieder blau.

Seit den 90er-Jahren verlagert sich der umweltpolitische Fokus immer mehr auf vorausschauende Politik und einen integrierten Umweltschutz. Wichtige Beispiele sind die Abfallpolitik mit der Erhöhung der Recyclingquote und der Stärkung der Produzentenverantwortung sowie die Vorbildfunktion Deutschlands im Klimaschutz und beim Ausbau der Erneuerbaren Energien.

Durch die Gestaltung des ordnungspolitischen Rahmens und ambitionierte Grenzwerte in den verschiedenen Leitmärkten setzte und setzt die deutsche Umweltpolitik immer wieder Innovationsanreize. Deutsche Unternehmen erzielen dadurch Wettbewerbsvorteile im Vergleich zu Konkurrenten aus Ländern, deren gesetzliche Rahmenbedingungen weniger anspruchsvoll sind. Die Umweltpolitik trägt daher maßgeblich dazu bei, dass Deutschland dank innovativer Technologien mit einem Welthandelsanteil von über 16 % größter Exporteur von Umweltschutzgütern ist.

Angesichts neuer Herausforderungen wie des Klimawandels und eines sich verändernden Zusammenhangs von ökonomischen und ökologischen Anforderungen wächst diesem innovationspolitischen Aspekt der Umweltpolitik ein erhöhter Stellenwert zu. Umweltpolitik wird sich auch in Zukunft nicht darauf reduzieren, aber Impulse für ökologische Innovationen und die Förderung der Entwicklung und Verbreitung von Umwelttechnologien wird zu einer entscheidenden Frage unserer ökonomischen und ökologischen Zukunftsfähigkeit.

Deutschland braucht eine ökologische Industriepolitik, die

- strategische Zukunftsindustrien stärkt und die deutsche Wirtschaft fit für die Leitmärkte der Zukunft macht,
- Innovationen fördert, Technologiesprünge initiiert und mithilft, dass Technologien schneller zur Anwendung auf den Markt kommen,
- die industrielle Struktur unserer Ökonomie auf die knapper werdenden Ressourcen einstellt,
- die stoffliche Basis unserer Industrie in wichtigen Bereichen zunehmend auf nachwachsende Rohstoffe umstellt,
- eine „dritte industrielle Revolution" anstößt.

Deutsche Unternehmen mit innovativen Umwelttechnologien im weltweit wachsenden Markt für Umweltgüter zu positionieren und die Bedingungen für die schnelle Verbreitung von GreenTech zu schaffen – das ist die Aufgabe, vor der die Politik heute steht und zu deren Bewältigung eine innovationsorientierte Umweltpolitik maßgeblich beiträgt.

Dass der Staat eine aktive Rolle einnehmen muss, ist auch das Ergebnis unserer Untersuchung. Dem ordnungspolitischen Rahmen und klaren umweltpolitischen Zielvorgaben, die die Innovationsdynamik der Industrie unterstützen, wird von Unternehmen ein hoher Stellenwert zugemessen. Darüber hinaus besteht die konkrete Erwartung, das Innovationen aktiv gefördert und Zukunftsindustrien entschieden gestärkt werden. Die Forschung sollte sich leitmarktorientiert ausrichten, auf strategische Kernbereiche konzentrieren und an der Marktfähigkeit der Produkte orientieren. Die Unterstützung der Markteinführung, die innovations- und umweltfreundliche Ausrichtung der öffentlichen Vergabe sowie die Förderung des Auslandsgeschäfts gehören zu den immer wieder erhobenen Forderungen, die die Umwelttechnikunternehmen im Hinblick auf die Ausgestaltung einer ökologischen Industriepolitik erheben.

Der vorliegende Umwelttechnologie-Atlas dokumentiert damit nicht nur die Leistungsfähigkeit einer Zukunftsbranche. Er dokumentiert auch die Anforderungen der Branche an eine ökologische Industriepolitik. Allen sechs Leitmärkten ist gemeinsam, dass sich Unternehmen in Deutschland eine sehr gute Ausgangposition erarbeitet haben. Aber deutlich wird auch: Weder die Politik noch die Unternehmen dürfen sich auf ihren Erfolgen ausruhen. Handlungsbedarf gibt es in allen untersuchten Leitmärkten. Die folgenden Kapitel machen deutlich, welche Marktpotenziale die unterschiedlichen Leitmärkte deutschen Unternehmen eröffnen können und vor welchen besonderen Anforderungen die Akteure stehen. Die umfassende Befragung deutscher Unternehmen und Forschungseinrichtungen im Rahmen dieser Publikation trägt so dazu bei, unser empirisches Wissen zum Wirtschaftsfaktor Umwelttechnologie zu erweitern und damit auch das Bewusstsein für die Bedeutung einer Zukunftsbranche zu schaffen. Zugleich liefert dieses Buch wichtige Erkenntnisse für die Agenda einer ökologischen Industriepolitik – einer Politik, die Umwelt schützt, Wettbewerbsfähigkeit steigert, neue Wertschöpfung ermöglicht und Beschäftigung schafft.

Danksagung

Wir bedanken uns bei allen Unternehmen und Forschungseinrichtungen, die mit ihrer Teilnahme an der Befragung einen wichtigen Beitrag zur repräsentativen Darstellung der Umwelttechnologien in Deutschland geleistet haben. Darüber hinaus gilt unser Dank einer Vielzahl von Institutionen, die uns bei der Erstellung dieser Publikation unterstützt haben:

- Borderstep Institut für Innovation und Nachhaltigkeit
- Bundesindustrieverband Deutschland Haus-, Energie- und Umwelttechnik e.V. (BDH)
- Bundesverband Bioenergie (BBE)
- Bundesverband der Deutschen Entsorgungswirtschaft (BDE)
- Bundesverband Erneuerbare Energie e.V. (BEE)
- Bundesverband Solarwirtschaft e.V. (BSW)
- Bundesverband WindEnergie e.V. (BWE)
- CO_2-Handel.de, das Portal zum Emissionshandel und Klimaschutz
- Deutsche Forschungsgemeinschaft (DFG)
- Deutsche Gesellschaft für Sonnenenergie e.V. (DGS)
- Deutsches Institut für Wirtschaftsforschung (DIW)
- EcoWorld.de, das Portal für ökologisches, umweltfreundliches Handeln
- Fachverband Biogas e.V.
- Fachverband Wärmedämm-Verbundsysteme WDVS
- FIZ Karlsruhe
- Forschungs-Verbund Sonnenenergie (FVS)
- Forum nachhaltige Entwicklung der deutschen Wirtschaft e.V.
- Fraunhofer-Institut für Materialfluss und Logistik IML
- Fraunhofer-Institut für System- und Innovationsforschung (ISI)
- Geothermische Vereinigung e.V.
- Hauptverband der Deutschen Bauindustrie e.V.
- Hochschulrektorenkonferenz
- Industrie und Handelskammer Berlin (IHK)
- Informationskampagne für erneuerbare Energien (IKEE)
- Institut für sozial-ökologische Forschung (ISOE)
- Mediengruppe macondo
- VDI Technologiezentrum GmbH
- Verband der Automobilindustrie
- Verband der chemischen Industrie e.V.
- Verband der Deutschen Biokraftstoffindustrie e.V. (VDB)
- Verband der Elektrotechnik, Elektronik und Informationstechnik (VDE)

- Verband Innovativer Unternehmen e.V. (VIU)
- Wuppertal Institut für Klima, Umwelt, Energie GmbH
- Zentralverband Elektrotechnik- und Elektronikindustrie (ZVEI)

Umweltfreundliche Energieerzeugung und -speicherung

Fossile Ressourcen werden immer knapper, und die Preise steigen. Gleichzeitig wächst die Sorge über die Abhängigkeit von Rohstoffen aus politisch instabilen Herkunftsländern. Noch drängender stellt sich das Umweltproblem dar: Täglich gelangen Kohlenstoffdioxid, Stickstoffoxide, Schwefeloxide, Ammoniak, Staubpartikel und Lösemittel in die Erdatmosphäre. Ein Viertel der globalen Treibhausgas-Emissionen entsteht bei der Erzeugung und Verteilung von Energie. Nach der Landwirtschaft ist die Energieversorgung der zweitgrößte Verursacher von Treibhausgasen. Bevölkerungs- und Wirtschaftswachstum werden den Hunger nach Energie in den nächsten Jahrzehnten aber immer größer werden lassen. Insbesondere in Entwicklungs- und Schwellenländern wird die Energienachfrage rapide ansteigen. Schreibt man die derzeitigen Trends bei der Energienachfrage in einem Referenzszenario bis 2030 fort, würde dies im Einzelnen bedeuten:

- Die weltweite Energienachfrage wird um mehr als 50 % auf 17 Gigatonnen Öleinheiten steigen.
- Die Weltölproduktion steigt ebenfalls um 40 %.
- Die Weltkohleproduktion wird 30 % zunehmen.
- Fossile Brennstoffe werden 80 % des Energiebedarfs decken.

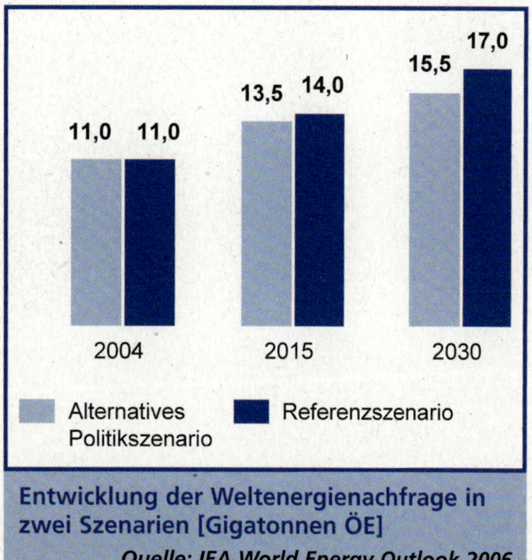

Entwicklung der Weltenergienachfrage in zwei Szenarien [Gigatonnen ÖE]
Quelle: IEA World Energy Outlook 2006

Eine derartige Entwicklung hätte massive Auswirkungen auf die CO_2-Emissionen, die überproportional zum Energieverbrauch um 1,7 % jährlich ansteigen würden. 2030 lägen die Emissionen bei 40 Gigatonnen – 14 Gigatonnen mehr als 2004! Selbst wenn es wie im „alternativen Politikszenario" der Internationalen Energieagentur gelingt, durch verschiedene politische Maßnahmen den Anstieg des Energieverbrauchs zu reduzieren (siehe Abbildung), ist eine deutliche Zunahme nicht zu vermeiden. Es gilt also, die Energieerzeugung global nachhaltiger zu machen. Der Strukturwandel weg von Kernenergie und fossilen Energieträgern hin zu erneuerbaren Energien und erhöhter Energieeffizienz ist der Schlüssel für eine klimaverträgliche, günstige und sichere Energieversorgung der Zukunft.

Um die Schäden des Klimawandels zu begrenzen, haben die Staats- und Regierungschefs in Europa beschlossen, die CO_2-Emissionen bis zum Jahr 2020 um 30 % im Vergleich zu 1990 zu reduzieren, wenn andere Länder vergleichbare Anstrengungen unternehmen. Unabhängig vom Verlauf der internationalen Verhandlungen und unabhängig von Verpflichtungen anderer Länder wird die Europäische Union die Emissionen von Treibhausgasen bis 2020 um mindestens 20 % unter das Niveau von 1990 reduzieren. Um dieses Ziel zu erreichen, wird bis 2020 der Anteil erneuerbarer Energien an der Energieerzeugung auf 20 % gesteigert und die Energieeffizienz (gegenüber der Fortschreibung des Status quo ohne spezifische Maßnahmen) um 20 % verbessert. Doch die politischen Weichenstellungen allein reichen nicht aus: Um diese Ziele zu erreichen, müssen bestehende Technologien verbessert und neue Technologien entwickelt werden, die dazu beitragen, tragfähige Alternativen zu fossilen Brennstoffen zu finden und Emissionen zu vermeiden bzw. zu reduzieren. Deutsche Unternehmen haben dafür in den letzten Jahren Pionierarbeit geleistet und profitieren nun zunehmend von weltweit wachsenden Märkten.

Auf einen Blick

Enormes **Wachstum der Weltmärkte** für Solarthermie und Photovoltaik **um 20 %** p.a. und dynamische Entwicklung von Zukunftsfeldern wie der Brennstoffzellentechnologie bieten hervorragende Aussichten für deutsche Unternehmen.

Deutsche Unternehmen besetzen in allen Feldern der erneuerbaren Energien **hervorragende Marktpositionen** – insbesondere bei Solarenergie, Windkraft und Biogas.

Bis 2020 werden die Firmen im Leitmarkt **Absatzchancen im Ausland stärker nutzen** – der Fokus liegt dabei vor allem auf Osteuropa.

Deutschland ist ein **führender Forschungsstandort** für Energietechnologien – ob bei Kraftwerkstechnologien oder bei erneuerbaren Energien.

Die Herstellerfirmen des Leitmarktes **planen mit dem Standort Deutschland** – über 2010 hinaus wollen sie mehrheitlich im Lande produzieren.

Mit ganz unterschiedlichen Ansätzen verfolgen die Unternehmen des Leitmarkts Umweltfreundliche Energieerzeugung und -speicherung drei Ziele: weniger Kohlenstoffdioxidausstoß, Reduktion der Abhängigkeit von fossilen Brennstoffen und Nachhaltigkeit der Energieerzeugung. Dabei können dem Leitmarkt fünf Produkt- und Technikbereiche zugeordnet werden:

- Effiziente Kraftwerkstechnologien wie Gas- und Dampfkraftwerke, CO_2-arme Kohlekraftwerke oder Kraft-Wärme-Kopplungsanlagen wie zum Beispiel Blockheizkraftwerke,

- Technologien zur Verringerung der Emission von Luftschadstoffen in der Energieerzeugung, zum Beispiel durch Rauchgasreinigungsanlagen,
- erneuerbare Energien wie Wasserkraft, Solarthermie, Photovoltaik, Windkraft, Geothermie, Biogas- und Biomasse-Anlagen,
- Energiespeichertechnologien wie Druckluft-, Magnet-, Erd- oder Wasserstoffspeicher,
- Wasserstofftechnologien und Brennstoffzellenanwendungen.

Zukunft der Energieerzeugung – Zwei Hebel für mehr Nachhaltigkeit

Energieerzeugung kann nicht von heute auf morgen von fossilen Brennstoffen entkoppelt und ohne Ausstoß von Treibhausgasen oder anderen Schadstoffen organisiert werden. Über zwei Hebel lassen sich Emissionen in der Energieerzeugung aber reduzieren:

- Reduktion der Emissionen bei der Verbrennung fossiler Energieträger,
- verstärkter Einsatz erneuerbarer Energien.

Hebel 1: Reduktion der Emissionen bei der Verbrennung fossiler Energieträger

Im Gegensatz zu den erneuerbaren Energien wird der Einfluss moderner Kraftwerkstechnologien auf den Klimaschutz in der öffentlichen Diskussion weniger aufmerksam wahrgenommen. Die enormen Einsparpotenziale dieser Technologien machen sie aber zu einem zentralen Bestandteil einer CO_2-Vermeidungsstrategie.

Deutsche Unternehmen halten Führungspositionen bei umweltfreundlichen Kraftwerkstechnologien. Die zunehmende Substitution von Kohlekraftwerken durch Gaskraftwerke sorgt bereits für eine deutliche Emissionsreduktion. Gas- und Dampfkraftwerke erreichen hohe Wirkungsgrade von über 60 % bei gleichzeitig deutlich niedrigeren Emissionen je Kilowattstunde. Zum Beispiel wird im bayerischen Irschingen 2007 die leistungsstärkste Gasturbine der Welt in einem Gas-und-Dampf-Prozess ans Netz gehen. Sie ist 340 MW stark und produziert damit genug Strom für eine mittlere Großstadt.

Mit Rauchgasreinigungsanlagen werden schon seit langem die Schadstoffemissionen von Kraftwerken reduziert. Bei der Kohleverbrennung entstehen wie bei allen anderen Verbrennungsprozessen Rauchgase, die unter anderem auch schädliche Bestandteile wie Stickstoffoxide (NO_X), Staubpartikel und Schwefeldioxid (SO_2) beinhalten. Deutsche Unternehmen entwickeln hierzu neuartige Elektro- und Aktivkohlefilter sowie Methoden zur Rauchgaswäsche etwa durch optimierte Kalk-Waschverfahren. Dadurch kann beispielsweise der Schwefeldioxidausstoß um über 90 % vermindert werden.

Auch bei der Entwicklung von CO_2-armen Kraftwerken ist Deutschland führend. Da in Schwellenländern in großem Stil Kohlekraftwerke gebaut werden und auch in Deutschland mehr als die Hälfte der Energie aus Kohle erzeugt wird, werden Technologien zur Wirkungsgradsteigerung sowie CO_2-Abscheidungs- und Speichertechnologien für Kohlekraftwerke künftig weltweit stark an Bedeutung gewinnen. Angestrebt wird das sogenannte CO_2-arme Kohlekraftwerk („Clean Coal"), bei dem durch Abtrennung des klimaschädlichen Gases CO_2 und anschließender Speicherung in tiefen geologischen Schichten die Kohlenutzung klimaverträglicher gemacht werden soll. Deutschland ist in der Entwicklung dieser Technologie weltweit führend.

Mehrere deutsche Firmen stellen heute Blockheizkraftwerke (BHKW) her und suchen nach technologischen Möglichkeiten, diese so kompakt zu machen, dass sie auch für Einfamilienhäuser einsetzbar werden. BHKW haben einen wesentlich höheren Wirkungsgrad als normale Kraftwerke, weil sie die Abwärme bei der Energieerzeugung zur Wärmeerzeugung verwenden: So können im Vergleich zu herkömmlichen Anlagen Energieeinsparungen bei Strom und Wärme von bis zu 40 % erreicht werden. Gelingt die Verbreitung der Technologie in Verbindung mit einer effizienten Netzanbindung dieser dezentralen Kraftwerke, gibt es ein großes Potenzial für Emissionsreduktionen, da zwischen 20 und 30 % Brennstoff eingespart werden können.

Die bei den Blockheizkraftwerken eingesetzte Technologie der Kraft-Wärme-Kopplung wird auch in anderen Kraftwerken verwendet. Auch dort gilt: Wenn die bei der Stromerzeugung entstehende Wärme zu Heizzwecken genutzt werden kann, steigert dies den Wirkungsgrad des Gesamtprozesses. Derzeit werden EU-weit 13 % des Stroms mit Kraft-Wärme-Kopplungsanlagen erzeugt. Die dadurch erzielten Einsparungen des Primärenergieverbrauchs werden auf 3–4 % geschätzt.

Um eine gleichmäßige Versorgung mit Energie zu realisieren, steigt der Bedarf an geeigneten Energiespeichermöglichkeiten. Das grundlegende Ziel der Speicherkonzepte besteht darin, die Überschuss-Energie

Preisgekrönt: Dezentrale Brennstoffzellen mit Methanol

Direkt-Methanol-Brennstoffzellen (DMFC) stellen eine Alternative zu herkömmlichen mit Wasserstoff betriebenen Systemen dar. An Stelle von Wasserstoff wird Methanol den Zellen direkt als Brennstoff zugeführt. Dies ermöglicht einen vergleichsweise einfachen Systemaufbau, weil aufwendige Wasserstoffspeicher oder Reformer entfallen. Methanol lässt sich aus verschiedenen Rohstoffen herstellen, besitzt eine hohe Energiedichte, ist leicht zu handhaben bzw. zu speichern und ist zudem vollständig biologisch abbaubar. Für diese Entwicklung erhielten Smart Fuel Cell AG und die Hymer AG den Innovationspreis Brennstoffzelle „f-cell Award 2004". Fast drei Jahre gemeinsame Entwicklungstätigkeit gingen dieser Auszeichnung voraus.

aus Schwachlastzeiten – also zu Zeiten niedrigen Energiebedarfs – zu speichern und sie in Zeiten erhöhter Nachfrage nutzbar zu machen. Für die großtechnische Speicherung von Energie existieren mehrere Technologievarianten, zum Beispiel Pump- und Druckluftspeicher, Magnetspeicher, Erdwärmespeicher und moderne Batterietechnologien. Pumpspeicherkraftwerke etwa haben einen Wirkungsgrad zwischen 70 und 85 %. Noch effektiver sind Magnetspeicher, die einen Wirkungsgrad von 98 % erreichen; sie ermöglichen zudem ein sehr schnelles Abrufen großer Energiemengen. Erdwärmespeicher können schließlich zur saisonalen Speicherung von Wärme genutzt werden – im Sommer erzeugte Wärme kann so im Winter verwendet werden – und die kühlen Temperaturen des Erdspeichers können im Sommer Räume klimatisieren.

Eine weitere Alternative besteht darin, unregelmäßig anfallende Energie zum Beispiel aus Windparks oder Photovoltaik-Anlagen zur Wasserstofferzeugung durch Elektrolyse zu nutzen und bei Bedarf die Energie aus dem Wasserstoff wieder verfügbar zu machen. In Zukunft können dann Brennstoffzellen zum Ausgleich der Energienachfrage in Spitzenlastzeiten zugeschaltet werden. Der Vorteil: Brennstoffzellen besitzen einen Wirkungsgrad von 65 % und verursachen keinerlei Schadstoffemissionen.

Weit fortgeschritten sind deutsche Unternehmen auch beim Einsatz von Brennstoffzellen in portablen Anwendungen. Die wesentlichen Einsatzbereiche sind Notstromaggregate, kleine unabhängige Stromnetze, Freizeitgeräte sowie Kommunikations-Elektronik. Gegenwärtig wird beispielsweise von der Gelsenkirchener Masterflex AG eine Serienproduktion von Brennstoffzellen für Notebooks vorbereitet.

Hebel 2: Verstärkter Einsatz erneuerbarer Energien

Die Zukunftsvision für Umwelt- und Klimaschutz liegt nicht allein in emissionsarmen Kohle- oder Gaskraftwerken, sondern vor allem in den erneuerbaren Energien. Sie gehen zwei Probleme zugleich an: die Knappheit fossiler Brennstoffe und die Umweltbelastung bei deren Verwertung. Durch die günstigen politischen Rahmenbedingungen auf den deutschen Märkten haben sich heimische Unternehmen in den letzten Jahren eine weltweit führende Position erarbeitet. 2006 wurden in Deutschland bereits fast 12 % des Stroms und 6 % der Wärme mit erneuerbaren Energien erzeugt. Nach einer aktuellen Studie für das Bundesumweltministerium kann sich der Anteil der erneuerbaren Energien am Primärenergieverbrauch bis zum Jahr 2020 auf rund 16 % erhöhen. Es ließen sich dadurch rund 180 Mio. Tonnen CO_2-Emissionen pro Jahr vermeiden, wenn die verschiedenen Technologien zur Nutzung der erneuerbaren Energien stärker eingesetzt werden.

Energie aus Sonnenstrahlen

Solarthermische Kraftwerke nutzen Hochtemperaturwärme aus mit Hilfe von Spiegeln konzentrierten Sonnenstrahlen, um eine konventionelle Kraftmaschine anzutreiben. Die Anlagen können zur reinen Stromerzeugung, aber auch mit Kraft-Wärme-Kopplung eingesetzt werden. Zum Beispiel kann ein solarthermisches Kraftwerk gleichzeitig Elektrizität, Kälte (über eine Absorptionskältemaschine), industriellen Prozessdampf und über eine Meerwasserentsalzungsanlage auch Trinkwasser erzeugen und so bis zu 85 % der gesammelten Solarwärme in nutzbare Energie umwandeln.

Als Standorte für solarthermische Kraftwerke kommen hauptsächlich die trockenen und heißen Zonen der Erde südlich des 40. Breitengrades in Frage, da nur direkte Sonneneinstrahlung mittels Spiegeln effizient gebündelt werden kann. Verschiedene deutsche Unternehmen sind als Komponentenlieferanten, Systemintegratoren oder als Projektentwickler mit relevanten Pilotprojekten in Nordamerika und Spanien weltweit führend und wachsen stark in diesem Segment.

Die jährlich als Licht und Wärme auf die Erde auftreffende Menge an Sonnenenergie ist 15.000-mal höher als der Primärenergieverbrauch der Menschheit. Diese Strahlungsenergie kann photovoltaisch direkt in Elektrizität umgewandelt werden, ohne Nebenprodukte wie Kohlendioxid und andere Abgase. Deutsche Unternehmen arbeiten zum Beispiel daran, Solarzellen immer dünner und materialsparender herzustellen und die Wirkungsgrade zu steigern. Während klassische Siliziumsolarzellen nur einen Wirkungsgrad von 16 % aufweisen, erreichen Konzentrator-Mehrschicht-Zellen im Labor schon über 35 %.

Nanotechnologie: Handies tanken Sonne

Das Handy in der Sonne aufladen: Das ist bald keine Zukunftsmusik mehr. Licht sammelnde Materialien machen teuren Solarzellen aus Silizium Konkurrenz. In der Photovoltaik-Entwicklung können Nanomaterialien den Durchbruch bringen, die sich als hauchdünne, Licht sammelnde Schichten auch dort nutzen lassen, wo an den Einsatz der (dickeren) herkömmlichen Solarzellen bisher nicht zu denken war. Derzeit konkurrieren drei verschiedene Technologien um den Platz an der Sonne. Eine Technologie nutzt Farbstoffmoleküle und Nanoteilchen aus dem Halbleiter Titandioxid. Die zweite setzt auf elektrisch leitfähige Polymere (lange Kohlenstoffmoleküle), die mit „Buckyballs", einer Art Nanofußbällen aus 60 Kohlenstoffatomen, als Lichtsammler verbunden sind. Der dritte Ansatz sind sogenannte Quantenpunkte. Diese bis zu 20 Nanometer großen Halbleiterpartikel können dank ihrer speziellen elektronischen Eigenschaften ebenfalls Lichtteilchen in Strom umwandeln. Erste Anwendungen gibt es bereits: kleine faltbare Solarzellmodule, die sich an Mobiltelefone oder Notebooks anschließen lassen. Der 2-Watt-Akku eines Mobiltelefons lässt sich in der prallen Sonne mit einer Zellfläche von knapp einem DIN-A4-Blatt in einer Stunde aufladen. Die Produktion in größerem Umfang soll bald anlaufen.

Solarthermie-Anlagen nutzen die Sonnenstrahlung zur Gewinnung von Wärmeenergie. Auch in diesem Feld sind deutsche Unternehmen sehr gut positioniert. Mittlerweile treiben aber auch etablierte Heizungshersteller diese Entwicklung voran: Führende Firmen haben eine Verdopplung ihrer Kollektorproduktion bis spätestens 2010 angekündigt. Denn Solarthermie macht inzwischen auch wirtschaftlich Sinn. Im Meller-Bogen in Berlin wurde beispielsweise die alte Öl- durch eine moderne Solarthermie-Heizanlage ersetzt. 400 EUR Heizungskosten pro Wohnung können so jährlich gespart und schädliche Emissionen fast vollständig vermieden werden. Großes Entwicklungspotenzial hat schließlich auch der Markt für solarthermische Kraftwerke, die in den sonnenreichen Regionen der Welt zur Stromerzeugung dienen können (siehe Kasten Seite 35).

Windkraftanlagen deutscher Hersteller prägen inzwischen das Landschaftsbild in vielen Regionen der Welt. Allein die Anlagen in Deutschland erzeugen zusammen mehr als 30 Gigawattstunden Strom pro Jahr. Und es werden immer mehr: Mit 2,2 Gigawatt hat Deutschland 2006 die zweithöchste Neukapazität weltweit geschaffen; nur die USA haben 200 Megawatt mehr Leistung ans Netz gebracht. Der Trend geht jetzt in Richtung Offshore-Anlagen vor der Küste, wo stärkere Winde wehen und größere Flächen zur Verfügung stehen: Das Gesamtpotenzial für Windkraftanlagen vor der deutschen Küste könnte 2030 15 % des deutschen Strombedarfs decken. Neben der Offshore-Windenergienutzung wird das Repowering an Land eine zentrale Rolle spielen, bei dem alte Anlagen durch leistungsstärkere und dem neuesten Stand der Technik entsprechende ersetzt werden. Dadurch können die Gesamtanlagenzahl reduziert und die vorhandenen Standorte deutlich effizienter genutzt werden. Als weiterer positiver Effekt kommt hinzu, dass das Landschaftsbild weniger beeinträchtigt wird. Windenergie an Land und auf See kann zwischen 2025 und 2030 dann über 25 % des deutschen Strombedarfs decken.

Der immer höhere Anteil der Windenergie an der Stromerzeugung stellt die Netzbetreiber vor große Herausforderungen, da die Netzkapazitäten in vielen Regionen insbesondere durch Windkraftanlagen an ihre Grenzen stoßen. In einem ersten Feldversuch hat E.ON in Nordfriesland ermittelt, dass die Netzkapazität abhängig von Umgebungstemperatur und Windstärke um mehr als 50 % gesteigert werden kann, wenn die zulässige Maximallast der Netze bei niedrigen Temperaturen oder starkem Wind (also dann, wenn tendenziell auch Windkraftanlagen mehr Strom liefern) heraufgesetzt wird. Der Einsatz von Temperaturmonitoring bei Stromleitungen ermöglicht somit erhebliche Steigerungen der Netzkapazitäten ohne große zusätzliche Investitionen.

Die Wasserkrafttechnologie ist bereits weit entwickelt. Sie ist mit einem Anteil von weltweit rund 18 % die einzige erneuerbare Energiequelle, die heute schon in nennenswertem Umfang zur Versorgung der Bevölkerung beiträgt. Wasserkraft ist eine Energietechnik mit großem internationalen Potenzial: Während in Europa schon gut 75 % des wirtschaftlich nutzbaren Wasserkraftpotenzials erschlossen sind, sind es in Asien erst 22 %. Die Wasserkraft spielt hierzulande vor allem bei der Bereitstellung von Reserveleistung und für die Netzregelung durch Pumpspeicherkraftwerke eine wichtige Rolle. Anders als bei Wind- und Photovoltaikanlagen steht bei diesen Kraftwerken die Energie nach Bedarf

OWC-Prinzip verwandelt die Kraft der Wellen in Strom

Deutschland bekommt sein erstes Wellenkraftwerk. Das Projekt wird von Voith Siemens Hydro Power Generation zusammen mit EnBW und dem Land Niedersachsen vorangetrieben. Die anvisierte Kapazität für das deutsche Pilotprojekt liegt bei einer Leistung von 250 kW; erwartet wird eine Jahresstromerzeugung von 400 MWh. Die Anlage wird nach dem Prinzip der „oscillating water column" (OWC) betrieben werden. Bei dieser Technik wird die Wasseroberfläche mit einem trichterförmigen Dach abgedeckt. Innerhalb des Trichters bewegt sich die Wassersäule und komprimiert bzw. dekomprimiert das zwischen Wasseroberfläche und „Trichterdach" eingeschlossene Luftvolumen. Die durch diese Druckunterschiede entstehende Energie wird über eine Wells-Turbine und einen Generator in elektrische Energie verwandelt, die dann ins Stromnetz eingespeist werden kann.

auf Abruf zur Verfügung. Im Unterschied zu thermischen Kraftwerken erreichen Wasserturbinen schon nach wenigen Minuten ihre volle Leistung. Deutsche Hersteller produzieren modernste Turbinen sowie Schalt- und Leittechnik für Wasserkraftwerke. In Zukunft ergeben sich weitere Marktchancen mit Sonderformen der Wasserkraft. Dazu gehören Gezeitenkraftwerke, Meeresströmungskraftwerke und Wellenkraftwerke (siehe Kasten Seite 37).

Die Geothermie stand zwar bisher wenig im Fokus der Öffentlichkeit, dafür aber umso mehr auf der Agenda zahlreicher deutscher Unternehmen. Zu unterscheiden sind einerseits die schon heute marktreifen kleineren Anwendungen zur Nutzung von Erdwärme, etwa für die Hausbeheizung. Dabei nutzen unter den Häusern versenkte Sonden die Erdwärme, die mittels Wärmepumpen auf Verbrauchstemperatur gebracht wird. Andererseits wird in Großanwendungen zur Stromproduktion viel Potenzial gesehen: Dabei wird Wasser in tiefe Erdschichten gepumpt, wo es durch die Erdwärme erhitzt und zurück an die Oberfläche geleitet wird. Der beim Austritt entstehende Wasserdampf wird dann für den Antrieb einer Turbine genutzt, die entweder zum Heizen oder Kühlen verwendet werden kann. Die erste deutsche geothermische Demonstrationsanlage zur Stromproduktion wurde 2004 in Neustadt-Glewe in Mecklenburg-Vorpommern in Betrieb genommen. Trotz theoretischer Potenziale des 100fachen des europäischen Strombedarfs kann allerdings aufgrund sehr spezifischer geologischer Anforderungen nur mit einer Erschließung von 5 Terawattstunden jährlich bis zum Jahr 2020 gerechnet werden.

Ein weiteres Feld, in dem deutsche Unternehmen führend sind, sind Biogasanlagen. Biogasanlagen nutzen Biomasse und Rückstände aus der Landwirtschaft zur Gas- und anschließend zur Energieerzeugung. Die Nutzung von Biogas kommt

Lastmanagement senkt die Stromkosten

Intelligente Lastmanagement-Konzepte können bei Großenergieverbrauchern Kosten sparen. Leistungsspitzen entstehen häufig durch ein zufälliges Zusammentreffen hoher Verbräuche von verschiedenen Anwendungen. Ein Lastmanagementsystem kann den Strombezug eines Unternehmens permanent überwachen und das Stromverbrauchsverhalten steuern. Durch automatisches Ab- und Anschalten von vorher genau definierten Geräten kann in vielen Fällen ein Stromverbrauch von der Hochtarifzeit in die Niedertarifzeit verlagert werden, ohne dass sich dies auf Produktionsabläufe negativ auswirkt. Technisch bedient man sich dabei sogenannter Maximumwächter, die nach einem Priorisierungsprinzip bei Überschreiten einer Leistungsgrenze angeschlossene Verbraucher sukzessive abschalten, oder sogenannter Energiekontrollsysteme, die den Einschaltzeitpunkt der Verbraucher vor Betriebsbeginn steuern, um Einschaltspitzen zu vermeiden.

dem Klima dabei in zweifacher Hinsicht zugute: Zum einen wird der Verbrauch fossiler Energieträger reduziert. Zum anderen werden Methan-Emissionen aus der Viehhaltung vermieden. In der Branche wird damit gerechnet, dass bis 2030 10 % der Erdgasnachfrage in Deutschland mit Biogas gedeckt werden können. Entsprechend ambitioniert sind die Wachstumsziele der deutschen Hersteller. Ende 2005 waren in Deutschland 2.700 Biogasanlagen mit einer elektrischen Leistung von insgesamt 650 Megawatt installiert. Bis zum Jahr 2020 könnte diese Leistung auf bis zu 9.500 Megawatt zunehmen.

Heizungen mit Holzpellets, das heißt mit kleinen, zu Stäbchen gepressten Holzabfällen wie Säge- und Hobelspänen, erleben ein starkes Wachstum. Eine Pelletheizung ist in der Gesamtbilanz annähernd CO_2-neutral. Der Trend geht zu immer kompakteren Geräten, die mittelfristig auch klassische Heizungsräume überflüssig machen können. Dem Boom bei Pelletheizungen folgt die Pelletproduktion: Allein 2007 wollen die deutschen Hersteller ihre Jahresproduktionskapazität von 420.000 Tonnen auf 1,4 Millionen Tonnen erhöhen.

Auch die Verwendung von Grubengas zur Energieerzeugung wird durch das Erneuerbare-Energien-Gesetz gefördert – ungeachtet der Tatsache, dass Grubengas beim Abbau fossiler Brennstoffe entsteht. Dennoch wird ein positiver Klimaeffekt erzielt, da durch die Nutzung der Klimakiller Methan nicht nur unschädlich gemacht, sondern sogar noch sinnvoll verwendet wird. Es werden pro Jahr etwa 300 Mio. Kubikmeter Grubengas gewonnen. Deutsche Unternehmen haben Absaug- und Verdichteranlagen entwickelt, die sich mittlerweile über ein 110 km langes Grubengasnetz erstrecken. Damit werden nicht nur Grubengasanlagen, sondern auch industrielle Kunden, vor allem in der Stahlindustrie, sowie Fernwärmeanlagen versorgt. In Völklingen-Fenne produzieren fünf Heizkraftwerke jährlich 280 Mio. kWh Strom für 70.000 Einfamilienhaushalte und 250 Mio. kWh Wärme für die Versorgung von 14.000 Haushalten. Die Heizkraftwerke bewirken damit eine Reduktion von über 5 Mio. Tonnen äquivalenter CO_2-Emissionen pro Jahr.

Die dezentrale Erzeugung von Energie aus erneuerbaren Quellen stellt aber auch neue Anforderungen an die Stromnetze, die heute noch stark auf zentrale Erzeugung ausgerichtet sind. Um ein funktionierendes Lastenmanagement sicherzustellen, ist ein geeignetes komponentenübergreifendes Leistungs- und Energiemanagementsystem notwendig, das die dezentralen Einheiten koordiniert und dafür sorgt, dass auch in Spitzenlastzeiten eine optimale Versorgung gewährleistet ist.

Im virtuellen Kraftwerk laufen die Fäden zusammen

SaarEnergie organisiert die Steuerung seiner Kraftwerke mit einem Netzleitsystem von Siemens. Der Energieversorger bezieht den Strom von verschiedenen dezentralen Energieerzeugungsanlagen wie Blockheizkraftwerken oder Windkraftanlagen und passt mit einem Netzleitsystem Produktion und Versorgung optimal an die jeweilige Nachfrage an. Abhängig vom Energiebedarf errechnet die Energiemanagement-Software die bestmögliche Kombination und Auslastung der einzelnen Kraftwerke. Damit der neu zusammengestellte Energieverbund effizienter gesteuert werden kann, integriert die neue Technik fast alle unternehmenseigenen und die meisten externen Anlagen zu einem einzigen virtuellen Kraftwerk. Die Informationen werden in der Leitzentrale gebündelt: Dort laufen alle Daten über Auslastung und Betriebskosten der einzelnen Kraftwerke, den Zustand des Verteilernetzes sowie den Strombedarf der Endkunden zusammen. Der größte Teil der deutschlandweit angesiedelten externen Anlagen lässt sich über die Leitzentrale sogar ferngesteuert bedienen. So kann der Betreiber sichergehen, dass er den benötigten Strom jederzeit zu den kostengünstigsten Konditionen produziert und die Versorgung auch in Spitzenlastzeiten gewährleistet ist – und das bei einer besseren Einbindung der regenerativen Energien.

Schon heute ist mit Hilfe von moderner Informations- und Kommunikationstechnologie die Schaltung eines „virtuellen Kraftwerks“ möglich: Dieses optimiert den Nutzungsgrad und steuert die dezentralen Anlagen. So lässt sich die Einspeisung verstetigen.

Marktchancen – Enorme Potenziale für erneuerbare Energien

Im Jahr 2005 konnten Unternehmen mit Technologien zur umweltfreundlichen Energieerzeugung weltweit etwa 100 Mrd. EUR Umsatz erzielen. Bis 2020 wird dieser Markt nach Experteneinschätzungen auf über 280 Mrd. EUR anwachsen. Gas- und Dampftechnologien werden dabei relativ konstant wachsen, die jährlichen Neuinstallationen bleiben aber eher stabil. Die CO_2-Abscheidungstechnologien in Kohlekraftwerken werden zwischen 2010 bis 2020 stark an ökonomischer Bedeutung gewinnen. 2020 wird der Markt für Brennstoffzellen mehr als zehnmal so groß sein wie heute und circa 75 Mrd. EUR ausmachen.

Die dynamischste Entwicklung wird in den nächsten Jahren aber bei den erneuerbaren Energien erwartet: Wurden im Jahr 2005 gerade einmal 22 Mio. Quadratmeter Sonnenkollektoren zur Wärmegewinnung installiert, werden dies im Jahr 2020 bis zu 500 Mio. Quadratmeter sein.

Das Marktvolumen für die Hersteller der Kollektoren steigt somit jährlich um fast ein Viertel. Ähnlich hohe Wachstumsraten sind für die Photovoltaik zu erwarten: Die neu installierte Stromkapazität wird jährlich um fast 20 % zunehmen, sodass im Jahr 2020 Solarzellen mit einer Leistung von über 16 GWp (Leistung bei Testbedingungen) in Betrieb genommen werden. Das absolute Wachstum wird bei der Windkraft noch größer ausfallen: Man erwartet, dass im Jahr 2020 neue Windkraftanlagen zur Erzeugung von 40 Gigawatt Strom gebaut werden; das bedeutet im Vergleich zu 2005 30 Gigawatt mehr neu installierte Leistung (siehe Abbildung oben).

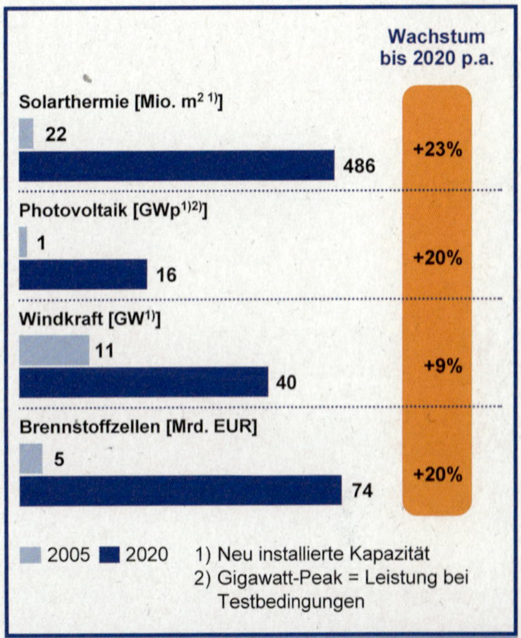

Weltmarktprojektionen in Kernsektoren
Quelle: Roland Berger

Deutsche Unternehmen haben hervorragende Voraussetzungen, um von diesen Marktentwicklungen zu profitieren. Besonders dominierend ist die Rolle deutscher Biogashersteller, die etwa zwei Drittel des Weltmarkts halten. Auch die deutschen Solarunternehmen sind stark: Die Weltmarktanteile liegen bei 41 % für Photovoltaik und 17 % für Solarthermie. Ähnlich gut vertreten sind die Firmen der Wasser- und Windkraft: Ein Drittel bzw. ein Viertel aller neu installierten Anlagen werden von deutschen Unternehmen gebaut und installiert. In anderen Bereichen wie der Brennstoffzelle sind Aussagen über Weltmärkte noch schwer zu treffen – deutsche Unternehmen haben aber auch dort aufgrund von richtungweisenden Forschungsergebnissen und Pilotanwendungen eine sehr gute Ausgangslage.

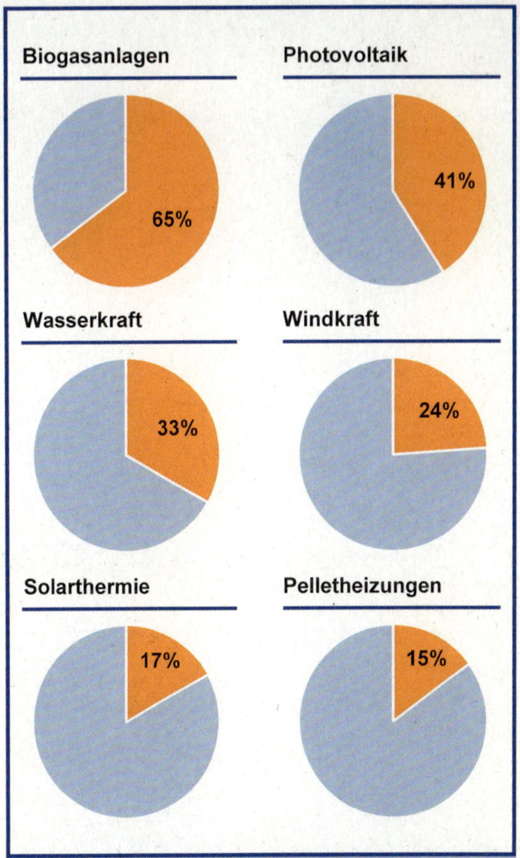

Weltmarktanteile deutscher Unternehmen
Quelle: Roland Berger

Umsatz und Beschäftigung – Fortsetzung des dynamischen Wachstums erwartet

Die befragten Unternehmen im Leitmarkt Umweltfreundliche Energieerzeugung und -speicherung sind zu 85 % kleine und mittlere Unternehmen mit einem Jahresumsatz unter 50 Mio. EUR. Fast die Hälfte der Unternehmen (48 %) hat sich der Kategorie „Beratung und Dienstleistung" zugeordnet; dabei handelt es sich großteils um Projektierungs- und Planungsbüros, beispielsweise für Biogas- und Solaranlagen. Der zweitgrößte Anteil der repräsentativen Stichprobe entfällt auf produzierende Unternehmen. Handelsunternehmen stellen die kleinste Gruppe in der Stichprobe.

Umsatzklasse Unternehmen [Mio. EUR]	2004-2006	2007-2009
<10	29% p.a.	29% p.a.
10-50	35% p.a.	26% p.a.
>50	34% p.a.	19% p.a.

Umsatzentwicklung – Vergangenheit und Zukunftsprojektion

Quelle: Roland Berger

Mit umweltfreundlicher Energieerzeugung und -speicherung haben deutsche Unternehmen 2005 hochgerechnet etwa 29 Mrd. EUR Umsatz erzielt. Dabei ist zu berücksichtigen, dass mehr als die Hälfte dieses Umsatzes im Bereich klassischer Technologien liegt – vor allem im Bereich Gas- und Dampfkraftwerke. Im Schnitt der Stichprobe konnten in den letzten drei Jahren beachtliche Wachstumsraten erreicht werden: Um mehr als ein Drittel konnten die Firmen ihre Umsätze pro Jahr steigen (siehe Tabelle).

Die höchsten Wachstumsraten erzielten Unternehmen im Bereich erneuerbare Energien. Besonders stechen Firmen im Bereich Solar- und Biogasanlagen hervor, die ihren Umsatz jedes Jahr mehr als verdoppeln konnten.

Im Zeitraum von 2007 bis 2009 wollen die befragten Unternehmen ähnlich schnell weiterwachsen. Die großen Unternehmen rechnen mit jährlichen Wachstumsraten von 19 %, während die kleinen und mittleren Unternehmen weiter mit über 25 % pro Jahr wachsen wollen. Besonders hohe Wachstumspotenziale erwarten kleine, in der Wasserstoffwirtschaft tätige Firmen sowie mittelständische Anbieter von Kraftwerkstechnologie-Lösungen.

Im Leitmarkt umweltfreundliche Energieerzeugung und -speicherung wurden in den letzten Jahren in allen Technologie-Bereichen Arbeitsplätze geschaffen. Besonders stark war das Beschäftigungswachstum bei mittelständischen Firmen. Der größte Jobmotor sind die erneuerbaren Energien. Dies gilt für die größeren Unternehmen auch in der Zukunft, was für den absoluten Beschäftigungseffekt besonders relevant ist: Von 2007 bis 2009 wollen die großen Unternehmen in den Bereichen Energiespeichertechnologien und erneuerbare Energien durchschnittlich über 15 % mehr Mitarbeiter pro Jahr beschäftigen. Eine Studie zu den Arbeitsmarkteffekten der erneuerbaren Energien schätzt diese heute schon auf insgesamt 214.000 und erwartet rund 350.000 Arbeitsplätze bis 2020.

Umsatzklasse Unternehmen [Mio. EUR]	2004-2006	2007-2009
<10	33% p.a.	24% p.a.
10-50	50% p.a.	17% p.a.
>50	24% p.a.	14% p.a.

Mitarbeiterentwicklung – Vergangenheit und Zukunftsprojektion

Quelle: Roland Berger

Der Leitmarkt Umweltfreundliche Energieerzeugung und -speicherung wird dabei für alle Unternehmen wichtiger: 2006 ist der Anteil des Umsatzes im Leitmarkt am Gesamtumsatz durchschnittlich 5 Prozentpunkte höher ausgefallen als noch 2004. Der positive Mitarbeitertrend wird sich auch auf den Ausbildungsmarkt auswirken. Durchschnittlich bieten die Unternehmen des Leitmarktes derzeit 9 Ausbildungsplätze auf 100 Mitarbeiter an.

Ein Fünftel der befragten Unternehmen konnte 2006 Umsatzrenditen von über 10 % ausweisen (siehe Abbildung). Dabei lag der Anteil dieser hochprofitablen Firmen bei den großen Unternehmen höher als bei den mittelständischen Betrieben. Andererseits finden sich unter den Unternehmen, die Verluste gemacht haben, besonders viele kleine Betriebe.

Die profitabelsten Handlungsfelder sind bei den befragten Firmen die erneuerbaren Energien und die Energiespeichertechnologien. Dort fällt der Anteil der Unternehmen mit Umsatzrenditen über 10 % am höchsten aus.

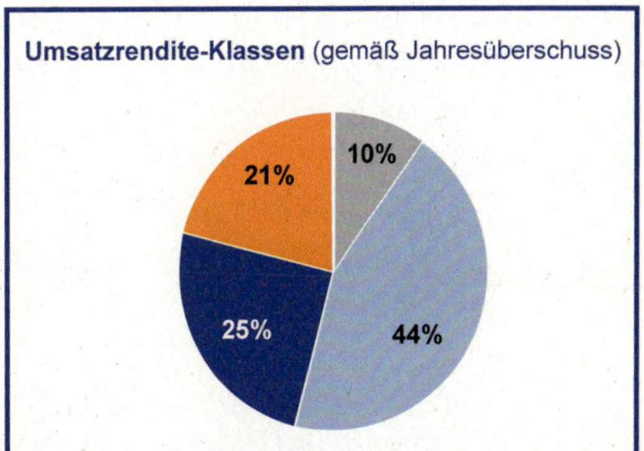

Rentabilität der Unternehmen

Quelle: Roland Berger

Internationalisierung – Chancen in Osteuropa

Ein Drittel der befragten Unternehmen im Leitmarkt Umweltfreundliche Energieerzeugung und -speicherung vertreibt seine Produkte und Dienstleistungen auf internationalen Märkten. Mit diesem Anteil liegt die Energieerzeugung im Schnitt der sechs betrachteten Leitmärkte. Es besteht also noch Potenzial für Wachstum im Ausland, besonders für die Firmen, die bisher vor allem auf die nationalen Märkte gesetzt haben.

Dabei lohnt sich Internationalisierung insbesondere für große Unternehmen: Während 33 % der international aktiven großen Unternehmen Umsatzrenditen von über 10 % erzielen, erreichen dies nur 17 % der Unternehmen mit nationalem Fokus. Die Auslandsmärkte spielen allerdings auch bei den international aktiven Firmen noch eine kleinere Rolle als der Heimatmarkt – im Schnitt erwirtschaften die Unternehmen 30 % ihrer Umsätze jenseits der deutschen Grenzen. Für einzelne Industrien ist das Ausland jedoch ungleich wichtiger: Die Wasserkraft-Unternehmen machen 80 % des Umsatzes im Ausland. Gleiches gilt inzwischen für die Windkraftfirmen. Im Bereich der Erneuerbaren Energien prognostizieren Experten für 2007 einen Anstieg der Auslandsumsätze um 40 % auf 8,2 Mrd. EUR.

Betrachtet man alle Firmen, ist Deutschland allerdings nach wie vor der wichtigste Absatzmarkt und erzielt im Schnitt aller international aktiven Firmen 84 von 100 Punkten auf dem Bedeutungsindex. Als wichtigste Absatzregion außerhalb Deutschlands wird Westeuropa genannt. Osteuropa ist heute noch von geringer Bedeutung, wird aber bis 2020 wesentlich wichtiger

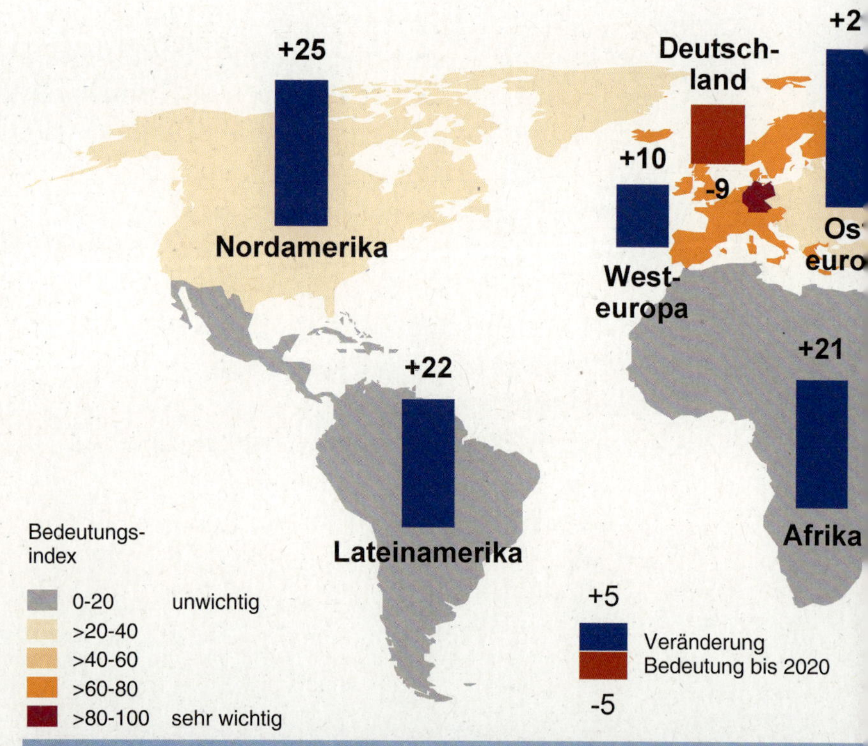

Bedeutung regionaler Absatzmärkte 2007 und 2020

für die Unternehmen werden und dann fast auf dem Niveau von Deutschland und Westeuropa liegen. Wie die Weltkarte zeigt, werden auch die anderen Weltregionen an Bedeutung gewinnen. Auffällig ist der Bedeutungszuwachs Afrikas, dem insbesondere die Einschätzung von Solarunternehmen zugrunde liegt.

Der Schwerpunkt der Aktivitäten im Ausland liegt dabei heute und in den nächsten Jahren eindeutig auf dem Export. Sowohl heute als auch 2010 schätzen die Herstellerfirmen der umweltfreundlichen Energieerzeugung und -speicherung den Produktionsstandort Deutschland als wichtig für ihre Wertschöpfung ein.

Innovation – Größere Anstrengungen bei kleinen Firmen

Die Forschungsaktivitäten der Unternehmen im Leitmarkt Umweltfreundliche Energieerzeugung und -speicherung liegen im Durchschnitt der betrachteten Leitmärkte. Die kleinen Unternehmen investieren 8 % vom Umsatz in Forschung und Entwicklung, größere Unternehmen etwa 4 %.

Forschung und Entwicklung behalten bei den großen Unternehmen auch in Zukunft eine hohe Bedeutung: Im Zeitraum 2007 bis 2009 wird mit einem jährlichen Wachstum der Forschungsausgaben von etwa 6 % gerechnet – dieser Anstieg fällt allerdings etwas geringer aus als das erwartete Umsatzwachstum. Stärker wachsen die Forschungsausgaben bei kleinen (10 % p.a.) und mittleren Unternehmen (12 % p.a., siehe Abbildung Seite 45).

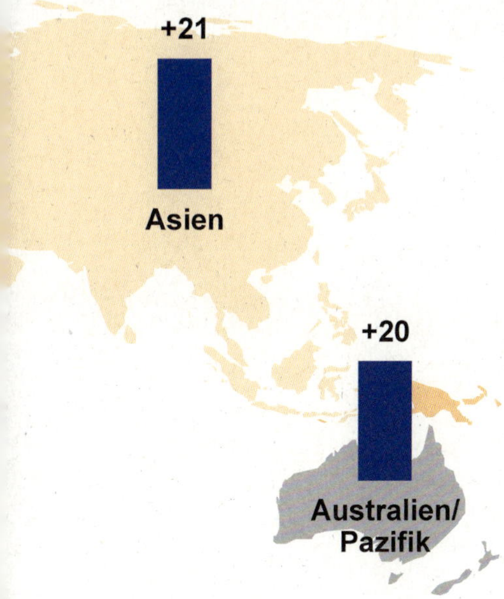

Umweltfreundliche Energieerzeugung und -speicherung ist der Leitmarkt mit den höchsten Forschungsaufwendungen. Dies zeigt sich auch daran, dass in den Jahren 2003 bis 2005 45 % der staatlichen Fördergelder für den Bereich Umwelttechnologie in Projekte in diesem Leitmarkt geflossen sind. Dabei ging fast die Hälfte der Fördergelder an Unternehmen. Die Wirtschaft leistet demnach einen erheblichen Beitrag zur Weiterentwicklung des technologischen Wissens. Die meisten staatlich geförder-

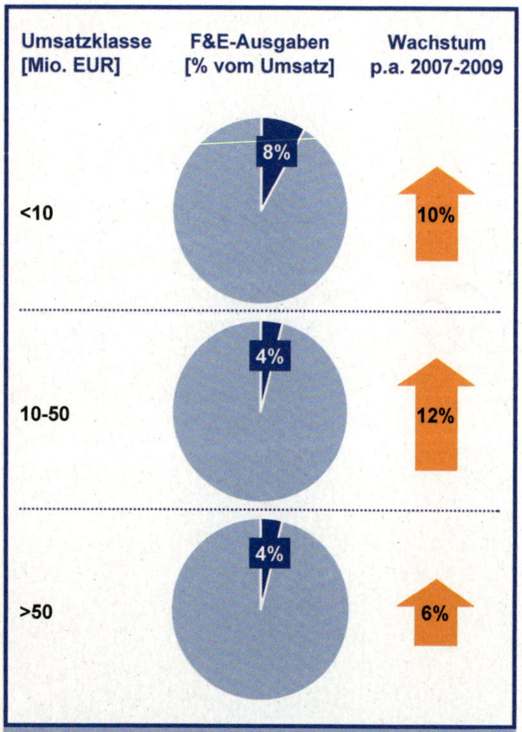

Forschungsausgaben im Leitmarkt
Quelle: Roland Berger

ten Projekte wurden in den Bereichen Photovoltaik und Windenergie sowie immer stärker auch zum Thema Abscheidung und Einlagerung von CO_2 durchgeführt. Die größten Projektvolumina entfielen auf Photovoltaik- und Brennstoffzellenprojekte.

Forschung, Kooperation, Cluster – Konzentration in Ballungsräumen

Von den befragten Unternehmen kooperieren 62 % in Innovationsnetzwerken. Besonders aktiv sind mittelgroße Firmen, von denen über 80 % angeben, in Netzwerken aktiv zu sein. Im Leitmarkt Umweltfreundliche Energieerzeugung und -speicherung spielen die Zulieferer eine wichtige Rolle im Innovationsprozess. Sie werden von über der Hälfte der Unternehmen, die in Netzwerken arbeiten, als Partner genannt. Danach folgen in der Bedeutung Hochschulen und Forschungseinrichtungen.

Die örtliche Nähe ist lediglich für ein Drittel der Firmen ausschlaggebend für die Bildung von Innovationskooperationen. Der größere Anteil der Unternehmen kooperiert auf überregionaler Basis – ein Fünftel der Firmen sogar in internationalen Forschungsnetzwerken.

Dabei ist fast die Hälfte der Netzwerke nicht formell organisiert. Bei je einem Viertel der Netzwerke nehmen Unternehmen oder Verbände die Koordinationsrolle ein. Dass eine Forschungseinrichtung diese Funktion übernimmt, ist dagegen eher selten.

Die Hauptmotive der Unternehmen für das Engagement in Netzwerken sind neben dem Informationsaustausch insbesondere die Generierung von Produktideen und Marktzugängen.

Die Deutschlandkarte zeigt die befragten Unternehmen und relevante Forschungseinrichtungen im Leitmarkt (siehe Seite 49). Die Einfärbung der Bundesländer macht deutlich, dass Unternehmen in Nordrhein-Westfalen, Niedersachsen und Bayern die meisten Arbeitsplätze anbieten. Bei der regionalen Verteilung der Unternehmen fällt auf, dass in Niedersachsen vor allem große Firmen ansässig sind, während in Bayern und Nordrhein-Westfalen die mittelständische Industrie stärker vertreten ist. Eine hohe Dichte von Forschungseinrichtungen und Unternehmen findet sich im Ruhrgebiet, in Franken, in den Regionen Freiberg und Halle (dort insbesondere Solarfirmen) und rund um die großen Städte Hamburg, Berlin und München.

- In Nordrhein-Westfalen finden sich zahlreiche regionale Forschungskooperationen zwischen Universitäten und der Privatwirtschaft. Die Universität Siegen hat beispielsweise mit der BEGA Wasserkraft GmbH aus Bochum und der Proaqua Ingenieurgesellschaft aus Aachen kooperiert, um eine Kleinwasserkraftanlage zu entwickeln. Das Projekt „Kleinstkraftwerke – Wasserräder mit Energiewandlern im Baukastenprinzip" zielt darauf ab, eine dezentrale Möglichkeit der Energieerzeugung für Inselnetze im Leistungsbereich unterhalb von 10 Kilowatt zu schaffen. Die Wasserräder können bei Privathaushalten im ländlichen Siedlungsraum und kleinen Handwerksbetrieben eingesetzt werden. Besondere Relevanz hat diese Technologie in Ländern mit schlechter Netzabdeckung – weshalb auch Kooperationspartner aus Äthiopien bei der Entwicklung beteiligt waren.

Biotechnologie: Mikroalgen produzieren Wasserstoff

Die Biotechnologie ist bei der Energieerzeugung vor allem bei der Biogas- und der Wasserstoffgewinnung von Bedeutung.

Bei Biogas hilft die Biotechnologie unter anderem bei der Verbesserung der Verwertbarkeit von Gärsubstraten aus der Land- und Ernährungswirtschaft. Dabei können speziell entwickelte Mikroorganismen entweder Schadstoffentwicklungen im Gärprozess vermeiden helfen oder diese Schadstoffe, wenn sie entstanden sind, aufspalten und damit unschädlich machen.

Bei der Wasserstoffgewinnung möchte man in Zukunft auf die Fähigkeit bestimmter Mikroalgen bauen, die unter Einwirkung von Sonnenenergie Wasserstoff erzeugen können. Die Vorteile von Biowasserstoff liegen darin, dass die Umweltbelastung der an die Photosynthese gekoppelten Wasserstoffproduktion äußerst gering ist, weil der Prozess kohlendioxidneutral abläuft. Auch für die Entwicklung von organischen Solarzellen, die wegen ihrer geringeren Herstellungskosten und der hohen Umweltverträglichkeit besonders interessant sind, wird die Biotechnologie ein Treiber sein.

- Ebenfalls in Nordrhein-Westfalen liegt ein Cluster im Bereich der klassischen Energieerzeugung: Im Steinkohlekraftwerk Scholven testet RWE Power zusammen mit E.ON und anderen Partnern Werkstoffe im Dauerbetrieb, die eine Erhöhung der Dampfparameter auf 700 Grad Celsius und 350 bar ermöglichen sollen, wodurch weitere Wirkungsgradsteigerungen in der Steinkohle- und Braunkohleverbrennung erreicht werden können.
- An der Universität Stuttgart kooperieren verschiedene Forschungsgruppen mit Unternehmen. So das Institut für Strömungsmechanik mit Voith Siemens Hydro bei der Entwicklung eines Meeresströmungskraftwerks. Das Zentrum für Sonnenenergie- und Wasserstoff-Forschung hat dagegen Dünnschichtsolarzellen aus Kupfer-Indium-Gallium-Diselenid entwickelt und mit Würth Solar GmbH & Co. KG in die industrielle Produktion überführt.
- Das Fraunhofer-Institut für Werkstoffmechanik in Halle kooperiert mit zahlreichen Solarfirmen aus Sachsen-Anhalt – darunter die Q-Cells AG aus Thalheim, die Resolut GmbH aus Bitterfeld und die Sawate GmbH aus Halle – bei der Entwicklung von Fertigungstechnologien für die effizientere und wirtschaftlichere Herstellung von siliziumbasierten Solarzellen und -modulen. Ziel des vom Bundesministerium für Bildung und Forschung geförderten InnoProfile-Vorhabens „SiThinSolar" ist die Herstellung von Wafern mit einer Dicke von 50 bis 100 Mikrometern.
- Auf nationaler Ebene arbeiten die Partner des OPTAN-Projekts zusammen. Das Institut für Zukunftsenergiesysteme in Saarbrücken, das Öko-Institut Freiburg, die BET GmbH aus Aachen und die Dornbach & Partner GmbH erforschen, wie erneuerbare Energien in bestehende Stromnetze integriert werden können und wie diese hierfür verändert werden müssen. Im Mittelpunkt stehen dabei vor allem zwei Fragestellungen: Zum einen, wie dezentrale Energiesysteme optimiert werden können, die künftig zu einem großen Teil auf Anlagen der erneuerbaren Energien beruhen werden. Zum anderen, wie Verteilnetzbetreiber in die Lage versetzt werden können, diese Systemoptimierung zu gestalten. Ziel ist es, den technologischen Rahmen der Energiewirtschaft pro-aktiv an den zunehmenden Anteil erneuerbarer Energien anzupassen.

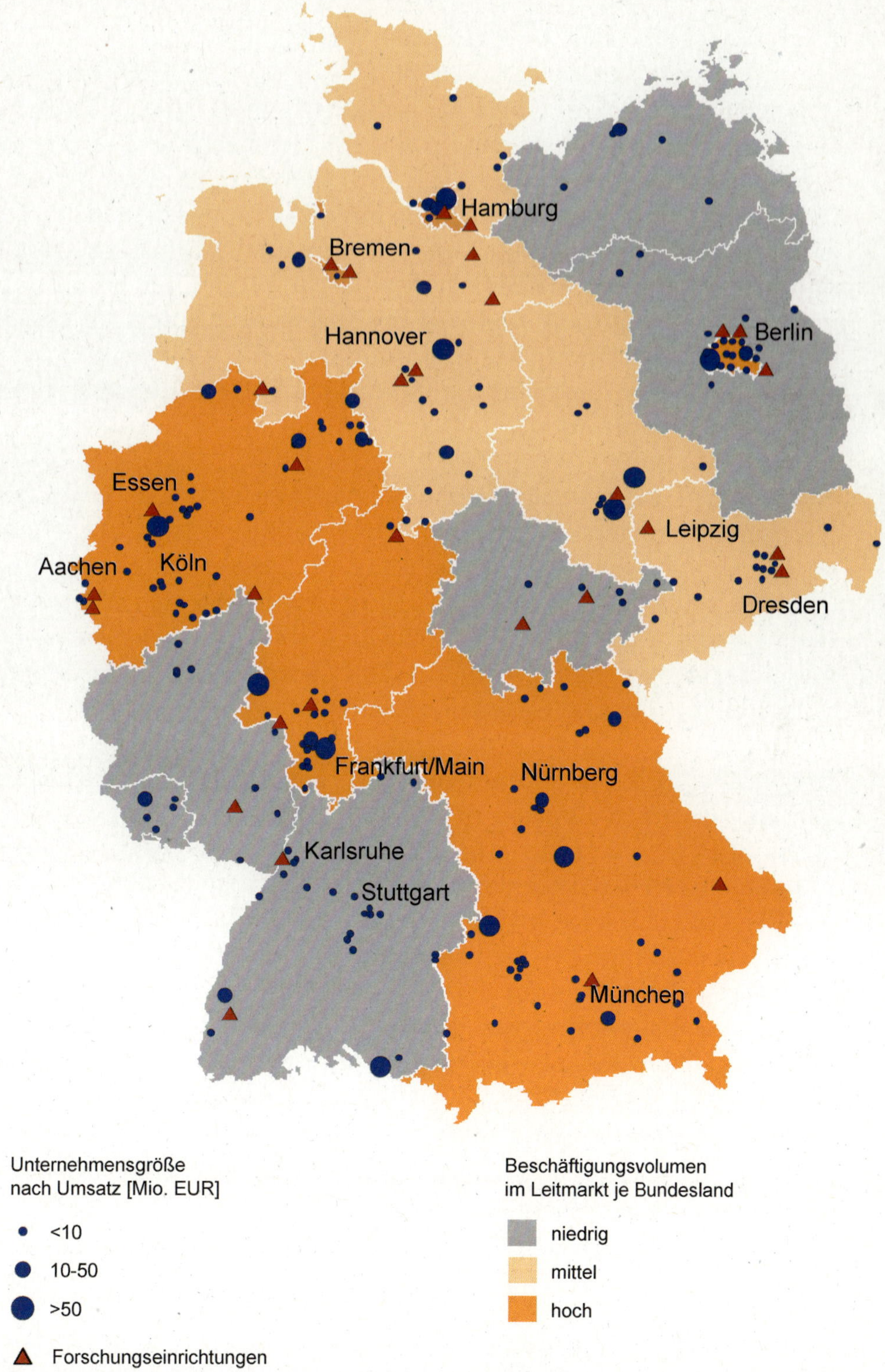

Regionale Verteilung der Firmen und Forschungseinrichtungen im Leitmarkt Umweltfreundliche Energieerzeugung und -speicherung

Der Beitrag der Politik – Frühzeitig die Weichen gestellt

In keinem anderen Leitmarkt hat sich die deutsche Politik so früh und so entschieden festgelegt wie im Bereich der nachhaltigen Energieerzeugung. Deutschland fördert seit 1974 die Forschung im Bereich der erneuerbaren Energien. 1991 wurde mit dem Stromeinspeisungsgesetz erstmals eine Vergütung für dezentral erzeugten Strom ermöglicht – eine Verdopplung des Anteils der erneuerbaren Energien an der Stromproduktion im Zeitraum von 1991 bis 2000 war die Folge. Ab 1999 wurde durch das Marktanreizprogramm für die Wärmenutzung aus erneuerbaren Quellen auch die thermische Verwendung der erneuerbaren Energien gefördert.

Noch mehr Entschlossenheit brachte das Jahr 2000: Das Erneuerbare-Energien-Gesetz hat eine gesetzlich fixierte Mindestvergütung und eine vorrangige Abnahmeverpflichtung für Energie aus erneuerbaren Quellen festgelegt. Mit der dadurch geschaffenen Investitionssicherheit war die Basis für die Entwicklung deutscher Firmen zu Weltmarktführern geschaffen. Im Jahr 2004 wurde die Grundausrichtung durch die Novelle des Gesetzes bestätigt.

Die Zukunft soll den erneuerbaren Energien und der Energieeffizienz gehören: Mit dem Einstieg in den CO_2-Emissionshandel existiert ein Instrument, das Anreize zur umweltfreundlichen Energieerzeugung mit klassischen Technologien sowie Energieeffizienz setzt. 2006 setzte die Regierung weitere Impulse für die Ausweitung der Windenergie, indem sie die Frage des Netzanschlusses von Offshore-Windparks geklärt hat. Damit wurde ein wesentliches Hindernis für die Realisierung der ersten Offshore-Projekte aus dem Weg geräumt. Weitere Gesetzesinitiativen sind geplant – so etwa zur Förderung des Baus neuer effizienter Kraft-Wärme-Kopplungsanlagen und zur Förderung der erneuerbaren Energien im Wärmebereich.

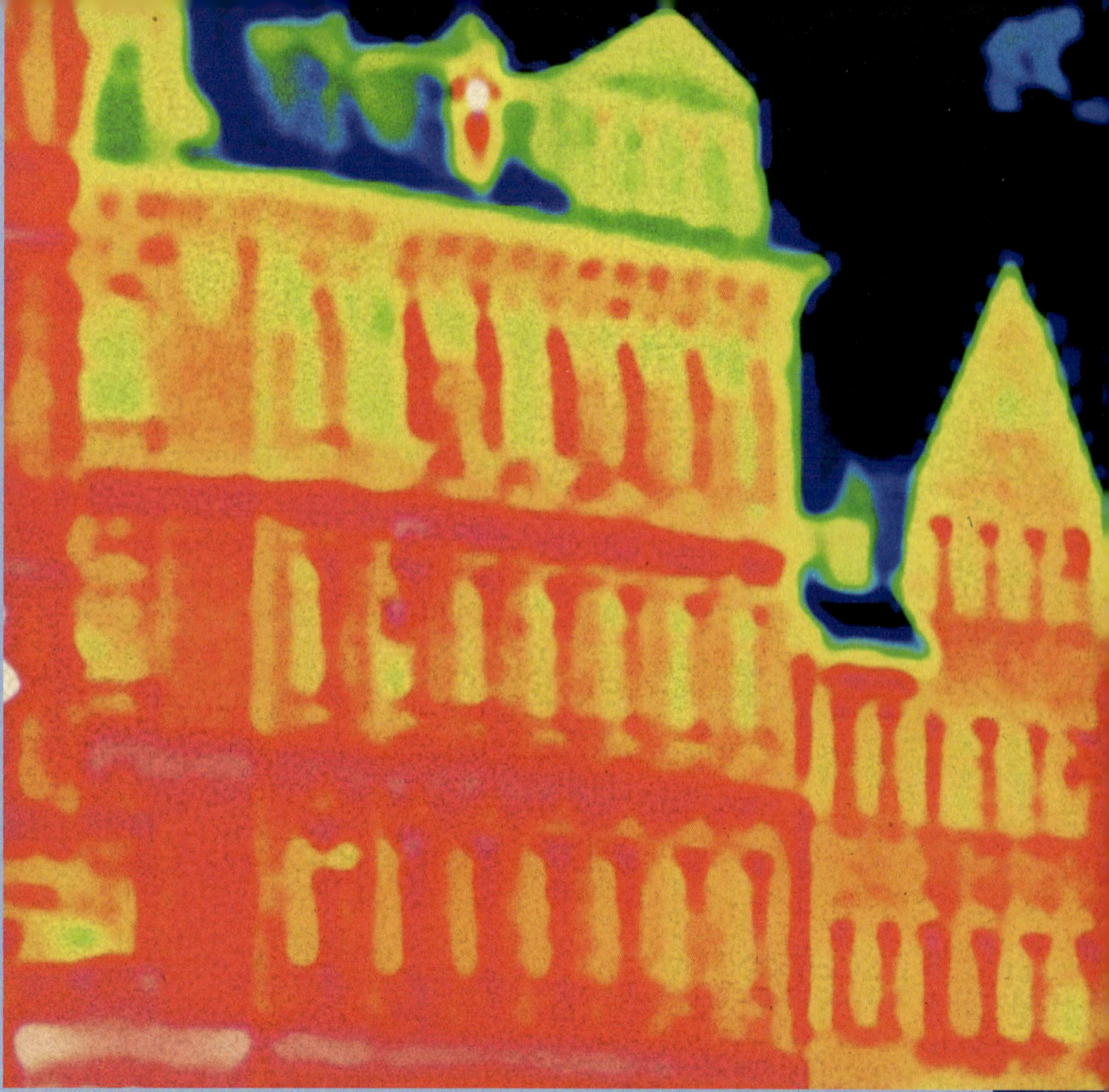

Energie-
effizienz

Die zunehmende Industrialisierung und das Wachstum der Weltbevölkerung treiben den weltweiten Energieverbrauch nach oben: Bis 2030 wird er auf etwa 640.000 Petajoule ansteigen, was einem durchschnittlichen Wachstum von 1,6 % pro Jahr entspricht.

Der Energieverbrauch in der EU-25 liegt gegenwärtig bei circa 1,8 Mrd. Tonnen Öleinheiten pro Jahr, das entspricht Kosten von etwa 500 Mrd. EUR. Fast ein Drittel der gesamten Energie wird in der Wirtschaft verwendet. Wenn es gelingt, diesen Verbrauch signifikant zu senken, könnten die Unternehmen ihre Kosten erheblich verringern (siehe Abbildung). Mehr Energieeffizienz bedeutet also mehr Wettbewerbsfähigkeit. Die verbesserte Kostenposition wirkt positiv auf das Wirtschaftswachstum, was wiederum positive Beschäftigungseffekte nach sich zieht. Schätzungen des deutschen Rates für nachhaltige Entwicklung zufolge könnten für jede eingesparte Million Tonnen Rohöleinheiten mehr als 2.000 Vollzeitarbeitsplätze geschaffen werden.

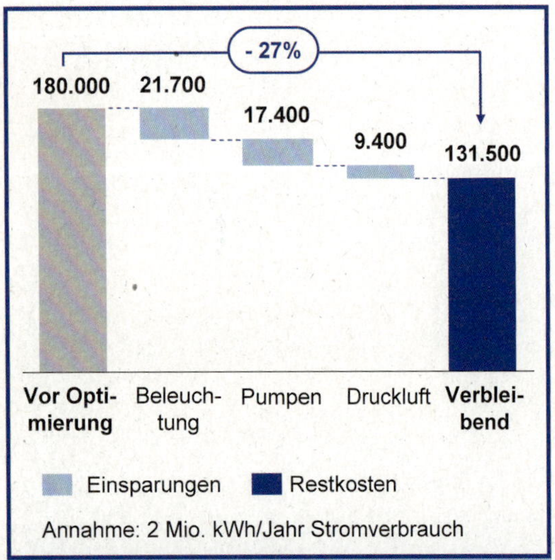

Beispiel mittelständisches Unternehmen: Stromkosten pro Jahr vor und nach Optimierung [EUR]

Quelle: Deutsche Energie-Agentur

Noch weitere, gewichtige Argumente sprechen für eine Verbesserung der Energieeffizienz: Der überwiegende Teil der heute genutzten Energieträger ist nicht nachhaltig, die fossilen Ressourcen sind begrenzt: Erdöl und Erdgas werden bei einer Fortschreibung der derzeitigen Verbrauchstrends Ende dieses Jahrhunderts erschöpft sein. Eine vollständige Substitution mit Energie aus erneuerbaren Quellen ist jedoch in diesem Zeitraum wenig realistisch. Nur mit höherer Energieeffizienz kann der bestehende Lebensstandard über längere Zeit aufrechterhalten werden.

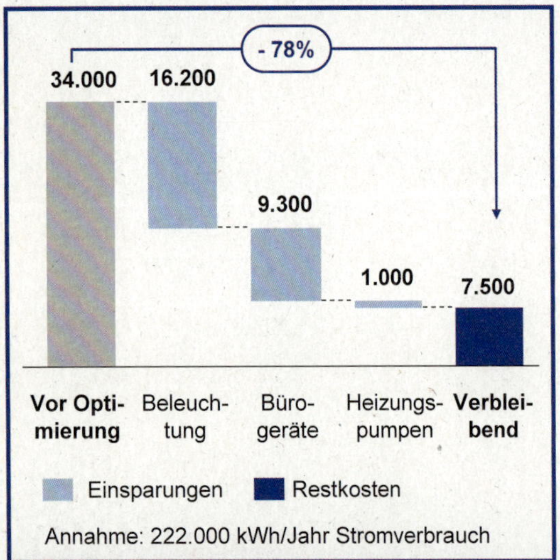

Beispiel Bürogebäude: Stromkosten pro Jahr vor und nach Optimierung [EUR]

Quelle: Deutsche Energie-Agentur

Der 4. UN-Klimabericht vergleicht die Sektoren Land- und Forstwirtschaft, Industrie, Energieversorgung, Transport und Gebäude hinsichtlich ihrer Möglichkeiten zur CO_2-Reduktion. Das Ergebnis: Die höchsten Kohlendioxid-Einsparungen – 29 % – lassen sich bis 2020 im Gebäudebereich realisieren. Wie groß diese Potenziale sind, zeigen die Modellrechnungen für die Strom- und Heizkosten eines Bürogebäudes (siehe Abbildungen). Energieeffizienz hat somit einen dreifachen Effekt – niedrigere Kosten, weniger Abhängigkeit von endlichen Ressourcen und geringere Emissionen.

In Deutschland konnte seit 1990 immerhin erreicht werden, dass der Anstieg des Energieverbrauchs geringer ausfiel als das Wirtschaftswachstum. Diese relative Entkopplung reicht aber bei weitem nicht aus. Der deutsche Stromverbrauch stieg von 1993 bis 2005 immer noch um fast ein Fünftel und ist für fast die Hälfte des gesamten deutschen Kohlendioxid-Ausstoßes verantwortlich. In Deutschland konnte zwar durch höhere Energieeffizienz der Stromverbrauch der einzelnen Geräte reduziert werden. In Summe hat der Stromverbrauch dennoch zugenommen, weil der höhere technische Ausstattungsgrad die Spareffekte der höheren Effizienz übertroffen hat; dies gilt vor allem für die Industrie. Sie braucht mittlerweile ein Drittel mehr Strom als 1993. Es liegen viele Sparpotenziale brach, wie ein Blick auf die Entwicklung der Energieproduktivität zeigt.

Auf einen Blick

Durch energieeffiziente Technologie können enorme **Potenziale für Energieeinsparungen**, insbesondere im Gebäudebereich, genutzt werden.

Das Weltmarktvolumen von 450 Mrd. EUR wird sich bis 2020 verdoppeln – damit ist Energieeffizienz der **Leitmarkt mit dem höchsten Volumen**.

Internationale Absatzchancen liegen vor allem in den industrialisierten Märkten Europas und Nordamerikas.

Deutsche Unternehmen nehmen **technologische Spitzenpositionen** ein und bedienen **ein Fünftel des Marktes**.

Der **Produktionsstandort Deutschland gewinnt** bis 2010 **an Bedeutung**.

Die Unternehmen des Leitmarkts Energieeffizienz sind **sehr profitabel**, fast ein Drittel erzielt Umsatzrenditen über 10 %.

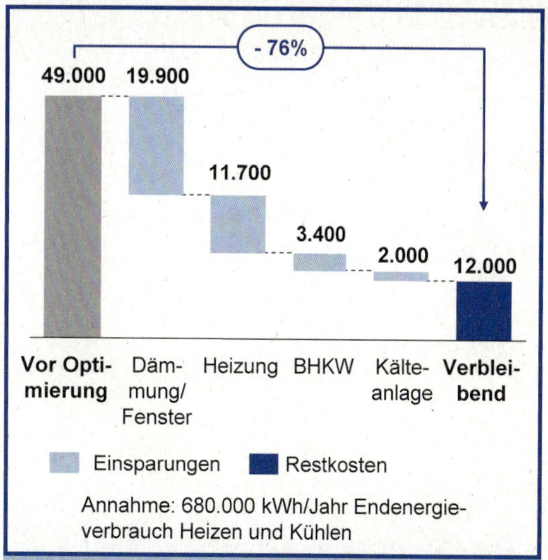

Beispiel Bürogebäude: Heizkosten pro Jahr vor und nach Optimierung [EUR]

Quelle: Deutsche Energie-Agentur

Betrug die jährliche Steigerung der Energieproduktivität Anfang der 90er-Jahre noch 2,4 %, so ging dieser Wert 2006 im Durchschnitt und bezogen auf 1990 auf 1,4 % pro Jahr zurück. Eine weitere Steigerung der Energieproduktivität ist jedoch unabdingbar, damit der Energieverbrauch nicht nur relativ zum Wirtschaftswachstum sinkt, sondern auch absolut.

Die Gründe für die noch unzureichende Energieeffizienz sind vielfältig: Zum einen mangelt es an Informationen darüber, an welchen Stellen und wie sich Energie wirtschaftlich einsparen lässt. Zum anderen fehlen Markttransparenz und Anreize für den Kauf von Maschinen und Anlagen mit niedrigerem Energieverbrauch: Unter anderem sind die Amortisationszeiten von Anlagen häufig so kurz gesetzt, dass die ökonomischen Effekte effizienterer Anlagen nicht zum Tragen kommen. Darüber hinaus sind betriebswirtschaftliche Instrumente, mit denen bei Investitionen eine Lebenszyklusanalyse erfolgen kann, die die Energieeffizienz berücksichtigt, nicht bekannt oder werden zu wenig eingesetzt.

Dennoch leisten deutsche Unternehmen – teilweise unbemerkt von der Öffentlichkeit – bereits heute einen wichtigen Beitrag zum Klimaschutz: Mit der Entwicklung innovativer Technologien und neuer Produkte tragen sie dazu bei, Energie zu sparen. Dennoch würden sich viele der betreffenden Unternehmen nach eigenem Selbstverständnis gar nicht als Anbieter von Umwelttechnologie bezeichnen. Wählt man jedoch einen breiteren Definitionsansatz, so gehören zu den Energieeffizienztechnologien:

- Isolierbaustoffe und Gebäudetechnik, das heißt Wärmedämmsysteme, Heiz- und Kühlsysteme, Wärmeschutzverglasung,
- energieeffiziente Produkte, das heißt effiziente Haushaltsgeräte, Elektronik (zum Beispiel Informations- und Kommunikationstechnik), Energiesparlampen,
- energieeffiziente Verfahren und Produktionsprozesse,
- energieeffiziente industrielle Querschnittstechnologien, das heißt vor allem Pumpen, Motoren, Druckluftsysteme, Mess-, Steuer- und Regeltechnik,
- Energiedienstleistungen wie Contracting und Energieberatung.

Zukunft der Energieeffizienz – Drei Hebel für mehr Nachhaltigkeit

Mehr Energieeffizienz kann sowohl in privaten Haushalten als auch in Wirtschaft und Verwaltung neben der sparsamen Nutzung von Energie mit drei Hebeln erreicht werden:

- Reduzierung des Energieverbrauchs durch Prozessoptimierung einschließlich intelligenter Steuerung,
- Steigerung der Energieeffizienz von Geräten und Aggregaten,
- Steigerung der Energieeffizienz von Gebäuden.

Für alle drei Hebel bieten deutsche Unternehmen zahlreiche bewährte und innovative Produkte und Dienstleistungen an.

Hebel 1: Reduzierung des Energieverbrauchs durch Prozessoptimierung einschließlich intelligenter Steuerung

Der erste Schritt zu einer Veränderung ist die bewusste Entscheidung von Unternehmen oder Privatpersonen, den Energieverbrauch künftig zu reduzieren. Doch der Wille allein reicht nicht: Ohne Know-how und die entsprechende Technik lassen sich die guten Vorsätze nicht in die Tat umsetzen. Hier sind Dienstleistungsunternehmen und die Hersteller von Technologien gefordert, die die Energieeffizienz erheblich verbessern.

Zur Optimierung ihrer Energieversorgung nutzen immer mehr Firmen das Contracting. Bei diesem Konzept stellt ein Dienstleister – der Contractor – die Verbesserung der ökonomischen und ökologischen Effizienz bei der Erzeugung und Nutzung von Energie sicher. Die Leistungen der

Energiemanagement der Extraklasse spart 600.000 EUR pro Jahr

Mit einem umfassenden Energiemanagement spart Vorwerk 600.000 EUR pro Jahr, das entspricht einer Senkung des Primärenergieverbrauchs um 60 %. Der Hersteller von Haushaltsgeräten befasst sich schon seit Jahren mit energieeffizienten Methoden. Zunächst wurde mit Hilfe von Energiemengen-Zählern im Werk der Verbrauch erhoben. Heute steuert das Unternehmen den gesamten Energieverbrauch mittels EDV: Anlagen werden geschaltet und geregelt, Zählerstände und Störungen erfasst. Miteinbezogen in dieses System sind Heizungs- und Lüftungsanlagen, Druckluftstationen und die einzelnen Produktionsprozesse. Auch bei der Reduzierung des Energiebedarfs ist Vorwerk vorbildlich: von der Zeitschaltuhr für die Warmwasserpumpe (Nutzen 2.700 EUR/a) bis hin zur Wärmerückgewinnung für den Schmelzofen (Nutzen 44.000 EUR/a).

mittlerweile rund 500 Contracting-Anbieter in Deutschland werden dabei aus den eingesparten Energiekosten finanziert. Der Kunde kauft eine Pauschalmenge Wärme oder Strom vom Contractor, der diese dann möglichst effizient erzeugt. Im Schnitt lassen sich so 15–20 % Energie einsparen. Das illustriert ein Beispiel aus München: In der 2002 gebauten Microsoft-Zentrale hat es ein Contractor geschafft, Energiekosten in Höhe von 100.000 EUR pro Jahr einzusparen.

Andere Firmen bieten Beratungsleistungen zur Optimierung des Energieverbrauchs an. Das Angebot solcher Unternehmen reicht von Berechnungen der Lebenszykluskosten für alternative Heizsysteme bis zur komplexen Optimierung von Produktionsverfahren.

Die Mess-, Steuer- und Regeltechnik legt die Basis für einen effizienten Einsatz von Energie, indem sie Transparenz herstellt und eine Datenbasis schafft. Durch die zunehmende Automatisierung muss der Mensch immer weniger selbst überwachen und eingreifen: Zum Beispiel gibt es im privaten Bereich sowie in Fabrik- und Bürogebäuden Heizungssysteme, die selbständig erkennen, ob sich Menschen in den Räumen aufhalten und die Heizungsleistung entsprechend regeln.

In der Industrie leistet die Mess-, Steuer- und Regeltechnik einen besonders hohen Beitrag zu einem rationellen Umgang mit Energie. Ein Beispiel dafür ist die Druckluftnutzung. Häufig wird unterschätzt, welche Energieverluste durch Leckagen und Druckabfälle entstehen können. Vom Manometer bis zum Drucksensor – das Instrumentarium der klassischen Messtechnik stellt Energieeffizienz sicher. Durch die kontinuierliche manuelle oder automatische Überwachung kann beispielsweise verhindert werden, dass zu geringer Arbeitsdruck zu verminderter Leistung, zu mehr Arbeitszeit und damit zu höherem Energieverbrauch führt. Einen weiteren Beitrag leistet die Regelungstechnik: Diese kann durch Druckabsenkung und Reduzierung interner Regelungsverluste 12 bis 15 % der benötigten Energie einsparen.

Druckluftanlage vom Contractor: Weniger Kosten, mehr Qualität

Die Räderfabrik Michelin in Ohlig spart dank einer modernen Druckluftanlage Energie. Um den Bedarf von 300 m^3/min. zu decken, wurden neue Kompressoren per Contracting finanziert. Von der Installation bis zur Wartung und Erneuerung des Verteilernetzes hat der Contractor die volle Verantwortung übernommen. In der neuen Konstellation profitiert Michelin von mehr Versorgungssicherheit, garantierter Druckluftqualität und Kostentransparenz. Die neue Stromversorgung und ein modernes Wärmerückgewinnungssystem sparen das Äquivalent von jährlich rund 4.800 Tonnen des klimaschädlichen CO_2.

Über den Bereich Energieeffizienz hinaus hat die Mess-, Steuer- und Regeltechnik hohe Relevanz für den Umweltschutz. Deutsche Hersteller produzieren Messinstrumente für vielfältige Anwendungen: In der Wassermesstechnik erfassen Geräte den Verbrauch, den Grundwasserstand oder die Wasserqualität. Unternehmen der Luftmesstechnik stellen Geräte zur Messung von Partikelbelastungen, Emissionen und Luftqualität her. Weitere Anwendungsgebiete sind unter anderem Wettermessungen und Messungen der Schadstoffbelastung von Böden.

Hebel 2: Steigerung der Energieeffizienz von Geräten und Aggregaten

Auch die eingesetzten Geräte selbst müssen energieeffizienter werden. Hier ist die technologische Innovationskraft der Herstellerfirmen gefragt. Deutsche Unternehmen haben schon frühzeitig Forschungsaktivitäten in diesem Bereich entwickelt.

Private Haushalte bieten reichlich Ansatzpunkte zur Energieeinsparung: Etwa ein Drittel des privaten Stromverbrauchs wird von Haushalts- und Elektrogeräten verursacht. Die sogenannte Weiße Ware birgt deshalb ein erhebliches Einsparpotenzial. Deutsche Hersteller von Haushalts- und Elektrogeräten sind bei Qualität und Energieeffizienz weltweit führend. Würden in Deutschland Altgeräte durch energieeffiziente Modelle ersetzt, ließen sich nach Angaben des Zentralverbands Elektrotechnik und Elektronikindustrie (ZVEI) 7,9 Mrd. Kilowattstunden Strom einsparen – das entspricht gegenwärtig dem Jahresverbrauch von 2,8 Millionen Zwei-Personen-Haushalten. Ein einfaches Beispiel illustriert das inzwischen bei Neugeräten erreichte Effi-

Plattenbau in Mineralwolle gepackt: Das Heizen wird fast überflüssig

In Deutschlands größtem Niedrigenergiehaus im Berliner Stadtteil Lichtenberg werden 156.000 Tonnen CO_2 gespart. Seit März 2006 sind die 296 Wohnungen des Plattenbaus mit insgesamt 18.000 Quadratmetern nach einem außergewöhnlichen Energiesparkonzept komplett saniert worden: Vom Dach bis zum Erdgeschoss ist das Haus nun in Mineralwolle eingepackt, die Fenster sind mit je drei Scheiben verglast. So werden Wärmeverluste verhindert. Um Energieverluste beim Lüften zu vermeiden, ist im Haus eine zentrale Belüftungsanlage eingebaut. In jeder Wohnung gibt es eine Leiste mit fünf kleinen Löchern oder einen Plastikschlitz an der Decke. Durch sie wird kontinuierlich frische Luft ins Zimmer geleitet. Weil diese auf 18 Grad Celsius vortemperiert ist, muss die Heizung kaum benutzt werden. Die verbrauchte Luft hingegen wird über Bad und Küche abgesaugt und gelangt dann in einen Rotationswärmeaustauscher unter das Dach. Dieser trennt die Luft so, dass verbrauchte Luft nach draußen fließt und die Wärme mit der neuen Frischluft vermengt wird. Außerdem verfügt das Haus über ein Blockheizkraftwerk. Der Jahresenergiebedarf wird mit diesem Konzept um 30 % gesenkt.

zienzniveau: Eine moderne, voll beladene Spülmaschine kommt mit weniger Strom und Wasser aus als ein geübter Handabwäscher.

Das Beleuchten einer Wohnung mit herkömmlichen Glühlampen ist im Schnitt genauso teuer wie das Kochen und Backen, da Lampen wesentlich mehr genutzt werden. Entsprechend groß ist das Potenzial für Energieeinsparungen: Energiesparlampen haben geringere Lebenszykluskosten und brauchen im Vergleich zu herkömmlichen Lampen bis zu 80 % weniger Energie. Würden mehr Energiesparleuchten in die Fassungen geschraubt, ließen sich allein in Deutschland bis zu 11 Mrd. Kilowattstunden Strom sparen, das entspricht dem Jahresverbrauch von 4 Millionen Zwei-Personen-Haushalten. Allerdings stießen die Energiesparlampen bisher auf wenig Gegenliebe bei den Verbrauchern, vermutlich aufgrund ihrer hohen Anschaffungskosten und ihrer „kalten" Leuchteigenschaften. Mehr Anklang am Markt wird die Light Emitting Diode (LED) finden, die sich wegen ihrer angenehmen Leuchteigenschaften als Lichtquelle der Zukunft erweisen könnte. Ihre Leuchtkraft verdankt sie einem eingebauten Festkörperkristall. Hinzu kommen weitere Vorzüge: LEDs strahlen bis zu 100.000 Stunden, sie sind stoßunempfindlich werden nicht heißer als 40 Grad. Und ihr wichtigster Pluspunkt: Ihr Einsparpotenzial liegt noch über dem der Energiesparlampen: Der LED Spot kommt mit 1,2 Watt aus, während Halogenstrahler 20 Watt benötigen.

In Büros liegen ebenfalls noch viele Energiesparpotenziale brach. Die deutsche IT- und Kommunikationsbranche hat im Jahr 2005 gut 45.000 Gigawattstunden Strom verbraucht. Zudem entstehen rund 20 % der IT-Kosten in deutschen Firmen durch Stromverbrauch. Entsprechend groß sind die Sparpotenziale durch den stärkeren Einsatz von Netzwerkcomputern, effizienterer Server-Architektur oder effizienterer Geräte. So verspricht beispielsweise Fujitsu Siemens, dass die PCs der jüngsten Generation Energiekosten in Höhe von 10 EUR pro Jahr sparen. Ein anderes Beispiel energieeffizienter Technologie hat die Firma SanDisk vorgestellt: Sie produziert eine 32 Gigabyte-Flashspeicher-Festplatte, die ohne Motor auskommt. Damit kann die Hälfte des Stromverbrauchs eingespart werden.

Große Sparpotenziale liegen in der Ausstattung von Geräten mit Bereitstellungsmodus (Standby). Die Leistungsaufnahme von PCs im Standby lag 2001 noch bei 25 Watt; 2010 soll sie nur noch 6 Watt betragen. Ähnlich verläuft die Entwicklung bei Druckern: Durch die Verschmelzung von Standby und Sleep-Modi lassen sich die Geräte gegenwärtig mit 10 bis 15 Watt betreiben; bisher lag die Leistungsaufnahme im

Standby-Modus zwischen 200 und 400 Watt. Im Vergleich zum Betriebsmodus lassen sich inzwischen sogar bis zu 98 % Energie einsparen.

Im produzierenden Gewerbe gibt es noch viele Möglichkeiten, den Energieverbrauch zu reduzieren. In Pumpen- und Ventilatorensystemen stecken Energie-Einsparpotenziale von bis zu 30 %. Deutsche Pumpenhersteller haben mit der Faktor-Vier-Pumpe inzwischen ein Produkt im Angebot, das statt 40 bis 80 nur noch 5 bis 30 Watt verbraucht. Würde dies deutschlandweit eingesetzt, könnte 1 % des gesamten Stromverbrauchs eingespart werden; das sind 4 bis 5 Mrd. Kilowattstunden pro Jahr.

Hocheffizienzpumpe spart 60 % Energie

Die Firma Infracor hat lange geprüft, wie ihre Pumpensysteme optimiert werden könnten. Vom Einsatz von Drehzahlregelungen bis zur Steigerung von Wirkungsgrad und Pumpenleistung wurden einfache und aufwendigere Maßnahmen in Betracht gezogen. Dann fiel die Entscheidung für die komplette Ersetzung der alten Pumpen. Sie wurden durch neue Hocheffizienzpumpen mit einem energieeffizienten EC-Motor (electronic commutated) ausgetauscht. Damit konnte der Energieverbrauch um fast 60 % gesenkt werden.

In Deutschland entfallen circa 65 % des industriellen Stromverbrauchs auf Elektromotoren. Hier lassen sich erhebliche Kosten und Energiemengen einsparen. Von den jährlich gut 220 Mrd. Kilowattstunden des Endenergieverbrauchs in den Sektoren Industrie und Gewerbe, der durch Elektromotoren verursacht wird, könnten durch mechanische Systemoptimierung, den Einsatz von Energiesparmotoren sowie durch automatische Drehzahlregelung in Deutschland in den nächsten Jahren bis zu 27,5 Mrd. Kilowattstunden pro Jahr eingespart werden. Dies entspricht dem Verbrauch von fast 9 Millionen Haushalten. Europaweit ließen sich so 200 Mrd. Kilowattstunden Strom und damit 100 Mio. Tonnen Treibhausgas sowie 10 Mrd. EUR Betriebskosten jährlich einsparen. Die erforderliche Technik ist schon heute bei deutschen Firmen erhältlich, die mit ihren Produkten zur Weltspitze gehören.

Hebel 3: Steigerung der Energieeffizienz von Gebäuden

Fast 40 % der insgesamt in Deutschland eingesetzten Energie fließen in die Raumheizung und die Warmwasserbereitung. In den privaten Haushalten sind es sogar 86 % der gesamten Energie (Heizwärme 74 %, Warmwasser 12 %). Ältere Gebäude brauchen etwa dreimal soviel Energie zur Beheizung wie Neubauten. Um bei privaten Altbauten eine Energieeinsparung von 25 % zu erreichen, ist in Deutschland ein Investitionsaufwand von 450 Mrd. EUR notwendig. Die damit erreichba-

Hellere Beleuchtung mit zwei Dritteln weniger Energie

Der Automobilzulieferer PMG Füssen GmbH hat in seiner Fabrik durch ein neues Beleuchtungskonzept 72 % des Energieverbrauchs eingespart. Dabei wurde durch den Einsatz von Aluminiumreflektoren die Zahl der eingesetzten Leuchten reduziert, aber gleichzeitig die Beleuchtungsstärke gesteigert. Die Leuchten wurden mit elektronischen Vorschaltgeräten mit geringerer Leistungsaufnahme ausgestattet. Ein Regelungssystem ermöglicht schließlich eine tageslichtabhängige Regelung der Beleuchtung sowie eine bewegungsabhängige Dimmung. Das Maßnahmenpaket ist aufgrund der weiten Verbreitung dieser Art der Beleuchtungsanlage auf fast alle Bereiche der Industrie übertragbar.

re CO_2-Minderung läge zwischen 30 und 35 Mio. Tonnen CO_2 pro Jahr, das sind etwa 4 % der heutigen CO_2-Gesamtemission. Der durchschnittliche Energieverbrauch von Altbauten liegt bei circa 250 kWh/m^{2}a (Kilowattstunden pro Quadratmeter und Jahr). Das entspricht 25 Liter Öl oder 25 Kubikmeter Gas pro Quadratmeter Wohnfläche im Jahr. Ein vergleichbarer, optimal gedämmter Altbau hat einen Energieverbrauch von circa 80 kWh/m^{2}a, das bedeutet einen Jahresverbrauch von 8 Liter Öl bzw. 8 Kubikmeter Gas pro Quadratmeter Wohnfläche. Der Energieverbrauch lässt sich also auf ein Drittel reduzieren. In Verbindung mit der Erneuerung der Fenster und der Modernisierung der Heizungsanlage lassen sich bis zu drei Viertel, im Einzelfall sogar bis zu 90 % der bisher benötigten Energiemenge einsparen.

Der Bereich Lüftung und Klima verursacht je nach Gebäude bis zu 50 % des Gesamtprimärenergieverbrauchs. Statt herkömmlicher Klimaanlagen können passive und hybride Kühlmaßnahmen Energie sparen. Passive Kühlmaßnahmen umfassen die Verbesserung des Mikroklimas durch Wasserflächen und Pflanzen, einen hohen Dämmstandard, Sonnenschutz und gezielte natürliche Belüftung. Allein dadurch kann die benötigte Kälte des Gebäudes fast halbiert werden. Mit der hybriden Kühlung werden niedrige Temperaturen in der Nacht oder aus dem Erdreich zur Kühlung verwendet. In Kombination mit der passiven Kühlung kann damit in mitteleuropäischen Ländern auf aktive Klimatisierung fast vollständig verzichtet werden. Schließlich können statt elektrisch betriebener Klimaanlagen energieeffiziente Kühlsysteme genutzt werden. Dazu gehören Absorptionskältemaschinen in Verbindung mit Kraft-Wärme-Kopplung oder solarer Kühlung. Diese verwandeln in einem technischen Prozess Wärme zu Kälte.

Alle Neubauten müssen seit 2002 die Standards für Niedrigenergiehäuser erfüllen. Diese legen den maximalen Wärmebedarf für die Gebäudeheizung fest: Er liegt bei 70 kWh/m^{2}a für Einfamilienhäuser. Dieser Standard kann aber noch übertroffen werden, wie die Passivhäuser zeigen. Sie benötigen fast keine Heizenergie mehr und sparen somit fast 80 % Energie – dies entspricht einem Bedarf von 1,5 Liter Heizöl pro Quadratmeter Wohnfläche. Thermische Behaglichkeit wird durch passive Maßnahmen, das heißt Wärmedämmung und passiv genutzte Sonnenenergie, gewährleistet. In der Herstellung sind Passivhäuser im Mittel nur etwa 8 % teurer als konventionell gebaute Häuser. Deutsche Unternehmen vertreiben die notwendigen Dämmstoffe wie Steinwolle, Polystyrol und Kork- oder Kokosplatten, die derzeit einen Nachfrageschub erleben. Diese Materialien erzielen enorme Effekte: Um die gleiche Dämmwirkung wie 17 cm Dämmstoff zu erreichen, wäre eine fast neun Meter dicke Betonwand erforderlich.

Marktchancen – Entwickelte Märkte wachsen kontinuierlich

Der Weltmarkt für Energieeffizienz hatte 2005 ein Volumen von circa 450 Mrd. EUR. Experten rechnen bis 2020 mit einer Verdoppelung auf etwa 900 Mrd. EUR. Dieser Markt ist heute schon sehr groß und wächst – in absoluten Zahlen – am stärksten von allen Leitmärkten.

Auf den ersten Blick scheinen die jährlichen Steigerungsraten in den relevanten Branchen im Vergleich zu den Wachstumsprognosen für die anderen Leitmärkte gering. Der Leitmarkt Energieeffizienz wird allerdings von reifen Industrien geprägt – und für diese sind Wachstumsraten von 5 % pro Jahr durchaus beachtlich: Sie führen bei der Mess-, Steuer- und Regeltechnik und den Elektromotoren bis 2020 zu einer Verdopplung des Marktvolumens. Ähnlich stark wächst der Bereich der Haushaltsgeräte, die sogenannte Weiße Ware. Im Bereich der Wärmedämmung ist eine etwas geringere Wachstumsdynamik zu erwarten: Die neu installierte Dämmfläche

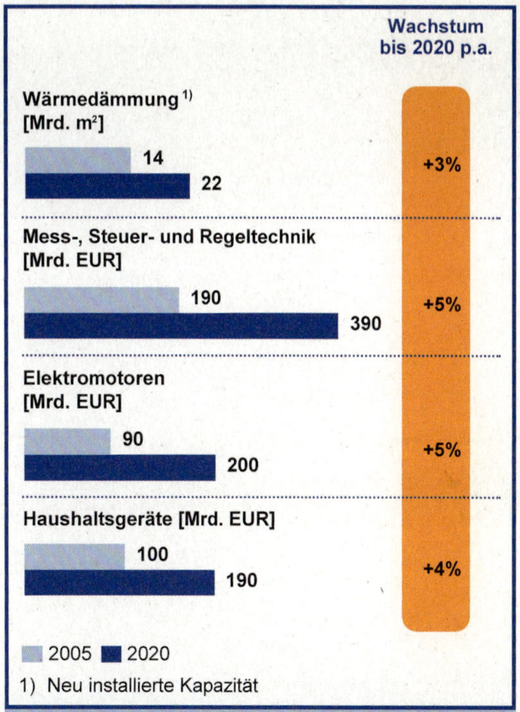

Weltmarktprojektionen in Kernsektoren

Quelle: Roland Berger

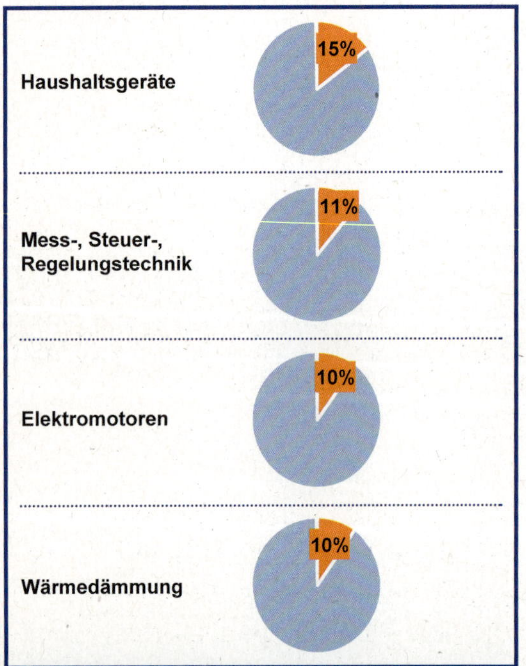

Weltmarktanteile deutscher Unternehmen
Quelle: Roland Berger

wird sich bis 2020 von 14 auf 22 Mrd. Quadratmeter erhöhen.

Deutsche Firmen gehören besonders bei der Weißen Ware zu den wichtigsten Produzenten weltweit; ihr Anteil am Weltmarkt liegt bei 15 %. Im Hochtechnologiebereich sind sie Marktführer, ebenso bei den energieeffizienten Technologien. In den Bereichen Mess-, Steuer- und Regeltechnik, bei den Elektromotoren und der Wärmedämmung wird ein Zehntel des Weltmarkts von deutschen Unternehmen beliefert (siehe Abbildung Seite 63). Auch hier gilt, insbesondere bei den Elektromotoren, dass die von deutschen Firmen verkauften Produkte im Hochtechnologiesegment angesiedelt sind und somit einen hohen Beitrag zur Energieeffizienz leisten. Höhere Marktanteile für deutsche Firmen bedeuten in diesem Leitmarkt tendenziell auch mehr Energieeinsparung und damit mehr Klimaschutz.

Umsatz und Beschäftigung – Wachstum auf hohem Niveau

Die befragten Unternehmen im Leitmarkt Energieeffizienz sind zum größten Teil kleine Firmen mit einem Jahresumsatz unter 10 Mio. EUR. Sie bieten vor allem Dienstleistungen an, zum Beispiel Energieeffizienzoptimierung für Gebäude, Energieberatung für Unternehmen oder Projektierung und Planung von Passivhäusern. Fast 90 % der mittleren und großen Firmen kommen dagegen aus dem produzierenden Gewerbe – ihr Angebot reicht von der Weißen Ware über die Wärmedämmung bis zur Messtechnik.

Umsatzklasse Unternehmen [Mio. EUR]	2004-2006	2007-2009
<10	21% p.a.	22% p.a.
10-50	31% p.a.	24% p.a.
>50	18% p.a.	20% p.a.

Umsatzentwicklung im Leitmarkt – Vergangenheit und Zukunftsprojektion
Quelle: Roland Berger

Mit Energieeffizienz machen deutsche Unternehmen hochgerechnet über 50 Mrd. EUR Umsatz, mehr als die Hälfte davon erwirtschaften die Hersteller von Weißer Ware sowie von Mess-, Steuer- und Regeltechnik. Die jährlichen Wachstumsraten bei den befragten Unternehmen lagen mit durchschnittlich 20 % pro Jahr im Zeitraum 2004 bis 2006 sehr hoch. Besonders die mittelgroßen Firmen konnten erheblich wachsen (siehe Tabelle 62).

Umsatzklasse Unternehmen [Mio. EUR]	2004-2006	2007-2009
<10	15% p.a.	17% p.a.
10-50	15% p.a.	14% p.a.
>50	19% p.a.	13% p.a.

Mitarbeiterentwicklung im Leitmarkt – Vergangenheit und Zukunftsprojektion

Quelle: Roland Berger

Besonders gut haben sich zwischen 2004 und 2006 diejenigen Unternehmen entwickelt, deren Produkte energieeffizienter Verfahren in der Industrie ermöglichen – zum Beispiel Hersteller von Prozesslufttechnik, Strombegrenzern und Wärmetauschern. Ihre Umsätze legten jährlich über 25 % zu.

Die Erwartungen für die Entwicklung bis 2009 fallen ebenfalls positiv aus: Im Schnitt wird mit jährlichen Zuwachsraten knapp über 20 % gerechnet. Wachstumsführer werden auch in den nächsten Jahren die Unternehmen im Bereich energieeffizienter Verfahren in der Industrie sein. Überdurchschnittliche Wachstumsraten erwarten außerdem die Unternehmen der Gebäudetechnik.

Auch die Mitarbeiterentwicklung war im Leitmarkt Energieeffizienz von 2004 bis 2006 überaus positiv. Jährlich konnten die Unternehmen die Zahl ihrer Beschäftigten im Schnitt um 15 % erhöhen. Besonders günstig hat sich auf den Arbeitsmarkt ausgewirkt, dass gerade die großen Unternehmen viele Mitarbeiter eingestellt haben – durchschnittlich vergrößerten sich die Belegschaften um 19 % pro Jahr. Die Unternehmen erwarten eine Fortsetzung dieses Trends, sodass die Zahl der Neueinstellungen von 2007 bis 2009 im Schnitt jährlich um 16 % wachsen wird (siehe Tabelle oben).

Dabei verschieben sich die Schwerpunkte von Firmen, die auf mehre-

Umsatzrendite-Klassen (gemäß Jahresüberschuss)

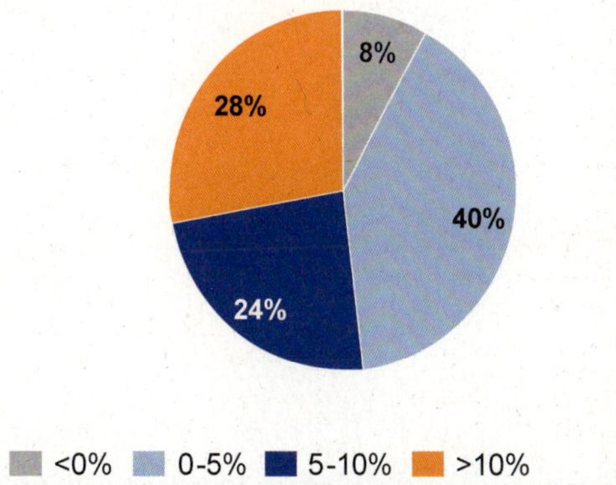

Rentabilität der Unternehmen

Quelle: Roland Berger

ren Märkten aktiv sind, hin zum Leitmarkt Energieeffizienz. Der Anteil der Mitarbeiter, die diesem Bereich zuzuordnen sind, nimmt beständig zu: von 2004 bis 2006 um 3 Prozentpunkte. Die Arbeits- und Ausbildungsplatzeffekte werden also verstärkt im Leitmarkt Energieeffizienz entstehen.

Die Betrachtung der Profitabilität zeigt, dass im Leitmarkt Energieeffizienz weniger junge oder neu gegründete Unternehmen aktiv sind als in anderen Leitmärkten. Dies könnte ein Grund dafür sein, dass hier der Anteil von Firmen, die Verluste machen, geringer ausfällt. Etwa ein Drittel der Unternehmen erreicht zudem Umsatzrenditen von über 10 % – in unserer Untersuchung die höchste Quote profitabler Unternehmen aller Leitmärkten (siehe Abbildung Seite 63). Noch höher wird diese Quote, wenn man nur die Beratungs- und Dienstleistungsfirmen betrachtet. Aber auch ein Fünftel der Produktionsunternehmen erzielt einen Jahresüberschuss von über 10 % des Umsatzes. Bei den Herstellern energieeffizienter Geräte ist der Anteil von Firmen mit Umsatzrenditen von über 10 % besonders groß.

Internationalisierung – Größte Absatzchancen auf industrialisierten Märkten

Im Leitmarkt Energieeffizienz ist ein Drittel der befragten Unternehmen mit ihren Produkten und Dienstleistungen auf internationalen Märkten vertreten. Diese Quote liegt im Vergleich zu den anderen Leitmärkten relativ niedrig. Dies lässt sich darauf zurückführen, dass von den kleinen Beratungsfirmen – die den Großteil der Unternehmen des Leitmarktes Energieeffizienz stel-

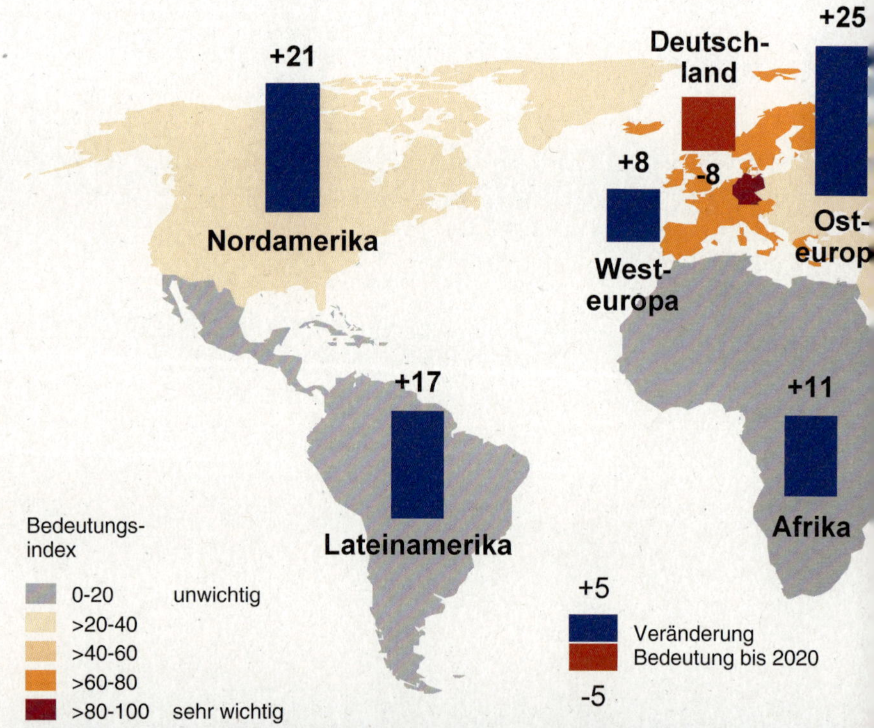

Bedeutung regionaler Absatzmärkte 2007 und 2020

len – 80 % lediglich in Deutschland aktiv sind. Betrachtet man nur die mittleren und großen Unternehmen, so steigt der Anteil international engagierter Firmen auf drei Viertel an.

Die großen Firmen unter den international aktiven Unternehmen erwirtschaften mit etwa 40 % den größten Anteil ihres Umsatzes auf Auslandsmärkten. Diejenigen Firmen mit einer besonders ausgeprägten Exportorientierung erwirtschaften drei Viertel ihres Umsatzes oder mehr im Ausland. Betrachtet man alle im Ausland engagierten Firmen, liegt der Anteil des Auslandumsatzes bei einem Drittel. Der Heimatmarkt in Deutschland behält demnach seinen ausgeprägten Stellenwert.

Energieeffizienz wird besonders in entwickelten Industrieländern immer stärker nachgefragt. Diese These wird durch die Einschätzung der wichtigsten Absatzmärkte bestätigt. Neben Deutschland sind vor allem Westeuropa und Osteuropa für die Firmen wichtig. Bis 2020 gewinnen Osteuropa, Nordamerika und Asien am stärksten an Bedeutung. Dabei hat Nordamerika eine besonders hohe Relevanz für Großkonzerne, für die sich die USA bis 2020 zum drittwichtigsten Absatzmarkt entwickeln (siehe Weltkarte).

Das erfreuliche Ergebnis der Befragung: Trotz – oder gerade wegen – der stärkeren Bedeutung internationaler Absatzmärkte wird Deutschland als Produktionsstandort für den Leitmarkt Energieeffizienz bis 2010 an Bedeutung gewinnen.

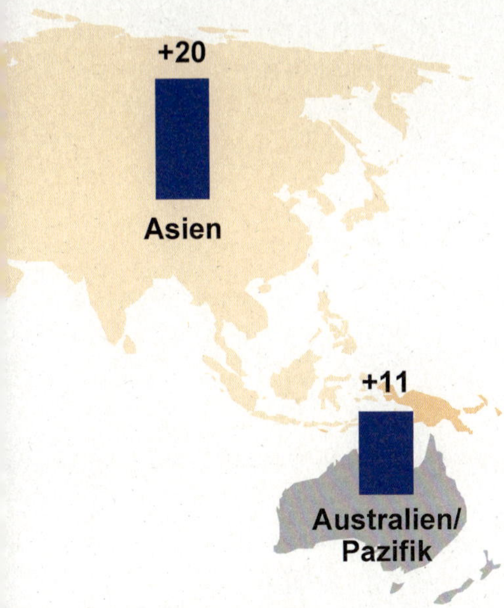

Innovation – Heiz- und Klimatechnik als Schwerpunkt der Forschung

Mit durchschnittlich 7 % entspricht der Anteil der Forschungsausgaben im Leitmarkt Energieeffizienz dem Mittelwert über alle Leitmärkte. Kleine und mittlere Unternehmen investieren relativ zum Umsatz stärker in Forschung und Entwicklung als große Unternehmen (siehe Abbildung nächste Seite).

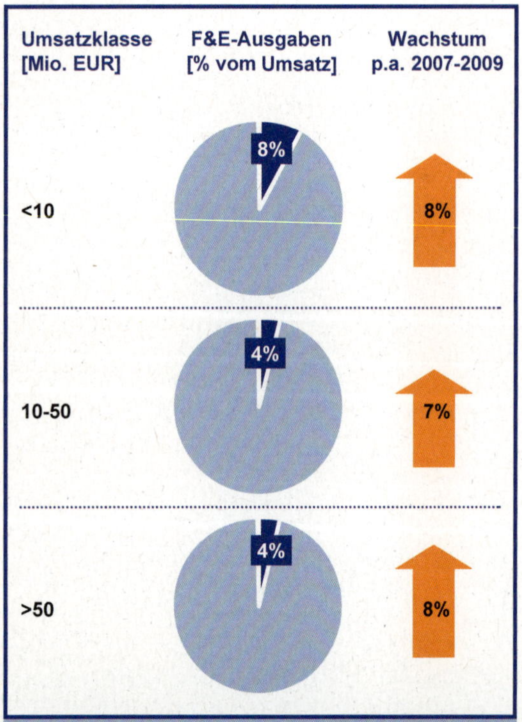

Forschungsausgaben im Leitmarkt

Quelle: Roland Berger

Die Firmen wollen ihre Forschungsaktivitäten von 2007 bis 2009 kontinuierlich steigern. Im Schnitt sollen die Ausgaben um 8 % jährlich wachsen (siehe Abbildung). Fast ein Fünftel der befragten Unternehmen plant sogar jährliche Zuwächse von über 15 %; ein Großteil dieser Firmen stammt aus den Bereichen Haustechnik sowie Mess-, Steuer- und Regeltechnik.

Eine Auswertung der Umweltforschungsdatenbank und der Förderdatenbank des Bundesministeriums für Bildung und Forschung hat für den Zeitraum von 2003 bis 2005 ergeben, dass 7 % der geförderten Projekte und 8 % des Projektvolumens dem Bereich „Energieeffizienz in Gebäuden" zuzurechnen sind. Der größte Teil der Projektförderung ging an außeruniversitäre Forschungseinrichtungen. Die Wirtschaft erhielt nur rund ein Fünftel der Fördermittel. Die Unternehmen spielen im staatlich geförderten Forschungsbereich eine geringere Rolle als in anderen Leitmärkten. Die wichtigsten Forschungsschwerpunkte liegen auf neuen Heiz- und Klimatisierungssystemen. Gemessen an der Höhe der für die Projekte aufgewendeten Mittel stand das Thema „Solaroptimiertes Bauen" im Fokus der Forschungsaktivitäten.

Forschung, Kooperation, Cluster – Zusammenarbeit in nationalen Netzwerken

Etwa über die Hälfte der befragten Unternehmen im Leitmarkt Energieeffizienz engagiert sich in Innovationsnetzwerken. In solchen Netzwerken sind wesentlich mehr produzierende Unternehmen aktiv als Handelsunternehmen. In unserer Stichprobe zeigt sich, dass sowohl über die Hälfte der Beratungs- und Dienstleistungsfirmen als auch der Hersteller in Innovationsnetzwerken engagiert sind. Als Kooperationspartner wurden Hochschulen und Forschungseinrichtungen etwas häufiger genannt als Kunden und Zulieferer. Mit Wettbewerbern wird im Leitmarkt Energieeffizienz dagegen relativ selten kooperiert.

Im Vergleich der sechs Leitmärkte legen die kooperierenden Firmen im Leitmarkt Energieeffizienz am meisten Wert auf örtliche Nähe. So gibt ein Drittel der Firmen an, dass sie in regionalen Netzwerken agieren. Der größte Anteil entfällt mit 45 % allerdings auf nationale Kooperationen. Ein Fünftel der Unternehmen kooperiert schließlich primär in internationalen Netzwerken.

Fast die Hälfte der Netzwerke basiert auf informellen Beziehungen. Diese werden in einem Drittel der Fälle durch die Koordination eines Verbandes unterstützt. Während in anderen Leitmärkten auch Unternehmen selbst die Koordinationsrolle übernehmen, ist dies im Leitmarkt Energieeffizienz selten der Fall.

Biotechnologie: Mikroorganismen produzieren Vitamin B2

Das Vitamin B2 wurde bis 1990 in einer komplexen, mehrstufigen chemischen Synthese hergestellt. Schließlich gelang es Forschern und Entwicklern der BASF, stattdessen einen einfachen biologischen Prozess zu etablieren: eine einstufige Fermentation auf der Basis von Sojaöl. Die Effizienz der dabei eingesetzten Mikroorganismen lässt sich durch besondere gentechnische Veränderungen der Bakterien steigern. Solche Fermentationsverfahren weisen große Vorteile gegenüber dem ursprünglichen chemischen Verfahren auf: Die Abfälle gingen um 95 % zurück, die CO_2-Emission sank aufgrund der Energieeinsparungen um 30 % und der Ressourcenverbrauch reduzierte sich um 60 %. So verringerten sich die Kosten für die Vitamin-B2-Herstellung um insgesamt 40 %.

Die Hauptmotive für die Teilnahme an Innovationsnetzwerken liegen in der Generierung von Marktzugängen und im Informationsaustausch. Mit seinen Ergebnissen zeigen sich die befragten Unternehmen besonders zufrieden.

Die Deutschlandkarte (siehe Seite 69) bildet die befragten Firmen und relevante Forschungseinrichtungen im Leitmarkt Energieeffizienz ab. Das höchste Beschäftigungsvolumen liegt hier in Bayern und Hessen. In Nordrhein-Westfalen finden sich die meisten großen Firmen. Regionen mit hoher Unternehmensdichte sind das Ruhrgebiet, Mittelfranken rund um die Universität Erlangen-Nürnberg sowie die Regionen München, Stuttgart, Berlin und Hamburg. Wie schon die Befragungsergebnisse verdeutlichen auch die folgenden Beispiele von regionalen und nationalen Forschungskooperationen, dass die regionale Nähe von Unternehmen nicht notwendigerweise ein Indiz für Zusammenarbeit ist. So sind einige Kooperationspartner im ganzen Land verteilt,

Nanotechnologie: Energie effizienter nutzen

Die Nanotechnologie kann an verschiedenen Stellen einen Beitrag zur Erhöhung der Energieeffizienz leisten:

- Im Bereich der Wärmedämmung können Nanoschäume und nanostrukturierte Aerogele eingesetzt werden. Bei der Gebäudedämmung werden transluzente Elemente produziert, die eine ausreichende Tageslichtzufuhr bei gleichzeitiger Isolation ermöglichen.
- Leuchtdioden, organische Leuchtdioden und Quantenpunkte, die mit Nanotechnologie hergestellt werden, erhöhen die Energieeffizienz der Beleuchtung.
- Treibstoffen können Nanopartikel aus Ceroxid beigemengt werden, um dadurch die Energieausbeute zu erhöhen.
- Kohlenstoffnanoröhren-basierte Bildschirme würden deutlich weniger Energie verbrauchen als herkömmliche Modelle. Effektive Produktionsmethoden für die Synthese der Nanoröhren werden noch erforscht.

während andere in der unmittelbaren Nachbarschaft voneinander angesiedelt sind:

- Das Projekt „LEXU" ist ein Beispiel für eine nationale Forschungskooperation im Leitmarkt Energieeffizienz. Im Auftrag des Bundesministeriums für Wirtschaft und Technologie kooperieren die Hochschule für Technik und Wirtschaft des Saarlandes, die Universität des Saarlands und zahlreiche Unternehmen der Heiz- und Fassadenindustrie aus ganz Deutschland (darunter ARTA GmbH & Co. KG, CLINA GmbH, KM Europa Metal AG). Die Kooperationspartner entwickeln bei diesem Vorhaben eine „außen liegende Wandheizung" – eine Alternative zur Sanierung von Altbauten. Normalerweise sind solche Sanierungen mit hohen Kosten und Beeinträchtigungen für die Bewohner verbunden, wenn neue Heizungen eingebaut werden müssen. Durch das System der außen liegenden Wandheizung können Schmutz und Lärmbelästigung reduziert werden, da die Sanierungsmaßnahmen außerhalb des Wohnbereichs stattfinden.
- Ebenfalls auf nationaler Basis kooperieren das Forschungszentrum Jülich und die CentroSolar Glas GmbH & Co. KG. Sie haben eine Glas-Folien-Kombination entwickelt, die die bisherige Gewächshausverglasung ersetzen kann. Dabei wird eine teflonartige Folie über hochtransparentes Antireflex-Solarglas gespannt. Der Zwischenraum wird aufgeblasen. Diese Kombination hat nicht nur eine exzellente Dämmwirkung, sondern ermöglicht auch ideale Beleuchtungsverhältnisse: Neben der Halbierung der Heizenergie kann so ein besserer, kräftigerer Pflanzenwuchs und eine intensivere Farbentwicklung bei Pflanzen erreicht werden.

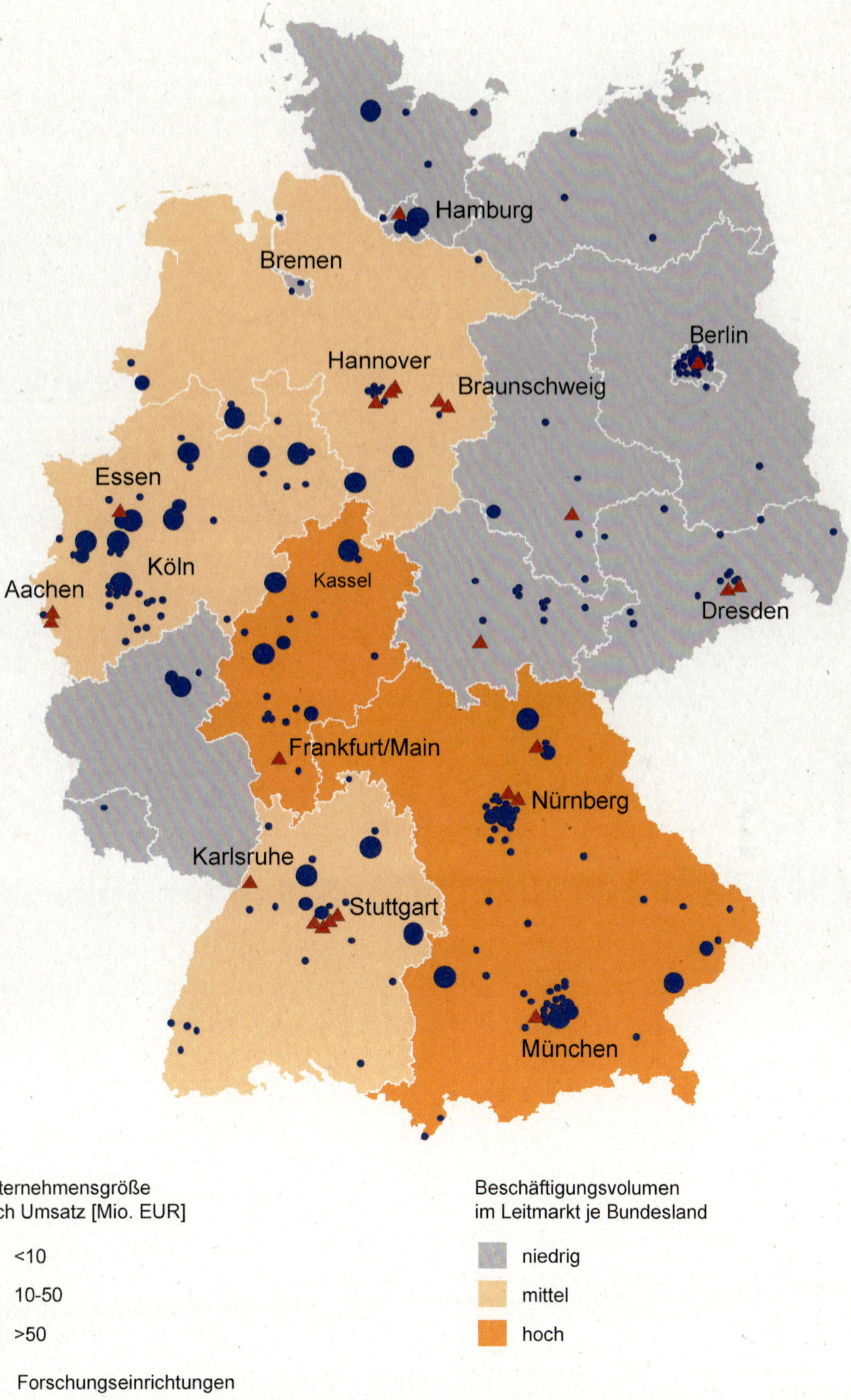

Regionale Verteilung der Firmen und Forschungseinrichtungen im Leitmarkt Energieeffizienz

- In der Polymerproduktion erfordert der Markt eine flexible Produktionsplanung mit häufigen Änderungen der Anlagenlast, der Produkttypen und -qualität. Die für diese Änderungen notwendigen Lastwechsel dauerten bisher einen ganzen Arbeitstag. In dieser Zeit verbraucht die Anlage zwar Energie und Rohstoffe, produziert dabei aber nur Ausschuss. Im Rahmen eines Forschungsprojekts der Bayer Technology Services GmbH aus Leverkusen und der RWTH Aachen wurden Methoden zur Prozessführung und Optimierung entwickelt, die die komplexen Eigenschaften von Polymerisationsprozessen berücksichtigen. Es war dabei möglich, die benötigte Zeit für den Lastwechsel auf einen halben Tag zu reduzieren und damit die Energiekosten deutlich zu senken.
- Mit der Energieeinsparung bei der Herstellung und Verarbeitung von Glas hat sich die Kooperation zwischen der Zwiesel Kristallglas AG, dem Steinbeis-Transferzentrum ATEV und dem Lehrstuhl für Technische Thermodynamik und Transportprozesse (LTTT) der Universität Bayreuth befasst. Bei dieser Zusammenarbeit wurden Möglichkeiten entwickelt, die in der Anlage frei werdenden Wärmemengen besser zu nutzen, als dies heute standardmäßig der Fall ist. Als besonders wirksame Option zur Effizienzsteigerung hat sich dabei die Stromerzeugung aus Abwärme erwiesen.

Der Beitrag der Politik – Informieren und Anreize setzen

Die Bundesrepublik Deutschland hat eine Vorreiterrolle in der internationalen und der europäischen Klimapolitik übernommen und ihre nationale Klimapolitik seit 1990 kontinuierlich weiterentwickelt. Ein wesentliches Element ist die Steigerung der Energieeffizienz. Sie wurde im Jahr 1993 auch im Rahmen der Klimarahmenkonvention als politisches Handlungsfeld im Umgang mit dem Klimawandel identifiziert.

Die Bundesregierung führt eine Vielzahl von Aktivitäten durch, um das Thema Energieeffizienz im Bewusstsein der Bürger zu verankern. Im Jahr 2000 hat die Bundesregierung die Deutsche Energie-Agentur (dena) gegründet. Sie dient als Kompetenzzentrum für Energieeffizienz, das durch gezielte Öffentlichkeitsarbeit die technischen Möglichkeiten und wirtschaftlichen Chancen der Verbesserung der Energieeffizienz in allen Bereichen kommunizieren und über die Förderungsmöglichkeiten informieren soll. Beispielhaft kann auch die BMU-Kampagne „Klima sucht Schutz" genannt werden, die durch interaktive virtuelle Energieberatung insbesondere zur energetischen Modernisierung von Gebäuden motivieren soll.

Zu den Förderungsmöglichkeiten gehört unter anderem das CO_2-Gebäudesanierungsprogramm der KfW-Förderbank, für das die Bundesregierung jährlich 1,4 Mrd. EUR bereitstellt. Es setzt Anreize für die umfassende energetische Gebäudesanierung. Darüber hinaus bietet das Programm „Ökologisch Bauen" Finanzierungshilfen beim Bau energiesparender Niedrigenergie- oder Passivhäuser. Weitere Anreize zum verantwortlichen Umgang mit Energie setzt die Energieeinsparverordnung von 2002: Bei der Begrenzung des zulässigen Energiebedarfs von neuen Gebäuden wird nicht mehr nur der Jahres-Heizwärmebedarf betrachtet, sondern es werden auch die Aufwendungen für die Warmwasserbereitung und die Lüftung bilanziert.

Für Energiewirtschaft und Industrie wurde mit der Einführung des Emissionshandels 2005 zum ersten Mal ein starker Anreiz für Energieeffizienz gesetzt. Durch die Festlegung von Emissionsobergrenzen und die Zuteilung von Zertifikaten haben die Unternehmen die Wahl: Entweder sie investieren in Energieeffizienz oder andere wirksame CO_2-Minderungsmaßnahmen, was ihnen den Verkauf überschüssiger Zertifikate ermöglicht. Oder sie kaufen Zertifikate am Markt zu. So soll sichergestellt werden, dass die Klimaschutzziele mit geringstem volkswirtschaftlichem Aufwand erreicht werden.

Aktuelles Beispiel politischer Aktivitäten für mehr Energieeffizienz ist die gemeinsame Erklärung der Bundesregierung und der Mineralölwirtschaft von 2007. Darin haben sich die Mineralölkonzerne geeinigt, einheitlich schwefelarmes Heizöl einzuführen. Dies ermöglicht die Nutzung der weitaus energieeffizienteren Öl-Brennwerttechnik statt bisher üblicher Niedertemperaturkessel.

Rohstoff- und Material-effizienz

Langsam aber sicher gehen die Rohstoffe auf unserem Planeten zur Neige. Die derzeit bekannten und nutzbaren Ölreserven werden in etwa 37 Jahren erschöpft sein. In der Europäischen Union sind die Vorkommen vermutlich bereits in weniger als zehn Jahren leer gepumpt. Bei den Metallen sieht die Lage kaum besser aus. Die förderfähigen Blei- und Zinkreserven weltweit reichen gerade einmal 20 Jahre, die Kupferreserven werden vermutlich 2037 aufgezehrt sein. Das Material wird knapp, und seine Gewinnung immer teurer. Gleichzeitig aber steigt die Nachfrage.

Im Jahr 2020 werden rund acht Milliarden Menschen auf der Erde leben – das sind rund 20 % mehr als heute. Wenn wir so weitermachen wie bisher, werden mehr Menschen auch mehr Ressourcen verbrauchen. Steigender Wohlstand in Indien und China heizt die Nachfrage zusätzlich an. Zum Beispiel nach Kupfer: Der Weltjahresverbrauch ist in den vergangenen zehn Jahren um 30 % gestiegen, allein China benötigt heute viermal mehr Kupfer als vor zehn Jahren. Der Stahlverbrauch pro Kopf in China hat sich in sechs Jahren verdoppelt.

Das globale Wirtschafts- und Bevölkerungswachstum hat die Rohstoffpreise in die Höhe geschraubt. Innerhalb von vier Jahren ist beispielsweise der Aluminiumpreis um 80 % gestiegen, Kupfer notiert sogar um 300 % höher. Mit der Preishausse hat sich auch die Spekulation im Rohstoffmarkt verstärkt. Hohe Preisschwankungen verunsichern die Abnehmer.

Die Verknappung des Rohstoffangebots belastet vor allem die produzierende Industrie: In Deutschland sind dort 40 % der Kosten Materialkosten. Die Personalkosten betragen lediglich 25 %. Die Automobilbauer in Deutschland spüren die erhöhten

Auf einen Blick

Materialeffizienz ermöglicht **Kostensenkungen bis zu 20 %**, verringert den Rohstoffverbrauch – und entlastet die Umwelt.

Innovative Werkstoffe aus Deutschland verringern den Verbrauch von Ressourcen: So kann beispielsweise der Stahlverbrauch um 40 % reduziert werden. „Flüssiges Holz" liefert der verarbeitenden Kunststoffindustrie einen neuen Rohstoff.

Für alles wächst ein Kraut – diese Devise könnte in der Chemieindustrie gelten. Bereits 10 % der **Rohstoffe stammen aus der Natur** – ein Zukunftsmarkt sind Phytopharmaka.

Das **Marktvolumen für Biokunststoffe steigt** um jährlich über 20 % – bis 2020 wird ein Volumen von 11 Mrd. EUR erwartet.

Der **Leitmarkt Rohstoff- und Materialeffizienz führt bei Investitionen für Forschung und Entwicklung** – es werden hervorragende Wachstumschancen prognostiziert.

Preise. So verteuerte sich der Rohmaterialeinkauf für die Herstellung eines Durchschnitts-Pkws zwischen 2005 und 2006 um 185 EUR.

Die Rohstoffknappheit spürt Deutschland ganz besonders, denn die Bundesrepublik verfügt nur über bescheidene Rohstoffvorräte. Der Großteil des Bedarfs wird über Importe gedeckt. 2004 führte die Bundesrepublik 325 Mio. Tonnen Rohstoffe ein, dies entspricht fast 60 % aller nach Deutschland importierten Waren. Der größte stofflich verwertete Einzelposten sind Metalle, die Deutschland im Jahr 2006 im Wert von 53 Mrd. EUR importiert hat. In den vergangenen Jahren haben die Einfuhren sogar zugenommen, und diese hohe Importabhängigkeit hat in Deutschland und der Europäischen Union eine Diskussion über die Versorgungssicherheit mit Rohstoffen angestoßen.

Der gestiegene Rohstoffverbrauch belastet außerdem die Umwelt erheblich. Rohstoffgewinnung, -transport und -verarbeitung erzeugen den Klimakiller Kohlendioxid. Einzelne Rohstoffe werden inzwischen auch in entlegenen Regionen gewonnen, in denen die Förderung bislang nicht rentabel war: Öllieferungen aus Alaska oder aus Tiefseeförderanlagen, Erzgewinnung in Urwaldregionen – die gestiegenen Preise machen auch die Förderung von Rohstoffen unter höherem Kostenaufwand wirtschaftlich, allerdings zum Teil mit hohen Risiken für die Umwelt.

Zusätzliche Probleme schafft die ungeklärte Entsorgungsfrage, insbesondere bei giftigen Industrieabfällen, die Uran oder Blei enthalten. Würden sich die boomenden Schwellenländer im Rohstoffverbrauch den Industrienationen angleichen, wären die ökologischen Folgen verheerend: Bereits in den vergangenen 100 Jahren hat sich der Weltressourcenverbrauch – vor allem aufgrund der erhöhten Nachfrage in den Industrienationen – vervielfacht. Bei einer ebenso rohstoffintensiven Entwicklung der aufstrebenden Industrienationen wäre der Klima-Kollaps programmiert. Wir stehen vor einer großen Herausforderung: Wie können Wirtschaft und Wohlstand wachsen, ohne dabei die Lebensgrundlagen der Menschheit zu vernichten?

Zukunft der Rohstoff- und Materialeffizienz – Zwei Hebel für mehr Nachhaltigkeit

Entscheidender Baustein einer nachhaltigen Weltwirtschaft ist der effizientere Umgang mit Ressourcen. Über höhere Rohstoff- und Materialeffizienz lassen sich Kosten senken und die Umwelt entlasten. Gleichzeitig können Betriebe, die auf biologische Rohstoffe umsteigen, die Produktqualität erhöhen und dabei die natürlichen Lebensgrundlagen schonen. Die zwei Hebel für mehr Nachhaltigkeit sind also:

- Effizienzsteigerung und längere Haltbarkeit,
- Verwendung alternativer Rohstoffe und Nutzung von Naturerzeugnissen.

Hebel 1: Effizienzsteigerung und längere Haltbarkeit

Nach wissenschaftlichen Untersuchungen könnten bis 2016 in Deutschland etwa 20 % der in der Produktion verbrauchten Rohstoffe eingespart werden. Allein in Deutschland würden die Materialkosten für kleine und mittelständische Betriebe zwischen 6,4 und 13 Mrd. EUR pro Jahr sinken. Auf die deutsche Volkswirtschaft hochgerechnet ergibt sich ein Kostensenkungspotenzial von 27 Mrd. EUR pro Jahr. Der Schlüssel zum ungehobenen Sparschatz heißt Effizienz und Langlebigkeit.

Eines der wichtigsten Felder für effizienteren Ressourcenverbrauch ist eine höhere Materialeffizienz. Materialeffizienz misst das Verhältnis zwischen Materialoutput und Materialinput. Je weniger Material für dieselbe Produktionsmenge benötigt wird, desto höher ist die Materialeffizienz. Der Vergleich zwischen der Verbesserung von Arbeitsproduktivität und Materialeffizienz deutet auf Einsparpotenziale hin. Seit 1970 hat die Arbeitsproduktivität in Deutschland durchschnittlich um fast 2 % im Jahr zugenommen. Im selben Zeitraum verbesserte sich die Effizienz des Materialeinsatzes aber nur um circa 1 % pro Jahr (siehe Abbildung). Grundsätzlich gibt es zwei Möglichkeiten, Material effizienter zu nutzen: entweder Produkte bereits in der Designphase materialeffizient zu entwerfen oder bei bestehenden Produktionsprozessen weniger Material zu verbrauchen.

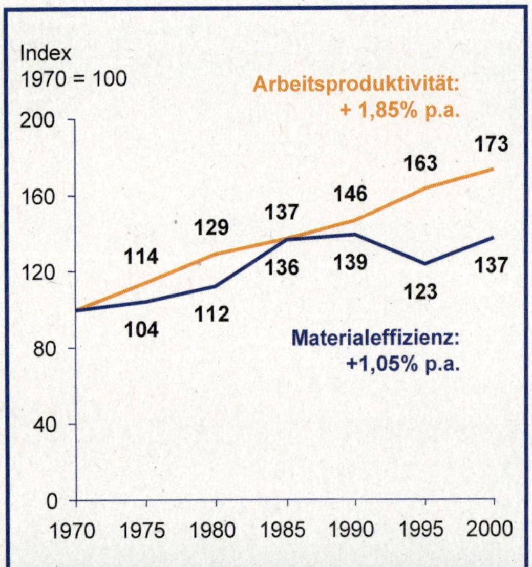

Entwicklung der Material- und Arbeitsproduktivität in Deutschland

Quelle: Statistisches Bundesamt, Wuppertal Institut, Roland Berger

Bei der Herstellung von Gütern wirken sich die Entscheidungen in einer frühen Phase des Produktlebenszyklus langfristig aus. Nach einer Untersuchung der EU-Kommission lassen sich in der Designphase bereits 80 % aller produktbezogenen Umweltbelastungen beeinflussen. Ökodesigner achten deshalb bei der Konzeption eines Produktes auf Abfallvermeidung, Recyclingfähigkeit, Entsorgungsanforderungen und Logistik. Grundsätzlich sollten nachhaltig erzeugte Rohstoffe genutzt werden. Langfristiges Ziel ist eine integrierte Produkt- und Konsumpolitik. Als Klassiker des Öko-Designs gilt der Bürostuhl „Picto" von Wilkhahn in Bad Münder. Alle Einzelteile sind ersetzbar, sodass defekte oder verschmutzte Teile ausgetauscht werden können. 95 % der Materialen sind sortenrein – sie können problemlos recycelt werden.

Bei der Planung von umweltgerechten Produktionsverfahren gehört Deutschland zur Weltspitze – insbesondere bei der angewandten Grundlagenforschung der Bionik. Die Bionik versucht, Struktur- und Funktionskonzepte der Natur auf die Industrie zu übertragen. So lehrt uns die Lotusblume die Selbstreinigungskraft von Blättern. Zum Beispiel werden die Erkenntnisse inzwischen für die Herstellung von Farben und Dachziegeln genutzt. Dank der Lotusblume hat sich die Lebensdauer von Produkten um ein Vielfaches erhöht. Damit sanken Materialumsatz, Kosten und Ressourcenverbrauch. Den Entdeckungen der Bionik verdanken wir außerdem Spezialschrauben oder tragende Bauteile, deren Lebensdauer sich um das Zehnfache verlängert hat. Bionik-inspirierte Leichtbauweisen haben das Gewicht einzelner Fahrzeugkomponenten um 15–30 % verringert.

Bäume zu Autotüren

Der Baum hat Bioniker jahrelang fasziniert. Trotz seiner grazilen Struktur trotzt er Stürmen. Wenn er gesund ist, sind irreparable Schäden selten. Deutschen Wissenschaftlern ist es gelungen, die hohe Belastungstoleranz von Bäumen zu entschlüsseln. Die gewonnen Daten wurden in Computermodellen wie Computer Aided Optimization (CAO), Soft Kill Option (SKO) und Computer Aided Internal Optimization (CAIO) verarbeitet. Vereinfacht dargestellt analysiert die Software einen Designvorschlag. Last tragende Strukturen werden identifiziert. Anschließend eliminiert das Programm nichttragende Komponenten. Der abschließende Designvorschlag wird dann im Simulator auf seine Beständigkeit getestet. Von der Automobilindustrie bis zur Zahnprothese – die Bionik-Software spart Material und erhöht die Sicherheit. Das Wissen über den Baum ermöglicht es so, neue Industriekomponenten zu entwerfen, die extrem leicht, aber dennoch widerstandsfähig sind – wie zum Beispiel Autotüren.

Deutsche Unternehmen gehören zur Weltspitze bei der Verbesserung bestehender Anwendungsverfahren. Die Bauindustrie zum Beispiel nutzt vermehrt innovative Bauverfahren (siehe Kasten Seite 78). Die Betriebe in der Bau- und Dämmwirtschaft setzen auf Schafswolle oder

Stahlbau light spart 40 % Material

In der internationalen Baubranche setzt sich BAMTEC durch – eine clevere Erfindung aus Kempten. BAMTEC spart 40 % des Stahls, der bei gewöhnlicher Bauweise in Bodenplatten und Wänden aus Stahlbeton verbaut werden würde. Bei der klassischen Produktionsweise werden Bewehrungen für Stahlbeton auf der Baustelle schematisch zugeschnitten, ohne eine detaillierte Materialbedarfsanalyse durchzuführen. Kern der neuen Erfindung ist ein Computerprogramm, ein Schweißroboter und eine Matte. Das computergesteuerte Produktionsprogramm (CAM) berechnet auf der Basis einer Finite-Element-Analyse den statisch erforderlichen Stahlbedarf für die Konstruktion. Der Schweißroboter fertigt die benötigten Stähle, die mit Tragbändern zu einer Stahlmatte zusammengefasst werden. An der Baustelle werden die passgenau geschweißten Stahlmatten vom Kran abgelassen. Jetzt müssen sie nur noch ausgerollt und einbetoniert werden. BAMTEC reduziert so die Arbeitszeit um rund 80 %. In 18 Ländern wird die Erfindung des Ingenieurbüros Häussler Planung GmbH bereits eingesetzt.

Abfallprodukte der Braunkohle. Der Wandsystemmarkt entwickelt aufeinander abgestimmte Komponenten, die beispielsweise auf Gips oder Mörtel basieren. Eine preisgekrönte Idee hat die Forster Bau GmbH aus Ingolstadt entwickelt: der Sandwich-Bau. Der Sandwich-Bau schützt vor intensiver radioaktiver Strahlung (beispielsweise in Laboratorien), verzichtet aber auf die üblichen meterdicken und teuren Stahlbetonwände. Stattdessen werden dünne Außenschalen aus Betonfertigteilen mit einer losen Schüttfüllung aus Mineralstoffen wie Gips oder Eisenerz gefüllt. Kurze Bauzeiten und Materialeinsparungen senken so die Kosten um bis zu 90 %.

Opto-elektronische Systeme helfen bei der Vermeidung von Ausschuss und sorgen für eine pannenfreie Produktionsplanung. Sie vermessen Formen und Eigenschaften der Ausgangsmaterialen und vergleichen diese mit den vorgesehenen Anwendungsflächen. In der Bauwirtschaft werden opto-elektronische Systeme eingesetzt, um Oberflächen zu messen. Im Maschinenbau oder der Textilindustrie helfen die „elektronischen Augen" bei der Qualitätssicherung.

Neuartige Lacke und Lackiertechniken können den Verbrauch herkömmlicher Lacke signifikant senken. Vollautomatisierte, integrierte Lacksysteme reduzieren den Verbrauch um bis zu 20 %. Die Firma Metacap hat sogar eine Farbspritzpistole entwickelt, die 50 % weniger Farbe verbraucht. Außerdem verhindert eine innovative Strömungstechnik den gesundheitsschädlichen Sprühnebel. Gegenwärtig werden in Deutschland etwa 500.000 Tonnen Lack pro Jahr verbraucht. Durch Vermeidung fehlerhafter Lackierung sinkt die Ausschussquote zwischen 5 bis 35 %. Wasserbasierte Lacke verringern den Anteil umweltschädlicher Lösungsmittel um mehr als 60 %.

Stahl wird in Deutschland zu über 2.000 verschiedenen Sorten verarbeitet. Etwa die Hälfte der Stahlsorten ist in den vergangenen Jahren optimiert worden. Insgesamt spezialisiert sich die Branche auf qualitativ hochwertige Stahlgüter. Besonders innovativ sind Schaummetalle, die ähnlich verarbeitet werden können wie andere Schäume. Beispielsweise hat die M-Pore GmbH aus Dresden einen Stahlschaum entwickelt, der nur 10 % des Vollgewichts auf die Waage bringt.

Deutsche Unternehmen sind führend beim Aufspüren von unnötigem Verschleiß. Mit sogenannten tribologischen Methoden werden Verluste minimiert, die durch mechanische Reibung, Abrieb und Schmierung entstehen. Schätzungen gehen davon aus, dass industrialisierte Volkswirtschaften etwa 5 % des Bruttosozialproduktes mechanisch verschleißen. Ein konsequenter Einsatz der Tribologie könnte allein in Deutschland jährlich rund 5 Mrd. EUR sparen. Ein besonders wirkungsvolles Anwendungsgebiet der Tribologie ist die Automobilindustrie. Optimierte Fertigungsabläufe würden den Bedarf an Kühlmitteln reduzieren. Schätzungen gehen davon aus, dass Schmiermittel rund 20 % der gesamten Metallbearbeitungskosten bei der Kfz-Herstellung ausmachen.

Eine Vielzahl von Instrumenten hilft, Prozesse zu verbessern und dadurch Kosten zu senken und die Umwelt zu schonen. Neben der Flussanalyse zählen dazu auch die Design-to-Cost- oder Zero-Loss-Methode. Die Einsparpotenziale reichen von 5–30 % der Herstellungskosten. Insbesondere bei kleinen und mittelständischen Unternehmen fehlen oft Know-how oder Personal, um die Effizienzpotenziale zu realisieren. Dabei lassen sich mit einfachen Mitteln oft signifikante Verbesserungen erzielen. Zum Beispiel beim Elektronik-Hersteller RAWE. Nach einer Flussmanagement-Analyse konnten die Materialdurchlaufzeiten um zwei Tage verringert werden.

Material- und Prozessinnovationen haben in Deutschland bereits zu erheblichen Einsparungen geführt, und die Erfolge lassen sich messen: Im Jahr 2004 verbrauchte die deutsche Wirtschaft pro Einwohner 47 Tonnen Material – 2 Tonnen weniger als 1995. Im Vergleich mit den neuen EU-Mitgliedsstaaten setzen deutsche Unternehmen das Rohmaterial damit schon fünfmal effizienter ein.

Biotechnologie und Nanotechnologie: Plastik aus der Erde und antibakterielle Farbe

Die Biotechnologie verringert den Materialbedarf, indem sie chemische und organische Prozesse bei niedriger Energiezufuhr ermöglicht. Schon seit Jahrtausenden nutzt der Mensch biotechnologische Verfahren, zum Beispiel bei der Fermentation von Käse oder Wein. Die Weiße Biotechnologie setzt Enzyme oder Mikroorganismen ein, um chemische oder organische Prozesse zu verbessern. So verstärkt die Biotechnologie die Fasern von Kleidungsstücken aus natürlichen Materialien, sie zerlegt komplexe Kohlenhydrate in einzelne Bestandteile oder erhöht die Reinigungskraft von Waschmitteln. In der Zukunft soll es biotechnologisch hergestellte Pflanzen geben, die Biopolymere herstellen – Plastik wächst dann gewissermaßen aus dem Boden. Das Weltmarktvolumen der Biotechnologie wird gegenwärtig auf 77 Mrd. EUR geschätzt.

Nanotechnologische Innovationen verlängern die Lebensdauer bei einer Reihe von Produkten: schmutzabweisende Textilien, UV-geschützte Kleidung, antibakterielle Wandfarben, selbstreinigende Fassadenelemente, Verschleißschutz für mechanische Bauteile – die Nanotechnologie macht es möglich.

Hebel 2: Verwendung alternativer Rohstoffe und Nutzung von Naturerzeugnissen

Die deutsche Industrie greift zunehmend auf in der Natur vorhandene und nachwachsende Rohstoffe zurück. In der chemischen Industrie sind bereits 10 % aller Rohstoffe „NAWARO“ (nachwachsende Rohstoffe), das entspricht 2,7 Mio. Tonnen im Jahr 2005. Zwischen 1993 und 2005 hat sich die Anbaufläche von NAWARO in Deutschland fast verfünffacht (von 0,3 Mio. auf 1,4 Mio. Hektar).

NAWARO können grundsätzlich in allen Branchen verwendet werden. Neben dem klassischen Einsatz beim Hausbau oder als umweltfreundliche Dämmstoffe werden NAWARO auch als Lacke, Kosmetika, Fette, Verpackungsprodukte, Schmierstoffe, Textilien oder als Biokunststoff verarbeitet. Etwa 25 % der nachwachsenden Rohstoffe werden in Deutschland stofflich verwertet – die meisten gehen in die Energieerzeugung (siehe Kapitel Umweltfreundliche Energieerzeugung und -speicherung sowie Nachhaltige Mobilität).

Aus ökologischer und ökonomischer Sicht sind nachhaltig gewonnene NAWARO anderen Rohstoffen überlegen. In ihrer Wachstumsphase binden die Pflanzen das Treibhausgas Kohlendioxid durch Photosynthese. Gleichzeitig schafft ihre Kultivierung Arbeitplätze: Allein in

Deutschland sind schätzungsweise 130.000 Menschen in der Herstellung beschäftigt. Nennenswerte Umweltbelastungen fallen beim Ernten und Verarbeiten nicht an. Produkte aus NAWARO lassen sich problemlos entsorgen: Sie können verbrannt werden und geben dabei das in der Wachstumsphase gebundene CO_2 an die Atmosphäre zurück. Alternativ werden sie in einen Recycling-Kreislauf eingebracht und stofflich wiederverwertet.

Für die Arznei- und Pharmaindustrie sind Rohstoffe aus der Natur besonders wichtig. 30 % der frei verkäuflichen Medikamente sind pflanzlichen Ursprungs. Internationaler Exporthit aus Schwaben ist die Kosmetikmarke Dr. Hauschka. Stars wie Madonna, Jennifer Aniston oder Julia Roberts schwören auf die Öko-Cremes „made in Germany".

Faserstoffe wie Flachs und Hanf verbessern nicht nur die Trageeigenschaften von herkömmlichen Textilien – sie können auch zu Geotextilien verarbeitet werden. Hanfmatten werden zudem als natürliches Isoliermaterial im Hausbau eingesetzt. Auch deutsche Automarken nutzen die reißfesten, leichten und problemlos zu verarbeitenden Fasern. 2005 steckten in jedem PKW durchschnittlich 3,6 kg Naturfaser. In der Mercedes A-Klasse hält Manila-Hanf einzelne Bauteile zusammen. In der Verarbeitung spart der Rohstoff 60 % der Energiekosten – und überzeugt durch seine hohe Widerstandskraft. Im Jahr 2003 wurden in Deutschland 88.000 Tonnen Fasern aus nachwachsenden Rohstoffen verarbeitet. Seit 1996 ist der Einsatz jährlich zwischen 10 und 20 % gestiegen.

Ausgesprochen vielfältig sind die Einsatzmöglichkeiten von NAWARO in der chemischen Industrie. Bereits heute bestehen 50 % der verarbeiteten Tenside aus „oleochemischen Rohstoffen" – also Rohstoffen auf Naturbasis. Insgesamt verwendet die chemische Industrie 430.000 Tonnen pflanzliche Öle im Jahr. Pflanzen können auch zu Naturfarben verarbeitet werden. Die Farbe Blau lässt sich aus Färberwald und Färberknöterich gewinnen. Die Krapp-Wurzel liefert Rot, Färberginster oder Färberscharte Gelb.

Eines der zentralen Innovationsfelder im Leitmarkt Material- und Rohstoffeffizienz ist die Herstellung von Biokunststoff. Der Begriff ‚Bio' hat dabei zwei Aspekte. Die Gewinnung von Kunststoffen aus natürlichen Rohstoffen wie Zucker, Stärke, Mais, Weizen oder Kartoffeln. Und die biologische Abbaubarkeit von Kunststoffen. Grundsätzlich haben Biokunststoffe dieselben Eigenschaften wie ihre Verwandten, die aus petrochemischen Stoffen gewonnen werden. Man unterscheidet zwischen duroplastischen (harten), thermoplastischen (weich bei Erhitzung) und elastoplastischen (immer weichen) Kunststoffen. Naturfaserkunststoffe sind bereits genauso stabil wie glasfaserverstärkte Kunststoffe – und im Praxistest bewährt. Die Braunschweiger Firma Invent stellt beispielsweise bereits einen Bioplastik-Schutzhelm für Bauarbeiter in Serienproduktion her.

Das Beste zweier Welten: Lignin kombiniert die Vorteile von Holz und Kunststoff

Kunststoff hat den Vorteil, unterschiedliche Formen annehmen zu können. Man kann ihn gießen, pressen oder stampfen. Holz hat den Vorteil, dass es sich um ein Naturprodukt handelt. Die Tecnaro GmbH hat die Vorteile von Holz mit den Vorteilen von Kunststoff kombiniert. Das Ergebnis ist der neuartige Werkstoff Arboform®. Das flüssige Holz besteht aus dem nachwachsenden Rohstoff Lignin, der bei der Papierherstellung gewonnen wird. Anders als andere neuartige Werkstoffe weist Arboform® eine hohe Qualitätskonstanz auf. Er ermöglicht Designern, Holzprodukte in modischen Geometrien anzubieten, oder schafft Alternativen zur Verwendung von Tropenhölzern. Er bietet auch der verarbeitenden Kunststoffindustrie einen neuen Rohstoff – der zu 100 % biologisch abbaubar ist.

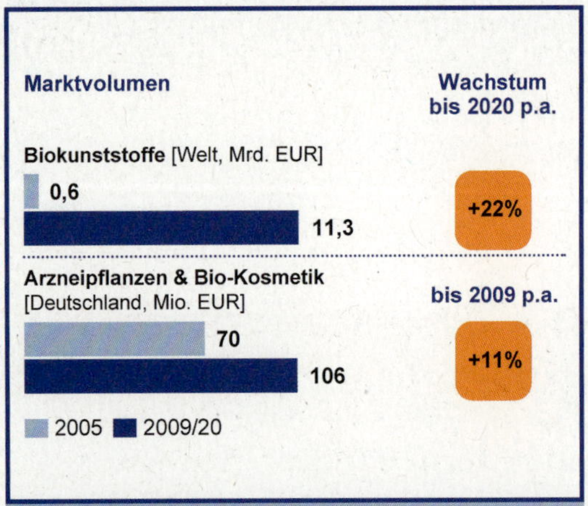

Marktprojektionen in Kernsektoren

Quelle: Roland Berger

Marktpotenziale – Nachfrage nach Biokunststoffen wird deutlich zunehmen

Biokunststoffe gehören gegenwärtig noch zu den Exoten unter den Kunststoffen. Ihr Anteil am Kunststoffmarkt beträgt erst rund 1 %. Das heutige Weltmarktvolumen wird auf 600 Mio. EUR geschätzt. Auch die weltweite Produktionskapazität – rund 250.000 Tonnen pro Jahr – ist noch gering. Bis 2020 wird die Nachfrage aber jährlich um rund 22 % steigen. Damit erhöht sich das Marktvolumen auf circa 11 Mrd. EUR (siehe Abbildung).

Etwa 80 % aller Biokunststoffe werden aus Stärke hergestellt. In diesem Segment sind europäische Unternehmen die globalen Marktführer. Der Marktanteil deutscher Unternehmen am Weltmarkt liegt zwischen 6 und 9 %. Als besonders zukunftsträchtig gelten pflanzliche Kunststoffe, die mit Hilfe biotechnologischer Verfahren gewonnen werden.

Arzneimittel und Kosmetika natürlichen Ursprungs bieten große Chancen in der Zukunft. Prognosen gehen von jährlichen Wachstumsraten von 11 % bis 2009 aus. Damit stiege das Marktvolumen allein in Deutschland von 70 auf 106 Mio. EUR. Bis 2020 werden weiter steigende Wachstumsraten prognostiziert (siehe Abbildung). Gegenwärtig verarbeitet die Kosmetik- und Pharmaindustrie rund 21.000 Tonnen Pflanzen. Der Angebotsanteil deutscher Pflanzenhersteller liegt bei rund 20 %.

Aber nicht nur die Marktpotenziale im Bereich der Rohstoffeffizienz sind beachtlich – auch die Effekte der möglichen Materialeinsparungen sind enorm. Experten schätzen das technische Einsparpotenzial in der deutschen Industrie auf 27 Mrd. EUR pro Jahr. Mit zusätzlichen, politisch induzierten Anreizen für einen nachhaltigen Ressourcenverbrauch könnten die Materialkosten für die deutsche Wirtschaft sogar um bis zu 60 Mrd. EUR pro Jahr sinken. Besonders große Einsparpotenziale ließen sich in der Metallbranche, der Chemieindustrie und beim Anlagenbau zur Elektrizitätserzeugung realisieren (siehe Abbildung oben).

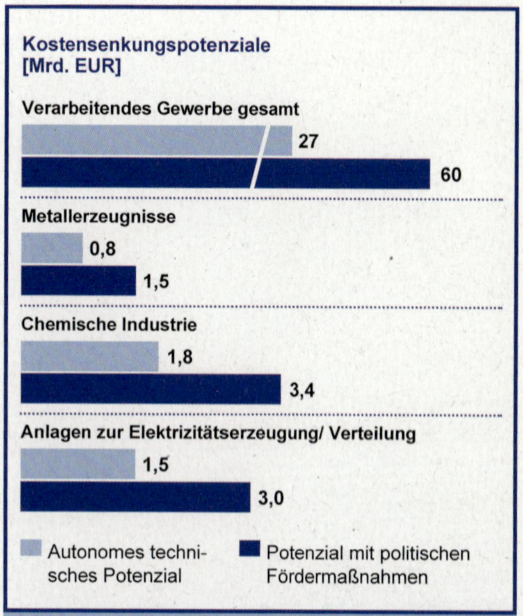

Kostensenkungspotenziale pro Jahr ab 2012

Quelle: Fraunhofer-Institut für Innovationsforschung, Wuppertal Institut

Umsatzklasse Unternehmen [Mio. EUR]	2004-2006	2007-2009
<10	11% p.a.	17% p.a.
10-50	7% p.a.	11% p.a.
>50	25% p.a.	5% p.a.

Umsatzentwicklung – Vergangenheit und Zukunftsprojektion

Quelle: Roland Berger

Umsatz und Beschäftigung – Zweistellige Wachstumsraten sind möglich

Die Struktur des Leitmarktes Rohstoff- und Materialeffizienz wird von vielen kleinen Dienstleistungsunternehmen geprägt. Sie bieten vor allem technische und organisatorische Lösungen zur Erhöhung der Ressourceneffizienz an. Die kleinen Dienstleister erzielen mit ihren Services gro-

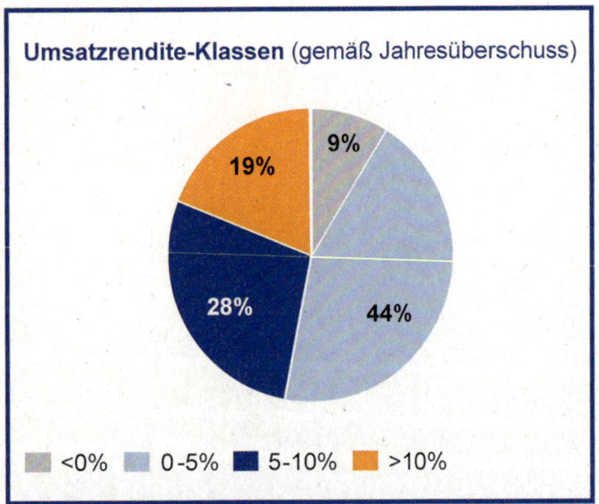

Rentabilität der Unternehmen
Quelle: Roland Berger

ße Effekte – bis zu 20 % der Produktionskosten lassen sich allein durch Prozessverbesserung einsparen.

Die Zufriedenheit der Kunden zeigt sich an den Unternehmenszahlen der Auftragnehmer: Überdurchschnittlich viele kleine Betriebe erwirtschaften zweistellige Umsatzsteigerungen (siehe Tabelle Seite 83). Insgesamt erzielte ein Drittel der Unternehmen in den vergangenen drei Jahren ein zweistelliges Umsatzwachstum. Ausgesprochen erfolgreich waren Unternehmen, die Waren oder Güter herstellen. Ihr Umsatz stieg um bis zu 25 %. Besonders gut verkauften sich Werkstoffe auf Basis nachwachsender Rohstoffe, innovative Lacke und Klebstoffe sowie Hightech-Messgeräte.

Für den Zeitraum 2007 bis 2009 erwarten kleine und mittlere Unternehmen, dass sich ihr Wachstum deutlich beschleunigt. Insbesondere Handelsunternehmen blicken positiv in die Zukunft. Eine der tragenden Säulen der guten Geschäftsprognosen ist das gestiegene Umweltbewusstsein. In Deutschland, vor allem aber in den Auslandsmärkten, werden Umwelt- und Effizienzthemen im Zukunft zunehmend wichtiger.

Insgesamt erwirtschaften die Unternehmen im Leitmarkt der Rohstoff- und Materialeffizienz gute Renditen. Knapp die Hälfte erzielt Jahresüber-

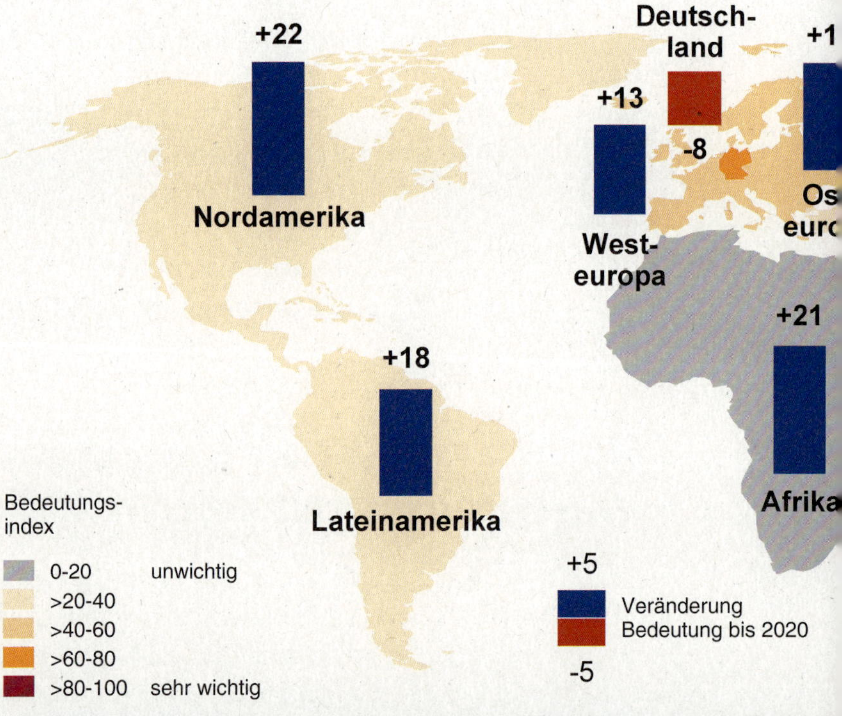

Bedeutung regionaler Absatzmärkte 2007 und 2020

schüsse von über 5 % vom Umsatz (siehe Abbildung Seite 84). Überdurchschnittlich viele Beratungsunternehmen aus dem Geschäftsfeld rohstoff- und materialeffiziente Prozesse erwirtschaften Renditen von über 10 %. Auch dies ist ein Indiz für realisierte Materialeffizienzen, denn oft sind Beraterhonorare an die Höhe der umgesetzten Einsparpotenziale gekoppelt.

Umsatzklasse Unternehmen [Mio. EUR]	2004-2006	2007-2009
<10	13% p.a.	13% p.a.
10-50	39% p.a.	13% p.a.
>50	-1,82% p.a.[1)]	25% p.a.

1) Die negative Personalentwicklung bei großen Unternehmen wird vor allem durch ein Großunternehmen in der Befragung beeinflusst.

Mitarbeiterentwicklung – Vergangenheit und Zukunftsprojektion

Quelle: Roland Berger

Dank der hervorragenden Geschäftsergebnisse in den vergangenen Jahren haben die Unternehmen häufig zusätzliches Personal eingestellt. Vor allem kleine und mittlere Unternehmen haben ihre Belegschaften kräftig vergrößert. Das gute Geschäftsklima wird auch in Zukunft zu Neueinstellungen führen. Insbesondere große Unternehmen wollen ihre Belegschaft um 25 % pro Jahr aufstocken (siehe Tabelle). Der gestiegene Personalbedarf der großen Firmen hängt direkt mit dem erwarteten Umsatzwachstum im Biokunststoffmarkt zusammen. Davon profitieren auch Lehrlinge: Das produzierende Gewerbe bietet 97 % aller Ausbildungsplätze des Leitmarktes an. Auf 19 Mitarbeiter im Leitmarkt kommt ein Ausbildungsplatz. Die kurz- und mittelfristige Personalentwicklung der Unternehmen stützt damit die sehr guten Prognosen im Biokunststoffsegment.

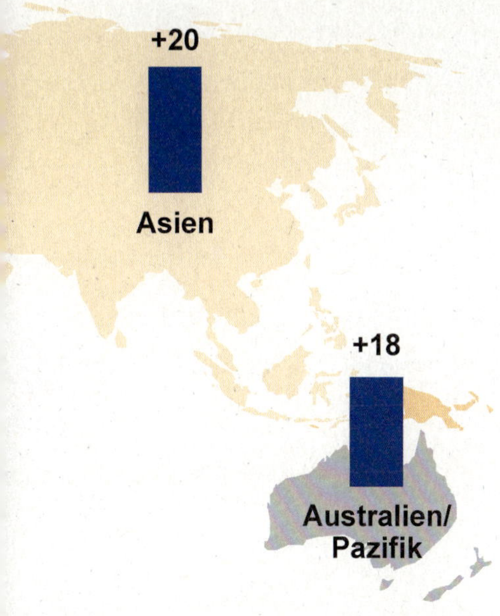

Internationalisierung – Deutschland bleibt wichtiger Absatzmarkt

Knapp die Hälfte der Unternehmen im Leitmarkt Rohstoff- und Materialeffizienz ist international aktiv. Sie erwirtschaften im Durchschnitt mehr als ein Drittel ihres Umsatzes im Ausland. Bei großen und mittleren Unternehmen sind es sogar rund 50 %. Die Unternehmen gehen davon aus, dass das Auslandsgeschäft in Zukunft noch wichtiger werden wird, und erwarten dort überproportional hohe Wachstumsraten von bis zu 26 % pro Jahr. Anders als bei anderen Leitmärkten führt eine international ausgerichtete Produkt- und Vertriebspolitik aber nicht unbedingt zu höheren Renditen. Eine denkbare Erklärung dafür ist das international bisher noch nicht sehr hoch entwickelte Bewusstsein für materialeffizientes und Ressourcen schonendes Wirtschaften. Bisher verdienen Unternehmen, die auf Deutschland fokussiert sind, im Durchschnitt genauso gut wie ihre global aufgestellten Wettbewerber.

Nach Ansicht der befragten Unternehmen wird Deutschland auch in Zukunft einer der wichtigsten Absatzmärkte bleiben (siehe Weltkarte). Zwar gewinnen Asien, Nordamerika und Osteuropa an Bedeutung, absolut betrachtet wird der deutsche Markt aber auch in Zukunft umsatzstärker als das Ausland sein. Insbesondere im Bereich der rohstoff- und materialeffizienten Produktionsprozesse sehen die Unternehmen bisher nur eine zögerliche Entwicklung ausländischer Absatzmärkte. Die Unternehmen reagieren mit einer Doppelstrategie: Um mögliche Wachstumschancen im Ausland zu nutzen, steigern sie ihre internationale Präsenz. Gleichzeitig bemühen sie sich um die Stärkung ihrer Position im deutschen Markt. Deshalb werden die Unternehmen auch in Zukunft in Deutschland investieren. Daraus ergeben sich gute Perspektiven für den Standort Deutschland.

Innovation – Die Zukunft gehört NAWARO

Die Unternehmen im Leitmarkt Rohstoff- und Materialeffizienz investieren in die Zukunft. Durchschnittlich 9 % des Umsatzes fließen pro Jahr in Forschung und Entwicklung. Bezogen auf den Umsatz sind die Forschung- und Entwicklungsausgaben die höchsten im Vergleich zu allen anderen Leitmärkten. Vor allem kleine Unternehmen forschen besonders intensiv (siehe Seite 87).

In Zukunft wollen die Unternehmen sogar noch mehr in Forschung und Entwicklung investieren. Besonders im Segment der nachwachsenden Rohstoffe und beim Ökodesign werden die Forschungsetats deutlich ansteigen. Weitere Themenfelder der Zukunft sind innovative Werkstoffe zur Wärmedämmung, Schmierstoffe sowie langlebige Biokunststoffe. Im Bereich der Produktinnovationen spielen alternative Katalysatoren eine wichtige Rolle. Die hohen Investitionen in Forschung und Entwicklung unterstreichen die allgemeine Situation des Leitmarktes: Die Entwicklungen der kommenden Jahre werden über die globale und regionale Verteilung der künftigen Marktanteile entscheiden.

Wichtigste Förderinstitution im Bereich der Rohstoff- und Materialeffizienz ist das Bundesministerium für Bildung und Forschung, das mehr als ein Drittel aller geförderten Projekte im Leitmarkt unterstützt. Fördergelder gehen jeweils zur Hälfte an Unternehmen und an Forschungseinrichtungen. Die Forschung im Bereich des Leitmarktes wird durch die enge Zusammenarbeit zwischen Forschungseinrichtungen und Unternehmen auf nationaler und internationaler Ebene vorangetrieben. Oft schließen sich öffentliche Einrichtungen diesen Forschungsnetzwerken an. Wichtige Forschungsthemen sind die Entwicklung neuer Materialien, die Einsatzoptimierung vorhandener Materialien sowie die Erforschung materialeffizienter Produktionsverfahren. Die intensive Forschungsarbeit hilft, den deutschen Vorsprung im Bereich der Materialeffizienz auszubauen.

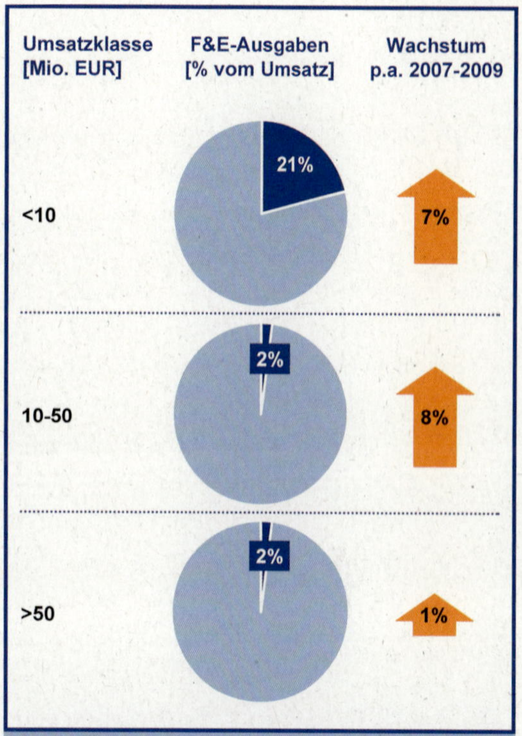

Forschungsausgaben im Leitmarkt
Quelle: Roland Berger

Forschung, Kooperation, Cluster – Wettbewerber ziehen an einem Strang

Bis auf wenige kleine Unternehmen sind alle befragten Betriebe in Netzwerken organisiert. Viele dieser Kooperationen sind regional oder national. Etwa ein Drittel der Kooperationen ist international ausgerichtet. Die Innovationsnetzwerke im Bereich der Rohstoff- und Materialeffizienz umfassen in den meisten Fällen ein breites Mitgliederspektrum: Dazu gehören Zulieferer, Kunden, Forschungsinstitute und Hochschulen. In einigen Fällen kooperieren sogar Wettbewerber miteinander. Die Hälfte der Kooperationen wird nicht formell koordiniert. Bei den enger verzahnten Kooperationen übernehmen entweder einzelne Unternehmen oder Forschungseinrichtungen die Koordinationsrolle.

Die befragten Unternehmen im Leitmarkt arbeiten vor allem aus drei Gründen zusammen: um den Informationsaustausch zu verbessern, um neue Produktideen zu entwickeln und neue Märkte zu erschließen. Die meisten Unternehmen sind mit dem intensivierten Informationsaustausch zufrieden. Verbesserungsbedarf sehen sie bei der gemeinsamen Entwicklung neuer Produktideen und der Gewinnung von Marktzugängen.

In der Deutschlandkarte sind relevante Unternehmen und Forschungseinrichtungen des Leitmarktes abgebildet (siehe Abbildung Seite 89). Die Einfärbung der Bundesländer zeigt, dass die meisten Arbeitsplätze im Leitmarkt in Baden-Württemberg, Bayern und Nordrhein-Westfalen angesiedelt sind. Die regionale Konzentration der Firmen erleichtert die Bildung örtlicher Cluster. Insbesondere bei nachwachsenden Rohstoffen haben sich Kooperationsnetzwerke in Bayern, Nordrhein-Westfalen und Sachsen gebildet.

Die folgenden Beispiele illustrieren die Zusammenarbeit von Wirtschaft und Wissenschaft:

- Das Kunststoff-Zentrum Leipzig ist das Herz des mitteldeutschen Innovationsnetzwerks „Biotechnische Werkstoffe – Produkte, Materialien und Verfahren". Vier Unternehmen, zahlreiche Forschungseinrichtungen sowie die sächsische Landesanstalt für Landwirtschaft tauschen Forschungsergebnisse über nachwachsende Rohstoffe aus. Einer der Schwerpunkte der Zusammenarbeit ist die Kostenanalyse von NAWARO. Zu den wichtigsten Forschungsthemen gehört dabei die Substitution erdölbasierter Kunststoffe.
- Im Abaca-Netzwerk kooperieren Automobilindustrie, Hochschulen und internationale Organisationen mit dem Ziel, die Verwendung nachwachsender Rohstoffe in der Industrie zu fördern. Erstes Ergebnis der Kooperation ist der Einsatz der Abaca-Bananenfaser im Autobau. Die Fasern sind leicht zu verarbeiten und extrem robust, sparen aber im Vergleich zur Glasfaser 60 % Energie. DaimlerChrysler, der Automobil-Zulieferer Rieter, die Deutsche Investitions- und Entwicklungsgesellschaft, die Hochschulen Hohenheim und Reutlingen, die Stiftung Europäisches Naturerbe und die Vereinten Nationen haben sich in diesem Netzwerk zusammengeschlossen. Die Zusammenarbeit reicht von der Auswahl geeigneter Pflanzensorten bis zur Herstellung und Verarbeitung in Serienbauteilen.
- Das Wissens- und Innovationsnetzwerk Polymertechnik will die Ressourcenproduktivität im betrieblichen Alltag erhöhen. Coaching und Praxisaustausch der Mitglieder stehen im Mittelpunkt dieses

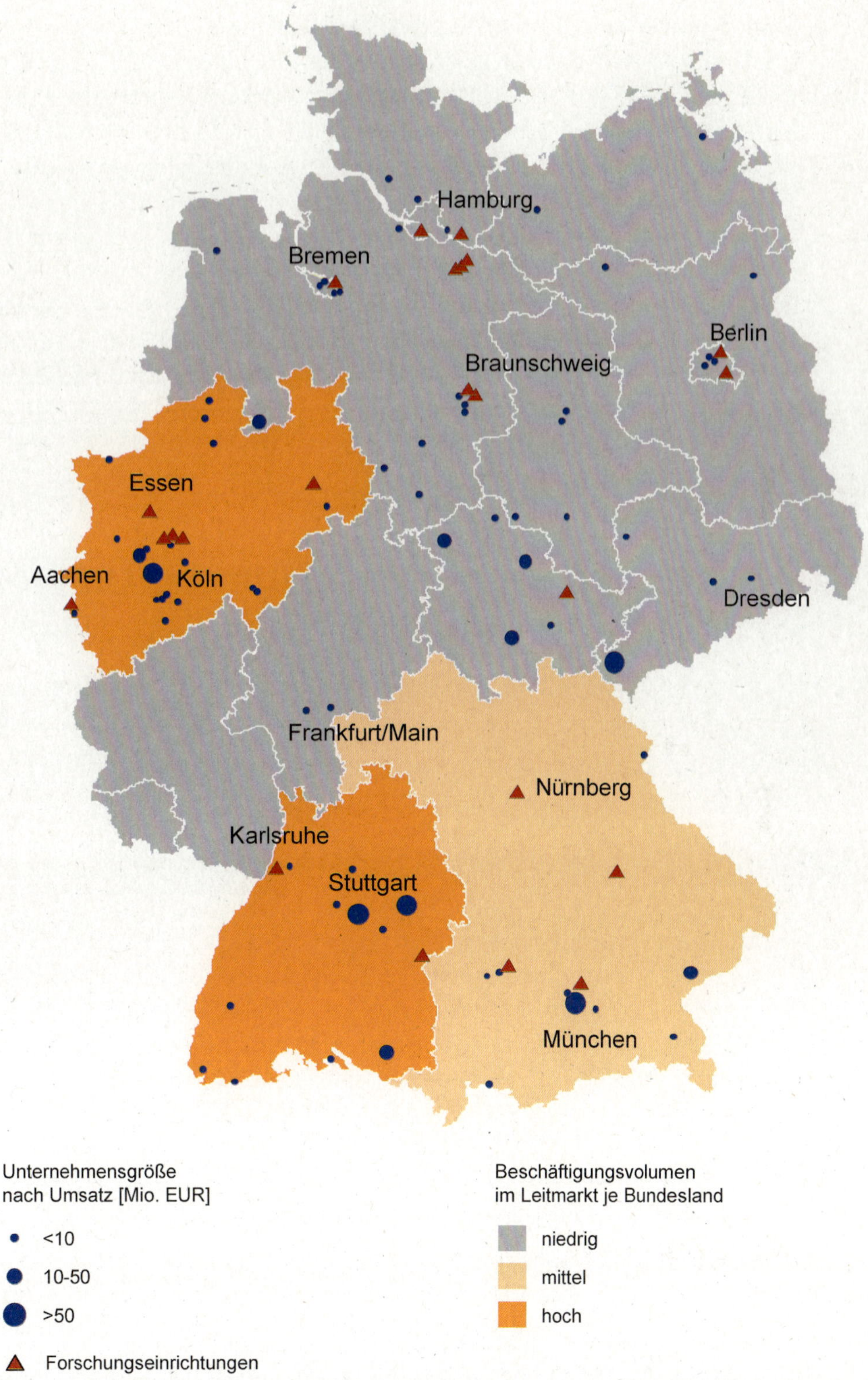

Regionale Verteilung von Unternehmen und Forschungseinrichtungen im Leitmarkt Rohstoff- und Materialeffizienz

Netzwerks, in dem der Förderverein WIP-Kunststoffe e.V. und zahlreiche kleine und mittlere Unternehmen organisiert sind. Konkretes Ergebnis ihrer Zusammenarbeit ist beispielsweise die Optimierung des Füllvorgangs bei der Fertigung von Spritzgussartikeln. Das vom Bundeswirtschaftministerium geförderte Projekt will vor allem kleinen und mittleren Unternehmen helfen, versteckte Kostenpotenziale zu erkennen und zu heben.

- Das Bionik-Kompetenz-Netz zählt zu den zentralen Plattformen der Bionikforschung in Deutschland. Dabei ist die Hochschule Bremen dem Geheimnis schnell schwimmender Knochenhaie auf der Spur. Die besonders strukturierte Haut der Haie verhindert das ansonsten natürlich auftretende Algenwachstum. Das Anti-Algen-Rezept der Haie soll Schiffsrümpfe und Seemarkierungen vor Algenbefall schützen.

Der Beitrag der Politik – Deutsche Umweltregulierung ist wegweisend für Europa

Höhere Ressourcen- und Materialeffizienz ist für die deutsche Politik seit vielen Jahren ein wichtiges Thema. Bereits in den frühen 90er-Jahren verbannte der Bundesgesetzgeber mit der Verordnung über ozonschädliche Flurchlorkohlenwasserstoffe – besser bekannt unter der Abkürzung „FCKW" – das Treibgas aus allen wesentlichen Produktbereichen. Deutschland war damit Vorreiter in Europa.

Außerdem verpflichten EU-Regelungen Hersteller von energiebetriebenen Geräten, besonders umweltschädliche Inhaltsstoffe sparsam zu verwenden. Die Hersteller sind auch zur Rücknahme und fachgerechten Entsorgung der Geräte verpflichtet. Die Bundesrepublik hat diese sogenannten WEEE- und RoHS-Richtlinien mit dem Elektro- und Elektronikgesetz in nationales Recht umgesetzt.

Das Bundeswirtschaftsministerium hat zudem die Deutsche Materialeffizienzagentur (DEMEA) gegründet. Ihr Ziel ist die Verbesserung der Materialeffizienz vor allem bei kleinen und mittleren Unternehmen, denen sie Beratung anbietet. Jährlich vergibt die DEMEA den Materialeffizienzpreis, eine mit 10.000 EUR dotierte Auszeichnung für gelungene Materialeinsparung in der Praxis.

Mit dem Umweltinnovationsprogramm unterstützt das Bundesumweltministerium umweltfreundliche Produktentwicklungen. Ziel ist eine deutliche erhöhte Ressourceneffizienz. Das „Netzwerk Ressourceneffizienz" soll den Erfahrungsaustausch zwischen Wirtschaft und Forschung erleichtern. Es entwickelt Vorschläge für innovative Rahmenbedingungen. Und es dient als Ideenplattform, insbesondere für kleine und mittelständische Unternehmen.

Kreislauf-wirtschaft

Menschen produzieren Abfall. Das ist an sich nicht ungewöhnlich, denn jedes Lebewesen erzeugt Abfallprodukte. Das besondere am Abfall des modernen Menschen ist aber die unvorstellbar große Menge: Allein die Länder der EU-25 haben im Jahr 2002 rund 1,3 Milliarden Tonnen Abfall produziert. Würde man den Abfall verteilen, könnte man 2.600 Quadratkilometer, das entspricht ungefähr der Fläche des Saarlandes, mit einer halben Meter hohen Müllschicht bedecken.

Die Abfallmenge korrespondiert mit der wirtschaftlichen Entwicklung eines Landes zusammen: je größer der Wohlstand, desto höher die Müllberge. Allein beim Hausmüll reicht die Spanne von rund 200 Kilogramm pro Einwohner und Jahr in Entwicklungsländern bis zu über 700 Kilogramm pro Einwohner in Industrienationen. Selbst innerhalb Europas gibt es deutliche Unterschiede. In Rumänien fallen pro Person und Jahr durchschnittlich 360 Kilogramm Hausmüll an. Ein Durchschnitts-Isländer stellt mehr als doppelt so viel vor die Tür.

Auf einen Blick

Die Anhebung der Umweltstandards bietet den Unternehmen im Leitmarkt großartige **Wachstumschancen in den osteuropäischen EU-Mitgliedsländern**.

Unternehmen im Teilmarkt **der Emissionsreduktion** sind die **Spitzenreiter** bei Rendite, Wachstum, Forschung und Umsatz.

Die **boomende Wirtschaft** in China, Indien und anderen aufstrebenden asiatischen Industriestaaten sowie das globale **Bevölkerungswachstum** steigern den **Bedarf an innovativer Abfalltechnologie** erheblich.

In Deutschland schrumpfen die Müllberge: Die **Abfallmenge pro Kopf sinkt**, obwohl die Wirtschaftsleistung steigt.

Wegweisende Politik: Deutschland will bis 2020 die Deponierung verwertbarer Abfälle beenden.

Erlebt eine Region einen wirtschaftlichen Aufschwung, wächst meistens auch der Müllberg. Zum Beispiel in Rio de Janeiro: Robustes Wirtschaftswachstum zwischen 1994 und 1997 erhöhte die Abfallproduktion um 30 %, obwohl die Einwohnerzahl konstant blieb.

Selbst wenn die Weltwirtschaft auf dem heutigen Niveau stagnierte – die globale Müllmenge würde dennoch wachsen. Dafür verantwortlich ist die Zunahme der Weltbevölkerung. Nach Prognosen der Vereinten Nationen werden im Jahr 2020 rund 8 Milliarden Menschen auf der Erde wohnen, über eine Milliarde mehr als heute. Ohne Verbesserung des globalen Abfallmanagements würde die Müllmenge allein durch das Bevölkerungswachstum bis 2020 um ein Sechstel steigen.

Die Folgen des globalen Abfallgebirges sind verheerend. Weil die meisten Länder auf der Welt keine Müllverbrennung oder andere Abfallbehandlung kennen, landet der größte Teil in der Natur. Die Deponierung von Müll verschandelt die Landschaft und gefährdet die Gesundheit des Menschen. Insbesondere „wilde" Deponien können das Grundwasser vergiften, weil schadstoffverseuchtes Wasser in tiefer liegende Bodenschichten durchsickert. Rund 70 % des Abfalls in Entwicklungsländern sind organisches Material, das bei der Lagerung zu faulen beginnt. Dabei entweicht Deponiegas, ein etwa 14fach stärkerer Klimakiller als Kohlendioxid. Weltweit hat sich der Ausstoß von Deponiegas zwischen 1970 und 2004 um 179 % erhöht.

Die Kosten der Wegwerf-Wirtschaft sind enorm. Die Vereinten Nationen schätzen, dass Städte und Gemeinden im weltweiten Durchschnitt zwischen 20 und 30 % ihrer Haushaltsmittel für die Sammlung und Entsorgung von Müll ausgeben. Der Müll bindet vor allem in wirtschaftlich unterentwickelten Ländern das knappe Geld, das für volkswirtschaftlich effizientere Investitionen in Ausbildung und Infrastruktur fehlt.

Die globale Ex-und-Hopp-Mentalität, gekoppelt mit der gestiegenen Nachfrage nach Rohstoffen, belastet auch die produzierende Wirtschaft. Die erhöhte Nachfrage hat bei gleichbleibendem Angebot die Rohstoffpreise explodieren lassen. Zwischen 2000 und 2005 haben sich Rohstoffe auf dem Weltmarkt um 80 % verteuert. Die Preise für Eisenerz, Stahlschrott und Öl haben sich sogar verdoppelt. Stahl ist so begehrt, dass der Deutschen Bahn im Jahr 2006 über 40 Tonnen Bahnschienen gestohlen worden sind. Die Diebe hatten die stillgelegten Gleisschienen abmontiert. Die Knappheit der Rohstoffe und die steigenden Preise sind wesentliche Argumente, die Verwertung von Abfall künftig noch mehr zu forcieren.

Der wachsende Abfallberg stellt uns vor zwei Fragen: Wie kann ein angemessener Lebensstandard für die Weltbevölkerung erreicht werden, ohne dass die Menschheit im Müll erstickt? Und wie kann ökonomisches Wachstum erreicht werden, ohne dabei die Lebensgrundlagen von Mensch und Natur zu vernichten?

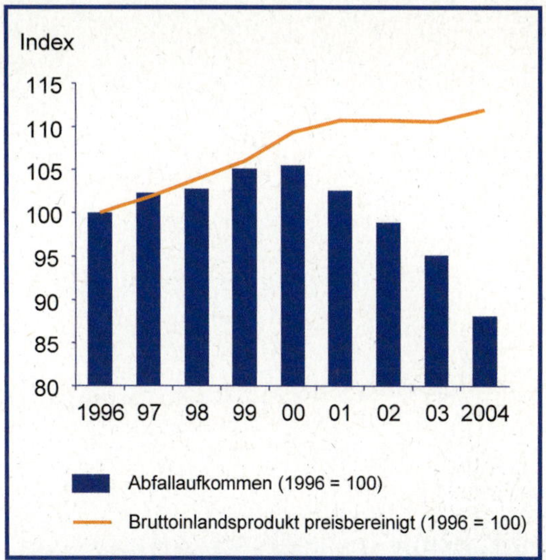

Entkoppelung von Wirtschaftswachstum und Abfall in Deutschland

Quelle: Statistisches Bundesamt, Roland Berger

Zukunft der Kreislaufwirtschaft – Drei Hebel für mehr Nachhaltigkeit

Der Kreislaufgedanke ist der Kern einer ökonomisch wie ökologisch nachhaltigen Abfallwirtschaft. Kreislaufwirtschaft bezeichnet ein Abfall- und Wirtschaftssystem, bei dem Entnahmen aus der Natur auf ein Mindestmaß beschränkt sind. Stattdessen werden Rohstoffe möglichst effizient und lange genutzt oder energetisch verwertet. In der Idealvorstellung befinden sich die Stoffe in einem permanenten Verwertungskreislauf – nur ein minimaler Teil landet auf Deponien.

Gegenüber der Wegwerf-Wirtschaft hat die Kreislaufwirtschaft messbare ökonomische Vorteile. Durch Recycling spart allein die deutsche Volkswirtschaft Rohstoffimporte von rund 3,7 Mrd. EUR pro Jahr. Dadurch erhöht sich der Außenhandelsüberschuss. Beachtlich ist auch die Energieeinsparung – bei der Wiederverwertung von Aluminium werden zum Beispiel 95 % weniger Energie benötigt als bei der Elektrolyse von neugeschmolzenem Aluminium. Recyceln senkt also Material- und Energiekosten. Gleichzeitig ist die Kreislaufwirtschaft selbst eine lukrative Branche, in der in Deutschland rund 50 Mrd. EUR pro Jahr umgesetzt werden.

Die Bundesrepublik gehört zu den führenden Kreislaufwirtschaften der Welt. Als eine der ersten Industrienationen ist es hier gelungen, Wirtschaftswachstum zu erzielen und gleichzeitig die Abfallproduktion zu verringern. Im Jahr 2004 sank die Gesamtmenge des in der Bundesrepublik erzeugten Abfalls auf 340 Mio. Tonnen, das entspricht einer Verringerung um 12 % (45 Mio. Tonnen) gegenüber 1996. Gleichzeitig aber stieg das Bruttoinlandsprodukt (BIP), sodass Deutschland bezogen auf die erzielte Wertschöpfung weniger Abfall produzierte. Fielen 1996 noch über 200 Kilogramm je 1.000 EUR Bruttoinlandsprodukt an, waren es 2004 nur 161 Kilogramm – das entspricht rund 20 % weniger Abfall für jeden erwirtschafteten Euro (siehe Abbildung Seite 95).

Mehrweg sendet Signale

Mehrwegverpackungen sind auf dem Vormarsch – und werden neuerdings mit Radio-Frequency-Identification (RFID)-Chips markiert. Die RFID-Technologie ermöglicht es, Produkte per Radiowellen zu identifizieren. Lesegeräte können bis zu 400 Chips pro Sekunde lesen. Manuelles Sortieren und Abzählen von Waren ist nicht mehr nötig. Die Metro-Gruppe und rund 40 Industriepartner kennzeichnen seit 2006 ihre Mehrweg-Paletten mit RFID-Transpondern. Der schnellere und genauere Materialfluss verringert die durchschnittlichen Ladezeiten für einen Lkw zwischen 8 und 15 Minuten. Außerdem gehen – anders als vor Einführung der Technik – weniger Paletten verloren. RFID senkt die Kosten und erhöht die Transparenz – und schont als Mehrwegtechnologie die Umwelt.

Abfall- und Kreislaufwirtschaft sind seit vielen Jahren zentrale politische Themenfelder. Über 100 Forschungseinrichtungen und 70 Fachpublikationen beschäftigen sich in Deutschland direkt oder indirekt mit Abfall-, Kreislauf- oder Entsorgungsfragen. Rund 6.000 Unternehmen sind in der Branche tätig, die 250.000 Mitarbeiter beschäftigen.

Die Kreislaufwirtschaft reduziert die Abfallproduktion und damit die Umweltbelastung, indem sie an drei Hebeln gleichzeitig ansetzt:

- Vermeidung von Abfall,
- Verwertung von Abfall,
- Umweltgerechte Entsorgung von nicht vermeidbarem oder verwertbarem Abfall.

Hebel 1: Vermeidung von Abfall

Die erste Strategie zur Abfallvermeidung setzt bei der Planung an. Nach Schätzungen der EU-Kommission entscheidet die Konzeptionsphase eines Produktes über 80 % seines Ressourcenverbrauchs. Deshalb entwerfen Ökodesigner Produkte, die nachhaltig gewonnene Materialien nutzen, möglichst wenig Abfall erzeugen und einfach zu verwerten sind. Ökodesign setzt das Ziel einer integrierten Produktpolitik um, die alle Lebensphasen eines Wirtschaftsgutes aus umweltökonomischer Sicht beleuchtet.

Im Lebenszyklus eines Produktes entsteht bei der Produktion mehr Abfall als bei der Entsorgung. 2004 fielen bei der Produktion und im Gewerbe 53 Mio. Tonnen Abfall an. Hier setzen ressourcen- und materialeffiziente Produktionsverfahren an. Sie schonen nicht nur die Umwelt, sondern verbessern auch das Betriebsergebnis. Nach einer Studie der Fraunhofer-Gesellschaft könnten

Müllroboter trennen besser

Erkennen Sie den Unterschied zwischen den Plastikflaschen aus PET, PE-HD oder PE-LD? Eben. Sortiermaschinen können es besser. Sortiertechnik aus Deutschland ist bei der automatischen Mülltrennung weltweit führend und hält zwei Drittel des globalen Marktes. Mit Sensoren erkennen Müllroboter jede Stoffart nahezu ohne Fehler. Der elektronische Helfer übernimmt die schmutzige Handarbeit – bei niedrigeren Kosten und höherer Sortierqualität. Der erste Schritt der Sortierung erfolgt durch Sieben und Rütteln, dabei wird der Müll nach Gewicht getrennt. Magnetfelder isolieren Metalle. Optische Sensoren, die mit Lasertechnik, Röntgen, Bilderkennungstechnologien und Nahinfrarot ausgestattet sind, erkennen einzelne Stoffgruppen. Ein Druckluft-Stoß pustet das identifizierte Müllteil vom Band. Es landet bei seinen stofflichen Verwandten. PET zu PET, Papier zu Papier. Am Schluss liegt der getrennte Müll zerkleinert in Containern: Plastik, Papier, Metall und Glas. Ein neues Produktleben kann beginnen.

kleine und mittelständische Unternehmen rund 20 % der Materialkosten einsparen, wenn sie ihre Produktions- und Materialflüsse verbessern würden (siehe auch Kapitel Rohstoff- und Materialeffizienz).

Eine weitere Möglichkeit, Abfall zu reduzieren, ist eine Erhöhung der Nutzungsdichte eines Produkts. Sie verringert den Materialumschlag, weil weniger Produkte in Umlauf gebracht werden. Dadurch entsteht weniger Abfall. Beispiel Car Sharing: Hier teilen sich durchschnittlich 33 Nutzer ein Fahrzeug (siehe auch Kapitel Nachhaltige Mobilität).

Mehrwegsysteme tragen maßgeblich zur Abfallvermeidung bei. Je häufiger ein Produkt wiederverwertet wird, desto geringer ist der Materialverbrauch und damit die Abfallproduktion. Mehrwegpfandflaschen aus Glas werden beispielsweise bis zu 50-mal wieder befüllt, Mehrweg-Plastikflaschen aus PET im Durchschnitt 25-mal – im Vergleich zu Einwegflaschen sinkt der Materialverbrauch um den Faktor 50 bzw. 25. In Deutschland betrug die Mehrwegquote bei allen Getränkeflaschen 60 % im Jahr 2004. Besonders hoch ist die Mehrwegquote mit 87,5 % bei Bierflaschen.

Hebel 2: Verwertung von Abfall

Die ökologisch sinnvolle Verwertung nutzt Abfall als potenziellen Rohstoff. Ziel ist ein geschlossener Stoffkreislauf mit niedrigen Materialverlusten und wenigen Restabfällen, die auf der Deponie entsorgt werden müssen. Deutschland hat sich sogar das Ziel gesteckt, bis 2020 den größten Teil des Abfalls zu verwerten und damit die Deponierung weitgehend abzuschaffen. Voraussetzung für die Verwertung ist die möglichst vollständige Sammlung und Trennung von Abfall in ähnliche Stoffgruppen – keine einfache Aufgabe, da in Europa mehr als 600 verschiedene Abfallarten unterschieden werden.

In Deutschland wird der Abfall bereits in den Haushalten und Betrieben vorsortiert. In der Praxis hat sich dieses System bewährt. Die Trennung am Entstehungsort umfasst Papier, Bioabfälle, Glas, Metall, Verpackungen, Batterien und Elektrogeräte. Moderne Sortiertechniken können zum Beispiel die getrennt erfassten Verpackungen in die unterschiedlichen Materialströme separieren. (siehe Kasten Seite 97). Inwieweit eine automatische Sortierung von nicht getrenntem Hausmüll durch moderne Sortieranlagen ökologisch und ökonomisch günstig ist, wird derzeit in einigen Gebieten Deutschlands untersucht. Eine vorherige Trennung von Bioabfällen und Papier ist aber in jedem Fall sinnvoll.

Die Bundesrepublik ist Vorreiter bei der Abfallverwertung: 86 % der Bauabfälle sowie 57 % der Siedlungs- und Produktionsabfälle wurden 2004 wiederverwertet. Von den besonders umweltschädlichen Starterbatterien wurden im Jahr 2005 14 Millionen Stück recycelt – das entspricht einer Quote von annähernd 100 %. Von Nickel-Cadmium-Batterien beispielsweise wird das Cadmium abdestilliert und für die Produktion neuer Energiezellen verwendet. Die Nebenprodukte Stahl und Nickel fließen in die Herstellung von Edelstahl.

Grundsätzlich stehen zur Verwertung von Abfall zwei Alternativen zur Verfügung: Die stoffliche und die energetische Verwertung.

Bei der stofflichen Verwertung werden Roh- und Werkstoffe aus dem Abfall gewonnen und wieder in den Produktionskreislauf eingespeist. In Deutschland werden bereits 70 % der verwerteten Verpackungsabfälle stofflich verwertet. Das Potenzial, insbesondere zur Rückgewinnung von Metallen, ist enorm. Allein auf US-Deponien lagern rund 56 Mio. Tonnen Kupfer. Das entspricht der vierfachen Weltjahresproduktion und einem Marktwert von 289 Mrd. EUR (Stand 2007). In Deutschland wurden bereits 2001 über 1 Mio. Tonnen Eisenerz aus dem Hausmüll gewonnen, das bedeutet gegenüber 1990 eine Steigerung der Verwertung um den Faktor Fünf.

In der produzierenden Industrie gewinnen Recyclingmethoden an Bedeutung. Ein Beispiel dafür ist das Bottle-to-Bottle-Verfahren von PET-Kunststoff, das die Krones AG nutzt. Kunststoff-Granulat aus PET-Flaschen wird dabei zur Herstellung neuer Flaschen genutzt, praktisch ohne stoffliche Verluste. Eine technologische Herausforderung ist die Wiederverwertung von Solarzellen der ersten Generation. Mit innovativer Technologie gewinnt die Solar AG aus Freiburg in Sachsen unter anderem das verarbeitete Silizium zurück.

Aus Ruß wird Gummi

Deutsche Firmen gehören zu den Weltmarktführern bei der stofflichen Verwertung. Insbesondere für Stoffgemische, beispielsweise Kunststoffe, bietet deutsches Know-how neue Lösungen. So kann das FORMEX-Verfahren Autoreifen zu 99,9 % stofflich verwerten. Die innovative Prozessführung beim Depolymerisationsverfahren für Altreifen vermeidet die Entstehung von Schadstoffen. Der entstehende Ruß wird in der Gummiproduktion wieder eingesetzt. Aus Halle stammt das patentierte Gumtec-Verfahren, das Produktionsabfälle aus Gummi zu hochwertigem Neugummi verarbeitet. Das recycelte Gummi kann problemlos und sortenrein den Originalrezepturen beigemischt werden – dadurch verringert es den Materialbedarf, senkt die Kosten und schont die Umwelt.

Müllberge als Energielieferanten

Die mechanisch-biologische Abfallbehandlung (MBA) bereitet Abfälle für eine umweltverträgliche Deponierung und Rückführung in den Stoffkreislauf vor. Heizwertreiche Fraktionen (zum Beispiel Kunststoffe, Papier, Pappe) werden abgetrennt und zu Ersatzbrennstoff für Mülldeponien oder Zementwerke weiterverarbeitet. Metalle werden wiederaufbereitet. Der organische Anteil des Mülls kommt in die Intensivrotte, wo er sich besonders schnell zersetzt. Die biologische Behandlung erfolgt mittels aerober (Rotte), anaerober (Vergärung) oder in kombinierten Verfahren. Beim Einsatz von anaeroben Verfahren entsteht Biogas, das zur Energiegewinnung genutzt wird. Während des Zersetzungsprozesses erhitzt sich das Material auf bis zu 70 Grad. Nach einer Woche ist der Müllberg deutlich geschrumpft, wird umgewalzt und im Nachrottverfahren weiterbehandelt. Erst wenn der größte Teil des bioaktiven Anteils zersetzt ist, wandert der Rest auf die Deponie.

Die Kompostierung von organischen Abfällen ist die natürlichste Methode, um den Stoffkreislauf zu schließen. In Deutschland werden jährlich rund 8 Mio. Tonnen Bioabfall getrennt erfasst und überwiegend kompostiert. 99 % der getrennt gesammelten Bioabfälle wurden in der Bundesrepublik im Jahr 2004 zu Kompost verarbeitet. Der Kompost verbessert die Bodenqualität und wirkt darüber hinaus als Dünger. Deutschland ist Europameister bei der Kompostierung. Bundesweit gibt es über 485 zertifizierte Kompost- und Vergärungsanlagen, damit hat Deutschland mehr zertifizierte Kompostanlage als alle anderen EU-Länder zusammengenommen.

Bei der energetischen Verwertung wird Abfall zur Erzeugung von Energie genutzt. Im Wesentlichen gibt es zwei Varianten. In der ersten Variante wird Abfall verbrannt, um Produktionsverfahren mit hohem Energiebedarf mit Strom und Wärme zu beliefern. Wichtigstes Anwendungsgebiet sind Drehrohröfen in der Zementindustrie. 42 % ihres Energiebedarfs konnten im Jahr 2004 durch die Mitverbrennung energiereicher Abfälle gedeckt werden.

In der zweiten Variante verbrennen „Waste-to-Energy"-Kraftwerke energiereichen Müll und erzeugen dabei Strom. Eine große und fortschrittliche Anlage entsteht in Stavenhagen in Norddeutschland und wird nach Fertigstellung im Jahr 2007 den Strombedarf des Lebensmittelherstellers Pfanni decken. Weitere Kraftwerke werden im Jahr 2007 den Betrieb aufnehmen. Zusätzlich zum Strom nutzt Pfanni den bei der Stromerzeugung entstandenen Wasserdampf; er wird direkt in den Prozesskreislauf eingespeist. Dadurch werden die Energiekosten halbiert. Die brennbaren Fabrikabfälle verfeuert das Kraftwerk gleich mit – der Kreislauf schließt sich.

Gegenüber der Verbrennung fossiler Energieträger hat die energetische Abfallverwertung drei wesentliche Vorteile: Sie beseitigt Abfall. Sie vernichtet Giftstoffe, die andernfalls auf Deponien gelagert werden müssten. Und sie schont das Klima. Denn etwa die Hälfte des Abfalls ist organischer Herkunft, sodass die Verbrennung dieses Abfallanteils klimaneutral möglich ist. Die Pflanzen haben während der Wachstumsphase CO_2 gebunden, das bei der Verbrennung wieder an die Atmosphäre abgegeben wird. Aus Abfall könnten in Deutschland jährlich etwa 10 Mio. Tonnen Sekundärbrennstoffe gewonnen werden.

Stoffliche und energetische Verwertung kombiniert eine Pilotanlage der Kopf AG: Sie verbrennt rund 350 Tonnen Klärschlamm pro Jahr. Der Schlamm wird getrocknet, dabei entstehen ein Mineralgranulat und ein Synthesegas. Das Granulat wird im Straßenbau verwendet, das Synthesegas in einem Blockheizkraftwerk zur Stromerzeugung verfeuert.

Hebel 3: Umweltgerechte Entsorgung von nicht vermeidbarem oder verwertbarem Abfall

Im Idealbild der Kreislaufwirtschaft werden möglichst viele Abfälle vermieden und entstandene Abfälle durch ökologische Verwertung dem Stoffkreislauf zugeführt. Ideal und Realität klaffen aber weit auseinander. Entwicklungsländer verwerten nur einen geringen Teil des Abfalls – der Großteil des Mülls landet unbehandelt auf Deponien. Selbst die wirtschaftlich hochentwickelten EU-Staaten kippen im Durchschnitt noch fast die Hälfte ihrer Siedlungsabfälle auf Deponien ab. Rohstoffe im Wert von Milliarden Euro verrotten ungenutzt unter freiem Himmel.

Aus ökologischer Sicht ist die Deponierung von Abfällen bedenklich. Deponien gefährden das Grundwasser und das Klima. Eine Vergiftung des Grundwassers kann entstehen, wenn Sickerwasser von mangelhaft abgedichteten Deponien in untere Bodenschichten und ins Grundwasser vordringt. Das Klima wird durch Deponiegas bedroht, das bei der Verwesung entweicht. Es entsteht bei der Verrottung des organischen Abfallanteils, der beim Hausmüll in Deutschland etwa 50 % der Menge ausmacht. Deponiegas ist ein hochpotenter Klimakiller, der bis zu zwei Dritteln aus Methan und zu einem Drittel aus Kohlendioxid besteht.

Deutsche Umwelttechnologie setzt an zwei Stellen an: bei der Absicherung von Deponien und bei der Verringerung von Deponiegas. Die Absicherung von Deponien erfolgt sowohl ober- als auch unterirdisch. Die oberirdische Absicherung erfasst Deponiegas und verarbeitet es zu energetisch nutzbarem Gas weiter. Die unterirdische Absicherung verhindert die Vergiftung des Grundwassers, zum Beispiel durch innovative Geokunststoffe, die das Erdreich besser abdichten. Experten aus Deutschland verfügen über umfangreiches Spezialwissen in Sachen Deponie von der Errichtung bis zur Wartung. Ihr Know-how trägt dazu bei, Gefahren für die Umwelt zu verringern. Ein Beispiel für eine besonders wirkungsvolle Technologie ist der Einsatz innovativer Dichtungskontrollsysteme; sie überprüfen, ob die Abdichtung noch intakt und damit der Schutz des Grundwassers gewährleistet ist. Mit verbesserter Technik, weniger Deponien, verbesserter Abfallvorbehandlung und getrennter Bioabfallverwertung konnten die Emissionen von Deponiegas in Deutschland zwischen 1990 und 2004 um über 60 % gesenkt werden. Das entspricht einer Verringerung um 21 Mio. Tonnen CO_2-Äquivalente.

Biotechnologie: Bakterien als Schmutzfresser und Spürnasen

Mikroorganismen sind fleißige Putzleute. Ob bei der Reinigung von Abwasser oder belasteten Abgasen – biotechnologisch hergestellte aerobe Bakterien können schadstoffbelastete chemische Verbindungen in unbedenkliche Verbindungen umwandeln. Eingesetzt werden die Biowäscher beispielsweise bei der Havarie von Öltankern. Sie fressen das austretende Öl auf. Bei der Sanierung von sauren Tagebauseen helfen Bakterien, die auch Eisen und Sulfat reduzieren. Sie kehren die Versäuerung um. Mikroorganismen arbeiten überdies als Umwelt-Detektive. Biosensoren reagieren bei der Überschreitung bestimmter Grenzwerte. Bereits bei der kleinsten Abweichung nach oben schlagen die Biowachen Alarm. Das Einsatzpotenzial der sogenannten „Grauen Biotechnologie" als Giftfresser und Spürhund ist gewaltig – der technologische Durchbruch steht aber bisher noch aus.

Wenn der Boden bereits verseucht ist – durch Deponien oder andere Verschmutzungen –, können deutsche Innovationen Schäden begrenzen oder beheben. Zur Analyse von Bodenproben hat das Fraunhofer-Institut für Lasertechnik einen Spezial-Laser entwickelt. Das laserspektroskopische Verfahren spürt die Schwermetalle Arsen, Cadmium, Chrom, Kupfer, Nickel, Blei, Thallium und Zink auf. Elektrokinetische Sanierungsverfahren gehören zu den innovativsten In-situ-Bodensanierungstechniken. Diese Methode nutzt elektrischen Strom als Reinigungskraft. In den kontaminierten Boden werden Elektroden eingeführt und an eine Gleichspannungsquelle angeschlossen. Sie erzeugen im Untergrund ein elektrisches Feld, das die Schadstoffe um die Elektroden konzentriert. Dadurch verringert sich der erforderliche Bodenaushub – was Kosten senkt und die Umwelt schont. Die Verschärfung von EU-Richtlinien wird in den kommenden Jahren die Nachfrage nach Technologien zur Bodensanierung erhöhen. Unternehmen erwarten hier gute Marktchancen (siehe Seite 104).

Nicht nur im Boden, auch in der Luft gehören die Messung und Reinigung von Verschmutzungen zu den Kernkompetenzen deutscher Firmen. Optische Rauchmessgeräte arbeiten beispielsweise nach dem Prinzip der Absorption. Sie schicken einen Lichtstrahl durch eine Rauchgasstrecke und messen die Schwächung des Lichtstrahls. Damit kann die Rauchdichte bestimmt werden. Mit dem Deutschen Zukunftspreis ist die Akustische Kamera ausgezeichnet worden. Sie fotografiert Lärmherde und erstellt einen optischen Fingerabdruck. Dadurch können die Lärmquellen eindeutig lokalisiert und abgeschaltet werden. Bosch und Siemens wenden das Produkt bereits an.

Sogenannte End-of-Pipe-Technologien (am Ende der Produktionskette) neutralisieren Abgase mit möglichst geringem Kostenaufwand. Erste Ansätze zu dieser Technologie gab es bereits im 16. Jahrhundert für böhmische Schmelzöfen. Heute werden beispielsweise die Absorption und Adsorption, Nachverbrennung, Katalyse sowie die chemische und biologische Abgasreinigung genutzt.

Die Absorption bindet Abgase in einem Absorptionsmittel. Kritisch sind die dabei entstehende Belastung der Abwässer sowie Deponieprobleme. Bei der Rauchgasentschwefelung treten diese Probleme nicht auf. Das giftige Schwefeldioxid reagiert mit Calciumhydroxid – daraus entsteht der von der Bauindustrie verwendete REA-Gips. Bei der Adsorption werden die Schadstoffe in einem Adsorptionsmittel zwischengespeichert – nach längerer Benutzungsdauer muss dieses aber gereinigt werden. Auch hier fallen kontaminierte Produkte an, die als Sondermüll entsorgt werden müssen.

Die ökologisch unbedenklichste Technologie zur Reinigung von Abgasen ist die thermische Nachverbrennung. Dabei werden Abgase unter hoher Temperatur nochmals verbrannt und zu Kohlendioxid umgewandelt. Bei der Katalyse werden einzelne chemische Prozesse beschleunigt, um hochpotente Umweltgifte unschädlich zu machen. Beim Steam-Reforming-Verfahren gelingt es beispielsweise, gefährliche organische Kohlenwasserstoffe durch einen nickeldotierten Calciumaluminat-Katalysator und Wasserdampf in Wasserstoff, Kohlenmonoxid und Kohlendioxid zu verwandeln. Moderne kombinierte Anlagen zur thermischen Nachverbrennung ermöglichen darüber hinaus die Nutzung der Prozesswärme. Nachgeschaltete Wärme-

Umsatzklasse Unternehmen [Mio. EUR]	2004-2006	2007-2009
<10	9% p.a.	7% p.a.
10-50	9% p.a.	5% p.a.
>50	8% p.a.	5% p.a.

Mitarbeiterentwicklung im Leitmarkt – Vergangenheit und Zukunftsprojektion

Quelle: Roland Berger

Mess-, Filter-, Dämm- und Dichtungstechnik anbieten. Hier stieg der Umsatz um bis zu 16 %. Große Produktionsunternehmen und Unternehmen aus dem Bereich der Emissionsreduktion erwarten auch für den Zeitraum 2007 bis 2009 ein kräftiges Umsatzplus. Die meisten anderen Unternehmen rechnen mit einer Stabilisierung der Wachstumsraten.

Die steigenden Umsätze lassen die Kassen klingeln. Der Leitmarkt Kreislaufwirtschaft erzielt die zweithöchsten Umsatzrenditen verglichen mit allen anderen Leitmärkten in dieser Studie. Beinahe ein Viertel der Unternehmen der Kreislaufwirtschaft erreicht sogar Renditen von mehr als 10 %. Zu den Spitzenverdienern gehören Unternehmen, die Produkte für Lärmschutz oder Luftreinhaltung anbieten. In diesem Segment erzielte sogar ein Drittel der Firmen Umsatzrenditen von mehr als 10 % (siehe Abbildung Seite 107).

Alle Unternehmen im Leitmarkt haben in den vergangenen Jahren Arbeitsplätze geschaffen. Besonders kleine Produktionsunternehmen haben überdurchschnittlich viele Mitarbeiter eingestellt (siehe Abbildung). Auch beim Mitarbeiterwachstum sind die Produzenten im Bereich der Emissionsreduktion besonders stark: Ihre Belegschaften wuchsen im Schnitt um mehr als 16 % pro Jahr. Dieser Trend wird sich fortsetzen: Auch in den nächsten Jahren benötigen die Unternehmen im Leitmarkt Kreislaufwirtschaft zusätzliches Personal.

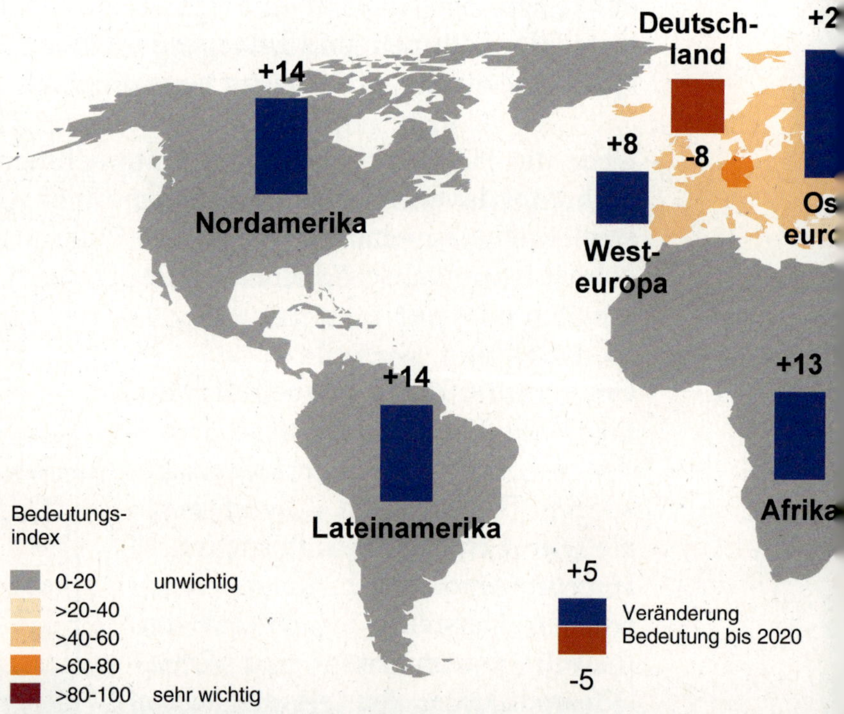

Bedeutung regionaler Absatzmärkte 2007 und 2020

Internationalisierung – EU-Erweiterung erschließt neue Absatzmärkte

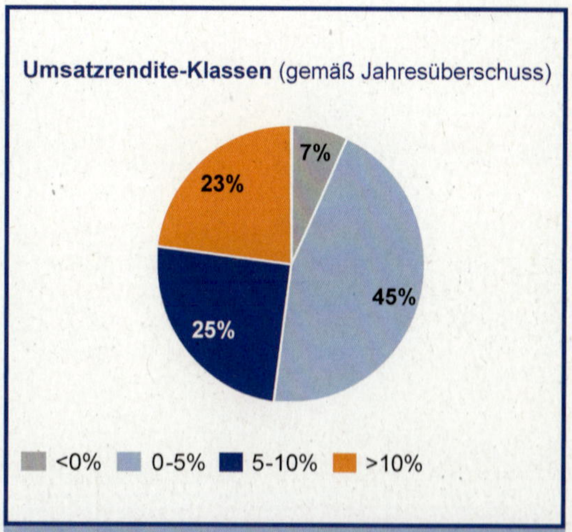

Rentabilität der Unternehmen
Quelle: Roland Berger

Die 30 % international tätigen Unternehmen in der Befragung erwirtschaften knapp die Hälfte des Umsatzes im Ausland. Bei großen Produktionsunternehmen sind es sogar fast zwei Drittel. International aktive Unternehmen gehen davon aus, dass der Absatz auf Auslandsmärkten stark steigen wird: Prognostiziert wird ein Wachstum von bis zu 17 %. Damit würde der Auslandsumsatz stärker als der Gesamtumsatz zulegen. Das Auslandsgeschäft wird also in Zukunft wichtiger.

Gegenwärtig ist aber noch Deutschland der größte Absatzmarkt für die Unternehmen der Kreislaufwirtschaft. Aufgrund des bereits sehr hohen Umsatzniveaus in Deutschland wird der heimische Markt auch in Zukunft wichtig bleiben, selbst wenn er nicht spektakulär wachsen wird. Neue Chancen bieten dagegen Osteuropa und Asien. Die EU-Osterweiterung eröffnet grenznahen Anbietern zusätzliche Absatzmöglichkeiten. Die Angleichung von Umweltvorschriften innerhalb der EU wird die Expansion weiter beschleunigen. Das Bevölkerungs- und Wirtschaftswachstum in Asien wird die Nachfrage nach deutscher Abfall- und Emissionstechnologie weiter erhöhen.

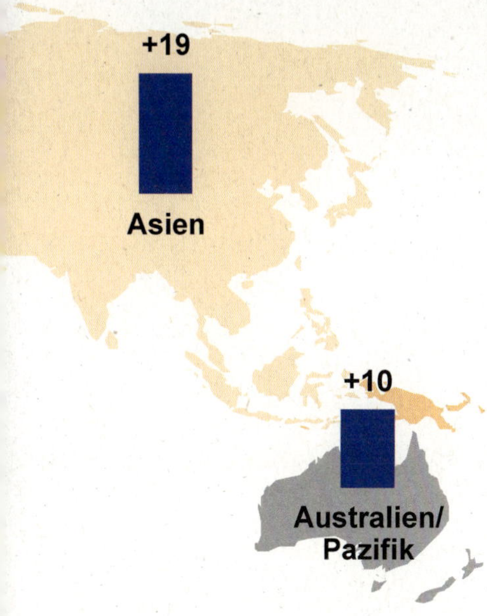

Innovation – Investitionen in die Zukunft zahlen sich aus

Im Vergleich zu anderen Leitmärkten investieren die Unternehmen der Kreislaufwirtschaft relativ weniger in Forschung und Entwicklung. Ursache hierfür ist die hohe Bedeutung von

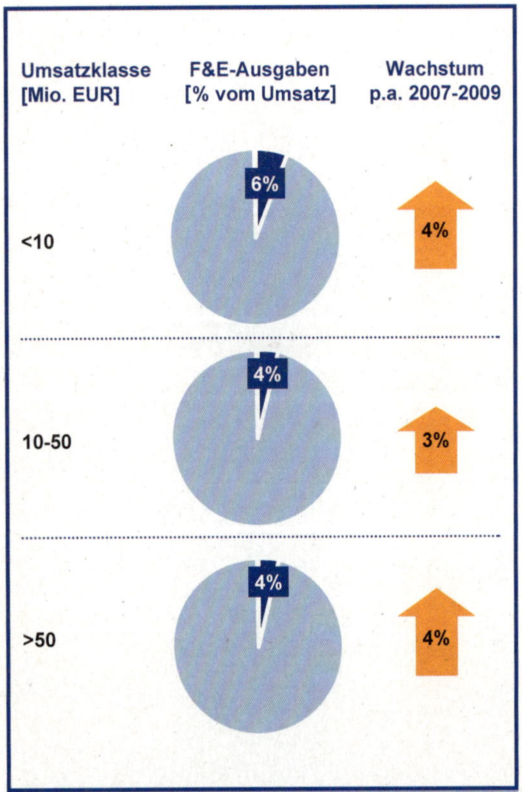

Forschungsausgaben im Leitmarkt

Quelle: Roland Berger

Dienstleistungen in der Abfallwirtschaft, insbesondere die Sammlung und der Transport von Abfall. Die Mehrheit der Unternehmen bietet diese personalintensiven, aber technologiearmen Dienstleistungen an – Investitionen in Forschung und Entwicklung sind hier wenig ausgeprägt. Dennoch sollen die Forschungsausgaben künftig aber leicht steigen.

Überdurchschnittliche Forschungsausgaben leisten sich Hersteller von innovativen recyclingoptimierten Produkten sowie Unternehmen im Bereich der Anlagen zur Emissionsreduktion in der Industrie. Ihr starkes Umsatzwachstum, die hohen Renditen und die internationale Technologieführerschaft geben den Zukunftsstrategien dieser Unternehmen Recht: Innovation zahlt sich aus.

Forschung, Kooperation, Cluster – Deutsche Abfallwissenschaft weltweit führend

Über die Hälfte der fast 600 befragten Unternehmen des Leitmarktes gehört einem Innovationsnetzwerk an. Meistens kooperieren Hochschulen, außeruniversitäre Forschungseinrichtungen, Kunden und Zulieferer. In beinahe einem Drittel der Netzwerke gehen auch Wettbewerber zweckgebundene Kooperationen ein. Unternehmen erhoffen sich von dieser Zusammenarbeit einen verbesserten Informationsaustausch sowie leichteren Zugang zu neuen Märkten.

In vielen Fällen übernehmen Wirtschaftsverbände die Koordination der Netzwerke. Deshalb betrachten die meisten Unternehmen das Motiv der Interessensvertretung in ihren Netzwerken als ausreichend erfüllt. Bei der Bewertung der Kooperation zeigen sich die Unternehmen auch mit dem erreichten Informationsaustausch zufrieden. Verbesserungsbedarf wird jedoch auf dem Feld der gemeinsamen Produktentwicklung gesehen.

Die Forschungseinrichtungen im Leitmarkt kooperieren sowohl untereinander als auch mit anderen Unternehmen. Über die Hälfte der Netzwerke ist auf europäischer Ebene angesiedelt. Wichtigster Geldgeber für Forschung im Leitmarkt Kreislaufwirtschaft ist das Bundesministerium für Bildung und Forschung, gefolgt von der Privatwirtschaft. Die Forschungsprojekte decken ein breites Spektrum ab. Häufige Themen sind beispielsweise die Untersuchung und Sanierung von kontaminierten Böden oder die Analyse und Bewertung von Emissionen.

In der Deutschlandkarte sind die befragten Unternehmen aus dem Leitmarkt gemäß ihrer Größe sowie relevante Forschungseinrichtungen dargestellt (siehe Seite 111). Die Einfärbung der Bundesländer zeigt, wie viele Personen im Leitmarkt beschäftigt sind. Besonders beschäftigungsstarke Regionen sind Hamburg, Berlin und Nordrhein-Westfalen. Die Karte deutet auf Ballungsgebiete von Unternehmen und Forschungseinrichtungen in den Regionen um Aachen, Bremen, Berlin, Hamburg, München, Stuttgart und Essen hin.

Die folgenden Beispiele zeigen das breite Spektrum der verschiedenen Formen der Kooperation zwischen Unternehmen sowie zwischen Unternehmen und Forschungseinrichtungen. Die gemeinsamen Forschungs- und Entwicklungsaktivitäten von Privatwirtschaft und wissenschaftlichen Einrichtungen haben dabei zu viel versprechenden Innovationen geführt:

- Die Logex System GmbH, eine Mittelstandskooperation aus über 40 Unternehmen, bietet flächendeckende Abfall-Entsorgungslösungen für Industrie, Handel und Kommunen an. Die eingerichtete Systemzentrale bündelt die gemeinsamen Interessen der Partner, kümmert sich um die Akquisition und Abwicklung flächendeckender Entsorgungsdienstleistungen, überwacht das zentrale Stoffstrommanagement verwertbarer Abfälle und führt Marktanalysen durch. Für ihre Zusammenarbeit wurde die Logex System GmbH mit der Auszeichnung „Beste Kooperation von Dienstleistungsunternehmen" des Bundesministeriums für Bildung und Forschung ausgezeichnet.
- Das interdisziplinäre Netzwerk innovative Kreislauftechnologien (NiK) versteht sich als Plattform für die Vorbereitung, Anbahnung und Verwirklichung von kreativen Kreislauftechnologien und -strategien. Das Netzwerk zielt auf innovative und effiziente Lösungen zur Vermeidung, Verwertung und Beseitigung von Abfällen. Das

Netzwerk ist Geburtsort vieler gemeinschaftlicher Projekte im Leitmarkt. Koordiniert vom Fraunhofer-Institut für Materialfluss und Logistik entwickelten zum Beispiel das Logistikunternehmen DHL, die Interseroh AG und der Zentralverband Elektrotechnik- und Elektronikindustrie e.V. ein Konzept für die verschiedenen Rücknahmemodelle von Elektro- und Elektronikgeräten.

- Mehrere Fachhochschulen und das Emder Institut für Umwelttechnik befassen sich mit der Altlastenproblematik. Unterstützt von der Volkswagen Stiftung erforschen die Institute die praktische Anwendung der Phytoremediation, das heißt der biologischen Bodensanierung mittels Pflanzen. Die Gift neutralisierenden Pflanzen sollen Flächen großflächig sanieren, die moderat mit Schwermetall belastet sind.
- Sortec 3.1 ist eine vollmechanische Aufbereitung kunststoffhaltiger Abfälle aus dem Gelben Sack – ein Ergebnis der Zusammenarbeit zwischen der RWTH Aachen und dem Anlagenspezialisten Sortec Sortiertechnik. Das Besondere an der Sortec 3.1 ist, dass Kunststoffe nicht nur getrennt, sondern auch veredelt werden.

Der Beitrag der Politik – Hohe Regulierungsdichte treibt Innovationen

Bereits in den 80er-Jahren hat der Bundesgesetzgeber auf die Abfallflut mit ordnungspolitischen Rahmenvorgaben reagiert. Bis heute hat das deutsche Abfallrecht eine hohe Regulierungsdichte erreicht. Das gesetzgeberische Handeln lässt sich in zwei Bereiche gliedern: einerseits Maßnahmen, die die Verwendung von Stoffen in der Produktion regeln, andererseits verbindliche Prozessvorschriften, die einheitliche Normen bei der Messung, Verwertung oder Entsorgung von Abfällen schaffen.

Zu den wichtigsten Regulierungen aus dem Gebiet der Stoffverwendung gehört das Verbot von Phosphaten bei der Herstellung von Waschmitteln, das die Überdüngung von Gewässern deutlich verringert hat. Schaumkronen auf Flüssen und Seen sind Vergangenheit. Mit dem Verbot der Herstellung und Verwendung von PCB in Kondensatoren und dem vollständigen Verbot von PCP wurden zwei wesentliche Stoffquellen für die Entstehung von hochgiftigen Dioxinen ausgeschaltet. Für Bioabfälle wurden hohe Qualitätsstandards gesetzt. So ist heute sichergestellt, dass in der Landwirtschaft nur hochwertiger Kompost verarbeitet werden darf.

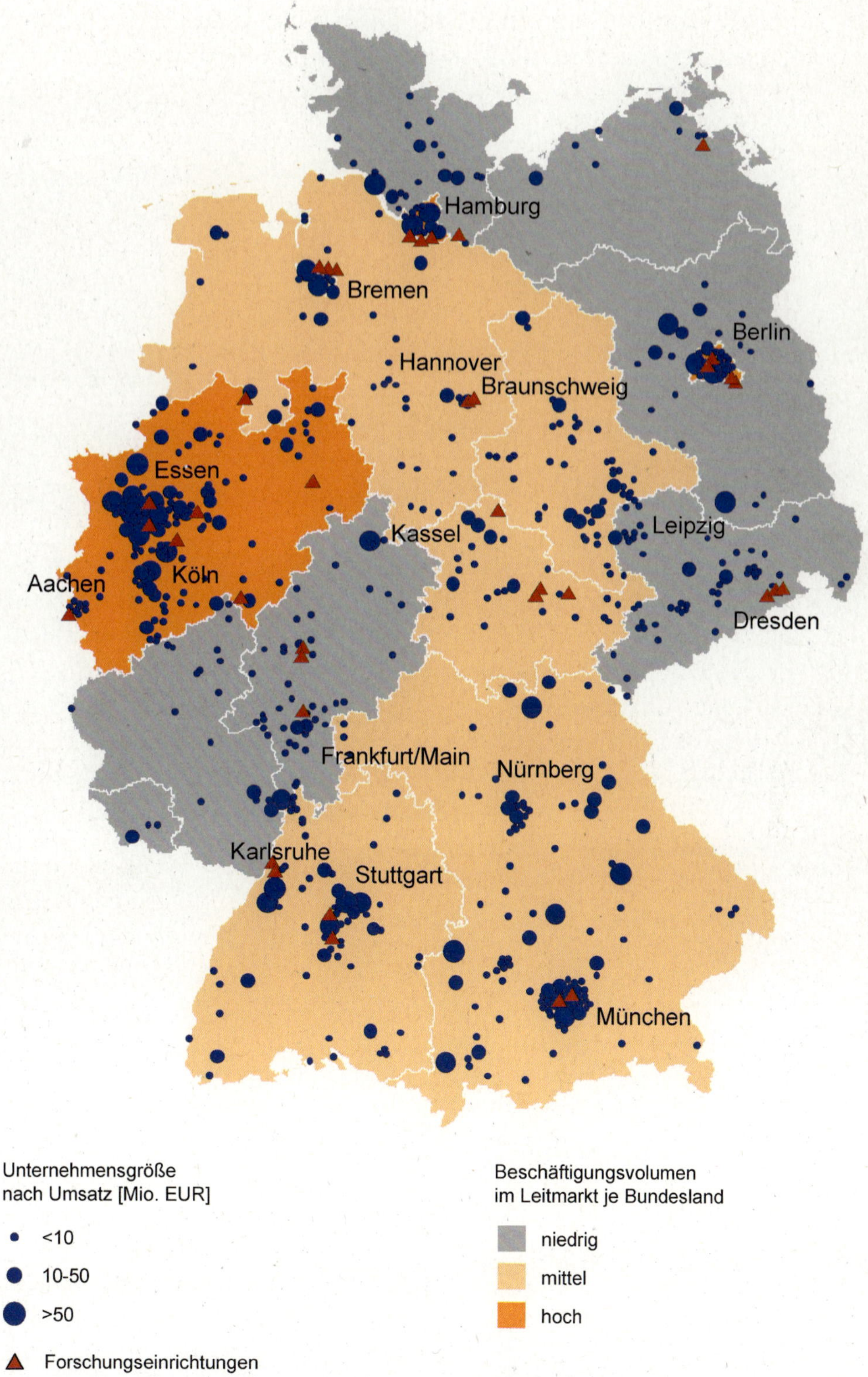

Regionale Verteilung von Unternehmen und Forschungseinrichtungen im Leitmarkt Kreislaufwirtschaft

Zu den wichtigsten Meilensteinen bei den prozessualen Regelungsvorschriften, die der deutsche Gesetzgeber unabhängig von EU-weiten Regulierungen geschaffen hat, gehören folgende Beispiele:

- Durch die Verpackungsverordnung wird die Verantwortung für die Rücknahme und Entsorgung von Verpackungen den Produzenten bzw. Vertreibern übertragen. Die Folge sind Materialeinsparungen. Außerdem wird der Einsatz von Materialien gefördert, die sich kostengünstig verwerten lassen.
- Die Immissionsschutzverordnung legt Luftqualitätsgrenzwerte, Zielwerte und Alarmschwellen fest. Maßnahmen zur Verbesserung der Luftqualität und zur Information der Bevölkerung werden festgeschrieben. Dadurch hat sich die Gesundheitsbelastung durch Luftschadstoffe erheblich reduziert.
- Die Altautoverordnung gibt den Verbrauchern das Recht, ihre gebrauchten Kraftfahrzeuge kostenlos abzugeben. Die Hersteller sind verpflichtet, gesetzlich vorgeschriebene Verwertungsquoten einzuhalten und bestimmte Stoffe bei der Produktion nicht zu verwenden.
- Die Batterieverordnung verpflichtet die Verbraucher, Batterien an speziell dafür vorgesehenen Sammelstellen abzugeben. Hersteller müssen abgegebene Batterien wiederverwerten oder entsorgen.
- Im Kreislaufwirtschafts- und Abfallgesetz wird der Einstieg in die Kreislaufwirtschaft auf breiter Basis festgeschrieben.Vermeidung und Verwertung von Abfällen haben Vorrang vor der Entsorgung.
- Die Abfallablagerungsverordnung schreibt seit 1. Juni 2005 vor, dass unbehandelte biologisch abbaubare oder organikreiche Siedlungsabfälle nicht mehr deponiert werden dürfen. Damit wird die Bildung von Deponiegas vermieden – ein erheblicher Beitrag zum Klimaschutz.

Nachhaltige Wasser-wirtschaft

Wasser ist eine kostbare Ressource, und sie wird immer knapper. Im Laufe des 20. Jahrhunderts hat sich der menschliche Wasserverbrauch versechsfacht. Heute leben etwa 1,2 Milliarden Menschen – vor allem in sich entwickelnden Ländern – ohne Zugang zu sicherem Trinkwasser. 2,6 Milliarden Menschen haben keinen Zugang zu sanitärer Grundversorgung. In sich entwickelnden Ländern gelten verunreinigtes Wasser und mangelhafte Abwasserentsorgung als Ursache für 80 % aller Krankheiten. Im Jahr 2025 werden nach derzeitigen Schätzungen bereits zwischen 2,6 und 3,2 Milliarden Menschen, das heißt rund die Hälfte der heutigen Weltbevölkerung, unter chronischem oder immer wiederkehrendem Süßwassermangel leiden. Die natürliche Selbstreinigung von Gewässern reicht aufgrund der hohen Verschmutzung längst nicht mehr aus, eine Gefährdung der Umwelt oder des Menschen abzuwenden.

Hinzu kommen Qualitäts- und Infrastrukturprobleme sowie die Auswirkungen des Klimawandels, der zu langfristigen Veränderungen des Wasserhaushalts und der regionalen Verknappung der Wasserressourcen führen kann. Technologien für eine nachhaltige Wasserwirtschaft spielen deshalb eine Schlüsselrolle, um die Lebensgrundlagen der Weltbevölkerung zu sichern.

Auch wenn sich die Wasserqualität zumindest in westlichen Ländern während der letzten Jahrzehnte verbessert hat, gibt es keinerlei Grund zur Entwarnung: Die Erhaltung der ökologischen Funktionsfähigkeit der Gewässer ist und bleibt eine weltweite Herausforderung. Auch rücken immer wieder neue Schadstoffquellen in den Blickpunkt. So wurde beispielsweise erst vor einigen Jahren die zunehmende Belastung der Gewässer durch Medikamentenrückstände erkannt, die in Kläranlagen nur zu einem geringen Teil beseitigt werden kann.

Weltweit waren in den vergangenen Jahrzehnten fast die Hälfte aller

Auf einen Blick

Ein geschätztes **Weltmarktvolumen von 480 Mrd. EUR** bis 2020 bietet deutschen Unternehmen enorme **Marktchancen im In- und Ausland.**

Hochtechnologien aus Deutschland machen die Instandhaltung von Wasserversorgungs- und -entsorgungssystemen effizienter und wirtschaftlicher.

Deutsche Unternehmen entwickeln mit Hilfe der **Nano- und der Biotechnologie modernste Filtertechniken**, die wasserbedingte Gesundheitsrisiken drastisch reduzieren.

Im Bereich **dezentrales Wassermanagement** stehen deutsche Unternehmen mit 40 % Marktanteil **weltweit an der Spitze**.

In Netzwerken organisierte Unternehmen profitieren vom Informationsaustausch sowie der Bindung von Kunden und Lieferanten.

Menschen, die durch Naturkatastrophen getötet wurden, Hochwasseropfer. Ein Drittel aller volkswirtschaftlichen Schäden entstand weltweit infolge von Hochwasserereignissen. Deshalb ist auch ein vorsorgender und ökologisch verantwortungsvoller Hochwasserschutz ein wichtiger Teil der nachhaltigen Wasserwirtschaft. Durch die fortschreitende Urbanisierung steigt die Katastrophenanfälligkeit der städtischen Ballungsgebiete. Nehmen Extremwetterereignisse in Zukunft zu, steigen die sozialen, ökonomischen und ökologischen Folgeschäden weiter an.

Die nachhaltige Bewirtschaftung der Wasserressourcen der Erde ist eine der wichtigsten umweltpolitischen Herausforderungen dieses Jahrhunderts. Deutsche Unternehmen leisten einen entscheidenden Beitrag, um diese zu bewältigen, und zwar durch

- moderne Möglichkeiten der Meerwasser-Entsalzung im großtechnischen Maßstab,
- neue Technologien zur dezentralen (Brauch-)Wasserversorgung, die Regenwasser und leicht verschmutztes Wasser wieder nutzbar machen,
- fortschrittliche Planung, Projektierung, Realisierung und Instandsetzung von Wasserverteilungsnetzen und -systemen,
- Techniken zur effizienten Nutzung von Wasser im Haushalt, der Industrie und in der Landwirtschaft,
- Verbesserung der mechanischen und biologischen Prozesse bei der Abwasserbehandlung und
- Beratungs- und Planungsbüros, die moderne Wasserwirtschaftskonzepte und -dienstleistungen wie Betreiberkonzepte anbieten.

Zukunft der Wasserwirtschaft – Zwei Hebel für mehr Nachhaltigkeit

Wir müssen uns den globalen Herausforderungen stellen. Als Milleniumsziel hat sich die UN vorgenommen, bis 2015 die Zahl der Menschen ohne Zugang zu sauberem Wasser oder sanitären Anlagen zu halbieren. Dazu müssen in den verschiedensten Weltregionen insgesamt jährlich über 80 Millionen Menschen Zugang zu sauberem Trinkwasser erhalten (siehe Abbildung Seite 116). Um diese Vorgabe zu erreichen, sind konsequente Maßnahmen notwendig. Die Wasserwirtschaft kann in zwei Einsatzfeldern tätig werden:

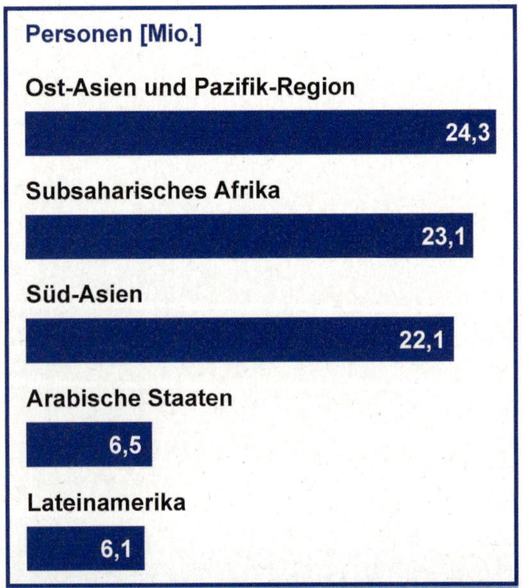

Zusätzliche Anzahl Menschen, die zwischen 2004 und 2015 pro Jahr Zugang zu Trinkwasser erhalten müssen, um das UN-Millenniumsziel zu erreichen

Quelle: UNDP, Roland Berger

- Umweltfreundliche Gewinnung, Verteilung und Entsorgung von Wasser,
- Steigerung der Effizienz bei der Wassernutzung.

Hebel 1: Umweltfreundliche Gewinnung, Verteilung und Entsorgung von Wasser

Im Bereich der Meerwasseraufbereitung ermöglichen Innovationen aus Deutschland eine Entsalzung von Wasser, die vollständig auf umweltfreundlicher Windenergie basiert und nur zu minimalen Energieverlusten führt. Weiterhin können Technologien wie die Umkehrosmose eingesetzt werden, die Platz und Kosten sparen. Solche Lösungen können international einen wichtigen Beitrag zur Erfüllung des Millenniumsziels leisten.

Aber auch in Deutschland gibt es Anforderungen für die nachhaltige Wasserwirtschaft: Das öffentliche Kanalisationsnetz in Deutschland ist über 500.000 km lang. Da die Lebensdauer von Trinkwasserleitungen und Abwasserkanälen je nach Qualität, Bodenbeschaffenheit und anderen Faktoren 50 bis 100 Jahre beträgt, müssen jährlich 1–2 % der Leitungen erneuert werden. Allein in den letzten 15 Jahren wurden über 30 Mrd. EUR in die Wasserversorgung investiert, wobei der Aufwand für die Erweiterung und Erneuerung des Rohrnetzes den größten Anteil ausmacht. Die aufgrund der hohen Investition erforderliche Überwachung und Reparatur der bestehenden Leitungssysteme wird heute mit Hilfe innovativer Technologien bewerkstelligt.

Ein weiteres innovatives Feld der Wasserversorgung ist das dezentrale Wassermanagement, das sich um die Betrachtung ganzheitlicher Wasserkreisläufe bemüht und anstelle zentraler Wasserver- und -entsorgungsstrukturen kleinere, kostengünstigere und teilweise vernetzte Konzepte vorsieht. Dabei können Trinkwasseraufbereitung, Regenwassernutzung und Abwasseraufbereitung integriert werden. Zum Beispiel kann Regenwasser am Ort des Niederschlags gereinigt und effizient genutzt werden. Auch lässt sich sogenanntes Grauwasser recyceln: Das fäkalienfreie, leicht verschmutze Abwasser wird getrennt gesammelt, gefiltert und zum Beispiel für Toilettenspülungen wiederverwendet. In Deutschland sind mittlerweile 500.000 Anlagen zur Regenwassernutzung installiert, jährlich kommen etwa 25.000 dazu. Darüber hinaus werden jährlich 1.000 Systeme für das Grauwasserrecycling verkauft. Vor allem beim Bau von kompletten, kundenspezifischen Anlagen, das heißt der Integration der einzelnen Technologien, sind deutsche Unternehmen heute Weltspitze.

Auch bei den Filtertechnologien, die für Wasseraufbereitung und -reinigung eine wichtige Rolle spielen, zählen deutsche Unternehmen zu den Technologieführern. Dabei werden chemische Verfahren (wie beispielsweise der Chlor-Einsatz zur Wasserdesinfektion) in Zukunft teilweise durch physikalische Verfahren abgelöst. Mit der Membranfiltertechnik gelingt es, Bakterien und Viren nicht nur abzutöten, sondern sie vollständig vom Trinkwasser fernzuhalten. Einige Experten betonen allerdings noch die Notwendigkeit von Langzeittests für diese Technologie. Außerdem haben Membranfilter heute noch eine hohe Wartungsintensität und eine kurze Lebensdauer. Diesen Nachteil gehen deutsche Unternehmen aktiv mit Neuentwicklungen an.

Ultrafiltration hält das Wasser rein

Deutsche Unternehmen entwickeln erfolgreich neue Technologien zur Frischwasseraufbereitung und Abwasserbehandlung, wobei neue Membranen für die Ultrafiltration im Vordergrund stehen. Mit deren Hilfe können Verunreinigungen im Wasser – dazu gehören Bakterien, Viren und andere potenzielle Krankheitserreger – verlässlich abgefiltert werden. Membran-Bioreaktoren stellen dabei einen Meilenstein bei der Abwasserreinigung dar. Zum Beispiel erhielt die Hans Huber AG für die Entwicklung von robusten Kleinkläranlagen mit höchster Reinigungsqualität, die von besonderer Bedeutung für Entwicklungs- und Schwellenländer sind, die Auszeichnung der Deutschen Bundesstiftung Umwelt (DBU). Die Inge AG entwickelte eine Multibore-Membran, die eine für Polymermembranen überdurchschnittliche Stabilität und Bruchsicherheit aufweist und auch in Ländern mit stark wechselnden klimatischen Bedingungen widerstandsfähig ist.

Die bei der Abwasserreinigung anfallenden Klärschlämme müssen umweltverträglich entsorgt werden: Unter Ressourcenaspekten kommt als Verwertungsweg hier die landwirtschaftliche Nutzung in Frage, sofern die Klärschlämme nur gering mit Schadstoffen belastet sind. Höher belastete Klärschlämme müssen nach entsprechender Vorbehandlung entsorgt werden. Um die Pflanzennährstoffe auch aus höher belasteten Klärschlämmen oder Abwässern verfügbar zu machen,

NEWater Singapur: Aufbereitetes Brauchwasser für die Industrie

Die Anlage mit den Filter- und UV-Technologien von Siemens Water Technologies ist eine Pionierlösung für das Wasserrecycling. Das aufbereitete Wasser von Kranji NEWater in Singapur wird vor allem in der Industrie verwendet. Die Großstadt Singapur hat nicht genug natürliche Wasserressourcen, um dem Wachstum von Industrie, Wirtschaft und Gesellschaft zu folgen. Mit der Aufbereitung von Brauchwasser in dem Kranji NEWater-Projekt wird Singapur bis zum Jahr 2012 der Wirtschaft rund 210 Mio. Liter pro Tag zusätzlich zur Verfügung stellen und damit zur Weiterentwicklung der Metropole beitragen.

führen derzeit das Bundesumwelt- und das Bundesforschungsministerium ein gemeinsames Forschungsprogramm durch.

Im Bereich der Abwasserreinigung geht es außerdem darum, den Ressourcenverbrauch durch die Rückgewinnung von Energie und das Recycling von Rohstoffen zu verringern und damit die Wirtschaftlichkeit der Abwasserbehandlung insgesamt zu erhöhen. So ist beispielsweise eine Steigerung der Eigenenergieversorgung von Kläranlagen möglich, indem die in den Rohabwässern enthaltene Wärme genutzt wird.

Hebel 2: Steigerung der Effizienz bei der Wassernutzung

Etwa ein Fünftel des weltweit genutzten Wassers fließt in den gewerblichen und industriellen Bereich. Bis zum Jahre 2025 rechnet man mit einer Zunahme des jährlichen Wasserbedarfs der Industrie auf über 1.170 km^3. Allein der Verbrauch von Prozesswasser in der Industrie, das heißt von Wasser, das zum Betrieb oder zur Aufrechterhaltung eines industriellen Prozesses notwendig ist, liegt bei 11 %. Bei der Gesamtkonzeption von Anlagen zur Reduktion des Prozesswasserverbrauchs sind deutsche Unternehmen heute führend.

Auch bei Haushaltsgeräten und Armaturen des individuellen Gebrauchs ist die Reduzierung des Wasser- und Energieverbrauchs ein Zeichen des technischen Fortschritts. Waschmaschinen, Spülmaschinen und andere Hausgeräte „made in Germany" verbrauchen heute gut ein Viertel weniger Wasser und Energie als noch vor einigen Jahren – dank der Entwicklungsleistung deutscher Hersteller. Zum Vergleich: Anfang der 90er-Jahre verbrauchte ein Neugerät 70 Liter pro Waschgang bei einem Stromverbrauch von 1,9 kW/h; eine Waschmaschine der neuen Generation kommt heute mit nur 45 Litern bei einem Stromverbrauch von 0,8 kW/h aus. Für die Zukunft werden bereits heute ganz neue Waschverfahren mit Dampfeinsatz konzipiert.

Vor allem in agrarisch geprägten Staaten wird der Löwenanteil des Wassers (teilweise bis zu 80 %) von der Landwirtschaft verbraucht. Ihre Intensivierung hat zu einer beträchtlichen Erhöhung der Wasserentnahmen geführt. Wasserverluste entstehen bei der Speicherung des Wassers, dem Transport zum Feld und bei der eigentlichen Bewässerung, sodass am Ende des Weges oft weniger als die Hälfte des eingesetzten Wassers die Wurzeln der Pflanzen erreicht. Diese Verluste können zum Beispiel durch die hocheffiziente Tröpfchenbewässerung gesenkt werden. Dadurch wird Verdunstung vermieden und in trockenen Ländern außerdem die Versalzung des Bodens verringert.

Neue Materialien und Bautechniken verbessern den Hochwasserschutz an Küsten und Flüssen

Die durch den Klimawandel häufiger auftretenden Extremwetterereignisse sowie die steigende Katastrophenanfälligkeit der urbanen Ballungszentren stellen neue Anforderungen an den Hochwasserschutz. Deutschland hat weltweit eine Führungsrolle im Bereich der komplexen Frühwarnsysteme sowie bei Material und Bautechnik von Deichen inne.

Bei dem patentierten Mixed-in-Place-Verfahren der Bauer AG beispielsweise bringen Bohrschnecken eine Suspension (zum Beispiel Zement) in den Deich ein. Durch die Vermischung entsteht der stabile Erdbetonkern. Dieses Verfahren ist geräuscharm und wesentlich kostengünstiger als das Einsetzen von Stahl-Spundwänden. Am Deich selbst muss nur wenig ausgebohrt werden, sodass die natürliche Stabilität erhalten bleibt.

Zur Deichsicherung werden auch neuartige Kunststoffe angewendet, die in der Lage sind, die Deichdeckwerke aus Schotter zu verklammern. Die innovative Lösung für den Küstenschutz ist ein speziell entwickeltes elastomeres Polyurethan-System von Elastogran: Die Deckschichten schützen den Deich, indem sie die Kraft der anrollenden Wellen aufnehmen und die Wassermassen abbremsen. So entstehen stabile, offenporige und gleichzeitig sehr widerstandsfähige Deckwerke.

Um die Auswirkungen einer drohenden Überschwemmung abzuschätzen, sind seit kurzem in Bayern Frühwarnsysteme im Einsatz, die auf radargemessene Daten zurückgreifen. Eine flächendeckende Überwachung der bedrohten Gebiete führt zur umfassenden Information über die Zufluss- und Abflussmengen der Gewässer. Die erhobenen Daten bilden die Grundlage für schützende Steuerungsmaßnahmen wie das Befüllen von neu konzipierten und errichteten Poldern.

Marktchancen – Deutsche Technologieführer profitieren von zweistelligem Wachstum

Der Markt für nachhaltige Wasserwirtschaft wird von Experten auf weltweit circa 190 Mrd. EUR jährlich geschätzt. Dabei nimmt der Markt für Wasserbereitstellung und -versorgung mit einem Volumen von circa 160 Mrd. EUR den weitaus größten Anteil ein.

Hochgerechnet können deutsche Unternehmen im Leitmarkt Nachhaltige Wasserwirtschaft ein Umsatzvolumen von über 10 Mrd. EUR verbuchen. Besonderes Potenzial für deutsche Unternehmen bietet der Abwasserbehandlungsmarkt, dessen Volumen weltweit auf etwa 12 Mrd. EUR pro Jahr geschätzt wird. Deutschland hält dabei einen Marktanteil von über 12 % (siehe Abbildung Seite 121). Allein in der EU werden in den nächsten Jahren rund 170 bis 230 Mrd. Euro benötigt werden, um die heute gültigen Abwasserrichtlinien einzuhalten. Wegen des hohen Investitionsbedarfs wird daher mit einem jährlichen Marktwachstum von 10–15 % gerechnet. Der Markt für Membranen und Membranmodule als innovativste Filterungstechnik liegt dabei derzeit bei jährlich etwa 660 Mio. EUR. Bis zum Jahr 2010 wird mit einem zweistelligen jährlichen Marktwachstum gerechnet.

Als klarer Marktführer im Bereich des dezentralen Wassermanagements werden deutsche Unternehmen zum Beispiel von der erhöhten Nachfrage nach Regenwassernutzung profitieren. Bei jährlichen Wachstumsraten von 15 % ist bis 2020 mit einer Verdoppelung des Marktvolumens des dezentralen Wassermanagements auf circa 40 Mrd. EUR zu rechnen.

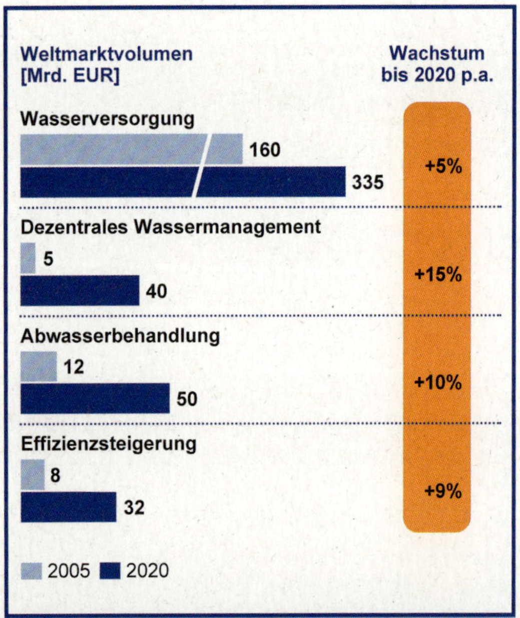

Weltmarktprojektionen in Kernsektoren
Quelle: Roland Berger

Um Schäden durch Hochwasser und Sturmfluten zu vermeiden, investieren heute allein die Nordsee-Anrainer Schleswig-Holstein und Niedersachsen fast 100 Mio. EUR pro Jahr in den Küstenschutz. Experten gehen davon aus, dass sich das weltweite Marktvolumen im Bereich der Deichsanierung verdoppeln wird – nicht zuletzt wegen des Nachholbedarfs bei bisher unterlassenen Sanierungsmaßnahmen. Auch die Nachfrage aus dem Ausland nach innovativen Techniken zum Deichbau wird steigen, ebenso die Exporte deutscher Produkte und Dienstleistungen aus dem Bereich Hochwasservorsorge, wie Beratungsleistungen zu integrierten Hochwasserschutzkonzepten.

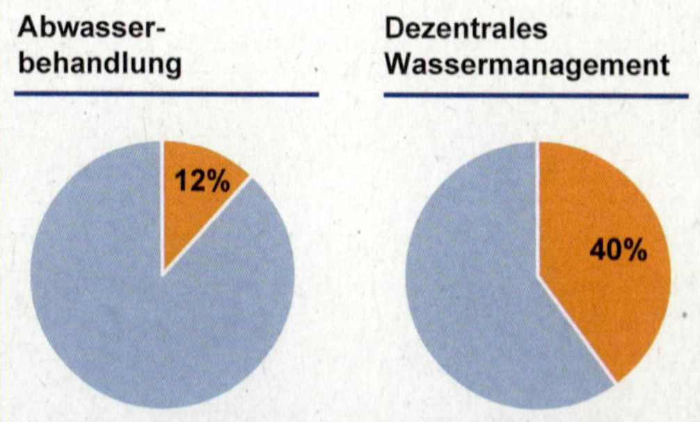

Weltmarktanteile deutscher Unternehmen
Quelle: Roland Berger

Umsatz und Beschäftigung – Kleine Unternehmen bestimmen den Markt

Zwei Drittel der Unternehmen im Leitmarkt Nachhaltige Wasserwirtschaft sind gemäß der Befragung Dienstleistungsunternehmen, gefolgt von 31 % Produktionsunternehmen. Über 80 % der Firmen sind dabei kleine Unternehmen mit einem Jahresumsatz unter 10 Mio. EUR. Beinahe die Hälfte aller Unternehmen im Bereich der Nachhaltigen Wasserwirtschaft engagiert sich gleichzeitig in verwandten Leitmärkten wie der umweltfreundlichen Energieerzeugung und der Kreislaufwirtschaft.

Im Durchschnitt verzeichnen die Unternehmen im Leitmarkt in den vergangenen Jahren ein Umsatzwachstum von 12 %. Überdurchschnittliche Wachstumsraten erzielten Unternehmen aus den Bereichen Wasser-Effizienzsteigerung sowie Ingenieur- und Beratungsdienstleister, die Projekte im Bereich des Wassermanagements von der Planung bis zur Wartung der Anlagen betreuen.

Während die kleinen Unternehmen bis 2010 mit steigendem Umsatzwachstum rechnen, erwarten mittlere und große Unternehmen einen leichten Rückgang der Wachstumsdynamik. Mit einem weit überdurchschnittlichen Wachstum von 25 % rechnen Unternehmen, die Technologien zur Reduktion des Wasserverbrauchs und von Stoffeinträgen ins Wasser anbieten.

Umsatzklasse Unternehmen [Mio. EUR]	2004-2006	2007-2009
<10	12% p.a.	17% p.a.
10-50	12% p.a.	8% p.a.
>50	9% p.a.	7% p.a.

Umsatzentwicklung – Vergangenheit und Zukunftsprojektion
Quelle: Roland Berger

Umsatzklasse Unternehmen [Mio. EUR]	2004-2006	2007-2009
<10	9% p.a.	14% p.a.
10-50	8% p.a.	5% p.a.
>50	4% p.a.	3% p.a.

Mitarbeiterentwicklung – Vergangenheit und Zukunftsprojektion

Quelle: Roland Berger

Mit einem Beschäftigungszuwachs von bis zu 15 % jährlich haben produzierende Unternehmen in den letzten Jahren verstärkt Arbeitsplätze im Leitmarkt Nachhaltige Wasserwirtschaft geschaffen. Bis 2010 erwarten insbesondere kleine und innovative Unternehmen eine deutliche Zunahme ihrer Belegschaften, während mittlere und große Unternehmen von geringeren, aber immer noch signifikanten Wachstumsraten ausgehen. Parallel zum erwarteten starken Umsatzwachstum rechnen die Unternehmen im Bereich Wasser-Effizienzsteigerung mit Mitarbeiterwachstumsraten von bis zu 17 %.

Im Jahr 2006 haben die 207 Dienstleistungs- und Produktionsunternehmen der Stichprobe insgesamt 462 Ausbildungsplätze im Leitmarkt Nachhaltige Wasserwirtschaft angeboten. Das entspricht einer Relation von einem Auszubildenden pro 17 Mitarbeiter. Besonders im Bereich der Abwasserentsorgung wird heute verstärkt ausgebildet.

Die Unternehmen im Leitmarkt Nachhaltige Wasserwirtschaft arbeiten überwiegend profitabel. 18 % der Unternehmen haben sogar eine Umsatzrentabilität von über 10 %. In den Bereichen Wasser- Effizientsteigerung und Wasserwirtschaftsdienstleistungen erreichen überdurchschnittlich viele Unternehmen Umsatzrentabilitäten von über 5 %.

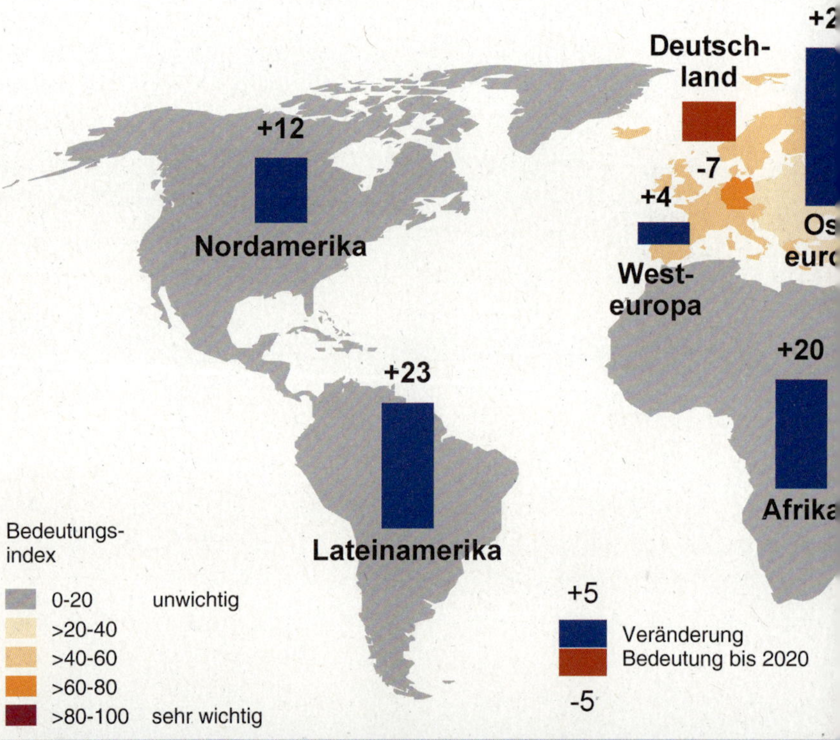

Bedeutung regionaler Absatzmärkte 2007 und 2020

Internationalisierung – Der Weg ins Ausland erhöht die Rentabilität

Bei zwei Dritteln der Unternehmen liegt der geografische Schwerpunkt ihrer Geschäftstätigkeit innerhalb Deutschlands. Besonders mittelständische Produktionsunternehmen halten dabei den Standort Deutschland für ihren Produktbereich für besonders attraktiv. Die international agierenden Unternehmen zeigen aber im Schnitt eine bessere Profitabilität als die national fokussierten; Internationalisierung lohnt sich also.

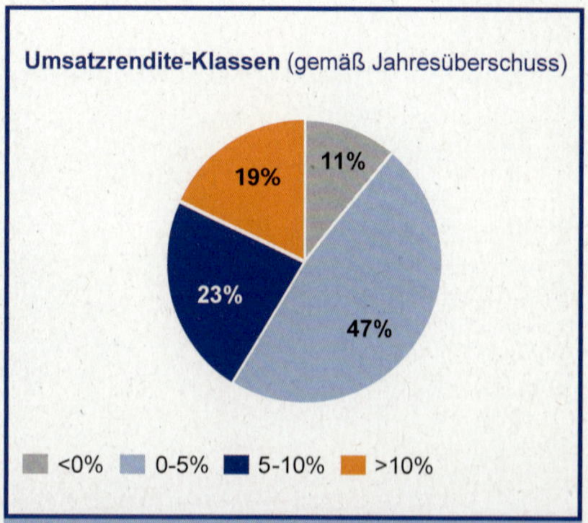

Rentabilität der Unternehmen

Quelle: Roland Berger

Die international tätigen Unternehmen erwirtschaften im Schnitt 43 % ihres Umsatzes im Ausland. Sie rechnen damit, dass der im Ausland erwirtschaftete Umsatz bis 2010 um 15 % wachsen wird. Handelsunternehmen im Allgemeinen und besonders im Bereich der Wasserversorgung gehen von einem deutlich höheren Wachstum ihres Auslandsumsatzes von bis zu 33 % in den nächsten Jahren aus.

Aufgrund der nationalen Ausrichtung ist Europa und insbesondere Deutschland heute noch der wichtigste Absatzmarkt für die Unternehmen der Wasserwirtschaft. In Zukunft werden vor allem Osteuropa und China an Bedeutung gewinnen, während Deutschland leicht an Relevanz als Absatzmarkt verliert (siehe Weltkarte).

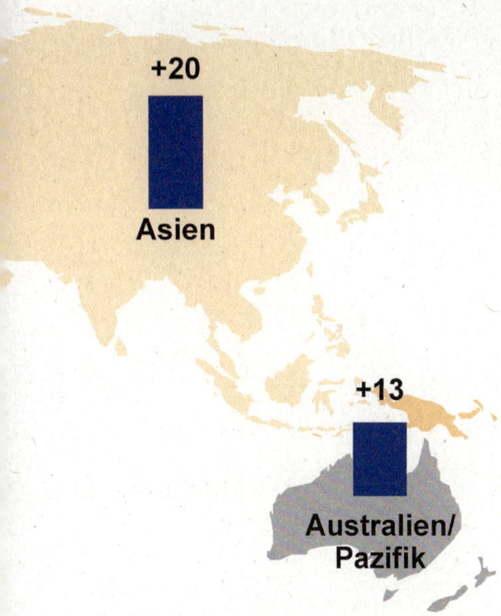

Deutsch-indonesisches Tsunami-Frühwarnsystem verschafft Küstenanrainern wertvollen Zeitgewinn

Gemeinsam mit nationalen und internationalen Partnern wurde unter Federführung des GeoForschungsZentrums Potsdam ein weltweit führendes Tsunami-Frühwarnsystem entwickelt, das die Vorwarnzeit deutlich erhöht. Eine Tsunami-Welle breitet sich im offenen Meer mit bis zu 700 km/h aus. Von der Entstehung eines Tsunamis bis zum ersten Aufrollen der Welle auf die Festlandsküsten vergehen für die beschriebene Region etwa 20 Minuten. In dieser Zeit können verschiedene Sensoren, die sich an unterschiedlichen Standorten im Ausbreitungsbereich der Welle befinden, frühzeitig Abweichungen vom Normalzustand erfassen. Zu den Sensoren dieses Tsunami-Frühwarnsystems zählen neben Erdbebenmessstationen, Positionsbestimmungs-Messstationen, Küstenpegeln und Ozeanbojen auch auf den Meeresboden abgelassene Druckmesser. Durch Echtzeit-Datenübermittlung über Satelliten verkürzt sich die Zeit zwischen der Erkennung seismischer Vorgänge und der Warnung der betroffenen Regionen erheblich. Die Bevölkerung gewinnt damit deutlich mehr Zeit, sich in Sicherheit zu bringen.

Innovation – Der Schlüssel zur Erhaltung von Technologievorsprüngen

Die Unternehmen im Leitmarkt Nachhaltige Wasserwirtschaft weisen im Vergleich der Leitmärkte den höchsten Anteil von Forschungsausgaben am Umsatz aus. Der Anteil der Forschungsausgaben ist bei kleinen produzierenden Unternehmen mit 15 % am größten, da innovative Kleinunternehmen versuchen, ihren technologischen Vorsprung weiter auszubauen.

Das durchschnittliche jährliche Wachstum der Forschungsausgaben bis 2010 liegt mit erwarteten 6 % deutlich unter den erwarteten Wachstumsraten des Umsatzes im gleichen Zeitraum. Kleine Produktionsunternehmen wollen auch hier in Zukunft noch stärker in Forschung und Entwicklung investieren und erwarten ein überdurchschnittliches Wachstum der Forschungsausgaben von 10 %.

Ein Großteil der öffentlich geförderten Forschungsvorhaben im Bereich Umwelttechnologien und Nachhaltigkeit beschäftigt sich mit der Wasserwirtschaft. Hauptförderinstitution ist hierbei das Bundesministerium für Bildung und Forschung. Beinahe die Hälfte aller Fördergelder fließt den Hochschulen zu. Nur etwa ein Viertel der Fördermittel ging im Zeitraum 2003 bis 2006 direkt an Unternehmen. Eine Befragung von Forschungseinrichtungen ergab, dass Hochschulen und außeruniversitäre Forschungszentren im Leitmarkt Nachhaltige Wasserwirtschaft mindestens auf nationaler Ebene und oft auch auf internationaler Ebene Kooperationen eingehen. Diese Forschungskooperationen bestehen zumeist aus Forschungseinrichtungen, Behörden sowie der Privatwirtschaft. Damit profitieren Unternehmen mittelbar von der Forschungsförderung der Hochschulen. Der Hochwasserschutz, die Wasserversorgung und die Abwasserentsorgung sowie das dezentrale Wassermanagement sind dabei die Forschungsschwerpunkte.

Forschung, Kooperation, Cluster – Partnerschaftliche Systementwicklung

Zwei Drittel der Unternehmen im Leitmarkt Nachhaltige Wasserwirtschaft engagieren sich in Kooperationen und Netzwerken. Besonders großen Unternehmen sind Kooperationen wichtig. Mehr als die Hälfte der Unternehmen, die sich in Netzwerken organisieren, kooperieren im Bereich der nachhaltigen Wasserwirtschaft mit Hochschulen und außeruniversitären Forschungseinrichtungen. Die Hälfte dieser Kooperationen ist dabei zumindest national, wenn nicht international ausgerichtet.

Wenn es eine klare Koordinationsrolle innerhalb eines Netzwerkes gibt, fällt diese mehrheitlich einem Unternehmen zu. Als Hauptmotive für Kooperationen geben die Unternehmen Informationsaustausch sowie die Erschließung neuer Märkte an. Nach eigener Ansicht profitieren die Unternehmen heute von Kooperationen besonders durch den Austausch von Informationen sowie durch die Bindung von Kunden und Lieferanten, die in solche Netzwerke einbezogen werden.

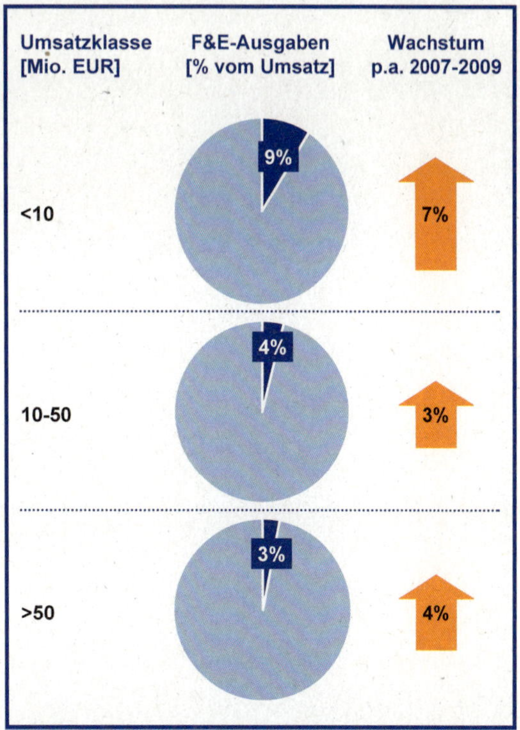

Forschungsausgaben im Leitmarkt
Quelle: Roland Berger

Biotechnologie: Mikroorganismen bauen Schadstoff ab

Die Umweltbiotechnologie („graue Biotechnologie") umfasst biotechnologische Verfahren zur Aufbereitung von Trinkwasser, Reinigung von Abwasser, Sanierung kontaminierter Böden oder zur Reinigung von Abluft beziehungsweise von Abgas. Dies geschieht zum Beispiel in sogenannten Bioreaktoren, in denen Mikroorganismen für den Schadstoffabbau eingesetzt werden.

Auch für das Aufspüren und Analysieren von Umweltschadstoffen können biotechnologische Ansätze eingesetzt werden. Da Mikroorganismen zum Beispiel empfindlich auf Schadstoffe reagieren, lassen sie sich als Biosensoren zur Analyse von Verunreinigungen in ihrer Umgebung einsetzen.

In der Deutschlandkarte (siehe Seite 129) sind die befragten Unternehmen gemäß ihrer Größe sowie relevante Forschungseinrichtungen aus dem Leitmarkt Nachhaltige Wasserwirtschaft abgebildet. Die Einfärbung der Bundesländer zeigt, wo die meisten Mitarbeiter in Unternehmen aus dem Leitmarkt Nachhaltige Wasserwirtschaft beschäftigt werden. So wird deutlich, dass in Hamburg, Bayern, Hessen, Berlin und Nordrhein-Westfalen besonders viele Menschen im Leitmarkt Nachhaltige Wasserwirtschaft Arbeit finden.

Besonders im Bereich Abwasserentsorgung sowie in der Wasserversorgung sind überdurchschnittlich viele Unternehmen in Bayern und Nordrhein-Westfalen. Im Hochwasserschutz forscht und entwickelt man vermehrt in Nordrhein-Westfalen und Sachsen. In der Entwicklung von wassereffizienten Technologien sind Baden-Württemberg, Bayern, Niedersachsen und Nordrhein-Westfalen führend.

Die nachfolgenden Beispiele zeigen, wie Unternehmen und Forschung bei der Entwicklung nachhaltiger Lösungen und innovativer Produkte für die nachhaltige Wasserwirtschaft zusammenarbeiten:

- Mit der Reinigung von Ballastwasser von Schiffen befassen sich das Bundesamt für Seeschifffahrt und Hydrographie, die Hamann AG und die Degussa GmbH. Der Innovationskern entwickelte ein umweltverträgliches Verfahren, das sich durch hohe Effizienz auszeichnet. Für die Reinigung von Ballastwasser haben die Innovationspartner eine neuartige Kombination aus mechanischen und chemischen Reinigungsstufen entwickelt, die das Ballastwasser sowohl von Sedimenten als auch von Bakterien und Krankheitserregern wie der Vogelgrippe reinigt. Die Gefahr einer weltweiten Krankheitsverbreitung durch Ballastwasser wird mit dieser Methode erheblich verringert.
- Ein Forschungscluster der Universität Kassel (Bodenkunde), der Universität Hannover (Siedlungswasserwirtschaft), der Deutschen Verei-

Nanotechnologie: Stark in der Wasserreinigung

Die Nanotechnologie kann im Bereich nachhaltige Wasserwirtschaft, insbesondere bei der Optimierung von Prozessen, bei Aufbereitungs- und Filterungsschritten und der dafür notwendigen Mess- und Regeltechnik, wichtige Beiträge dazu liefern, Wasserverschmutzungen zu verhindern oder zu beseitigen.

Zum Einsatz kommen hier vor allem die Prinzipien der Stofftrennung und der Katalyse. So trennen nanoporöse Membranen selektiv Schadstoffe und auch Ionen von Wasser und kommen in vielen Bereichen – von der Abwasserbehandlung bis zur Wasserentsalzung – zum Einsatz. An Nanokatalysatoren, in denen nanoskalige Eisenpartikel und
-verbindungen kontaminiertes Grundwasser reinigen, werden ebenfalls hoher Erwartungen geknüpft. Auch viele Nanomaterialien wie magnetische Nanopartikel werden heute für den Einsatz in der Wasserreinigung untersucht.

nigung für Wasserwirtschaft, Abwasser und Abfall, der Deutschen Vereinigung des Gas- und Wasserfachs sowie der Länderarbeitsgemeinschaft Wasser befasste sich mit dem Gefahrenpotenzial von Sekundärrohstoffdünger (zum Beispiel Klärschlamm oder Bioabfallkompost) für das Grundwasser. Das Projekt bewertete dabei Anforderungen eines vorsorgenden Boden- und Gewässerschutzes. Neben den Nährstoffen treten in „Biodünger" auch eine Vielzahl unerwünschter anorganischer und organischer Stoffe auf. In naher Zukunft werden daher Veränderungen der rechtlichen Rahmenbedingungen einen vorsorgenden Bodenschutz noch stärker als bisher unterstützen, indem unter anderem die Qualitätsanforderungen an die landwirtschaftliche Verwertung von Klärschlämmen verschärft werden.

- Den umweltverträglichen Hochwasserschutz für die Einzugsgebiete von Fulda und Diemel verbessert eine Kooperation zwischen dem Fachgebiet Wasserbau und Wasserwirtschaft der Universität

Mit dem Roboter durch den Abwasserkanal

Sowohl zur Diagnose als auch zur Behebung von Schäden in der Kanalisation werden heute Roboter eingesetzt. Durch Kombination verschiedener Prüfungsverfahren können schadhafte Stellen im Abwassersystem automatisiert ermittelt und repariert werden. Wie dringlich eine technologische Weiterentwicklung in diesem Bereich ist, zeigt der Blick auf aktuelle Zahlen: Nach einer Hochrechnung versickern in der Bundesrepublik Deutschland jährlich rund 20 % Prozent des Abwassers aus beschädigten Kanalisationssystemen in den Untergrund. Die Vorteile der Robotersanierung liegen auf der Hand: Der volle Querschnitt des Kanals bleibt erhalten. Die Dichtigkeit und Tragfähigkeit der Rohrleitungen sind wiederhergestellt, und die Kosten betragen nur rund die Hälfte der gewöhnlichen Reparaturleistung.

Kassel, dem Hessischen Ministerium für Umwelt, ländlichen Raum und Verbraucherschutz und dem Verband für Abwasserbeseitigung und Hochwasserschutz Baunatal-Schauenburg. Das Projekt erarbeitet mit Hilfe von innovativen Simulationsmethoden Hochwasserschutzkonzepte für die betroffenen Einzugsgebiete. Dabei werden moderne Werkzeuge der Geoinformationstechnik mit hydrodynamisch-numerischen Simulationswerkzeugen gekoppelt. Im Ergebnis entsteht ein effektives Entscheidungs-Unterstützungs-System für ein modernes Hochwassermanagement.

Der Beitrag der Politik – Wasserschutz als Chance im Wettbewerb

Zum Schutz der Gewässer wurden seit Mitte der 80er-Jahre verschiedene Normen erlassen, die den jeweiligen Stand der Technik zum obligatorischen Mindeststandard für die Industrie erklärten. Dies betrifft zum Beispiel den Bereich der Abwassereinleitungen. Es blieb jedoch nicht bei der Setzung von Regeln: Es wurden auch die Bemühungen verstärkt, fortschrittliche Schadensvermeidungstechniken einzusetzen. Mit der Einführung der Abwasserabgaben wurde Anfang der 80er-Jahre ein Instrument entwickelt, das die Integration von Wirtschafts- und Umweltpolitik nachhaltig gefördert hat. Die Inanspruchnahme der Gewässer durch die Einleitung von Abwasser wurde damit vom Gesetzgeber direkt berücksichtigt.

Im Gewässerschutz verfolgt auch die Europäische Union ambitionierte Ziele. Im Dezember 2000 ist die neue Wasser-Rahmenrichtlinie in Kraft getreten. Diese hatte die Novellierung des deutschen Wasserhaushaltsgesetzes im Jahr 2002 zur Folge, das neue Konzepte der Gewässerbewirtschaftung eingeführt hat. Im Hinblick auf die Gewinnung von Trinkwasser fordert die Richtlinie eine niedrigere Konzentration von Nitrat und Pflanzenschutzmitteln. Für die Umsetzung dieser Ziele stehen auch EU-Fördermittel bereit. Wasserschutz als Teil des Umweltschutzes hat europaweit Priorität. Die Technologieführer aus Deutschland können daher auch zukünftig mit guten Marktchancen im Ausland rechnen.

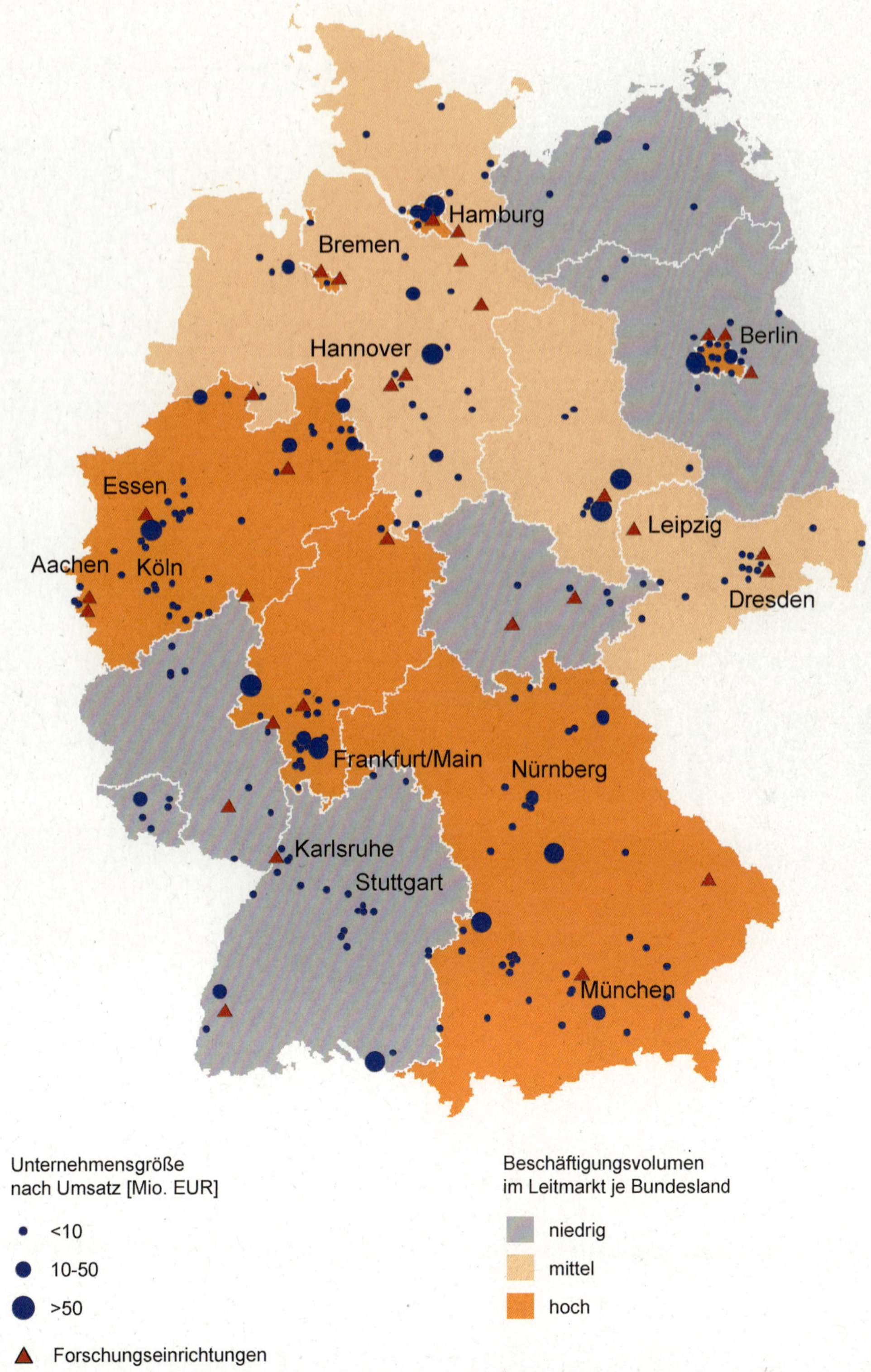

Regionale Verteilung von Unternehmen und Forschungseinrichtungen im Leitmarkt Nachhaltige Wasserwirtschaft

Nachhaltige Mobilität

Mobilität zählt zu den Grundvoraussetzungen moderner Gesellschaften: Eine funktionierende Wirtschaft ist auf eine gut ausgebaute Infrastruktur angewiesen. Und die Möglichkeit, sich ungehindert von A nach B zu bewegen, gilt als wichtiger Aspekt individueller Lebensqualität. Aber Mobilität hat ihren Preis. Die wachsende Verkehrsflut ist einer der großen Treiber der Klimaerwärmung und damit eines der zentralen Umweltprobleme: Aus dem Verkehr stammt in der EU-15 etwa ein Fünftel der Treibhausgasemissionen, weltweit ist es ein Achtel. Für den größten Teil dieser Emissionen – über 90 % – ist der Straßenverkehr verantwortlich. Das Verkehrsaufkommen und damit auch die Verkehrsemissionen werden weltweit zunehmen. Die Prognosen für die Entwicklung des Verkehrsektors bis zum Jahr 2020 sprechen eine deutliche Sprache:

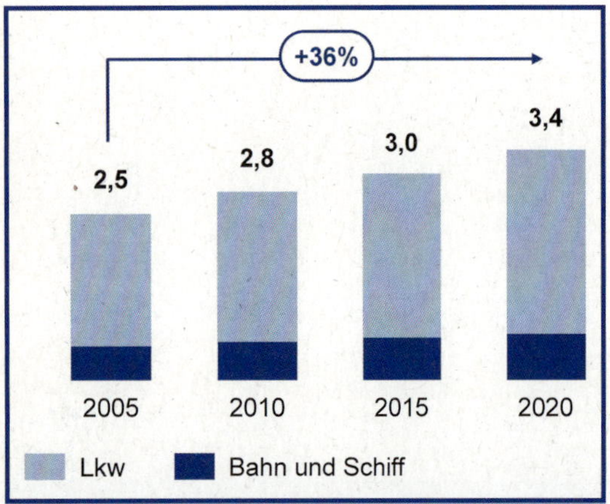

Projektion Güterverkehrsaufkommen in der EU-25 bis 2020 [Bill. Tonnen-km]

Quelle: ProgTrans – European Transport Report 2004

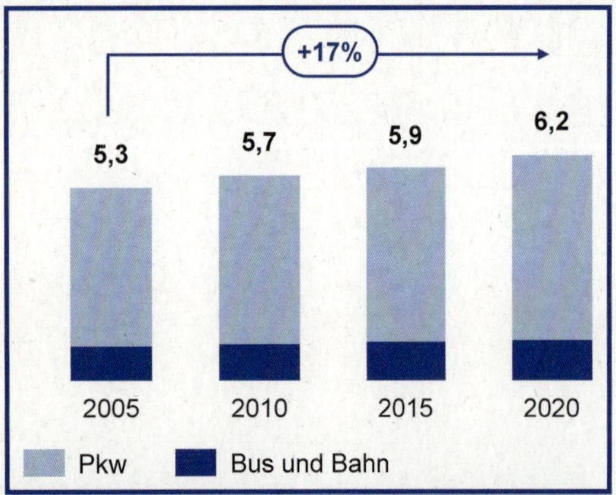

Projektion Personenverkehrsaufkommen in der EU-25 bis 2020 [Bill. Personen-km]

Quelle: ProgTrans – European Transport Report 2004

- Das Güterverkehrsvolumen wird in Europa um mehr als ein Drittel steigen; fast 80 % dieser Zunahme sind durch den Straßentransport bedingt (siehe Abbildung oben).
- Das Personenverkehrsaufkommen auf der Straße wird in Europa um etwa ein Fünftel zunehmen (siehe Abbildung unten).
- Es werden 2020 doppelt so viele Flugzeuge weltweit unterwegs sein wie heute.
- Die Pkw-Dichte in Deutschland wird weiter zunehmen: Auf 1.000 Einwohner kommen dann 600 statt heute 500 Fahrzeuge.
- International sind noch rasantere Entwicklungen absehbar: In China werden 2020 wohl 140 Millionen Autos fahren – siebenmal so viele wie heute.

In den vergangenen Jahren konnten zwar die spezifischen CO_2-Emissionen der Fahrzeuge teilweise beträchtlich verringert werden, aber die angestrebten Reduktionsziele wurden nicht erreicht. Zudem wurden die Fortschritte bei den spezifischen Emissions-Reduktionen durch das Wachstum der Fahrzeugflotte und größere durchschnittliche Kilometerleistungen zunichte gemacht. Das Ergebnis: Im Gegensatz zu den Sektoren Landwirtschaft und Industrie, wo ein Rückgang erreicht werden konnte, weist der Verkehrssektor in Europa zwischen 1990 und 2004 eine Zunahme der CO_2-Emissionen von über einem Viertel aus. Weltweit steigt außerdem der Naturverbrauch durch den Bau von Verkehrswegen. In vielen Großstädten wird der Smog immer dichter und die Lärmbelastung größer. Die wachsende Umweltbelastung gefährdet zunehmend die Gesundheit und Lebensqualität der Menschen.

Es herrscht ein breiter Konsens, dass der Ausstoß von Treibhausgasen und anderen Verkehrsemissionen deutlich reduziert werden muss. Der 4. UN-Klimareport sieht die größten Potenziale für CO_2-Reduktionen bis 2020 zwar im Gebäudebereich. In anderen Prognosen wie dem „Alternative Policy Szenario" der Internationalen Energieagentur (IEA) ist die Nachhaltige Mobilität aber der Sektor mit dem höchsten Potenzial: In diesem Bereich kann laut der IEA über ein Drittel aller insgesamt möglichen CO_2-Einsparungen erreicht werden.

Diese Herausforderungen zeigen es deutlich: Praktisch alle Verkehrstechnologien müssen heute auch Umwelttechnologien sein. Nur dann kann es gelingen, die gesellschaftlich notwendige Mobilität umweltverträglich zu gestalten. Eine Vielzahl von deutschen Unternehmen arbeitet bereits daran, dass mehr Mobilität nicht notwendigerweise mehr Verkehr bedeutet und mehr Verkehr nicht zwangsläufig zu einer höheren Umweltbelastung führt. Bauunternehmen, Automobilkonzerne, Softwareentwickler oder Hersteller von Biokraftstoffen aus Deutschland machen Mobilität nachhaltig, und zwar durch

- effiziente Antriebstechnologien wie Kraftstoff sparende Otto- und

Auf einen Blick

Über **20 % jährliches Marktwachstum** bei Biokraftstoffen, Filtern und Hybridfahrzeugen bieten Unternehmen enorme Wachstumschancen.

Dynamische Mittelständler und Großunternehmen aus Deutschland haben weltweit ein **erstklassiges Renommee** bei nachhaltiger Mobilität.

Innovationen treiben das Wachstum: Deutschland ist **weltweit führend bei der Entwicklung** effizienter Motoren, bei Abgasfiltern und bei synthetischen Biokraftstoffen.

Nachhaltige Mobilität sorgt für Beschäftigung: Firmen aus Baden-Württemberg und Nordrhein-Westfalen sind die Rekordhalter. In diesen Bundesländern liegt das **größte Beschäftigungspotenzial** in diesem Leitmarkt.

Alternative Ideen liefern neue Produkte zur nachhaltigen Mobilität, etwa das 1,5-Liter-Auto, Container-Schiffe mit Segelantrieb oder das Kaltrecycling von Asphalt.

Dieselmotoren, effiziente Dieseltriebwerke, Elektro- und Hybridantriebe oder Brennstoffzellenfahrzeuge,
- umweltfreundliche Fahrzeugtechnik und umweltfreundliches Fahrzeugdesign, zum Beispiel durch den Einsatz von Leichtbautechnologien oder die Verringerung des Luft- oder Rollwiderstands,
- Biokraftstoffe wie Biodiesel, Bioethanol oder Biokraftstoffe der zweiten Generation,
- effiziente Logistikkonzepte im Güterverkehr,
- Verkehrsmanagement, Verkehrsleitsysteme und Verkehrskonzepte wie intelligente Verkehrsleitung in Städten, Intermodalkonzepte zur Optimierung des Übergangs von einem Verkehrsträger auf den anderen oder Car Sharing,
- umweltfreundliche Verkehrsinfrastruktur, zum Beispiel Flüsterasphalt oder Einrichtungen zur Lärmreduktion wie modernen Lärmschutzwänden.

Zukunft der Mobilität – Drei Hebel für mehr Nachhaltigkeit

Drei Hebel können dazu beitragen, die global wachsenden Mobilitätsbedürfnisse nachhaltig zu erfüllen. Innovative Umwelttechnologien helfen bei der

- Steigerung der Effizienz von Verkehrsträgern,
- Verringerung von Fahrleistung und der besseren Auslastung der Verkehrsmittel,
- Verlagerung von Verkehr auf umweltfreundlichere Träger.

Güterverkehr: Von der Straße auf die Schiene

Die Bahn ist beim Energieverbrauch und bei den CO_2-Emissionen in puncto Sparsamkeit unschlagbar: Sie braucht 45 Megajoule (MJ) Energie, um eine Tonne Fracht über 100 Kilometer zu transportieren, das entspricht circa 1,2 Litern Dieselkraftstoff. Demgegenüber liegt der Verbrauch auf der Straße mit 188 MJ bzw. 5,2 Litern mehr als viermal so hoch. Würde sich der Anteil der Bahn an der Transportleistung von heute 16 % auf 25 % erhöhen, wäre das eine Energieeinsparung von mehr als 66 Petajoule – dies entspräche etwa dem Anderthalbfachen des Jahresstromverbrauchs des Landes Berlin. Damit ließen sich CO_2-Emissionen von circa 5 Mio. Tonnen vermeiden.

Hebel 1: Steigerung der Effizienz von Verkehrsträgern

Dem Ziel, den Kraftstoffverbrauch im Verkehr zu verringern, stehen heute oft Kundenwünsche nach höherem Komfort und Sicherheit sowie der Trend zu größeren und schwereren Fahrzeugmodellen entgegen. Umso wichtiger ist der technologische Fortschritt zur Minderung des Verbrauchs und zum Ersatz fossiler Kraftstoffe, den deutsche Unternehmen aktiv vorantreiben.

Die Fahrzeugindustrie entwickelt sparsamere Motoren und versucht, die Gewichtszunahme der Fahrzeuge mit Hilfe von Leichtbau auszugleichen – zum Beispiel durch den Einsatz von Aluminium oder Kunststoff (siehe Kasten Seite 137).

Reifenhersteller tragen mit modernen Technologien zur Reduktion des Kraftstoffverbrauchs bei: Zur Füllung der Reifen wird beispielsweise Stickstoff eingesetzt. Da sich dieses Element weder ausdehnt noch verflüchtigt, ist aufgrund des konstanten Reifendrucks ein besseres Fahrverhalten mit weniger Rollwiderstand möglich. Ein durch verschiedene Maßnahmen um 20 % geminderter Rollwiderstand kann den Kraftstoffverbrauch um bis zu 5 % verringern. Außerdem hat der Reifen eine längere Lebensdauer.

Weltweit wird der Einsatz von Biokraftstoffen immer wichtiger. Pflanzenöl, Biodiesel und Bioethanol werden vor allem aus Raps oder Mais gewonnen. Nach den geltenden Kraftstoffnormen sind Beimischungen bis zu 5 % zu normalen Kraftstoffen möglich. Die Förderung der Biokraftstoffe der zweiten Generation ist eine entscheidende Weichenstellung für mehr Umweltschutz und Versorgungssicherheit: Für deren Produktion ist eine sehr viel breitere Rohstoffpalette (zum Beispiel Restholz und Stroh) geeignet als bei der ersten Generation. Außerdem ist der Energieertrag pro Fläche mehr als doppelt so hoch und die CO_2-Bilanz wesentlich besser. Nur mit Biokraftstoffen der zweiten Generation ist eine weitere deutliche Steigerung der Biokraftstoffproduktion aus heimischer Erzeugung möglich.

Daneben werden verschiedene alternative Antriebskonzepte wie Hybridtechnologien und Brennstoffzellenantriebe entwickelt. Erste Brennstoffzellenbusse aus deutscher Produktion waren bereits 1999 am

Clean Energy Partnership: Wasserstoff-Flotte im Test

Als Pilotprojekt der Bundesregierung im Rahmen der „Nachhaltigkeitsstrategie für Deutschland" hat die Clean Energy Partnership im Jahr 2004 das größte Demonstrationsprojekt für die Wasserstofftechnologie gestartet: Inzwischen wurden in Berlin zwei öffentliche Wasserstofftankstellen errichtet und eine Flotte von Fahrzeugen bereitgestellt. Unter diesen Rahmenbedingungen kann der integrierte Prozess von der Wasserstofferzeugung bis zur Betankung und die Alltagstauglichkeit der Wasserstoff-Fahrzeuge erprobt werden. Insgesamt 33 Mio. EUR investieren die Partnerunternehmen, darunter BMW, DaimlerChrysler, Aral und Linde, in das Projekt – ein wichtiger Schritt in Richtung wasserstoffbasierte Mobilität.

Münchner Flughafen im Einsatz. Es folgten weitere Feldversuche in deutschen Großstädten wie Berlin und Hamburg. Außerdem fahren wasserstoffbetriebene Brennstoffzellenbusse „made in Germany" im europäischen Ausland und in der chinesischen Hauptstadt Peking (siehe auch Kasten Seite 135). Es werden zudem weitere innovative Antriebstechnologien erforscht und bereits in der Praxis getestet, etwa der Segelantrieb zur Ergänzung konventioneller Diesel bei Hochseeschiffen.

Neben der Reduktion des Kraftstoffverbrauchs setzen verschiedene Technologien auch direkt bei der Verringerung der Emissionen an – dies gilt gleichermaßen für Abgas- wie Lärmemissionen.

Unternehmen, die Infrastrukturprojekte im Verkehrsbereich realisieren, können durch die Nutzung umweltschonender Bauweisen und energiesparender Technologien sowie durch Recycling einen direkten Beitrag zur Reduktion von umweltschädlichen Emissionen und zur Einsparung von Energie leisten (siehe Kasten Seite 141).

Produzenten von Filter- und Katalysatortechniken arbeiten kontinuierlich an Systemen zur Reduktion von Partikeln, die sich schädlich auf die Umwelt, das Klima oder die Gesundheit auswirken. Diese Systeme können immer häufiger nachgerüstet werden. Es werden zudem Abgasrückführungssysteme entwickelt, die die Emissionen wieder im Verbrennungsprozess verwenden. Annähernd alle der heute in Deutschland zugelassenen Fahrzeuge mit Ottomotor haben einen Katalysator. Dadurch konnte seit 1986 – damals wurde der erste Katalysator eingebaut – der Ausstoß von Stickoxiden und Kohlenwasserstoffen um mehr als 90 % gesenkt werden.

Zu den innovativen Verkehrssystemen gehören auch Lärmschutzsysteme in Fahrzeugen oder auf und an Verkehrswegen. Deutsche Technologien verringern hier die Verkehrsemissionen bereits erheblich: So erzeugen 60 Waggons mit den modernen, leichten und geräuscharmen („LEILA")-Drehgestellen nicht mehr Lärm als ein einziger Güterwagen mit heute üblicher Technik; und mit Flüsterbremsen wird die Lärmbelastung weiter reduziert (siehe Kasten Seite 138).

Hebel 2: Verringerung von Verkehrsmengen und bessere Auslastung der Verkehrsmittel

Den größten Effekt auf die Verringerung der Umweltbelastungen haben Maßnahmen, die das Verkehrsaufkommen reduzieren. Relevant sind dafür Technologien aus dem Bereich Telematik, aber auch Dienstleistungsangebote, die Reiseaktivitäten bündeln und somit den Auslastungsgrad erhöhen. Auf diesem Gebiet hat sich eine Reihe deutscher Anbieter profiliert.

Im Bereich Informations- und Kommunikationstechnik entwickeln deutsche Unternehmen intelligente Verkehrsleitsysteme, beispielsweise intelligent gesteuerte Ampeln oder elektronische Autobahnleitsysteme.

Deutsche Unternehmen bieten Telematik-Lösungen zur Steuerung von Fahrzeugflotten und Navigationsgeräte zur Stauvermeidung an. Mit modernster Technologie hat Deutschland außerdem das nationale Autobahn-Mautsystem umgesetzt.

Das erste 1,5-Liter-Auto: Leichtgewicht mit 450 Kilogramm

Die Loremo AG aus München hat das erste 1,5-Liter-Auto entwickelt. Der „Loremo" erreicht bei einem Verbrauch von 1,5 Litern Diesel auf 100 km eine Höchstgeschwindigkeit von 160 km/h. Kernkonzept ist konsequenter Leichtbau: Der Wagen wiegt nur 450 Kilogramm, das ist ein Drittel eines Autos der Golf-Klasse. Die Karosserie wird aus Kunststoff hergestellt, nur als Kernzelle wird eine Stahlwanne verwendet. Schließlich haben die Entwickler viel Engagement in die aerodynamische Gestaltung des Wagens gesteckt – ein c_w-Wert von 0,2 ist das Resultat. Das Fahrzeug soll 2009 in die Serienproduktion gehen.

Dienstleister bieten Velotaxis, Car-Sharing-Modelle und Mitfahrkonzepte an. Deren Umsetzung wird durch Internetanwendungen immer leichter: Online-Buchungen machen die Handhabung für die Kunden schnell, flexibel und damit attraktiv. In den 250 deutschen Städten und Gemeinden, in denen Car Sharing inzwischen angeboten wird, leben etwa 30 Mio. Menschen – damit erreicht dieses Konzept eine Abdeckung wie in kaum einem anderen Land.

Hebel 3: Verlagerung von Verkehr auf umweltfreundlichere Träger

Eine stärkere Nutzung umweltfreundlicher Verkehrsträger wird in Deutschland seit langem angestrebt. Moderne Technologie im Infrastrukturbereich und effiziente Logistikdienstleistungen tragen dazu bei, dieses Ziel zu erreichen.

Deutschland ist der führende Anbieter von Systemen für den öffentlichen Personennahverkehr (ÖPNV) – gleichzeitig ist dieser in Deutschland vorbildlich ausgebaut. Fahrgäste legen jährlich 10 Milliarden Fahrten mit Bus und Bahn zurück. Im Durchschnitt benötigt die

Die Flüsterbremse senkt den Lärmpegel

Anlieger von Bahngleisen sind mitunter leidgeprüft, wenn das schrille Geräusch von Zugbremsen ertönt. Die Umstellung auf Kunststoffbremsen für Güterwaggons kann den Lärmpegel erheblich senken. Die Laufgeräusche umgerüsteter Güterwagen können damit dauerhaft um bis zu 10 dB reduziert werden. Bei vollständiger Umrüstung des Güterwagonbestandes ließe sich etwa eine Halbierung des Lärms der Güterzüge erzielen. Dies hat insgesamt einen positiveren Effekt auf die Lebensqualität der Anlieger als andere Maßnahmen: Güterzüge sind nämlich vor allem nachts unterwegs, und wenn die nächtliche Lärmbelastung abnimmt, erleben die Betroffenen dies als deutliche Entlastung.

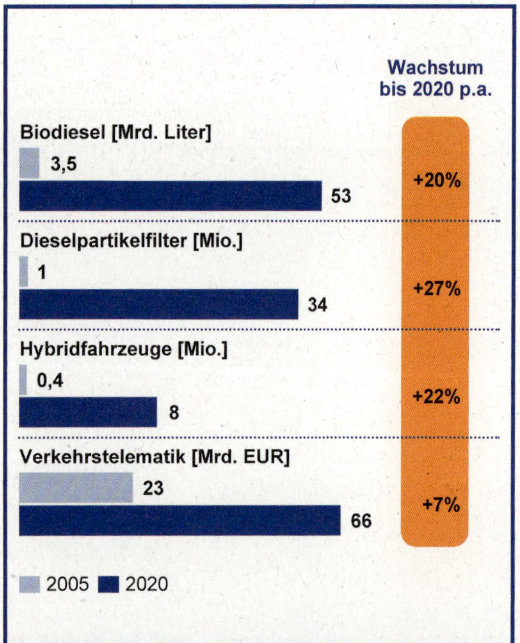

Weltmarktprojektionen in Kernsektoren
Quelle: Roland Berger

Beförderung eines Menschen mit dem Pkw knapp 5,2 l/100 km, während im ÖPNV dafür lediglich etwas mehr als 2 Liter benötigt werden – entsprechend groß wären die positiven Effekte auf die Umwelt, wenn mehr Menschen auf öffentliche Verkehrsmittel umsteigen würden.

Mit modernen Umschlaganlagen und Infrastrukturprojekten zur besseren Verknüpfung der verschiedenen Verkehrsträger leisten die Unternehmen aus dem Bereich Verkehrswege- und Anlagenbau einen Beitrag zur Verlagerung von Verkehrsaufkommen auf die Schiene. Vor allem durch die bessere Anbindung und die Beschleunigung des Schienengüterverkehrs können die Straßen erheblich entlastet werden.

Deutsche Unternehmen gehören zu den weltweit führenden Anbietern im stark wachsenden internationalen Logistikmarkt. Sie organisieren für ihre Kunden komplexe Logistikketten über die verschiedenen Verkehrsträger hinweg und verbessern deren Effizienz fortlaufend.

Marktchancen – Dynamische Wachstumssektoren

Schon heute machen Produkte und Dienstleistungen, die einen Beitrag zur nachhaltigen Mobilität leisten, einen Weltmarkt von 180 Mrd. EUR aus. Bis 2020 wird erwartet, dass sich dieses Volumen verdoppelt. Die

Märkte für Technologien wie die effizienten Otto- und Dieselmotoren wachsen dabei eher moderat. Andere innovative Umwelttechnologien im Verkehrsbereich werden sich bis 2020 dynamischer entwickeln – prognostiziert werden jährliche Wachstumsraten von über 20 %. Dies gilt für Biokraftstoffe genauso wie für Abgas-Filtersysteme. Wurden im Jahr 2005 gerade einmal 3,5 Mrd. Liter Biodiesel hergestellt, so werden es 2020 bereits über 50 Mrd. Liter Treibstoff aus Biodieselraffinerien sein. Hinzu kommen Biokraftstoffe der zweiten Generation, die bisher noch keinen relevanten Markt bilden.

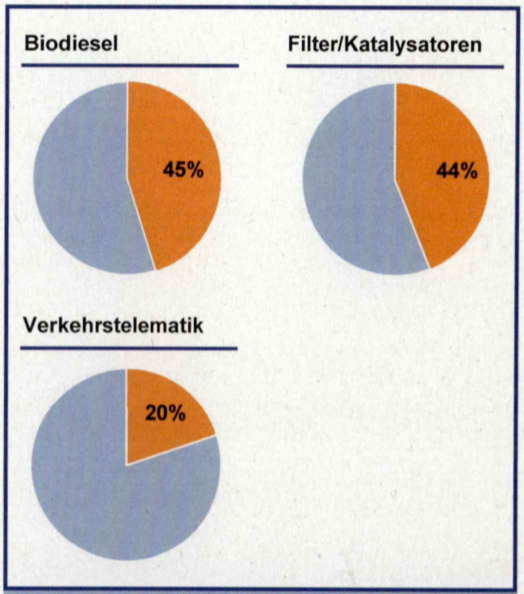

Weltmarktanteile deutscher Unternehmen
Quelle: Roland Berger

Im Jahr 2020 werden statt einer Million Dieselpartikelfilter dann jährlich circa 34 Millionen Fahrzeuge mit Dieselpartikelfilter ausgestattet sein. Mit 8 Millionen werden fast 10 % aller Fahrzeuge in der Welt mit Hybridantrieb verkauft werden. Aber auch in reiferen Märkten wie der Verkehrstelematik ist bei einem jährlichen Wachstum von 7 % mit einer Verdreifachung des Marktvolumens bis 2020 zu rechnen (siehe Abbildung Seite 138).

Umsatzklasse Unternehmen [Mio. EUR]	2004-2006	2007-2009
<10	39% p.a.	23% p.a.
10-50	29% p.a.	25% p.a.
>50	7% p.a.	5% p.a.

Umsatzentwicklung – Vergangenheit und Zukunftsprojektion
Quelle: Roland Berger

Deutsche Unternehmen sind dabei in vielen Sektoren ausgezeichnet positioniert. So produzieren sie fast die Hälfte des weltweit verkauften Biodiesels und der Filter- und Katalysatorsysteme. Im Bereich Verkehrstelematik vereinen die einheimischen Firmen fast ein Fünftel des Weltmarkts auf sich. In anderen Bereichen mit noch wenig entwickelten Märkten, wie etwa der Brennstoffzellentechnologie oder Biokraftstoffen der zweiten Generation, ist Deutschland in der Produktentwicklung führend.

Umsatz und Beschäftigung – Kleine und mittlere Unternehmen als Spitzenreiter

Umsatzklasse Unternehmen [Mio. EUR]	2004-2006	2007-2009
<10	12% p.a.	25% p.a.
10-50	22% p.a.	9% p.a.
>50	7% p.a.	2% p.a.

Mitarbeiterentwicklung – Vergangenheit und Zukunftsprojektion

Quelle: Roland Berger

Die befragten Unternehmen im Leitmarkt Nachhaltige Mobilität sind zum Großteil kleine und mittelständische Betriebe mit einem Jahresumsatz unter 50 Mio. EUR. Es handelt sich dabei jeweils zur Hälfte um Dienstleistungsfirmen und Hersteller.

Die Unternehmen des Leitmarkts Nachhaltige Mobilität haben hochgerechnet einen Umsatz von circa 30 Mrd. EUR. Im Schnitt sind die Unternehmen der repräsentativen Stichprobe mit fast 30 % pro Jahr zwischen 2004 und 2006 sehr dynamisch gewachsen. Das größte nominelle Wachstum erreichen dabei kleine Firmen: Sie haben jährlich im Schnitt einen Umsatzzuwachs von mehr als einem Drittel erreicht. Auch die großen Firmen konnten ihren Umsatz jährlich im Schnitt um 7 % steigern (siehe Tabelle Seite 139).

Wachstumsführer sind insbesondere innovative Mittelständler im Bereich Biokraftstoffe und Brennstoffzellen. Die Unternehmen mit den höchsten Wachstumsraten geben dabei alle mehr als 10 % ihres Umsatzes für Forschung und Entwicklung aus – Innovation wirkt sich also positiv auf Wachstum aus.

Bis 2009 erwarten die Unternehmen zwar im Schnitt einen leichten Rückgang der Wachstumsraten – trotzdem bleiben diese auf hohem Niveau: Es wird erwartet, dass die Umsätze im Schnitt immer noch um ein Fünftel jährlich ansteigen werden. Das größte Entwicklungspotenzial sehen auch hier Unternehmen im Bereich Biokraftstoffe und Brennstoffzellen.

In den letzten drei Jahren haben besonders mittelständische Firmen Arbeitsplätze geschaffen. Große Firmen haben zum Teil Arbeitsplätze abgebaut oder verlagert. Der Gesamttrend bei der Beschäftigungsentwicklung weist weiterhin nach oben, wenn auch mit geringerer Dynamik. Bei den Mittelständlern hingegen kann sich nachhaltige Mobilität sogar zum Beschäftigungsmotor entwickeln (vgl. Tabelle oben).

Der Leitmarkt Nachhaltige Mobilität wird insgesamt zunehmend wichtiger für die Unternehmen – durchschnittlich hat sich von 2004 bis

2006 der Anteil der auf Nachhaltige Mobilität entfallenden Mitarbeiter bei den befragten Unternehmen um 5 Prozentpunkte erhöht. Dieser Trend macht sich nicht nur auf dem Arbeitsmarkt bemerkbar, sondern auch bei Ausbildungsplätzen: Auf 100 fest angestellte Mitarbeiter bei kleinen und mittleren Unternehmen werden im Bereich Nachhaltige Mobilität 5 Ausbildungsplätze angeboten.

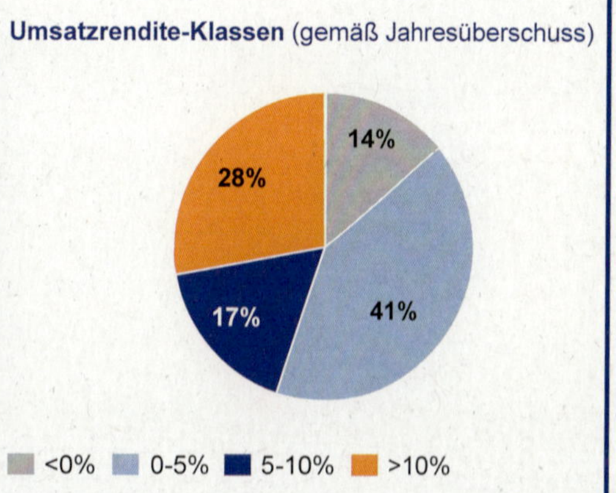

Rentabilität der Unternehmen

Quelle: Roland Berger

Etwa ein Drittel der befragten Firmen hat 2006 eine Umsatzrendite von über 10 % erreicht (siehe Abbildung). Besonders profitabel sind kleinere und innovative Unternehmen. Bei den Großbetrieben fällt der Anteil der Unternehmen mit negativen Jahresüberschüssen wesentlich höher aus als im Mittelstand. Der Anteil von Unternehmen mit negativen Jahresüberschüssen liegt mit 14 % im Vergleich der Leitmärkte relativ hoch. Dazu tragen vor allem diejenigen Firmen in der Befragung bei, die gerade aus der Gründungsphase herauswachsen – sie investieren derzeit noch in Forschung und Entwicklung sowie in den Kapazitätsaufbau und rechnen erst in den nächsten Jahren mit positiven Ergebnissen.

Die höchsten Umsatzrenditen erzielen derzeit Firmen im Bereich Biokraftstoffe: Hier weisen die Firmen eine besonders hohe Profitabilität auf, die dezentrale Biodieselanlagen konzipieren und umsetzen oder Dieselfahrzeuge für die Nutzung von Biodiesel oder Pflanzenölen umrüsten.

Energiesparampeln in Berlin: Heller, sparsamer, langlebiger

Seit Januar 2006 werden die Ampeln in Berlin von einem Dienstleister gewartet und erneuert. 744 Ampeln sollen gegen neue Anlagen mit Licht-Emittierender-Dioden-Technik (LED) ausgetauscht werden. Die Umrüstung auf LED führt zu Energieeinsparungen bis zu 70 % gegenüber der heutigen Technik. In absoluten Zahlen bedeutet dies für die 100 im Jahr 2006 ausgetauschten Lichtschaltanlagen eine Ersparnis von etwa 1 Mio. KWh. Nach Abschluss der Modernisierung, die Mitte 2009 erfolgt sein soll, wird eine jährliche Energieeinsparung von 6 Mio. kWh erzielt. Außerdem haben LED-Signalgeber eine zehnfache Lebensdauer. Die wesentlich bessere Leuchtstärke der LED-Lampen lässt außerdem eine erhöhte Verkehrssicherheit bei Sonnenlicht erwarten.

Internationalisierung – Chancen in Asien

Etwa die Hälfte der befragten Unternehmen hat bereits internationale Absatzmärkte erschlossen. Vor dem Hintergrund der Industriestruktur mit vielen kleineren Unternehmen ist die Internationalisierung damit schon sehr weit vorangeschritten. In keinem anderen Leitmarkt liegt der Anteil der Unternehmen, die international aktiv sind, höher. Ein Fünftel der Firmen beschränkt sich auf regionale und lokale Absatzmärkte – die meisten von ihnen sind erwartungsgemäß Kleinstunternehmen und Dienstleistungsfirmen.

Die Befragung zeigt klar: Internationalisierung lohnt sich. Liegt der Anteil hochrentabler Firmen (das heißt mit über 10 % Umsatzrendite) bei den international aktiven Firmen bei fast 40 %, erreichen nur 20 % der Firmen, die sich auf den nationalen Markt beschränken, eine vergleichbare Rendite. Die international aktiven Firmen erwirtschaften im Schnitt fast die Hälfte ihres Umsatzes im Ausland. Der Auslandsumsatz soll in den nächsten drei Jahren um durchschnittlich 16 % wachsen.

Dabei wird auch die Verlagerung der Produktionstätigkeit ins Ausland attraktiver. Der Produktionsstandort Deutschland bleibt zwar wichtig, verliert bis 2010 aber an Bedeutung für die Firmen.

Während im Vergleich der internationalen Absatzmärkte heute noch die etablierten Märkte in Westeuropa im Fokus der befragten Firmen stehen, wird für 2020 erwartet, dass die Bedeutung der Märkte in Asien (hier vor allem China und Indien) sowie in Russland stark zunimmt. Trotzdem bleibt auch 2020 Europa der wichtigste

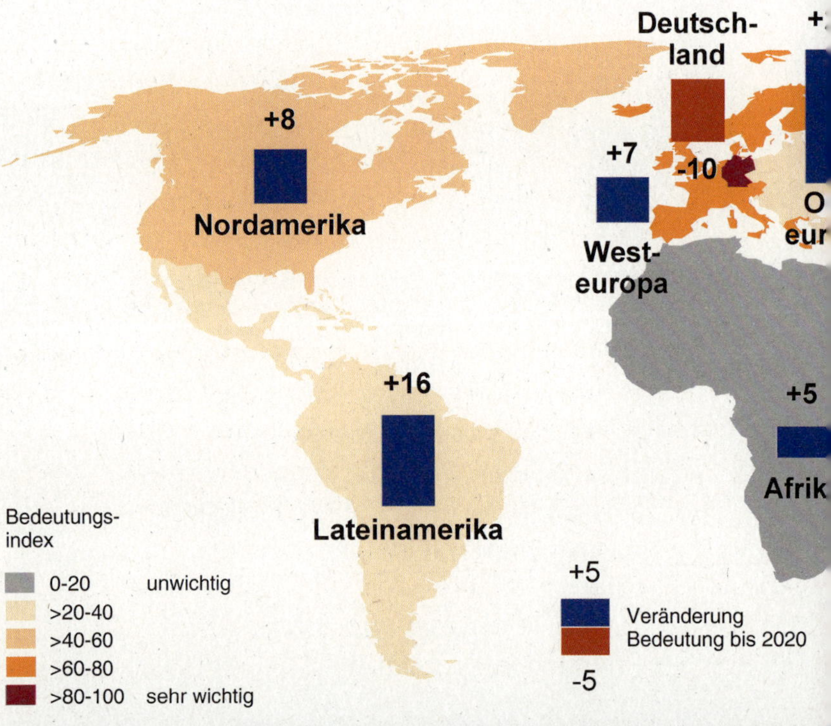

Bedeutung regionaler Absatzmärkte 2007 und 2020

Absatzmarkt. Danach folgen aber schon Asien und Osteuropa (siehe Weltkarte).

Innovation – Starkes Engagement für Forschung und Entwicklung

Die befragten Firmen im Leitmarkt Nachhaltige Mobilität sind im Vergleich zu den Unternehmen der anderen Leitmärkte überdurchschnittlich innovativ: Im Durchschnitt über alle Firmen werden 12 % des Umsatzes in Forschung und Entwicklung investiert. Am stärksten engagieren sich mittelgroße Firmen für Innovationen; bei ihnen beträgt der durchschnittliche Anteil der Forschungs- und Entwicklungsausgaben fast 20 % beträgt. Weniger wird dagegen bei den großen Firmen investiert, im Schnitt 3 % des Umsatzes (siehe Abbildung Seite 144).

Das Wachstum der Forschungsausgaben wird sich mit 11 % im Schnitt etwas weniger dynamisch als der Umsatz entwickeln. Darin bildet sich ab, dass zahlreiche Firmen der Befragung noch in der Gründungsphase stecken und in den nächsten Jahren starke Umsatzzuwächse erwarten, die ihre hohen Forschungs- und Entwicklungsausgaben refinanzieren.

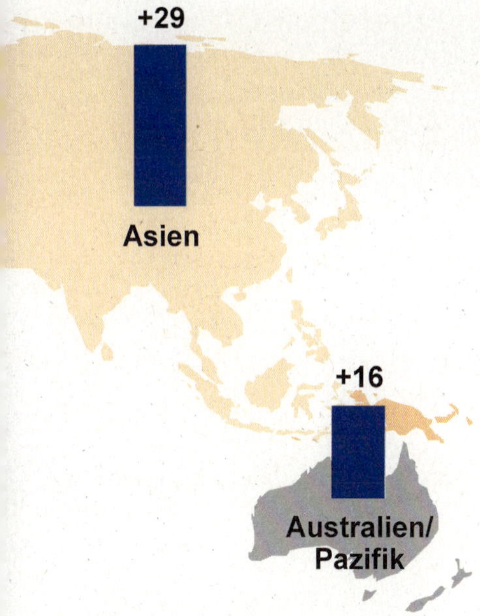

Die Wirtschaft trägt einen Großteil der Forschungsleistung im Bereich der nachhaltigen Mobilität. Mehr als 60 % der staatlichen Projektförderung gingen in den Jahren von 2003 bis 2005 an Unternehmen. In diesem Zeitraum beschäftigten sich die meisten Forschungsvorhaben mit den Themen Emissionsminderung, Fahrzeugkonstruktion und Infrastruktur. Im Bereich der alternativen Kraftstoffe waren Erdgas und Elektromotoren die häufigsten Forschungsthemen. Die höchsten Fördersummen flossen in Projekte für integrierte Verkehrssysteme und umweltschonende Antriebe in der Luftfahrt.

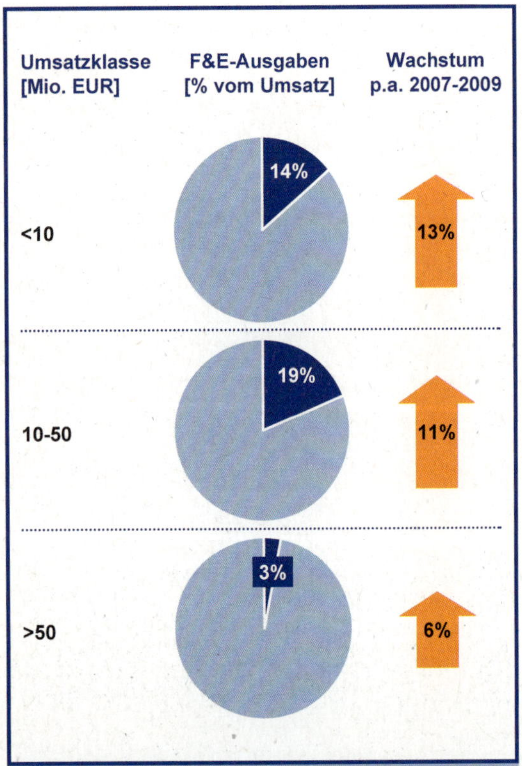

Forschungsausgaben im Leitmarkt
Quelle: Roland Berger

Biotechnologie: Enzyme bauen Zellulose ab

Der Einsatz von Enzymen zur Umwandlung von Zellulose in Zucker hat Bedeutung für den Bereich Nachhaltige Mobilität. Lignozellulose als Rohstoff für Bioethanol ermöglicht die Verwertung von vielfältigen Materialien – von Gras und Stroh bis zu verschiedenen Rest- und Abfallprodukten. Die biotechnologische Forschung kann hier durch die Entwicklung besserer enzymatischer Abbauprozesse der Zellulose einen wichtigen Beitrag leisten, um diese Produktionsvariante ökonomisch sinnvoll zu gestalten.

Forschung, Kooperation, Cluster – Konzentration im Westen

Weit über die Hälfte der Unternehmen des Leitmarkts Nachhaltige Mobilität engagiert sich in Innovationsnetzwerken: Dabei sind die häufigsten Kooperationspartner Kunden und Hochschulen. In solchen Netzwerken arbeiten vor allem kleine und mittelständische Unternehmen. In 70 % der Fälle handelt es sich dabei um nationale Kooperationen – die örtliche Nähe hat also häufig weniger Relevanz für Kooperationen als inhaltliche und fachliche Beweggründe. Wie die Beispiele der Regionen Hamburg, Freiberg und Rheinland zeigen (siehe unten), werden zahlreiche enge Projektkooperationen allerdings weiterhin mit regionalen Partnern realisiert.

Im Leitmarkt Nachhaltige Mobilität kommt den Verbänden eine wichtige Funktion zu – bei fast der Hälfte der Kooperationen nimmt ein Verband die Rolle des Koordinators wahr.

Die wichtigsten Motive für Kooperationen von Unternehmen sind die gemeinsame Interessenvertretung, die Generierung von Produktideen und der Austausch von Informationen. Vor allem Letzteres werten die Unternehmen als großen Mehrwert der Netzwerke.

Die Deutschlandkarte (siehe Seite 146) zeigt relevante Unternehmen und Forschungseinrichtungen aus dem Leitmarkt Nachhaltige Mobilität. Die Einfärbung der Bundesländer verdeutlicht, wo die meisten Mitarbeiter im Bereich Nachhaltige Mobilität beschäftigt werden: In Baden-Württemberg und Nordrhein-Westfalen hat der Leitmarkt die höchste Relevanz für den Arbeitsmarkt. Es springen weiterhin einige Regionen mit hoher Unternehmensdichte ins Auge – dazu gehören das Rhein-Ruhr-Gebiet sowie die Regionen Stuttgart, Freiberg, Hamburg und Berlin.

- Ein interessantes Innovationscluster findet sich in Nürnberg. Dort arbeiten unter anderem das Fraunhofer-Institut für Verkehrs- und Infrastruktursysteme, die Stadt Nürnberg, die Siemens AG und die Taxizentrale Nürnberg zusammen. Ziel des Projekts „ORINOKO" ist die Entwicklung adaptiver Steuerungsstrategien für den Individualverkehr und den öffentlichen Personennahverkehr im Raum Nürnberg. Dabei soll der Verkehr möglichst auf den Hauptverkehrsstraßen gebündelt werden, um die Wohngebiete zu entlasten. Direkter Effekt wird eine geringere Lärmbelastung sein; der optimierte Verkehrsfluss wird planmäßig aber auch die durchschnittliche Reise- und Wartezeit reduzieren, was wiederum den Kraftstoffverbrauch und die Emissionen verringert.
- In Hamburg bildet die Hochschule für Angewandte Wissenschaften einen Innovationskern für Konzepte zur Nachhaltigen Mobilität. Zwei Beispielprojekte: Die Forschungsgruppe Flugzeugentwürfe und -systeme entwickelt mit Airbus Konzepte für die so genannten „Grünen Frachter". Bei diesen Frachtflugzeugen soll der Ausstoß von Emissionen und Lärm sowie der Verbrauch von Kraftstoff deutlich reduziert werden. Das Labor für Kolbenmaschinen kooperiert mit der Firma Brätsch Kompressoren GmbH bei der Entwicklung effizienter Kolbenverdichter; gefördert wird das Projekt von der Innovationsstiftung Hamburg.

Nanotechnologie: Mehr Effizienz mit weniger Ressourcen

Die Nanotechnologie leistet einen zunehmenden Beitrag zur nachhaltigen Mobilität, indem sie eine deutliche Steigerung der Effizienz im Ressourceneinsatz ermöglicht. Besonders relevant sind die millionstel Millimeter kleinen Materialien für die Bereiche Beschichtungen und Abgaskatalysatoren. Braucht man beispielsweise bei konventionellen Beschichtungen drei Lagen für die Lackierung eines Fahrzeugs, kann man mit Nanomaterialien den gleichen Effekt mit nur einer Lage erzielen. Zudem helfen Nanomaterialien bei Leichtbaustrategien: Gewichtsreduktionen von bis zu 25 % sind möglich, wenn Nano-Bestandteile in Aluminium und Magnesium eingesetzt werden.

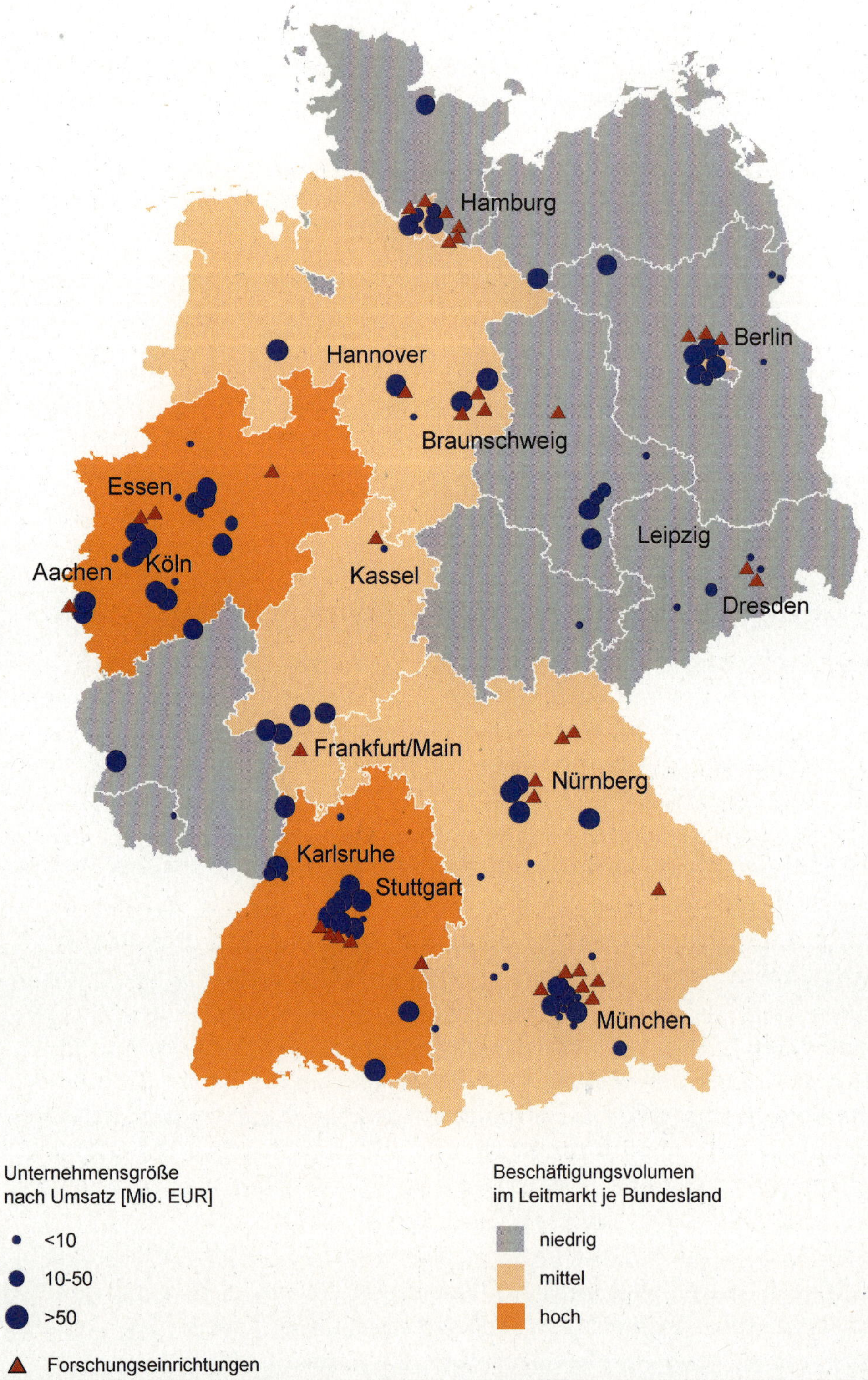

Regionale Verteilung von Unternehmen und Forschungseinrichtungen im Leitmarkt Nachhaltige Mobilität

- Ein regionales Cluster stellt die Region Freiberg in Sachsen dar – dort ist mit Choren der Betreiber der ersten Biomass-to-liquid-Pilotanlage zur Erzeugung synthetischer Kraftstoffe ansässig. Erste Planungsstudien für diese Anlage wurden 2004 von der TU Freiberg durchgeführt, die weltweit zu den führenden Forschungseinrichtungen für das Biomass-to-liquid-Verfahren gilt.
- Rund um die Ruhruniversität Bochum haben sich die APS GmbH (Europäisches Zentrum für Mechatronik) aus Aachen und die beiden rheinland-pfälzischen Unternehmen SAT Straßensanierung und Wirtgen zusammengeschlossen, um die Wiederverwertung von Straßenbelägen weiterzuentwickeln. Resultat ist der so genannte Kaltrecyclingprozess, bei dem während der Straßensanierung 100 % der ausgebauten Mineralstoffe wiederverwendet werden – das spart Zeit und Material. Die Methode reduziert somit die Umwelt- und Lärmbelastung und spart gleichzeitig Kosten.

Der Beitrag der Politik – Gesetzliche Grundlagen als treibende Kraft für Innovationen

Schon seit fast zwanzig Jahren leistet die deutsche Politik einen wichtigen Beitrag, die deutsche Mobilitätswirtschaft auf Nachhaltigkeit auszurichten. Anfang der 90er-Jahre wurde verbleites Benzin verboten, die Pflicht zu schwefelarmen Dieselkraftstoffen und die ersten Abgasgrenzwertregelungen nach der EURO-Norm eingeführt. Von EURO-1 ausgehend wurden diese in den darauffolgenden Jahren ständig verschärft – die 2007 veröffentlichten EURO-5- und EURO-6-Normen werden 2009 in Kraft treten.

In den letzten Jahren wurden weiterhin verschiedene Gesetze zur Reduktion von schädlichen Emissionen erlassen. Dazu gehören die steuerliche Begünstigung der Nachrüstung von Partikelfiltern für Dieselfahrzeuge, die Kennzeichnungspflicht für emissionsarme Fahrzeuge sowie die Verpflichtung, gegenüber dem Kunden den Kraftstoffverbrauch und die CO_2-Emissionen auszuweisen.

Im Januar 2007 trat weiterhin das Biokraftstoffquotengesetz in Kraft: Biokraftstoffe müssen demnach 4,4 % des verkauften Diesels und 1,2 % des Benzins ausmachen. Die Gesamtquote von Biokraftstoffen wird bis 2015 stufenweise auf 8 % steigen. Darüber hinaus werden Biokraftstoffe der zweiten Generation steuerlich gefördert.

Gesetzliche Regelungen haben Rahmenbedingungen geschaffen, die frühzeitig Innovation bei nachhaltigen Technologien ausgelöst haben. Die Unternehmen haben dadurch in einzelnen Feldern Wettbewerbsvorteile im Vergleich zu Konkurrenten aus Ländern erzielt, deren gesetzliche Rahmenbedingungen weniger anspruchsvoll gesetzt waren.

Profile von Unternehmen

Unternehmen: Umweltfreundliche Energieerzeugung und -speicherung

agraferm technologies

Kontaktinformationen

Agraferm Technologies AG
Münchener Straße 98
85276 Pfaffenhofen

Tel.: +49 (0) 8441/8086-16
E-mail: B.Sieg@agraferm.de
Internet: www.agraferm.de

Produkte und Dienstleistungen

- Planung und Errichtung von modular aufgebauten Biogasanlagen
- Biogasanlagen im Industriestandard
- Biologisch-technischer Service durch Tochterunternehmen
- Spezialist im Abfallbereich
- Betrieb von Anlagen

Forschungs- und Entwicklungsaktivitäten

- Fermenterbiologie
- Rührwerktechnik
- Trockenfermentation

Patente und Alleinstellungsmerkmale

- Keine Angaben

Internationale Aktivitäten

- Benelux
- Osteuropa
- Südeuropa

Kontaktinformationen

Alensys Engineering GmbH
Zum Wasserwerk 12
15537 Erkner

Tel.: +49 (0) 3362/8859143
E-mail: i.paulick@alensys.de
Internet: www.alensys.de

Produkte und Dienstleistungen

- Beratung, Genehmigungsplanung, Planungsleistungen nach HOAI
- Baubegleitung, Bauleitung, Verfahrensträger
- Generalplanung, Machbarkeitsuntersuchungen
- Genehmigungen nach BimschGesetz

Forschungs- und Entwicklungsaktivitäten

- Biomethan aus Nachwachsenden Rohstoffen mit Aufbereitung
- Einspeisung von Biomethan ins Erdgasnetz
- BioErdgastankstelle

Patente und Alleinstellungsmerkmale

- Brandenburgischer Ingenieurpreis 2006

Internationale Aktivitäten

- Italien
- Russland, Ukraine
- China

Kontaktinformationen

aleo solar AG
Gewerbegebiet Nord
17291 Prenzlau

Tel.: +49 (0) 441/2198837
E-mail: info@aleo-solar.de
Internet: www.aleo-solar.de

Produkte und Dienstleistungen

- Produktion hochwertiger Solarmodule in allen Leistungsklassen
- Vertrieb kompletter Solarsysteme

Forschungs- und Entwicklungsaktivitäten

- Weiterentwicklung hochwertiger kristalliner Solarmodule
- Dünnschichttechnologie

Patente und Alleinstellungsmerkmale

- Innovationspreis des Landes Brandenburg

Internationale Aktivitäten

- Italien
- Spanien
- Weitere EU-Länder

www.arca-heizkessel.de

Kontaktinformationen

ARCA Heizkessel GmbH
Sonnenstraße 9
91207 Lauf

Tel.: +49 (0) 9123/84581
E-mail: info@arca-heizkessel.de
Internet: www.arca-heizkessel.de

Produkte und Dienstleistungen

- Scheitholzvergaser-Heizkessel
- Pellet-Heizkessel
- Zubehörteile
- Beratung und Planung für Biomasse-Heizkessel

Forschungs- und Entwicklungsaktivitäten

- Weiterentwicklung von Biomasse-Heizkesseln

Patente und Alleinstellungsmerkmale

- Selbstnachstellende Türen, wichtig für den Betrieb mit Lambdasonde

Internationale Aktivitäten

- Keine

BÜRO FÜR ENERGIEWIRTSCHAFT UND TECHNISCHE PLANUNG GMBH

Kontaktinformationen

BET Büro für Energiewirtschaft und Technische Planung GmbH
Theaterstraße 58–60
52062 Aachen

Tel.: +49 (0) 241/47062-10
E-mail: wolfgang.zander@bet-aachen.de
Internet: www.bet-aachen.de

Produkte und Dienstleistungen

- Beratung bei Projektentwicklung von Kraftwerken, Marktanalyse, Preisprognosen, Netzanschluss
- Energiebeschaffung, Portfoliomanagement, Risikomanagement
- Netzzugang, Netzentgelte, Anreizregulierung, Netzbewertungen
- Netzkosten-, Organisations- und IT-Optimierung, Regulierungsmanagement
- Beratung bei Kraft-Wärme-Kopplung, Erneuerbare Energieerzeugung, CO_2-Zertifikate und Emissionshandel

Forschungs- und Entwicklungsaktivitäten

- Marktmodelle Strom und Gas, Wirtschaftliche Bewertung Kraftwerksprojekte
- Netzzugang und Energiebeschaffung im liberalisierten Gasmarkt
- Effizienzanalyse und Anreizregulierung für Strom- und Gasnetzbetreiber

Patente und Alleinstellungsmerkmale

- Netzanschluss und wirtschaftliche Bewertung von Kraftwerksinvestitionen
- Netzzugangssystem für den deutschen Gasmarkt
- Effizienzanalyse und Anreizregulierung für Strom- und Gasnetzbetreiber

Internationale Aktivitäten

- Deutschsprachiges Ausland
- EU

Kontaktinformationen

Biogaskontor Köberle GmbH
Sebastian Sailer Straße 42
89611 Obermarchtal

Tel.: +49 (0) 7375/950380
E-mail: info@biogaskontor.de
Internet: www.biogaskontor.de

Biogaskontor Köberle GmbH

Produkte und Dienstleistungen

- Komponenten für Biogasanlagen: Bullaugen, Über-/Unterdrucksicherungen

Forschungs- und Entwicklungsaktivitäten

- Komponentenentwicklung für Sicherheitseinrichtungen

Patente und Alleinstellungsmerkmale

- Gasdichte Rührwerksdurchführung
- Doppelfolienhaube

Internationale Aktivitäten

- EU

Kontaktinformationen

BIOGAS NORD AG
Werningshof 2–4
33719 Bielefeld

Tel.: +49 (0) 521/5575070
E-mail: info@biogas-nord.de
Internet: www.biogas-nord.com

BIOGAS NORD

Produkte und Dienstleistungen

- Betriebsanalyse, Wirtschaftlichkeitsberechnung,
- Planung, Genehmigung, Förderanträge, Bau, Inbetriebnahme,
- Mobile Biogasfackel, Service und Wartung,
- Biogas-Entschwefelungseinrichtung,
- Biologische Betreuung und Beratung, Laborservice, BiNoLab

Forschungs- und Entwicklungsaktivitäten

- Effizientere Gasgewinnung

Patente und Alleinstellungsmerkmale

- Anlagenkonzeption

Internationale Aktivitäten

- Keine

BIOPRACT GmbH Mikrobielle Präparate Biotechnologische Verfahren Boden- und Gewässersanierung

Kontaktinformationen

BIOPRACT GmbH
Magnusstraße 11
12489 Berlin

Tel.: +49 (0) 30/63926205
E-mail: biopract@biopract.de
Internet: www.biopract.de

Produkte und Dienstleistungen

- Enzympräparate der MethaPlus-Serie: Prozesshilfsmittel für Biogas- und Kläranlagen
- Enzympräparate für den Aufschluss nachwachsender Rohstoffe und Abfallstoffe
- Analytische und beratende Dienstleistungen für Biogasanlagen und Kläranlagen
- Sanierungskonzeptionen für Altlastensanierungen einschl. Voruntersuchungen
- Ausführung von in situ Bodensanierungen

Forschungs- und Entwicklungsaktivitäten

- Neue Enzympräparate zum Aufschluss von Biomassen
- Prozessoptimierung in der Biogas- und Kläranlage
- Verfahren zur in situ Sanierung von Böden und Grundwasser

Patente und Alleinstellungsmerkmale

- Enzyme der MethaPlus-Serie zur Steigerung der Gasausbeute der Biogas- und Kläranlage
- Verfahren zur Produktion substratoptimierter Enzympräparate

Internationale Aktivitäten

- Österreich, Schweiz
- Osteuropa
- Westeuropa

Kontaktinformationen

Brunnenbau Conrad GmbH
Thamsbrücker Straße 10
99947 Merxleben

Tel.: +49 (0) 3603/390612
E-mail: info@brunnenbau-conrad.de
Internet: www.brunnenbau-conrad.de

Produkte und Dienstleistungen

- Brunnenbau, Vakuumbrunnen
- Geothermie, Brunnenanlagen, Sondenbohrungen
- Grundwasserabsenkungen, Wasserhaltung
- Grundwasserreinigung, Neutralisation, Strippanlagen, Aktivkohlefilter
- Baugrunderkundung, Bohrungen

Forschungs- und Entwicklungsaktivitäten

- Neutralisation von Wasser mit CO_2
- Horizontalfilterbrunnen
- Bohrtechnik

Patente und Alleinstellungsmerkmale

- Hoher Marktanteil bei mobilen Neutralisationsanlagen, Horizontalfilterbrunnen

Internationale Aktivitäten

- Frankreich
- Österreich
- Schweiz

Kontaktinformationen

BTD Behältertechnik Heiz- und Trinkwassersysteme GmbH & Co. KG
Brückenstraße 1
72135 Dettenhausen

Tel.: +49 (0) 7157/562–100
Internet: www.btd-gmbh.de

Produkte und Dienstleistungen

- Heiz- und Trinkwassersysteme 115–50.000 Liter, Solarspeicher 300–500 Liter,
- Regenspeichersysteme von 13.000 bis 100.000 Liter, Schachtabdeckungen
- Ober- und Unterirdische Lagerbehälter aus Stahl 1.000 bis 100.000 Liter
- Puffer-Langzeitspeicher für Kalt- und Warmwasser von 2.000–100.000 Liter
- Industriebehälter und Silos für den Apparate- und Anlagenbau

Forschungs- und Entwicklungsaktivitäten

- Weiterentwicklung im Bereich Heiz- und Trinkwassersysteme
- Spezielle Lagerbehälter für wassergefährdende Flüssigkeiten
- Spezielle Lagerbehälter für regenerative Energien

Patente und Alleinstellungsmerkmale

- Monos-Qualitäts-Domschachtabdeckung für Tankstellen und die Industrie
- Hygienische und legionellensichere Heiz- und Trinkwassersysteme

Internationale Aktivitäten

- Luxemburg
- Niederlande
- Österreich

Kontaktinformationen

caverion GmbH
Rossbachstraße 80
70499 Stuttgart

Tel.: +49 (0) 711/8804–2666
E-mail: klaus.hermsdorf@caverion.com
Internet: www.caverion.com

Produkte und Dienstleistungen

- Planen u. Ausführen kompletter Anlagen der Technischen Gebäudeausrüstung
- Planen, Errichten, Betreiben von Biomassekraftwerken, BHKW
- Energiecontracting, Wärmerückgewinnungssysteme, Kraft-Wärme-Kältekopplung
- Service und Technisches Facility Management
- Abluftreinigung

Forschungs- und Entwicklungsaktivitäten

- Energetische Gesamtanalysen, CFD-Studien, Bauteiloptimierung
- Produktentwicklung Spezialkomponenten Raumluft, Ablufttechnik
- Systemoptimierung/Produktentwicklung Absorptions-, Kälte-Wärme-Technik

Patente und Alleinstellungsmerkmale

- Marktführerschaft in der Technischen Gebäudeausrüstung
- Mehr als 40 Patente in TGA- und Umwelttechnologien
- Eigene Forschung und Entwicklung als Anlagenbauer

Internationale Aktivitäten

- Mittel- und Osteuropa
- Asien

cleversolar

Kontaktinformationen

cleversolar GmbH
Kösliner Weg 5
22850 Norderstedt

Tel.: +49 (0) 40/9436280
E-mail: info@clever-solar.de

Produkte und Dienstleistungen

- Photovoltaik-Komplettsysteme für netzferne Anwendungen weltweit
- Planung, Projektierung, Handel
- Komplettlösungen aus einer Hand
- Mehr als 18 Jahre Solarerfahrung

Forschungs- und Entwicklungsaktivitäten

- Qualitätstests von Solarmodulen, Ladereglern. Batterien und weiterer Komponenten
- Tests auf Alltagstauglichkeit

Patente und Alleinstellungsmerkmale

- SPR-90: Leistungsstärkstes Solarmodul weltweit
- Sondermodule für Spezialanwendungen

Internationale Aktivitäten

- Keine

CONERGY

Kontaktinformationen

Conergy Wärmepumpen GmbH
Speicherstraße 11a
18273 Güstrow

Tel.: +49 (0) 40/27142–1832
E-mail: c.koester@conergy.de
Internet: www.conergy.de

Produkte und Dienstleistungen

- Sole/Wasser Wärmepumpen
- Luft/Wasser Wärmepumpen
- Wärmepumpenspeicher
- Wärmepumpen

Forschungs- und Entwicklungsaktivitäten

- Neu- und Weiterentwicklung von innovativen Wärmepumpensystemen

Patente und Alleinstellungsmerkmale

- DGS/ISES Solarpreis 2002

Internationale Aktivitäten

- Keine

Kontaktinformationen

Danpower GmbH
Virchowstraße 17
14482 Potsdam

Tel.: +49 (0) 331/2378210
E-mail: sven.schmieder@danpower.biz
Internet: www.danpower.biz

Danpower

Produkte und Dienstleistungen

- Individuelle Wärmeversorgungsprojekte in kleinen und mittleren Städten
- Wärme- und Stromerzeugung aus Holz z.T. mit ORC-Prozess – aus Biogas, aus Pflanzenöl, aus Ersatzbrennstoffen (Investition 2007 55 Mio. EUR HKW zur Versorgung von Industriebetrieben)
- Invest 2006 – mehr als 20 Mio. EUR
- Urspr. MBO aus RWE Konzern, große Wachstumsziele

Forschungs- und Entwicklungsaktivitäten

- Geothermie: geschlossenes System
- Standardanlage Holzhackschnitzel hoher Automatisierungsgrad

Patente und Alleinstellungsmerkmale

- ORC-Anlage in Schöneck – BHKW des Monats in 2006

Internationale Aktivitäten

- Keine

Kontaktinformationen

dlt Verfahrenstechnik Wille GmbH
Fahrradstrasse 7
90429 Nürnberg

Tel.: +49 (0) 911/314319
E-mail: info@dlt-verfahrenstechnik.de
Internet: www.dlt-verfahrenstechnik.de

dlt

Produkte und Dienstleistungen

- Industrielle Wärmerückgewinnung: aus Standarddisziplinen Druckluft-, Prozesskühlungs-, Klimatisierungs- und Lüftungstechnik werden kundenspezifische, einmalige und ganzheitliche Konzepte zur Wärmerückgewinnung entwickelt und realisiert, die merkbar den Energieverbrauch senken, Amortisationszeitraum ein bis zwei Jahre

Forschungs- und Entwicklungsaktivitäten

- Thermodynamische Systeme

Patente und Alleinstellungsmerkmale

- Ganzheitliche Systeme zum Senken des Energieverbrauchs in der Industrie

Internationale Aktivitäten

- Keine

ELEKTROANLAGEN Harald Hager

Kontaktinformationen

ELEKTROANLAGEN Harald Hager
Lindenauer Straße 5
08289 Schneeberg

Tel.: +49 (0) 3772/28923
E-mail: hager.harald@t-online.de
Internet: www.hager-harald.de

Produkte und Dienstleistungen

- Trafostationen und Mittelspannungsnetzanbindungen für Wasser-, Windkraft- und Biogasanlagen
- Photovoltaikanlagen

Forschungs- und Entwicklungsaktivitäten

- Energieeinsparung

Patente und Alleinstellungsmerkmale

- Schaltungsanordnung einer zeitgesteuerten Abschaltung für elektrische Verbraucher Gebrauchsmuster 20 2004 006 795.1

Internationale Aktivitäten

- Österreich

Kontaktinformationen

Elektro Sicheneder GmbH Installations- und Steuerungstechnik
Habersbrunn 1
94424 Arnstorf

Tel.: +49 (0) 8723/979706
E-mail: elektro.sicheneder@vr-web.de

Produkte und Dienstleistungen

- Erstellung von Steuerschaltschränken für EEG Anlagen, SPS Programmierung, Schaltplanerstellung und Schaltschrankbau, Installation von Biogas-, Wasserkraft- und Photovoltaikanlagen

Forschungs- und Entwicklungsaktivitäten

- Visualisierung von Prozessabläufen

Patente und Alleinstellungsmerkmale

- Elektroplanung und Ausführung für Biogasanlagen von der Planung bis zur Inbetriebnahme

Internationale Aktivitäten

- Tschechien

Kontaktinformationen

EnerCess GmbH
Robert-Bosch-Straße 7
32547 Bad Oeynhausen

Tel.: +49 (0) 5731/15339-14
E-mail: info@enercess.de
Internet: www.enercess.de

Produkte und Dienstleistungen

- Planung und Bau von Biogasanlagen
- Automatisierungstechnik für Biogas- und Kläranlagen

Forschungs- und Entwicklungsaktivitäten

- Belastungsabhängige Mess- und Regelkonzepte für Kläranlagen
- Mess-, Steuerungs- und Regelungstechnik für Biogasanlagen

Patente und Alleinstellungsmerkmale

- Ein dynamisches Mess-, Steuer- und Regelungskonzept für SBR-Kläranlagen

Internationale Aktivitäten

- Polen

Kontaktinformationen

ENERCON GmbH
Dreekamp 5
26605 Aurich

Tel.: +49 (0) 4941/927-0
E-mail: info@enercon.de

Produkte und Dienstleistungen

- Entwicklung, Herstellung und Vertrieb von Windenergieanlagen

Forschungs- und Entwicklungsaktivitäten

- Speichertechnologien
- Meerwasserentsalzung
- Wasserkraft

Patente und Alleinstellungsmerkmale

- Getriebeloses Antriebskonzept, innovatives Rotorblattdesign, Gondeldesign,
- Deutscher Umweltpreis (2000), Ehrendoktorwürde (2006)

Internationale Aktivitäten

- Niederlande
- Österreich
- Portugal

energiebau solarstromsysteme gmbh

Kontaktinformationen

Energiebau Solarstromsysteme GmbH
Heinrich-Rohlmann-Straße 17
50829 Köln

Tel.: +49 (0) 221/98966-230
E-mail: m.schaefer@energiebau.de
Internet: www.energiebau.de

Produkte und Dienstleistungen

- Produkte: Solarmodule, Montagesysteme, Wechselrichter, Solarbatterien, Laderegler, Pflanzenölgeneratoren
- Hybridsysteme zur ländlichen Elektrifizierung in Entwicklungsländern
- Photovoltaikanlagen zur Netzeinspeisung und mit Batteriespeicher

Forschungs- und Entwicklungsaktivitäten

- Minigridsysteme zur Dorfstromversorgung in Entwicklungsländern
- Pflanzenölgeneratoren auf Jatrophaölbasis
- Jatrophapflanzungen

Patente und Alleinstellungsmerkmale

- Roy Family Award der Harvard Universität, Boston. Der Preis wird im Mai 2007 an Energiebau und InWent (Partner in PPP Projekten) verliehen.

Internationale Aktivitäten

- Benelux
- Italien
- Afrika

EnviTec Biogas

Kontaktinformationen

EnviTec Biogas GmbH
Boschstraße 2
48369 Saerbeck

Tel.: +49 (0) 2574/88 88 810
E-mail: katrin.selzer@envitec-biogas.de
Internet: www.envitec-biogas.de

Produkte und Dienstleistungen

- Behälterbau
- Planung, Finanzierung, Realisierung, Inbetriebnahme von Biogasanlagen (schlüsselfertiger, standardisierter Biogasanlagenbau)

Forschungs- und Entwicklungsaktivitäten

- Aufbereitung von Gärresten
- Pyrolyse von Gärresten
- Gasdirekteinspeisung

Patente und Alleinstellungsmerkmale

- Gärrestaufbereitung
- Bau des weltgrößten Biogasenergieparks

Internationale Aktivitäten

- Belgien
- Italien
- Niederlande

Kontaktinformationen

E.ON Energie AG
Briennerstraße 40
80333 München

Tel.: +49 (0) 89/1254-4264
E-mail: joerg.kruhl@eon-energie.com
Internet: www.eon-energie.com

e·on | Energie

Produkte und Dienstleistungen

- Stromerzeugung
- Handel
- Vertrieb

Forschungs- und Entwicklungsaktivitäten

- Effizienzsteigerung von Kraftwerken
- CO_2-Abtrennung und Speicherung
- Erneuerbaren Energien: Wind-Off-Shore, Biogasanlagen

Patente und Alleinstellungsmerkmale

- COMTES700 – Erfolgreicher Test von Kraftwerksmaterialien und -komponenten für Frischdampftemperaturen über 700 °C
- Dies ermöglicht Wirkungsgrade von über 50 % für Steinkohlekraftwerke

Internationale Aktivitäten

- Osteuropa
- Westeuropa

Kontaktinformationen

EPURON GmbH
Anckelmannsplatz 1
20537 Hamburg

Tel.: +49 (0) 40/271423201
E-mail: info@epuron.de
Internet: www.epuron.de

EPURON
POWER FOR PORTFOLIOS

Produkte und Dienstleistungen

- Projektentwicklung und strukturierte Finanzierung im Bereich der regenerativen Energien
- Entwicklung von Finanzanlageprodukten für institutionelle und private Investoren
- Technologienportfolio: Photovoltaik, Windenergie, Bioenergie und Solarthermie

Forschungs- und Entwicklungsaktivitäten

- Technische Forschungsaktivitäten werden vom Mutterkonzern Conergy AG übernommen
- Entwicklung individueller Finanzprodukte durch EPURON

Patente und Alleinstellungsmerkmale

- Realisierung des weltweit größten Solarparks in Deutschland
- 2003 Hemau, 2005 Michelin-Aufdachprojekt, 2006 Mering (Dünnschichtprojekt)

Internationale Aktivitäten

- Frankreich
- Italien
- Spanien

Kontaktinformationen

EURO-P Kleindienst GmbH
Knickrehm 10
23611 Bad Schwartau

Tel.: +49 (0) 451/29309–0
E-mail: christiane@uwe-kleindienst.de

Produkte und Dienstleistungen

- Maschinelle Ausrüstung für die Biogas-Technologie: Tauchmotorpumpen, Langwellenpumpen, Tauchmotor-Rührwerke und Rühreinrichtungen für Fermenter, Equipment
- Separatoren: Pressschnecken- und Siebtrommel-Separatoren
- Beratung, Planung und Maschinenservice

Forschungs- und Entwicklungsaktivitäten

- Neue Rührwerkstechnik für Biogas-Fermenter und Separatoren für Biomasse-Verarbeitung

Patente und Alleinstellungsmerkmale

- Selbstansaugende Kreiselpumpe mit Ejektor, patentiert
- Siebtrommel-Separatoren

Internationale Aktivitäten

- Baltikum
- Frankreich
- Schweiz

Kontaktinformationen

ExTox Gasmess-Systeme GmbH
Max-Planck-Straße 15a
59423 Unna

Tel.: +49 (0) 2303/33247-18
E-mail: ditmar.baer@extox.de
Internet: www.ExTox.de

Produkte und Dienstleistungen

- Messung von brennbaren und toxischen Gasen sowie Sauerstoff (Personen- und Objektschutz)
- Raumluftüberwachung, Analyse der Biogasproduktion und -steuerung der Stromerzeugung bzw. Gaseinspeisung
- Das Fertigungsprogramm umfasst alle Bereiche der Gasmessung für den Schutz von Mensch und Umwelt

Forschungs- und Entwicklungsaktivitäten

- Messanalysen für Bio- und Deponiegas

Patente und Alleinstellungsmerkmale

- Biogasanalyse in den weltweit größten Biogasparks

Internationale Aktivitäten

- Dänemark
- Schweden

Kontaktinformationen

Fichtner GmbH & Co. KG
Sarweystraße 3
70191 Stuttgart

Tel.: +49 (0) 711/8995-1820
E-mail: HeinrichP@fichtner.de
Internet: www.fichtner.de

FICHTNER

Produkte und Dienstleistungen

- Ingenieur- und Consultingdienstleistungen im Bereich der Energie, Umwelt, Wasser, Infrastruktur und IT

Forschungs- und Entwicklungsaktivitäten

- Keine Angaben

Patente und Alleinstellungsmerkmale

- Keine Angaben

Internationale Aktivitäten

- Europa
- Mittlerer Osten
- Südostasien

Kontaktinformationen

FR – Frankensolar GmbH
Edisonstraße 45
90431 Nürnberg

Tel.: +49 (0) 911/2170741
E-mail: jochen.schnabel@solaranlagen.de
Internet: www.solaranlagen.de

FRANKEN SOLAR
ENERGIE, DIE GEWINNT

Produkte und Dienstleistungen

- Solarmodule von Markenherstellern: BP solar, Schott solar, Solarworld, Mitsubishi Electric
- Wechselrichter von SMA, Fronius und Mitsubishi
- Beratung und Schulung unserer Kunden in Zusammenarbeit mit unseren Lieferanten

Forschungs- und Entwicklungsaktivitäten

- Solarstrom-Unterkonstruktion

Patente und Alleinstellungsmerkmale

- Haus der starken Marken

Internationale Aktivitäten

- Italien
- Spanien

FUTOUR

Kontaktinformationen

FUTOUR Umwelt-, Tourismus- und Regionalberatung GmbH & Co KG
Waltherstraße 29
80337 München

Tel.: +49 (0) 89/5440910
Internet: www.futour.com

Produkte und Dienstleistungen

- Umweltberatung
- Regionalberatung

Forschungs- und Entwicklungsaktivitäten

- Organisationsentwicklung
- Markenentwicklung

Patente und Alleinstellungsmerkmale

- Deutscher Tourismuspreis

Internationale Aktivitäten

- Italien
- Luxemburg
- Österreich

MSV Ihr Wunsch, unser Service.

Kontaktinformationen

GBH Mieterservice Vahrenheide GmbH
In den Sieben Stücken 7a
30655 Hannover

Tel.: +49 (0) 511/64673430
E-mail: dierk.schneider@gbh-mieterservice.de
Internet: www.gbh-mieterservice.de

Produkte und Dienstleistungen

- Wärmecontracting mit Holzhackschnitzel- und Holzpelletsfeuerungen
- Solarthermie und Blockheizkraftwerke, Entwicklung und Umsetzung integraler Energieversorgungskonzepte im Contractingmodell
- Zukünftige Planungen: Wärmecontracting mit Biogas BHKW; und Geothermie
- Photovoltaik

Forschungs- und Entwicklungsaktivitäten

- Holzenergie
- Solarthermie
- Geothermie

Patente und Alleinstellungsmerkmale

- Praktische Umsetzung innovativer Energielösung mit dem Ergebnis CO_2-Reduzierung
- Unabhängigkeit von ausländischen Energiemärkten, Verbreitung dieser Ideen
- Sicherung heimischer Arbeitsplätze

Internationale Aktivitäten

- Keine

Kontaktinformationen

Gehrlicher Umweltschonende Energiesysteme GmbH
Feldkirchener Straße 2
85540 Haar

Tel.: +49 (0) 89/420792-97
E-mail: info@gehrlicher.com
Internet: www.gehrlicher.com

gehrlicher. Umweltschonende Energiesysteme GmbH

Produkte und Dienstleistungen

- Planung und Montage von Photovoltaikanlagen
- Verwaltung, Wartung und Betrieb bestehender Photovoltaikanlagen
- Vertrieb von innovativen Produkten (Verkabelung, Unterkonstruktion, Nachführsysteme) aus dem Bereich der Photovoltaikanlagen
- Handel mit Photovoltaikanlagen bzw. mit Komponenten von Photovoltaikanlagen

Forschungs- und Entwicklungsaktivitäten

- Entwicklung eines innovativen Kabelabzweigs für Photovoltaikanlagen
- Entwicklung einer hochwertigen Unterkonstruktion für Photovoltaikmodule auf Dächern oder in der Freifläche
- Entwicklung eines Nachführsystems, damit die Photovoltaikmodule dem Sonnenstand im Tagesverlauf folgen

Patente und Alleinstellungsmerkmale

- Auszeichungen der bayer. Architektenkammer für innovative Gebäudelösungen
- Größtes Photovoltaik-Testfeld Europas Messe München
- Photovoltaik-Lärmschutzwand an der A92

Internationale Aktivitäten

- Griechenland
- Italien
- Spanien

Kontaktinformationen

Gemeinhardt AG
Kautendorfer Straße 37
95145 Oberkotzau

Tel.: +49 (0) 9286/989-0
Internet: www.gemeinhardt.ag

Gemeinhardt HEIZUNG·SOLAR·BAD

Produkte und Dienstleistungen

- Solarthermie
- Biomasse
- Photovoltaik
- Wärmepumpen
- Holzpellets, Stückholz, Hackschnitzel

Forschungs- und Entwicklungsaktivitäten

- Hydraulische Einbindung und Regelungsprogrammierung/optimierung von großen heizungsunterstützten Solaranlagen für Ein- und Zweifamilienhäuser in Verbindung mit Biomasse/Wärmepumpe

Patente und Alleinstellungsmerkmale

- Hydraulische Einbindung und Regelungsprogrammierung/optimierung von großen heizungsunterstützten Solaranlagen für Ein- und Zweifamilienhäuser in Verbindung mit Biomasse/Wärmepumpe

Internationale Aktivitäten

- Keine

Geophysik GGD

Kontaktinformationen

Geophysik GGD, Ges. für Geowissenschaftliche Dienste mbH
Ehrensteinstraße 33
04105 Leipzig

Tel.: +49 (0) 341/5831313
E-mail: info@geophysik-ggd.com
Internet: www.geophysik-ggd.com

Produkte und Dienstleistungen

- Rohstofferkundung (Öl, Gas, Kohle, Minerale)
- Erkundung erneuerbarer Energie (Geothermie)
- Infrastruktur (Erkundung von Straße, Schiene, Industrieansiedlung)
- Hochwasserschutz (geophysikalische Deichzustandsanalysen und geophysikalische Qualitätssicherung)

Forschungs- und Entwicklungsaktivitäten

- 3D-geophysikalische und 3D-geologische Erkundungen

Patente und Alleinstellungsmerkmale

- 3D-Geoelektrik
- Video- und Radar-Straßenerfassung

Internationale Aktivitäten

- Osteuropa
- Westeuropa
- Nordafrika

GET project

Kontaktinformationen

GETproject GmbH & Co. KG
Russeer Weg 149a
24109 Kiel

Tel.: +49 (0) 431/389600
E-mail: per.lind@getproject.de
Internet: www.getproject.de

Produkte und Dienstleistungen

- Beratung, Planung, Projektentwicklung, Realisierung und Betriebsführung
- von Windkraftwerken. Entwicklung und Umsetzung eines neuen Verfahrens zur Nutzung von nachwachsenden Rohstoffen, um hieraus Wärmeenergie in Form von Biopellets und Strom herzustellen. Die Biopellets haben ähnliche Eigenschaften wie Holzpellets.

Forschungs- und Entwicklungsaktivitäten

- Entwicklung eines Verfahrens zur ökologischen energetischen Nutzung von Nachwachsenden Rohstoffen mit einem hohen Wirkungsgrad.

Patente und Alleinstellungsmerkmale

- Patentantrag auf die Konditionierung von Energiepflanzen

Internationale Aktivitäten

- Keine

Kontaktinformationen

GICON – Großmann Ingenieur Consult GmbH
Tiergartenstraße 48
01219 Dresden

Tel.: +49 (0) 351/47878-0
E-mail: info@gicon.de
Internet: www.gicon.de

GICON

Produkte und Dienstleistungen

- Biogasanlagen (komplette Planung bis zur schlüsselfertigen Übergabe)
- Energetische und verfahrenstechnische Bewertung von Prozessen
- Umweltbezogene Gutachten
- Energie-, Stoffstrom-, Umweltmanagement
- Managementsoftware zur Verwaltung des Anlagenbetriebs

Forschungs- und Entwicklungsaktivitäten

- Entwicklung zweistufiger Biogasanlagen mit getrennter Hydrolyse (GICON-Verfahren)
- Management der Grundwassersanierung industrieller Großstandorte
- Wertermittlung von Flächen mit ökologischen Lasten

Patente und Alleinstellungsmerkmale

- Technologiepreis des Landes Brandenburg 2007
- Patent (angemeldet) zur mehrstufigen Hydrolyse fester biogener Rohstoffe

Internationale Aktivitäten

- EU
- Russland
- China

Kontaktinformationen

H. Anger´s Söhne Bohr- und Brunnenbaugesellschaft mbH
Gutenbergstraße33
37235 Hessisch-Lichtenau

Tel.: +49 (0) 5602/93300
E-mail: mmueller-ruhe@angers-soehne.de
Internet: www.angers-soehne.com

ANGER
seit 1863

Produkte und Dienstleistungen

- Brunnenbau, Brunnenservice, Bergbauliche Bohrungen
- Geothermietiefbohrungen
- Bohrungen Kohlenwasserstoffe, Speicherbohrungen
- Workover

Forschungs- und Entwicklungsaktivitäten

- Umweltschonung, Lärmschutz, Luftreinhaltung
- Energieeffizienz

Patente und Alleinstellungsmerkmale

- Sicherheitszertifikat für Contractoren (SCC)
- Entwicklung eines neuen Tiefbohranlagenkonzeptes

Internationale Aktivitäten

- Keine

Kontaktinformationen

HaWi Energietechnik GmbH
Scherrwies 2
84329 Rogglfing

Tel.: +49 (0) 8725/9664–14
E-mail: stephan.hoffmann@hawi-energietechnik.de
Internet: www.hawi-energietechnik.de

Produkte und Dienstleistungen

- PV-Komplettanlagen oder Einzelkomponenten (gekoppelt oder netzautark)
- Generatoranschlusskästen und Befestigungssysteme
- Biomasseheizanlagen (Holzvergaserkessel für Stückgut, Hackschnitzelanlagen, Pelletskessel, Kaminöfen)
- Solarthermie, Blockheizkraftwerke
- Windanlagen im Rahmen von Insellösungen

Forschungs- und Entwicklungsaktivitäten

- Entwicklung innovativer Generatoranschlusskästen für DC Verschaltung von Solarstromanlagen
- Entwicklung innovativer Befestigungssyteme für PV-Anlagen

Patente und Alleinstellungsmerkmale

- Zweiter Preis innovative gebäudeorientierte Solarstromanlagen in Bayern
- Dritter Preis WEMAG (Systeme für die elektrische Versorgung von Einfamilienhäusern oder kleinen Ortschaften)

Internationale Aktivitäten

- Frankreich
- Italien
- Spanien

Kontaktinformationen

HDG Bavaria GmbH
Siemensstraße 22
84323 Massing

Tel.: +49 (0) 8724/897240
E-mail: info@hdg-bavaria.com
Internet: www.hdg-bavaria.com

Produkte und Dienstleistungen

- Heizsysteme; für Stückholz, Hackschnitzel, Späne und Pellets im Leistungsbereich von 4,5 bis 250 kW im Leistungsbereich von 4,5 bis 250 kW

Forschungs- und Entwicklungsaktivitäten

- Entwicklung von neuen Produkten zur Verfeuerung von Biomasse
- Forschung nach alternativen Brennstoffen
- Verbesserung der Emissionseigenschaften

Patente und Alleinstellungsmerkmale

- Bundes-Innovationspreis: Entwicklung eines Lambda-geregelten Stückholzkessel
- HDG Euro: Automatische Hackschnitzelfeuerung HDG Compact
- KwF Innovationspreis: Pellet-Feuerung HDG Pelletmaster für den Privatbereich

Internationale Aktivitäten

- Österreich
- Polen
- Schweiz

Kontaktinformationen

Heitmann Dämmtechnik
Heidebachstraße 27
32760 Detmold

Tel.: +49 (0) 5231/307776
E-mail: info@heitmann-daemmtechnik.de
Internet: www.heitmann-daemmtechnik.de

Heitmann Dämmtechnik

Produkte und Dienstleistungen

- Nachträgliche Wärmedämmung von Altbauten
- Einblasdämmarbeiten an Neu- und Altbauten
- Forschung und Entwicklung an Methoden der Einblasdämmung
- Forschung und Entwicklung von Einblasmaschinen

Forschungs- und Entwicklungsaktivitäten

- Einblasdämmung Außenwände
- Einblasdämmung Decken
- Einblasdämmung Dächer

Patente und Alleinstellungsmerkmale

- Einblasdämmung in Gewölbedecken
- Einblasdämmung in Außenwänden

Internationale Aktivitäten

- Keine

Kontaktinformationen

H.S.W. Ingenieurbüro GmbH
Gerhart-Hauptmann-Straße 19
18055 Rostock

Tel.: +49 (0) 381/37015
E-mail: hsw.ingbuero@t-online.de
Internet: www.hsw-rostock.de

H.S.W. GmbH
Ingenieurbüro für
Angewandte und Umweltgeologie

Produkte und Dienstleistungen

- Planung und Bauleitung von Erdwärmeanlagen
- Geothermische Messungen – Response Test
- 3D FEM Simulation von Erdwärmesystemen
- Sondenlösungen Erdwärme
- Solarparks

Forschungs- und Entwicklungsaktivitäten

- Weiterentwicklung von FEM für Erdwärmeanlagen
- Messsysteme für Erdwärmeanlagen
- Kombination Photovoltaik und Erdwärme

Patente und Alleinstellungsmerkmale

- Bei einer Response-Test-Einheit mit SPS-Technik komplexe Erdwärmesysteme-Planung

Internationale Aktivitäten

- Osteuropa
- Asien
- Südamerika

Kontaktinformationen

IBC SOLAR AG
Am Hochgericht 10
96231 Bad Staffelstein

Tel.: +49 (0) 9573/9224-100
E-mail: udo.moehrstedt@ibc-solar.de
Internet: www.ibc-solar.com

Produkte und Dienstleistungen

- PV-Netzeinspeise-, Insel- und Hybridsysteme
- Solarfonds
- Solarmodule, Software
- Monitoring
- Mikromarketing

Forschungs- und Entwicklungsaktivitäten

- Halterungssysteme
- Software
- Mikromarketing Plattform für Fachpartner

Patente und Alleinstellungsmerkmale

- Produktlinie MEGALINE (Solarmodule)
- Software „PV-Manager" (Berechnungstool für Fachpartner)
- Halterungssysteme

Internationale Aktivitäten

- Spanien
- Südostasien

I f E Ingenieurgesellschaft für Energieprojekte mbH & Co. KG

Kontaktinformationen

I f E Ingenieurgesellschaft für Energieprojekte mbH & Co. KG
Ringstraße 2
26721 Emden

Tel.: +49 (0) 4921/9785-0
E-mail: lindena@ife-emden.de
Internet: www.ife-emden.de

Produkte und Dienstleistungen

- Windenergie: Planung und Betriebsführung von Windparks, Begutachtung von Windenergieanlagen
- Solarenergie/Bioenergie/ Geothermie
- Technische Gebäudeausrüstung: Regenerative Gebäudeplanung, Kraft-Wärme-Kopplung, autarke Energieversorgungssysteme
- Energieberatung/Umweltberatung/Energiepass
- Umweltmarketing: Events/Messen, Stromeinsparprogramme

Forschungs- und Entwicklungsaktivitäten

- Keine Angaben

Patente und Alleinstellungsmerkmale

- Keine Angaben

Internationale Aktivitäten

- Keine Angaben

Kontaktinformationen

IMR-T&T Ingenieurgesellschaft mbH
Am Wildacker 18
74172 Neckarsulm

Tel.: +49 (0) 7132/96060
E-mail: info@imr-messtechnik.eu
Internet: www.imr-messtechnik.de

Produkte und Dienstleistungen

- Emissionsanalysetechnik, Abgasmesstechnik, Rauchgasanalyse
- Beratung in Umweltmesstechnischen Fragen
- Komplette Emissionsmessstationen

Forschungs- und Entwicklungsaktivitäten

- Entwicklung von Multikomponentenabgasanalysesystemen
- Entwicklung neuer Messverfahren zur Schadstoffdetektion
- Mess- und Regelverfahren zur Verbrennungsoptimierung

Patente und Alleinstellungsmerkmale

- Entwicklung neuer Multikomponentenabgasanalysesysteme als portable und stationäre Messsysteme unter Anwendung neuester Technologien

Internationale Aktivitäten

- Naher Osten
- Südafrika
- Asien

Kontaktinformationen

Ingenieurbüro UTEC GmbH
Cuxhavener Straße 10
28217 Bremen

Tel.: +49 (0) 421/38678–60
E-mail: hohlfeld@utec-bremen.de
Internet: www.utec-bremen.de

Technik für Ihren Erfolg
...profitieren Sie von unserer Leistung!

Produkte und Dienstleistungen

- Energieeinsparberatung für Kommunen, Industrie und Gewerbe
- Infrastrukturplanung für Windkraftprojekte (hier insbesondere Netzanschluss)
- Beratung und Fortbildung im Bereich Biogas
- Planung von Biogasanlagen
- Planung von Heizzentralen mit/ohne BHKW

Forschungs- und Entwicklungsaktivitäten

- Monitoring von Biogasanlagen (Prozesskontrolle)

Patente und Alleinstellungsmerkmale

- Veröffentlichungen in der Fachpresse
- Marketingerfolge

Internationale Aktivitäten

- Indonesien
- Chile

iRES-SOLAR
your connection to the sun

Kontaktinformationen

IRES GmbH International Renewable Energy
Flechtdorfer Straße 67
34497 Korbach

Tel.: +49 (0) 5631/5069950
E-mail: e.wagner@ires-solar.com
Internet: www.ires-solar.com

Produkte und Dienstleistungen

- PV Trackingsystem, zweiachsig astronomisch nachgeführt, größte in Serie gebaute PV-Anlage weltweit
- Systemanbieter für PV-Systeme – Solarstrommodule, Inverter, Montagesysteme, Zubehör, Monitoring

Forschungs- und Entwicklungsaktivitäten

- Weiterentwicklung von zweiachsig astronomisch nachgeführten PV-Systemen
- Effizienzsteigerung von PV-Anlagen durch spezielles Kühlkonzept

Patente und Alleinstellungsmerkmale

- Entwicklung der derzeit größten zweiachsig astronomisch nachgeführten PV-Anlage der Welt

Internationale Aktivitäten

- Spanien
- Griechenland
- Italien

KBB
SOLAR COLLECTORS

Kontaktinformationen

KBB Kollektorbau GmbH
Bruno-Bürgel-Weg 142–144
12435 Berlin

Tel.: +49 (0) 30/6781789-0
E-mail: info@kbb-solar.com
Internet: www.kbb-solar.com

Produkte und Dienstleistungen

- Herstellung von Solarkollektoren und Absorbern sowie Montagesystemen als Erstausrüster für Systemanbieter

Forschungs- und Entwicklungsaktivitäten

- Verringerung des Materialeinsatzes
- Alternative Materialien
- Entwicklung neuer Fertigungsverfahren

Patente und Alleinstellungsmerkmale

- Gewinner des Großen Preises für den Mittelstand 2001
- Markt- und Technologieführer für lasergeschweißte Solarabsorber

Internationale Aktivitäten

- Frankreich
- Österreich
- Spanien

Kontaktinformationen

Keller Lufttechnik GmbH + Co.KG
Neue Weilheimer Straße 30
73230 Kirchheim u.T.

Tel.: +49 (0) 7021/574-0
E-mail: info@kl-direkt.de
Internet: www.kl-direkt.de

KELLER
Maßstab für reine Luft

Produkte und Dienstleistungen

- Absauganlagen
- Filtertechnologie
- Engineering
- Anlagenkomponenten
- After-Sales-Service

Forschungs- und Entwicklungsaktivitäten

- Produktentwicklung
- Produktweiterentwicklung
- Verfahrensentwicklung

Patente und Alleinstellungsmerkmale

- Mehrere Patente und Markenzeichen

Internationale Aktivitäten

- Benelux
- China
- USA

Kontaktinformationen

Klima Jentzsch GmbH
Pröda Nr. 4
01623 Leuben-Schleinitz

Tel.: +49 (0) 35246/50537
E-mail: hjentzsch@jentzsch-wp.de
Internet: www.jentzsch-wp.de

JENTZSCH
WÄRMEPUMPEN

Produkte und Dienstleistungen

- Wärmepumpen
- Luft-Wasser-Wärmepumpen
- Sole-Wasser-Wärmepumpen
- Wasser-Wasser-Wärmepumpen
- Direktverdampfungswärmepumpen

Forschungs- und Entwicklungsaktivitäten

- Wärmepumpen
- Kälteanlagen

Patente und Alleinstellungsmerkmale

- Patent Nr. 29810584.5
- Patent Nr. 10118572

Internationale Aktivitäten

- Keine

Kontaktinformationen

Kraftanlagen München GmbH
Ridlerstraße 31c
80339 München

Tel.: +49 (0) 89/6237-431
E-mail: info@ka-muenchen.de
Internet: www.ka-muenchen.de

Produkte und Dienstleistungen

- Kraftwerks-, Anlagen- und Rohrleitungsbau
- Biomasseheizkraftwerke
- GuD und Heizkraftwerke
- Müllverbrennungsanlagen
- Solarthermische Kraftwerke

Forschungs- und Entwicklungsaktivitäten

- Solarthermische Kraftwerke
- Keramische Werkstoffe

Patente und Alleinstellungsmerkmale

- Entwicklung eines hocheffizienten solarthermischen Kraftwerksverfahrens
- Lizenz für offenen volumetrischen Receiver
- Solares Versuchskraftwerk geplant

Internationale Aktivitäten

- Österreich

Kontaktinformationen

Krieg & Fischer Ingenieure GmbH
Hannah-Vogt-Straße 1
37085 Göttingen

Tel.: +49 (0) 551/900363 28
E-mail: Backes@KriegFischer.de
Internet: www.KriegFischer.de

Produkte und Dienstleistungen

- Vorplanung, Genehmigung, Bauplanung, Bauaufsicht, Inbetriebnahme, Optimierung und Betreiberservice von Biogasanlagen
- Erstellung von Studien und Gutachten im Bereich Biogas

Forschungs- und Entwicklungsaktivitäten

- Vergärung von nachwachsenden Rohstoffen ohne Gülle o.a. Flüssigkeiten
- Optimierung der Rührtechnik im Fermenter
- Optimierung des Feststoffeintrags

Patente und Alleinstellungsmerkmale

- Innovationspreis des Landkreises Göttingen 2003
- Lehrauftrag für ‚Erneuerbare Energien – Biogasanlagen' FH Lippe und Höxter
- Dr. Heinz Schulz Ehrenmedaille des Fachverbands Biogas e.V. 2007

Internationale Aktivitäten

- Frankreich
- Kanada
- USA

Kontaktinformationen

LOOS INTERNATIONAL – Loos Deutschland GmbH
Nürnberger Straße 73
91710 Gunzenhausen

Tel.: +49 (0) 9831/56248
E-mail: vertrieb@loos.de
Internet: www.loos.de

LOOS INTERNATIONAL Das Kesselsystem

Produkte und Dienstleistungen

- Dampfkessel, Heiz- und Heißwasserkessel, Wärmerückgewinnungseinrichtungen für Abgase (Economiser, Brennwertwärmetauscher)
- Kondensat, Laugen und Brüden, Abwasser
- Niederdruck- und Hochdruckkondensatsysteme, energiesparende Wasseranalysegeräte
- Energieeffiziente Kessel- und Anlagensteuerungen

Forschungs- und Entwicklungsaktivitäten

- Grafisch geführte TochPanel-Kessel- und Anlagensteuerungen
- Energetische Optimierung von Kondensatsystemen
- Energetische Optimierung von Abgaswärmerückgewinnungssystemen

Patente und Alleinstellungsmerkmale

- Loos Water Analyser – vollautomatisches Wasseranalysegerät
- Patent: Verfahren zur Leistungsregelung von Dampfkesseln
- Patent: Verfahren und Vorrichtung zur Überprüfung der Durchlässigkeit von Leitungen

Internationale Aktivitäten

- Europa
- Russland
- China

Kontaktinformationen

Lothar Becker Agrartechnik GmbH & Co. KG
Engelader Straße 5
38723 Seesen

Tel.: +49 (0) 5381/46983
E-mail: becker-seesen@t-online.de
Internet: www.becker-seesen.de

AGRARTECHNIK LOTHAR BECKER

Produkte und Dienstleistungen

- Tauchmotor-, Langwellen- und Großflügelrührwerke für Biogasanlagen
- Tauchmotor-, Langwellen- und Schneckenverdrängerpumpen für Biogasanlagen

Forschungs- und Entwicklungsaktivitäten

- Entwicklung effektiver Rührtechnik in Biogasfermentern
- Entwicklung betriebssicherer Technik

Patente und Alleinstellungsmerkmale

- Entwicklung robuster Einbauvorrichtungen für Tauchmotorrührwerke

Internationale Aktivitäten

- Italien
- Österreich

Kontaktinformationen

MAGNUM Automatisierungstechnik GmbH
Bunsenstraße 22
64293 Darmstadt

Tel.: +49 (0) 6151/8025 00
E-mail: info@magnum.de
Internet: www.magnum.de

Produkte und Dienstleistungen

- Brennstoffzellen-technologie
- Prüf- und Testsysteme für Brennstoffzellen und Komponenten
- Qualitätssicherung in der Brennstoffzellenfertigung
- HIL-fähige Brennstoffzellenprüfstände und Steuerung für Systeme
- Pipeline Monitoring

Forschungs- und Entwicklungsaktivitäten

- Brennstoffzellenprüftechnik
- Mobile Brennstoffzelle und Steuerungsentwicklung für BZ-Systeme
- Lecküberwachung und -ortung von Pipelines

Patente und Alleinstellungsmerkmale

- Sonderpreis Hessischer Innovationspreis für HIL-fähige BZ-Prüfstände
- Brennstoffzellenprüflabor
- Brennstoffzellenprüftechnik

Internationale Aktivitäten

- Nordeuropa
- Osteuropa
- Westeuropa

Kontaktinformationen

MAX STREICHER GmbH & Co. Kommanditgesellschaft auf Aktien
Schwaigerbreite 17
94469 Deggendorf

Tel.: +49 (0) 991/330-201
E-mail: k.keckeis@streicher-bau.de
Internet: www.streicher.de

Produkte und Dienstleistungen

- Rohrleitungs- und Anlagenbau
- Straßen- und Brückenbau
- Großbohr- und Umwelttechnik
- Maschinenbau
- Verfahrenstechnik

Forschungs- und Entwicklungsaktivitäten

- Entwicklung von innovativen Vertikalbohrgeräten für Geothermie und Exploration von Kohlenwasserstoffen
- Entwicklung eines Verfahrens zur Gewinnung von Methangas aus Mülldeponien

Patente und Alleinstellungsmerkmale

- Patente für die Entwicklung von Vertikalbohrgeräten
- Patent für ein Verfahren zur Gewinnung von Methangas aus Mülldeponien

Internationale Aktivitäten

- Italien
- Niederlande
- Spanien

Kontaktinformationen

MERCEDÖL-FEUERUNGSBAU GMBH
Hauptstraße 58–60
13158 Berlin

Tel.: +49 (0) 30/9160000
E-mail: info@mercedoel-berlin.de
Internet: www.mercedoel-berlin.de

Produkte und Dienstleistungen

- Erstellung von Solaranlagen mit Heizungsunterstützung für öffentliche und private Auftraggeber
- Einbau der ersten Brennstoffzelle als Feldversuch in Berlin
- Erstellung von umweltverträglichen Heizsystemen
- Wärmerückgewinnungsanlagen für Abwasser
- Blockheizkraftwerke für Einfamilienhäuser

Forschungs- und Entwicklungsaktivitäten

- Keine Angaben

Patente und Alleinstellungsmerkmale

- Energiesparpartner Preis 2006
- Mendelson Medaille 2006

Internationale Aktivitäten

- Keine

Kontaktinformationen

Meikowe-Elektrotechnik GmbH
Gewerbegebiet 1
54597 Fleringen

Tel.: +49 (0) 6558/92920
E-mail: lkockelmann@meikowe.de
Internet: www.meikowe.de

Produkte und Dienstleistungen

- Photovoltaikanlagen
- Windkraftanlagen
- Recycling von Elektroaltgeräten aller Gruppen
- Wiederverwendung, Wiederverwertung

Forschungs- und Entwicklungsaktivitäten

- Maschinentechnik-Recycling

Patente und Alleinstellungsmerkmale

- Umweltpreis des Landes Rheinland-Pfalz 1997

Internationale Aktivitäten

- Keine

MT-ENERGIE
Biogas-Technologie

Kontaktinformationen

MT-ENERGIE GmbH & Co.KG
Vor dem Seemoor 1
27404 Rockstedt

Tel.: +49 (0) 4285/924420
E-mail: info@mt-energie.com
Internet: www.mt-energie.com

Produkte und Dienstleistungen

- Planung, Bau und Service für schlüsselfertige Biogasanlagen
- Tragluftfolienabdeckung mit integriertem Gasspeicher
- Tauchmotorrührwerke
- Gas-Aufbereitungstechnologie
- Prozessbiologische Betreuung

Forschungs- und Entwicklungsaktivitäten

- Verfahrenstechnische Verbesserungen
- Prozessbiologische Verbesserung
- Biogasverwertung

Patente und Alleinstellungsmerkmale

- Tragluftfolienabdeckungen
- Gas-Aufbereitungstechnologie
- Feststoffeintragssystem

Internationale Aktivitäten

- Italien
- Tschechien
- Ungarn

NP Nöring & Preißler GmbH
Bohrungen
Spezialtiefbau
Feldversuche
99976 Dünwald OT Beberstedt • Hüpstedter Straße 27 • Tel. 03 60 23/5 02 21

Kontaktinformationen

Nöring & Preißler GmbH
Hüpstedter Straße 27
99976 Dünwald OT Beberstedt

Tel.: +49 (0) 36023/50221
E-mail: Noering-Preissler-Bohrungen@t-online.de
Internet: www.noering-preissler.de

Produkte und Dienstleistungen

- Erdwärmeerschließung
- Erdwärmesysteme zum Heizen und Kühlen für private Bauherren, Kommunen und Industrie

Forschungs- und Entwicklungsaktivitäten

- Modernisierung von Bohrtechnologien

Patente und Alleinstellungsmerkmale

- Erster Platz Existenzgründung in den neuen Bundesländern 1990

Internationale Aktivitäten

- Tschechien
- Marokko

Kontaktinformationen

Nordex Aktiengesellschaft
Bornbarch 2
22848 Norderstedt

E-mail: info@nordex-online.com
Internet: www.nordex-online.com

NORDEX We've got the power.

Produkte und Dienstleistungen

- Bau von Windturbinen: 1,3 MW (N60); 1,5 MW (S70/77); 2,3 MW (N90); 2,5 MW (N80/N90)
- Planung, Errichtung und Inbetriebnahme von Windparks (Turn-Key)
- Betrieb und Instandhaltung von Windparks

Forschungs- und Entwicklungsaktivitäten

- Forschung und Entwicklung von Triebstrangkonzepten
- Forschung und Entwicklung von Rotorblättern
- Forschung und Entwicklung von Windturbinen

Patente und Alleinstellungsmerkmale

- Schwingungsdämpfer für Rotorblätter
- Verfahren zur Bremsung des Triebstranges
- System zur Belüftung der Rotornarbe

Internationale Aktivitäten

- Frankreich
- Großbritannien
- China

Kontaktinformationen

Novatec Planungs- und Vertriebsgesellschaft für Verfahrenstechnik mbH
Nußbaumweg 11
14552 Michendorf

Tel.: +49 (0) 33205/62694
Internet: www.ntc.de

NOVATEC Planungs- und Vertriebsgesellschaft für Verfahrenstechnik mbH

Produkte und Dienstleistungen

- Siebmaschinen für Fest-Flüssig-Trennung, Entwässerung von Gärrest oder Schlempe
- Rührwerke zur effizienten Durchmischung von wässrigen bis hochviskosen Medien
- Zentrifugen zur Flüssigkeits- und Abfallaufbereitung

Forschungs- und Entwicklungsaktivitäten

- Entwässerung von Gärrest und Schlempe
- Feststoffabtrennung aus Flüssigkeiten vor Membran- oder Ultrafiltration

Patente und Alleinstellungsmerkmale

- Siebversuche vor Ort
- Durchführung von produktionsnahen Langzeitversuchen bis zu vier Wochen

Internationale Aktivitäten

- Keine

OSSBERGER

Kontaktinformationen

Ossberger GmbH + Co
Otto-Rieder-Straße 3
91781 Weissenburg i. Bayern

Tel.: +49 (0) 9141/97712
E-mail: ossberger@ossberger.de

Produkte und Dienstleistungen

- Spezielle Wasserkraftwerke kleiner Ausbauleistung
- Automatische Rechenreinigungsmaschinen für Wasserkraftwerke
- Wasserturbinenregler
- Seit 100 Jahren im Markt aktiv mit mehr als 9000 ausgeführten Anlagen
- Chemiefreie Werkstückreinigung

Forschungs- und Entwicklungsaktivitäten

- Betriebsverhalten der Turbine
- Spezielle Entwicklung einer Turbine für lange Rohrleitungen
- Chemiefreie Werkstückreinigung

Patente und Alleinstellungsmerkmale

- Nahezu wartungfreie Anlagen (Ersatzteilumsatz weniger als 0,5 % des Umsatzes)
- Dezentrale Regelsysteme
- Chemiefreie Werkstückreinigung

Internationale Aktivitäten

- Italien
- Österreich
- USA

OSTWIND

Kontaktinformationen

OSTWIND
Gesandtenstraße 3
93047 Regensburg

Tel.: +49 (0) 841/975915
E-mail: info@ostwind.de
Internet: www.ostwind.eu

Produkte und Dienstleistungen

- Standortakquise, Planung, Realisierung und Betrieb von Windparks zur Stromerzeugung

Forschungs- und Entwicklungsaktivitäten

- Innovative Fledermausuntersuchungen und Ortungsmethoden

Patente und Alleinstellungsmerkmale

- Unabhängiges Familienunternehmen
- „Pionier der Windkraft"
- Internationaler Akteur der Wachstumsbranche „Erneuerbare Energien"

Internationale Aktivitäten

- Frankreich
- Spanien
- Tschechien

Kontaktinformationen

Parabel GmbH
Parkstraße 7–9
13187 Berlin

Tel.: +49 (0) 30/48160114
E-mail: h.ruletzki@parabel-solar.de
Internet: www.parabel-solar.de

Produkte und Dienstleistungen

- Fachgroßhandel Solarstromanlagen
- Planung und Projektentwicklung Solarstromkraftwerke
- Handelsvertretungen energieeffiziente haustechnische Systeme
- Große solarthermische Anlagen (Planung und Produktentwicklung)
- Energieberatung und Energiedienstleistungen

Forschungs- und Entwicklungsaktivitäten

- Produktentwicklung Solarstromkomponenten für Leichtdächer (Industrie, Gewerbe, Landwirtschaft)
- Produktentwicklung Solare Energiezentrale für mittlere und große solarthermische Anlagen
- Produktentwicklung solares Kühlen

Patente und Alleinstellungsmerkmale

- Deutscher Solarpreis 2002
- Klimaschutzpartner Berlin (2004, 2005)
- Alleinstellung: Solare Energiezentrale

Internationale Aktivitäten

- Spanien

Kontaktinformationen

Paradigma Energie- und Umwelttechnik GmbH & Co. KG
Ettlinger Straße 30
76307 Karlsbad

Tel.: +49 (0) 7202/922-209
E-mail: m.reitzenstein@paradigma.de
Internet: www.paradigma.de

Produkte und Dienstleistungen

- Gasbrennwert-Systeme, Holzpellet-Systeme
- Solarwärme-Systeme zur Wärmeerzeugung und Kühlung

Forschungs- und Entwicklungsaktivitäten

- Solarkühlung, industrielle Prozesswärme und Hochleistung Vakuumröhren-Kollektoren

Patente und Alleinstellungsmerkmale

- Solarwärme;- und Kühlsysteme mit dem ausschließlichen Wärmeträger Wasser
- Ausgezeichnet mit dem Bundespreis 2006 für hervorragende innovatorische Leistungen für das Handwerk

Internationale Aktivitäten

- Frankreich
- Italien
- China

PFALZWERKE
Gute Ideen voller Energie.

Kontaktinformationen

PFALZWERKE AKTIENGESELLSCHAFT
Kurfürstenstraße 29
67061 Ludwigshafen

Tel.: +49 (0) 621/585-2455
E-mail: guenter_becht@pfalzwerke.de
Internet: www.pfalzwerke.de

Produkte und Dienstleistungen

- Versorgung mit Energie (Strom, Gas, Wärme), strukturierte Beschaffung von Energie (Strom), Portfoliomanagement, Handel
- Energiedienstleistungen/ Contracting für Biomasse, Geothermie, Photovoltaik
- Integriertes Facility Management (gesamter „Lebenszyklus" von Gebäuden von der Idee bis zum Betrieb)
- Telekommunikations-dienstleistungen

Forschungs- und Entwicklungsaktivitäten

- Geothermie, Beteiligung am Geotherm.-Forschungsprojekt in Soultz-sous-Forets
- Brennstoffzelle, Zusammenarbeit mit Forschungszentrum Jülich
- Virtuelles Kraftwerk, Mitarbeit im EU-Projekt SEMS (nachhaltiges Energiemanagement)

Patente und Alleinstellungsmerkmale

- Vogelschutzhauben (Schutz von Großvögeln vor Stromschlägen auf 20 kV-Strommasten)
- Geothermiebohrung Landau (3300 m)
- Vorrichtung und Verfahren zur Feststellung der Phasenlage bei Erdkabel (Strom) und berührungslose Spannungsprüfung

Internationale Aktivitäten

- Keine

PHÖNIX
SonnenStrom AG

Kontaktinformationen

Phönix SonnenStrom AG
Hirschbergstraße 8
85254 Sulzemoos

Tel.: +49 (0) 8135/938-313
E-mail: zepf@sonnenstromag.de
Internet: www.SonnenStromAG.de

Produkte und Dienstleistungen

- Die Phönix SonnenStrom AG ist ein führendes international tätiges Photovoltaik Systemhaus
- Phönix SonnenStrom AG plant, baut und betreibt Photovoltaik-Großkraftwerke und ist Fachgroßhändler für SonnenStrom Komplettanlagen, Solarmodule und Zubehör

Forschungs- und Entwicklungsaktivitäten

- Senkung der Systemkosten durch Optimierung des PV-Gesamtsystems
- Entwicklung eigener Montagesysteme
- Fokus: Dünnschichttechnologie

Patente und Alleinstellungsmerkmale

- Bayerns Best 50 (2005 und 2006)
- Europe's 500 (2005 und 2006)
- Zertifiziertes Montagesystem Tecto Sun (Typenprüfung)

Internationale Aktivitäten

- Italien
- Spanien
- Asien-Pazifik

Kontaktinformationen

PIHZ-Informationszentrum GmbH
Fraunhoferstraße 8
53121 Bonn

Tel.: +49 (0) 228/365055
E-mail: info@pihz.de
Internet: www.pihz.de

PIHZ Informationszentrum für deutsch-polnische Zusammenarbeit GmbH

Produkte und Dienstleistungen

- Unternehmertreffen in allen relevanten Umweltschutzbereichen
- Umweltschutz – Projektkoordination, insb. grenzüberschreitende Maßnahmen mit Polen
- Information und Unterstützung in den Bereichen Recycling, regenerative Materialien, Bau, Energie, Boden, Luft und Wasser
- Kooperationen mit lokalen und überregionalen Organisationen, Behörden und Unternehmen

Forschungs- und Entwicklungsaktivitäten

- Datenbank für Informationsbeschaffung und Direktverbindung von verwandten Bereichen der Umwelttechnologien inklusive Nahrungsproduktion
- Netzwerkaufbau Umwelt für Direktkontakte zwischen Polen und deutschsprachigen Regionen

Patente und Alleinstellungsmerkmale

- Generell gemeinsame Projekte, Unternehmenstreffen und Kontaktvermittlung

Internationale Aktivitäten

- Polen
- Schweiz
- Ukraine

Kontaktinformationen

PlanET Biogastechnik GmbH
Up de Hacke 26
48691 Vreden

Tel.: +49 (0) 2564/3950-52
E-mail: info@planet-biogas.com
Internet: www.planet-biogas.com

PlanET Biogastechnik planen, bauen & service

Produkte und Dienstleistungen

- Planung von Biogasanlagen
- Bau von Biogasanlagen
- Service an Biogasanlagen
- Prozessbiologischer Service
- Beratung zum Thema Bioenergie

Forschungs- und Entwicklungsaktivitäten

- Feststoffeinbringtechnik
- Prozessbiologie für Biogasanlagen
- Biogastechnologie

Patente und Alleinstellungsmerkmale

- Gewinn des „Großen Preis des Mittelstandes" Herbst 2006 für NRW
- Patente im Bereich Feststoffeinbringtechnik
- Patente im Bereich Prozessbiologie

Internationale Aktivitäten

- Frankreich
- Niederlande
- Kanada

Kontaktinformationen

plusPOWER GmbH
Horber Straße 14
72108 Ergenzingen

Tel.: +49 (0) 7457/954000
E-mail: info@ppower.de
Internet: www.ppower.de

Produkte und Dienstleistungen

- Betriebsführung und Betrieb von Wind-, Solar- u. Biogasanlagen
- KWK u.a. mittels Klärschlammtrocknung und dessen energetische Verwertung
- Bürgerbeteiligung an unseren Projekten
- Mobile Mietgasfackeln für Biogasanlagen

Forschungs- und Entwicklungsaktivitäten

- Energetische Verwertung von Klärschlämmen
- Mobile Komponenten für Biogasanlagen

Patente und Alleinstellungsmerkmale

- Mobile Gasfackel mit mechanisierter Verladung

Internationale Aktivitäten

- Keine

Kontaktinformationen

Pro2 Anlagentechnik GmbH
Schmelzerstraße 25
47877 Willich

Tel.: +49 (0) 2154/488110
E-mail: s.waerdt@pro2.de
Internet: www.pro2.de

Produkte und Dienstleistungen

- Systemhersteller im Bereich Bioenergie
- Blockheizkraftwerke und Gastechnik für Biogas, Grubengas, Klärgas und Deponiegas
- Entwicklung, Anlagenbau, Service, Contracting

Forschungs- und Entwicklungsaktivitäten

- Wirkungsgradsteigerung Blockheizkraftwerke
- Gasreinigung und Aufbereitung Biogas
- Pflanzenölnutzung in Blockheizkraftwerken

Patente und Alleinstellungsmerkmale

- System-Know-how für Exploration und Nutzung (Gastechnik, Gasnutzung)
- Anlagenbau, Service und Contracting aus einer Hand

Internationale Aktivitäten

- Frankreich
- Portugal
- Thailand

Kontaktinformationen

Prowind GmbH
Lengericher Landstraße 11b
49078 Osnabrück

Tel.: +49 (0) 541/600290
E-mail: info@prowind-gmbh.de
Internet: www.prowind.de

Produkte und Dienstleistungen

- Projektentwicklung, Planung, Genehmigung, Errichtung, Kalkulation, Finanzierung, Betrieb und Vermarktung von Erneuerbare Energieanlagen: Windkraft, Biomasse, Solar

Forschungs- und Entwicklungsaktivitäten

- Standortentwicklung, Schaffung neuer Standorte zur Produktion von Bioenergie in Form von Wind, Biomasse und Solar

Patente und Alleinstellungsmerkmale

- Finanzdienstleistung, Erneuerbare Energieprojekte für Banken und Investoren kaufmännisch und juristisch aufbereiten

Internationale Aktivitäten

- EU (insbesondere Dänemark, Frankreich, Großbritannien, Osteuropa)
- Kanada

Kontaktinformationen

PSE GmbH
Emmy-Noether-Straße 2
79110 Freiburg

Tel.: +49 (0) 761/47914-18
E-mail: christian.zahler@pse.de
Internet: www.pse.de

Produkte und Dienstleistungen

- Solare Prozesswärme
- Solare Klimatisierung
- Laborausrüstungen für Solarinstitute
- Management von Forschungsprojekten
- Consulting für ländliche Elektrifizierung

Forschungs- und Entwicklungsaktivitäten

- Mess- und Regeltechnik, solare Nachführsysteme
- Solare Prozesswärme, solare Klimatisierung
- Solarsimulator

Patente und Alleinstellungsmerkmale

- Erster und bislang einziger Hersteller von solaren Prozesswärmekollektoren basierend auf dem Fresnelprinzip
- Leitung des Bereichs ländliche Elektrifizierung im Bundesverband Solarwirtschaft

Internationale Aktivitäten

- Südeuropa
- Naher Osten
- Nordafrika

Kontaktinformationen

Pumpenfabrik Wangen GmbH
Simoniusstraße 17
88239 Wangen

Tel.: +49 (0) 7522/997-212
E-mail: m.haegele@wangen.com
Internet: www.wangen.com

Produkte und Dienstleistungen

- Exzenterschneckenpumpen verschiedenster Ausführungen
- Konische Mehrwegeschieber
- Überwachungstechnik

Forschungs- und Entwicklungsaktivitäten

- Pumpen und Einbringsysteme für hochviskose Medien (z.B. NAWARO)
- Energieeffizienzsteigerung (Statorgeometrie)

Patente und Alleinstellungsmerkmale

- Rachen-Quereinzug-Pumpe zur Förderung hochentwässerter Schlämme
- EHEDG zertifizierte Lebensmittelpumpe

Internationale Aktivitäten

- Niederlande
- Schweiz
- Spanien

Kontaktinformationen

Q-Cells AG
Guardianstraße 16
06766 Thalheim

Tel.: +49 (0) 3494/6688107
E-mail: s.dietrich@q-cells.com
Internet: www.q-cells.com

Produkte und Dienstleistungen

- Mono- und multikristalline Hochleistungssolarzellen
- Ab 2007 Dünnschicht-Photovoltaikmodule

Forschungs- und Entwicklungsaktivitäten

- Laufende Verbesserung der Produktionsprozesse
- Senkung des Materialeinsatzes vor allem durch dünnere Zellen
- Entwicklung neuer Zellkonzepte für deutlich höhere Wirkungsgrade

Patente und Alleinstellungsmerkmale

- Erstmalige Einführung neuer Zellformate in Europa bzw. weltweit
- Deutscher Gründerpreis 2005, Deloitte Technology Fast 50 2006

Internationale Aktivitäten

- Südeuropa (vor allem Spanien)
- Ostasien (vor allem Südkorea und Japan)
- Nordamerika (USA und Kanada)

Kontaktinformationen

Reinhard Solartechnik GmbH
Brückenstraße 2
28857 Syke-Barrien

Tel.: +49 (0) 4242/80106
E-mail: reinhard@reinhard-solartechnik.de
Internet: solar@reinhard-solartechnik.de

REINHARD SOLARTECHNIK
Ihr SOLAR-Hersteller und Systemlieferant

Produkte und Dienstleistungen

- Erster Kollektorhersteller in Deutschland, Firmengründung 1975
- Maßgebliche Entwicklung im Kollektorbau durch Dipl.-Ing Kurt Reinhard (Firmengründer)
- Eigene Forschung, Entwicklung und Produktion auch von Sonder-Solarsystemen
- Planung und Lieferung von Komplettsystemen für Wohnungsbau, Gewerbe und Industrie
- Solarthermie, Photovoltaik, Biomassekessel, Speicher- und Regeltechnik

Forschungs- und Entwicklungsaktivitäten

- Weiterentwicklung eigener Produktionsverfahren
- Forschung zur Verbesserung der Systemleistung von Solarthermieanlagen
- Forschung zur Verbesserung der Wirkungsgrade bei Flachkollektoren

Patente und Alleinstellungsmerkmale

- Patentanmeldung Vakuum-Flachkollektor
- Entwicklung des ersten stillstandsfesten Doppelglaskollektors

Internationale Aktivitäten

- England
- Irland
- Norwegen

Kontaktinformationen

Renerco Renewable Energy Concepts AG
Nußbaumstraße 10
80336 München

Tel.: +49 (0) 89/38393247
E-mail: wuest@renerco.de
Internet: www.renerco.de

RENERCO
renewable energy concepts

Produkte und Dienstleistungen

- Planung und Projektentwicklung
- Schlüsselfertige Projektierung
- Betriebsführung und Geschäftsbesorgung

Forschungs- und Entwicklungsaktivitäten

- Geothermie

Patente und Alleinstellungsmerkmale

- Umfassende Kundenbetreuung – von der Planung über Vorfinanzierung und schlüsselfertige Errichtung bis hin zur Anlagenbetreuung
- Know-how im Bereich Windenergie/Photovoltaik/Geothermie

Internationale Aktivitäten

- Frankreich
- Italien
- Osteuropa

REGIO BIOGAS AG

Kontaktinformationen

Regio Biogas AG
Amalienstraße 6
26135 Oldenburg

Tel.: +49 (0) 441/361423-33
E-mail: kschnieders@regio-biogas.de
Internet: www.regio-biogas.de

Produkte und Dienstleistungen

- Errichtung schlüsselfertiger Biogasanlagen (Planung, Genehmigungserstellung, Bau, Inbetriebnahme und Betreuung von Biogasanlagen)

Forschungs- und Entwicklungsaktivitäten

- Intelligente Wärmekonzepte
- Produktions- und Verfahrensoptimierung von Biogasanlagen
- Gasaufbereitung und -reinigung

Patente und Alleinstellungsmerkmale

- Auszeichnung der Biogasanlage in Hammah durch das BMVEL, das KTBL und den Fachverband Biogas e.V.

Internationale Aktivitäten

- Belgien

RITZ ATRO

Kontaktinformationen

Ritz-Atro
Max-Brod-Straße 2
90471 Nürnberg

Tel.: +49 (0) 911/9981212
E-mail: juergen.franz@ritz-atro.de
Internet: www.ritz-atro.de

Produkte und Dienstleistungen

- Wasserkraftschnecken zur Energieerzeugung
- Vorteile: Hohe Wirkungsgrade, verlässlich und robust im Betrieb
- Gefahrlosigkeit für Fische
- Für Niederdruck (1–5 m) optimal geeignet, Q bis 5,5m/s, eta bis 90 %
- Einsatz: Restwasser, Sanierung von vorh. Wasserkraftanlagen

Forschungs- und Entwicklungsaktivitäten

- Entwicklung im Bereich „Insellösungen"
- Entwicklungen für Kompaktlösungen

Patente und Alleinstellungsmerkmale

- Patent Wasserkraftschnecke zur Energieumwandlung (2 Patente)
- Blue Sky award in China

Internationale Aktivitäten

- England
- Italien
- Österreich

Kontaktinformationen

Rödl & Partner GbR – Wirtschaftsprüfer, Steuerberater, Rechtsanwälte
Äußere Sulzbacher Straße 100
90491 Nürnberg

Tel.: +49 (0) 911/91933501
Internet: www.roedl.de/pmc

Rödl & Partner

Produkte und Dienstleistungen

- Projektmanagement erneuerbare Energieprojekte
- Ausschreibungsverfahren
- Investitions- und Finanzierungsmodelle für Energieprojekte
- Energierechtsberatung

Forschungs- und Entwicklungsaktivitäten

- Wirtschaftlichkeitsanalysen für Energieprojekte

Patente und Alleinstellungsmerkmale

- Konzeption und Umsetzung Fündigkeitsversicherung im Bereich Geothermie

Internationale Aktivitäten

- Ungarn
- Russland
- Ukraine

Kontaktinformationen

Rückert Naturgas GmbH
Marktplatz 17
91207 Lauf

Tel.: +49 (0) 9123/7899-12
E-mail: schemm@rueckert-naturgas.de
Internet: maill@rueckert-naturgas.de

NatUrgas® Verfahren

Produkte und Dienstleistungen

- Planung von Biogasanlagen
- Vermittlung von biologischen Wertstoffen zwischen Abgebern und Biogasanlagen

Forschungs- und Entwicklungsaktivitäten

- Monovergärung von Hühnerkot
- Gasaufbereitung und Gaseinspeisung
- Prozessoptimierung von Biogasanlagen

Patente und Alleinstellungsmerkmale

- Trockenvergärungsverfahren
- Kompakte Bauweise
- Biologische Entschwefelung nach dem Sul-Flex-Verfahren

Internationale Aktivitäten

- Keine

RWE

Kontaktinformationen

RWE Power AG
Huyssenallee 2
45128 Essen

Tel.: +49 (0) 201/1241265
E-mail: jochen.egge@rwe.com
Internet: info.rwepower@rwe.com

Produkte und Dienstleistungen

- Entwicklung effizienterer, klimafreundlicher Technologien zur Stromerzeugung
- Entwicklung eines IGCC-Kraftwerks mit integrierter CO_2-Abscheidung und -Speicherung
- Umweltfreundliche Mitverbrennung von Reststoffen
- Rekultivierung

Forschungs- und Entwicklungsaktivitäten

- IGCC-Kraftwerk mit integrierter CO_2-Abtrennung und -Speicherung
- Wirbelschichttrocknung von Braunkohle und anderen Feststoffen (WTA)
- Hochtemperaturwerkstoffe für 700-Grad-Kraftwerke

Patente und Alleinstellungsmerkmale

- Diverse Patente für WTA

Internationale Aktivitäten

- Keine

SAACKE

Kontaktinformationen

SAACKE GmbH
Südweststraße 13
28237 Bremen

Tel.: +49 (0) 421/6495156
E-mail: a.saacke@saacke.de
Internet: www.saacke.com

Produkte und Dienstleistungen

- Feuerungsanlagen für Gas-/Öl und alternative Brennstoffe
- Prozesstechnologie
- Energieeffiziente und emissionsarme Verbrennung alternativer Brennstoffe
- Energieeffiziente und emissionsarme Verbrennung von industriellen Abfallstoffen
- Anlagen zur Wärmerückgewinnung

Forschungs- und Entwicklungsaktivitäten

- Reduzierung der Schadstoffemissionen von Hilfsdampfkesseln (Marine)
- Weiterentwicklung von Low NO_x Feuerungen für Dampfkesselanlagen
- Thermische Verwertung von Rückständen der Biodieselherstellung

Patente und Alleinstellungsmerkmale

- Umweltgerechte Entsorgung von Boiloff-Gasen auf LNG-Carriern (GCU)
- Feuerungsanlagen zur thermischen Verwertung von flüssigen Rückständen (z.B.Tierfett)

Internationale Aktivitäten

- Osteuropa
- Westeuropa
- Asien

Kontaktinformationen

SARAD GmbH
Wiesbadener Straße 10
01159 Dresden

Tel.: +49 (0) 351/6580711
E-mail: streil@sarad.de
Internet: www.sarad.de

Produkte und Dienstleistungen

- Exploration, Bohrung und Reservoirmanagement von Tiefengeothermalfeldern
- Umweltmesssysteme für die Immisions-, Emissions-, Wasserqualitäts- und Radioaktivitätsüberwachung
- Frühwarnsysteme für Geo Hazards, Persönliche Warngeräte vor Radon und Radioaktivität, Sicherheitstechnik
- Radiologische Gutachten und Verfahren zur Sanierung belasteter Objekte

Forschungs- und Entwicklungsaktivitäten

- Neue Verfahren zur Strahlungs- und chemischen Detektion- und Sicherheitstechnik
- Optimierung der Messverfahren zur Geothermalenergieexploration
- Intelligente Umweltmesssysteme zur Umweltüberwachung

Patente und Alleinstellungsmerkmale

- Innovationspreis des Freistaates Sachsen
- Auszeichnung als „Mutiger Unternehmer" durch den Bundespräsidenten
- Fünf Patente

Internationale Aktivitäten

- Europa
- Asien
- Amerika

Kontaktinformationen

Scharenberg Industrieanlagen GmbH
Bremer Landstraße 32
27412 Tarmstedt

Tel.: +49 (0) 4283/1363
E-mail: evers@scharenberg.de
Internet: www.scharenberg.de

Produkte und Dienstleistungen

- Solarthermie, Hackschnitzel- und Pelletheizungen, Wärmepumpen, Blockheizkraftwerke, Schallschutzkabinen, Lüftungstechnik

Forschungs- und Entwicklungsaktivitäten

- Energieeffizienz

Patente und Alleinstellungsmerkmale

- Schallschutzkabinen

Internationale Aktivitäten

- Europa
- Naher Osten
- Nordamerika

Kontaktinformationen

SGL Carbon AG
Rheingaustr. 182–184
65203 Wiesbaden

Tel.: +49 (0)8271 83 1621
E-mail: hubert.jaeger@sglcarbon.de
Internet: www.sglcarbon.com

Produkte und Dienstleistungen

- Graphit-Elektrode für Elektrostahlöfen
- Kathoden für Aluminiumherstellung
- Carbonfasern und Carbon Composites
- Graphitspezialitäten
- Carbon-Keramik Bremsscheibe

Forschungs- und Entwicklungsaktivitäten

- Carbonfaser und Composites
- Werkstoffe/Materialien für Energiespeicherung
- Hochtemperaturwerkstoffe

Patente und Alleinstellungsmerkmale

- 800mm Graphit-Elektrode
- Kristallziehtiegel für Reinstsilizium
- Carbon-Keramik Bremsscheibe

Internationale Aktivitäten

- Europa
- Asien
- Nordamerika

Kontaktinformationen

SILOXA Engineering AG
Katernberger Straße 107
45327 Essen

Tel.: +49 (0) 201/28951-13
E-mail: info@siloxa.com
Internet: www.siloxa.com

Produkte und Dienstleistungen

- Gasaufbereitungsanlagen für Kläranlagen
- Gasaufbereitungsanlagen für Biogasanlagen
- Gasaufbereitungsanlagen für Deponien
- Sonderprojekte (z.B. im Bereich Grubengas)

Forschungs- und Entwicklungsaktivitäten

- Desorbtion
- Aufbereitung von Biogas auf Erdgasqualität

Patente und Alleinstellungsmerkmale

- Diverse Patente

Internationale Aktivitäten

- EU
- Südostasien

Kontaktinformationen

SMA Technologie AG
Hannoversche Straße 1–5
34266 Niestetal

Tel.: +49 (0) 561/95224120
E-mail: joerg.sebald@sma.de
Internet: www.sma.de

Produkte und Dienstleistungen

- Solar-Wechselrichter (Sunny Boy, Sunny Central), Solare Datentechnik
- Solare Datentechnik (Sunny Beam, Sunny WebBox – internetbasiert)
- Innovative Energiesysteme, Inselstromwechselrichter (Sunny Island)
- Bahntechnik, Energieversorgung für Schienenfahrzeuge
- Service und umfassende Beratung für Fachhandwerker

Forschungs- und Entwicklungsaktivitäten

- Kostensenkung beim Einsatz der erneuerbaren Energien durch Optimierung von Wirkungsgrad und Großserienproduktion
- Zusatznutzen und Komfort in der Photovoltaik

Patente und Alleinstellungsmerkmale

- Stringtechnologie, Multi-Stringtechnologie, Electronic Solar Switch
- Auszeichnungen in 2006: Great Place to Work (Europe), Entrepreneur des Jahres, Innovationspreis der SPD

Internationale Aktivitäten

- EU
- Asien
- USA

Kontaktinformationen

SolarArt e.K.
Lindenstraße 28a
97922 Lauda-Königshofen

Tel.: +49 (0) 9343/5899798
E-mail: Hambrecht.Armin@SolarArt.de
Internet: www.solarart.de

Produkte und Dienstleistungen

- SolarArt projektiert seit 1998 Solarstromanlagen
- Die Firma plant, finanziert, installiert und wartet PV-Anlagen
- Speziell gemeinschaftliche PV-Anlagen sind die Chance für jeden, gleichgültig ob sie/er ein eigenes Dach besitzt
- Die Erträge kann jeder Investor über ein Internetportal täglich einsehen

Forschungs- und Entwicklungsaktivitäten

- Mitgeführte Solarstromanlagen
- Möglichkeiten des Recycling von Modulen

Patente und Alleinstellungsmerkmale

- SolarArt ist Spezialist für gemeinschaftliche Solarstromanlagen

Internationale Aktivitäten

- Keine

solar fabrik

Kontaktinformationen

Solar-Fabrik AG
Munzinger Straße 10
79111 Freiburg

Tel.: +49 (0) 761/4000-130
E-mail: info@solar-fabrik.de
Internet: www.solar-fabrik.de

Produkte und Dienstleistungen

- Solarstrommodule, Wechselrichter, Montagesysteme
- Solarwafer, Waferreinigung und Waferaufbereitung, Solarzellenfertigung

Forschungs- und Entwicklungsaktivitäten

- Solare Trinkwasseraufbereitung
- Effizienzsteigerung Zelle
- Effizienzsteigerung Module

Patente und Alleinstellungsmerkmale

- Deutscher Bundesumweltpreis für Firmengründer Georg Salvamoser
- Finalist beim Prix Entrepreneur
- Nullemissionsfabrik für Module

Internationale Aktivitäten

- Frankreich
- Italien
- Spanien

---

solarcomplex:

Kontaktinformationen

solarcomplex GmbH
Ekkehardstraße 10
78224 Singen

Tel.: +49 (0) 7731/8274-0
E-mail: mueller@solarcomplex.de
Internet: www.solarcomplex.de

Produkte und Dienstleistungen

- 6-kW-Solarkraftwerke
- Bioenergiedörfer
- Erlebnistour erneuerbare Energien
- Holzenergie-Contracting

Forschungs- und Entwicklungsaktivitäten

- Konzept Bioenergiedörfer

Patente und Alleinstellungsmerkmale

- Erstes Bioenergiedorf Baden-Württembergs
- Erste bürgerfinanzierte Biogasanlage Baden-Württembergs

Internationale Aktivitäten

- Keine

Kontaktinformationen

Solarc Innovative Solarprodukte GmbH
Gustav-Meyer-Allee 25
13355 Berlin

Tel.: +49 (0) 30/46307-165
E-mail: lang@solarc.de
Internet: www.solarc.de

SOLARC
Innovative Solarprodukte GmbH

Produkte und Dienstleistungen

- Entwicklung, Produktion, Vertrieb von autarken Stromversorgungssystemen
- Entwicklung, Produktion, Vertrieb von autarken Kleingeräten
- Lieferung von kundenspezifischen Klein-Solarmodulen hoher Qualität
- Lieferung von Messtechnik-Equipment für PV-Anlagen
- Entwicklung von automatisierten Solarmodul-Fertigungstechnologien

Forschungs- und Entwicklungsaktivitäten

- Hocheffiziente Systemkomponenten für autarke Stromversorgungssysteme
- Autarke Design-Kleingeräte mit PV-Versorgung, z.B. Solar-Ladegeräte
- Solarmodul-Aufbautechnologie

Patente und Alleinstellungsmerkmale

- Über 20 größtenteils erteilte Patente, Geschmacksmuster, Marken
- Mehrere Eigenentwicklungen: Produkt des Monats/Jahres in Magazinen etc.

Internationale Aktivitäten

- Italien
- Schweiz
- Spanien

Kontaktinformationen

Solar Millennium AG
Nägelsbachstraße 40
91052 Erlangen

Tel.: +49 (0) 9131/9409-122
E-mail: gladen@solarmillennium.de
Internet: www.solarmillennium.de

Solar Millennium

Produkte und Dienstleistungen

- Projektentwicklung, Finanzierung, Engineering und Bauüberwachung von solarthermischen Kraftwerken

Forschungs- und Entwicklungsaktivitäten

- Direktverdampfung
- Kollektordesign
- Wärmeträgerfluid

Patente und Alleinstellungsmerkmale

- SKAL-ET Loop
- ANDASOL-Parabolrinnen-Kraftwerke in Spanien mit thermischem Speicher

Internationale Aktivitäten

- Spanien
- Nordafrika
- USA

Kontaktinformationen

Solarquelle Vertriebs GmbH
Am Berg 1
56479 Neustadt

Tel.: +49 (0) 2664/90111
E-mail: info@solarquelle.de
Internet: www.solarquelle.de

Produkte und Dienstleistungen

- Solarthermie
- Photovoltaik
- Kraft-Wärmekopplung

Forschungs- und Entwicklungsaktivitäten

- Steuerung/Regelung thermischer Solaranlagen
- Optimierung pflanzenölgetriebener Motoren

Patente und Alleinstellungsmerkmale

- Große Kollektorfelder = große Energieeinsparung
- Wirtschaftliche Preise
- Spezialisiert auf regenerative und autarke Energieversorgung

Internationale Aktivitäten

- England
- Polen
- Schweiz

Kontaktinformationen

SOLON AG für Solartechnik
Ederstraße 16
12059 Berlin

Tel.: +49 (0) 30/81879-134
E-mail: solonag@solonag.com
Internet: www.solonag.com

Produkte und Dienstleistungen

- Solarmodule
- Solarkraftwerke

Forschungs- und Entwicklungsaktivitäten

- Verarbeitung dünnerer Solarzellen
- Ertragsverhalten von Photovoltaikanlagen
- Photovoltaikanlagen für neue Märkte

Patente und Alleinstellungsmerkmale

- Entwicklung zweiachsiges Nachführsystem: SOLON-Mover

Internationale Aktivitäten

- Italien
- Spanien
- USA

Kontaktinformationen

SOLTECH GmbH
Rachheide 12
33739 Bielefeld

E-mail: p.kraemer@solartechniken.de
Internet: info@solartechniken.de

SOLTECH

Produkte und Dienstleistungen

- Modulares, universelles Montagesystem für PV-Module aus Aluminium und Edelstahl für Module mit und ohne Rahmen für Schrägdächer, Flachdächer, Fassaden, Vordächer, Freiland und Dachsanierung

Forschungs- und Entwicklungsaktivitäten

- Systemerweiterung

Patente und Alleinstellungsmerkmale

- Soltech Drainagesystem in der Welldachsanierung für große Dächer
- KliXX (erstes werkzeugfreies Montagesystem)

Internationale Aktivitäten

- Frankreich
- Spanien

Kontaktinformationen

Spilling Energie Systeme GmbH
Werftstraße 5
20457 Hamburg

Tel.: +49 (0) 40/78917544
E-mail: s.hergott@spilling.de
Internet: info@spilling.de

SPILLING Energie Systeme GmbH

Produkte und Dienstleistungen

- Blockheizkraftwerke
- Dampfkraftanlagen
- Dampfmotoren
- Dampfturbinen
- Kraft-Wärme-Kopplung

Forschungs- und Entwicklungsaktivitäten

- Schmierlostechnik für Kolbenmaschinen
- Abgasoptimierung Verbrennungskraftmaschinen
- Fernwartungs- und Ferndiagnosetechnik

Patente und Alleinstellungsmerkmale

- Drehzahlmodulierendes Blockheizkraftwerk
- Einziger industrieller Expansionskolbenmotorenhersteller weltweit

Internationale Aktivitäten

- EU
- Asien
- Afrika

steffen möller bad heizung solar

→ beratung → gestaltung → planung → service

Kontaktinformationen

Steffen Möller GmbH & Co.KG
Mühlenbeker Straße 9
25548 Kellinghusen

Tel.: +49 (0) 4822/6083
E-mail: info@steffenmoeller.de
Internet: www.steffenmoeller.de

Produkte und Dienstleistungen

- Abwasser- und Regenwasseraufbereitung
- Photovoltaikanlagen
- Gas- und Öl-Brennwertheizanlagen
- Wärmepumpen/Erdwärme
- Pelletsheizungsanlagen inkl. alternativer Energien

Forschungs- und Entwicklungsaktivitäten

- Beschichtung von Aluminium-Oberflächen in Brennwertkesseln

Patente und Alleinstellungsmerkmale

- Beschichtung von Aluminium-Oberflächen in Brennwertkesseln
- Vitalisierung von Trinkwasser

Internationale Aktivitäten

- Keine

Steca

Kontaktinformationen

Steca GmbH
Mammostraße 1
87700 Memmingen

Tel.: +49 (0) 8331/8558–200
E-mail: michael.voigtsberger@steca.de
Internet: www.steca.de

Produkte und Dienstleistungen

- Wechselrichter für Netzeinspeisung und solare Inselsysteme
- Laderegler und DC-Verbraucher für ländliche Elekrifizierung
- Temperaturdifferenzregler für thermische Solaranlagen

Forschungs- und Entwicklungsaktivitäten

- Entwicklung von innovativenIldereglern
- Wechselrichtern
- Regelungen für thermische Solaranlagen

Patente und Alleinstellungsmerkmale

- Weltweit erste Temperaturdifferenzregler mit graphischer Benutzeroberfläche
- Erste Laderegler mit graphischer Batteriezustandsanzeige

Internationale Aktivitäten

- EU
- Afrika
- Asien

Kontaktinformationen

STS Solartechnik Schrödel GmbH
Laffenau Nr. 2
91180 Heideck

Tel.: +49 (0) 9177/1855
E-mail: info@sts-solar.de
Internet: www.sts-solar.de

Produkte und Dienstleistungen

- Solare Brauchwassererwärmung und Solare Heizsysteme
- Beheizung von Schwimmbädern mit Solarabsorbern
- Stromerzeugung aus Photovoltaikmodulen jeder Größe
- Photovoltaik Anlagen zur Netzeinspeisung und Inselanlagen
- Alternative Heizsysteme mit Scheitholz, Pellets, Hackgut und Wärmepumpen

Forschungs- und Entwicklungsaktivitäten

- Erprobung und Entwicklung von Schwimmbadabsorbern zum Beheizen von Schwimmbädern

Patente und Alleinstellungsmerkmale

- Gebrauchsmuster für unseren Schwimmbadabsorber
- Titel von der Handwerksinnung Bayern „Bayerischer Solarkönig"

Internationale Aktivitäten

- Keine

Kontaktinformationen

Sunways AG
Macairestraße 3–5
78467 Konstanz

Tel.: +49 (0) 7531/99677480
E-mail: info@sunways.de
Internet: www.sunways.de

Produkte und Dienstleistungen

- Solarzellen (mono- und multikristalline Sunways Solar Cells, transparente und farbige Solarzellen für die Automobilbranche)
- Wechselrichter (Sunways Solar Inverter), Solarmodul, Solarsysteme und -projekte

Forschungs- und Entwicklungsaktivitäten

- Steigerung der Effizienz der Produkte
- Optimierung des Produktionsprozesses
- Entwicklung neuer, innovativer Technologien

Patente und Alleinstellungsmerkmale

- Wechselrichter mit HERIC-Topologie (hoher Wirkungsgrad)
- Fertigung transparenter und farbiger Solarzellen nach Kundenwunsch
- Designpreise, unter anderem if design award

Internationale Aktivitäten

- Italien
- Spanien
- Asien

SunTechnics

Kontaktinformationen

Suntechnics Franke Elektrotechnik Gmbh
Windsbacher Straße 53
91564 Neuendettelsau

Tel.: +49 (0) 9874/5499
E-mail: g.franke@elektro-franke.de
Internet: www.suntechnics-franke.de

Produkte und Dienstleistungen

- Planung und Installation von Photovoltaikanlagen von 2 bis 8000 kWp, solarthermischen Anlagen
- Wärmepumpen von 3 bis 470 kWp
- Schattengewächshäuser für Photovoltaikanlagen

Forschungs- und Entwicklungsaktivitäten

- Entwicklung eines Schattengewächshauses für Photovoltaikanlagen

Patente und Alleinstellungsmerkmale

- Unternehmen des Jahres 1998 (LBE Mfr)
- Best Practice 2002 (BMWI)
- Solid Preis 2006 (Solid Fürth)

Internationale Aktivitäten

- Afghanistan

SUNSET SOLAR®

Kontaktinformationen

SUNSET Energietechnik GmbH
Industriestraße 8–22
91325 Adelsdorf

Tel.: +49 (0) 9195/9494-210
E-mail: info@sunset-solar.com
Internet: www.sunset-solar.com

Produkte und Dienstleistungen

- Solarwärme
- Solarstrom

Forschungs- und Entwicklungsaktivitäten

- Systemweiterentwicklung
- Produktionsoptimierung

Patente und Alleinstellungsmerkmale

- Keine Angaben

Internationale Aktivitäten

- Afrika
- Asien

Kontaktinformationen

Stoltenberg Energie GmbH
Große Mühlenstraße 45
24217 Schönberg

Tel.: +49 (0) 4344/4110-13
E-mail: rdoelling@stoltenberg-energie.de
Internet: www.stoltenberg-energie.de

Stoltenberg | energie

Produkte und Dienstleistungen

- Geothermische Stromerzeugungsanlagen
- Geothermische Hauswärmezentralen
- Pflanzenöl-BHKW

Forschungs- und Entwicklungsaktivitäten

- Niedrigenthalpische Wärme- und Stromerzeugung

Patente und Alleinstellungsmerkmale

- Betriebskosten- und CO_2-emissionsminimale Wärmepumpentechnik in Altbauten

Internationale Aktivitäten

- Kroatien
- Polen
- Ungarn

Kontaktinformationen

TACONOVA GmbH
Rudolf-Diesel-Straße 8
78224 Singen

Tel.: +49 (0) 7731/982880
E-mail: info@taconova.de
Internet: www.taconova.de

taconova

Produkte und Dienstleistungen

- Armaturen für Solar und Heizung
- Pumpengruppe für Solar und Heizung
- Solarthermie
- Brauchwassermischer zum Verbrühschutz
- Abgleichventile

Forschungs- und Entwicklungsaktivitäten

- Autarke Steuerung von Heizung und Brauchwassererwärmung nur durch die Sonne
- Vermeidung von Legionellen im Trinkwasser
- Befüllung von Heizungsanlagen mit normgerechtem aufbereitetem Wasser

Patente und Alleinstellungsmerkmale

- RAL-Gütesiegel Solar
- Diverse Patente, z.B Vent, Topmeter
- Globalstrahlungsgeregelte Solarstation EU21

Internationale Aktivitäten

- Keine

Kontaktinformationen

Tippkötter GmbH
Velsen 49
48231 Warendorf

Tel.: +49 (0) 2584/93020
E-mail: info@tippkoetter.de
Internet: www.tippkoetter.de

Produkte und Dienstleistungen

- Pflanzenöl-BHKW

Forschungs- und Entwicklungsaktivitäten

- Motorenentwicklung
- Wärmetauscherentwicklung
- Schalldämmgehäuseentwicklung

Patente und Alleinstellungsmerkmale

- Erfahrung Pöl – 20 Jahre Spezialmotorenentwicklung
- Effizienz über 90 %

Internationale Aktivitäten

- Keine

Kontaktinformationen

Uhlmann Solarelectronic GmbH
Tullastraße 5
79331 Teningen

Tel.: +49 (0) 7641/934560
E-mail: info@uhlmann-solar.de
Internet: www.uhlmann-solar.de

Produkte und Dienstleistungen

- Laderegler für Photovoltaikanlagen
- Regler für solarthermische Anlagen
- Energieeffiziente Beleuchtungstechnik

Forschungs- und Entwicklungsaktivitäten

- Laderegler, Beleuchtungstechnik

Patente und Alleinstellungsmerkmale

- Entwicklung der ersten Regler für autarke Solaranlagen

Internationale Aktivitäten

- Westeuropa
- Afrika

Kontaktinformationen

Wallstein Ing. GmbH
Hubertusstraße 44
45657 Recklinghausen

E-mail: d.wallstein@wallstein.de
Internet: www.wallstein.de

Produkte und Dienstleistungen

- Wärmeauskopplung für Kraftwerke, Müllverbrennungsanlagen etc.
- Wärmeaustauscher für diverse Industrieanwendungen
- Wärmerückgewinnungsanlagen
- Rauchgasreinigungsanlagen
- Wärmerückgewinnung aus dem Abwasser – System Rabtherm

Forschungs- und Entwicklungsaktivitäten

- Solarthermische Nutzung in Zusammenarbeit FH Jülich
- Wärmerückgewinnung aus dem Abwasser

Patente und Alleinstellungsmerkmale

- Diverse Patente im Bereich Wärmeaustauscher

Internationale Aktivitäten

- Österreich
- Polen
- Schweiz

Kontaktinformationen

Wärmebüro Klaft GmbH
Christophstraße 10
34123 Kassel

Tel.: +49 (0) 561/773082
E-mail: klaftgmbh@t-online.de

Produkte und Dienstleistungen

- Energetische und stoffliche Bilanzierung und Optimierung von Feuerungsanlagen
- Heizkraftwerke bis 180MWth
- Abwärmenutzung an industriellen Wärmeerzeugern und KWK-Anlagen
- Klimaneutraler Betrieb (CO_2 neutral) ohne Ablasszahlung
- Emissionshandel – Projektentwicklung mit den Mechanismen CDM und JI

Forschungs- und Entwicklungsaktivitäten

- Entwicklung schlüsselfertiger KWK-Anlagen mit Bio- und Ersatzbrennstoffen
- Anwendungs- und Integrationstechnik H.T.C.
- High Temperature Waste Gas Condensation Heat Utilization

Patente und Alleinstellungsmerkmale

- Preis der Dt. Gaswirtschaft 1988 – Rationeller Erdgaseinsatz, BHKW
- Weltgrößte H.T.C.-Anlage, zurzeit in Planung
- Klimaneutraler Kleinbetrieb in Vorbereitung ohne CO_2-Ablasszahlung

Internationale Aktivitäten

- China
- Indonesien
- Südkorea

Kontaktinformationen

Weis Heizungstechnik Sanitärtechnik GmbH
Brückenmühle 93
36100 Petersberg

Tel.: +49 (0) 661/969900
E-mail: info@weis24.de
Internet: www.weis24.de

Produkte und Dienstleistungen

- Solaranlagen, PV-Anlagen, Holzheizungen, Holzpelletsheizungen
- Ölbrennwertgeräte, Gasbrennwertgeräte
- Wärmepumpen
- Bäder und Badsanierungen

Forschungs- und Entwicklungsaktivitäten

- Mitglied im TFG
- Paradigma Systempartner
- Viessmann Marktaktivpartner

Patente und Alleinstellungsmerkmale

- Auszeichnung als bester Solar & Pelletsbetrieb
- Auszeichnung als 1A Fachhandwerker von Markt Intern
- Unternehmen ist seit 60 Jahren am Markt tätig

Internationale Aktivitäten

- Keine

Kontaktinformationen

Wick GmbH Marken: Exotherm und Geoenergysystems
Eisenbahnstraße 11
77933 Lahr

Tel.: +49 (0) 7821/99469-20
E-mail: info@geoenergysystems.com
Internet: www.geoenergysystems.com

Produkte und Dienstleistungen

- Consulting
- Wärmepumpen
- Bohrgeräte
- Warmwasserspeicher
- Photovoltaik

Forschungs- und Entwicklungsaktivitäten

- Systeme zum Heizen und Kühlen im Objektbau
- Wärmepumpenoptimierung
- Bohrlochoptimierung

Patente und Alleinstellungsmerkmale

- Wärmepumpen mit aktiver Kühlfunktion
- Bohrgeräte bis zu Tiefen von 100 m, die bis zu 40 % der Betriebskosten einsparen
- Systeme zum Heizen und Kühlen, ausschließlich über die Geothermie

Internationale Aktivitäten

- Griechenland
- Italien
- Spanien

Kontaktinformationen

Wilh. Lambrecht GmbH
Friedländer Weg 65–67
37085 Göttingen

Tel.: +49 (0) 551/4958-331
E-mail: info@lambrecht.net
Internet: www.lambrecht.net

LAMBRECHT
METEOROLOGICAL INSTRUMENTS GERMANY

Produkte und Dienstleistungen

- Meteorologische Messtechnik
- Parameter: Wind, Niederschlag, Strömung, Strahlung, Druck, Temperatur, Feuchte
- Service und Wartung

Forschungs- und Entwicklungsaktivitäten

- Sensoren zur Wind- und Niederschlagsmessung
- Meteorologische Datenerfassung

Patente und Alleinstellungsmerkmale

- Spezialsensoren für Extremwettersituationen (z.B. Windkraft)
- Niederschlagsmessung mit Warnung

Internationale Aktivitäten

- EU
- Naher Osten
- Südamerika

Kontaktinformationen

Windpower GmbH
Westheim 22
93049 Regensburg

Tel.: +49 (0) 941/5999847
E-mail: hans.lenz@windpower-gmbh.de
Internet: www.windpower-gmbh.de

wind power G M B H.

Produkte und Dienstleistungen

- Erneuerbare Energien, Windstrom, Solarstrom
- Standort- und Projektentwicklung, BImSchG-Genehmigung
- Anlagenoptimierung, Betriebsführung

Forschungs- und Entwicklungsaktivitäten

- Windertragsanalysen in Bayern
- Windprojektentwicklung in Bayern
- Produktionsoptimierung Windkraft- und PV-Anlagen

Patente und Alleinstellungsmerkmale

- Etablierung der Windenergie in Bayern

Internationale Aktivitäten

- Keine

Kontaktinformationen

Windwärts Energie GmbH
Plaza de Rosalia 1
30449 Hannover

Tel.: +49 (0) 511/123573-37
E-mail: info@windwaerts.de
Internet: www.windwaerts.de

Produkte und Dienstleistungen

- Projektentwicklung Windenergie, Bioenergie, Photovoltaik
- Finanzierung von Projekten
- Betriebsführung von Projekten
- Ökologische Geldanlagen, Fondsbeteiligungen
- Übernahme von Windenergie-, Bioenergie- und Photovoltaikprojekten

Forschungs- und Entwicklungsaktivitäten

- Entwicklung des Marktes für erneuerbare Energien in ausgewählten Ländern Südamerikas

Patente und Alleinstellungsmerkmale

- Erster Platz im Wettbewerb familienfreundliches Unternehmen in der Region Hannover
- Förderpreis für frauen- und familiengerechte Erfolgsmodelle in der Wirtschaft der Landeshauptstadt Hannover

Internationale Aktivitäten

- Frankreich
- Griechenland
- Italien

Kontaktinformationen

Würth Solar GmbH & Co. KG
Alfred-Leikam-Straße 25
74523 Schwäbisch Hall

Tel.: +49 (0) 791/94600-301
E-mail: bernhard.dimmler@we-online.de
Internet: www.wuerth-solar.de

Produkte und Dienstleistungen

- PV Module der Marke CIS in verschiedenen Designvariationen nach Kundenwunsch

Forschungs- und Entwicklungsaktivitäten

- Steigerung der Produktqualität
- Steigerung der Produktivität
- Minimierung der Herstellkosten

Patente und Alleinstellungsmerkmale

- Know-how-Steigerung
- Technologieführerschaft weltweit
- Alleinstellungsmerkmale des Produktes

Internationale Aktivitäten

- Italien
- Spanien
- Brasilien

Unternehmen: Energieeffizienz

Kontaktinformationen

AFRISO-EURO-INDEX GmbH
Lindenstraße 20
74363 Güglingen

Tel.: +49 (0) 7135/102-117
E-mail: matthias.blasinger@afriso.de
Internet: www.afriso.de

Produkte und Dienstleistungen

- Mess-, Regel- und Überwachungsgeräte für Haustechnik, Industrie und Umweltschutz
- Überfüllsicherungen, Leckanzeigegeräte und -überwachungssysteme
- Zubehör für Heizöllagerbehälter, Heizkessel, Heizraum und Kamin
- Zubehör für Trinkwasserversorgung und Regenwassernutzung, Wasseraufbereitung
- Heizungsregelungen, Zubehör für Solartechnik, Gasanalysegeräte

Forschungs- und Entwicklungsaktivitäten

- Energieeinsparung in Haustechnik und Industrie
- Mobile und stationäre Rauchgasanalyse
- Kommunikation und Dokumentation umweltrelevanter Daten

Patente und Alleinstellungsmerkmale

- Umweltpreis der Arbeitsgemeinschaft Selbstständiger Unternehmer e.V. 1998/99

Internationale Aktivitäten

- Keine

AL-KO Lufttechnik

Kontaktinformationen

AL-KO THERM GmbH
Hauptstraße 248–250
89343 Jettingen-Scheppach

Tel.: +49 (0) 8225/39-103
E-mail: klima.technik@al-ko.de
Internet: www.al-ko.de; www.al-ko.com

Produkte und Dienstleistungen

- Energieeffiziente Lüftungs- und Klimazentralsysteme
- Energieeffiziente Luftheizer
- Energieeffiziente Prozesslufttechnik
- Energieeffiziente Absaugtechnik

Forschungs- und Entwicklungsaktivitäten

- Energieeffiziente Systemkonfigurationen von Klimazentralgeräten für sämtliche Gebäudedimensionen im Nichtwohnbereich
- Steigerung der Energieeffizienz von Klimatisierungssystemen

Patente und Alleinstellungsmerkmale

- Patentierte Wärmepumpentechnologie in Verbindung mit Zentralklimatisierung
- Luftqualitäts- und Energiekostenmanagement (AirQualitizer – Markenanmeldung läuft)

Internationale Aktivitäten

- Osteuropa/Russland
- Mittlerer Osten
- Asien

---

a.v.e.
Energieberatungs- und Planungsgesellschaft mbH

Kontaktinformationen

a.v.e. Energieberatung&Planung GmbH
Gustav-Meyer-Allee 25
13355 Berlin

E-mail: info@ave-berlin.de
Internet: www.ave-berlin.de

Produkte und Dienstleistungen

- Erfassen, Aufbereiten und Bewerten des Energieverbrauchs von Liegenschaften, Energieerzeugungs- und Energieverbrauchsanlagen, Unternehmen und Gebäuden
- Beratung bei der Vertrags- und Verbrauchsgestaltung
- Detailanalyse der Energiekosten und Vergleich, Aufspüren von Potenzialen zur Kostensenkung
- Kosten-Nutzen-Relationen von Maßnahmen zur Senkung der Energiekosten

Forschungs- und Entwicklungsaktivitäten

- Vereinfachung von Verbrauchsdatenanalysen
- Bewertung von BHKW Integrationen
- Entwicklung von Projekten für Photovoltaikanlagen als Freiflächenkraftwerke

Patente und Alleinstellungsmerkmale

- Europaweit ausgeschriebener Wettbewerb zur Entwicklung eines HKW Konzeptes für bestehendes Heizwerk in Berlin
- Entwicklung und Umsetzung eines modernen HKW für ein bisher mit Schweröl betriebenes Dampfheizwerk

Internationale Aktivitäten

- Keine

Kontaktinformationen

Balcke-Dürr GmbH
Ernst-Dietrich-Platz 2
40882 Ratingen

Tel.: +49 (0) 21021/669530
E-mail: martin.grotthaus@cts.spx.com
Internet: www.balcke-duerr.de

BALCKE DÜRR
powered by innovation

Produkte und Dienstleistungen

- Wärmetauscher für den Wasser-Dampf-Kreislauf
- Komponenten für Luft- und Rauchgaswege in Kraftwerken
- Abhitzekessel
- Industriefiltersysteme
- Umfassende Servicekompetenzen im Kraftwerks- und Industrieanlagenbereich

Forschungs- und Entwicklungsaktivitäten

- Neukonstruktion leistungsfähigerer Filtersysteme
- Weitere Verbesserungen und Kooperationenen in der Brennstoffzellentechnik
- Strömungsoptimierung anhand statischer Mischer und computeroptimierter Flussoptimierung

Patente und Alleinstellungsmerkmale

- Bi-Corona-Elektrofilter mit verbessertem Abscheidegrad bei feinen Stäuben
- Powersep zur zusätzlichen Wasserabscheidung im Wasser-Dampf-Kreislauf

Internationale Aktivitäten

- Westeuropa
- Asien

Kontaktinformationen

Baumüller
Ostendstraße 80–90
90482 Nürnberg

Tel.: +49 (0) 911/5432-319
E-mail: m.kessler@baumueller.de
Internet: www.baumueller.de

BAUMÜLLER

Produkte und Dienstleistungen

- Automatisierungs- und Antriebstechnik
- Projektierung von Komplettanlagen, Schaltschrankbau/-verdrahtung
- Motoreninstandsetzung, Elektronikreparatur, Ersatzteile, Wartung
- Montage, Installation, Inbetriebnahme von Maschinen und Anlagen

Forschungs- und Entwicklungsaktivitäten

- Synchron-Frequenzumrichter (höchster Wirkungsgrad im Bereich elektromechanischer Antriebstechnik)

Patente und Alleinstellungsmerkmale

- Direktantriebstechnik
- Geräte mit Wasserkühlung von 5–300 kW

Internationale Aktivitäten

- EU
- Asien
- Nordamerika

BBT THERMOTECHNIK GMBH
Bosch Gruppe

Kontaktinformationen

BBT Thermotechnik GmbH
Sophienstraße 30–32
35576 Wetzlar

Tel.: +49 (0) 6441/4181739
E-mail: ingo.rapold@de.bosch.com
Internet: www.bbt-thermotechnik.de

Produkte und Dienstleistungen

- Brennwert-Wandgeräte, Heizwert-Wandgeräte, Brennwertkessel
- Niedertemperaturkessel, Festbrennstoffkessel, Elektro-Wärmepumpen
- Warmwassersysteme, Regelsysteme, Solarthermie-Systeme
- Heizflächen, Heizungszubehör

Forschungs- und Entwicklungsaktivitäten

- Wirkungsgradverbesserungen und Emissionsreduzierungen bei Wärmeerzeugern auf Basis fossiler Energien
- Wärmepumpen
- Kraftwärmekopplungsanlagen

Patente und Alleinstellungsmerkmale

- Patente in den Bereichen Brennwertgeräte, Systemregelungen und Systeme zur Nutzung erneuerbarer Energien
- Modulierende Elektro-Wärmepumpe
- Europäischer Aluminium Award 2006

Internationale Aktivitäten

- EU
- Nordamerika
- Asien

BERLINER nergie AGENTUR

Kontaktinformationen

Berliner Energieagentur GmbH
Französische Straße 23
10117 Berlin

Tel.: +49 (0) 30/293330-15
E-mail: office@berliner-e-agentur.de
Internet: www.berliner-e-agentur.de

Produkte und Dienstleistungen

- Ausschreibungs- und Vergabemanagement für Energiedienstleistungen
- Energiekonzepte
- Politikberatung
- Kampagnen

Forschungs- und Entwicklungsaktivitäten

- Energieeinsparcontracting für öffentliche Liegenschaften (ESC)
- Mikro-KWK in Wohn- und Dienstleistungsgebäuden

Patente und Alleinstellungsmerkmale

- Keine Angaben

Internationale Aktivitäten

- Mittel- und Osteuropa
- Asien (China, Indien)
- Brasilien

Kontaktinformationen

BSH Bosch und Siemens Hausgeräte GmbH
Carl-Wery-Straße 34
81739 München

Tel.: +49 (0) 89/45903391
E-mail: barbara.kutscher@bshg.com
Internet: www.bsh-group.de

B/S/H/
BOSCH AND SIEMENS HOME APPLIANCES GROUP

Produkte und Dienstleistungen

- Energieeffiziente Kühl- und Gefriergeräte, Waschmaschinen
- Geschirrspüler, Herde
- Protos, der Pflanzenölkocher für Schwellen- und Entwicklungsländer

Forschungs- und Entwicklungsaktivitäten

- FCKW- und FKW-Ausstieg bei Kühlgeräten bereits 1993
- Energieeffiziente Motoren, Sensortechnik und Elektronik
- Reduzierung von Wasser- und Energieverbrauch in allen Produktbereichen

Patente und Alleinstellungsmerkmale

- 1997 „Innovationspreis Umwelt" BDI
- 2003/2004 Umweltpreis des BDI für Technologietransfer bei Kühlgeräten
- 2006 Internationaler B.A.U.M Sonderpreis

Internationale Aktivitäten

- EU
- Asien
- USA

Kontaktinformationen

Centrosolar Glas GmbH & Co. KG
Siemensstraße 3
90766 Fürth

Tel.: +49 (0) 911/950980
E-mail: ralf.ballasch@centrosolarglas.com
Internet: www.centrosolarglas.com

CENTROSOLAR GLAS

Produkte und Dienstleistungen

- Antireflexbeschichtetes Solarglas für Photovoltaik und Solarthermie
- Unbeschichtetes Solarglas für Photovoltaik und Solarthermie
- Transparente Wärmedämmung

Forschungs- und Entwicklungsaktivitäten

- Entwicklung neuer Glasbeschichtungen zur Energieeffizienz
- Schaltbare, transparente Wärmedämmung

Patente und Alleinstellungsmerkmale

- Umweltpreis Gartenbau NRW 2006
- Diverse Patente
- Job Star 2007 Metropolregion Nürnberg/Fürth/Erlangen

Internationale Aktivitäten

- Frankreich
- Spanien
- USA

DeTec GmbH
Kälte-Klima-Druckluft-Umwelt-Energietechnik

Kontaktinformationen

DeTec GmbH
Kupferbent 6
32758 Detmold

Tel.: +49 (0) 5232/9750888
E-mail: mzh@de-tec.net
Internet: www.energiefaenger.de

Produkte und Dienstleistungen

- Wärmerückgewinnung aus Abwasser
- Kraft-Wärme-Druckluft-Kopplung
- Kraft-Wärme-Kälte-Kopplung
- Wärmerückgewinnung in Prozessen
- Energieeinsparung in Kälte-Klima-Prozessen

Forschungs- und Entwicklungsaktivitäten

- Erstellung von Kosten-Nutzenrechnung für den Anwender
- Erstellung von Pilotanlagen und Auswertung der Betriebsbedingungen

Patente und Alleinstellungsmerkmale

- Abwasserwärmerückgewinnung durch den „AquaReEnergieTrichter"
- Bundespreisträger 2006 für Innovationen im Handwerk vom Bundesministerium für Wirtschaft und Technologie

Internationale Aktivitäten

- Schweiz, Österreich, Skandinavien, Frankreich (in der Zukunft)

DMS
Wasser- Wärmetechnik GmbH

Kontaktinformationen

DMS Wasser-Wärmetechnik GmbH
Im Hegen 14a
22113 Oststeinbek

Tel.: +49 (0) 40/7139090
E-mail: d.muehlena@dms-online.de
Internet: www.dms-info.de

Produkte und Dienstleistungen

- Zentrale Wassererwärmung unter optimierter Ausnutzung alternativer und regenerativer Energien durch Energiespeicherung und energieoptimiertes Pumpenmanagement
- Regenerative Energien und energieoptimiertes Pumpenmanagement

Forschungs- und Entwicklungsaktivitäten

- Pumpenmanagement
- Absterbekinetik von Legionellen – Amöben
- Hygienisches Verhalten verschiedener Werkstoffe und deren Verbindungstechnik

Patente und Alleinstellungsmerkmale

- Thermodrive – Pumpenmanagement
- Wassererwärmung im Legiokill-System patentiert und ausgezeichnet mit Hygienezertifikaten

Internationale Aktivitäten

- Österreich
- Italien
- Ungarn

Kontaktinformationen

ECONSULT Umwelt Energie Bildung
Buchenweg 12
72108 Rottenburg

Tel.: +49 (0) 7457/91935
E-mail: info@solaroffice.de
Internet: www.solaroffice.de

UMWELT
ENERGIE
BILDUNG
ECONSULT
ENVIRONMENT
ENERGY
EDUCATION

Produkte und Dienstleistungen

- Energieplanung, dynamische Gebäudesimulation, Energiekonzepte
- Seminare, Workshops, Lehrgänge, Deutscher Energieberatertag
- Solares Bauen, Passivhaus, Energetische Gebäudesanierung, EnEV
- Beratung von Unternehmen, Verbänden und öffentlicher Hand
- Lernsoftware Multi-SOL, Fachbuch EnEV-Navigator, Fachjournalismus

Forschungs- und Entwicklungsaktivitäten

- Entwicklung energieeffizienter Gebäude
- Entwicklung innovativer Lernsoftware
- Entwicklung von Lehrgängen, Workshops und Fachseminaren

Patente und Alleinstellungsmerkmale

- Lernsoftware Multi-SOL wird bundesweit in den meisten Berufsschulen genutzt, einziges Produkt am Markt
- 1999 Preis der DGS „Beispielhaftes Solarprojekt"

Internationale Aktivitäten

- EU

Kontaktinformationen

Ecofys Germany GmbH
Eupener Straße 59
50933 Köln

Tel.: +49 (0) 221/51090780
E-mail: info@ecofys.de
Internet: www.ecofys.de

ECOFYS

Produkte und Dienstleistungen

- Beratung erneuerbare Energien, Energieeffizienz, Klimaschutzstrategien
- Energieeffizienz im Gebäudebereich, Klimawandel, Studien
- Nachhaltige Energieversorgung
- Netzintegration von erneuererbaren Energien
- Bioenergie, Anlagenplanung, nachhaltige Energiekonzepte

Forschungs- und Entwicklungsaktivitäten

- Klimaschutzstrategien und -studien
- Nullenergiehäuser
- Netzeinbindung von erneuerbaren Energien

Patente und Alleinstellungsmerkmale

- SWAC – Seawater air conditioning system
- Urban Turbine, Wave rotor, NICE cafes, Console
- Sternstadtpreis 2002: „Öko"-Sternstadt

Internationale Aktivitäten

- Osteuropa
- Asien, insbesondere China

Kontaktinformationen

ECO PHYSICS GmbH
Schleißheimer Straße 270b
80809 München

Tel.: +49 (0) 89/307667-0
E-mail: info@ecophysics.de
Internet: www.ecophysics.de

Produkte und Dienstleistungen

- NO_x-Analysatoren
- Online-Gasanalysatoren
- Gasmischer

Forschungs- und Entwicklungsaktivitäten

- Modulare und kompakte Geräte
- Maximierung der Messbereichsabdeckung

Patente und Alleinstellungsmerkmale

- Große Applikationsflexibilität durch modulares und kompaktes Gerätedesign
- Hohe Messbereichsabdeckung vom ppt- bis in den %-Bereich

Internationale Aktivitäten

- Keine

Kontaktinformationen

EDUR-Pumpenfabrik Eduard Redlien GmbH & Co. KG
Hamburger Chaussee 148–152
24113 Kiel

Tel.: +49 (0) 431/689868
E-mail: j.holdhof@edur.de
Internet: www.edur.de

Produkte und Dienstleistungen

- Mehrphasenpumpen für Abwasseraufbereitung
- Mehrphasenpumpen für Bioreaktoren
- Mehrphasenpumpen für (Roh-)Öl-Wasser-Trennung
- Pumpen für CO_2-Wäsche
- Pumpen für Biokraftstoffanlagen

Forschungs- und Entwicklungsaktivitäten

- Pumpen zur Flüssigkeits-Gas-Gemischförderung
- Pumpen zur Gasanreicherung

Patente und Alleinstellungsmerkmale

- Umweltpreis Stadt Kiel
- Nominierung zum Großen Preis des Mittelstandes

Internationale Aktivitäten

- Niederlande
- China
- USA

Kontaktinformationen

ENVICON Klärtechnik GmbH & Co. KG
Bassfeldshof 4–6
46537 Dinslaken

Tel.: +49 (0) 2064/474-31
E-mail: m.charatjan@envicon.net
Internet: www.envicon.net

Produkte und Dienstleistungen

- Intelligenter Fuzzy-Belüftungsregler für Kläranlagen
- Energetische Bewertung und Optimierungskonzepte für Kläranlagen
- Effiziente Rührwerke und Komponenten für Biogasanlagen
- Hochwertige und leistungsfähige Belüfter für Kläranlagen

Forschungs- und Entwicklungsaktivitäten

- Umsetzung der Software des Reglers auf einen SPS-Baustein
- Erhöhung der Standzeit der Membranbelüfter durch Optimierung des Materials
- Verbesserte Durchmischung in Biogasfermentern durch Optimierung des Rührwerkes

Patente und Alleinstellungsmerkmale

- Fuzzy-Pattern Regler für intermittierend belüftete Kläranlagen
- Fuzzy-Pattern Regler für Kläranlagen mit vorgeschalteter Denitrifikation

Internationale Aktivitäten

- Belgien
- Frankreich
- Großbritannien

Kontaktinformationen

GETEC AG
Albert-Vater-Straße 50
39108 Magdeburg

Tel.: +49 (0) 391/2568226
E-mail: getecag@getec.de

Produkte und Dienstleistungen

- Contracting, Planung, Bau, Finanzierung und Betrieb oder Übernahme von Energieerzeugungsanlagen zur dezentralen Energieversorgung
- Entwicklung maßgeschneiderter und wirtschaftlicher Energieversorgungsmodelle für Energieformen wie Dampf, Wärme, Kälte, Strom und Druckluft auf Basis moderner Technik und verschiedener Brennstoffe

Forschungs- und Entwicklungsaktivitäten

- Forschungsprojekte im Bereich erneuerbare Energien
- Entwicklung von Brennern für Feststofffeuerung

Patente und Alleinstellungsmerkmale

- Contracting-Award 2006
- Unternehmer des Jahres 2005
- Patente auf Feuerungssysteme für Feststofffeuerung

Internationale Aktivitäten

- Keine

Kontaktinformationen

GfG – Gesellschaft für Gerätebau mbH
Klönnestraße 99
44143 Dortmund

Tel.: +49 (0) 231/5640027
E-mail: info@gfg-mbh.com
Internet: www.gasmessung.de

Produkte und Dienstleistungen

- Mobile Gaswarngeräte und stationäre Gasmess-Systeme, die mit höchst sensiblen Sensoren eine Vielzahl von Gefahrstoffen in kleinsten Konzentrationen messen, aufspüren und somit Menschen bei der Arbeit vor möglichen Gefahren warnen.
- GfG Geräte sind für eine Vielzahl von Anwendungen/Industrien geeignet, z.B. Automobilindustrie, chemische Industrie, Deponien, Bergbau, Gasversorger, Kommunen, Universitäten

Forschungs- und Entwicklungsaktivitäten

- Mess- und Regeltechnik
- Sensorik
- Stationäre und mobile Gasmesstechnik

Patente und Alleinstellungsmerkmale

- RedDot Design- und Innovationspreis für Mehrgas-Warngerät Microtektor II
- Seit 45 Jahren ist die GfG spezialisiert auf Entwicklung und Produktion der sichersten und robustesten auf dem Markt verfügbaren Gaswarngeräten und Sensoren

Internationale Aktivitäten

- Westeuropa
- Afrika
- Amerika

Kontaktinformationen

Glas Schuler GmbH & Co.KG
Ziegelstraße 23–25
91126 Rednitzhembach

Tel.: +49 (0) 9122/97560
E-mail: info@isolette.de
Internet: www.isolette.de

Produkte und Dienstleistungen

- ISOLETTE Jalousienisolierglas
- Isolierglas
- Sommerlicher Wärmeschutz
- Lichtlenkung
- Solare Wärmegewinnung

Forschungs- und Entwicklungsaktivitäten

- Lichtlenkung
- Integrierte Verschattungssysteme
- Sommerlicher Wärmeschutz

Patente und Alleinstellungsmerkmale

- ISOLETTE® Jalousienisolierglas
- LES TWD
- Im isolierglas integrierte Verschattungssysteme

Internationale Aktivitäten

- EU
- Japan
- Taiwan

Kontaktinformationen

Hirzle + Lais Ingenieur GmbH
Im Schwenkeland 8
79224 Umkirch

Tel.: +49 (0) 7665/98010
E-mail: umkirch@hirzle-lais.de
Internet: www.hirzle-lais.de

HIRZLE + LAIS INGENIEUR GMBH www.hirzle-lais.de

Produkte und Dienstleistungen

- Leistungen Thermische Bauphysik
- Energetische Gebäudesanierung
- Sachverständige
- Energieberatung
- Tragwerksplanung

Forschungs- und Entwicklungsaktivitäten

- Thermische Bauphysik

Patente und Alleinstellungsmerkmale

- Thermische Bauphysik

Internationale Aktivitäten

- Österreich
- Schweiz

Kontaktinformationen

Hofbauer ingenieurbüro gmbh
Schanzenweg 27
94469 Deggendorf

Tel.: +49 (0) 991/371030
E-mail: a.hofbauer@hofbauer-ib.de
Internet: www.hofbauer-ib.de

hofbauer ingenieurbüro gmbh
beratung und planung für techn. gebäudeausrüstung

Produkte und Dienstleistungen

- Ingenieurleistungen für technische Gebäudeausrüstung
- Beratung und Planung von Wärme und Kälteversorgungsanlagen
- Entwicklung innovativer Versorgungsanlagen für Industrie- und Kommunalbau
- Planung und Ausschreibung von Contractingleistungen
- Energiekonzepte und Wirtschaftlichkeitsstudien

Forschungs- und Entwicklungsaktivitäten

- Energiekonzepte für Industrie und Kommunen
- Nutzung nachwachsender Energieträger
- Erhöhung der Energieeffizienz von Anlagen und Gebäuden

Patente und Alleinstellungsmerkmale

- Planung des ersten öffentl. Biomasseheizkraftwerkes mit ORC-Technologie

Internationale Aktivitäten

- Österreich

MEGAMAN®
EnergieSparLampen

Kontaktinformationen

IDV Import- und Direkt-Vertriebsges. mbH
Birkenweiherstraße 2
63505 Langenselbold

Tel.: +49 (0) 6184/931942
E-mail: info@megaman.de
Internet: www.megaman.de

Produkte und Dienstleistungen

- MEGAMAN Energiesparlampen für Allgemeinbeleuchtung
- Energiesparende Leuchten für den Innen- und Außenbereich
- MEGAMAN Clusterlite – Energiesparende Lampen für den gewerblichen und kommunalen Bedarf
- Energiesparende Beleuchtungslösungen für Möbel

Forschungs- und Entwicklungsaktivitäten

- Quecksilberfreie Energiesparlampe
- Lampen mit hoher Farbwiedergabe
- Effizienzsteigerung und Dimmbarkeit

Patente und Alleinstellungsmerkmale

- Stiftung Warentest: 9x getestet, davon 8x GUT
- INTEL, Mailand 2006 – Innovation & Design-Preis
- Hong Kong – Awards for Industry

Internationale Aktivitäten

- Belgien
- Österreich
- Schweiz

---

ebök

Kontaktinformationen

Ingenieurbüro ebök
Schellingstraße 4/2
72072 Tübingen

Tel.: +49 (0) 7071/9394-0
E-mail: claus.kahlert@eboek.de
Internet: www.eboek.de

Produkte und Dienstleistungen

- Fachplanung Bauphysik
- Fachplanung TGA
- F&E/Beratung zu Fenster, Lüftung, Wärmepumpen
- Simulation und Monitoring von Gebäuden
- Schulung, Erstellung von Schulungsmaterialien

Forschungs- und Entwicklungsaktivitäten

- EU-Projekt HOLIWOOD IP-SME im FP6
- Verbesserung der Effizienz von Lüftungsanlagen
- Instrumente zur Bewirtschaftung von Gebäudebeständen

Patente und Alleinstellungsmerkmale

- ebök Bürogebäude, erstes saniertes Passivhaus mit Zertifikat, mehrere Preise, unter anderem KfW Effizienzpreis
- ENERGON, größtes Passivhaus, mehrere Preise und Auszeichnungen

Internationale Aktivitäten

- Frankreich
- Österreich
- Schweiz

Kontaktinformationen

isolux Passivhaus GmbH
Hohe Straße 15
01561 Wildenhain

Tel.: +49 (0) 35343/61134
E-mail: post@isolux.de
Internet: www.isolux.de

Produkte und Dienstleistungen

- Fertigung konstruktiver Dämmsysteme für Wohnhäuser
- Bau massiver Passivhäuser – bundesweit und in allen Baustufen

Forschungs- und Entwicklungsaktivitäten

- Wärmebrückenfreier Träger
- wärmebrückenfreier Fassadenanker
- verlorene Dämmschalung für Betonwände

Patente und Alleinstellungsmerkmale

- isolux-Massivwand
- isolux-Träger
- isolux-Fassadendübel

Internationale Aktivitäten

- Österreich

Kontaktinformationen

Josef & Thomas Bauer Ingenieurbüro GmbH
Max-Planck-Straße 5
85716 Unterschleißheim

Tel.: +49 (0) 89/32170-0
E-mail: info@ib-bauer.de
Internet: www.ib-bauer.de

Produkte und Dienstleistungen

- Gebäudetechnik
- Energietechnik
- Machbarkeitsstudien, Projektentwicklung, Energiekonzepte, Finanzierung
- Facility Management
- Innovative Sondertechniken (Biomasse, Geothermie, Solar, BHKW)

Forschungs- und Entwicklungsaktivitäten

- Pilotanlagen: Geothermie, Biomasse
- Arbeitskreise IHK München und TU München

Patente und Alleinstellungsmerkmale

- Kesselkonstruktion
- Trinkwasserhygiene

Internationale Aktivitäten

- Keine

KIMO Antriebstechnik

Kontaktinformationen

KIMO Industrie-Elektronik GmbH
Am Weichselgarten 19
91058 Erlangen

Tel.: +49 (0) 9131/60690
E-mail: hakefo@kimo.de
Internet: www.kimo.de

Produkte und Dienstleistungen

- Antriebsregler, Leistungselektronik, kundenspezifische Lösungen
- Frequenzumrichter
- Bremsgeräte, Brems-Chopper
- Sanftanlauf- u. Sanftauslaufgeräte
- Spannungssteller

Forschungs- und Entwicklungsaktivitäten

- Entwicklung energieeffizienter, robuster Antriebsregler

Patente und Alleinstellungsmerkmale

- Einführung einer kompakten und voll rückspeisefähigen Frequenzumrichterfamilie von 4 bis 200 kW
- Entwicklung Wechselrichter, MPP-Regler in 1000-Dächer-Programm

Internationale Aktivitäten

- EU
- Asien, insbesondere Indien

KMA

Kontaktinformationen

KMA GmbH
Eduard-Rhein-Straße 2
53639 Königswinter

Tel.: +49 (0) 2244/92480
E-mail: r.kurtsiefer@kma-filter.de
Internet: www.kma-filter.de

Produkte und Dienstleistungen

- Abluftfilteranlagen zur Ablösung von thermischen Verbrennungsanlagen
- Abluftfilteranlagen für Gießereien (Umluftbetrieb)

Forschungs- und Entwicklungsaktivitäten

- Neuer Elektrofilter/Wäscher für die Lebensmittelindustrie
- Abluftfilter für Druckgießereien mit Option für Umluftbetrieb
- Röhrenelektrofilter zur Abscheidung klebriger/fettiger Rauchemissionen

Patente und Alleinstellungsmerkmale

- DLG FoodTec Award für energiesparendes Filterverfahren
- eta-Preis der Badenwerke für energiesparendes Filterverfahren
- Förderung durch DBU; Osnabrück

Internationale Aktivitäten

- Italien
- Tschechien
- USA

Kontaktinformationen

Knorr & Lorenz GmbH
Mühlschlag 2 1/2
93183 Kallmünz

Tel.: +49 (0) 9473/571
E-mail: knorr-lorenz@t-online.de
Internet: www.knorr-lorenz.de

Produkte und Dienstleistungen

- Ökologische Zellulose-Wärmedämmung aus Recycling
- Planung von Energiespar- und Passivhäusern
- Energieberatung und Qualitätssicherung der Therm. Gebäudehülle
- Ingenieurmessungen wie Blower-Door, Thermographie etc.
- Dachbegrünungen

Forschungs- und Entwicklungsaktivitäten

- Gebäudeenergieeffizienz

Patente und Alleinstellungsmerkmale

- Einbautechniken von ökologischer Wärmedämmung

Internationale Aktivitäten

- Keine

Kontaktinformationen

Köhler & Ziegler Anlagentechnik GmbH
Auweg 10c
35457 Lollar

Tel.: +49 (0) 6406/910320
E-mail: h.ziegler@koehler-ziegler.de
Internet: www.koehler-ziegler.de

Produkte und Dienstleistungen

- Blockheizkraftwerke 50–2000 KW
- Dampfschrauben BHKW Module
- ORC-Anlagen
- Biogasreinigungsanlagen;
- Biomethananlagen

Forschungs- und Entwicklungsaktivitäten

- ORC Prozess
- Biomethananlagen
- Standard BHKW Module

Patente und Alleinstellungsmerkmale

- Patente

Internationale Aktivitäten

- Italien
- Österreich

Kontaktinformationen

Korner Ingenieure GmbH
Nicolaus-Otto-Straße 25
89079 Ulm

Tel.: +49 (0) 731/94614-0
E-mail: joachim.loroesch@korner-ingenieure.de
Internet: www.korner-ingenieure.de

Produkte und Dienstleistungen

- Nachhaltiges Bauen, Thermische Simulation, Strömungssimulation
- Technical Due Dilligence, Energieeffizienz von Gebäuden
- Kraft-Wärmekopplung, BHKW, Wärmepumpen, Geothermie, Solarenergie
- Energieeinsparung- und Contracting, Passivhäuser, Energetische Sanierung
- Betonkerntemperierung;, Nachtauskühlung, Bio-Speichermasse

Forschungs- und Entwicklungsaktivitäten

- Energetische Gebäudesimulationen
- Technical Due Dilligence
- Energetische Gebäudesanierung

Patente und Alleinstellungsmerkmale

- Energieeinsparung in Bestandsgebäuden
- Energetisches Benchmarking, Technical Due Dilligence
- Nachhaltiges Bauen

Internationale Aktivitäten

- Keine

Kontaktinformationen

Kurz und Fischer GmbH Beratende Ingenieure Bauphysik
Brückenstraße 9
71364 Winnenden

Tel.: +49 (0) 7195/9147-0
E-mail: roland.kurz@kurz-fischer.de
Internet: www.kurz-fischer.de

Produkte und Dienstleistungen

- Bauphysikalische Beratung
- Energetische Altbausanierung
- Innovative Lärmschutzüberwachungskonzepte

Forschungs- und Entwicklungsaktivitäten

- Einführung eines Schallschutzpasses für Wohngebäude
- Schalltechnische Dauerüberwachung von Industriebetrieben
- Untersuchung von Koronageräuschen

Patente und Alleinstellungsmerkmale

- Patent für Hammerwerke zur Trittschallanregung
- Patente über körperschalldämpfende Bauteile
- Erster Platz mit dem „Integrated Noise Control Management"

Internationale Aktivitäten

- Keine

Kontaktinformationen

Kutzner + Weber GmbH
Frauenstraße 32
82216 Maisach

Tel.: +49 (0) 8141/957121
E-mail: pabst@kutzner-weber.de

KW KUTZNER + WEBER

Produkte und Dienstleistungen

- Herstellung und Vertrieb von Komponenten für die Heiz- und Abgastechnik
- Abgasklappen
- Nebenluftvorrichtungen
- Schalldämpfer
- Ofenregelung

Forschungs- und Entwicklungsaktivitäten

- Schallreduzierung
- Partikelabscheidung
- Energieeinsparung

Patente und Alleinstellungsmerkmale

- Patente: Abgasklappen Therm.-Motor., Nebenluftvorrichtungen, Schalldämpfer,
- Zusammenarbeit mit Fraunhofer-Institut Bauphysik
- Entwicklung von Schalldämpfer für die Heizkesselindustrie

Internationale Aktivitäten

- Niederlande
- Österreich
- Schweiz

Kontaktinformationen

Maschinenfabrik Gg. Kiefer GmbH
Heilbronner Straße 380–396
70469 Stuttgart

Tel.: +49 (0) 711/8109-0
E-mail: info@kieferklima.de
Internet: www.kieferklima.de

Kiefer
Seit 1877
Luft- und Klimatechnik
Neue Wege mit Luft

Produkte und Dienstleistungen

- Betonkerntemperierung mit Zuluft Concretcool, Kühldeckenpaneel Inducool
- PCM-Speicherkühlsegel Indul-accu, Schlitzdurchlass Indul
- Energieberatung, Inspektion, Wartung, Energieeffizienz, Laborversuche
- Luftdurchlässe, Kühldecken, Lüftungsanlagen, Klimaanlagen, Raumströmungsversuche

Forschungs- und Entwicklungsaktivitäten

- Einsatz von Phasenwechselmaterialien in der Gebäudeklimatisierung
- Effizienzsteigerung von Kühldecken
- Thermische Aktivierung von Gebäudeteilen

Patente und Alleinstellungsmerkmale

- Betonkerntemperierung mit Zuluft (Patente)
- Energieeffiziente Hochleistungskühlpaneele
- Beratung bei Auswahl und Einsatz energieeffizienter Klimasysteme

Internationale Aktivitäten

- Großbritannien
- Österreich
- Schweiz

Kontaktinformationen

MEKON Klima- und Umweltservice GmbH
Wolfener Straße 32–34 Haus O
12681 Berlin

Tel.: +49 (0) 30/93523350
E-mail: marcus.osterland@mekon.de
Internet: www.mekon.de

Produkte und Dienstleistungen

- Abdichtung von Lüftungsanlagen
- Sanierung von Lüftungsanlagen
- Raumklimagutachten
- Energieeinsparung durch dichte Kanäle
- Abdichtung von Deckenvergüssen

Forschungs- und Entwicklungsaktivitäten

- Eigenentwicklung von Technik zur Abdichtung von Lüftungskanälen
- Verfahrensentwicklung zur Abdichtung von Lüftungskanälen

Patente und Alleinstellungsmerkmale

- Drei Patente im Bereich Abdichtung von Lüftungsanlagen
- Gebrauchsmuster im Bereich Reinigung von Lüftungsanlagen
- Drei eingetragene Marken

Internationale Aktivitäten

- Keine

Kontaktinformationen

Menerga Apparatebau GmbH
Gutenbergstraße 51
45473 Mülheim an der Ruhr

Tel.: +49 (0) 208/9981123
E-mail: info@menerga.com
Internet: www.menerga.de

Produkte und Dienstleistungen

- Klimazentralgeräte für Komfort- und Industriegebäude
- Schwimmhallenklimatisierung
- Kompaktkaltwassergeräte
- Umfassende technischen Vertrieb und Service

Forschungs- und Entwicklungsaktivitäten

- Sorptionsgestützte Klimatisierungssysteme
- Kompakt-Kaltwasserssatz mit integriertem Rückkühlwerk
- Steuerungs- und Regelungstechnik

Patente und Alleinstellungsmerkmale

- Auszeichnung Kaltwassersatz – Europäisches Patent
- Preis für energieeffiziente Systeme – Klimatisierung des ungarischen Parlaments
- Preis für energieeffiziente Systeme – Klimatisierung einer Grundschule in Slowenien

Internationale Aktivitäten

- Osteuropa
- Nordamerika
- EU

Kontaktinformationen

Messtechnik EHEIM GmbH
Hauffstraße 23
74193 Schwaigern

Tel.: +49 (0) 7138/920510
E-mail: info@messtechnik-eheim.com
Internet: www.messtechnk-eheim.de

Messtechnik EHEIM GmbH
Abgasanalyse-Meßsysteme

Produkte und Dienstleistungen

- Abgasanalysemesstechnik. tragbar und stationär
- Rohgasanalysemesstechnik für Biogaserzeugung bzw. -verwertung
- Rohgasanalysemesstechnik für Biomassevergasung (Holz-, Stroh-, Müllvergasung)

Forschungs- und Entwicklungsaktivitäten

- Multifunktionsgasanalysator zur Feuerungsoptimierung
- Prozessgasanalysator für Biomassevergasung von Stroh/Holz etc.
- Biogasanalysator zur Verrechnungsmessung an Übergabestellen

Patente und Alleinstellungsmerkmale

- Keine Angaben

Internationale Aktivitäten

- Italien
- Österreich
- Thailand

Kontaktinformationen

Mess- und Fördertechnik Gwinner G.m.b.H. & Co.
Weidenbaumsweg 91a
21035 Hamburg

Tel.: +49 (0) 40/72550200
E-mail: ursula.gossmann@mfx-systems.de
Internet: www.mfx-systems.de

M+F Mess- und Fördertechnik
Gwinner GmbH & Co

Produkte und Dienstleistungen

- Tanklagerautomatisierung, Flugfeldbetankung, Messwerterfassungssysteme
- Zutrittskontrollsysteme, Kompaktmessanlagen QMS, Flüssigkeitsmessanlagen
- Aktivierung und Blending, Ventile, Rohrleitungszubehör, Abfüllanlagen

Forschungs- und Entwicklungsaktivitäten

- Messwerterfassungssystem MFX_4

Patente und Alleinstellungsmerkmale

- Zertifiziert nach ISO 9001:2000, Drückgeräte 97/23/EG Modul D

Internationale Aktivitäten

- EU
- Osteuropa
- Russland

Kontaktinformationen

Nexans SuperConductors GmbH
Industriestraße
50354 Hürth

Tel.: +49 (0) 22 33/486658
E-mail: joachim.bock@nexans.com
Internet: www.nexans.com

Produkte und Dienstleistungen

- HTS-Strombegrenzer
- HTS-Magnetlager
- HTS-Stromzuführungen

Forschungs- und Entwicklungsaktivitäten

- Supraleitende Strombegrenzer: neue Technik zur Effizienzverbesserung von Netzen
- Reibungsfreie supraleitende Lager: Verlustreduzierung, höhere Sicherheit
- Supraleitende Bandleiter: effizientere elektrische Anlagen, CO_2-Einsparung

Patente und Alleinstellungsmerkmale

- Erster Supraleiter Strombegrenzer im Mittelspannungsnetz weltweit
- Erstes Supraleiter Schwerlastlager für industrielle Zwecke weltweit

Internationale Aktivitäten

- Großbritannien
- Korea
- USA

Kontaktinformationen

ÖKOTEC Energiemangement GmbH
Elsenstraße 106
12435 Berlin

Tel.: +49 (0) 30/53639712
E-mail: d.binding@oekotec.de
Internet: www.oekotec.de

Produkte und Dienstleistungen

- Energieanlyse (Ermittlung Einsparpotentiale)
- Energiekonzept (Entwicklung von Maßnahmen)
- Implementierung (Begleitung Umsetzung)
- Energiecontrolling
- Beratung Energieeinkauf

Forschungs- und Entwicklungsaktivitäten

- Energieeffizienz

Patente und Alleinstellungsmerkmale

- Umfassende Industrieerfahrung
- Diverse Berechnungstools für Energieeinsparpotenziale
- Erfahrungen bei der Umsetzung von Energieeinsparmaßnahmen

Internationale Aktivitäten

- Mitteleuropa
- Osteuropa
- Südeuropa

Kontaktinformationen

OSMO-Anlagenbau GmbH & Co. KG
Bielefelder Straße 10
49124 Georgsmarienhütte

Tel.: +49 (0) 5401/858-125
E-mail: cnordsiek@osmo-anlagenbau.com
Internet: www.osmo-anlagenbau.com

Produkte und Dienstleistungen

- Automatisierungs-/Leittechnik, Prozesstechnik, Leitzentralen
- Blockheizkraftwerke, Biogasanlagen, Biomasseanlagen, Vergärungsanlagen
- Elektroanlagenbau, Industrie-/Gebäudetechnik, Mittel-/Niederspannungsanlagen
- Wasser-/Abwassertechnik, Umwelttechnik, Tankanlagen, Rohrleitungsbau
- Technischer Verkehrswegebau, Kommunikations/Sicherheitstechnik

Forschungs- und Entwicklungsaktivitäten

- Leitzentralen Straßenverkehrstunnel in Nordrhein-Westfalen, Bayern, Thüringen, Hessen
- Vergärungsanlagen zur Energiegewinnung aus Klärschlämmen, Speiseresten und Grünabfällen
- Reinigung von Abwässern jeglicher Art sowie Aufbereitung von Frischwasser

Patente und Alleinstellungsmerkmale

- Keine Angaben

Internationale Aktivitäten

- Keine

Kontaktinformationen

PASStec GmbH
Unter den Weiden 31
08451 Crimmitschau

Tel.: +49 (0) 3762/9566-200
E-mail: info@passtec.de
Internet: www.passtec.de

Produkte und Dienstleistungen

- KlimaPASS – Luftheizung mit Wärmepumpe und Wärmerückgewinnung
- PASSTube – Lüftungsrohr, Rohr und Dämmung
- TOUCHLON – LON Touchpanel
- Lüftungstechnik mit Wärmerückgewinnung, Wärmepumpen, Solar (Photovoltaik)
- Software- und Hardwareentwicklung

Forschungs- und Entwicklungsaktivitäten

- Heizungs- und Klimatechnik mit Wärmepumpen, Steuerungstechnik
- Lüftungstechnik für Einfamilienhäuser, Luftverteilung und Wärmerückgewinnung
- Steuerungstechnik für Gebäude mit LON Bus

Patente und Alleinstellungsmerkmale

- Patent – Steuertechnik für Verschliesseinrichtungen
- Patent – Torsteuerung
- Patentanmeldung – Fensterlüftungsgerät

Internationale Aktivitäten

- Italien
- Schweiz
- Slowenien

pluggit
Immer frische Luft.

Kontaktinformationen

Pluggit GmbH
Wamslerstraße 2
81829 München

Tel.: +49 (0) 89/357731-0
E-mail: martin.krohn@pluggit.com
Internet: www.pluggit.com

Produkte und Dienstleistungen

- Zentrale Zu- und Abluftsysteme mit Wärmerückgewinnung bei Quer- und Quelllüftung

Forschungs- und Entwicklungsaktivitäten

- Luftführung
- Luftverteilung
- Komfortkühlung

Patente und Alleinstellungsmerkmale

- Zentralregulierte Zuluftverteilung mit Reinigungsfähigkeit des Systems
- Abluftsammler mit Luftleitschaufel
- Luft-Wärmeelement „PluggMar"

Internationale Aktivitäten

- Italien
- Österreich
- Schweiz

POLLRICH VENTILATOR

Kontaktinformationen

Pollrich Ventilatoren GmbH
Neusser Straße 172
41065 Mönchengladbach

Tel.: +49 (0) 2161/968112
E-mail: Jahn@Pollrich.com

Produkte und Dienstleistungen

- Entwicklung und Herstellung sowie Optimierung von schweren Prozessluft-Industrieventilatoren
- Hauptindustrien: Papierherstellung, Stahl, Müll- und Biomasseverbrennung, Kraftwerksbau, Luftreinigungssysteme, Trockner

Forschungs- und Entwicklungsaktivitäten

- Optimierung von Wirkungsgrad = Energieeffizienz und Lärmreduktion beim Einsatz von Industrieventilatoren bis zu Antriebsleistungen von 3500KW/Einheit

Patente und Alleinstellungsmerkmale

- Wirkungsgrade über 83 % bis zu 87 %

Internationale Aktivitäten

- Finnland
- Frankreich
- Schweiz

Kontaktinformationen

RGS Regelungstechnik Gebäudeleittechnik Systemintegration
Hugo-Haelschner-Straße 16
53129 Bonn

Tel.: +49 (0) 228/9176260
E-mail: franz.both@rgs-regelungstechnik.de

MATTHIAS Both UND SOHN

Produkte und Dienstleistungen

- Patentierter instationärer Heizungsregler als Ersatz und Weiterentwicklung des witterungsgeführten Vorlaufreglers
- Patent zum energiesparenden Entfeuchten in Klimaanlagen
- Energieberatung – Optimierung und Monitoring

Forschungs- und Entwicklungsaktivitäten

- Programmierung und Entwicklung von Software zur Steigerung der Energieeffizienz gebäudetechnischer Anlagen, Umsetzung, Einbau und Betrieb

Patente und Alleinstellungsmerkmale

- Patentschrift 103 14 803 Verfahren zum Entfeuchten und Temperieren eines Luftstromes sowie Lizenzvertrieb
- Patent 102 17 272 Verfahren zur Wärmeleistungsregelung

Internationale Aktivitäten

- Keine

Kontaktinformationen

R. Scheuchl GmbH
Königbacher-Straße 17
94496 Ortenburg

Tel.: +49 (0) 8542/165 39
E-mail: dinglreiter@scheuchl.de
Internet: www.scheuchl.de

RS
www.scheuchl.de

Produkte und Dienstleistungen

- Rotationswärmeaustauscher, Lösemittelrückgewinnungsanlagen
- Lösemittelkonzentrator, Entfeuchter, Wärmeaustauscher
- Thermo-Druck-Hydrolyse, Biogasanlagen, Trockner, Luftaufbereitung
- Luftkonditionierung, Sonderverfahrenstechnik;

Forschungs- und Entwicklungsaktivitäten

- Energieeffiziente Prozesse
- Verfahrensoptimierung
- Neuentwicklung umweltfreundlicher Prozesse

Patente und Alleinstellungsmerkmale

- Entwicklung und Herstellung von kundenspezifischen, umweltfreundlichen und energieeffizienten Sondermaschinen und Spezialanlagen

Internationale Aktivitäten

- EU
- Asien
- Amerika

Kontaktinformationen

Sachsenland-Bauelemente GmbH
Chemnitzer Platz 1
08371 Glauchau

Tel.: +49 (0) 3763/14645
E-mail: info@sachsenland-bauelemente.de
Internet: www.sachsenland-bauelemente.de

Produkte und Dienstleistungen

- Wärmepumpenkompaktsysteme, Lüftungsanlagen mit hocheffizienter Wärmerückgewinnung
- Solareanlagensysteme, Windkraftnutzung, Energiespeichersysteme, passivhausgeeignete Komponenten
- Solareanlagensysteme, passivhaustaugliche Fenster und Haustüren
- Energiesparende Bausysteme für Niedrigenergie- und Passivhäuser sowie Neu- und Altbau
- Konzeptionen, Planungen, Schulungen

Forschungs- und Entwicklungsaktivitäten

- Geothermische Nutzung
- Raumlufthygiene
- RLT-Anlagen

Patente und Alleinstellungsmerkmale

- Kleinste Kompaktwärmepumpen (Sole/Wasser) in Europa
- Effizientester Luftwärmetauscher (max. 99 %) in Europa
- Geothermische Kühlsysteme

Internationale Aktivitäten

- Österreich
- Zypern
- Ukraine

SAINT-GOBAIN
ISOVER G+H

Kontaktinformationen

SAINT-GOBAIN ISOVER G+H AG
Bürgermeister-Grünzweig-Straße 1
67059 Ludwigshafen

Tel.: +49 (0) 621/4701620
E-mail: alexander.geissels@saint-gobain.com
Internet: www.isover.de

Produkte und Dienstleistungen

- Herstellung und Vertrieb von Dämmstoffen für Wärme-, Schall- und Brandschutz
- Energieberatung von Architekten, Planern, Handwerkern und Endverbrauchern (Hausbesitzer/Bauherren)

Forschungs- und Entwicklungsaktivitäten

- Komprimierte Glaswolle, Verpackungsform zur Reduzierung des Lager- und Transportvolumens; damit Einsparung von Verkehrsaufkommen
- Verbesserung des Wärmedämmverhaltens von Dämmstoffen

Patente und Alleinstellungsmerkmale

- Entwicklung einer gesundheitlich-unbedenklichen biolöslichen Mineralwolle
- Hoher Anteil von Recyclinglas bei der Produktion von Glaswolle (Auszeichnung mit dem blauen Umweltengel)

Internationale Aktivitäten

- Weltweit

Kontaktinformationen

Schlagmann Baustoffwerke GmbH & Co KG
Ziegeleistraße 1
84367 Zeilarn

Tel.: +49 (0) 8572/17-200
E-mail: Lorenz.Bieringer@Schlagmann.de

Produkte und Dienstleistungen

- Poroton Ziegel T 8
- Poroton Ziegel S 11
- Poroton Ziegelkamin ZK

Forschungs- und Entwicklungsaktivitäten

- Verbesserung von Wärmedurchgangskoeffizienten bei Wandbaustoffen
- Optimierung von Schallschutzeigenschaften
- Erhöhung Energieeffizienz von Schornsteinsystemen

Patente und Alleinstellungsmerkmale

- Innovations- und Qualitätsführerschaft innerhalb der Branche, damit erheblicher Mehrnutzen für unseren Kunden

Internationale Aktivitäten

- Italien
- Österreich
- Tschechien

Kontaktinformationen

SEW Systemtechnik für Energierecycling und Wärmefluss-begernzung GmbH
Industriering Ost 90
47906 Kempen

Tel.: +49 (0) 2152/9156-0
Internet: www.sew-kempen.de

Produkte und Dienstleistungen

- Multifunktionale Wärmerückgewinnung
- Kälterückgewinnung
- Freie Kühlung – Bauteilkühlung
- Adiabate Verdunstungskühlung
- WRG integrierte Rückkühlwerke

Forschungs- und Entwicklungsaktivitäten

- Wärmeaustauscher für hohe Effizienz
- Multifunktionale WRG-Systeme
- Naturkühlsysteme

Patente und Alleinstellungsmerkmale

- GSWT-Technik
- Adiabate Verdunstungskühlung
- Dezentrale Stromerzeugung

Internationale Aktivitäten

- Luxemburg
- Niederlande

SICOTRONIC

Kontaktinformationen

SICOTRONIC GmbH
Freischützstraße 81
81927 München

Tel.: +49 (0) 89/959397-10
E-mail: wittke@sicotronic.de
Internet: www.sicotronic.de

Produkte und Dienstleistungen

- Produkte zur Leistungsbegrenzung von Großküchengeräten
- Beratung von Kunden mit Großküchen in Hotels, Krankenhäusern, Kantinen
- Inbetriebnahme der Anlagen zur Leistungsoptimierung und Nachweis der Einsparungen

Forschungs- und Entwicklungsaktivitäten

- Neue Möglichkeiten der Leistungsoptimierung
- Temperaturerfassung in der Großküche

Patente und Alleinstellungsmerkmale

- Patent zur Leistungsoptimierung in der Großküche
- Patent zur dezentralen Leistungsoptimierung allgemein
- Ehrenpreis „Prix Apria" der französischen Hotellerie für beste technische Innovation

Internationale Aktivitäten

- Frankreich
- Italien
- Luxemburg

SIEMENS

Kontaktinformationen

Siemens AG Power Generation
Freyeslebenstraße 1
91058 Erlangen

Tel.: +49 (0) 9131/183406
E-mail: konrad.krueger@siemens.com

Produkte und Dienstleistungen

- Fossil-befeuerte Kraftwerke und Komponenten, Generatoren, Service, inkl. Kraftwerksdiagnostik, Service für Kessel und Umweltschutz
- Industrieturbinen und -generatoren, Verdichter, Service, Verdichterlösungen für Öl und Gas
- Leittechniksysteme für alle Kraftwerke, IT-Lösungen und Service
- Windturbinen und Windparks für Onshore- und Offshore-Anwendungen
- Brennstoffvergasung; Brennstoffzellen

Forschungs- und Entwicklungsaktivitäten

- Effizienzsteigerung bei fossil-befeuerten Kraftwerken (z.B. Werkstoffentwicklung)
- CO_2-Abtrennung (Carbon Capture and Storage): IGCC, CO_2-Wäsche
- LNG, GTL, Verdichterlösungen; Smart Network enabled operations, Service und Infrastruktur

Patente und Alleinstellungsmerkmale

- Gasturbine: leistungsstärkste Gasturbine (SGT5–8000H – H-Klasse) für GuD-Kraftwerke (60 % Wirkungsgrad)
- Windturbine: aus einem Stück gegossene Rotorblätter (IntegralBlade®-Verfahren)

Internationale Aktivitäten

- Europa, GUS, Naher und Mittlerer Osten
- Asien-Pazifik
- Nord- und Südamerika

Kontaktinformationen

Stiebel Eltron GmbH & Co. KG
Dr.-Stiebel-Straße
37603 Holzminden

Tel.: +49 (0) 5531/70295321
E-mail: info@stiebel-eltron.com
Internet: www.stiebel-eltron.com

STIEBEL ELTRON
Technik zum Wohlfühlen

Produkte und Dienstleistungen

- Wärmepumpen
- Lüftungsanlagen mit Wärmerückgewinnung
- Solarthermieanlagen
- Geräte zur Warmwasserbereitung
- Elektroheizgeräte

Forschungs- und Entwicklungsaktivitäten

- CO_2 als Kältemittel für Wärmepumpen
- Funktionsintegration in wasserführenden Kunststoffbauteilen
- Lüftungsgeräte für Geschosswohnungsbau

Patente und Alleinstellungsmerkmale

- Selbstkalibrierende Verbrennungsregelung bei Gasgeräten

Internationale Aktivitäten

- Frankreich
- Österreich
- Schweiz

Kontaktinformationen

TAURUS instruments GmbH
Döbereinerstraße 21
99427 Weimar

Tel.: +49 (0) 3643/41740
E-mail: info@taurus-instruments.de
Internet: www.taurus-instruments.de

Produkte und Dienstleistungen

- Wärmeleitfähigkeitsmessgeräte für Bau-, Isolier- und Dämmstoffe
- Hotbox-Messkammern für Fenster, Türen und Wandelemente
- Geräte und Systeme für Brandprüfungen

Forschungs- und Entwicklungsaktivitäten

- Messgerät zur Ermittlung der Wärmeleitfähigkeit bei hohen Temperaturen
- Prüfkammer für Ziegelwände bis 500 mm

Patente und Alleinstellungsmerkmale

- Ehren-Medaille des Deutschen Baumaschinentages München
- Innovationspreis der Deutschen Wirtschaft
- Innovationspreis des Freistaates Thüringen

Internationale Aktivitäten

- Westeuropa
- Türkei
- Iran

techem

Kontaktinformationen

Techem AG
Hauptstraße 89
65760 Eschborn

Tel.: +49 (0) 6196/5222990
E-mail: stefan.lutz@techem.de
Internet: www.techem.de

Produkte und Dienstleistungen

- Verbrauchsgerechte Erfassung und Abrechnung von Energie und Wasser
- Energiesparsysteme für Heizungsanlagen
- Gewerbliche Wärmelieferung

Forschungs- und Entwicklungsaktivitäten

- Steuerungssysteme für den energieeffizienten Betrieb von Heizungsanlagen in Mehrfamilienhäusern
- Energieverbrauchsanalysen im Geschosswohnungsbau

Patente und Alleinstellungsmerkmale

- ecotech: Rund 10 % Einsparung an Heizenergie durch selbstlernende Anlagensteuerung mittels fuzzy logic

Internationale Aktivitäten

- Italien, Österreich, Schweiz
- Osteuropa
- Skandinavien

THEURICH + KLOSE
INGENIEUR-GESELLSCHAFT MBH

Kontaktinformationen

THEURICH + KLOSE Ingenieur-Gesellschaft mbH
Vahrenwalder Straße 117
30165 Hannover

Tel.: +49 (0) 511/358090
E-mail: kontakt@tuk-hannover.de
Internet: www.tuk-hannover.de

Produkte und Dienstleistungen

- Energieeffiziente Planung im Bereich technische Gebäudeausrüstung
- Gebäudeautomation (BACnet etc.)
- Passivhaustechnologien
- Wassereinspartechnologien

Forschungs- und Entwicklungsaktivitäten

- Technische Gebäudeausrüstung für Passivhaus-Gebäude
- Einsatz regenerativer Energien (Solartechnik, Holzpellets etc.)

Patente und Alleinstellungsmerkmale

- Wirtschaftliche Kombination energieeffizienter Technologien im Bereich Gebäudetechnik

Internationale Aktivitäten

- Keine

Kontaktinformationen

Viessmann Werke GmbH & Co KG
Viessmannstraße 1
35108 Allendorf (Eder)

Tel.: +49 (0) 6452/702860
E-mail: info@viessmann.com
Internet: www.viessmann.com

Produkte und Dienstleistungen

- Energieeffiziente Heiztechnik für Gas und Öl
- Wärmepumpen
- Solaranlagen
- Heizkessel für Biomasse

Forschungs- und Entwicklungsaktivitäten

- Energieeffiziente Heiztechnik
- Heizsysteme zur Nutzung erneuerbarer Energien
- Brennstoffzellenheizung

Patente und Alleinstellungsmerkmale

- Komplettprogramm für Heiztechnik
- Edelstahlwärmetauscher für Brennwertkessel
- Biferrale Heizplatte

Internationale Aktivitäten

- Belgien/Luxemburg
- Frankreich
- Italien

Kontaktinformationen

Voith Turbo GmbH & Co. KG
Alexanderstraße 2
89522 Heidenheim

Tel.: +49 (0) 7321/37-4289
E-mail: info.voithturbo@voith.com
Internet: www.voithturbo.de

Produkte und Dienstleistungen

- Automatgetriebe für Linienbusse
- Voith Retarder in Bus und Lkw
- Regelbare hydrodynamische Antriebe
- Hydrodynamische Antriebe für Schienenfahrzeuge
- Hydrodynamische Anfahrkupplungen

Forschungs- und Entwicklungsaktivitäten

- Dieselhydraulische Lok (Maxima)
- Getriebe für Windkraftanlagen (WinDrive)

Patente und Alleinstellungsmerkmale

- Voith Hydrodynamisches Turbogetriebe
- Voith Schneider Propeller
- Strömungsbremse (Retarder)

Internationale Aktivitäten

- Westeuropa
- Asien
- Nordamerika

weier – antriebe und energietechnik

Kontaktinformationen

Weier Antriebe und Energietechnik GmbH
Otto-Hahn-Straße 7
23701 Eutin

Tel.: +49 (0) 4521/8040
E-mail: kattner@weier-energie.de
Internet: www.weier-energie.de

Produkte und Dienstleistungen

- Generatoren für Windkraftanlagen und Blockheizkraftwerke
- Antriebe für den Sondermaschinenbau
- Motoren für maritime Anwendungen
- Generatoren für Sonderlösungen

Forschungs- und Entwicklungsaktivitäten

- Entwicklung von Generatoren für die Erzeugung von sauberer Energie

Patente und Alleinstellungsmerkmale

- Torque-Motoren
- Pioneer bei der Entwicklung von Generatoren für Windkraftanlagen
- Entwicklung von Generatoren für Blockheizkraftwerke

Internationale Aktivitäten

- Südeuropa
- Vereinigte Arabische Emirate
- Asien

WIESSNER

Kontaktinformationen

Wiessner GmbH
Dr. Hans-Frisch-Straße4
95448 Bayreuth

Tel.: +49 (0) 921/293100
E-mail: florian.volk@wiessner.de
Internet: www.wiessner.de

Produkte und Dienstleistungen

- Prozesslufttechnik für die Papier-, Textil- sowie Nahrungs- und Genußmittelindustrie

Forschungs- und Entwicklungsaktivitäten

- Papierhaube mit deutlich höherem Wirkungsgrad
- MSR-System für Energie-/Emissionseinsparungen für die Papierindustrie
- Kühltunnel für die Lebensmittelindustrie

Patente und Alleinstellungsmerkmale

- Patent: Prozesskonditionierung durch Nutzung von Abwärme in der Flachglasproduktion
- Patent: Sensorik zur Taupunktoptimierung in der Papierindustrie

Internationale Aktivitäten

- EU
- Asien

Kontaktinformationen

WINTER Beratende Ingenieure für Gebäudetechnik GmbH
Rather Straße 49d
40479 Düsseldorf

Tel.: +49 (0) 211/493340
E-mail: info@winter-ingenieure.de

WINTER Beratende Ingenieure für Energie- und Gebäudetechnik GmbH
Düsseldorf Leipzig Berlin Hamburg

Produkte und Dienstleistungen

- Planung und Realisierung gebäudetechnischer Anlagen
- Entwickeln von Energiekonzepten für Gebäude
- Energieberatung zur Energieeinsparung von Bestandsgebäuden
- Simulation von thermischer Belastung von Gebäuden
- Projektsteuerung TGA

Forschungs- und Entwicklungsaktivitäten

- Zusammenarbeit mit Hochschulen
- Erstellen von innovativen energieeffizienten Techniksystemen für Gebäude
- Förderung der Anwendung von Simulationswerkzeugen

Patente und Alleinstellungsmerkmale

- Innovative Energiekonzepte für die Realisierung von Gebäuden. Nutzer beispielsweise das UN-Klimasekretariat
- Energieforum Berlin (Geothermieanlage; 1000 m^2 Photovoltaik-Anlage)
- Geothermieanlagen für Universität Salzburg

Internationale Aktivitäten

- Österreich
- Russland

Kontaktinformationen

Yazaki Europe Ltd.
Robert-Bosch-Straße 43
50769 Köln

Tel.: +49 (0) 221/59799150
E-mail: info@yazaki-airconditioning.com
Internet: www.yazaki-europe.com

YAZAKI

Produkte und Dienstleistungen

- Automotive Electrical and Electronic Distribution Systems
- Automotive Instruments and Components
- Environmental Systems

Forschungs- und Entwicklungsaktivitäten

- Reduzierung umweltschädlicher Materialien und Gewichte in der Automobiltechnik
- Umweltschonende und nachhaltige Energietechniken zur Gebäudeheizung und -kühlung

Patente und Alleinstellungsmerkmale

- Hybride Automobiltechnologie
- Absorptionskältemaschinen zur Raumluftklimatisierung in Gebäuden
- Hocheffiziente solarthermische Sonnenkollektoren

Internationale Aktivitäten

- Frankreich
- Großbritannien
- Italien

Unternehmen: Rohstoff- und Materialeffizienz

Bayer MaterialScience

Kontaktinformationen

Bayer MaterialScience AG
Bayerwerk
51368 Leverkusen

Tel.: +49 (0) 214/3065877
E-mail: david.harrison@bayermaterialscience.com
Internet: www.bayermaterialscience.de

Produkte und Dienstleistungen

- Polycarbonate
- Polyurethan-Rohstoffe
- Lack-Rohstoffe
- Klebstoff-Rohstoffe
- Thermoplastische Polyurethane

Forschungs- und Entwicklungsaktivitäten

- Verfahrensentwicklung und -optimierung
- Innovative Werkstoffe zur Wärmedämmung
- Innovative Substitutionswerkstoffe zur Energieeinsparung im Verkehr

Patente und Alleinstellungsmerkmale

- 20 % Umsatz mit Produkten jünger als fünf Jahre
- 200–250 Patentanmeldungen pro Jahr
- 4000 Verbesserungsvorschläge pro Jahr

Internationale Aktivitäten

- EU
- NAFTA
- Asien

Kontaktinformationen

Bremer Gesellschaft für Angewandte
Umwelttechnologie (bregau)
Mary-Astell-Straße 10
28359 Bremen

Tel.: +49 (0) 421/22097-50
Internet: www.bregau.de

bregau

Produkte und Dienstleistungen

- Produkt- und produktionsintegrierter Umweltschutz, Materialeffizienz
- Managementsysteme (Umwelt, Qualität, Arbeitsschutz, Entsorgungsfachbetrieb)
- Optimierung von Lackierprozessen, Sicherheitstechnik, Genehmigungsverfahren
- Messungen im Arbeits- und Immissionsschutz, Gefahrstoffberatung
- Erkundung, Untersuchung, Bewertung und Sanierung von Altlasten

Forschungs- und Entwicklungsaktivitäten

- Wissenstransfer in KMU, Umsetzung von neuen Verfahren in der Praxis
- Entwicklung von Beratungs- und Schulungskonzepten

Patente und Alleinstellungsmerkmale

- Mitglied im Ingenieur-Kompetenzzentrum für Oberflächentechnik (I-KON)
- Mitglied in Kompetenznetzen Deutschland über I-KON
- Mitglied in der Partnerschaft Umwelt Unternehmen in Bremen

Internationale Aktivitäten

- Keine

Kontaktinformationen

Deutsche Amphibolin-Werke von Robert Murjahn Stiftung & Co KG
Roßdörfer Straße 50
64372 Ober-Ramstadt

Tel.: +49 (0) 6154/710
Internet: www.caparol.de

DAW

Produkte und Dienstleistungen

- Innen- und Außenfarben, Putze, Lacke, Lasuren, Warmedämmverbundsysteme

Forschungs- und Entwicklungsaktivitäten

- Grundlagenforschung
- Nanotechnologie
- Angewandte Forschung

Patente und Alleinstellungsmerkmale

- Nespri = Nebelfreies Spritzen

Internationale Aktivitäten

- Osteuropa
- Westeuropa

Kontaktinformationen

FRIEDRICHS FILTERSYSTEME GMBH
Lothforster Benden 2
41849 Wassenberg

Tel.: +49 (0) 2432/96600
E-mail: info@FriedrichsFilter.de
Internet: www.FriedrichsFilter.de

Produkte und Dienstleistungen

- Filter für Flüssigkeiten und Gase
- Sieb- und Filtereinsätze, Ersatzteile für Filter
- Ölnebelabscheider
- Verschmutzungsüberwachung von Filtern
- Service, kundenspezifische Entwicklung, Computer-Strömungssimulation (CFD)

Forschungs- und Entwicklungsaktivitäten

- Vliesstoffherstellung
- CFD Strömungsoptimierung
- Ölnebelabscheidung

Patente und Alleinstellungsmerkmale

- optimesh – Drahtgewebe-Strukturoptimierung
- demister – einzigartige Ölnebelabscheidung
- fluent thinking – Strömungstechnische Produktoptimierung

Internationale Aktivitäten

- Österreich
- Schweiz
- Japan

Kontaktinformationen

GWP Gesellschaft für Werkstoffprüfung mbH
Georg-Wimmer-Ring 25
85604 Zorneding

Tel.: +49 (0) 8106/994123
E-mail: info@gwponline.de
Internet: www.gwp.eu

Produkte und Dienstleistungen

- Produkt- und Prozessentwicklung, Auditierung bei Produktionsfehlern u. -verfahren
- Gas- und Staubanalytik, Airbaguntersuchungen
- Materialographie (Metalle, Keramik, Kunststoffe, Baustoffe, Medizintechnik)
- OEM-Gutachtertätigkeit, Funktionsanalysen, Safety Systems
- Qualitätsprüfung, Härteprüfung, Oberflächenanalytik, XRD-Messung

Forschungs- und Entwicklungsaktivitäten

- $DeNO_x$-Katalysatoren
- Werkzeugbeschichtungen Hartstoffe
- Metallische Diffusionschichten

Patente und Alleinstellungsmerkmale

- Unabhängigkeit (eigene Labors und Werkstätten)
- Nicht nur zertifiziert, sondern auch akkreditiert nach DIN ISO 17025
- Technische Begleitung von Rückrufaktionen

Internationale Aktivitäten

- Frankreich
- Italien
- Österreich

Kontaktinformationen

HÖCKER Polytechnik GmbH
Borgloher Straße 1
49176 Hilter a.T.W.

Tel.: +49 (0) 5409/4050
E-mail: info@polytechnik.de
Internet: www.hoecker-polytechnik.de

Produkte und Dienstleistungen

- Brikettierpressen, Ballenpressen, Abfallverdichtunganlagen
- Absauganlagen, Entstaubungsanlagen, Entstaubungsgeräte, Filteranlagen
- Industrieventilatoren, Lüfter, Exhaustoren
- Steuerungsanlagen, Regelanlagen, Prozessvisualisierung
- Shredder, Zerkleinerungsanlagen, Bandanlagen

Forschungs- und Entwicklungsaktivitäten

- Materialabscheider
- Brikettierpressen für Leichtmetalle, insbesondere Magnesium
- Entstaubungsgeräte und Entstaubungsanlagen

Patente und Alleinstellungsmerkmale

- Patente für Materialabscheider mit Selbstreinigungsvorrichtung
- Patente für Filteranlagen mit integriertem Materialabscheider

Internationale Aktivitäten

- Niederlande
- Baltikum
- Naher Osten

Kontaktinformationen

Kunststoff-Zentrum in Leipzig gGmbH
Erich-Zeigner-Allee 44
04229 Leipzig

Tel.: +49 (0) 341/4941-501
E-mail: bloss@kuz-leipzig.de
Internet: www.kuz-leipzig.de

Produkte und Dienstleistungen

- innovative Industrie-Dienstleistung, fachspezifische Weiterbildung
- Kernkompetenzen: Spritzgießen, Polyurethanverarbeitung, Schweißen
- Formteil- und Werkzeugkonstruktion, Simulation, Schadensanalysen
- Anforderungsprofil, Werkstoff-, Verfahrens- und Produktentwicklung, Prüfen
- Werkstoffe von und mit NWR (Thermoplaste, Polyurethane), Verarbeitung

Forschungs- und Entwicklungsaktivitäten

- Thermoplast- & PUR-Verarbeitung, Schweißen, Werkzeug- & Prüftechnik
- Mikrotechnik (Spritzgießen, Heißprägen, Laserschweißen, Prüfen)
- NWR, Solartechnik, Elektrotechnik/Elektronik

Patente und Alleinstellungsmerkmale

- Werkstoffe mit/aus NWR mit guter Verarbeitbarkeit für hochwertige Formteile
- Mikro-Spritzgieß-Maschine, trennnaht-freie Formteile aus Polyurethan

Internationale Aktivitäten

- Keine

Kontaktinformationen

Ostthüringische Materialprüfgesellschaft für Textil und Kunststoffe
Breitscheidstraße 97
07407 Rudolstadt

Tel.: +49 (0) 3672/379130
Internet: www.ompg.de

Produkte und Dienstleistungen

- Materialprüfungen
- Materialveredlung
- Materialverarbeitungs-tests
- Kleinserienfertigung

Forschungs- und Entwicklungsaktivitäten

- Entwicklung funktionaler Cellulosefasern
- Entwicklung Flockprodukte
- Methodenentwicklung für Materialcharakterisierung

Patente und Alleinstellungsmerkmale

- Smart-Cell-Faser, Vertrieb durch Joint Venture Smart Fiber AG

Internationale Aktivitäten

- Keine

Kontaktinformationen

proDentum DentaltechnikGmbH Berlin
Gerichtstraße 12/13
13347 Berlin

Tel.: +49 (0) 30/46900816
E-mail: matthias.kaiser@prodentum.de
Internet: www.denttabs.com

Produkte und Dienstleistungen

- Denttabs Zahnputz-Tabletten
- Informationen über Prävention zur Vermeidung von Zahnschäden

Forschungs- und Entwicklungsaktivitäten

- Medizinische Optimierung von Zahnpflege
- Reduzierung von Materialverbrauch und Verhinderung von Abfallprodukten
- Reduzierung von Verpackung

Patente und Alleinstellungsmerkmale

- Hohe ökologische Bedeutung
- Website Award E-Commerce Berlin-Brandenburg (3.Platz), Nominierung im Wettbewerb „Mutmacher der Nation"
- „Patent pending" für innovative Darreichungsform und Ausnahmegenehmigung der Gesundheitsbehörde

Internationale Aktivitäten

- Frankreich
- Italien
- Niederlande

Kontaktinformationen

Technologietransfer und Innovationsförderung Magdeburg GmbH
Bruno-Wille-Straße 9
39108 Magdeburg

Tel.: +49 (0) 391/7443520
Internet: www.tti-md.de

TECHNOLOGIETRANSFER UND INNOVATIONSFÖRDERUNG MAGDEBURG GmbH

Produkte und Dienstleistungen

- Technologie- und Wissenstransfer in den Bereichen Rohstoff-/Materialeffizienz, regenerative Energien, nachwachsende Rohstoffe, Umweltmanagementsysteme, Reduzierung Energieträgereinsatz

Forschungs- und Entwicklungsaktivitäten

- Technologie- und Wissenstransfer in den genannten Bereichen

Patente und Alleinstellungsmerkmale

- Aufbau und Führung von Unternehmensnetzwerken (z.B. neue Materialien, neue Fügetechnologien, native Epoxide, Methananreicherung in Biogas)

Internationale Aktivitäten

- Bulgarien
- Polen
- Ungarn

Kontaktinformationen

TECNARO GmbH
Burgweg 5
74360 Ilsfeld-Auenstein

Tel.: +49 (0) 7062/9178902
E-mail: info@tecnaro.de
Internet: www.tecnaro.de

TECNARO
GESELLSCHAFT ZUR INDUSTRIELLEN ANWENDUNG NACHWACHSENDER ROHSTOFFE mbH

Produkte und Dienstleistungen

- Thermo- und duroplastische Werkstoffe auf Basis nachwachsender Rohstoffe
- ARBOFORM, Flüssigholz
- ARBOBLEND
- ARBOFILL
- ARBOPHONIC

Forschungs- und Entwicklungsaktivitäten

- Werkstoffe auf Basis nachwachsender Rohstoffe
- Produktentwicklung

Patente und Alleinstellungsmerkmale

- EUROMOLD AWARD in Gold 2000
- Gründerpreis ZDF Sendung WISO 2000
- ARBOFORM 1. Platz Best in Show 2001- Material ConneXion

Internationale Aktivitäten

- Europa
- Asien
- Südamerika

Kontaktinformationen

Voith Paper Environmental Solutions GmbH & Co. KG
Escher-Wyss-Straße 25
88212 Ravensburg

Tel.: +49 (0) 751/83-3087
E-mail: Petra.Brunner@Voith.com
Internet: www.voith.com

Produkte und Dienstleistungen

- Rohmaterial- und Reststoffhandling-Systeme
- Reststoffaufbereitung
- Chemisch/physikalische Wasserreinigung
- Biologische Wasserreinigung
- Schlammbehandlung

Forschungs- und Entwicklungsaktivitäten

- Anaerobe Wasserreinigung
- Anwendungstechnik Membranfiltration
- Systemtechnologie „0-Effluent"

Patente und Alleinstellungsmerkmale

- Kalkfalle
- Anaerober Hochleistungsreaktor

Internationale Aktivitäten

- EU
- Asien
- Nord- und Südamerika

Sensoren und Elektronik GmbH

Kontaktinformationen

ZIROX Sensoren & Elektronik GmbH
Am Koppelberg 21
17489 Greifswald

Tel.: +49 (0) 3834/830901
E-mail: info@zirox.de
Internet: www.zirox.de

Produkte und Dienstleistungen

- Sauerstoffanalysatoren
- Sauerstoffmesssysteme
- Kohlendioxidanalysatoren

Forschungs- und Entwicklungsaktivitäten

- Plasmaanalysator (Vakuumsonde)
- Coulometrisches Messsystem zur Untersuchung des Sauerstoffaustausches
- Festelektrolyt-Kohlendioxidsensor

Patente und Alleinstellungsmerkmale

- Exportpreis Mecklenburg-Vorpommern 2005
- Innovationspreis Mecklenburg-Vorpommern 1996
- Verschiedene eigene Patente und Gebrauchsmuster

Internationale Aktivitäten

- Westeuropa
- Ostasien (China, Taiwan, Korea)
- USA

Unternehmen: Kreislaufwirtschaft

Kontaktinformationen

ABAKUS SERVE GmbH
Maseringer Straße 14
94104 Tittling

Tel.: +49 (0) 8504/9238-0
E-mail: info@abakus-serve.de
Internet: www.abakus-serve.com

ABAKUS SERVE
Innovative Systemlösungen
Ein Unternehmen der Multiplast Gruppe

Produkte und Dienstleistungen

- Know-how-Transfer Kunststoffrecycling
- Handel Kunststoffabfälle
- Optimierung von Abfallentsorgung Produktionsunternehmen
- Know-how-Transfer Abfallwirtschaft

Forschungs- und Entwicklungsaktivitäten

- Kunststoffrecycling

Patente und Alleinstellungsmerkmale

- Erfahrungen im Betrieb von Kunststoffrecyclinganlagen

Internationale Aktivitäten

- EU
- Naher und Mittlerer Osten
- Asien (China, Indien)

Kontaktinformationen

Adelphi Consult GmbH
Caspar-Theyss-Straße 14a
14193 Berlin

Tel.: +49 (0) 30/89000680
E-mail: henzler@adelphi-consult.com
Internet: www.adelphi-consult.com

Produkte und Dienstleistungen

- International tätiges Beratungsunternehmen
- Wir sind spezialisiert auf die Entwicklung und praktische Umsetzung von Nachhaltigkeitsstrategien für Unternehmen und öffentliche Auftraggeber
- Wir verstehen uns als Ideengeber und Motor der internationalen Nachhaltigkeitsdiskussion
- Durch unsere Tätigkeit unterstützen wir sozial- und umweltverträgliche Innovationen in unterschiedlichen Wirtschaftssektoren im In- und Ausland

Forschungs- und Entwicklungsaktivitäten

- Entwicklung von Beratungsprodukten im Umwelt- und Klimaschutz für Entwicklungsländer

Patente und Alleinstellungsmerkmale

- Durchführung von über 200 Beratungsprojekten im In- und Ausland zu den Themen Umwelt- und Klimaschutz

Internationale Aktivitäten

- Naher Osten
- Asien
- Afrika

Kontaktinformationen

Agro Drisa GmbH Dresden
Karpatenstraße 20
01326 Dresden

Tel.: +49 (0) 351/26308949
E-mail: agro-drisa-dresden@t-online.de
Internet: www agro-drisa.de

Produkte und Dienstleistungen

- Alle Fraktionen aus der Zerlegung von Elektronikschrott der Sammelgruppe 3, insbesondere gereinigte Scherben von Bildröhren

Forschungs- und Entwicklungsaktivitäten

- Eigenentwicklung von Scherbenreinigungsanlagen

Patente und Alleinstellungsmerkmale

- Keine Angaben

Internationale Aktivitäten

- EU
- Asien

Kontaktinformationen

AHP GmbH & Co. KG
Germaniastraße 18–20
12099 Berlin

Tel.: +49 (0) 30/75687540
E-mail: arnold@ahpkg.de
Internet: www.ahpkg.de

AHP ARNOLD HAHN PEIKERT

Produkte und Dienstleistungen

- Unternehmens- und Kommunalberatung, Wirtschaftsförderung, Internationalisierung, Projektmanagement., Geschäftsbesorgung, Außenwirtschaftsberatung für Dienstleister, Produzenten, Kommunen und öffentliche Institutionen
- Schwerpunkte: Umweltsektor, öffentliche Daseinsvorsorge, Investitionsgüter, Wasser- und Abfallwirtschaft, energy from waste, erneuerbare Energien

Forschungs- und Entwicklungsaktivitäten

- Interaktiv computergestützte Simulation kommunaler Infrastrukturentwicklung
- CADS zur Finanzierung von Umweltinfrastruktur (speziell PPP und PFI)
- Umsetzung NKF- und NKM im Bereich öffentlicher Aufgabenträger

Patente und Alleinstellungsmerkmale

- Forschungspreis Nordrhein-Westfalen
- ASCE WRPM Award (American Society of Civil Engineers)
- Friedrich-Wilhelm-Preis RWTH Aachen

Internationale Aktivitäten

- Mittel- und Osteuropa (vor allem Polen, Tschechien, Slowakei, Balkan)
- Niederlande

Kontaktinformationen

AKW Apparate+Verfahren GmbH
Dienhof 26
92242 Hirschau

Tel.: +49 (0) 9622/7039410
E-mail: wrubarth@akwauv.com
Internet: www.akwauv.com

AKW®
Equipment + Process Design

Produkte und Dienstleistungen

- Nassmechanische Aufbereitung von Roh- und Reststoffen

Forschungs- und Entwicklungsaktivitäten

- Geregelte Hydrozyklonanlage AKA-TRONIC
- Mobile Reststoffsortieranlagen
- Strömungsberechnungen für die Zyklonmodellierung

Patente und Alleinstellungsmerkmale

- Patent über das Verfahren zur mobilen Reststoffsortierung (Straßenkehricht)

Internationale Aktivitäten

- EU
- Asien
- Nordafrika

Kontaktinformationen

AquaSoli GmbH & Co. KG
Bahnhofplatz 5
82041 Deisenhofen

Tel.: +49 (0) 89/69737781
Internet: www.aquasoli.de

Produkte und Dienstleistungen

- Deponieabdichtungen, wirtschaftlich und technisch optimiert
- Photovoltaikfreiflächenanlagen, Bemessung der Fundamente
- Hochwasserschutz, synergetische Integration von Natur- und Landschaftsschutz
- Alpiner Wildbachverbau, alpiner Hochwasserschutz

Forschungs- und Entwicklungsaktivitäten

- Photovoltaikfundamente
- Deichabdichtungen
- Deponieabdichtungen

Patente und Alleinstellungsmerkmale

- Patent für bewehrte Erde

Internationale Aktivitäten

- Keine

ARGILLON

Kontaktinformationen

Argillon GmbH
Bahnhofstraße 43
96257 Redwitz

Tel.: +49 (0) 9574/81446
E-mail: Info@argillon.com
Internet: www.argillon.com

Produkte und Dienstleistungen

- Wagenkatalysatoren zur Abgasreinigung bei Nutzfahrzeugen
- Waben- und Plattenkatalysatoren zur Abgasreinigung bei Kohle-/Öl-Kraftwerken
- Waben- und Plattenkatalysatoren zur Abgasreinigung bei Dieselmotoren und -aggregaten
- Waben- und Plattenkatalysatoren zur Abgasreinigung bei Gasturbinen und GuD-Kraftwerken

Forschungs- und Entwicklungsaktivitäten

- Wabenkatalysatoren
- Plattenkatalysatoren
- Katalysatoren Pellets

Patente und Alleinstellungsmerkmale

- Keine Angaben

Internationale Aktivitäten

- Frankreich
- Schweiz
- USA

Kontaktinformationen

ASSMANN BERATEN + PLANEN GmbH
Nordstraße 23
38106 Braunschweig

Tel.: +49 (0) 531/3901-221
E-mail: scheuermann@assmann-b-p.de
Internet: www.assmann.info

assmann
beraten + planen

Produkte und Dienstleistungen

- ASSMANN BERATEN + PLANEN ist ein unabhängiges Unternehmen für Beratungs-, Planungs- und Projektmanagementleistungen im Bauwesen

Forschungs- und Entwicklungsaktivitäten

- Nachhaltigkeit
- Dauerhaftigkeit

Patente und Alleinstellungsmerkmale

- Gesamtplanung
- Projektmanagement
- Nachhaltigkeit

Internationale Aktivitäten

- Polen
- Ungarn
- Russland

Kontaktinformationen

B.U.S Steel Service GmbH
Albert-Hahn-Straße 9
47268 Duisburg

Tel.: +49 (0) 203/8093222
E-mail: ojaeger@bus-steel.com
Internet: www.bus-steel.com

B.U.S Steel Services GmbH

Produkte und Dienstleistungen

- Recycling von Stahlwerksfilterstäuben, Notifizierungsservice, Logistikkonzepte

Forschungs- und Entwicklungsaktivitäten

- Erhöhung der Wertschöpfung der Recyclingverfahren im Hinblick auf die Summe der zurückgewonnenen Metallfraktionen

Patente und Alleinstellungsmerkmale

- SDHL Patent, diverse Umwelt- und Innovationspreise

Internationale Aktivitäten

- Frankreich
- Spanien
- Skandinavien

LÜTZELSCHWAB GmbH
BAUM- UND GARTENPFLEGE
KOMPOSTANLAGE

Wiesentalstraße 11 • Tel.: 07623 / 5453 • Fax: 07623 / 59625
www.gartenbau-luetzelschwab.de

Kontaktinformationen

Baugrundinstitut Franke-Meißner & Partner GmbH
Max-Planck-Ring 47
65201 Wiesbaden

E-mail: nickel@bfm-wi.de
Internet: www.bfm-wi.de

Produkte und Dienstleistungen

- Bodenuntersuchung, Bodensanierungsplanung, historische Recherche
- Altlasten- und Altstandorterkundungen, Schadstoffkataster
- Gebäuderückbauplanung und -überwachung
- Deponiebauplanung Qualitätssicherung Entsorgungs- und Verwertungskonzepte
- Geothermie

Forschungs- und Entwicklungsaktivitäten

- Rückbau-/Entsorgungsmanagement
- Geothermiesysteme
- Kontrollsysteme für Dichtwände

Patente und Alleinstellungsmerkmale

- Vereidigte Sachverständige Altlasten: Schadstoffe im Wasser, Boden, Grundwasser und in der Bausubstanz
- Verwertungs- bzw. Rückbau-/Entsorgungskonzepte
- Patent Dichtwandkontrollsystem

Internationale Aktivitäten

- Osteuropa
- Nordafrika

Kontaktinformationen

Baum und Gartenpflege Lützelschwab GmbH
Wiesentalstrasse 11
79618 Rheinfelden-Minseln

Tel.: +49 (0) 7623/5453
E-mail: info@gartenbau-luetzelschwab.de
Internet: www.gartenbau-luetzelschwab.de

Produkte und Dienstleistungen

- Kompost
- Hackschnitzel
- Grünpflege

Forschungs- und Entwicklungsaktivitäten

- Herstellung von Industrie-Pellets

Patente und Alleinstellungsmerkmale

- Grünpflege
- Kompost
- Hackschnitzel-Pellets

Internationale Aktivitäten

- Frankreich
- Schweiz

Kontaktinformationen

BAUREKA Baustoff-Recycling GmbH
Dennhäuserstraße 118
34134 Kassel

Tel.: +49 (0) 561/861848-0
E-mail: info@baureka.de
Internet: www.baureka.de

Produkte und Dienstleistungen

- Verwertung von Bau- und Abbruchabfällen
- Entsorgung von Gewerbeabfällen
- Abfallwirtschaftskonzepte und Abfallbilanzen
- Stoffstrommanagement und Transportlogistik
- Aufbereitung von HMV-Schlacke

Forschungs- und Entwicklungsaktivitäten

- Forschungsvorhaben VEMSA
- Bodenverbesserung mit Kalk: Bomix
- Recyclingbaustoff aus Schlacke: Rebas

Patente und Alleinstellungsmerkmale

- Bomix (Patent): Boden mit Kalk
- Rebas (Patent): Recyclingbaustoff aus Schlacke
- Baustellenabfallmanagement (BAM)

Internationale Aktivitäten

- Keine

Kontaktinformationen

Baustoff-Service GmbH Dessau
Junkersstraße 27
06847 Dessau

Tel.: +49 (0) 340/5023251
E-mail: BS-ARB@t-online.de
Internet: www.Baustoff-Service.de

Produkte und Dienstleistungen

- Messstellen für Luftschadstoffe (Emission, Arbeitsplatz)
- Geologische- und Altlastenuntersuchungen
- Umwelt- und Baustofflabor
- Forschung und Entwicklung Kreislaufwirtschaft/ Deponie
- Ingenieurdienstleistungen

Forschungs- und Entwicklungsaktivitäten

- Immobilisierung von Altlasten
- Alternative Deponiebaustoffe
- Forschung und Entwicklung im Bereich Luftreinhaltung, Geologie, Nachwachsende Rohstoffe

Patente und Alleinstellungsmerkmale

- Durch erfolgeiche Forschungs- und Entwicklungstätigkeit in den Bereichen Altlasten, Deponie und nachwachsende Rohstoffe gelang die Eröffnung neuer Marktsegmente

Internationale Aktivitäten

- Keine

bautest

Kontaktinformationen

BAUTEST GmbH
Mühlmahdweg 25a
86167 Augsburg

Tel.: +49 (0) 3564/693911
E-mail: zaus@bautest.de
Internet: www.bautest.de

Produkte und Dienstleistungen

- Baustoffuntersuchungen/ Schadstoffuntersuchungen
- Altlastenerkundungen/Gefährdungsabschätzungen
- Entsorgungskonzepte

Forschungs- und Entwicklungsaktivitäten

- Entsorgungskonzepte
- Schadstoffuntersuchungen

Patente und Alleinstellungsmerkmale

- Schadstoffuntersuchungen an Gebäuden von der ersten Erkundung bis Genehmigungsplanung einschließlich Sanierungs-/Entsorgungskonzept

Internationale Aktivitäten

- Keine

Bayer Industry Services

Kontaktinformationen

Bayer Industry Services GmbH & Co. OHG
51368 Leverkusen

Tel.: +49 (0) 214/30 37223
E-mail: lothar.meier.lm@bayerindustry.de
Internet: www.bayerindustry.de

Produkte und Dienstleistungen

- Sonderabfallentsorgung, Altlastensanierung, Industriebehälterreinigung
- Logistik, Analytik, Stoffbeurteilungen, Biomonitoring, Schalltechnische Beratung
- Sicherheitstechnik für Verfahren und Anlagen, Anlagenservices, Apparatereparatur
- Instandhaltung, Wärme-, Kälte-, Schalldämmung, Prozessleittechnik
- Druckbehälterbau, Veranstaltungsmanagement, Berufsausbildung

Forschungs- und Entwicklungsaktivitäten

- Reduktion von Quecksilber aus Rauchgasen von Verbrennungsanlagen
- Klärschlammdesintegration – ein Forschungsprojekt im Rahmen des EU-LIFE-Programms
- Membrantechnologie – Erprobung der Technologie unter technischen und wirtschaftlichen Aspekten

Patente und Alleinstellungsmerkmale

- Patent zur Reduktion von Quecksilber in Rauchgasen – Lizenzvergabe u.a. an ALSTOM
- Bayer Turmbiologie – ein platzsparendes Klärwerk; Lizenzvergabe weltweit
- Entsorgungszentrum Leverkusen

Internationale Aktivitäten

- EU

Kontaktinformationen

BEKON Lärmschutz & Akustik GmbH
Schaezlerstraße 9
86150 Augsburg

Tel.: +49 (0) 821/34779-0
E-mail: Johann.Storr@bekon-akustik.de
Internet: www.bekon-akustik.de

BEKON
Lärmschutz & Akustik GmbH

Produkte und Dienstleistungen

- Lärmschutz, Schwingungstechnik, Akustik, Bauphysik und Immissionsschutz
- Lärm- und Immissionsschutz in der Genehmigungs- u. Bauleitplanung
- § 26 Messstelle, Erschütterungsmessungen- und prognosen
- Maschinenakustik, Arbeitsplatzlärm, Lärmanalysen, Lärmminderungspläne

Forschungs- und Entwicklungsaktivitäten

- Lärmminderungsplanung
- Maschinenakustik
- Lärmmesstechnik in Abgasleitungen

Patente und Alleinstellungsmerkmale

- Keine Angaben

Internationale Aktivitäten

- Asien
- Mittelamerika
- USA

Kontaktinformationen

Berger-Seidle Siegeltechnik GmbH
Maybachstraße 2
67269 Grünstadt

Tel.: +49 (0) 6359/800517
E-mail: info@berger-seidle.de
Internet: www.berger-seidle.de

Berger-Seidle
Parkett will das Beste!

Produkte und Dienstleistungen

- VOC-freie(Lösemittelfreie) oder VOC-arme Parkettsiegel, -Öle und -pflegemittel
- Neue Öl-Wasser-Kombisysteme für Parkett
- Innovative Produkte wie lösemittelfreie Parkettfugenkitte, Dichtungsmassen und Reparaturpasten
- Pflegeöle, Colorationen, Korksiegel, UV-Parkettlacke lösemittelfrei
- Beratung für Profi-Kunden, Vertriebsschwerpunkte als umweltschonenende Produkte

Forschungs- und Entwicklungsaktivitäten

- Wasserbasierte einkomponentige und zweikomponentige Parkettsiegel mit besten Beständigkeiten
- Parkettölsysteme und Pflege in Kombination mit Wasserlacken (AOK-Aqua-Oil-Kombi-System)
- Spezial-Problemlöser-Produkte

Patente und Alleinstellungsmerkmale

- Lösemittelfreies Parkettsiegel-System
- Aqua-Oil-Kombi-System für Parkett
- Parkettölsystem mit fast 100-prozentigem Festkörper

Internationale Aktivitäten

- EU
- Osteuropa
- USA

Kontaktinformationen

B-F Sonderabfall GmbH & Co KG
Dietkircher Straße 7–13
65551 Limburg-Lindenholzhausen

Tel.: +49 (0) 6431/912611
E-mail: info@bf-limburg.de
Internet: www.bf-limburg.de

Produkte und Dienstleistungen

- Sonderabfallentsorgung fest und flüssig
- Kanalreinigung, Kanal-TV Untersuchung
- Prüfung und Sanierung von Grundstücksentwässerungen
- Nahrungsmittelrecycling
- Fettabscheiderentsorgung mit mobiler Entwässerung

Forschungs- und Entwicklungsaktivitäten

- Trockenvergärung von Nahrungsmittelabfällen und Fettresten
- Zustandskontrolle und Verlaufsuntersuchung für Grundstücksentwässerungen

Patente und Alleinstellungsmerkmale

- Trockenvergärung von Nahrungsmittelabfällen und Fettresten
- Zustandskontrolle und Verlaufsuntersuchung für Grundstücksentwässerungen

Internationale Aktivitäten

- Keine

B.G.T.
Umwelttechnische Anlagen
Handelsgesellschaft mbH

Kontaktinformationen

BGT Umwelttechnische Anlagen Handelsgesellschaft mbH
In der Beckuhl 54
46569 Hünxe

Tel.: +49 (0) 2858/91500
E-mail: info@bgt-umwelttechnik.de
Internet: www.bgt-umwelttechnik.de

Produkte und Dienstleistungen

- Abluftreinigungsanlagen zur Abscheidung von Aminen/SO2

Forschungs- und Entwicklungsaktivitäten

- Optimierung der Abscheidesysteme
- Minimierung der Abfälle in Produktionsabläufen
- Minimierung der Emissionen

Patente und Alleinstellungsmerkmale

- Keine Angaben

Internationale Aktivitäten

- Frankreich
- Tschechien
- Russland

Kontaktinformationen

BILFINGER BERGER Umweltsanierung GmbH
Schnabelstraße 11
45134 Essen

Tel.: +49 (0) 201/8929-108
E-mail: heiko.rehse@bilfinger.de
Internet: www.bilfingerberger-umweltsanierung.de

Produkte und Dienstleistungen

- Deponiesanierung
- Altlastensanierung
- Verfahrenstechnik im Bereich Grundwasser- und Bodenluftreinigung
- Selektiver Rückbau mit Schadstoffsanierung und Stoffstrommanagement

Forschungs- und Entwicklungsaktivitäten

- Verfahrenstechnik/Grundwasseraufbereitung

Patente und Alleinstellungsmerkmale

- Beantragte Patente

Internationale Aktivitäten

- Keine

Kontaktinformationen

Bilgenentölungsgesellschaft mbH
August-Hirsch-Str. 3
47119 Duisburg

Tel.: +49 (0) 203-8009-410
E-mail: ghoette@rhenus.de
Internet: www.bilgenentoelung.de

Produkte und Dienstleistungen

- Entsorgung der Binnen- und Küstenmotorschiffahrt von öl- und fetthaltigen Schiffsbetriebsmitteln
- Insbesondere Bilgen- und Altöl, Altfett, gebrauchte Filter, Leergebinde

Forschungs- und Entwicklungsaktivitäten

- Behandlung von separierten Öl- und Wasseremulsionen an Bord von Bilgenentölern

Patente und Alleinstellungsmerkmale

- Schwerkraftseparatorentwicklung für die Trennung von Öl-Wassergemischen
- Einsatz von Ultrafiltrationsanlagen an Bord von Bilgenentölern

Internationale Aktivitäten

- Keine

Kontaktinformationen

BioAktiv GmbH
Hauptstraße 67
06712 Würchwitz

Tel.: +49 (0) 34426/2100
E-mail: bioaktivgmb@t-online.de
Internet: www.bioaktivgmbh.de

Produkte und Dienstleistungen

- BioAktiv für Gülle: Reduzierung von Schadgasen
- Reduzierung von Energiekosten, Homogenisierung der Gülle
- BioAktiv für Tierfutter: weniger Tierverluste, höhere Tageszunahmen, bessere Futterverwertung
- BioAktiv für Pflanzen: Bodenbakterien nehmen zu, stärkeres Wurzelwachstum, höhere Erträge, Reduzierung von Fungiziden und Herbiziden

Forschungs- und Entwicklungsaktivitäten

- BioAktiv für Kläranlagen
- BioAktiv im Einsatz bei Biogasanlagen
- BioAktiv in Verbindung mit Bakterien: Wirksamkeit von Bakterien steigern und aktivieren

Patente und Alleinstellungsmerkmale

- Unsere Produkte leisten einen ökologischen und ökonomischen Beitrag leisten

Internationale Aktivitäten

- Österreich
- Frankreich
- Niederlande

Kontaktinformationen

Biologic GmbH & Co. KG
Gildenstraße 18
48157 Münster

Tel.: +49 (0) 251/239480
E-mail: info@biologic.de
Internet: www.biologic.de

Produkte und Dienstleistungen

- Entwicklung biotechnologischer Produkte und Verfahren
- Biologische Gewässerreinigung, -sanierung, -renaturierung
- Biofilterdeckel für Müllgroß- und -vorsortierbehälter
- Biofilter für Industrie, Landwirtschaft und Haushalt

Forschungs- und Entwicklungsaktivitäten

- Erforschung mikrobieller Starterkulturen und Enzyme
- Produktentwicklung bis zur technischen Marktreife
- Beratung und Entwicklung individueller Lösungen

Patente und Alleinstellungsmerkmale

- Über 250 Patente
- Innovations- und Designpreis
- Alleinstellung durch Nischenbearbeitung

Internationale Aktivitäten

- Japan
- Australien
- Kanada

Kontaktinformationen

BioVersal Deutschland
Döbernitzer Straße 1a
04509 Delitzsch

Tel.: +49 (0) 34202/8300
E-mail: info@bioversal.de
Internet: www.bioversal.de

Produkte und Dienstleistungen

- Umweltgerechte, nachhaltige Entölung/Dekontamination
- Schneller biologischer Öl-Abbau nach Ölunfällen, bei Altlasten-Sanierung
- Aktivierung der biologischen Selbstreinigungskraft (Land und Wasser)
- Feuerwehrtechnische Ölspuren-Beseitigung
- Umweltgerechte Entölung von Betriebsflächen

Forschungs- und Entwicklungsaktivitäten

- Vermeidung ölbelasteter Abfälle (Industrie, Ölunfälle, Altlasten)
- Bewältigung von Öl- und Fett-Problemen in biologischen Kläranlagen
- Boden- und Gewässerschutz

Patente und Alleinstellungsmerkmale

- Entölungsprodukte mit 100-fach geringerer Ökotoxizität als üblich
- Modifizierung von Öl (MKW) für schnellen biologischen Abbau
- Einführung des Prinzips „Heilung statt Problem-Verlagerung"

Internationale Aktivitäten

- Keine

Kontaktinformationen

BIUG GmbH
Weisbachstraße 6
09599 Freiberg

Tel.: +49 (0) 3731/26010
E-mail: info@biug-geotechnik.de
Internet: www.biug-geotechnik.de

BIUG Beratende Ingenieure für Umweltgeotechnik und Grundbau GmbH
09599 Freiberg/ Sa. - 01968 Senftenberg - 06712 Zeitz

Produkte und Dienstleistungen

- Grundbau, Erdbau und Bodenmechanik, Standsicherheit von Böschungen
- Altlastenuntersuchungen, Sanierungsplanung, -begleitung und -dokumentation
- Umweltverträgliche Gestaltung von Tagebaurestlöchern und Deponien
- Planungen zur Rohstoffgewinnung im Tagebau
- Bodendynamische Gutachten, Sicherung unterirdischer Speicher, Stollen u.ä.

Forschungs- und Entwicklungsaktivitäten

- Immobilisierung und Verwertung von Abfällen
- Baugrundverbesserung durch tief reichende Verdichtungsverfahren
- Gewährleistung der Standsicherheit von Böschungen

Patente und Alleinstellungsmerkmale

- Promotions- und Habilitationsschriften der GF

Internationale Aktivitäten

- Naher Osten
- Russland

böhme®
Für eine saubere Umwelt

Kontaktinformationen

Böhme GmbH Wertstofferfassung
Neukühschwitz 33
95111 Rehau

Tel.: +49 (0) 9283/8800-0
E-mail: info@boehme-gmbh.de
Internet: www.boehme-gmbh.de

Produkte und Dienstleistungen

- Sortierung von Kunststoffabfällen und Papier, Vermarktung von Kunststoffabfall
- Kunststoffaufbereitung (Mühlen), Komplettentsorgung, Entsorgungslogistik
- Sammlung und Sortierung von Verpackungsabfällen aus Glas, Kunststoff und Papier

Forschungs- und Entwicklungsaktivitäten

- Kostenreduktion für produzierende Betriebe durch optimierte Materialkreisläufe
- Kontinuierliche Vermarktung von Produktionsabfällen
- Optimierung der Abfalllogistik

Patente und Alleinstellungsmerkmale

- Entsorgungsfachbetrieb, DIN EN ISO 9001:2000 und DIN EN ISO 14001
- Langfristige Kunden- und Lieferantenbeziehungen
- Innovative Sortiertechnik (eigene Anlagen)

Internationale Aktivitäten

- China
- Tschechien
- Ungarn

BREITFUSS
MESSTECHNIK GMBH

Kontaktinformationen

Breitfuss Messtechnik GmbH
Danziger Straße 20
27243 Harpstedt

Tel.: +49 (0) 4244/96790
E-mail: info@breitfuss.de
Internet: www.breitfuss.de

Produkte und Dienstleistungen

- Umweltmessfahrzeuge
- Umweltmessnetze
- Mobile Sicherheitslabors
- Bioaerosol-Messeinrichtungen
- ABC-Monitoring

Forschungs- und Entwicklungsaktivitäten

- Pollenmonitor
- Multisensorsystem
- Bioaerosolsammler

Patente und Alleinstellungsmerkmale

- Rechnergesteuertes Kalibrierlabor
- Mobiles Bio-Sicherheitslabor
- Messnetz-Softwaresystem ANAZENT

Internationale Aktivitäten

- Schweiz
- Österreich
- Belgien

Kontaktinformationen

BS Abfallmanagement und Umwelttechnik GmbH
Bienenweg 5a
82194 Gröbenzell

Tel.: +49 (0) 8142/4482378
E-mail: bs-umwelttechnik@web.de
Internet: www.bs-umwelttechnik.de

Produkte und Dienstleistungen

- Abfallmanagement und Entsorgungsberatung für Bau-, Abbruch- und Industriebetriebe
- Analytik von Abfallstoffen und Bodenproben inkl. Probennahme
- Boden- und Gebäudeschadstoffsanierung, Baustellenüberwachung
- Abfallkonzepte und Beratung zur Kosteneinsparung
- Entsorgungslogistik und Komplettentsorgung, Nachweiserstellung

Forschungs- und Entwicklungsaktivitäten

- Entsorgung von Problem- und Verbundstoffen (z.B. Dachpappen- und Altdachmaterialien, Verbundmaterialien, Mineralik-Isolierungen)

Patente und Alleinstellungsmerkmale

- Langjährige Erfahrung in der Abfallwirtschaft
- Alle Leistungen aus einer Hand

Internationale Aktivitäten

- Keine

Kontaktinformationen

Bundesgütegemeinschaft Kompost e.V.
Von-der-Wettern-Straße 25
51149 Köln

Tel.: +49 (0) 2203/358370
E-mail: info@kompost.de
Internet: www.kompost.de

Produkte und Dienstleistungen

- Gütesicherung Kompost
- Gütesicherung Gärprodukte
- Informationsdienst Humuswirtschaft

Forschungs- und Entwicklungsaktivitäten

- Produktentwicklung organischer Düngemittel
- Bewertung der Humusreproduktion von Böden
- Europäische Qualitätssicherung für organische Düngemittel

Patente und Alleinstellungsmerkmale

- RAL-Gütesicherung Kompost
- RAL-Gütesicherung für Gärprodukte aus nachwachsenden Rohstoffen

Internationale Aktivitäten

- Niederlande
- Belgien
- Österreich

BUTEC GMBH
Managementsysteme
GÖTTINGEN

Kontaktinformationen

BUTEC Büro für Umwelt- und Technologieberatung GmbH
Fabrikweg 2b
37075 Göttingen

Tel.: +49 (0) 551/99876-0
E-mail: thorsten.heinze@butec.net
Internet: www.butec.net

Produkte und Dienstleistungen

- Umweltmanagementsysteme, EMAS, ISO 14001
- Risikomanagement, Umwelt, Qualitätssicherung, Arbeitssicherheit
- Umwelt-Due-Diligence
- Energieeffizienz und -einsparung, Entsorgungskonzepte
- Ressourcenmanagement

Forschungs- und Entwicklungsaktivitäten

- Integrierte adaptive Managementsysteme

Patente und Alleinstellungsmerkmale

- Integrierte gruppenweite Managementsysteme
- Risikomanagementsysteme
- Umwelt-Due-Diligence

Internationale Aktivitäten

- Frankreich
- Österreich

C&E · Consulting und Engineering GmbH

Kontaktinformationen

C&E Consulting und Engineering GmbH
Jagdschänkenstraße 52
09117 Chemnitz

Tel.: +49 (0) 371/881-4228
E-mail: r.haehne@cue-chemnitz.de
Internet: www.cue-chemnitz.de

Produkte und Dienstleistungen

- Beratung und Planung Bergbausanierung
- Beratung und Planung Altlastensanierung
- Beratung und Planung Abfallwirtschaft (Deponien, MBA)
- Beratung und Planung Hochwasser- und Gewässerschutz

Forschungs- und Entwicklungsaktivitäten

- Geothermie
- Boden- und Abfallbehandlung
- Altlastensanierung

Patente und Alleinstellungsmerkmale

- Verfahren zur Sicherung und Sanierung von Absetzanlagen
- Planung von Mechanisch-Biologischen Abfallbehandlungsanlagen
- Hochwasserschutzkonzepte

Internationale Aktivitäten

- Baltische Staaten
- Südosteuropa
- Lateinamerika

Kontaktinformationen

CCI Transport GmbH & Co. KG
Südring 43
69514 Laudenbach

Tel.: +49 (0) 6201/4961-10
E-mail: info@cci-transport.de

CCI TRANSPORT

Produkte und Dienstleistungen

- Einsammeln und Befördern, Handeln und Vermitteln von Industrieabfällen zur 100-prozentigen Wiederverwertung in Europa und global, nach KrW-/AbfG
- Galvanikabfälle, Metallhydroxyschlämme, Acytylencylinder auch als Gefahrgut. Zertifiziert nach KrW-/AbfG und DIN EN ISO 9001:2000

Forschungs- und Entwicklungsaktivitäten

- Planung und Koordination verschiedener Abfallerzeuger zu einer Einheit
- Marketing zur Erweiterung der Recyclingaktivitäten im Sinne der Umwelt
- Zusammenarbeit mit den Umweltbehörden in Europa

Patente und Alleinstellungsmerkmale

- Kooperation mit der abfallerzeugenden Industrie
- Zertifikat nach Kreislaufwirtschafts-/Abfallgesetz, jährliches Audit
- DIN EN ISO 9001:2000

Internationale Aktivitäten

- Frankreich
- Großbritannien
- Polen

Kontaktinformationen

CCR Logistics Systems AG
Karl-Hammerschmidt-Straße 36
85609 Dornach

Tel.: +49 (0) 89/49049120
E-mail: awinter@ccr.de
Internet: www.ccr.de

CCR

Produkte und Dienstleistungen

- Management von Rücknahmesystemen, internationaler Business Process
- Outsourcing-Partner, Entwicklung von Rücknahmesystemen mit flächendeckenden Logistikprozessen und IT-gestützem Reporting und Clearing
- Kernbereiche: Automotive, Electro und Electronic, Construction sowie Industrie und Commerce

Forschungs- und Entwicklungsaktivitäten

- Garantieteile: kontrollierte Rücknahme, Prüfung, Entsorgung der Teile
- Behälterpool: Steuerung, Finanzierung, Pflege von Behälterpools
- Anti-Fraud: Produktkennzeichnung, Nachverfolgung zur Vermeidung von Betrug

Patente und Alleinstellungsmerkmale

- Entrepreneur des Jahres: Endausscheidung 2006, Marktführer und größtes Unternehmen als 4PL in Reverse Logistics
- Kauf Vfw AG

Internationale Aktivitäten

- Italien
- Österreich
- Schweiz

Kontaktinformationen

CDM Consult GmbH
Am Umweltpark 3–5
44793 Bochum

Tel.: +49 (0) 6257/504-414
E-mail: hartmut.schmid@cdm-ag.de
Internet: www.cdm-ag.de

Produkte und Dienstleistungen

- Leistungen: Gutachten, Beratung, Planung, Bauleitung, Projektmanagement
- Geschäftsfelder: Umwelt, Wasser, Infrastruktur und Geotechnik
- Tätigkeiten (GF Umwelt): Altlastenbearbeitung, Flächenrecycling, Rückbau, Innenraumschadstoffe, Umwelt-Due-Diligence, Abfallmanagement, Deponiebau/-sanierung, Rekultivierung, Deponieentgasung/-verstromung

Forschungs- und Entwicklungsaktivitäten

- Deponientgasung und -verstromung
- Geothermie
- Innovative Grundwassersanierungstechnologien

Patente und Alleinstellungsmerkmale

- Depot-Verfahren zur Aerobisierung von Deponien

Internationale Aktivitäten

- Osteuropa
- Arabische Länder
- Nord- und Südamerika

Kontaktinformationen

Clausthaler Umwelttechnik-Institut GmbH (CUTEC)
Leibnizstraße 21+23
38678 Clausthal-Zellerfeld

Tel.: +49 (0) 5323/933-124
E-mail: cutec@cutec.de
Internet: www.cutec.de

Produkte und Dienstleistungen

- Brennstoffzelle (SOFC, Reformer, portable BZ-Systeme)
- Biofuels
- Biomassekonversion zu Kraft-, Brenn- und Chemierohstoffen
- Abwasserbehandlung, Schlammbehandlung
- Thermische Prozesstechnik (Verbrennung, Vergasung und Pyrolyse)

Forschungs- und Entwicklungsaktivitäten

- Brennstoffzelle (SOFC, Reformer, portable BZ-Systeme)
- Biomassekonversion zu Kraft-, Brenn- und Chemierohstoffen
- Abfall- und Abwassertechnik, Schlammbehandlung

Patente und Alleinstellungsmerkmale

- Optimierungen in der Klärschlammbehandlung: SludgePro (Energiegewinnung) mit Flocformer (Erhöhung des Entwässerungsgrades)
- Biomasse-Direktvergasung
- Synthesereaktor

Internationale Aktivitäten

- EU
- Afrika
- Japan

Kontaktinformationen

Collect GmbH
Industriepark 1
77955 Ettenheim

Tel.: +49 (0) 7822/8985-315
Internet: www.collecture.com

Produkte und Dienstleistungen

- Sammeln leerer Tonerkartuschen und Tintenpatronen
- Logistikzentrum
- Wertstoffbilanz

Forschungs- und Entwicklungsaktivitäten

- Konturenerkennung über Bildabgleich
- Automatisierung im Sortierbereich

Patente und Alleinstellungsmerkmale

- Erstellen von Wertstoffbilanzen
- Auswertung von Produktmerkmalen

Internationale Aktivitäten

- Österreich
- China
- Kanada

Kontaktinformationen

CUT GmbH & Co. KG
Heinrich-Hertz-Straße 19b
40699 Erkrath

Tel.: +49 (0) 211/2408660
E-mail: info@cut-membrane.com
Internet: www.cut-membrane.com

Produkte und Dienstleistungen

- Herstellung und Vertrieb von Membrantechnologie, Bau von Sondermodulen für die Fest-/Flüssigtrennung
- Produkte: Mikrofiltration, Ultrafiltration, Nanofiltration und Umkehrosmose Module

Forschungs- und Entwicklungsaktivitäten

- Membranentwicklung/Phaseninvasion
- Modulentwicklung
- Entwicklung neuer Verbundtechniken

Patente und Alleinstellungsmerkmale

- StartUp Sieger Rheinland 2004
- Patent über die Verbindung von porösen und nicht porösen Kunststoff

Internationale Aktivitäten

- Benelux
- Österreich
- USA

DBETEC
DBE TECHNOLOGY GmbH

Kontaktinformationen

DBE TECHNOLOGY GmbH
Eschenstraße 55
31224 Peine

Tel.: +49 (0) 5171/431528
E-mail: krone@dbe.de
Internet: www.dbetec.de

Produkte und Dienstleistungen

- Ingenieurdienstleistungen und Beratung zur Entsorgung radioaktiver Abfälle

Forschungs- und Entwicklungsaktivitäten

- Entwicklung und Demonstration der Endlagertechnik für ausgediente Brennelemente
- Enwicklung von Endlagerkonzepten in Salz und Ton
- Entwicklung von Sicherheitsnachweiskonzepten für die Endlagerung radioaktiver Abfälle

Patente und Alleinstellungsmerkmale

- Alleinanbieter von Endlagerplanungen für radioaktive Abfälle in Deutschland
- International führend bei der Endlagerung hochradioaktiver Abfälle in Salzformationen

Internationale Aktivitäten

- Osteuropa
- Westeuropa
- Japan

DENIOS®

Kontaktinformationen

DENIOS AG
Dehmer Straße 58–66
32549 Bad Oeynhausen

Tel.: +49 (0) 5731/753105
E-mail: info@denios.de
Internet: www.denios.de

Produkte und Dienstleistungen

- Lager- und Handlingsysteme für Gefahrstoffe
- Gefahrstofflagerung mit integriertem Brandschutz
- Wärmetechnik, Lufttechnik, Arbeitssicherheit
- Entsorgungs- und Reinigungssysteme, Bindevliese und Abdichtsysteme
- Fachberatung, Entwicklung, Realisation

Forschungs- und Entwicklungsaktivitäten

- Lösemittelfreie Teilereinigung
- Gefahrstofflagertechnik
- Lufttechnische Anlagen, Schadstofferfassung

Patente und Alleinstellungsmerkmale

- Unternehmer des Jahres OWL
- Deutscher Material Effizienz Preis, Effizienz-Preis NRW
- International Forum Design

Internationale Aktivitäten

- Frankreich
- Großbritannien
- Niederlande

Kontaktinformationen

Detlef Hegemann GmbH
Außer der Schleifmühle 39/43
28203 Bremen

Tel.: +49 (0) 421/4107-0
E-mail: uwe.hilmer@hegemann.de
Internet: www.hegemann-gruppe.de

Produkte und Dienstleistungen

- Aufbereitung und Immobilisierung von Gewässersedimenten zu Baustoff

Forschungs- und Entwicklungsaktivitäten

- Weiterentwicklung zur Aufbereitung von Gewässersedimenten zu Baustoff

Patente und Alleinstellungsmerkmale

- Patent: Aufbereitung und Immobilisierung von Gewässersedimenten
- Patent: Schlickentwässerung durch Zugabe von Hilfsstoffen
- Patent: Chemoton, ein neu entwickeltes Abdichtungsmaterial

Internationale Aktivitäten

- Niederlande

Kontaktinformationen

Dorr Städtereinigung GmbH & Co KG
Unterwanger Straße 8
87439 Kempten

Tel.: +49 (0) 831/5911716
E-mail: werner.voth@dorr.de
Internet: www.dorr.de

Produkte und Dienstleistungen

- Gesamt-Entsorgungskonzepte für Industrie und Gewerbe
- Stoffstrom-Management
- Herstellung von Ersatzbrennstoffen
- Sonderabfall und Gefahrgutentsorgung
- Chem.-physikal. Behandlungsanlage

Forschungs- und Entwicklungsaktivitäten

- Herstellung von Ersatzbrennstoffen

Patente und Alleinstellungsmerkmale

- Entwicklung und Umsetzung von Gesamt-Entsorgungskonzepten
- Qualitätsmanagement als erstes Ensorgungsunternehmen in Deutschland 1994
- Entsorgungsfachbetrieb und Fachbetrieb nach WHG § 19 l

Internationale Aktivitäten

- Keine

Kontaktinformationen

Dr. Fintelmann und Dr. Meyer GmbH
Mendelssohnstraße 15 d
22761 Hamburg

Tel.: +49 (0) 40/89966421
E-mail: meyer@fintelmann-meyer.de
Internet: www.fintelmann-meyer.de

Produkte und Dienstleistungen

- Chemische, biologische und ökotoxikologische Analysen von Boden, Sedimenten, Wasser und Abfällen
- Entwicklung von ökotoxikologischen Methoden und Erprobung in Kooperation mit Hochschulen, öffentlichen Einrichtungen und anderen Partnern in Verbundprojekten

Forschungs- und Entwicklungsaktivitäten

- Sedimentbewertung
- Kontakttest
- Abfallbewertung

Patente und Alleinstellungsmerkmale

- Entwicklung des Bakterien-Kontakttests

Internationale Aktivitäten

- Keine

Kontaktinformationen

Dr.-Ing. B. Diering GmbH
Juelicher Straße 318–320
52070 Aachen

Tel.: +49 (0) 241/182730
E-mail: p.metzen@diering-gmbh.de

Produkte und Dienstleistungen

- Planung, Ausschreibung, Bauüberwachung, Projektsteuerung
- Abfall, Abwasserableitung, Baukoordination für Sicherheit und Gesundheitsschutz
- Datenverarbeitung, EDV
- Abwasserreinigung, kommunal und industriell
- Schlammbehandlung

Forschungs- und Entwicklungsaktivitäten

- Entfärbung von Textilabwasser
- Co-Fermentation organischer Abfälle
- Biogas-Optimierung

Patente und Alleinstellungsmerkmale

- Biologische Entfärbung von Textilabwasser
- Stickstoffelimination in optimierten Behältern

Internationale Aktivitäten

- Südosteuropa (Rumänien, Bulgarien, Serbien, Kroatien)
- Algerien

Kontaktinformationen

Dürr Systems GmbH, Environmental & Energy Systems
Otto-Dürr-Straße 8
70435 Stuttgart

Tel.: +49 (0) 711/1361042
E-mail: werner.zondler@durr.com
Internet: www.durr.com

Produkte und Dienstleistungen

- Systeme zur thermischen und adsorptiven Reinigung von Abgasen
- Thermische Entsorgung von Rückstandsflüssigkeiten

Forschungs- und Entwicklungsaktivitäten

- Entsorgung von Rückstandflüssigkeiten über regenerative thermische Abgasreinigungsanlagen mittels separater Verdampfung

Patente und Alleinstellungsmerkmale

- Erfahrung bei der regenerativen thermischen Behandlung von halogenierten Abgasen sowie bei Abgasströmen mit stark schwankenden Konzentrationen

Internationale Aktivitäten

- EU
- Asien
- Nordamerika

Kontaktinformationen

Echtner + Nimsgarn bio-desodor-Filterservice GmbH
Harmenhauser Straße 40
27777 Ganderkesee

Tel.: +49 (0) 4223/381061
E-mail: bio-desodor@t-online.de
Internet: www.biodesodor.de

Produkte und Dienstleistungen

- Technologien zur Luftbehandlung/Luftreinhaltung
- Biologische Abluftreinigung

Forschungs- und Entwicklungsaktivitäten

- Abluftbehandlung bei Biogasanlagen sowie Landwirtschaft

Patente und Alleinstellungsmerkmale

- Herstellung und Vertrieb von Abluftbehandlungsanlagen

Internationale Aktivitäten

- Ungarn
- Östereich
- Kroatien

ECOSOIL

Kontaktinformationen

Ecosoil Holding GmbH
Lindnerstraße 96
46149 Oberhausen

Tel.: +49 (0) 208/9414102
E-mail: h.huettemann@ecosoil.de
Internet: www.ecosoil.de

Produkte und Dienstleistungen

- Deponiebau
- Flächenrecycling
- Bodensanierung
- Deichbau

Forschungs- und Entwicklungsaktivitäten

- Boden- und Bauschuttrecyclinganlagen
- Schachtsanierungsverfahren
- Verdichtungstechniken

Patente und Alleinstellungsmerkmale

- Schachtkopfsanierung
- Sickerwasserschachtsanierung

Internationale Aktivitäten

- Rumänien
- Tschechien
- Vereinigte Arabische Emirate

EGR
Elektro-Geräte Recycling GmbH

Kontaktinformationen

EGR GmbH
Hohewardstraße 327
45699 Herten

Tel.: +49 (0) 2366/106312
E-mail: info@egr-online.de
Internet: www.egr-online.de

Produkte und Dienstleistungen

- Rücknahmesysteme für Elektroaltgeräte gemäß ElektroG bzw. WEEE-Directive
- Betrieb von Demontage- und Verwertungsanlagen für Elektroaltgeräte
- Beratung von betroffenen Unternehmen (Hersteller, Importeure, Handel)
- Handel mit Stoffströmen aus der Gerätedemontage
- Metallhandel

Forschungs- und Entwicklungsaktivitäten

- Softwareentwicklung für die bundes- und europaweite Rücknahme von Elektroaltgeräten
- Optimierung der Demontageanlage im Hinblick auf die neuen Anforderungen des ElektroG

Patente und Alleinstellungsmerkmale

- Die EGR hat gemeinsam mit einem Software-Entwickler eine Software entwickelt, die es der EGR sowie ggf. freigegebenen Partnern ermöglicht, die bundes- und europaweite Rücknahme von Elektroaltgeräten zu steuern bzw. zu kontrollieren

Internationale Aktivitäten

- Keine

Kontaktinformationen

EISENMANN Anlagenbau GmbH & Co. KG
Daimlerstraße 5
71088 Holzgerlingen

Tel.: +49 (0) 7031/782839
E-mail: info@eisenmann.de
Internet: www.eisenmann.de

EISENMANN

Produkte und Dienstleistungen

- Abluftreinigungsanlagen (regenerativ, thermisch, Adsorption)
- Anlagen zur Wasseraufbereitung, Abwasserbehandlung, Wasser-Kreislaufführung
- Anlagen zur Thermischen Verwertung von Reststoffen wie Klärschlamm oder Katalysatoren, Anlagen zum Wertstoff-Recycling, Pyrolyse-Anlagen
- Anlagen zur Sondermüll-Entsorgung und Verbrennung.

Forschungs- und Entwicklungsaktivitäten

- Thermische Verwertung von Klärschlamm
- Wertstoff-Recycling aus verbrauchten Katalysatoren
- Energiegewinnung aus nachwachsenden Rohstoffen

Patente und Alleinstellungsmerkmale

- Wanderbett-Reaktor zur thermischen Verwertung von Sonderabfällen
- Hochturbulenz-Reaktor zur thermischen Entsorgung problematischer Reststoffe in flüssiger und fester Form, Katalysatorrecycling

Internationale Aktivitäten

- Osteuropa
- Asien
- USA

Kontaktinformationen

ELPRO Elektronik-Produkt Recycling GmbH
Hannoversche Straße 66a
38116 Braunschweig

Tel.: +49 (0) 531/59001-11
E-mail: dr.schoeps@elpro-gmbh.de
Internet: www.elpro-gmbh.de

Produkte und Dienstleistungen

- Behandlung von Elektroaltgeräten der Sammelgruppen 1, 3 und 5 gem. ElektroG
- Rückbau ortsfester technischer Anlagen
- Handel mit gebrauchten Wirtschaftsgütern

Forschungs- und Entwicklungsaktivitäten

- Geschäftsprozesse in Netzwerken, (www.gepronet.de)
- Gewinnung von Austauschteilen aus Elektroaltgeräten, (www.newet.de)
- Entwicklung von Methoden zur Produktionssteuerung bei der manuellen Zerlegung

Patente und Alleinstellungsmerkmale

- Keine Angaben

Internationale Aktivitäten

- Osteuropa
- Westeuropa
- Ostasien

Kontaktinformationen

Entsorgungstechnik Bavaria GmbH
Siemensstraße 14
85716 Unterschleißheim

Tel.: +49 (0) 89/3211443
E-mail: info@entsorgungstechnik-bavaria.de
Internet: www.entsorgungstechnik-bavaria.de

Produkte und Dienstleistungen

- Maschinen und Anlagen zum Sortieren, Recyclen, Zerkleinern und Verdichten von festen Abfällen
- Planung, Beratung, Realisierung und Wartung von entsorgungstechnischen Anlagen
- Altpapier-, Gewerbemüll-, Baumischabfallsortieranlagen, Kabel- und Elektroschrottaufbereitung

Forschungs- und Entwicklungsaktivitäten

- Materialerkennung mit Nahinfrarot
- Recyclinganlage für Kaffeedosen aus Aluminium
- Optimierung von Altpapiersortieranlagen

Patente und Alleinstellungsmerkmale

- Realisierung moderner Altpapiersortieranlagen mit richtungsweisender Technik und Effizienz

Internationale Aktivitäten

- Österreich
- Schweiz
- Ungarn

Kontaktinformationen

Ergo Forschungsgesellschaft mbH
Geierstraße 1
22305 Hamburg

Tel.: +49 (0) 40/697096-0
E-mail: info@ergo-research.com
Internet: www.ergo-research.com

Produkte und Dienstleistungen

- Emissions- und Immissionsmessungen
- Funktionsprüfungen und Kalibrierungen
- Innenraumluftuntersuchungen und Geruchsmessungen
- Untersuchungen von Lebens- und Futtermitteln
- Untersuchungen im Ultraspurenbereich

Forschungs- und Entwicklungsaktivitäten

- Erarbeitung von Untersuchungsmethoden im Ultraspurenbereich
- Mitarbeit bei DIN, CEN, ISO

Patente und Alleinstellungsmerkmale

- Durch den Eurofins-Verbund weltgrößtes Dioxin-Untersuchungslabor

Internationale Aktivitäten

- Portugal

Kontaktinformationen

ESC GmbH Ingenieurgesellschaft für Oberflächen-Reinigungstechnik
Daimlerstraße 17
72351 Geislingen

Tel.: +49 (0) 7433/26020-10
Internet: www.escsys.de

ESC
MEHR ALS NUR ENTLACKEN

Produkte und Dienstleistungen

- Chemische Entlackungs-anlagen
- Chemische Entlackungs-mittel
- Abfallrücknahme im Sinne des Kreislaufwirtschafts-gesetzes
- Lohnentlackung als Dienstleistung

Forschungs- und Entwicklungsaktivitäten

- Chemischen Entlackungsanlagen
- Chemische Entlackungsmittel
- Chemische Entlackungsverfahren

Patente und Alleinstellungsmerkmale

- Spezialisierter Systemanbieter für Entlackungstechnik (alles aus einer Hand)

Internationale Aktivitäten

- Belgien
- Tschechien
- Ungarn

Kontaktinformationen

EuRec Technology Sales & Distribution GmbH
Borntalstraße 9
36460 Merkers

Tel.: +49 (0) 36969/58132
E-mail: c.kottmann@eurec-technology.com
Internet: www.eurec.de

EuRec® Technology
We Know how®
Sales & Distribution

Produkte und Dienstleistungen

- Abfallbehandlungs-anlagen, Abfallverpa-ckungstechniken,
- Zerkleinerungstechniken, biologische Behandlungs-verfahren, Siebtechniken,
- Trenntechniken
- Aufbereitung von Feld-früchten für die Verwer-tung in Biogasanlagen

Forschungs- und Entwicklungsaktivitäten

- Verfahrenstechnik
- Recycling-Maschinentechnik
- Prozesstechnik

Patente und Alleinstellungsmerkmale

- 12 Ur-Patente, insgesamt 22 Patente

Internationale Aktivitäten

- Osteuropa
- Westeuropa
- Asien

FAIST developing the future

Kontaktinformationen

FAIST Anlagenbau GmbH
Bahnhofstraße 41
86381 Krumbach

Tel.: +49 (0) 8282/8880120
E-mail: wilhelm.braun@faist.de
Internet: www.faist.de

Produkte und Dienstleistungen

- Schallschutzanlagen
- Schallschutztüren
- Akustische Messräume
- Industrieschalldämpfer

Forschungs- und Entwicklungsaktivitäten

- Schallhauben für Outdoor-Anwendung, hohe Schalldämmung, schnelle Montage sowie Demontage, gasdicht, regendicht
- BKA-Anwendung für Akustische Messräume, faserfrei, hohe Absorption auch tieffrequentgeringe Bautiefe von 250 mm, glatte Oberfläche

Patente und Alleinstellungsmerkmale

- Patent für BKA-Anwendung in Akustischen Messräumen
- Hohe Qualität durch Pulverbeschichtung
- Panelsystem für schnelle Montage/Demontage

Internationale Aktivitäten

- EU
- Naher Osten
- China

Kontaktinformationen

G.U.B. Ingenieurgesellschaft mbH
Katharinenstraße 11
08056 Zwickau

Tel.: +49 (0) 375/2717548
E-mail: info@gub-ing.de
Internet: www.gub-ing.de

Produkte und Dienstleistungen

- Geotechnik, Geologie, Hydrologie, Geophysik, Ingenieurseismologie
- Bautechnik, Verkehrsplanung, Bergbausanierung, Wasserbau
- Landschaftsplanung, -architektur, Umwelttechnik, Schallimmissionsprognosen
- Vermessung, Geoinformatik
- Projektmanagement und Bauüberwachung

Forschungs- und Entwicklungsaktivitäten

- Geotechnische Erkundungen mit modernster und flexibler Technik
- Entwicklung und Umsetzung nachhaltiger Umweltprojekte weltweit
- Unterstützung und Projektleitung bei innovativen Bauvorhaben

Patente und Alleinstellungsmerkmale

- Vielseitigkeit und Spezialisierung in allen Ingenieurdienstleistungen
- Messstelle nach §§ 26, 28 BImSchG
- Alle Dienstleistungen eines Erd- und Grundbaulabors nach DIN

Internationale Aktivitäten

- Asien (Nepal, Kambodscha)
- Naher Osten (Syrien)
- Südamerika (Kolumbien)

Kontaktinformationen

GEA Delbag Lufttechnik GmbH
Südstraße 48
44625 Herne

Tel.: +49 (0) 2325/468735
E-mail: info@gea-delbag-lufttechnik.de
Internet: www.gea-delbag-lufttechnik.de

Produkte und Dienstleistungen

- Absauganlagen für Maschinen und Arbeitsplätze
- Entstaubungsanlagen für trockene Stäube
- Öl- u. Emulsionsnebelabscheider, mechanisch und elektrostatisch
- Kanalluftfilter und Nassabscheider
- Elektrofilter für Öl- u. Emulsionsnebel

Forschungs- und Entwicklungsaktivitäten

- Neu- und Weiterentwicklung im Bereich Elektrofilter
- Abscheidung von gasförmigen Stoffen
- Neu- und Weiterentwicklung im Bereich Aerosolabscheidung

Patente und Alleinstellungsmerkmale

- Wellenionisator für Elektrofilter (Patent)
- Filtersteuerung für Elektrofilter (Patent)
- Lotusoberfläche auf Isolatoren für Elektrofilter

Internationale Aktivitäten

- Osteuropa
- Benelux
- Österreich, Schweiz

Kontaktinformationen

GEOlogik Wilbers & Oeder GmbH
Nienkamp 80
48147 Münster

Tel.: +49 (0) 251/20127-0
E-mail: team@geologik.de
Internet: www.geologik.de

GEOlogik
Wilbers & Oeder GmbH
Umwelt-, Ingenieur-, Hydrogeologie
Planung ☐ Beratung ☐ Gutachten
Nienkamp 80, 48147 Münster
Telefon: 0251/201 27 - 0
Telefax: 0251/201 27 - 29

- Umweltgeologie
- Ingenieurgeologie
- Hydrogeologie
- Baugrunduntersuchungen
- Altlastenerkundungen
- Sanierungsdurchführungen

e-mail: team@geologik.de
Internet: www.geologik.de

Produkte und Dienstleistungen

- Baugrund- und Altlastengutachten, Hydrogeologische Gutachten, Sondierungen, Bohrungen
- Ausbau von Grundwassermessstellen, Bodenprobenahme, Bodenluftprobenahme, Grundwasserprobenahme
- Sanierungs-, Arbeitsschutz-, Rückbaukonzepte, Sanierungs-, Rückbaubegleitung
- 2D- und 3D-Grundwasserströmungsmodelle, Transportmodelle, Sickerwasserprognosen

Forschungs- und Entwicklungsaktivitäten

- Natural Attenuation
- Grundwassermodelle

Patente und Alleinstellungsmerkmale

- Keine Angaben

Internationale Aktivitäten

- Polen
- Tschechien
- Ukraine

Kontaktinformationen

GEOTECH GmbH
Bautzner Straße 67
04347 Leipzig

Tel.: +49 (0) 341/3502798
E-mail: geotech-gmbh@onlinehome.de

Produkte und Dienstleistungen

- Kampfmittelsuche, -bergung und -entsorgung
- Technische Altlastenerkundung und -sanierung,
- Probenahmen, Monitoring, Ingenieur- und Beratungsleistungen

Forschungs- und Entwicklungsaktivitäten

- Bodensanierung
- Kampfmittelentsorgung

Patente und Alleinstellungsmerkmale

- Innovationen noch nicht abgeschlossen

Internationale Aktivitäten

- Österreich
- Schweiz

Geotechnisches Büro
Prof. Dr.-Ing. H. Düllmann GmbH

Kontaktinformationen

Geotechnisches Büro Prof. Dr.-Ing. H. Düllmann GmbH
Neuenhofstraße 112
52078 Aachen

Tel.: +49 (0) 2227/900284
E-mail: gbaachen@gbduellmann.de
Internet: www.gbduellmann.de

Produkte und Dienstleistungen

- Deponieplanung Klassen 0–III, Stilllegungs- und Nachsorgeplanung
- Altlasterkundungen, -bewertungen und -sanierungen, Projektmanagement
- Planung von Wassergewinnungsanlagen und Gebietsentwässerungen
- Spezialtiefbau, Felsbau, Baugrunderkundung und Gründungsberatung
- Baustofflabor (RABStra, DIN EN 17025), Kunststofflabor (DIN EN 17025)

Forschungs- und Entwicklungsaktivitäten

- Dichtungsbau für Deponien
- Deponierung vorbehandelter Abfälle
- Sanierungstechnologien für Altlasten

Patente und Alleinstellungsmerkmale

- Entwicklung von Abdichtungsstrategien von Deponien
- Eignungsnachweise und Qualitätssicherung von natürlichen und industriell gefertigten Dichtungsprodukten

Internationale Aktivitäten

- Keine

Kontaktinformationen

Gerhard Lang GmbH&Co.KG
Wilhelm-Lang-Straße 1–3
76571 Gaggenau

Tel.: +49 (0) 7225/9816104
E-mail: h.biedermann@lang-recycling.de
Internet: www.lang-recycling.de

Produkte und Dienstleistungen

- Umweltschonende Erfassung, Transport, Lagerung, Sortierung, Verarbeitung von metallischen Sekundärrohstoffen für den Einsatz in der Schmelzindustrie

Forschungs- und Entwicklungsaktivitäten

- Alternative Einsatzstoffe für den Kupolofen
- Konditionierung legierungsmetallhaltiger Schlämme und Stäube

Patente und Alleinstellungsmerkmale

- Anerkennung beim Umweltpreis Baden-Württemberg 2006
- Sehr hoher Umweltstandard
- Sehr hoher Qualitätsstandard

Internationale Aktivitäten

- Schweden
- Frankreich
- Schweiz

Kontaktinformationen

Gibs – Geologen + Ingenieure W. Blumenthal und Dr. H. Schoger
Deichslerstraße 25
90489 Nürnberg

Tel.: +49 (0) 911/9599530
E-mail: h.schoger@gibs-online.de
Internet: www.gibs-online.de

Produkte und Dienstleistungen

- Sachverständiger und Untersuchungsstelle nach §18 BBodSchG
- Grundwasser- und Bodenschutz
- Deponietechnik und Deponienachsorge
- Behördenengineering
- Umweltinformationssysteme

Forschungs- und Entwicklungsaktivitäten

- Bodensanierung
- Fernerkundungstechniken zum Bodenschutz
- Wasserkraftnutzung

Patente und Alleinstellungsmerkmale

- Integrale Bodenschutzkonzepte auf militärischen Liegenschaften
- Erosionsmodellierung
- Entwicklung Geographischer Informationssysteme im Umweltschutz

Internationale Aktivitäten

- Belgien
- Italien
- Bulgarien

Kontaktinformationen

GREENTOP GmbH Emission Reduction Systems
Siemensstraße 21–23
61267 Neu-Anspach

Tel.: +49 (0) 6081/443710
E-mail: marcel.lees@greentop.de
Internet: www.greentop.de

Produkte und Dienstleistungen

- Dieselpartikelfilter für mobile Anwendungen
- Dieselpartikelfilter für stationäre Anwendungen
- NO_x-Reduktionssysteme für mobile Anwendungen
- NO_x-Reduktionssysteme für stationäre Anwendungen

Forschungs- und Entwicklungsaktivitäten

- Entwicklung neuer Partikelfiltertechnologien
- Entwicklung neuer NO_x-Reduktionssysteme
- Entwicklung von Kombinationssystemen (PM und NO_x-Reduktion)

Patente und Alleinstellungsmerkmale

- GREENTOP ERS führt als erster und bisher einziger Hersteller die neuesten Technologien an Filtermedien und Regeneartionsstrategien aus der Fahrzeugtechnik auch in Großmotoren ein

Internationale Aktivitäten

- Österreich
- Schweiz
- Südamerika

Kontaktinformationen

Grimm Aerosol Technik GmbH & Co. KG
Dorfstraße 9
83404 Ainring

Tel.: +49 (0) 8654/578-0
E-mail: tp@grimm-aerosol.com
Internet: www.grimm-aerosol.com

Produkte und Dienstleistungen

- Feinstaubmessgeräte, Immissisonsmessgeräte
- Partikelmessgeräte, Biologisch/Nicht Biologisch
- Nanopartikelmessgeräte
- Aerosol Spektrometer
- Emissionsmessgeräte

Forschungs- und Entwicklungsaktivitäten

- Nanopartikel Messgeräte
- Messgeräte zur Erfassung von Bio-Aerosolen
- Feinstaub Messgeräte und Analysatoren

Patente und Alleinstellungsmerkmale

- Laser Optische Analyse von Partikeln
- Aerosol Spektrometer

Internationale Aktivitäten

- EU
- Nordamerika
- Asien (China, Indien, Korea)

Kontaktinformationen

H+H Umwelt- und Industrietechnik GmbH
Lindenstrasse 12a
55595 Hargesheim

Tel.: +49 (0) 671/92064-10
E-mail: michael.heck@huhgmbh.com
Internet: www.huhgmbh.com

Produkte und Dienstleistungen

- SCR Systeme zur NO_x-Reduktion (Selektive Katalystische Reduktion = Entstickung)
- SCR Katalysatoren zur NO_x-Reduktion
- Oxidationskatalysatoren und Systeme zur VOC Reduktion
- Emissionsmesssysteme, Russfiltersysteme
- Service und Wartung, Beratung/Engineering

Forschungs- und Entwicklungsaktivitäten

- Entwicklung und Verbesserung der Systeme zur Emissionsreduzierung mobiler und stationärer Anlagen

Patente und Alleinstellungsmerkmale

- Individuelle, effiziente und wirtschaftliche Systeme zur NO_x und VOC/CO Reduzierung
- Markenschutz für ein SCR System für Bodenseeschiffe, erfüllt BSO II
- Beratung und Engineering

Internationale Aktivitäten

- Skandinavien (Finnland, Norwegen, Schweden etc.)
- EU
- Weltweit

Kontaktinformationen

hamos GmbH Recycling- und Separationstechnik
Im Thal 17
82377 Penzberg

Tel.: +49 (0) 8856/92610
E-mail: hamos@hamos.com
Internet: www.hamos.com

hamos

Produkte und Dienstleistungen

- Technologie für die Verwertung von Sekundärrohstoffen
- Recycling- und Separationsanlagen
- Elektrostatische Separatoren
- Metallseparatoren
- Kunststoffseparatoren

Forschungs- und Entwicklungsaktivitäten

- Optimierung der Verwertung von Sekundärrohstoffen
- Neuentwicklung von Separationsprozessen
- Weiterentwicklung elektrostatischer Separationstechnologie

Patente und Alleinstellungsmerkmale

- Weltmarktführer elektrostatische Kunststoffseparation
- Zahlreiche Patente (Elektrostatische Separation, Metallseparation u.a.)

Internationale Aktivitäten

- EU
- Asien
- Amerika

HARTON

Kontaktinformationen

HARTON Anlagentechnik GmbH
Ahornweg 13
57518 Alsdorf

Tel.: +49 (0) 2741/9234-0
E-mail: info@harton.de
Internet: www.harton.de

Produkte und Dienstleistungen

- Thermische Abluftreinigung, Katalytische Abluftreinigung
- Adsorbtionsanlagen, industrielle Wärmerückgewinnung
- Behälter, Apparate, Wärmetauscher
- Pumpen mit Magnetkupplung aus Edelstahl und Kunststoff
- Dosierpumpen, Dosieranlagen

Forschungs- und Entwicklungsaktivitäten

- Abluftreinigung

Patente und Alleinstellungsmerkmale

- Patent Becherwerksbecher
- Patent Raumgewicht Schüttgutfraktion

Internationale Aktivitäten

- Österreich
- Schweiz

HEERS & BROCKSTEDT UMWELTTECHNIK GmbH
www.heers-brockstedt.de

Kontaktinformationen

Heers & Brockstedt Umwelttechnik GmbH
Krokamp 70
24539 Neumünster

Tel.: +49 (0) 4321/99890
E-mail: info@heers-brockstedt.de
Internet: www.heers-brockstedt.de

Produkte und Dienstleistungen

- Gasfassung auf Deponien
- Sickerwasserfassung
- Deponiedichtungen an Basis und Oberfläche
- Klärteichdichtungen Dezentrale Abwasserbehandlung
- Rohrleitungsbau

Forschungs- und Entwicklungsaktivitäten

- Abdichtungssysteme für Deponien
- Öl- und Schwimmsperren
- Regenwasserrückhaltung

Patente und Alleinstellungsmerkmale

- Interdiziplinäre Deponietechnik, Tiefbau, Rohre, Schächte,
- Doppeldichtungen, Systemschachtbauteile aus PEHD-Kunststoff

Internationale Aktivitäten

- Mittel- und Osteuropa
- Philippinen
- Afrika und Vereinigte Arabische Emirate

Kontaktinformationen

HEG Engineering GmbH
Ottersbekallee 17
20255 Hamburg

Tel.: +49 (0) 40/4231110
E-mail: aulrich@heg.de
Internet: www.heg.de

HEG ENGINEERING GMBH

Produkte und Dienstleistungen

- Polymerlöseanlagen
- Dynamische Mischer
- Mischpumpen
- Zahnradpumpen

Forschungs- und Entwicklungsaktivitäten

- Strömungssimulation zur Verbesserung von Mischeffekten
- Anwendungsoptimierung für Flockmitteldosierung für eine verbesserte Fest-/Flüssigtrennung
- Strömungsoptimierung in Mischaggregaten zur Geräuschreduktion

Patente und Alleinstellungsmerkmale

- AquaMix Polymerlöseanlage zur präzisen, kontinuierlichen Dosierung von Polymer in den Trennprozess
- Lärmemissionsreduzierte Mischpumpen
- Strömungsoptimierte dynamische Mischer

Internationale Aktivitäten

- Benelux
- Großbritannien/Irland
- Spanien

Kontaktinformationen

Herding GmbH Filtertechnik
August-Borsig-Straße 3
92224 Amberg

Tel.: +49 (0) 9621/630-0
E-mail: hajo.adlhoch@herding.de
Internet: www.herding.de

reine Produktivität
Herding FILTERTECHNIK

Produkte und Dienstleistungen

- Filter-/Entstaubungsanlage
- Filterelemente
- ATEX-Beratung

Forschungs- und Entwicklungsaktivitäten

- Filteranlagen
- Filtermedien
- Ölreinigung

Patente und Alleinstellungsmerkmale

- Sinterlamellenfilterelemente
- Heißgasfilter
- Porös gesinterte Spezialelemente

Internationale Aktivitäten

- EU
- China
- USA

Kontaktinformationen

Hinske GmbH
Auf der Heide 1
56244 Ettinghausen

Tel.: +49 (0) 6435/2331
E-mail: info@entsorgung-hinske.de
Internet: www.entsorgung-hinske.de

Produkte und Dienstleistungen

- Entsorgung, Trennung und Verwertung von verpackten Lebensmitteln und Getränken
- Entsorgung, Trennung und Verwertung/Vernichtung von verpackten Gebrauchsgütern
- Herstellung von Biomassen
- Entsorgung und Verwertung tierischer und pflanzlicher Abfälle
- Entwicklung neuer kundenorientierter Entsorgungssysteme

Forschungs- und Entwicklungsaktivitäten

- Verfahrensentwicklung zur Trennung: Verpackungen von Lebensmittel und Gebrauchsgütern
- Verfahrensentwicklung zur Verbesserung der Qualitäten von Verpackungsabfällen
- Entwicklung von kundenspezifischen Entsorgungssystemen zur Senkung der Erfassungs-, Transport-, Entsorgungskosten

Patente und Alleinstellungsmerkmale

- Erstes Unternehmen in Deutschland, das sich mit dem Recycling von verpackten Lebensmitteln beschäftigt

Internationale Aktivitäten

- Keine

HOWE GmbH

Kontaktinformationen

HOWE GmbH
Einsteinstraße 44
73230 Kirchheim unter Teck

Tel.: +49 (0) 7021/98007-0
E-mail: uw@howe.de
Internet: info@howe.de

Produkte und Dienstleistungen

- Umweltschutz: Schadstoffsanierung, Brandsanierung, Bodensanierung
- Demontagetechnik: Abbruch, Industriedemontagen, Flächenrecycling
- Industriereinigung: Oberflächenreinigung, Lüftungskanalreinigung
- Innenausbau: Objektsanierung, Brandschutz, Trockenbau

Forschungs- und Entwicklungsaktivitäten

- Entwicklung von Produkten und Techniken zur Hausschimmelsanierung
- Entwicklung von Produkten und Techniken zur Ölschadensanierung
- Entwicklung von Techniken zur PCB-Sanierung

Patente und Alleinstellungsmerkmale

- Patent zur Reinigung PCB-haltiger Fugenmassen

Internationale Aktivitäten

- Frankreich
- Luxemburg
- Österreich

Kontaktinformationen

HPC HARRESS PICKEL CONSULT AG
Winsenerstraße 1
21271 Hanstedt

Tel.: +49 (0) 4184/892814
E-mail: Hschneid@HPC-AG.de
Internet: www.hpc-ag.biz/index_deutsch.html

Produkte und Dienstleistungen

- Flächenrecycling
- Energieffizienzberatung
- Abwasserkonzepte
- Wassergewinnung/-Bewirtschaftung
- Deponieberatung

Forschungs- und Entwicklungsaktivitäten

- Monitored Natural-Bio-Attenuation
- Dynamisierte Natural Bio-Attenuation
- Toxikologische Expositions-Risiko Quantifizierung

Patente und Alleinstellungsmerkmale

- Anwendung unserer Forschungsprojekte in der Praxis

Internationale Aktivitäten

- Deutschland
- Frankreich
- Spanien

Kontaktinformationen

Hülskens Wasserbau GmbH & Co KG
Maassenstraße 5
46483 Wesel

Tel.: +49 (0) 281/204218
E-mail: thomas.gross@huelskens.de
Internet: www.huelskens-wasserbau.de

Produkte und Dienstleistungen

- Verwertung von Bodenmassen, Baggergut, Nassbaggergut

Forschungs- und Entwicklungsaktivitäten

- Keine Angaben

Patente und Alleinstellungsmerkmale

- Keine Angaben

Internationale Aktivitäten

- Keine Angaben

Kontaktinformationen

Hündgen Entsorgungs GmbH & Co. KG
Peterstraße 70
53913 Swisttal-Ollheim

Tel.: +49 (0) 2255/943013
E-mail: sekretariat@huendgen-entsorgung.de
Internet: www.huendgen-entsorgung.de

Produkte und Dienstleistungen

- Entsorgung
- Containerdienst
- Verwertung
- Ersatzbrennstoffe
- Recycling

Forschungs- und Entwicklungsaktivitäten

- Herstellung und Produktion von Ersatzbrennstoffen
- Wertstoffsortierung

Patente und Alleinstellungsmerkmale

- Herstellung von qualitativ hochwertigem Ersatzbrennstoff aus Mischabfällen

Internationale Aktivitäten

- Keine

Kontaktinformationen

IABG Industrieanlagen-Betriebsgesellschaft mbH
Einsteinstraße 20
85521 Ottobrunn

Tel.: +49 (0) 89/60882784
E-mail: mohr@iabg.de
Internet: www.iabg.de

Produkte und Dienstleistungen

- Simulation und Test für Sicherheit (Safety & Security) in den Bereichen Luft- und Raumfahrt, Verteidigung, Automotive, InfoCom, Verkehr und Umwelt
- Umwelt: Altlastensanierung, Revitalisierung industrieller Brachflächen
- Konversion ehemaliger Militär- und Rüstungsstandorte
- Geodaten-Services
- Sanierungstechnologien für Mineralölschäden und sprengstoffbelastete Böden

Forschungs- und Entwicklungsaktivitäten

- Entwicklung von in situ Technologien zur Sanierung von Mineralölschäden
- Kosten-Nutzen-Betrachtungen (Ökobilanzen) zur umwelteffizienten Sanierung von Altlasten
- Entwicklung von Umweltrisikoanalysen zur Optimierung des Umwelthaftpflichtschutzes

Patente und Alleinstellungsmerkmale

- DROP – Decontamination and Revitalisation of Oilpolluted Land
- BioREX – Dekontamination explosivbelasteter Standorte

Internationale Aktivitäten

- Osteuropäische EU-Staaten
- Russische Föderation
- Ukraine

Kontaktinformationen

IGB Ingenieurgesellschaft GmbH
Heinrich-Hertz-Straße 116
22083 Hamburg

Tel.: +49 (0) 431/535580
E-mail: kiel@igb-ingenieure.de
Internet: www.igb-ingenieure.de

IGB INGENIEURGESELLSCHAFT MBH
Geotechnik • Wasserbau • Umwelttechnik • Beweissicherung • Arbeitsschutz
Hamburg • Berlin • Kiel • Oldenburg

Produkte und Dienstleistungen

- Beratung bei umweltrelevanten Problemstellungen Boden Wasser

Forschungs- und Entwicklungsaktivitäten

- Deponieplanung, Deponieabdichtung, Deponiewasseraufbereitung

Patente und Alleinstellungsmerkmale

- Trisoplast-Entwicklung, Geotextil

Internationale Aktivitäten

- Österreich
- Russland
- Vereinigte Arbabische Emirate

Kontaktinformationen

ILT Industrie-Luftfiltertechnik
Sonnenhang 40
53809 Ruppichteroth

Tel.: +49 (0) 2295/9210
E-mail: info@ilt.info
Internet: www.ilt.info

Industrie- ILT
Luftfiltertechnik
seit 1983

Produkte und Dienstleistungen

- Elektrostatische Abscheider
- Filternde Abscheider
- Nassabscheider
- Luftfiltertechnik für Produktionsprozesse
- Systemlösungen, Geräte und Anlagen

Forschungs- und Entwicklungsaktivitäten

- Elektrostatische Abscheider
- Effizienzsteigerung/Usability
- Prozess-/Verfahrensinnovationen

Patente und Alleinstellungsmerkmale

- Patente im Bereich elektrostatische Abscheider
- Vielfältige Gebrauchsmuster (technisch)

Internationale Aktivitäten

- EU

DR. EISELE
Ingenieurgesellschaft für Umwelttechnik und Bauwesen mbH

Kontaktinformationen

Ingenieurgesellschaft für Umwelttechnik und Bauwesen
Dr. Eisele mbH
Schütte 12–16
72108 Rottenburg am Neckar

Tel.: +49 (0) 7472/158-150
Internet: www.dr-eisele.de

Produkte und Dienstleistungen

- Ingenieurberatung und Projektentwicklung in den Bereichen Altlasten, Flächenrecycling, Rückbau, Erd- und Grundbau, Wasserbau, Ingenieurbau, Geohydraulik, Hydrogeologie, Kommunales Flächenmanagement, Umweltplanung

Forschungs- und Entwicklungsaktivitäten

- Flächenmanagement zur Reduzierung des Flächenverbrauchs
- Innovative Sanierungstechniken Boden & Grundwasser

Patente und Alleinstellungsmerkmale

- 1. Flächenrecyclingpreis des Landes Baden-Württemberg 2006
- Privatwirtschaftliche Revitalisierung von Brachflächen bei voller Übernahme des Altlastenrisikos
- Spezialequipments zur Untersuchung von Grundwasservorkommen

Internationale Aktivitäten

- Frankreich
- Ost-/Südosteuropa
- Mexiko

IN+
ENVIRONMENT & MANAGEMENT

Kontaktinformationen

Inplus GmbH
Therese-Giehse-Platz 6
82110 Germering

Tel.: +49 (0) 89/8006588-0
E-mail: c.schaaf@inplus.de
Internet: www.inplus.de

Produkte und Dienstleistungen

- IT-Systeme für produktionsorientierten Umweltschutz
- Genehmigungsmanagement, Auflagen, wassergefährdende Stoffe,
- Emissionen, Bodenschutz, E-Government

Forschungs- und Entwicklungsaktivitäten

- Entwicklung von IT-Systemen

Patente und Alleinstellungsmerkmale

- Erster Preis beim eGovernment-Wettbewerb 2005 im Politikfeld „Umwelt, Landwirtschaft und Verbraucherschutz"

Internationale Aktivitäten

- Keine

Kontaktinformationen

INTECUS GmbH – Abfallwirtschaft und umweltintegratives Management
Pohlandstraße 17
01309 Dresden

Tel.: +49 (0) 351/3182314
Internet: www.intecus.de

Produkte und Dienstleistungen

- Beratungsleistungen in der Entsorgungs- und Kreislaufwirtschaft
- Abfallwirtschaftliche Konzepte, Studien und Sachverständigengutachten
- Strategieberatung für Unternehmen der Entsorgungsbranche
- Anlagenkonzepte, Genehmigungsplanung, UVP, Anlagenertüchtigung
- Wirtschaftlichkeitsbetrachtungen, Machbarkeitsstudien, Marktanalysen

Forschungs- und Entwicklungsaktivitäten

- Nachhaltige Abfallentsorgungsstrategien für Entwicklungs-/Schwellenländer
- Erhöhung von Verwertungspotenzialen (insbesondere von Altpapier und Altholz)
- Kreislaufwirtschaft in der Bauwirtschaft

Patente und Alleinstellungsmerkmale

- Zahlreiche Veröffentlichungen, insbesondere: Bilitewski/Härdtle/Marek – „Abfallwirtschaft – Handbuch für Praxis und Lehre“, „Handbook on the implementation of Pay-As-You-Throw as a tool for urban waste management“

Internationale Aktivitäten

- Südosteuropa (Rumänien, Bulgarien)
- Nahost (Syrien)
- Asien (Vietnam, China)

Kontaktinformationen

iplas Innovative Plasma Systems GmbH
Langbaurghstraße 10
53842 Troisdorf

Tel.: +49 (0) 2241/93268-0
E-mail: info@cyrannus.com
Internet: www.cyrannus.com

Produkte und Dienstleistungen

- Plasmaquellen sowie Zubehör
- Kompakte Plasmaanlagen für Entwicklung und Forschung
- Halbautomatische Plasmaanlagen für die Kleinserienproduktion
- Plasmasysteme für die Serienproduktion
- Machbarkeitsstudien

Forschungs- und Entwicklungsaktivitäten

- Plasmaoberflächenbehandlung zur Substitution nasschemischer Produktionsschritte
- Abgasreinigung sowie Erzeugung von Synthesegasen mittels Plasmatechnologie
- Erzeugung dünner diamantartiger Schichten zur Wärmesenkung

Patente und Alleinstellungsmerkmale

- Weltweite Patentierung der CYRANNUS Plasmatechnologie
- R&D 100 award 2003, special diamond layer for medical implentation
- IDEE Förderpreis 2000 für Dr. Hildegard Sung-Spitzl

Internationale Aktivitäten

- Europa
- Asien
- Nordamerika

Kontaktinformationen

KBS Kreislaufsystem Blechverpackungen Stahl GmbH
Jahnstraße 3
40215 Düsseldorf

Tel.: +49 (0) 211/23922814
E-mail: info@kbs-recycling.de
Internet: www.kbs-recycling.de

Produkte und Dienstleistungen

- System zur Rückführung gebrauchter Stahlverpackungen
- Übernahme der Rücknahmepflichten für die Füllgutindustrie
- Nachweis der Verwertungsanforderungen nach VerpackV
- Rücknahme und Verwertung von Verpackungen schadstoffhaltiger Inhalte
- System- und Logistikberatung für Industrie und Gewerbe

Forschungs- und Entwicklungsaktivitäten

- Kostenoptimale Rückführungslogistik
- Zertifizierung der Systempartner als Entsorgungsfachbetriebe
- Ausweitung des Rücknahmenetzes für die Endverbraucher

Patente und Alleinstellungsmerkmale

- Aufbau der flächendeckenden Infrastruktur zur lokalen Rücknahme
- Sicherstellung umweltgerechter Aufbereitungsverfahren

Internationale Aktivitäten

- Keine

Kontaktinformationen

Kompost-, Bauschutt-, Altstoff-, Aufbereitungs- und Verwertungsgesellschaft T&T GmbH u. Co. KG (KBA)
Klintweg 15
25704 Bargenstedt

Tel.: +49 (0) 4832/957010
Internet: www.kba-dithmarschen.de

Produkte und Dienstleistungen

- Humusdünger aus Kompost zum langfristigen Erhalt der Bodenfruchtbarkeit
- RC-Mineralgemische als hochwertiger Ersatz für Naturkiese
- Holzheizsortimente aus Gebrauchtholz
- Holzheizsortimente aus Frischholz
- Ersatzbrennstoffe aus Dacheindeckungen/Dachpappe

Forschungs- und Entwicklungsaktivitäten

- Umweltschonende u. nachhaltige Bodenverbesserung d. Humusdüngung
- Energieeffiziente Aufbereitung und Trocknung von Heizholz
- Ersatzbrennstoffherstellung aus schwer bearbeitbaren Materialien

Patente und Alleinstellungsmerkmale

- Vermarktung von jährlich 20 Tonnen Humusdünger mit sehr guten Ernteerträgen
- Qualifizierter Heizholzliefervertrag mit Gewächshausanlage
- Qualifizierter Ersatzbrennstoffliefervertrag mit Industriebetrieb

Internationale Aktivitäten

- Keine

Kontaktinformationen

Kompostwerk Hellefelder Höhe GmbH
Schwermecketal 2
59846 Sundern

Tel.: +49 (0) 2933/6336
E-mail: info@galabau-klute.de
Internet: www.kompostwerk-online.de

Produkte und Dienstleistungen

- Kompostierung
- Verarbeitung organischer Abfälle zu Bodenverbesserungsstoffen

Forschungs- und Entwicklungsaktivitäten

- Optimierung Rotteprozess
- Klassifizierung und Störstoffauslese

Patente und Alleinstellungsmerkmale

- Als besondere Anlage anerkannt
- Wenig Technik, viel natürliche Unterstützung

Internationale Aktivitäten

- Keine

Kontaktinformationen

KRALL Kunststoff-Recycling GmbH
Glanzstoffstraße 21
63820 Elsenfeld

Tel.: +49 (0) 6022/70990
E-mail: info@krall.de
Internet: www.kunststoff-recycling.de

Produkte und Dienstleistungen

- Recycling von Kunststoffen nach dem Prinzip der Nachhaltigkeit
- Erstellen von Kunststoff-Mahlgut
- Verwerten von Kunststoffplattenware
- Verwerten von Kunststoffrestposten
- Verwerten von nicht spezifikationsgerechtem Kunststoffmaterial

Forschungs- und Entwicklungsaktivitäten

- Hightech-Verfahren mit Hilfe des Fraunhofer-Institut zur Kunststofferkennung

Patente und Alleinstellungsmerkmale

- Computerbasiertes hydrodynamisches Strömungsmodel für Naturschwimmbäder

Internationale Aktivitäten

- Osteuropa
- Westeuropa
- China

KREMER BAUSTOFFE ZEIL

Kontaktinformationen

Kremer Baustoffe und Transporte GmbH & Co. KG
Hauptstraße 32
97475 Zeil am Main

Tel.: +49 (0) 9524/822014
E-mail: bernd.czoske@kremer-zeil.de
Internet: www.kremer-zeil.de

Produkte und Dienstleistungen

- Entsorgung von Kohlekraftwerken
- Handel mit Reststoffen aus Kohlekraftwerken als Betonzusatzstoff

Forschungs- und Entwicklungsaktivitäten

- Einsatz von Flugaschen bei der Betonherstellung
- Flugaschen für sulfatbeständigen Beton
- Flugaschen für Beton mit Frost/Tauwechsel

Patente und Alleinstellungsmerkmale

- Baustoffe für Betonherstellung
- Baustoffe für Zementherstellung

Internationale Aktivitäten

- Tschechien

LACONT Umwelttechnik GmbH

Kontaktinformationen

LaCont Umwelttechnik GmbH
Halberstädter Straße 20a
39435 Egeln

Tel.: +49 (0) 39268/9896-0
E-mail: wagner@lacont.de
Internet: www.lacont.de

Produkte und Dienstleistungen

- Auffangsysteme aus Stahl zur Lagerung von wassergefährdenden Stoffen
- Auffangsysteme aus Kunststoff (PE) zur Lagerung von aggressiven Stoffen
- Brandschutzsysteme zur Lagerung von brennbaren Gefahrstoffen
- Lagersysteme zur Lagerung von Druckgasflaschen
- Beratung, Planung, Abwicklung des Genehmigungsverfahrens, Bauausführung von Gefahrstofflägern

Forschungs- und Entwicklungsaktivitäten

- Weiterentwicklung von Gefahrstofflagersystemen
- Entwicklung und Zulassung von Gefahrstofflagersystemen mit Brandschutz
- Entwicklung von innovativen Gefahrstofflagersystemen

Patente und Alleinstellungsmerkmale

- Fachbetriebsnachweis nach WHG § 19 l
- Zulassungsdokumentationen für alle Lagersysteme

Internationale Aktivitäten

- Frankreich
- Niederlande
- Skandinavien

Kontaktinformationen

Lentjes GmbH
Daniel-Goldbach-Straße 19
40880 Ratingen

Tel.: +49 (0) 2102/1661478
E-mail: info@lentjes.de
Internet: www.lentjes.de

Lentjes

Produkte und Dienstleistungen

- Müllverbrennungsanlage, Rostfeuerungen, Wirbelschichtfeuerungen
- Trockene Rauchgasreinigung, CIRCOCLEAN Prozess, nasse Rauchgasreinigung
- Rauchgasentschwefelung, Kalk-/Kalkstein, Seewasser
- Trockene Rauchgasentschwefelung, Wirbelschichtverfahren

Forschungs- und Entwicklungsaktivitäten

- Strömungssimulation eines Müllkessels
- Abscheideleistungen einer trockenen Rauchgasreinigung hinter einer Müllverbrennung

Patente und Alleinstellungsmerkmale

- Müllverbrennung nach verschiedenen Verfahren
- Entwicklung der trockenen Rauchgasreinigung hinter Müllverbrennungsanlagen

Internationale Aktivitäten

- Westeuropa
- Südostasien

Kontaktinformationen

Lissi Gebhardt Spezialtransporte Umweltschutz GmbH
Breslauer Straße 392
90471 Nürnberg

Tel.: +49 (0) 911/989946
E-mail: p.gebhardt@gebhardt-entsorgung.com
Internet: www.gebhardt-entsorgung.com

LISSI GEBHARDT ENTSORGUNGSFACHBETRIEB

Produkte und Dienstleistungen

- Sonderabfallentsorgung, Betrieb Problemmüll- und Gefahrtstoffzwischenlager
- Abfallmanagement, Entsorgungskonzepte, Abfallwirschaftskonzepte
- Containerdienst
- Kanalreinigung, Grubenentleerung, Nassabfallentsorgung, Ölabscheiderentleerung, Ölabscheiderwartung
- Überprüfung von Leichtflüssigkeitsabscheideanlagen nach DIN 1999–100

Forschungs- und Entwicklungsaktivitäten

- Fortführung Umweltmanagementsystem DIN ISO 14001
- Ausbau Problemmüllzwischenlager zur Optimierung von Transportkapazitäten
- Erneuerung, Verbesserung, Modernisierung des Fuhrparks

Patente und Alleinstellungsmerkmale

- Komplettenentsorgung ausschließlich durch eigene Fahrzeuge und eigenes Personal
- Zertifiziert als Entsorgungsfachbetrieb, Fachbetrieb nach WHG §19 I, Umweltbewusster Fachbetrieb, freiwillig TÜV überwacht
- Umweltmangementsystem nach DIN ISO 14001

Internationale Aktivitäten

- Keine

LK Metallwaren GmbH

Kontaktinformationen

LK Metallwaren GmbH
Am Falbenholzweg 36
91126 Schwabach

Tel.: +49 (0) 9122/699123
E-mail: ehard@lk-metall.de
Internet: www.lk-metall.de

Produkte und Dienstleistungen

- Verfahrensentwicklung zur Aufbereitung industrieller Abwässer
- Anlagenbau, Inbetriebnahme, Optimierung und Wartung der Anlagen
- Herstellung kundenspezifischer Membrantrennanlagen (UF/MF/NF/Ro)
- Entwicklung und Realisierung von Kreislaufführungsmodellen bis 20 m^3/h
- Prüfungen nach DIN 19–99/100/Generalinspektion als WHG-Fachbetrieb

Forschungs- und Entwicklungsaktivitäten

- Kreislaufführung spezieller Abwässer in der Gießereibranche
- Telemetriedaten/Prozesscontrolling
- Phasentrennung industrieller Abwässer und Verwertungsmöglichkeiten

Patente und Alleinstellungsmerkmale

- Entwicklung und Patentierung eines speziellen Ölabscheider aus Edelstahl
- Entwicklungslabor und Teststand zur Prozessvalidierung
- Mobile Testanlagen für Verfahrenstests im produktionsnahen Umfeld

Internationale Aktivitäten

- EU
- Schweiz
- Vereinigte Arabische Emirate

Lober GmbH & Co Abfallentsorgungs KG

Kontaktinformationen

Lober GmbH & Co Abfallentsorgungs KG
Industriestraße 4
92431 Neunburg vorm Wald

Tel.: +49 (0) 9672/920123
E-mail: u.weig@lober-entsorgung.de
Internet: www.lober-entsorgung.de

Produkte und Dienstleistungen

- Transportlogistik für Müllkraftwerke und industrielle Feuerungsanlagen
- Produktion von qualitätsgesicherten Ersatzbrennstoffen
- Labor zur Qualitätskontrolle von Ersatzbrennstoffen
- Sortierung von kommunalen und gewerblichen Abfällen
- Versorgung der Ziegel- und Zementindustrie mit Einsatzstoffen

Forschungs- und Entwicklungsaktivitäten

- Alternative Einsatzstoffe in der Ziegelindustrie
- Qualitätssicherung in der Ersatzbrennstoffproduktion
- Sicherer Umgang mit brennbaren Stäuben

Patente und Alleinstellungsmerkmale

- Logistikkonzepte für Müllumschlagplätze

Internationale Aktivitäten

- Österreich
- Tschechien

Kontaktinformationen

LOGEX SYSTEM GmbH & Co. KG
Eriagstraße 2
85053 Ingolstadt

Tel.: +49 (0) 841/9660330
E-mail: pm@logex.de
Internet: www.logex.de

Produkte und Dienstleistungen

- LOGEX – seit 1993 die Kooperation von über 40 mittelständischen Entsorgern
- Flächendeckend tätig in Süddeutschland mit über 100 Standorten
- Erfolgreicher Systemdienstleister für Handel, Industrie, Rücknahmesysteme
- Rohstoffhändler (Papier, Gewerbeabfälle, Holz, Kunststoffe) mit rund 500 TJaTo
- Berater des Mittelstandes (u.a. Strategie, Ausschreibungen, Zentraleinkauf)

Forschungs- und Entwicklungsaktivitäten

- Logistiksysteme
- IT-Lösungen
- Marketing

Patente und Alleinstellungsmerkmale

- 2002: Auszeichnung „Beste Kooperation im Dienstleistungsbereich"
- 2000: Patent für eigenes Behältersystem LOGBOX (eingeführt im Markt)

Internationale Aktivitäten

- Österreich
- Tschechien
- Ungarn

Kontaktinformationen

LUBAG – Ingenieurbüro für Geotechnik und Umweltschutz
Im Gewerbepark D 65
93059 Regensburg

Tel.: +49 (0) 941/46306-15
E-mail: kbuecherl@lubag.de
Internet: www.lubag.de

Produkte und Dienstleistungen

- Environmental Due Diligence, Altlastenerkundung und -sanierung
- Gebäudeschadstoffe, Rückbauplanung, Arbeitsschutz
- Infrastrukturplanung, Geothermie, Baugrunderkundung, Geotechnik

Forschungs- und Entwicklungsaktivitäten

- Innovative Sanierungsverfahren für Boden und Grundwasser
- Umweltmessungen und Probenahmetechniken

Patente und Alleinstellungsmerkmale

- Erfolgreiche Mustersanierung mit innovativer Technologie (ISCO)

Internationale Aktivitäten

- Österreich
- Tschechien
- Brasilien

MARTIN GmbH
für Umwelt- und Energietechnik
seit 1925

Kontaktinformationen

Martin GmbH für Umwelt- und Energietechnik
Leopoldstraße 248
80807 München

Tel.: +49 (0) 89/35617207
E-mail: edmund.fleck@martingmbh.de
Internet: www.martingmbh.de

Produkte und Dienstleistungen

- Planung und Erstellung von Müllverbrennungsanlagen
- Lieferung von Feuerungssystem für MVA
- Service an bestehenden MVA

Forschungs- und Entwicklungsaktivitäten

- Verbesserung der Reststoffqualität
- Steigerung der Energieeffizienz

Patente und Alleinstellungsmerkmale

- SYNCOM: Verbrennung mit sauerstoffangereicherter Primärluft
- Wandüberhitzer (höhere Dampfparameter)

Internationale Aktivitäten

- Frankreich
- Italien
- Asien: Japan, China

METEK
Meteorologische Messtechnik GmbH
Germany

Kontaktinformationen

Metek Meteorologische Messtechnik GmbH
Fritz-Strassmann-Straße 4
25337 Elmshorn

Tel.: +49 (0) 4121/4359-0
E-mail: info@metek.de
Internet: www.metek.de

Produkte und Dienstleistungen

- Überwachung meteorologischer Parameter in der Schadstoffausbreitung
- Erfassung von Windparametern an Standorten von Windkraftanlagen
- Bodengestützte Erfassung von vertikalen Wind- und Temperaturprofilen
- Operationelle atmosphärische Turbulenzmessungen
- Vertikale blickende und horizontal scannende Regen-/Wolkenradarsysteme

Forschungs- und Entwicklungsaktivitäten

- Entwicklung von störfesten Wind- und Temperaturprofilern
- Entwicklung eines operationell arbeitenden Wolkenradarsystems
- Entwicklung von quantitativen, flächendeckenden Niederschlagsraten

Patente und Alleinstellungsmerkmale

- Patent zur automatischen Unterscheidung von Niederschlagsarten
- Operationeller Betrieb von Wind- und Temperaturprofilern
- Eigenverantwortliche Durchführung meteorologischer Messkampagnen

Internationale Aktivitäten

- Europa
- Indien
- Japan

Kontaktinformationen

METRAG Aktiengesellschaft
Gewerbering 21
47661 Issum

Tel.: +49 (0) 2835/4475870
E-mail: heinzelmann@metrag.de

METRAG
AKTIENGESELLSCHAFT

Produkte und Dienstleistungen

- Handel und Aufbereitung von Sekundärrohstoffen
- Transport und Trennung von Bauabfällen und biologischen Abfällen
- Unternehmensberatung
- Plattform für Handel von metallischen Sekundärrohstoffen
- Containerdienst

Forschungs- und Entwicklungsaktivitäten

- Entwicklung Handelsplattform Altmetalle (www.metrex.de)
- Trennung von Kupfer und Kunststoffen
- Trennung von metallischen Abfällen

Patente und Alleinstellungsmerkmale

- Erste europäische Handelsplattform im Internet für Schrotte und Altmetalle entwickelt (www.metrex.de)

Internationale Aktivitäten

- Niederlande

Kontaktinformationen

Mineralölhandel Hans Schmidt GmbH & Co. KG
Mühltalstraße 24
90766 Fürth

Tel.: +49 (0) 911/759975-36
E-mail: Roland.Hache@oel-schmidt.de
Internet: www.oel-schmidt.de

HS — offener Pfad mit durchsichtigem Topf
HS — geschlossener Pfad mit weißem Topf

Produkte und Dienstleistungen

- Entsorgung von Altöl, Emulsionen und brennbaren Flüssigkeiten
- Entsorgung aller Abfälle aus Kfz-Werkstätten und Maschinenbau-Betrieben
- Bereitstellung heizwertreicher Fraktionen als Sekundärbrennstoff
- Aufbereitung von Ölfiltern zu Sekundärrohstoff
- Aufbereitung von Kunststoffbehältern zu Sekundärrohstoff

Forschungs- und Entwicklungsaktivitäten

- Entwicklung von Ersatzbrennstoff
- Entwicklung von Recyclingverfahren für Kunststoffbehälter

Patente und Alleinstellungsmerkmale

- Über 55 Jahre Erfahrung im Bereich Sonderabfallentsorgung
- Inhabergeführter Familienbetrieb

Internationale Aktivitäten

- Tschechien

Kontaktinformationen

MKV GmbH Kunststoffgranulate
Siemensstraße 5
65779 Kelkheim

Tel.: +49 (0) 6195/990010
E-mail: rainer.zies@mkv-kunststoff.com
Internet: www.mkv-kunststoff.com

Produkte und Dienstleistungen

- Werkstoffliches Recycling von sortenreinen Kunststoffabfällen aus der kunststoffverarbeitenden Industrie und Herstellung eines Rezyklates (Sekundärrohstoff)
- Mechanische Aufbereitung: Mahlen, Agglomerieren von Folie und Spänen, Entmetallisieren und Abtrennen von Grob- und Feingut
- Compoundieren von Kunststoff-Formmassen nach Formmassennorm
- Ermittlung der kunststoffspezifischen Materialkennwerte

Forschungs- und Entwicklungsaktivitäten

- Bessere Identifizierung von Kunststoffrohstoffen
- Erschließung neuer Stoffströme
- Bessere Akzeptanz von Rezyklaten

Patente und Alleinstellungsmerkmale

- Einsatz von Rezyklaten in technischen Bauteilen der Auto- und Elektroindustrie

Internationale Aktivitäten

- EU (Ungarn, Tschechien, Österreich)
- Asien (China)

Kontaktinformationen

MOLNAR GmbH
Frankenstraße 3
63776 Mömbris

Tel.: +49 (0) 6029/9930-0
E-mail: info@molnar-gmbh.de
Internet: www.molnar-gmbh.de

Produkte und Dienstleistungen

- Abluftreinigungsanlagen
- Neuanlagen, Gebrauchtanlagen, Reparaturen, Fertigung aller Komponenten
- Systeme zur Energierückgewinnung
- Service und Wartung

Forschungs- und Entwicklungsaktivitäten

- Energierückgewinnung
- Entwicklung neuer Verfahren

Patente und Alleinstellungsmerkmale

- Patent Klappen/Ventilsystem

Internationale Aktivitäten

- England
- Saudi-Arabien
- Osteuropa

Kontaktinformationen

MSP – Dr. Mark, Dr. Schewe & Partner GmbH
Fallgatter 3
44369 Dortmund

Tel.: +49 (0) 231/967872-12
E-mail: mark@msp-dortmund.de
Internet: www.msp-dortmund.de

Produkte und Dienstleistungen

- Altlastenerfassung
- Flächenhafte und standortbezogene Erfassung
- Historische Erkundung
- Altlastenkataster

Forschungs- und Entwicklungsaktivitäten

- Entwicklung von GIS-gestützten Katastertechnologien
- Entwicklung von Bewertungsmodellen potenziell kontaminierter Flächen
- Entwicklung neuer kartografischer Präsentationstechniken

Patente und Alleinstellungsmerkmale

- Know-how-Transfer von Katastertechnologien nach Vietnam
- Erstellung von Leitfäden und Arbeitshilfen
- Gewinner des Dienstleistungswettbewerbs NRW 2005

Internationale Aktivitäten

- Vietnam

Kontaktinformationen

mtm plastics GmbH
Bahnhofstraße 106
99759 Niedergebra

E-mail: m-scriba@mtm-plastics.eu
Internet: www.mtm-plastics.eu

Produkte und Dienstleistungen

- Verwertung von Mischkunststoffen
- Herstellung von Regranulaten und Sekundärbrennstoffen

Forschungs- und Entwicklungsaktivitäten

- Ausbeuteoptimierung
- Qualitätssicherung
- Abfallminimierung

Patente und Alleinstellungsmerkmale

- Lieferfähigkeit für Kunststoffregranulate in gleichbleibender Qualität über lange Zeiträume für große Mengen
- Größter werkstofflicher Verwerter von Mischkunststoffen in Deutschland

Internationale Aktivitäten

- Italien
- Polen

STORCH® REINIGUNGS-SYSTEM

Kontaktinformationen

Müllbehälter-Reinigungs-Service-Storch GmbH
Am Wasen 25
83026 Rosenheim

Tel.: +49 (0) 8031/65511
E-mail: info@mrs-storch.de

Produkte und Dienstleistungen

- Müllbehälterreinigungsfahrzeug mit UV-Oxidation zur Keimfreimachung des kreislaufgeführten Reinigungswassers
- Auf Einladung der Vereinigten Arabischen Emirate das System vorgestellt
- Innovation: Immisionsschutz, Umweltschutz, Arbeitsschutz
- In Deutschland und Österreich seit 2006 im Einsatz
- Ab Juli 2006 Einsatz in den UAE, Saudi Arabien, Kuwait

Forschungs- und Entwicklungsaktivitäten

- Entwicklung eines Reinigungsfahrzeuges mit Wasserrückgewinnung – geschlossenes System
- Entwicklung der Entkeimung des Reinigungswassers mit UV Oxidation
- Einsparung von Wasser, Umwelt- und Arbeitsschutz

Patente und Alleinstellungsmerkmale

- 1988 Gründung, Beginn mit einem Prototyp, 1994 Erteilung eines Gebrauchsmusters
- 2002 Anmeldung der Außen- und Innenreinigung der Behälter in einem geschlossenen System zum Patent. 2005 Anmeldung des neuen Systems zum Patent in Europa

Internationale Aktivitäten

- Vereinigte Arabische Emirate
- GCC-Staaten
- Europa

MÜLLER-BBM

Kontaktinformationen

Müller-BBM GmbH
Robert-Koch-Straße 11
82152 Planegg/München

Tel.: +49 (0) 89/85602-340
E-mail: Volker.Liebig@MuellerBBM.de
Internet: www.MuellerBBM.de

Produkte und Dienstleistungen

- Emissions- und Immissionsmessungen
- Genehmigungsmanagement, UVU
- Arbeitsplatzmessungen, Gerüche, Arbeitsbereichsanalysen
- EMUV, Schallschutz, Schwingungs- und Erschütterungsschutz, Lichttechnik
- Sicherheitsbewertungen, Sachverständigengutachten

Forschungs- und Entwicklungsaktivitäten

- Feinstaub: Messung und Minderung
- Fahrbahnbeläge, Lärmreduktion, offenporige Asphalte (OPA)

Patente und Alleinstellungsmerkmale

- Bundesverdienstkreuz für Prof. H. Müller
- Lothar-Cremer-Preis für Dr. R. Schirmacher
- Patente für Active Sound Design, Schienenrauhigkeitsmessgerät, Magnetfeld-Kompensation

Internationale Aktivitäten

- Frankreich
- Italien
- Luxemburg

Kontaktinformationen

Mülsener Recycling und Handelsgesellschaft
Gartenstraße 49
08132 Mülsen

Tel.: +49 (0) 37601/3180
E-mail: d.schwalbe@mrh-muelsen.de
Internet: www.altreifen-recycling.de

Produkte und Dienstleistungen

- Entsorgung von Altreifen inklusive Transport vom Kunden zu uns
- Stoffliche Verwertung von Altreifen
- Produktion von Gummigranulaten und Gummimehlen
- Veredelung von Gummigranulaten und Gummimehlen

Forschungs- und Entwicklungsaktivitäten

- Herstellung neuer Produkte
- Neue Einsatzmöglichkeiten für bestehende Produkte
- Veredlungstechnologien

Patente und Alleinstellungsmerkmale

- Alleiniger Hersteller und Patentinhaber für die Herstellung ummantelter Gummigranulate

Internationale Aktivitäten

- Frankreich, Benelux
- Österreich, Schweiz
- Skandinavien

Kontaktinformationen

NDH-Entsorgungsbetreibergesellschaft mbH
Nordhäuser Straße 70
99752 Bleicherode

Tel.: +49 (0) 36338/37-416
E-mail: NDHE@NDHE.de
Internet: www.ndhe.de

Produkte und Dienstleistungen

- Verwertung mineralischer Abfälle im Untertageversatz
- Haldenrekultivierung

Forschungs- und Entwicklungsaktivitäten

- Rezepturentwicklungen für optimale Versatzqualitäten
- Zielgerichtete Gipsausfällungen der Rücklauflaugen
- Hilfestellungen bei Entwicklungen neuer Anlagen und Maschinen

Patente und Alleinstellungsmerkmale

- Entwicklung einer neuen mobilen Einsatzfräse im Salzbergbau
- Spülversatz-Rezepturentwicklungen
- Laugenhaltung und Laugenrückführung in den Spültechnologiekreislauf

Internationale Aktivitäten

- Dänemark
- Frankreich
- Österreich

NICKOL & PARTNER GmbH
Umweltschutz • Geotechnik
Consulting
Breslauer Str. 36-38 • 82194 Gröbenzell • Tel. 08142/5782-0

Kontaktinformationen

Nickol & Partner GMBH
Breslauer Straße 36–38
82194 Gröbenzell

Tel.: +49 (0) 8142/57820
E-mail: info@nickol-partner.de
Internet: www.nickol-partner.de

Produkte und Dienstleistungen

- Untersuchung und Sanierungsplanung von Altlastenstandorten
- Gebäudeschadstoffuntersuchungen und Rückbauplanungen
- Grundwasseruntersuchungen und Planung von Grundwassersanierungen
- Planung von Trinkwassererschließungen
- Planung und Bewertung von oberflächennaher Geothermie

Forschungs- und Entwicklungsaktivitäten

- PPP-Projekt Sanierungsplanung von Boden- und Grundwassersanierungen in der metallverarbeitenden Industrie in Brasilien
- Bayerisches Forschungsverbundvorhaben Natural Attenuation

Patente und Alleinstellungsmerkmale

- Optimierung von Grundwasserreinigungen

Internationale Aktivitäten

- Italien
- Argentinien
- Brasilien

Kontaktinformationen

Nordbayerische Lampenrecycling GmbH
Kropfersricht 39
92237 Sulzbach-Rosenberg

Tel.: +49 (0) 9661/7502
E-mail: go@nlr-lampenrecycling.de
Internet: www.nlr-lampenrecycling.de

Produkte und Dienstleistungen

- Recycling von Entladungslampen (Leuchtstoffröhren)
- Entwicklung und Bau von Anlagen zum Recycling von Entladungslampen
- Beratung zum Recycling von Entladungslampen (Leuchtstoffröhren)

Forschungs- und Entwicklungsaktivitäten

- Rückgewinnung sortenreiner Wertstoffe
- Minimierung des Energieverbrauchs beim Recycling
- Minimierung der Anlagenkosten beim Recycling

Patente und Alleinstellungsmerkmale

- Deutsche Patente für Recycling Leuchtstoffröhren
- Umweltpreis der Energieversorger
- Hochschulpreise Innovation

Internationale Aktivitäten

- Osteuropa
- Asien (China, Indien)
- Südamerika

Kontaktinformationen

OKO-tech GmbH & Co. KG
Obernhagen 2
31840 Hessisch Oldendorf

Tel.: +49 (0) 5152/524410
E-mail: contact@oko-tech.de
Internet: www.oko-tech.de

OKO-tech Oil-Water Separation

Produkte und Dienstleistungen

- Öl-Wasser-Separation
- Planung und Bau von Abwasserbehandlungsanlagen für Industrieabwässer
- Herstellung von mobilen Anlagen zur Öl-Wasser-Separation
- Herstellung äußerst energieeffizienter Abwasserbehandlungsanlagen
- Planung und Bau von Anlagen zur Prozesswasserkreislaufführung

Forschungs- und Entwicklungsaktivitäten

- Entwicklung von mobilen Ölabscheidern mit Online-Analysegeräten
- Entwicklung von Prozesswasserentölern für die Zerspanungstechnik
- Entwicklung äußerst energieeffizienter Emulsionsspaltanlagen

Patente und Alleinstellungsmerkmale

- Erteilung internationaler Patente für hocheffiziente Öl-Wasser-Separatoren
- Erteilung von Markenrechten für OKO-aquaclean und OKO-transclean

Internationale Aktivitäten

- Österreich
- Polen
- Vereinigte Arabische Emirate

Kontaktinformationen

Omros
Gesellschaft für Umweltdienste mbH
Schortauer Weg 16
06242 Krumpa

Tel.: +49 (0) 34632/23031
Internet: www.OMROSgo.de

OMROS Gesellschaft für Umweltdienste mbH

Produkte und Dienstleistungen

- Aufarbeitung von Propanbitumen
- Bergung von Teerrückständen, Säureharze u.ä. aus Deponien
- Aufarbeitung von Mineralölrückständen zu Sekundärbrennstoffen

Forschungs- und Entwicklungsaktivitäten

- Verfahrensentwicklung für Aufarbeitungstechnologien
- Verfahrensentwicklung für Bergungstechnologien

Patente und Alleinstellungsmerkmale

- Sieben Patente für Bergungs- und Aufarbeitungstechnologien
- Innovationspreis 1997/1998 Sachsen-Anhalt

Internationale Aktivitäten

- Polen
- Tschechien

Kontaktinformationen

ORM Bergold Chemie GmbH & Co KG
Daimler Straße 2–4
44805 Bochum

Tel.: +49 (0) 234/87908-47
E-mail: rkowalewski@sk-europe.com
Internet: www.ormbergold.de

Produkte und Dienstleistungen

- Regeneration von und Handel mit Farblösemitteln, Testbenzinen
- Regeneration von und Handel mit Kohlenwasserstoffgemischen, Kaltreinigern, Druckwalzenwaschmitteln
- Herstellung, Regeneration und Handel mit wasserbasierten Farblösemitteln
- Entsorgung, Auftrags-Laboranalysen

Forschungs- und Entwicklungsaktivitäten

- Entwicklung wasserbasierter Farblösemittel
- Regeneration von Druckwalzenwaschmitteln

Patente und Alleinstellungsmerkmale

- Entwicklung wasserbasierter Farblösemittel
- Regeneration von Druckwalzenwaschmitteln

Internationale Aktivitäten

- EU
- Mittlerer Osten

Entsorgung & Recycling
Tel. 09141 / 86 10-0 · www.hoeglmeier.de

Kontaktinformationen

Otto Höglmeier Entsorgungs-GmbH
Ziegelweg 15
91792 Ellingen

Tel.: +49 (0) 9141/861066
E-mail: Sekretariat@Hoeglmeier.de
Internet: www.hoeglmeier.de

Produkte und Dienstleistungen

- Entsorgungskonzepte für Industrie, Handel u. Gewerbe
- Herstellung von Ersatzbrennstoffen
- Aufbereitung und Handel von Hohlglas aus dualen Systemen Abfallconsulting
- Gestellung von Entsorgungssystemen
- Global Wastemanagement, Recycling von techn. Kunststoffen, Herstellung von Compounds für Automotive, Innovatives Abfallmanagement u. -recycling, Entsorgungslogistik

Forschungs- und Entwicklungsaktivitäten

- Recycling von technischen Kunststoffen
- Herstellung/Verwendung von Compounds im Neufahrzeug
- Resourcenschonung in der Abfallwirtschaft

Patente und Alleinstellungsmerkmale

- Entwicklung von verschiedenen Compounds für die Automobilbranche inkl. entsprechenden Anmeldungen beim Patentamt sowie Erreichung des Gebrauchsmusterschutzes

Internationale Aktivitäten

- Italien
- Österreich
- China

Kontaktinformationen

PDR Recycling GmbH + Co KG
Am alten Sägewerk 3
95349 Thurnau

Tel.: +49 (0) 9228/950-410
E-mail: ht@pdr.de
Internet: www.pdr.de

Produkte und Dienstleistungen

- Einsammlung, Rückführung und Aufbereitung/Verwertung von Produktions-, Produkt- und Verpackungsabfällen, soweit es sich um Sonderabfälle handelt, die einer spezifischen Abfallbehandlung bedürfen, und die Vermarktung hieraus gewonnener Sekundärrohstoffe

Forschungs- und Entwicklungsaktivitäten

- Neue Recyclingtechnologien für gefährliche Abfälle
- Erhöhung der stofflichen Verwertungsquote

Patente und Alleinstellungsmerkmale

- 1998: Bayerische Umweltmedaille
- 2000: Weltweites Projekt der Weltausstellung EXPO
- 2000: Innovationsförderpreis des Landkreises Kulmbach
- 2004: Auszeichnung der IHK Oberfranken

Internationale Aktivitäten

- Benelux
- Schweiz

Kontaktinformationen

Petrotec AG
Fürst-zu-Salm-Salm-Straße 18
46325 Borken

Tel.: +49 (0) 2862/910060
E-mail: info@petrotec.de
Internet: www.petrotec.de

Produkte und Dienstleistungen

- Petrotec produziert mittels einer selbst entwickelten, innovativen Technologie Biodiesel aus Altspeisefetten gemäß der europäischen Biokraftstoffnorm EN 14214
- Petrotec wird Ende 2007 an den Standorten Borken (Westf.) und Emden eine Produktionskapazität von 185.000 Tonnen zur Verfügung haben

Forschungs- und Entwicklungsaktivitäten

- Kontinuierliche Optimierung des Produktionsprozesses
- Kontinuierliche Produktverbesserungen
- Kontinuierliche Qualitätsüberwachung

Patente und Alleinstellungsmerkmale

- Multi-Feedstock-Technologie mit kontinuierlichem Produktionsverfahren
- Altspeisefettentsorgung mittels selbst entwickeltem Entsorgungssystem

Internationale Aktivitäten

- Benelux
- Großbritannien
- USA

Berger-Lacke

Kontaktinformationen

Phil.Berger Lack-u.chem.Fabrik GmbH
Maybachstraße 2
67269 Grünstadt

Tel.: +49 (0) 6359/800517
E-mail: thomas.adam@berger-lacke.de
Internet: info@berger-lacke.de

Produkte und Dienstleistungen

- Emissions(VOC)arme oder emissions(VOC)freie Wasserlacksysteme
- Emissionsarme festkörperreiche Lacke, High Solids, Very High Solids
- Emissionsfreie UV-Lacksysteme für die Industrie (Industrielacke) und Parketthandwerk
- Einsparung von Lackverbrauch, Schichten

Forschungs- und Entwicklungsaktivitäten

- Lösemittelfreie Wasserlacke und Grundierungen
- Lösemittelarme, hochfestkörperhaltige „Very High Solids"
- Lösemittelfreie ein- und zweikomponentige, wasserbasierte Parkettsiegel

Patente und Alleinstellungsmerkmale

- E-Schicht-Wasserlacke, Very High Solids bis 95 % Festkörper
- Lösemittelfreie Wasserlacke/Parkettsiegel, lösemittelarme Parkettöle
- Öl-Wasser Kombinations-Systeme lösemittelfrei

Internationale Aktivitäten

- EU
- Osteuropa
- Nordamerika

PIONIER LUFTTECHNIK GMBH

Kontaktinformationen

Pionier Lufttechnik GMBH
Kelvinstraße 3
47506 Neukirchen-Vluyn

Tel.: +49 (0) 2845/915341
E-mail: gert.boeckling@pionier-lufttechnik.de
Internet: info@pionier-lufttechnik.de

Produkte und Dienstleistungen

- Absauganlagen
- Entstaubungsanlagen und Geräte
- Industriesauger
- Nassabscheider
- Stat. Staubsauganlagen

Forschungs- und Entwicklungsaktivitäten

- Entwicklung eines modularen Entstaubungsgerätes
- Entwicklung leistungsstarker Industriesauger
- Rationalisierung

Patente und Alleinstellungsmerkmale

- Industriesauger mit Prüfzertifikat M, H und B1
- Kundenspezifische Geräte und komplette Montage

Internationale Aktivitäten

- Luxemburg
- Österreich
- Tschechien

Kontaktinformationen

Poly-Beek Kunststoffe GmbH
Schmiedestraße 34
26629 Großefehn

Tel.: +49 (0) 4943/91990
E-mail: h.schoon@polybeek.de
Internet: www.polybeek.de

Produkte und Dienstleistungen

- Polyamid Granulate und Compounds
- PVC Pulver (Suspension und Emulsion)
- PE-Folien
- Kunststoffdachziegel
- Photovoltaik

Forschungs- und Entwicklungsaktivitäten

- Wooden-Plastic Composites
- Compoundierung

Patente und Alleinstellungsmerkmale

- Dachziegelintegrierte Photovoltaikzellen

Internationale Aktivitäten

- Italien
- China
- Indien

Kontaktinformationen

Prantner GmbH Verfahrenstechnik
Ferdinand-Lassalle-Straße 46
72770 Reutlingen

Tel.: +49 (0) 7121/91050
E-mail: info@Prantner.de
Internet: www.Prantner.de

Produkte und Dienstleistungen

- Anlagen und Verfahren zur Abluftreinigung, Wasserreinigung und Bodensanierung
- Katalytische Abluftreinigungsanlagen
- Entwicklung, Herstellung und Betrieb von Anlagen und Verfahren zur Abluftreinigung
- Entwicklung, Herstellung und Betrieb von Anlagen und Verfahren zur Wasserreinigung

Forschungs- und Entwicklungsaktivitäten

- Katalysatortechnik
- Biologische Abluft- und Wasserreinigung
- Plasmatechnologie

Patente und Alleinstellungsmerkmale

- Innovationspreis des Landes Baden-Württemberg 1995
- Forschungsvorhaben BMFT zur biologischen Abluftreinigung
- Forschungsvorhaben BMFT zur Plasmatechnologie

Internationale Aktivitäten

- Benelux
- Frankreich
- Italien

PRÄZIMA
Feinmechanik-Anlagenbau

Kontaktinformationen

Präzima GmbH Berlin
Ostendstraße 1
12459 Berlin

Tel.: +49 (0) 30/53073860
E-mail: thgenentz@praezima.de
Internet: www.praezima.de

Produkte und Dienstleistungen

- Entwicklung, Konstruktion und Bau von innovativen Recyclingsystemen, Antriebssystemen, Reinigungsvorrichtungen, Wasseraufbereitungsmodulen, Bewässerungsystemen nach Kundenwunsch

Forschungs- und Entwicklungsaktivitäten

- Entwicklung und Bau eines Schwenkkreiskolbenmotors
- Bau von Chlorsensorik (Schifffahrt)
- Bau von Bewässerungsautomaten

Patente und Alleinstellungsmerkmale

- Entwicklung von innovativen Ideen bis zur Serienreife
- Ideengeber und Problemlöser auch bei vorhandenen Produkten
- Technologie und Werkstoffauswahl

Internationale Aktivitäten

- Keine

Kontaktinformationen

ProCon GmbH
Annaberger Straße 240
09125 Chemnitz

Tel.: +49 (0) 371/5347583
E-mail: scherzberg@procon-chemnitz.de
Internet: www.procon-chemnitz.de

Produkte und Dienstleistungen

- Recyclingtechnologien/Abfallwirtschaftskonzepte
- Umweltmanagementsysteme/Materialeffizienzberatung
- Erneuerbare Energien/Autarke Energieanlagen
- Projektmanagement/Produktentwicklung/Machbarkeits- und Marktstudien
- Innovative Werkstoffe

Forschungs- und Entwicklungsaktivitäten

- Recyclingtechnologien
- Werkstoffentwicklung

Patente und Alleinstellungsmerkmale

- Gebrauchsmuster: Kleinst-Biogasanlage
- Gebrauchsmuster: kryogene Trennanlage für Stoffgemische
- Mehrere Gebrauchsmuster: Hinterleuchtete Echtholzfurniere

Internationale Aktivitäten

- EU

Kontaktinformationen

Rafflenbeul Ingenieure
Voltastraße 5
63225 Langen

Tel.: +49 (0) 6103/300978
E-mail: rafflenbeul@envisolve.com
Internet: www.envisolve.com

Produkte und Dienstleistungen

- Innovative Emissionsschutzproblemlösungen
- Internationale Gutachtertätigkeit
- Einführung neuer Emissionsminderungsverfahren
- Technische Aus- und Weiterbildung von Behörden und Industrie

Forschungs- und Entwicklungsaktivitäten

- Verfahrensentwicklung Emissionsschutz zur CO_2-Minderung
- Neue Prozesse für gering konzentrierte VOC-Emissionen
- Energieverbundsysteme in der industriellen Anwendung

Patente und Alleinstellungsmerkmale

- Int. Patentierung neuer (fraktionierter) Adsorptionstechnik
- Einführung der Niedertemperaturplasmatechnik zum Emissionsschutz
- Einführung der ersten Molekularsiebadsorber zur VOC-Reduktion

Internationale Aktivitäten

- Ungarn
- Spanien
- Brasilien

Kontaktinformationen

Rainer Hartmann – Gesellschaft für angewandte Biologie und Geologie mbH
August-Spindler-Straße 1
37079 Göttingen

Tel.: +49 (0) 551/38902-0
Internet: www.hartmann-analytik.de

RH RAINER HARTMANN
Ges. für angewandte Biologie und Geologie mbH

Produkte und Dienstleistungen

- Auftragsanalytik
- Qualitätsüberwachung
- Erarbeitung von Stoffstrombilanzen

Forschungs- und Entwicklungsaktivitäten

- Verwendung konditionierter Klärschlämme als Baustoff
- Entwicklung eines computergesteuerten AT4-Messsystemes
- Untersuchung endokriner Wirkstoffe

Patente und Alleinstellungsmerkmale

- Rohstoffsubstitution in der Glasindustrie (Miterfinder)
- Entwicklung von Sperrflüssigkeiten in der Sanitärtechnik zur Wassereinsparung
- Verwendung konditionierter Klärschlämme als Baustoff

Internationale Aktivitäten

- Keine

Kontaktinformationen

RDG Kunststoffe GmbH
Mühlenstraße 10
87647 Kraftisried

Tel.: +49 (0) 8377/9749132
E-mail: info@rdg-kunststoffe.de
Internet: www.rdg-kunststoffe.de

Produkte und Dienstleistungen

- Sammeln, Sortieren, Demontage von Industrieproduktionsresten
- Mahlen, Granulieren von Kunststoffen

Forschungs- und Entwicklungsaktivitäten

- Keine

Patente und Alleinstellungsmerkmale

- Qualität
- Flexibilität

Internationale Aktivitäten

- Kroatien
- Bosnien

Kontaktinformationen

recycLANG GmbH & Co.KG
Im Holderwäldele 1
76571 Gaggenau

Tel.: +49 (0) 7225/916693
E-mail: s.hauck@recyclang.de
Internet: www.recyclang.de

Produkte und Dienstleistungen

- Entwickung, Herstellung und Produktion von Sekundärbrennstoffen für verschiedene Einsatzzwecke

Forschungs- und Entwicklungsaktivitäten

- Entwicklung von Sekundärbrennstoffen

Patente und Alleinstellungsmerkmale

- Keine Angaben

Internationale Aktivitäten

- Frankreich
- Schweiz
- Österreich

Kontaktinformationen

REKO GmbH
In der Bannhalde 31
74343 Sachsenheim

Tel.: +49 (0) 7147/96100
E-mail: info@reko-online.de
Internet: www.rekogmbh.de

Produkte und Dienstleistungen

- Verwertung organischer Abfälle
- Kompostierung
- Rekultivierung
- Biologische Behandlung
- Verwertung von Klärschlamm, Bioabfällen, Rechengut

Forschungs- und Entwicklungsaktivitäten

- Alternative Deponieabdeckung, Rekultivierung, Kompost und Kompostsubstrate

Patente und Alleinstellungsmerkmale

- Aufbereitung von Rechengut durch biologische Behandlung zum Ersatzbrennstoff

Internationale Aktivitäten

- Keine

Kontaktinformationen

REMONDIS AG & CO. KG
Brunnenstraße 138
44536 Lünen

Tel.: +49 (0) 2306/106549
E-mail: herwart.wilms@remondis.de
Internet: www.remondis.de

Produkte und Dienstleistungen

- Sammlung, Sortierung/Aufbereitung, Vermarktung sowie Beseitung/Verwertung von Abfällen
- Wasserförderung, Wasserverteilung, Wasseraufbereitung, Abwasserreinigung

Forschungs- und Entwicklungsaktivitäten

- Biomasse
- Energiegewinnung aus Ersatzbrennstoffen
- Klärschlammverwertung im Kraftwerk

Patente und Alleinstellungsmerkmale

- Keine Angaben

Internationale Aktivitäten

- Polen
- Ungarn
- Australien

Kontaktinformationen

Richter-Recycling GmbH
Wildparkstrasse 15b
14548 Schwielowsee OT Geltow

Tel.: +49 (0) 163/9780651
E-mail: kronenthal@richter-recycling.de
Internet: www.richter-recycling.de

Produkte und Dienstleistungen

- Verwertung von Kunststoffen
- Verwertung von Papier, Pappe und Kartonagen
- Entsorgung und Verwertung von Abfällen
- Containerdienst, Transport und Logistik
- Erstellung von Entsorgungskonzepten

Forschungs- und Entwicklungsaktivitäten

- Kunststoffverwertung
- Ersatzbrennstoffe

Patente und Alleinstellungsmerkmale

- Erschließung neuer Märkte und Kunden

Internationale Aktivitäten

- Niederlande
- Polen
- China

Kontaktinformationen

RMB Rhein-Main Biokompost GmbH
Peter-Behrens-Straße 8
60314 Frankfurt am Main

Tel.: +49 (0) 69/4089860
E-mail: peter.dumin@rhein-main-biokompost.de
Internet: www.rhein-main-biokompost.de

Produkte und Dienstleistungen

- Verwertung von Bioabfällen und anderen organischen Abfällen
- Betrieb einer kombinierten Vergärungs- und Kompostierungsanlage
- Erfolgreicher Anlagenbetrieb im Zentrum einer Großstadt, TA-Luft-konform
- Produktion von Komposten und Substraten
- Erzeugung von Energie aus nachwachsenden Rohstoffen

Forschungs- und Entwicklungsaktivitäten

- Entwicklung umweltfreundlicher Behandlungsmethoden für Bioabfälle
- Entwicklung innovativer Produktionsmethoden für Komposte
- Entwicklung neuer Rezepturen für Bodenverbesserungsstoffe/Substrate

Patente und Alleinstellungsmerkmale

- Seit circa sieben Jahren Betrieb einer Bioabfallbehandlungsanlage mitten in einer Großstadt
- Seitdem ununterbrochener Betrieb (100 % Anlagenverfügbarkeit)
- Harmonische Einbindung in das lokale Umfeld

Internationale Aktivitäten

- Keine

Kontaktinformationen

S.D.R. Biotec Verfahrenstechnik GmbH
Brehnaer Straße 38
04509 Neukyhna OT Pohritzsch

Tel.: +49 (0) 34954/443-0
E-mail: j.schmidt@sdrbiotec.de
Internet: www.sdrbiotec.de

Produkte und Dienstleistungen

- Additive zur Veredlung
- Additive zur Konditionierung
- Additive zur gezielten Stoffwandlung und Mineralbildung
- Alternative Baustoffe mit variablen Einsatzbereichen
- Glasfaserprodukte

Forschungs- und Entwicklungsaktivitäten

- Modulare Technologien zur Abfallbehandlung
- Innere Barrieresysteme und alternative Baustoffe aus industriellen Rückständen
- Entwicklung von Hochtemperaturfasern

Patente und Alleinstellungsmerkmale

- Patente zur Endlosfaser-Herstellung

Internationale Aktivitäten

- Italien
- Österreich
- Niederlande

Kontaktinformationen

Säbu Morsbach GmbH
Schlechtingen 24
51597 Morsbach

Tel.: +49 (0) 2294/69410
E-mail: d.klein@saebu.de
Internet: www.saebu.de

Produkte und Dienstleistungen

- Hersteller von Lagereinrichtungen für umweltgerechte Lagerung schädlicher Stoffe
- Auffangsysteme für Lagerung von Farben, Lacken, Schmierölen, Chemikalien, Flüssigkeiten
- Umweltcontainer, Gefahrstoffcontainer, Gefahrstofflager, Auffangwannen, Edelstahlauffangwannen, Abfüllstationen
- Gasflaschenlagerung, Lagerung wassergefährdender, brenn- und nicht brennbarer Medien

Forschungs- und Entwicklungsaktivitäten

- Weiterentwicklung unserer Produkte
- Entwicklung von Lagerbehältnissen nach Vorgabe der Kunden

Patente und Alleinstellungsmerkmale

- Fladafi Materialcontainer patentiert, daraus entstanden sind die weiteren Produkte für die umweltgerechte Lagerung wassergefährdender Stoffe im Innen- und Außenbereich

Internationale Aktivitäten

- Dänemark
- Niederlande
- Schweiz

Kontaktinformationen

SBM Maschinen GmbH
In der Lache 9
87657 Görisried

Tel.: +49 (0) 6202/6070750
E-mail: wingerter@wms-info.de
Internet: www.sbm-maschinen.de

Produkte und Dienstleistungen

- Speisereste-Entwässerungsanlagen
- Energierecycling aus Speiseresten und Gastro-Abwässern

Forschungs- und Entwicklungsaktivitäten

- Weiterentwicklung der vorhandenen Technologie
- Entwicklung von neuen Technologien (Erhöhung der Wertstoffqualität, Energieeffizienz)
- Entwicklung von neuen Prozesstechniken zur Schonung von Energieressourcen

Patente und Alleinstellungsmerkmale

- Ohne Einsatz unserer Technologie sind die Vorgaben des KrW-/AbfG nicht erfüllbar

Internationale Aktivitäten

- England
- Irland
- USA

Kontaktinformationen

Scherer + Kohl GmbH
Rheinhorststraße 63
67071 Ludwigshafen

Tel.: +49 (0) 621/6715035
E-mail: heberger.s@scherer-kohl.de
Internet: www.scherer-kohl.de

Produkte und Dienstleistungen

- Recyclingprodukte/Baustoffe für Straßen-, Tief-, Wege- und Landschaftsbau
- Selektiver Rückbau/Abbruch/Demontage
- Entsorgung von mineralischen und kontaminierten Abfällen
- Erdbau/Flächenrecycling

Forschungs- und Entwicklungsaktivitäten

- Herstellung von Splitten aus Bauschutt
- Gewinnung von Rohstoffen aus Abfällen
- Verbesserung von technischen Aufbereitungsverfahren

Patente und Alleinstellungsmerkmale

- Mehrere Patente zu Aufbereitungsverfahren zur Herstellung von mineralischen Baustoffen

Internationale Aktivitäten

- Keine

Kontaktinformationen

SCHRADER Speisefett Recycling GmbH
Olxheim, 26
37547 Kreiensen

Tel.: +49 (0) 5382/790240
E-mail: info@speisefettrecycling.de
Internet: www.speisefettrecycling.de

SCHRADER Speisefett Recycling GmbH

Produkte und Dienstleistungen

- Entsorgung von Bioabfällen
- Produktion von Biodiesel
- Produktion von Biogas

Forschungs- und Entwicklungsaktivitäten

- Biodiesel
- Bioabfallrecycling
- Bioabfallverwertung

Patente und Alleinstellungsmerkmale

- Aus Altspeisefetten wird Biodiesel produziert

Internationale Aktivitäten

- Finnland
- Frankreich
- Niederlande

Kontaktinformationen

Selas-Linde GmbH
Wolfratshauser Straße 138
82049 Pullach

Tel.: +49 (0) 89/74474751
E-mail: tilman.weide@linde-le.com
Internet: www.Selas-Linde.com

Produkte und Dienstleistungen

- Anlagen zur thermische Oxidation von gasförmigen und flüssigen Rückständen
- Rückstände aus der chemischen, petrochemischen, pharmazeutischen Industrie
- Besonders halogenisierte Stoffe, PCB, Pestizide, Dioxine, salzhaltige, org. Stickstoffverbindungen
- Rückgewinnung von Wertstoffen, Säuren, Schwefel, Salze etc.

Forschungs- und Entwicklungsaktivitäten

- Verringerung von NO_x Emissionen
- Energieeffizienz
- Verwertung von Biomasse

Patente und Alleinstellungsmerkmale

- Niedrigste weltweit je erreichte NO_x Werte bei Spaltöfen ohne Katalysator
- Langzeitbetriebserfahrung bei der Rückgewinnung von Säuren und Salzen
- Verdampferanlagen mit therm. Wirkungsgrad über 99,5 %

Internationale Aktivitäten

- Europa
- Asien
- Afrika

MEGTEC

Kontaktinformationen

Sequa GmbH & Co. MEGTEC Systems KG
Honeywellstraße 18
63456 Maintal

Tel.: +49 (0) 6181/940425
E-mail: hfoebel@megtec.de
Internet: www.megtec.com

Produkte und Dienstleistungen

- Regenerative thermische Abluftreinigung mit bis zu sieben Kammern
- Innovative patentierte flammenlose regenerativ thermische Oxidationsanlagen
- Rekuperative thermische Abluftreinigung
- Adsorptions- und Biologische Technologie für VOC Kontrolle
- Engineering Service

Forschungs- und Entwicklungsaktivitäten

- Kontinuierliche Weiterentwicklung der Produkte
- Innovationen und führende Technologie
- Ergänzende Dienstleistungen

Patente und Alleinstellungsmerkmale

- Patentierte flammenlose, regenerativ thermische Oxidationsanlage zur Abluftreinigung

Internationale Aktivitäten

- Westeuropa
- Tschechien, Ungarn, Rumänien
- GUS (Ukraine, Russland)

SIMA Mühlentechnik GmbH

Kontaktinformationen

SIMA Mühlentechnik GmbH
Geibeltstraße 1a
01796 Pirna

Tel.: +49 (0) 3501/7901-0
E-mail: sima@sima-muehlentechnik.de
Internet: www.sima-muehlentechnik.de

Produkte und Dienstleistungen

- Fördertechnik und Siloanlagen für Recyclingtechnik und Bioenergieerzeugung
- Schwimm-Sink-Becken, Spezialförderschnecken, Trogkettenförderer
- Zellenradschleusen und andere Fördermaschinen aus Stahl und Edelstahl

Forschungs- und Entwicklungsaktivitäten

- Entwicklung druckstoßfester Zellenradschleusen für den Einsatz im ATEX-Bereich

Patente und Alleinstellungsmerkmale

- Keine Angaben

Internationale Aktivitäten

- EU

Kontaktinformationen

S-plus Umweltservice GmbH
Anton-Schmidt-Straße 25
71332 Waiblingen

Tel.: +49 (0) 7151/1713-205
E-mail: info@s-plus.de
Internet: www.s-plus.de

Produkte und Dienstleistungen

- Abfalltransporte, Entsorgung und Recycling
- Behandlung und trimodaler Umschlag (kontaminierter) mineralischer Abfälle
- Papiersortierung
- Sonderabfallentsorgung
- Aktenvernichtung

Forschungs- und Entwicklungsaktivitäten

- Automatische Papiersortierung
- Abtrennung biologischer Bestandteile aus mineralischen Abfällen

Patente und Alleinstellungsmerkmale

- Keine Angaben

Internationale Aktivitäten

- Italien
- Schweiz
- China

Kontaktinformationen

SRS Deponiebau
Karl-Seckinger-Straße 41
76229 Karlsruhe

E-mail: hradetzky@bvv-srs.de
Internet: www.bvv-srs.de

Produkte und Dienstleistungen

- Altlastensanierung
- Immobilisierung/Stabilisierung
- Flächenrecycling
- Bodenmanagement

Forschungs- und Entwicklungsaktivitäten

- Schadstoffeinbindung
- Alternative Baustoffe

Patente und Alleinstellungsmerkmale

- Sieben Patente und Gebrauchsmuster
- Unsere Entwicklungsaktivitäten erstrecken sich auf die Länder Deutschland, Frankreich, Schweiz, Österreich. Hier können wir Lösungen bieten, die im Markt von keinem anderen Unternehmen angeboten werden.

Internationale Aktivitäten

- Schweiz

Kontaktinformationen

STEAG Entsorgungs-GmbH
Duisburger Straße 170
46535 Dinslaken

Tel.: +49 (0) 2064/608250
E-mail: andreas.hugot@steag.de
Internet: www.steag-entsorgung.de

Produkte und Dienstleistungen

- Kraftwerksentsorgung/Reststoffverwertung
- Sekundärbrennstoff/Absorbentien
- Baustoffproduktion
- Industrieanlagenentsorgung
- Strahlmittel und Mineralien

Forschungs- und Entwicklungsaktivitäten

- Steinkohlenflugasche in Beton (mit Betonzusatzmittel) und Zement
- Steinkohlenflugascheaufbereitung
- Steinkohlenflugascheapplikationen

Patente und Alleinstellungsmerkmale

- Verlagerung der Transporte vom Lkw auf Schiene und Schiff
- Aufbau eines internationalen Netzwerkes zum Mengenausgleich
- Großes Vermarktungsportfolio

Internationale Aktivitäten

- Benelux
- Großbritannien
- Polen/Tschechien

Kontaktinformationen

Swing Recycling GmbH
Wernsdorfer Straße 21
09526 Olbernhau

Tel.: +49 (0) 37360/74952
E-mail: recycling@swing-cut.de
Internet: www.swing-cut.de

Produkte und Dienstleistungen

- Baustoffrecycling
- Kompostierung
- Rekultivierung
- Rückbau/Abbruch
- Baumischabfallsortierung

Forschungs- und Entwicklungsaktivitäten

- Komposteinsatz bei Rekultivierung
- Alternative Deponiebaustoffe
- Substratherstellung

Patente und Alleinstellungsmerkmale

- Schaffen von regionalen Kreisläufen im mittleren Erzgebirge

Internationale Aktivitäten

- Keine

Kontaktinformationen

Tauw GmbH
Richard-Löchel-Straße 9
47441 Moers

Tel.: +49 (0) 2841/14900
E-mail: roland.arnz@tauw.de
Internet: www.tauw.de

Tauw

Produkte und Dienstleistungen

- Environmental and technical Due Diligence
- Boden und Grundwasser
- Unternehmensberatung Umweltschutz
- Gebäudeschadstoffe
- Energieberatung und Geothermie

Forschungs- und Entwicklungsaktivitäten

- Abfall
- Umweltmessungen

Patente und Alleinstellungsmerkmale

- Internationalität
- Komplettdienstleister

Internationale Aktivitäten

- Großbritannien
- Niederlande
- Brasilien

Kontaktinformationen

TechnoSan Umwelttechnik GmbH
Felix-Wankel-Straße 1
82152 Krailling

Tel.: +49 (0) 89/8951450
E-mail: info@technosan.de
Internet: www.technosan.de

TechnoSan® Umwelttechnik GmbH

Produkte und Dienstleistungen

- Bodensanierung
- Altlastensanierung

Forschungs- und Entwicklungsaktivitäten

- Thermische Bodenbehandlungsanlage

Patente und Alleinstellungsmerkmale

- Thermische Bodenbehandlungsanlage mit Europäischem Patent

Internationale Aktivitäten

- Keine

TEXPLAST GmbH

Kontaktinformationen

Texplast GmbH
Andresenstraße 5
06766 Wolfen

Tel.: +49 (0) 3494/6517-330
E-mail: hoesler@texplast.de
Internet: www.texplast.de

Produkte und Dienstleistungen

- PET-Mahlgut/Flakes
- Agglomerate
- Regranulate (food approved)

Forschungs- und Entwicklungsaktivitäten

- Kostenreduktion beim Technologieprozess

Patente und Alleinstellungsmerkmale

- Umweltsonderpreis Sachsen-Anhalt 2006

Internationale Aktivitäten

- Österreich
- Osteuropa

TKG

Kontaktinformationen

TKG Technische Kunststoffteile GmbH
Schottlandstraße 6
58675 Hemer-Deilinghofen

Tel.: +49 (0)2372/966800
E-mail: mail@tkg-gmbh.com
Internet: www.tkg-gmbh.com

Produkte und Dienstleistungen

- Abfallbehälter aus Metall
- Aschenbecher aus Metall
- Büro-, Werkstatt- und Betriebseinrichtung

Forschungs- und Entwicklungsaktivitäten

- Entwicklung von nützlichen Mülltrennsystemen für das Büro
- Entwicklung von Abfall-Ascher-Trennsystemen
- Entwicklung seniorengerechter gerontologischer Altersprodukte „Aktivo“

Patente und Alleinstellungsmerkmale

- Gebrauchsmusterschutz für Werkstattwagen „Hobby“
- Gebrauchsmusterschutz TKG, Drehschutzmuster bei Standascher Diabolo
- Material unserer Produkte ist fast zu 100 % recycelbar

Internationale Aktivitäten

- Frankreich
- Österreich
- Spanien

Kontaktinformationen

TRG Cyclamin GmbH
Hohendorfer Straße 20
39218 Schönebeck

Tel.: +49 (0) 3928/787086
E-mail: trg@trg-cyclamin.de
Internet: www.trg-cyclamin.de

Produkte und Dienstleistungen

- Kreislaufwirtschaft für aliphatische Amine, Herstellung von Schwefelsäure

Forschungs- und Entwicklungsaktivitäten

- Optimierung des Verfahrens
- Neue Märkte und neue Rohstoffe
- Upgrading der Nebenprodukte

Patente und Alleinstellungsmerkmale

- Patent für ein Verfahren zur Rückgewinnung aliphatischer Amine aus sauren Waschlösungen; Hauptmarkt: Gießereien

Internationale Aktivitäten

- Niederlande
- Österreich
- Tschechien

Kontaktinformationen

UBIG GmbH
Geraerstraße 10
07570 Wünschendorf

Tel.: +49 (0) 36603/88263
E-mail: ubig.gmbh@t-online.de
Internet: www.ubig.de

Produkte und Dienstleistungen

- Wasserreinigungschemikalien zur Abtrennung von Schwermetallen
- Wasserreinigungssorbentien zur Abtrennung von Radionukliden
- Beratung und Projektmanagement bei kundenorientierten Vorhaben

Forschungs- und Entwicklungsaktivitäten

- Verfahren zur Abtrennung von Radionukliden in den Wasserreinigungsanlagen der Wismut GmbH

Patente und Alleinstellungsmerkmale

- Überführung von Forschungsergebnissen der Wisutec GmbH zur Produktionsreife

Internationale Aktivitäten

- USA

Kontaktinformationen

ULTRAWAVES GmbH Wasser & Umwelttechnologien
Kasernenstraße 12
21073 Hamburg

Tel.: +49 (0) 40/32507203
E-mail: houy@ultrawaves.de
Internet: www.ultrawaves.de

Produkte und Dienstleistungen

- Ultraschall in der Umwelttechnik, Beratung, Prozessoptimierung, Produktentwicklung
- Klärschlammdesintegration
- Wasserdesinfektion
- Prozessoptimierung mit Ultraschall
- Prozess- und Umweltgutachten

Forschungs- und Entwicklungsaktivitäten

- Ultraschall in der Umwelttechnik
- Entkeimung mit Ultraschall
- Intensivierung der Biogasausbeuten bei Biogasanlagen

Patente und Alleinstellungsmerkmale

- Reaktor zur Ultraschalldesintegration
- Innovationspreis der Deutschen Industrie 2006
- Innovationspreis der Hannovermesse 2002

Internationale Aktivitäten

- Niederlande
- Dänemark
- Japan

Kontaktinformationen

URS Deutschland GmbH
Heinrich-Hertz-Straße 3
63303 Dreieich

Tel.: +49 (0) 40/460760-12
E-mail: Frank_Bieganský@urscorp.com
Internet: www.urscorp.de

Produkte und Dienstleistungen

- Consulting im Bereich Altlasten
- Ingenieurwesen, Umwelt
- Hochbau, Tiefbau
- Umweltmanagement

Forschungs- und Entwicklungsaktivitäten

- Gewässersanierung
- Verkehrsinfrastruktur
- Güterumschlag

Patente und Alleinstellungsmerkmale

- Patent
- Bioreaktor
- Gewässersanierung

Internationale Aktivitäten

- Polen
- Rumänien
- Tschechien

Kontaktinformationen

UTG – Umwelt-Technologisches Gründerzentrum Augsburg
Am Mittleren Moos 48
86167 Augsburg

Tel.: +49 (0) 821/74930
E-mail: info@u-t-g.de
Internet: www.u-t-g.de

Umwelt-Technologisches Gründerzentrum Augsburg

Produkte und Dienstleistungen

- Attraktiver Standort für Umwelttechnologiefirmen
- Umwelt-Gründerzentrum mit circa 40 hochwertigen Spezialfirmen
- Aktiver Baustein im Netzwerk „Bayerisches Umweltkompetenzzentrum"
- Am Standort circa 200 Mitarbeiter
- Am Standort bisher über 30 Patente und Schutzrechte

Forschungs- und Entwicklungsaktivitäten

- Forschung und Entwicklung in allen Umweltbereichen

Patente und Alleinstellungsmerkmale

- Am Standort insgesamt in allen Zentrumsfirmen über 30 Patente und Schutzrechte

Internationale Aktivitäten

- EU
- Osteuropa
- Naher Osten

Kontaktinformationen

UVR-FIA GmbH
Chemnitzer Straße 40
09599 Freiberg

Tel.: +49 (0) 3731/797201
E-mail: kamptner@uvr-fia.de
Internet: www.uvr-fia.de

UVR-FIA GmbH
Verfahrensentwicklung
Umweltschutztechnik
Recycling

Produkte und Dienstleistungen

- Forschung und Entwicklung/Recycling
- Forschung und Entwicklung/Verfahrenstechnik
- Herstellung von Metallpulvern und anderen Spezialprodukten
- Stoffcharakterisierung/Labordienstleistungen
- Ingenieurdienstleistungen und Bewertung

Forschungs- und Entwicklungsaktivitäten

- Feinmahlung in Trommelmühlen
- Entwicklung von Spezialprodukten
- Recyclingtechnologien

Patente und Alleinstellungsmerkmale

- Versuchsanlage zur Feinmahlung und -klassierung
- Pilotanlage zur Herstellung von Nanosilberprodukten
- Versuchsanlage zur Herstellung von Metallpulvern

Internationale Aktivitäten

- Westeuropa

Kontaktinformationen

Venjakob Umwelttechnik GmbH & Co. KG
Wellweg 97
31157 Sarstedt

Tel.: +49 (0) 5066/98060
E-mail: christoph.osten@pflock-meckeler.com
Internet: www.pflock-meckeler.com

Produkte und Dienstleistungen

- Anlagen zur Reinigung lösemittelhaltiger Abluft
- Thermische Nachverbrennungsanlagen
- Regenerativ-Thermische Oxidation (RTO-Anlagen)
- Katalytische Verbrennungsanlagen
- Wärmerückgewinnungssysteme

Forschungs- und Entwicklungsaktivitäten

- Reduzierung der Anlagenbetriebskosten
- Erhöhung der Anlagenverfügbarkeiten

Patente und Alleinstellungsmerkmale

- Wartungsfreie, dichtschließende Ventilsysteme

Internationale Aktivitäten

- Europa

Kontaktinformationen

Vogteier Kompost GmbH
An der Oberrothe 1
99986 Niederdorla

Tel.: +49 (0) 3601/751210
E-mail: kontakt@vogteier-kompost.de
Internet: www.vogteier-kompost.de

Produkte und Dienstleistungen

- Verwertung kompostierbarer Abfälle
- Entwicklung von Verwertungsverfahren

Forschungs- und Entwicklungsaktivitäten

- Entwicklung von Verwertungsverfahren (Rotteverfahren)
- Produktentwicklung
- Energieeffizienz

Patente und Alleinstellungsmerkmale

- Das hier angewandte Rotteverfahren für Bioabfall ist weltweit einmalig

Internationale Aktivitäten

- Osteuropa

Kontaktinformationen

WEISSHAAR GmbH & Co KG
Max Planck Straße 65
32107 Bad Salzuflen

Tel.: +49 (0) 5222/92730
E-mail: info@weisshaar.com
Internet: www.weisshaar.com

WEISSHAAR®
industrielle Kältetechnik

Produkte und Dienstleistungen

- Hersteller von Biogastrocknern zur Effizienzsteigerung und von Klärgastrocknern im kommunalen Bereich
- Sinnvolle Abwärmenutzung, effiziente Kühltechnik

Forschungs- und Entwicklungsaktivitäten

- Erarbeitung von kundenspezifischen Lösungen in der Kältetechnik

Patente und Alleinstellungsmerkmale

- Energieeffizienter Biogaskühler
- Kundenspezifische Lösungen

Internationale Aktivitäten

- EU
- Russland
- Asien

Kontaktinformationen

WESSLING-Gruppe
Oststraße 7
48341 Altenberge

Tel.: +49 (0) 2505/89-257
E-mail: michael.andrees@wessling.de
Internet: www.wessling.de

WESSLING

Produkte und Dienstleistungen

- Umwelt- und Produktanalytik
- Schadstoffe in Gebäuden und Untergrund; Untersuchung, Sanierungsplanung
- Immissions- und Arbeitsplatzmessungen
- Abwasser- und Verfahrenstechnik
- Unternehmensberatungen

Forschungs- und Entwicklungsaktivitäten

- Abwasserbehandlungsverfahren
- Neue Umweltanalytikmethoden

Patente und Alleinstellungsmerkmale

- Keine Angaben

Internationale Aktivitäten

- Frankreich
- Polen
- Ungarn

Kontaktinformationen

Wieland Lufttechnik GmbH & Co. KG
Wetterkreuz 12
91058 Erlangen

Tel.: +49 (0) 9131/6067-40
E-mail: ww@wieland-luft.de
Internet: www.wieland-luft.de

Produkte und Dienstleistungen

- Industriesauger
- Absauganlagen
- Entstaubungsanlagen
- Fahrbare Sauganlagen

Forschungs- und Entwicklungsaktivitäten

- Entwicklung neuer Produkte
- Filtertechnik
- Anwendungsspezifische Entwicklungen

Patente und Alleinstellungsmerkmale

- Staubexplosions-Schutz-Ausrüstungen
- Abscheidetechnologie
- ADR-Technologie

Internationale Aktivitäten

- EU
- Asien

Kontaktinformationen

Wilhelm Krebs RESORG GmbH
Jacob-Mönch-Straße 5
63073 Offenbach

E-mail: ralf.lubkowitz@resorg.de
Internet: info@resorg.de

Produkte und Dienstleistungen

- BISchG-genehmigte Anlage zur Zerlegung asbesthaltiger Geräte und Bauteile
- Schadstoffsanierung in Gebäuden
- Bauen im Bestand
- Baulicher Brandschutz
- Betoninstandsetzung und Rohbau

Forschungs- und Entwicklungsaktivitäten

- Abfallbehandlung
- Sanierungstechnik

Patente und Alleinstellungsmerkmale

- BISchG-genehmigte Anlage zur Zerlegung asbesthaltiger Geräte und Bauteile

Internationale Aktivitäten

- Keine

Kontaktinformationen

WIPAG Süd GmbH & Co. KG
Nördliche Grünauer Straße 31
86633 Neuburg

Tel.: +49 (0) 8431/43360
E-mail: peter.wiedemann@wipag.de
Internet: www.wipag.de

Produkte und Dienstleistungen

- Marktführer im Bereich Trennung von Kunststoffverbunden
- Entlackung von Kunststoffteilen insbesondere aus der Automobilherstellung
- Die gewonnenen Kunststoffrohstoffe werden wieder in der Originalanwendung eingesetzt
- Thermoplastische Nebenprodukte werden ebenfalls werkstofflich verwertet
- Duroplastische Nebenprodukte werden energetisch verwertet

Forschungs- und Entwicklungsaktivitäten

- Recycling von ELV Stoßfängern ähnlich wie Produktionsabfälle
- Effizienzsteigerung der Trennverfahren
- Eigenschaftsverbesserung der Werkstoffe

Patente und Alleinstellungsmerkmale

- SPE-award, FKuR-Preise, Environment business of the year, Ford VEV award
- Patent Trennverfahren
- Patent Entlackungsverfahren

Internationale Aktivitäten

- Spanien
- Frankreich
- England

Kontaktinformationen

ZECH Ingenieurgesellschaft mbH
Hessenweg 38
49809 Lingen

Tel.: +49 (0) 591/800160
E-mail: Lingen@zechgmbh.de
Internet: www.zechgmbh.de

Produkte und Dienstleistungen

- Ingenieurdienstleistungen in den Bereichen Lärm, Erschütterungen und Gerüche
- Genehmigungsmanagement und Erstellung von Antragsunterlagen nach BImSchG
- Benannte Messstelle nach § 26 BImSchG für Geräusche, Erschütterungen und Gerüche
- Ingenieurdienstleistungen in den Bereichen Staub und Luftinhaltsstoffe
- Produktentwicklungen zur Arbeitsplatzverbesserung

Forschungs- und Entwicklungsaktivitäten

- Entwicklung einer transparenten Schallschutzkapsel
- Entwicklung von alternativen Schallabsorbern für den Einsatz in Arbeitsbereichen
- Mitgestaltung einer Apparatur zur Geruchsminderung in Ställen der Intensivtierhaltung

Patente und Alleinstellungsmerkmale

- Gebrauchsmusterschutzanmeldung für transparente Schallschutzkapsel

Internationale Aktivitäten

- Keine

ZIMMERMANN

Kontaktinformationen

ZIMMERMANN GmbH
Rathausstraße 35
74613 Öhringen

Tel.: +49 (0) 7941/9165-0
E-mail: info@zimmermann-dv.de
Internet: www.zimmermann-dv.de

Produkte und Dienstleistungen

- Abwasserrecyclinganlagen
- Kompakte Membranfiltrationsanlagen zur Behandlung kleiner Kreisläufe
- Mikrofiltration, Ultrafiltration, Nanofiltration

Forschungs- und Entwicklungsaktivitäten

- Nanofiltration
- Mobile (Ab)Wasseranlagen

Patente und Alleinstellungsmerkmale

- Hochautomatisierte Kompaktanlage für kleine Produktionskreisläufe

Internationale Aktivitäten

- EU
- Amerika

ZME ELEKTRONIK RECYCLING GMBH

Kontaktinformationen

ZM-Elektronik Recycling GmbH
Ludwig-Rinn-Straße 14–16
35452 Heuchelheim

Tel.: +49 (0) 641/98444810
E-mail: Jehle@zme-heuchelheim.de
217121200CourierInternet: www.zme-heuchelheim.de

Produkte und Dienstleistungen

- Erstbehandlungsanlage für Geräte nach dem EAG
- Verfahren zur Bearbeitung von Bildröhren
- Verfahren zum Trennen von Metall-Kunststoffverbunden

Forschungs- und Entwicklungsaktivitäten

- Mitarbeit im ProMeKreis, Entwicklung der Kreislaufeignung von Elektrogeräten
- Pilotanlage zur Trennung von Bildröhren mittels Lasertechnologie

Patente und Alleinstellungsmerkmale

- Angemeldetes Patent für Reinigungstechnologie für Bildröhrengläser
- Patent für Verfahren im Bereich der CRT-Lasertrennung

Internationale Aktivitäten

- Südamerika
- Asien

Unternehmen: Nachhaltige Wasserwirtschaft

Kontaktinformationen

A3 Water Solutions GmbH
Magdeburger Straße 16a
45881 Gelsenkirchen

Tel.: +49 (0) 209/98099-821
E-mail: steffen-richter@a3-gmbh.com
Internet: www.a3-gmbh.com

Produkte und Dienstleistungen

- Getauchte Membranfiltrationsmodule, Membranbioreaktortechnik, MBR
- Containerkläranlagen, Wasseraufbereitungstechnologien, Umkehrosmose
- Gärrestaufbereitung aus Biogasanlagen, Aufbereitung von Schlempe
- Bioethanolanlagen

Forschungs- und Entwicklungsaktivitäten

- Entwicklung und Optimierung von Membranfiltrationsmodulen
- Entwicklung und Optimierung des Gärrestaufbereitungsprozesses
- Optimierung des MBR-Prozesses

Patente und Alleinstellungsmerkmale

- Verschiedene Patente aus dem Bereich der Produktion und des Einsatzes getauchter Membranfiltrationsmodule

Internationale Aktivitäten

- Keine

Alltech
Dosieranlagen
mit Know-how

Kontaktinformationen

Alltech Dosieranlagen GmbH
Rudolf-Diesel-Straße 2
76356 Weingarten

Tel.: +49 (0) 7244/702623
E-mail: weller.i@alltech-dosierranlagen.de
Internet: www.alltech-dosieranlagen.de

Produkte und Dienstleistungen

- Löse- und Dosieranlagen für trockene, flüssige und gasförmige Produkte
- Dosiersysteme für Pulver und Granulat, Dosierpumpen, Dosierstationen und Zubehör
- Vakuum-Dosiersysteme und Verdampfer für Cl_2 (Chlor)
- Standard- und maßgeschneiderte Prozess- und Lagerbehälter aus Kunststoff

Forschungs- und Entwicklungsaktivitäten

- Neuentwicklungen und Weiterentwicklung bestehender Produkte bzgl. Anwenderfreundlichkeit, Sicherheit des Personals und Umweltschutz

Patente und Alleinstellungsmerkmale

- Systeme zur Verhinderung von Umweltgefährdung durch Leckage

Internationale Aktivitäten

- Benelux
- Schweiz
- Asien

ARIS
REGEN.WASSER.SYSTEME.

Kontaktinformationen

ARIS GmbH
Daimlerstr. 9–11
73249 Wernau

Tel.: +49 (0)7153 929011
E-mail: aris@aris-systeme.de
Internet: www.aris-systeme.de

Produkte und Dienstleistungen

- Komplette Regenwasserbewirtschaftungssysteme vom Einfamilienhaus bis hin zur Groß- und Industrieanlage
- Regenwassernutzung, -rückhaltung, -versickerung

Forschungs- und Entwicklungsaktivitäten

- Allgemeine Weiterentwicklung der Regenwassertechnik

Patente und Alleinstellungsmerkmale

- Zisternenfüllstandsmessung KIM!
- Filtersystem ARIS-LUPO

Internationale Aktivitäten

- Großbritannien
- Irland
- Schweiz

Kontaktinformationen

ATB Umwelttechnologien GmbH
Südstraße 2
32457 Porta Westfalica

Tel.: +49 (0) 5731/30230-0
E-mail: info@aquamax.net
Internet: www.aquamax.net

Produkte und Dienstleistungen

- Abwasserbehandlung
- Kläranlagen
- Kleinkläranlagen
- Brauchwassergewinnung
- Hauskläranlagen

Forschungs- und Entwicklungsaktivitäten

- Hygienisierung
- Schlammbehandlung
- Kleinkläranlagen

Patente und Alleinstellungsmerkmale

- OWL-Innovationspreis
- Patente (diverse)
- Finalist Entrepreneur des Jahres (dreimal)

Internationale Aktivitäten

- Belgien
- England
- Irland

Kontaktinformationen

ATN Anlagen + Service
Im Neuenbühl 14
71287 Weissach

E-mail: c.noerpel@atn-aqua-consult.de
Internet: www.atn-brauwasser.de

Wasser- und Abwasseraufbereitung
individuell für Sie gelöst

Produkte und Dienstleistungen

- Wasserrecycling für die Getränkeindustrie (Reinigung von Mehrweggebinden)
- Hocheffiziente Desinfektion von Trinkwasser mittels UV
- Optimierte Verfahren zur Wasserentsalzung und -reinigung
- Individuelle Wasserreinigungskonzepte für die Lebensmittelindustrie
- Beratung bei Wassereinsparmaßnahmen

Forschungs- und Entwicklungsaktivitäten

- Kontinuierliches Wasserrecycling am Ort des Abwasseranfalls
- Einsatz bei der Reinigung von Mehrweggebinden der Getränkeindustrie

Patente und Alleinstellungsmerkmale

- Patent zur Rückführung von Spülwasser an einer Flaschenreinigungsmaschine

Internationale Aktivitäten

- Russland
- Asien (insbesondere Thailand)

BERGHOF ANALYTIK + UMWELTENGINEERING Unternehmen der ZUNDEL Holding Ideen werden wahr.

Kontaktinformationen

Berghof Analytik und Umweltengineering
Ob dem Himmelreich 9
72074 Tübingen

Tel.: +49 (0) 7071/9878-0
E-mail: service@institut-berghof.de
Internet: www.berghof-pbu.de

Produkte und Dienstleistungen

- Analytik, Probenahme, Gutachten
- Hydrogeologie, Grundwassermodellierung
- Numerische Entmischungsanalyse (NQA)
- Sensormessungen, Thermoflow-Messungen (Durchlässigkeitsverteilung)
- Erkundung, Grundwassersanierung

Forschungs- und Entwicklungsaktivitäten

- Durchlässigkeitsverteilung mit Thermoflow
- Numerische Quellenanalyse

Patente und Alleinstellungsmerkmale

- Flächenrecyclingpreis Baden-Württemberg 2006

Internationale Aktivitäten

- Keine

BERGMANN Gruppe *Reine Ingenieurskunst.*

Kontaktinformationen

Bergmann Gruppe
Am Zeisig Nr. 8
09322 Penig OT Wernsdorf

E-mail: kontakt@wsb-clean.com
Internet: www.wsb-clean.com

Produkte und Dienstleistungen

- Forschung und Entwicklung im Bereich der dezentralen Abwasserbehandlungstechnologien
- Spezialisierung auf Biofilmtechnologien insbesondere der Wirbel-Schwebebett-Biofilm-Technologie
- Verkauf von Lizenzen
- Beteiligung an Unternehmen

Forschungs- und Entwicklungsaktivitäten

- Erforschung des Biofilms im Bereich der dezentralen Abwasserbehandlung
- Optimierung von Abwasserbehandlungstechnologien

Patente und Alleinstellungsmerkmale

- Patente und Gebrauchsmuster für diverse Technologien zur Abwasserbehandlung
- Innovationspreis des Landkreises Mittweida
- Innovativstes Produkt auf Messen in Dänemark und Osteuropa

Internationale Aktivitäten

- Westeuropa
- Mittlerer Osten
- Nordamerika

Kontaktinformationen

BEST Beratungsgesellschaft für Sicherheitstechnik mbH
Venloer Straße 151
50672 Köln

Tel.: +49 (0) 221/516051
E-mail: cologne@bestconsult.com
Internet: www.bestconsult.com

BEST
KÖLN
BERLIN

Produkte und Dienstleistungen

- Technische Überwachung von Anlagen (z.B. Prüfung nach VAwS)
- Sachverständigen-Organisation (z.B. Eignungsgutachten, Gefährdungsabschätzung)
- Anlagenstatus – Sanierungskonzepte
- IT-Tools zum Pflichtenmanagement für die Betreiber technischer Anlagen
- Qualifizierung und Schulung von Fachbetrieben (z.B. § 19 WHG)

Forschungs- und Entwicklungsaktivitäten

- eGEP-DW/electronic Geografic environmental Plant – Data Warehouse (html, typo3)
- BEST Haptik, das interaktive Anlagenregister unter MS Internet Explorer (html)

Patente und Alleinstellungsmerkmale

- Interdisziplinäres Expertenteam mit nachgewiesener Berufserfahrung in den Kernbranchen unserer Kunden (Stahl- und Aluminiumerzeugung, Chemische Industrie)

Internationale Aktivitäten

- Polen
- Indien

Kontaktinformationen

bfm Umwelt-Beratung-Management-GmbH
Am Mittleren Moos 48
86167 Augsburg

Tel.: +49 (0) 821/7493-123
E-mail: info@bfm-umwelt.de
Internet: www.bfm-umwelt.de

bfm umwelt
beratung forschung
management gmbh

Produkte und Dienstleistungen

- Flächenrecycling
- Gewässerschutz
- Fachtechnische Abfallberatung
- Energetik
- Raumhygiene

Forschungs- und Entwicklungsaktivitäten

- Grundwassersanierung
- Luftreinhaltung
- Bodensanierung

Patente und Alleinstellungsmerkmale

- Bayerischer Umweltpreis 2006
- Drei Patente für Grundwassersanierung
- Zwei Gebrauchsmuster

Internationale Aktivitäten

- Österreich

BILFINGER BERGER
Umweltsanierung GmbH

Kontaktinformationen

Bilfinger Berger Umwelttechnik GmbH
Passavant-Roediger-Straße 1
65326 Aarbergen

Tel.: +49 (0) 6120/282475
E-mail: umwelttechnik@bilfinger.de
Internet: www.bilfingerberger-umwelttechnik.de

Produkte und Dienstleistungen

- Bau von Anlagen zur Wasser-, Abwasser-, Schlamm- und Abfallbehandlung
- Produkte und Service für die Wasser-, Abwasser- und Schlammbehandlung
- Sanierung von Deponien, kontaminierter Standorte/Stoffstrommanagement
- Behandlung/Verwertung von Boden, Bauschutt und faserhaltigen Baustoffen
- Vakuumkanalisation, Vakuumsanitärtechnik, Ver- und Entsorgungssysteme

Forschungs- und Entwicklungsaktivitäten

- Dezentrale Kreislaufwirtschaft in der Abwassertechnik, bioaktivierte Aktivkohle
- Thermische Bodenaufbereitung, Membrantechnologie
- Wassersparende Vakuumtechnologie in der Umwelt- und Sanitärtechnik

Patente und Alleinstellungsmerkmale

- Wasserentnahmetechnologie MultiDisc, Patent solare Klärschlammtrocknung
- Komplettanbieter beim Bau von Kläranlagen von den Maschinen über die Installation bis zur Rundum-Betreuung durch ein Full-Service-Konzept

Internationale Aktivitäten

- Osteuropa
- Naher Osten
- China

Kontaktinformationen

BKC Kommunal-Consult GmbH
Gartenweg 9
14558 Saarmund

Tel.: +49 (0) 33200/52900
E-mail: mail@bkc-net.de
Internet: www.bkc-net.de

Produkte und Dienstleistungen

- Dienstleister und Beratungspartner für alle technischen und wirtschaftlichen Projektmanagementleistungen im Trink- und Abwasserwesen, bei öffentlichen und privaten Hochbaumaßnahmen, im Bereich der kommunalen Infrastruktur, bei der Unterstützung von Ministerien und Fachbehörden, in der Wirtschafts- und Organisationsberatung kommunaler Verwaltungen, Gebäudemanagement

Forschungs- und Entwicklungsaktivitäten

- Innovative Konzepte für Investitionen in der Wasserwirtschaft
- Konzepte für die dezentrale Abwasserentsorgung in schrumpfenden Regionen
- Steigerung der Wirtschaftlichkeit von Aufgabenträgern in der Wasserwirtschaft

Patente und Alleinstellungsmerkmale

- Interaktive und dynamische Einzelwirtschaftlichkeitsrechungen
- Cost-Control-Programm

Internationale Aktivitäten

- Keine

Kontaktinformationen

Böck AG
Stefan Flötzl Straße 24
83342 Tacherting

Tel.: +49 (0) 8621/646628
E-mail: klaus@boeck.de
Internet: www.boeck.de

Produkte und Dienstleistungen

- Siloanlagen für Gärfutter: Silierung von NAWARO für Biogasanlagen
- Abdecksystem für Gärfuttersilos

Forschungs- und Entwicklungsaktivitäten

- Abwassermanagement für Gärfuttersilos
- Entwicklung von Silo-Abdecksystemen

Patente und Alleinstellungsmerkmale

- Patent für Siloverschluss
- Patent für Abwassermanagement von Gärfuttersilos (in Anmeldung)

Internationale Aktivitäten

- Kroatien
- Österreich

Kontaktinformationen

Cealin – chemische Fabrik GmbH
Im Kälberkamp 5–8
31157 Sarstedt

E-mail: info@cealin.de
Internet: www.cealin.de

Produkte und Dienstleistungen

- Duozon zur Oxidation und Desinfektion in der Wasseraufbereitung
- Carbosin zur Wasserenthärtung

Forschungs- und Entwicklungsaktivitäten

- Entwicklung neuer Wasseraufbereitungsprodukte

Patente und Alleinstellungsmerkmale

- Nationale und Internationale Patente für Wasserkonditionierungsprodukte
- Duozon/Duochlorin-flüssig

Internationale Aktivitäten

- Europa
- Asien
- Amerika

DELTA
Engineering & Chemistry

Kontaktinformationen

DELTA Engineering & Chemistry GmbH
Christophorusweg 22
14476 Groß Glienicke

Tel.: +49 (0) 33201/50788
E-mail: info@delta-ec.de
Internet: www.delta-ec.de

Produkte und Dienstleistungen

- Anlagen und Technologien zur Wasserreinigung (katalytische Oxidation)
- Anlagen und Technologien zur Wasserentkeimung und TW-Aufbereitung
- Anlagen und Technologien zur Luftreinigung (katalytische Oxidation)
- Synthesechemie und chem. Präparate zur Seerenaturierung
- Chemische Analytik und Prozessengineering

Forschungs- und Entwicklungsaktivitäten

- Katalysatorentwicklung für die Oxidationskatalyse
- Entwicklung von Depot-Stoffen zur biologischen Wasserreinigung

Patente und Alleinstellungsmerkmale

- OxyCat-Verfahren (katalytische Wasserreinigung)
- AeroClean-Verfahren (katalytische Luftreinigung)
- DEPOX-Verfahren (biol. Wasserreinigung), BioClean-Verfahren (Entkeimung)

Internationale Aktivitäten

- China
- Malaysia

---

dispo
Ihr Partner für natürliche Baustoffe

Kontaktinformationen

dispo GmbH
Hauptstraße 65–67
37176 Parensen

Tel.: +49 (0) 5503/80520
E-mail: info@dispo-online.de
Internet: www.dispo-online.de

Produkte und Dienstleistungen

- Schwermetalladsorber
- Phosphatreduktion
- Oberflächenwasserbehandlung
- Mulden-Rigolen-Versickerung
- Biofiltration

Forschungs- und Entwicklungsaktivitäten

- Effiziente Regenwasserbehandlung durch Versickerung
- Natürliche Wasserreinigung durch ein Substrat

Patente und Alleinstellungsmerkmale

- Schwermetalladsorber
- Phosphatadsorber
- Biofiltrationssubstrat

Internationale Aktivitäten

- Niederlande

Kontaktinformationen

ECH Elektrochemie Halle GmbH
Weinbergweg 23
06120 Halle

Tel.: +49 (0) 345/5583-711
E-mail: info@ech.de
Internet: www.ech.de

ELEKTROCHEMIE HALLE

Produkte und Dienstleistungen

- Entwicklung und Produktion von Messtechnik zur Wasser-Abwasserüberwachung
- Mit Hilfe der online-H2S-Messung im Abwasser kann die Dosierung von Abwasserbehandlungsmitteln optimal gesteuert werden, wodurch der sparsame Einsatz von Chemikalien ermöglicht wird
- Wasserversorgung
- Abwasserbehandlung
- Behandlung von Fettabscheidern

Forschungs- und Entwicklungsaktivitäten

- Entwicklung innovativer Messtechnik zur Wasser-Abwasserüberwachung, gekoppelt mit gezielten neuen oxidativen Behandlungsmethoden
- Analyse von definierten Leitparametern, z.B. H2S, Vermeidung der Geruchsbelästigung durch anaerobe Prozesse

Patente und Alleinstellungsmerkmale

- ECH wurde für diese Entwicklungsarbeiten 2006 mit dem IQ Innovationspreis Mitteldeutschland, Bereich Energie/Umwelt, ausgezeichnet.
- Die Entwicklung ist durch Patente/Gebrauchsmuster geschützt

Internationale Aktivitäten

- Keine

Kontaktinformationen

Eigenbrodt GmbH & Co. KG
Baurat-Wiese-Straße 68
21255 Königsmoor

Tel.: +49 (0) 4180/732
E-mail: goto@eigenbrodt.de
Internet: www.eigenbrodt.de

EIGENBRODT®

Produkte und Dienstleistungen

- Meteorologische Sensoren und Stationen, Sammler und Monitore für atmosphärische Depositionsmessung und -analyse
- Luftprobenahmegeräte
- Entwicklung, Produktion, Engineering und Consulting in den oben genannten Gebieten

Forschungs- und Entwicklungsaktivitäten

- Entwicklung und Weiterentwicklung von atmosphärischen Depositionssammlern und -monitoren
- Entwicklung und Weiterentwicklung von meteorologischen Sensoren

Patente und Alleinstellungsmerkmale

- Nischenprodukte, individuelle Anpassung der Anlagen an die vom Kunden vorgegebenen Spezifikationen und Umweltbedingungen
- Kooperationen mit ausländischen Partnern

Internationale Aktivitäten

- Weltweit

EKO-PLANT

Kontaktinformationen

EKO-PLANT GmbH
Karlsbrunnenstraße 11
37249 Neu-Eichenberg

Tel.: +49 (0) 5542/9361-82
E-mail: rainer.kuhlendahl@eko-plant.de
Internet: www.eko-plant.de

Produkte und Dienstleistungen

- Klärschlammvererdungsanlagen
- Naturerlebnisbäder
- Pflanzenkläranlagen
- Klärschlammmanagement
- Konzepte, Planung, Bau, Betrieb von ökotechnischen Anlagen

Forschungs- und Entwicklungsaktivitäten

- Anlage und Verfahren zur optimierten Entwässerung von Klärschlamm
- Abbau organischer Schadstoffe im Rahmen der Klärschlammvererdung
- Mess- und Steuerungsmethode zur Optimierung der Wasserqualität und -hygiene in Naturerlebnisbädern

Patente und Alleinstellungsmerkmale

- Computerbasiertes hydrodynamisches Strömungsmodell für Naturschwimmbäder
- Verfahren zur Bestimmung der metabolischen Stabilität von Schlamm
- Verfahren zur Vererdung von Faulschlämmen

Internationale Aktivitäten

- Frankreich
- Österreich
- China

ELGA Berkefeld

Kontaktinformationen

ELGA Berkefeld GmbH
Lückenweg 5
29227 Celle

Tel.: +49 (0) 5141/803174
E-mail: stefan.jakubik@veoliawater.com
Internet: www.elga-berkefeld.de

Produkte und Dienstleistungen

- Anlagen zur Prozess- und Trinkwasseraufbereitung sowie zum Abwasserrecycling
- Filtertechnik, Membranverfahren, Ionenaustausch, Desinfektion
- Regelungs- und Steuerungstechnik für die Wasseraufbereitung
- Service für Inbetriebnahme, Wartung, Harz-Regeneration und Lieferung von Betriebsstoffen

Forschungs- und Entwicklungsaktivitäten

- Ballastwasseraufbereitung auf Schiffen
- Membranverfahren
- Desinfektion

Patente und Alleinstellungsmerkmale

- VWS Innovation Award für Ballastwassersystem mit Algenmonitor
- Uranentfernung aus dem Trinkwasser
- Biobed Bioreaktoren zum Recycling von Abwasser für die Bioethanol-Erzeugung

Internationale Aktivitäten

- Österreich, Schweiz
- Osteuropa
- Naher Osten

Kontaktinformationen

Emscher Gesellschaft für Wassertechnik mbH
Hohenzollernstraße 50
45128 Essen

Tel.: +49 (0) 201/3510-0
E-mail: ewlw@ewlw.de
Internet: www.ewlw.de

EMSCHER WASSERTECHNIK

Produkte und Dienstleistungen

- Planung und Betrieb von Kläranlagen
- Planung und Betrieb von Kanalnetzen
- Schulungsleistungen für den Betrieb von Abwasseranlagen
- Geotechnik und Wasserwirtschaft

Forschungs- und Entwicklungsaktivitäten

- Umgang mit gefährlichen Stoffen bei der Abwasserreinigung
- Wiederverwendung von gereinigtem Abwasser
- Hochwasservorhersage

Patente und Alleinstellungsmerkmale

- Mutterunternehmen Emschergenossenschaft ist Flussgebietsmanager, sowie größter und ältester Abwasserentsorger in Deutschland und weist umfangreiches Betreiber-Know-how mit über 60 Kläranlagen und 200 Pumpwerken auf

Internationale Aktivitäten

- Nordafrika
- Iran
- China

Kontaktinformationen

EnviroChemie GmbH
In den Leppsteinswiesen 9
64380 Roßdorf

Tel.: +49 (0) 6154/699872
E-mail: info@envirochemie.com
Internet: www.envirochemie.com

Technology for Water
ENVIROCHEMIE

Produkte und Dienstleistungen

- Biomar – biologische Abwasserbehandlungsanlagen
- Envopur – Membrananlagen zur Kreislaufführung, Prozess- und Abwasserbehandlung
- Envochem – chemisch-physikalische Behandlungsanlagen
- Split-O-Mat – standardisierte Kleinanlagen zur Wasser- und Abwasserbehandlung
- Lugan – standardisierte Flotationsanlagen

Forschungs- und Entwicklungsaktivitäten

- Dezentrales Wasserrecycling für Hotel- und Freizeitanlagen
- Hochleistungsreaktoren zur Abwasserbehandlung mit Biogasgewinnung
- Membrantechnologie

Patente und Alleinstellungsmerkmale

- Erster Preis „Together in Hessen" 2002
- 2006 – Neueinführung anaerobes Hochleistungverfahren Biomar AHP
- 30 Jahre erfolgreich im Markt für innovative Wasser- und Abwassertechnik

Internationale Aktivitäten

- EU
- Südamerika

Kontaktinformationen

Eurawasser Aufbereitungs- und Entsorgungs GmbH
Knesebeckstraße 1
10623 Berlin

Tel.: +49 (0) 30/89385336
E-mail: v.garnreiter@eurawasser.de
Internet: www.eurawasser.de

Produkte und Dienstleistungen

- Planung, Bau und Betrieb von Anlagen der Trinkwasserversorgung
- Planung, Bau und Betrieb von Anlagen der Abwasserentsorgung

Forschungs- und Entwicklungsaktivitäten

- Einsatz erneuerbarer Energien
- Energieeffizienz
- Klärschlammverwertung

Patente und Alleinstellungsmerkmale

- Software zur Optimierung der Abwasserbehandlung
- Optimierung Sauerstoffeintrag in Belebungsbecken
- Einsatz Energieoptimierungstool

Internationale Aktivitäten

- Keine

Kontaktinformationen

FAFNIR GmbH
Bahrenfelder Straße 19
22765 Hamburg

Tel.: +49 (0) 40/39820754
E-mail: info@fafnir.de
Internet: www.fafnir.de

Produkte und Dienstleistungen

- Automatische Überwachungseinrichtung für aktive Gasrückführung VAPORIX
- Überfüllsicherung
- Alarmsystem für Abscheider SEPARIX
- Tankinhaltmessung VISY-X

Forschungs- und Entwicklungsaktivitäten

- FAFNIR entwickelt und produziert seit über 40 Jahren in enger und vertrauensvoller Zusammenarbeit mit seinen Kunden
- unter anderem Abfüllsicherungen
- Überfüllsicherungen und kontinuierliche Füllstandmessungen

Patente und Alleinstellungsmerkmale

- Automatische Überwachungseinrichtung für aktive Gasrückführung VAPORIX
- Grenzwertgeber/Abfüllsicherung
- Alarmsystem für Abscheider SEPARIX

Internationale Aktivitäten

- EU
- Asien

Kontaktinformationen

Fuchs Gas- und Wassertechnik GmbH
Stocktal 2
56727 Mayen

Tel.: +49 (0) 2651/80040
E-mail: m.fuchs@fuchs-germany.com
Internet: www.fuchs-germany.com

Produkte und Dienstleistungen

- Maschinentechnik für die Abwasserreinigung: insbesondere angepasste Systeme für dezentrale Lösungen umwelttechnischer Schwellenländer, d.h. technisch solide Maschinen- und Anlagentechnik mit geringem Wartungsaufwand
- Klärschlammbehandlungsanlagen, die internationale Standards erfüllen bezüglich Recyclingmöglichkeit (Class A biosolids)

Forschungs- und Entwicklungsaktivitäten

- Entwicklung neuer Konzepte im Bereich dezentrale Abwasserreinigung
- Optimierung der Klärschlammbehandlung

Patente und Alleinstellungsmerkmale

- Zahlreiche internationale Patente, inbesondere im Bereich Klärschlammbehandlung
- US EPA listed ATAD process

Internationale Aktivitäten

- EU
- Afrika
- Südostasien

Kontaktinformationen

FUGRO CONSULT GMBH
Wolfener Straße 36 V
12681 Berlin

Tel.: +49 (0) 30/93651-0
E-mail: fugro@fugro.de
Internet: www.fugro.de

Produkte und Dienstleistungen

- CPT-, ROST-, MIP-Technologien
- Rohstoffexploration, Infrastrukturprojekte, Geothermie, UVU, FFH
- GeODin; Datenmanagement
- Bewertung, Sanierung von Boden, Wasser und Baugrund

Forschungs- und Entwicklungsaktivitäten

- Laborative Machbarkeitsstudien zu in situ Sanierungsverfahren

Patente und Alleinstellungsmerkmale

- Verfahren und Vorrichtung zur in situ Behandlung von Grundwasserströmen
- GeODin-Softwarelösung für geologische und umweltrelevante Aufgaben

Internationale Aktivitäten

- Benelux
- Schweiz
- Südosteuropa

GEBRÜDER HEYL
Analysentechnik GmbH & Co. KG
Wasser ist unser Element

Kontaktinformationen

Gebrüder Heyl Analysentechnik GmbH & Co. KG
Orleansstraße 75b
31135 Hildesheim

Tel.: +49 (0) 5121/28933-0
E-mail: heyl@heyl.de
Internet: www.heyl.de

Produkte und Dienstleistungen

- Online-Wasseranalysegeräte
- Steuerungen für Wasseraufbereitungsanlagen
- Testbestecke für die Wasseranalytik

Forschungs- und Entwicklungsaktivitäten

- Steuerungen für effiziente Wasseraufbereitung
- Sensorik
- Analytik

Patente und Alleinstellungsmerkmale

- Nahezu 50 Jahre Erfahrung in der Online-Analytik
- Fast 50 Jahren Weltmarktführer bei der Härteüberwachung

Internationale Aktivitäten

- EU
- Russland
- China

DEHOUST

Kontaktinformationen

GEP Umwelttechnik GmbH
Bogestraße 98
53783 Eitorf

Tel.: +49 (0) 2243/9206-0
E-mail: info@gep.info

Produkte und Dienstleistungen

- Produkte für das intelligente Wassermanagement
- Regenmanager- und Grauwasser-Recycling
- Zisternen

Forschungs- und Entwicklungsaktivitäten

- Grauwasser-Recycling

Patente und Alleinstellungsmerkmale

- Kompakte Hauswasser Zentralen-Regenmanager

Internationale Aktivitäten

- Benelux
- Österreich

Kontaktinformationen

Glass GmbH & Co. Umwelttechnik KG
Rudolf-Diesel-Straße 20
86825 Bad Wörishofen

Tel.: +49 (0) 8247/992-170
E-mail: info@glass-umwelttechnik.de
Internet: www.glass-umwelttechnik.de

Produkte und Dienstleistungen

- Implementierung von PPP-Modellen; in der Abwasserwirtschaft, das heißt Planung, Bau, Finanzierung und langfristiger Betrieb von Abwasseranlagen
- Betriebsführung von Abwasseranlagen inkl. Beratungsleistungen
- Schlüsselfertige Erstellung von Abwasseranlagen

Forschungs- und Entwicklungsaktivitäten

- Entwicklung wirtschaftlicher Betriebsführungskonzepte im Bereich Abwasserbehandlung und -ableitung

Patente und Alleinstellungsmerkmale

- Realisierung des Pilotprojektes des Freistaates Bayern „Privates Betreibermodell Kläranlage Bad Wörishofen"

Internationale Aktivitäten

- Keine

Kontaktinformationen

Gothaer Risk-Management GmbH
Höninger Weg 115
50969 Köln

Tel.: +49 (0) 221/30903717
E-mail: grm@gothaer.de
Internet: www.gothaer-risk-management.de

Gothaer
Risk-Management GmbH

Produkte und Dienstleistungen

- Erkundung, Bewertung und Sanierung von Boden-, Bodenluft- und Grundwasserkontaminationen
- Boden- und Grundwassersanierungen, Einsatz nach Unfällen mit wassergefährdenden Stoffen
- Abbruch und Rückbau planen und begleiten, Asbestsanierung
- Sachverständige nach § 18 BBodSchG; Sachgebiet 2 und 5; Sanierungspläne nach § 13 BBodSchG
- Qualifizierte Probenahmen, Gutachten

Forschungs- und Entwicklungsaktivitäten

- Qualifizierte Probenahme
- Erdkundung und Bewertung von Grundstücken und Anlagen versus Versicherbarkeit
- Natural Attenution

Patente und Alleinstellungsmerkmale

- Beurteilung der Versicherbarkeit von Anlagen

Internationale Aktivitäten

- Keine

Kontaktinformationen

GreenGate AG
Höher Landstraße 3
51570 Windeck

Tel.: +49 (0) 2243/92307-12
E-mail: info@greengate.de
Internet: www.greengate.de

Produkte und Dienstleistungen

- Betriebsführungssystem GS-Service
- Dienstleistungen zur Systemeinführung

Forschungs- und Entwicklungsaktivitäten

- Verbundprojekt UNIVERSYS
- ProInno-Projekt Störmanagement

Patente und Alleinstellungsmerkmale

- Bestes IMS-System in der FIR-Kundenzufriedenheitsstudie

Internationale Aktivitäten

- Italien
- Österreich
- Schweiz

Kontaktinformationen

Gröger & Obst Vertriebs- und Service GmbH
Hans-Urmiller-Ring 24
82515 Wolfratshausen

Tel.: +49 (0) 8171/9977-00
E-mail: info@groegerobst.de
Internet: www.groegerobst.de

Produkte und Dienstleistungen

- Wasseranalysegeräte TOC/TC/TIC/VOC/TNb
- Entnahmefiltrationen für Gas und Wasser
- Zyklonkühlsysteme
- Messgasaufbereitungssysteme

Forschungs- und Entwicklungsaktivitäten

- Prozessautomation in der Analytik

Patente und Alleinstellungsmerkmale

- Kleinster Prozess-TOC nach DIN/EN 1484

Internationale Aktivitäten

- Frankreich
- Österreich
- Schweiz

Kontaktinformationen

Grünbeck Wasseraufbereitung GmbH
Industriestraße 1
89420 Höchstädt

Tel.: +49 (0) 9074/41-220
E-mail: Rudolf.Opitzer@gruenbeck.de
Internet: www.gruenbeck.de

Produkte und Dienstleistungen

- Mobile Trinkwasseraufbereitung
- Ultrafiltrations- und Umkehrosmoseanlagen zur Aufbereitung von Trinkwasser
- Meerwasserentsalzung
- Kreislaufschließung von Wasserprozessen in Industrieprozessen
- Aufbereitungsanlagen für Wasserwerke

Forschungs- und Entwicklungsaktivitäten

- Verfahrensentwicklung
- Prozesstechnik
- Komponentenentwicklung im Bereich wassertechnischer Anlagen

Patente und Alleinstellungsmerkmale

- Bayrischer Innovationspreis
- KUMAS Leitprojekt 2001

Internationale Aktivitäten

- Benelux
- Osteuropa
- Rußland

Kontaktinformationen

H. P. Gauff Ingenieure GmbH & Co. KG
Passauer Straße 7
90480 Nürnberg

Tel.: +49 (0) 911/9409-134
E-mail: fbucher@gauff.com
Internet: www.gauff.com

Produkte und Dienstleistungen

- Ingenieurleistungen in den Bereichen Wasserversorgung, Abwasserableitung und Kläranlagen

Forschungs- und Entwicklungsaktivitäten

- Wasserverlustanalyse in Wasserversorgungsnetzen

Patente und Alleinstellungsmerkmale

- Keine Angaben

Internationale Aktivitäten

- Tschechien
- Türkei
- Afrika

HAHN KUNSTSTOFFE G·M·B·H

Kontaktinformationen

Hahn Kunststoffe GmbH
Gebäude 1027
55483 Flughafen-Hahn

Tel.: +49 (0) 6543/9886-0
E-mail: info@hahnkunststoffe.de
Internet: www.hahnkunststoffe.de

Produkte und Dienstleistungen

- Lärm- und Hochwasserschutz
- Technische Fertigteile, Profile, Bodenabdeckungen
- Pfosten, Pfähle, Bretter, Abfallbehälter, Blumenkübel
- Platten, Rasengitterplatten
- Über 1000 unterschiedliche Fertigprodukte

Forschungs- und Entwicklungsaktivitäten

- Entwicklung Hochwasser- und Uferschutz
- Entwicklung Hangbefestigung
- Entwicklung neuer Aufbereitungstechniken

Patente und Alleinstellungsmerkmale

- Patente im Hochwasserschutz/Dammbalken
- Patente im Lärmschutzwandbereich
- Patente für Kabelkanalabdeckplatten

Internationale Aktivitäten

- Benelux
- Dänemark, England
- Frankreich

HUBER TECHNOLOGY

Kontaktinformationen

Hans Huber AG
Industriepark Erasbach A1
92334 Berching

Tel.: +49 (0) 8462/201-744
E-mail: ps@huber.de
Internet: www.huber.de

Produkte und Dienstleistungen

- Mechanische Vorbehandlung (Fest-/Flüssigtrennung) und Rechengutbehandlung
- Kanalbewirtschaftung und Regenwasserbehandlung
- Schlammbehandlung (Siebung, Eindickung, Entwässerung und Trocknung)
- Sandfiltration und Membrantechnik inkl. Kleinkläranlagen
- Gesamtlösungen für Industrieabwasser

Forschungs- und Entwicklungsaktivitäten

- Zustandsoptimierte Wartung durch Teleservice
- Prozessmanagement im Unternehmen: Analyse und Optimierung
- Kleinräumige Wasser- und Stoffkreisläufe: Wasser, Nährstoffe und Energie

Patente und Alleinstellungsmerkmale

- Membrantechnik
- Bayerischer Qualitätspreis 1999
- Deutscher Umweltpreis 2006

Internationale Aktivitäten

- Großbritannien
- China
- USA

Kontaktinformationen

Hermann Sewerin GmbH
Robert-Bosch-Straße 3
33334 Gütersloh

Tel.: +49 (0) 5241/934-103
E-mail: info@sewerin.com
Internet: www.sewerin.com

Produkte und Dienstleistungen

- Wasserlecksuchgeräte
- Dienstleistung Wasserlecksuche
- Gasmessgeräte (für Gaslecksuche und Biogaszusammensetzung)
- Gaswarngeräte

Forschungs- und Entwicklungsaktivitäten

- Entwicklung neuer Geräte

Patente und Alleinstellungsmerkmale

- Bestes Preis-Leistungsverhältnis für die Messung von Biogas aufgrund eines einmaligen Sensors

Internationale Aktivitäten

- Frankreich
- Italien
- Spanien

Kontaktinformationen

Hydro-Ingenieure Planungsgesellschaft für Siedlungswasserwirtschaft mbH
Stockkampstraße 10
40477 Düsseldorf

Tel.: +49 (0) 211/4499137
Internet: www.hydro-ingenieure.de

Produkte und Dienstleistungen

- Kommunale und industrielle Abwasserbehandlung
- Abwasserableitung
- Regenwasserableitung und -behandlung
- Festbetttechnologie, Membrananlagen
- Hochwasserschutz

Forschungs- und Entwicklungsaktivitäten

- Festbetttechnologie
- Membrananlagen
- Schwallspülung

Patente und Alleinstellungsmerkmale

- Fremdwasserbeseitigung

Internationale Aktivitäten

- Südosteuropa
- Naher Osten

Kontaktinformationen

IBAK Helmut Hunger GmbH & Co. KG
Wehdenweg 122
24148 Kiel

E-mail: w.hunger@ibak.de
Internet: info@ibak.de

Produkte und Dienstleistungen

- Inspektionssysteme und Druckprüfanlagen für Kanalisationen

Forschungs- und Entwicklungsaktivitäten

- Digitaler Rohrscanner für real-virtuelle Kanalinspektion
- Miniaturisierte Inspektions- und Messsysteme für private Grundleitungen
- Bildverarbeitungssoftware für automatisierte Schadenserkennung

Patente und Alleinstellungsmerkmale

- ARGUS Dreh-/Schwenkkopf TV-Kamera mit stets aufrechtem Bild (Patent)
- PANORAMO 3D Rohrscanner für real-virtuelle Kanalinspektion (Patent)
- RADIAX Schwenkkopf TV-Kamera

Internationale Aktivitäten

- USA
- Frankreich
- Niederlande

Kontaktinformationen

IMKO Micromodultechnik GmbH
Im Stöck 2
76275 Ettlingen

Tel.: +49 (0) 7243/5921-0
E-mail: info@imko.de
Internet: www.imko.de

Produkte und Dienstleistungen

- Bodenfeuchtemesssysteme
- Materialfeuchtemesssysteme für Prozesstechnik
- Bodenprofilfeuchtemesstechnik
- Datenlogger-Systeme, Datenfernübertragung
- Umweltmesstechnik, meteorologische Stationen

Forschungs- und Entwicklungsaktivitäten

- Frühwarnsysteme für Hangrutsche und Hochwasserschutz
- Prozessfeuchtemesstechnik
- Bodenfeuchtemesstechnik

Patente und Alleinstellungsmerkmale

- Zehn TDR Patente
- Innovationssilbermedaille Deutsche Landwirtschafts-Gesellschaft 1999
- Innovationspreis Baden Württemberg 1994

Internationale Aktivitäten

- China
- EU
- USA

Kontaktinformationen

inge AG
Flurstraße 27
86926 Greifenberg

Tel.: +49 (0) 8192/997-712
E-mail: tgebhart@inge.ag
Internet: www.inge.ag

Produkte und Dienstleistungen

- Hersteller auf dem Gebiet einer innovativen Technologie, der Ultrafiltration (UF)
- Patentierte Membranfilter entfernen zuverlässig und ohne jeglichen Zusatz von Chemikalien, Bakterien, Viren und Mikroorganismen aus Trink-, Prozess-, Industrie- und Abwasser

Forschungs- und Entwicklungsaktivitäten

- Ultrafiltrationsmembrane
- UF-Module

Patente und Alleinstellungsmerkmale

- Multibore-Membrane mit sieben Kapillaren – keine Faserbrüche
- Ultrafiltrationsmodule dizzer – hohe Integrität und Sicherheit
- Service und Beratung

Internationale Aktivitäten

- Keine

Kontaktinformationen

Ingenieurgesellschaft Prof. Dr. Sieker mbh
Rennbahnallee 109a
15366 Hoppegarten

Tel.: +49 (0) 3342/3595-0
E-mail: info@sieker.de
Internet: www.sieker.de

KOMPETENZ IN SACHEN REGENWASSER.
INGENIEURGESELLSCHAFT PROF. DR. SIEKER MBH

Produkte und Dienstleistungen

- Flussgebietsmanagement und Generalentwässerungsplanung
- Entwässerungsplanung insbesondere Regenwasserbewirtschaftung
- Softwareentwicklung: STORM/MURISIM/FLEXT/GIS

Forschungs- und Entwicklungsaktivitäten

- Europäische Forschungsprojekte (Rahmenprogramm)
- Produktentwicklung
- Softwareentwicklung

Patente und Alleinstellungsmerkmale

- Innodrain: Tiefbeet-Rigolensystem zur Regenwasserbewirtschaftung
- Innolet: Filtergully zur Behandlung von Straßenabflüssen
- STORM: Simulationmodell für die integrale wasserwirtschaftliche Planung

Internationale Aktivitäten

- EU

Kontaktinformationen

INOWA Abwassertechnologie GmbH & co VertriebsKG
Traunsteinerstr. 8
83395 Freilassing

Tel.: +49 (0) 8654/479090
E-mail: office@inowa.at
Internet: www.inowa.at

Produkte und Dienstleistungen

- Abwasserreinigungs- und -aufbereitungsanlagen für Gewerbe und Industrie, insbesondere Mineralölabscheider und Abwasserkreislaufanlagen für das Kfz-Gewerbe, Tankstellen, Verkehrsbetriebe, Bundeswehr, Flughäfen etc.

Forschungs- und Entwicklungsaktivitäten

- Weiterentwicklung filterloser Abscheidersysteme
- Abscheidersysteme für Oberflächenentwässung auf Vorfeldern von Flughäfen

Patente und Alleinstellungsmerkmale

- Filterlose Abscheidetechnik
- Abscheider mit dichteunabhängiger Verschlusstechnologie

Internationale Aktivitäten

- Österreich

Kontaktinformationen

Inros Lackner AG
Rosa-Luxemburg-Straße 16
18055 Rostock

Tel.: +49 (0) 381/4567570
E-mail: michael.lampe@inros-lackner.de
Internet: rostock@inros-lackner.de

Produkte und Dienstleistungen

- Planung und Consulting
- Wasser-, Infrastruktur-, Verkehrsplanung
- Umsetzung Wasserrahmenrichtlinie
- Planung regenerativer Engerieanlagen
- Planung Haustechnik unter Nutzung regenerativer Energiequellen

Forschungs- und Entwicklungsaktivitäten

- Aufbau von Geoinformationssystemen
- Nachhaltige Energienutzung in Gebäuden
- Ökologisches Regen- und Nutzwassermanagement

Patente und Alleinstellungsmerkmale

- Einsatz alternativer Baustoffe – Innovationspreis MV 2003

Internationale Aktivitäten

- Osteuropa
- Südostasien
- Westafrika

Kontaktinformationen

KB.tec GmbH
Siegfriedstraße 72b
56727 Mayen

Tel.: +49 (0) 2651/4956-0
E-mail: info@kbtec.net
Internet: www.kbtec.de

KB.tec

Produkte und Dienstleistungen

- Projektierung, Planung und Ausführung von kundenspezifischen Anlagen

Forschungs- und Entwicklungsaktivitäten

- Entwicklung von verfahrenstechnischen Lösungen zur Glycerinaufbereitung
- Optimierung des Chemikalien- und Energieverbrauchs von Ionentauschanlagen

Patente und Alleinstellungsmerkmale

- Anlagenoptimierung unter Berücksichtigung der Kundensituation

Internationale Aktivitäten

- Benelux
- Tschechien
- Russland

Kontaktinformationen

Leiblein GmbH
Adolf-Seeber-Straße 2
74736 Hardheim

Tel.: +49 (0) 6283/2220-20
E-mail: alex.leiblein@leiblein.de
Internet: www.Leiblein.de

Leiblein

Produkte und Dienstleistungen

- Lamellenklärer, Schrägklärer zur Sedimentation und Flotation
- Schwerkraftfilter, Bandfilter
- Vakuumbandfilter
- Schlammeindickung
- Schwerkraftsandfilter

Forschungs- und Entwicklungsaktivitäten

- Prozesswasseroptimierung
- KSS-Filtration
- Öl-Reinigung

Patente und Alleinstellungsmerkmale

- Lamellen
- Koaleszensabscheider

Internationale Aktivitäten

- Skandinavien
- Westeuropa
- Mittlerer Osten

Lenné Kläranlagen-, Tiefbau- und Wartungsdienste GmbH

Kontaktinformationen

Lenné Kläranlagen Tiefbau u. Wartungsdienste GmbH
Laupendahler Landstraße 200
45239 Essen

Tel.: +49 (0) 208/590806
E-mail: nicole.lenne@lenne-klaeranlagen.de
Internet: www.lenne-klaeranlagen.de

Produkte und Dienstleistungen

- Kläranlagentechnik, Kleinkläranlagenbau, Wartung und Inbetriebnahme
- Koaleszenzabscheider, Dichtigkeitsprüfung, 5-Jahreswartung nach EN 858
- Fettabscheider, Wartung und Einbau

Forschungs- und Entwicklungsaktivitäten

- Weiterentwicklung Kleinkläranlagentechnik

Patente und Alleinstellungsmerkmale

- Keine Angaben

Internationale Aktivitäten

- Kanada

Kontaktinformationen

LFE GmbH & Co. KG
Henschelstraße 3
63477 Maintal

Tel.: +49 (0) 6181/495302
E-mail: info@lfe.de
Internet: www.lfe.de

Produkte und Dienstleistungen

- Online-/Prozess-Überwachung des TOC-Werts von Abwasser/Grundwasser/Trinkwasser/Oberflächenwasser
- Online-/Prozess-Überwachung des TOC-Werts von Kühlwasser/Prozess-Wasser

Forschungs- und Entwicklungsaktivitäten

- Weiterentwicklung der TOC-Messgeräte
- Weiterentwicklung anderer Produkte
- Entwicklung neuer Produkte im Bereich Analysenmesstechnik

Patente und Alleinstellungsmerkmale

- Traditionsunternehmen mit eigener Entwicklung und Fertigung
- Extrem langlebige und innovative Produkte mit exzellenten Total Cost of Ownership

Internationale Aktivitäten

- EU
- Asien (vor allem China)

Kontaktinformationen

Manfred Jünemann Mess.-u. Regeltechnik GmbH
Max-Planck-Straße 49
32107 Bad Salzuflen

Tel.: +49 (0) 5222/807680
E-mail: verkauf@juenemann-instruments.de
Internet: www.juenemann-instruments.de

MANFRED JÜNEMANN
Meß- und Regeltechnik GmbH
D-32107 Bad Salzuflen

Produkte und Dienstleistungen

- Manometer, Drucksensoren, Füllstandssensoren, Thermometer, Temperatursensoren, digitale Anzeigen,
- Manometerarmaturen

Forschungs- und Entwicklungsaktivitäten

- Sensoren für Druck, und Füllstand mit Bus-Datenübertragung
- Sensoren für Temperatur mit Bus-Datenübertragen
- Sensoren mit Funk-Datenübermittlung

Patente und Alleinstellungsmerkmale

- Druck- und Temperautrmessgeräte mit integrieter Schaltelektronik
- Druck- und Temperaturmessgeräte mit integrierter Bus-Übertragungstechnik

Internationale Aktivitäten

- Dänemark
- Frankreich
- Österreich

Kontaktinformationen

Oekolab FUHRMANN GmbH Gesellschaft für Abwassertechnik + Umweltanalytik
Kleiner Flecken 1
96242 Sonnefeld

Tel.: +49 (0) 9266/6435
Internet: www.oekolab.de

ÖKOLAB

Produkte und Dienstleistungen

- Herstellen von Anlagen für Wasseraufbereitung, Abwasserbehandlung, Prozesswasser
- Beratung Wassermanagement
- Umweltanalytik
- Galvanotechnik
- Kleinkläranlagen

Forschungs- und Entwicklungsaktivitäten

- Ionenaustauscher
- Elektrolyse

Patente und Alleinstellungsmerkmale

- Europäisches Patent zur Aufarbeitung einer galvanotechnischen Prozesslösung

Internationale Aktivitäten

- Keine

OPPERMANN GMBH
Ingenieurbüro · Beratende Ingenieure

Kontaktinformationen

OPPERMANN GMBH Beratende Ingenieure
Adalbert-Stifter-Straße 20
34246 Vellmar

Tel.: +49 (0) 561/8290720
E-mail: info@oppermann-ingenieure.de
Internet: www.oppermann-ingenieure.de

Produkte und Dienstleistungen

- Planung, Entwicklung und Erneuerung von Abwasserbehandlungsanlagen
- Geografische Informationssysteme/Leitungsdatenbanken
- Kanalsanierung, Planung und Bauüberwachung
- Gewässerrenaturierungen/Hochwasserrückhaltung
- Wassergewinnung und -aufbereitung

Forschungs- und Entwicklungsaktivitäten

- Entwicklung von Abwasserreinigungstechniken
- Entwicklung von Datenbanken

Patente und Alleinstellungsmerkmale

- Mehrfach gute Platzierungen bei Ingenieurwettbewerben zu Abwasserreinigung

Internationale Aktivitäten

- Keine

OWL Umwelt analytik

Kontaktinformationen

OWL Umweltanalytik GmbH
Westring 93
33818 Leopoldshöhe

Tel.: +49 (0) 5202/923320
E-mail: reinhard.noll@owlumwelt.de

Produkte und Dienstleistungen

- Beratung Abwasserwirtschaft
- Biologische Vorgänge der Abwasserreinigung
- Limnologische Fragestellungen/EU-Wasserrahmenrichtlinie
- Trinkwasserversorgung
- Abfallwirtschaft

Forschungs- und Entwicklungsaktivitäten

- Belebtschlammuntersuchungen
- Untersuchungen von fließenden und stehenden Gewässern
- Analytik von Schadstoffen und deren Bewertung

Patente und Alleinstellungsmerkmale

- Keine Angaben

Internationale Aktivitäten

- Keine

Kontaktinformationen

PRO – Entec east GmbH bio engineering
Hofstraße 2
16928 Gerdshagen

Tel.: +49 (0) 33986/50229-11
E-mail: info@pro-enteceast.de
Internet: www.pro-enteceast.de

PRO-ENTEC east
bio engineering

Produkte und Dienstleistungen

- Chemikalien zur Abwasser- und Schlammbehandlung für Biogasanlagen
- Optimierung von Klärprozessen, Energieeffizienz, CO_2-Einsparung
- Innovative Trocknung und Verbrennung von Klärschlamm
- Wärmegewinnung aus BHKW, Wärmespeicherung
- Einsatz nachwachsender Brennstoffe

Forschungs- und Entwicklungsaktivitäten

- Entwicklung innovativer Chemikalien
- Energiemanagement, -einsparung

Patente und Alleinstellungsmerkmale

- C-N-P-Konzept zur Abwasserbehandlung, Energie-/Schlammreduktion
- Dezentrale Klärtechnik
- CO_2-Minderung in der Klärtechnik

Internationale Aktivitäten

- Osteuropa
- Polen
- Russland

Kontaktinformationen

proaqua GmbH & Co. KG
Dekan-Laist-Straße 13
55129 Mainz

Tel.: +49 (0) 6131/9713100
E-mail: w.d.huth@pro-aqua.net
Internet: www.pro-aqua.net

proaqua
Wasser|Umwelttechnologie

Produkte und Dienstleistungen

- Spezialchemie zur Prozess- und Abwasserbehandlung
- Flotationsanlagen
- Membrananlagen
- Biologische Abwasseraufbereitung
- Dosiertechnik

Forschungs- und Entwicklungsaktivitäten

- Flotationstechnik
- Koagulierungs- und Flockungsmittel
- Membrantechnik

Patente und Alleinstellungsmerkmale

- Innovationspreis des Landes Rheinland-Pfalz
- Kombination von chemischer Wasserbehandlung und technisch/physikalischer Wasseraufbereitung
- Wassermanagementkonzepte für produzierende Unternehmen

Internationale Aktivitäten

- Frankreich
- Spanien
- Ungarn

PUMPEN-BERTHOLD ® e.K.

Kontaktinformationen

PUMPEN-BERTHOLD e.K.
Christian-Wehner-Straße 10
09113 Chemnitz

Tel.: +49 (0) 371/46123-0
E-mail: info@pumpen-berthold.de

Produkte und Dienstleistungen

- Mobile Hochwasserschutzelemente
- Effiziente Wasserfilter
- Effiziente Pumpentechnik Trink- und Abwasser
- Wärmepumpen

Forschungs- und Entwicklungsaktivitäten

- Kreislaufwirtschaft Pumpenrecycling

Patente und Alleinstellungsmerkmale

- Umweltpreis Stadt Chemnitz 2003

Internationale Aktivitäten

- Keine

IRP RADEMACHER + PARTNER INGENIEURBERATUNG GMBH HAGEN - BERLIN - BEDBURG

Kontaktinformationen

Rademacher + Partner Ingenieurberatung GmbH IRP
Schloss Bedburg
50181 Bedburg

Tel.: +49 (0) 2272-912110
E-mail: gerd.leyendecker@irp-hagen.de
Internet: www.irp-hagen.de

Produkte und Dienstleistungen

- Planung von Geothermieanlagen
- Planung von Hochwasserschutzanlagen, Hochwasserrückhaltung, Regulierungseinrichtungen
- Planung von Kanalisationsnetzen inklusive Sonderbauwerken
- Planung und Bauüberwachung von Sanierungsmaßnahmen in Kanalisationsnetzen

Forschungs- und Entwicklungsaktivitäten

- Entwicklung eines Wärmetauschers für den Einsatz in offenen Gewässern zum Betrieb einer Wärmepumpen-Heizungsanlage

Patente und Alleinstellungsmerkmale

- Keine Angaben

Internationale Aktivitäten

- Estland
- Russland
- Osteuropa

Kontaktinformationen

REDO Water Systems GmbH
Waldstraße 79
64846 Groß-Zimmern

Tel.: +49 (0) 6071/977922
E-mail: attila.galambodi@redowater.com
Internet: www.redowater.com

REDO® watersystems

Produkte und Dienstleistungen

- Umweltfreundliche Wasserdesinfekton- und Aufbereitung (Gebäude, Landwirtschaft, Schwimmbäder)

Forschungs- und Entwicklungsaktivitäten

- Entwicklung einer Technologie zur Wasserdesinfektion ohne chemischen Zusätze

Patente und Alleinstellungsmerkmale

- Bundespreis für hervorragende innovatorische Leistungen 2004
- Unternehmer des Jahres 2005

Internationale Aktivitäten

- Keine

Kontaktinformationen

Rohrreinigung Teichert GmbH
Winkelfeld 8a
45739 Oer-Erkenschwick

Tel.: +49 (0) 2368/96280
E-mail: info@rr-t.de
Internet: www.rr-t.de

Produkte und Dienstleistungen

- Kanalsanierung, Grubensanierung, Sickergrubenabdichtung
- Dichtheitsprüfung, TV-Inspektion, Rohr- und Kanalreinigung
- Regenwassernutzung, Regenwasserversickerung, Lieferung und Montage von Regenwassernutzungsanlagen
- Tiefbrunneninspektion, Gebäudeabdichtung, Rückstauschutz, Hochwasserschutz
- Grubensanierung, Kanalsanierung, TV-Inspektion

Forschungs- und Entwicklungsaktivitäten

- Produkte zur Kanalsanierung und deren Dichtstoffe

Patente und Alleinstellungsmerkmale

- Wir sind in der Lage, mit unserem System alle Undichtigkeiten und defekten Stellen zu sanieren. Von dem Auffinden des Schadens, Beratung und Ausführung bis zum Gutachten bieten wir alles aus einer Hand

Internationale Aktivitäten

- EU

RSE Entsorgung AG
Beratung – Engineering - Anlagenbau

Kontaktinformationen

RSE Entsorgung AG
Am Nussrech 4
66606 Sankt Wendel

Tel.: +49 (0) 6854/709670
E-mail: rse.ag@gmx.de
Internet: www.rseag.de

Produkte und Dienstleistungen

- Industrielle Abwasserreinigung mit und ohne Kreislaufführung
- Beratung Wassermanagement für Industrie
- Optimierung bestehender Abwasserreinigungssysteme

Forschungs- und Entwicklungsaktivitäten

- Optimierung von Wirbelschichtbiologie-Anlagen
- Neue Einsatzgebiete für Elektroflotation

Patente und Alleinstellungsmerkmale

- Detailkenntnisse über Abläufe in der Elektroflotation
- Auslegung und Optimierung Wirbelschichttechnologie

Internationale Aktivitäten

- Slowenien
- Jugoslawien
- Iran

SBN

Kontaktinformationen

Schachtbau Nordhausen GmbH
Industrieweg 2a
99734 Nordhausen

Tel.: +49 (0) 3631/632-355
E-mail: umwelttechnik@schachtbau.de
Internet: www.schachtbau.de

Produkte und Dienstleistungen

- Stahlbehälter für Kläranlagen (Faulturm)
- Sonderbauteile aus Edelstahl für die Wasserwirtschaft
- Technikcontainer für Biogasanlagen
- Stahlbehälter für Biogasanlagen (Fermenter, Gärbehälter)
- Sonderbauteile aus Edelstahl für die Klär- und Biogastechnik

Forschungs- und Entwicklungsaktivitäten

- Korrosionsschutzanstrich für Stahlbehälter
- Optimierung von Behältergeometrien
- Standardisierung von Anlagen zur Optimierung Preis/Leistung

Patente und Alleinstellungsmerkmale

- Thüringer Staatspreis für Qualität (2000)
- Umweltpreis 1998 der IG Bergbau, Chemie, Energie (Zweiter Platz)

Internationale Aktivitäten

- Keine

Kontaktinformationen

Spitzlei & Jossen
Fichtenweg 1–3
53721 Siegburg

Tel.: +49 (0) 2241/91920
E-mail: info@geologie.de
Internet: www.geologie.de

Produkte und Dienstleistungen

- Umweltgeologische Beratung
- Kanalisationstechnik
- Deichtechnik
- Straßenbau
- Grundwasserschutz

Forschungs- und Entwicklungsaktivitäten

- Bedarfsorientierte Kanalnetzbewirtschaftung
- Anlagevermögen Kanal und Straße
- Bewertung von Altlastengrundstücken

Patente und Alleinstellungsmerkmale

- Bedarfsorientierte Kanalreinigung
- GIS-gesteuerte Infrastrukturbewirtschaftung
- Liegenschaftsbewertung

Internationale Aktivitäten

- Luxemburg
- Polen
- Tschechien

Kontaktinformationen

Strehle & Partner Ingenieure GbR
Chemnitzer Straße 46a
01187 Dresden

Tel.: +49 (0) 351/8734200
E-mail: info@spi-dresden.de
Internet: www.spi-dresden.de

Produkte und Dienstleistungen

- Planung der Technischen Ausrüstung, das heißt Elektro-, Mess-, Steuer-, Regelungs- und Automatisierungstechnik im Wasser-, Abwasser und Umweltbereich sowie im Hochbau

Forschungs- und Entwicklungsaktivitäten

- Eintragung des Sauerstoffgehalts in Kläranlagen
- Tunnelsicherheitssystem FireCheck

Patente und Alleinstellungsmerkmale

- Durch unsere Fachspezifikationen wurden wir zum geschätzen Partner unserer Auftraggeber

Internationale Aktivitäten

- Mexiko

TERRASOND

Kontaktinformationen

Terrasond GmbH & Co.KG
Siemensstraße 9
79331 Teningen-Nimburg

Tel.: +49 (0) 7663/914711
E-mail: wolfgang.fechner@terrasond.de
Internet: www.terrasond.de

Produkte und Dienstleistungen

- Bohrungen zur Erkundung von Baugrund, Lagerstätten, Deponien und Altlasten
- Brunnenbau zur Gewinnung von Trink-, Mineral- und Thermalwasser
- Grundwassergütemessstellen
- Erstellen von Erdwärmebohrungen als Sonden (Sole/Wasser) und Brunnen (Wasser/Wasser)
- Kampfmittelerkundung nach Sprengmittelgesetz § 7

Forschungs- und Entwicklungsaktivitäten

- Tiefste CO_2-Sonde (270 m)
- Verbessertes Hinterfüllmaterial bei Erdsondenbohrungen
- Optimierte Maschinentechnik zum Erdsondenbohren

Patente und Alleinstellungsmerkmale

- Keine Angaben

Internationale Aktivitäten

- Frankreich
- Schweiz
- Rumänien

TUTTAHS & MEYER
INGENIEURGESELLSCHAFT
FÜR WASSER-, ABWASSER-UND
ABFALLWIRTSCHAFT mbH

Kontaktinformationen

Tuttahs & Meyer Ingenieurgesellschaft mbH
Universitätsstraße 74
44797 Bochum

Tel.: +49 (0) 234/3330513
E-mail: info@tum-bochum.de
Internet: www.tuttahs-meyer.de

Produkte und Dienstleistungen

- Ingenieurtätigkeit im Bereich Wasser-, Abwasser- und Energiewirtschaft
- Beratung, Gutachten, Entwurf, Bauleitung, Projektsteuerung
- Benchmarking, GIS, NKF, SIGEKO, Forschung und Entwicklung
- Betriebsanalysen-Betriebsbetreuung

Forschungs- und Entwicklungsaktivitäten

- Weitergehende Abwasserreinigung, Membrantechnologie
- Regenwasserbewirtschaftung
- Neue Energiekonzepte und Wasserstofftechnologie in der Wasserwirtschaft

Patente und Alleinstellungsmerkmale

- Wasserstoffeinsatz auf Kläranlagen

Internationale Aktivitäten

- Mittlerer Osten
- China
- Brasilien

Kontaktinformationen

UNGER ingenieure
Julius-Reiber-Straße 19
64293 Darmstadt

E-mail: s.knoll@unger-ingenieure.de
Internet: www.unger-ingenieure.de

UNGER ingenieure
Darmstadt - Freiburg - Homberg

Produkte und Dienstleistungen

- Beratung, Planung, Bauüberwachung, Gutachten, technische Dienstleistungen, geografische Informationssysteme

Forschungs- und Entwicklungsaktivitäten

- GIS-Technologien
- Simulationstechniken
- Betriebsoptimierungsprozesse

Patente und Alleinstellungsmerkmale

- Intergrale Lösungskonzepte

Internationale Aktivitäten

- Rumänien
- Türkei
- Jemen

Kontaktinformationen

UT&S Umwelttechnik und Service GmbH & Co. KG
Panoramastraße 65
75217 Birkenfeld

Tel.: +49 (0) 7231/949811
E-mail: Hermann.Dengler@ut-s.de
Internet: www.ut-s.de

UT&S

Produkte und Dienstleistungen

- Ionenaustauscher-Kreislaufanlagen zur Rückgewinnung von Prozessabwasser aus der Metalloberflächenbehandlung
- Mobile Ionenaustauscheranlagen zur Kreislaufführung, Schlussreinigung und Wertstoffrückgewinnung
- Regeneration schadstoffbeladener Ionenaustauscher
- Anlagen zur Behandlung von Prozessabwässern aus der Metalloberflächenbehandlung

Forschungs- und Entwicklungsaktivitäten

- Entwicklung mobiler Ionenaustauscheranlagen
- Prozessoptimierte Umkehrosmoseanlage
- Wiederverwertung von Metallhydroxidschlämmen

Patente und Alleinstellungsmerkmale

- Keine Angaben

Internationale Aktivitäten

- Frankreich
- Österreich
- China

VON NORDENSKJÖLD Verfahrenstechnik GmbH
Member of BIOLAK®GROUP® COMPETENCE IN WATER
Abwasserreinigung • Recycling • Biogasanlagen • Kraft- Wärme- Kopplung • Gärresteveredelung • Trenntechnik • Sonderverfahren

Kontaktinformationen

Von Nordenskjöld Verfahrenstechnik GmbH
Killistraße 3
85658 Egmating-Münster

Tel.: +49 (0) 8093/90240-0
E-mail: info@biolak.de
Internet: www.biolak.de

Produkte und Dienstleistungen

- Abwasserbehandlung
- Biogasanlagen
- Gärresteveredelung
- Kraft-Wärme-Kopplung
- Trenntechnik und Sonderverfahren

Forschungs- und Entwicklungsaktivitäten

- Aerobe und anaerobe Abwasserbehandlung
- Biogas aus Prozesswasser und NAWARO
- Gärresteveredelung

Patente und Alleinstellungsmerkmale

- Biolak Integral
- Centrigas und Skjöldgas
- Gärresteveredelung

Internationale Aktivitäten

- China

WASSER-ABWASSER-SYSTEMTECHNIK GMBH
WAS

Kontaktinformationen

W.A.S. Wasser-Abwasser Systemtechnik GmbH
Am Hafen 22
38112 Braunschweig

Tel.: +49 (0) 531/310390
E-mail: lanzendorf@was-bs.de
Internet: www.was-bs.de

Produkte und Dienstleistungen

- Niederschlag-Abflussmesskampagnen im Kanalnetz
- Staatl. anerkannte Prüfstelle für Durchflussmesseinrichtungen
- Fremdwasserermittlung
- Monitoring an Grund- und Oberflächengewässern
- Wasserstand- und Abflussmesssysteme

Forschungs- und Entwicklungsaktivitäten

- Durchflussmesssysteme für Abwasserkanäle
- Elektronische Datenerfassung
- Methoden zur Fremdwasserbestimmung

Patente und Alleinstellungsmerkmale

- Staatlich anerkannte Prüfstelle für Durchflussmessungen

Internationale Aktivitäten

- Russland
- Vereinigte Arabische Emirate

Kontaktinformationen

WALD + CORBE Beratende Ingenieure
Am Hecklehamm 18
76549 Hügelsheim

Tel.: +49 (0) 7229/187610
E-mail: mail@wald-corbe.de
Internet: www.wald-corbe.de

WALD + CORBE
Ingenieurbüro für Wasserbau, Wasserwirtschaft und Tiefbau

Produkte und Dienstleistungen

- Hydrologie und Wasserwirtschaft
- Wasserbau
- Siedlungswasserwirtschaft
- Tief- und Straßenbau

Forschungs- und Entwicklungsaktivitäten

- Hydrologische und hydraulische Simulationsmodelle
- Grundwassermodelle
- Gekoppelte Fließgewässer-Grundwassermodelle

Patente und Alleinstellungsmerkmale

- Entwicklung eines gekoppelten Fließgewässer-Grundwasser-Modellsystems

Internationale Aktivitäten

- Keine

Kontaktinformationen

Zapf Wassersysteme GmbH
Nürnberger Straße 38
95440 Bayreuth

Tel.: +49 (0) 921/601274
E-mail: w.schuetz@zapf-wassersysteme.de
Internet: www.zapf-wassersysteme.de

ZAPF

Produkte und Dienstleistungen

- Herstellung von Kleinkläranlagen von 4 EW – 500 EW SBR Technologie
- Abscheideanlagen für Leichtflüssigkeiten und Fette
- Regenwassernutzungsanlage

Forschungs- und Entwicklungsaktivitäten

- Grauwasseranlagen
- Hygienisierung des Abwassers

Patente und Alleinstellungsmerkmale

- Zulassungen nach EU-Norm

Internationale Aktivitäten

- Frankreich
- Norwegen
- Polen

Kontaktinformationen

Züllig Deutschland GmbH
Seligenstädter Straße 24
63791 Karlstein

Tel.: +49 (0) 6188/44588-0
E-mail: info@zuellig.de
Internet: www.zuellig.de

Produkte und Dienstleistungen

- Sauerstoffmessungen, Trübungs- und Feststoffmessungen, PH-, Redox- und Leitfähigkeitsmessungen
- Parameter für Wasseranalytik und Wasserbehandlung, Beratung und Konzeption mit dem Ziel der Effizienz und Steigerung der Prozesssicherheit, Einleiterüberwachung durch gezielte Durchfluss-/Mengenmessung

Forschungs- und Entwicklungsaktivitäten

- Sauerstoffmessung
- Feststoffmessung
- Trübungsmessung

Patente und Alleinstellungsmerkmale

- Patent der ersten kommerziell verfügbaren Sauerstoffmessung für Abwasser und Prozess

Internationale Aktivitäten

- Keine

Unternehmen: Nachhaltige Mobilität

Kontaktinformationen

Autogastechnik Triptis GmbH
Alte Neustädter Straße 5
07819 Triptis

Tel.: +49 (0) 36482/3680
E-mail: g.fellmann@zavoli.de
Internet: www.auto-gas-technik.de

Autogastechnik Triptis GmbH
ZAVOLI GENERALIMPORTEUR DEUTSCHLAND

Produkte und Dienstleistungen

- Entwicklung und Einbau von Autogas-, Erdgas- und Ethanolantrieben für Pkw und Leicht-Lkw

Forschungs- und Entwicklungsaktivitäten

- Entwicklung, Konstruktion und Musterbau von Vorrichtungen für alternative Antriebe von Pkw und Leicht-Lkw

Patente und Alleinstellungsmerkmale

- 2006: Gründerpreis der Zeitungsgruppe Thüringen
- 2007: Innovationspreis des Handwerks (Bewerbung im Rahmen der IHM München)
- 2007: Dritte Beteiligung an der AMI Leipzig

Internationale Aktivitäten

- Österreich
- Slowakei
- Tschechien

Kontaktinformationen

BERU Aktiengesellschaft
Mörikestraße 155
71636 Ludwigsburg

Tel.: +49 (0) 7141/132-235
E-mail: andreas.klingebiel@beru.de

Produkte und Dienstleistungen

- Glühkerzen, Druckmessglühkerze zur Einhaltung EU5 und EU6
- Reifendruckkontrollsystem
- Zündkerzen, Zündspulen
- Sensoren, unter anderem Biodieselsensor, PremAir-Sensor

Forschungs- und Entwicklungsaktivitäten

- Druckgeberglühkerze (Kerze mit integriertem Sensor) für das Detektieren des Brennraumdrucks
- Glühkerze mit keramischen Heizstab
- Hochtemperatursensor zum Schutz des Dieselpartikelfilters und Turboladern

Patente und Alleinstellungsmerkmale

- Auszeichnungen für Biodieselsensor (Innovationspreis)
- Auszeichnungen für Druckgeberglühkerze

Internationale Aktivitäten

- EU
- Südkorea
- USA

Kontaktinformationen

Continental AG
Vahrenwalder Str. 9
30165 Hannover

Tel.: +49 (0) 511/938-01
E-mail: mailservice@conti.de
Internet: www.conti-online.com

Produkte und Dienstleistungen

- Kautschuk- und Reifentechnologie
- Bremsentechnologie
- Fahrdynamikregelung
- Elektronik und Sensorik
- Telematik

Forschungs- und Entwicklungsaktivitäten

- Fahrsicherheit
- Fahrkomfort
- Umwelt

Patente und Alleinstellungsmerkmale

- Bremssysteme, Fahrdynamikregelung, APIA, Hybrid-Antrieb, Telematik, Karosserie-Elektronik, Kautschuk- und Kunststofftechnologie, Reifendruckkontrollsysteme

Internationale Aktivitäten

- Europa
- Asien
- Nordamerika

Kontaktinformationen

DaimlerChrysler Services FleetBoard GmbH
Am Wallgraben 125
70565 Stuttgart

Tel.: +49 (0) 711/1791999
E-mail: info@fleetboard.de
Internet: www.fleetboard.de

Produkte und Dienstleistungen

- Telematik für Nutzfahreuge
- Fahrzeugmanagement zur Kraftstoffeinsparung
- Transportmanagement zur Logistikoptimierung

Forschungs- und Entwicklungsaktivitäten

- CO_2-Emissionsreduzierung
- Transportoptimierung

Patente und Alleinstellungsmerkmale

- Patent zur Fahrweisenbewertung dadurch Ableitung von Schulungsmaßnahnmen für Lkw-Fahrer, dadurch Kraftstoffeinsparung von 5–10 %

Internationale Aktivitäten

- Großbritannien
- Osteuropa

Kontaktinformationen

Degussa GmbH
Bennigsenplatz 1
40474 Düsseldorf

Tel.: +49 (0) 211/65041256
E-mail: peter.friedrich@degussa.com
Internet: www.degussa.com

Produkte und Dienstleistungen

- Reifen-Additive zur Senkung des Rollwiderstands bzw. für längere Laufzeiten.
- Effiziente Katalysatoren für die Herstellung von Biodiesel; Solarsilizium (Anlage im Bau)
- Senkung der N-Belastung: 1) Aminosäuren in der Tierernährung, 2) Kalkstickstoff als Dünger
- Biokatalysatoren für ressourcenschonende Produktionsverfahren
- Kunststoffe für Auto- und Flugzeugbau

Forschungs- und Entwicklungsaktivitäten

- Nanomaterialien für funktionelle Endprodukte, z.B. Li-Ionen-Akku für PKW
- Industrielle Biotechnologie und nachwachsende Rohstoffe in der Chemieproduktion
- Verfahrensintensivierung für eine nachhaltige Chemieproduktion

Patente und Alleinstellungsmerkmale

- Preis im Rahmen des ersten European Responsible Care Award: Umweltfreundliche Technologien beim Einsatz von Cyaniden in der Edelmetallgewinnung
- Initiative Potenzial FrankfurtRheinMain: Preis für das innovative Projekthauskonzept

Internationale Aktivitäten

- EU
- Asien
- NAFTA

EOP
European Oil Products
Biodiesel AG

Kontaktinformationen

EOP Biodiesel AG
Am Hünengrab 09
16928 Pritzwalk

Tel.: +49 (0) 33986/5050
E-mail: info@eopbiodieselag.de
Internet: www.eopbiodieselag.de

Produkte und Dienstleistungen

- Biodiesel
- Rapsexpeller.
- Glycerin

Forschungs- und Entwicklungsaktivitäten

- Optimierung des Rohstoffeinsatzes
- Effizienzsteigerung

Patente und Alleinstellungsmerkmale

- Bau einer Multifeedstock-Produktionsanlage für Biodiesel

Internationale Aktivitäten

- Osteuropa

Göbel & Co.
Tankanlagen KG

Kontaktinformationen

Göbel & Co. Tankanlagen KG
An der Prießnitzaue 12
01328 Dresden

Tel.: +49 (0) 351/2169830
E-mail: info@tank-goebel.de
Internet: www.tank-goebel.de

Produkte und Dienstleistungen

- Tankanlagenbau und Tankschutz
- Umweltsichere Tankstellen
- Tankreinigung
- Umweltsichere Umfüllstationen für Heizöl

Forschungs- und Entwicklungsaktivitäten

- Umweltsichere Umfüllstationen für wassergefährdende Flüssigkeiten

Patente und Alleinstellungsmerkmale

- Gebrauchsmuster für eine Deckelhebekralle DHK 3000

Internationale Aktivitäten

- Keine

Kontaktinformationen

HALLER Umweltsysteme GmbH & Co.
Rigistraße 1–3
12277 Berlin

Tel.: +49 (0) 30/72085-156
E-mail: skt-berlin@haller-umweltsysteme.de
Internet: www.haller-umweltsysteme.de

HALLER Umweltsysteme GmbH & Co.

Produkte und Dienstleistungen

- Kommunalfahrzeuge
- Abfallsammelfahrzeuge
- Behälterreinigungssyteme
- Straßenwaschmaschinen

Forschungs- und Entwicklungsaktivitäten

- Erhöhung Kundennutzen
- Nutzlaststeigerung
- Verbrauchsreduzierung

Patente und Alleinstellungsmerkmale

- LoToS-Abfallsammel- und Transportsystem (Patent)
- Neuartiges Abfallverdichtungssytem (Patent)
- Optimierung der LVP-Sammlung (DBGM)

Internationale Aktivitäten

- Niederlande
- Polen
- Tschechische Republik

Kontaktinformationen

HJS Fahrzeugtechnik GmbH & Co KG
Dieselweg 12
58706 Menden

Tel.: +49 (0) 2373/987–210
E-mail: hjs@hjs.com
Internet: www.hjs.com

HJS
Abgas-Systeme • Exhaust Systems

Produkte und Dienstleistungen

- SCRT-Reduzierung von Rußpartikeln und Stickoxide
- SMF – Sintermetallfilter
- Katalysatoren
- Schalldämpfer für die Industrie

Forschungs- und Entwicklungsaktivitäten

- Denoxierung
- Partikelfiltration
- Abgasnachbehandlung für Otto-Motoren

Patente und Alleinstellungsmerkmale

- Deutscher Umweltpreis 2003, Ausgewählter Ort im „Land der Ideen"
- Mitinhaber SCRT-Patent, SMF-Technologie

Internationale Aktivitäten

- Italien
- Niederlande
- Schweiz

Kontaktinformationen

igi Consult GmbH
Oberdorfstraße 12
91747 Westheim

Tel.: +49 (0) 9082/73-420
E-mail: Rainer.Niedermeyer@igi-consult.de
Internet: www.igi-consult.de

Produkte und Dienstleistungen

- Baugrunduntersuchungen und -gutachten, Gründungsberatung, Geothermie, Boden- und felsmechanisches Labor, Hydrogeologische Untersuchungen
- Bodenverwertungs- und Entsorgungskonzepte, Umwelttechnische Beweissicherung
- Energieberatung und -konzepte für Wohn- und Nichtwohngebäude, Nutzung regenerativer Energien, Wirtschaftlichkeitsuntersuchungen

Forschungs- und Entwicklungsaktivitäten

- Lebenszyklus von baulichen Anlagen: Einfluss der Energieeffizienz bzw. Nutzung erneuerbarer Energien auf die Wirtschaftlichkeit und den Wert baulicher Anlagen

Patente und Alleinstellungsmerkmale

- Bodenverwertungs- und Entsorgungskonzepte
- Umwelttechnische Beweissicherung

Internationale Aktivitäten

- Keine

Kontaktinformationen

SFC Smart Fuel Cell AG
Eugen-Saenger-Ring 4
85649 Brunnthal

Tel.: +49 (0) 89/673592-379
E-mail: ulrike.schramm@efoy.com
Internet: www.efoy.com

Produkte und Dienstleistungen

- Mobile Brennstoffzellen, portable Brennstoffzellen
- Alternative Energien, Direktmethanolbrennstoffzelle
- Stromversorgung für Insellösungen, portable Stromversorgung
- Mobile Stromversorgung, netzunabhängige Energieversorgung
- Umweltverträgliche Stromversorgung, erneuerbare Energien

Forschungs- und Entwicklungsaktivitäten

- Mobile und portable Brennstoffzellen
- Netzunabhängige Stromversorgungssysteme
- Umweltfreundliche Energieversorgung

Patente und Alleinstellungsmerkmale

- Erste kommerzielle Brennstoffzelle der Welt
- 28 Patente, davon 10 erteilt
- Unübertroffen hohe Energiedichte

Internationale Aktivitäten

- EU
- Asien
- Nordamerika

Kontaktinformationen

SolarWaterWorld AG
Grimsehlstraße 18
10559 Berlin

Tel.: +49 (0) 171/5341138
E-mail: meyercat@t-online.de oder tm@solarwaterworld.net
Internet: www.solarwaterworld.net

Mit der Sonne in einem Boot
SolarWaterWorld

Produkte und Dienstleistungen

- Entwicklung, Konstruktion, Vermarktung und Vermietung von Solarbooten und Solarschiffen

Forschungs- und Entwicklungsaktivitäten

- Europameister der Solarbootrennen
- Erste Atlantiküberquerung mit einem Öl- und somit CO_2-freiem Solarschiff
- Solare Mobilität im urbanen Raum ohne Schadstoffe für Wasser und Luft

Patente und Alleinstellungsmerkmale

- Europameister und Deutscher Meister der Solarbootrennen seit 1993
- Europäischer Solarpreis Eurosolar 1996
- Berliner Innovationspreis 1995

Internationale Aktivitäten

- Europa
- Asien
- Afrika

Kontaktinformationen

TWINTEC AG
Eduard-Rhein-Straße 21–23
53639 Königswinter

Tel.: +49 (0) 2244/9180-0
E-mail: office@twintec.de
Internet: www.twintec.de

TWINTEC

Produkte und Dienstleistungen

- Rußfilter-Katalysatoren
- Aufrüst- und Austauschkatalysatoren für Benzin- und Diesel-Kfz
- Beschichtungsleistungen (Katalysatoren für Kfz und Industrieanwendungen)
- Austausch-Abgaskrümmer

Forschungs- und Entwicklungsaktivitäten

- Applikations-Engineering für abgasmindernde Technologien
- Innovationen bei Beschichtungstechnologien

Patente und Alleinstellungsmerkmale

- Mit-Marktführer für Nachrüstlösungen von Kfz-Rußpartikel-Minderungssystemen

Internationale Aktivitäten

- EU
- Osteuropa
- Naher Osten

THE BATTERY EXPERTS

Kontaktinformationen

VARTA Automotive AG/Johnson Controls Power Solutions
Am Leineufer 51
30419 Hannover

Tel.: +49 (0) 511/9751100
E-mail: angelika.jaeger@jci.com
Internet: www.varta-automotive.com

Produkte und Dienstleistungen

- Autobatterien
- Recycling
- AGM Batterien
- Hybrid Batterien

Forschungs- und Entwicklungsaktivitäten

- Hybrid Batterien für reduzierte Emissionen von Pkws
- AGM Batterien für reduzierte Emissionen von Pkws
- Innovation im Materialeinsatz und Rückführung, Recycling Bleibatterien

Patente und Alleinstellungsmerkmale

- Einziger europäischer Anbieter
- Recyclingquote von über 95 %

Internationale Aktivitäten

- EU
- Russland
- Mittlerer Osten

Profile von Forschungseinrichtungen

Forschungseinrichtungen: Umweltfreundliche Energieerzeugung und -speicherung

Bauhaus-Universität Weimar

Kontaktinformationen

Bauhaus-Universität Weimar
Professur Bauphysik
Prof. Dr. Oliver Kornadt
Coudraystr. 11a
99423 Weimar

Tel.: +49 (0) 3643/584701
Email: oliver.kornadt@bauing.uni-weimar.de
Internet: www.uni-weimar.de/Bauing/bauphysik/

Wichtigste Forschungsprojekte

- Verbesserung des Wirkungsgrades von Aufwindkraftwerken durch physikalische Modellierung und Simulation
- Phasenübergangsmaterialien (PCM) zur Verbesserung des sommerlichen Wärmeschutzes und Steigerung der Energieeffizienz
- Anforderungen an Gebäude durch langfristige Klimaveränderung
- Nachhaltiges Bauen: Es wurden Empfehlungen für nachhaltiges Bauen in Europa erarbeitet

Wichtigste Publikationen

- Hoffmann, S. (2007): Numerische und experimentelle Untersuchung von Phasenübergangsmaterialien zur Reduktion hoher sommerlicher Temperaturen; Bauhaus-Universität Weimar, Doktorarbeit
- Völker, C.; Kornadt, O. (2006): Experimentelle und numerische Untersuchung zur Reduktion sommerlicher Überhitzung durch Phasenübergangsmaterialien; wksb 56, S. 3–9
- Hoffmann, S.; Kornadt, O. (2006): An investigation on phase change materials to reduce summer overheating; Tagungsbeitrag ESIM, Toronto, 4. Mai 2006

Kontaktinformationen

Brandenburgische Technische Universität Cottbus
Lehrstuhl Kraftwerkstechnik
Professor Dr.-Ing. Hans Krautz
Walter-Pauer-Straße 5
03046 Cottbus

Tel.: +49 (0) 355/694501
Email: krautz@tu-cottbus.de
Internet: www.kwt.tu-cottbus.de

Wichtigste Forschungsprojekte

- Verbrennung von Lausitzer Braunkohle unter Oxyfuel-Prozessbedingungen in der 0,5 MWth-Tangentialfeuerung
- Integration der druckaufgeladenen Dampf-Wirbelschicht-Trocknung in einen braunkohlegefeuerten Kraftwerksblock
- Modellierung von Kohlenkraftwerken für prozessdynamische und verfügbarkeitsorientierte Untersuchungen des Anlagenverhaltens
- Innovative in situ CO_2 capture technology for solid fuel gasification – CO_2/H_2 separation by high temperature CO_2 absorption

Wichtigste Publikationen

- Krautz (2004):CO_2-freies Kraftwerk ab 2020. Energie & Management – Zeitung für den Energiemarkt
- Krautz u.a. (2005): Development of a lignite-fired power plant concept with integrated pressurised fluidised-bed drying and fuel cells. Int. J. Energy Technology and Policy, Vol. 3, Nos. 1/2,
- Krautz u.a. (2006): Das CO_2-freie Pilotkraftwerk von Vattenfall Europe Generation. Innovationstag Energie

Kontaktinformationen

Bayerische Landesanstalt für Landwirtschaft Bayern
Institut für Landtechnik, Bauwesen und Umwelttechnik
Dr. Georg Wendl
Vöttingerstrasse 36
85354 Freising

Tel.: +49 (0) 8161/713450
Email: georg.wendl@LfL.Bayern.de
Internet: www.LfL.Bayern.de

Wichtigste Forschungsprojekte

- Entwicklung und Optimierung von Verfahren zur Monofermentation nachwachsender Rohstoffe (Erkenntnisse bereits in der Praxis in Umsetzung)
- Evaluierung der Methanproduktivität nachwachsender Rohstoffe in Biogasanlagen als Grundlage für ein EDV-gestütztes Expertensystem für Beratung und Praxis
- Biogastechnologie zur umweltverträglichen Flüssigmistverwertung und Energiegewinnung in Wasserschutzgebieten (extrem hohes Hygienisierungspotenzial der Thermophilen Fermentation wurde nachgewiesen)

Wichtigste Publikationen

- Aschmann, V., R. Kissel, F. Kaiser, M. Effenberger und A. Gronauer (2006): Exhaust emissions and performance of biogas-driven combined-heat-and-power plants. XVI. CIGR World Congress „Agricultural Engineering for a Better World", 3.–7.09.2006 in Bonn
- Effenberger, M., J. Bachmaier, G. Garces, A. Gronauer, P.A. Wilderer and M. Lebuhn (2006): Mesophilic-thermophilic-mesophilic anaerobic digestion of semi-liquid dairy cattle manure. Water Sci. Tech., 53/8, 253–261

eco logic

Kontaktinformationen

Ecologic – Institut für Internationale und Europäische Umweltpolitik
Klima und Energie
R. Andreas Kraemer
Pfalzburger Str. 43/44
10717 Berlin

Tel.: +49 (0) 30/86880-0
Email: info@ecologic.eu
Internet: www.ecologic.eu

Wichtigste Forschungsprojekte

- Erneuerbare-Energien-Gesetz (EEG) und Reform des Energiewirtschaftsrechts
- Akzeptanz für den Ausbau erneuerbarer Energien
- Rechtliche Umsetzung und Implementierung des Emissionshandels
- Institutionelle Ausgestaltung der internationalen Klimapolitik und Capacity Building in den Neuen Mitgliedstaaten
- Effekte der ökologischen Steuerreform

Wichtigste Publikationen

- Bausch, Camilla, Mehling, Michael (2006): „'Alive and Kicking': The First Meeting of the Parties to the Kyoto Protocol", RECIEL – Review of European Community & International Environmental Law, Jg. 15, Heft 2, 193–201.
- Blobel, Daniel et al. (2006): United Nations Framework Convention on Climate Change Handbook. Bonn: Climate Change Secretariat (UNFCCC).
- Bausch, Camilla, Rufin, Julia (2005): „Ein neues Energierecht – ein weiterer Schritt zur Liberalisierung", Zeitschrift für Umweltrecht, Jg. 2005, Heft 10, 471–478.

---

fh FACHHOCHSCHULE NORDHAUSEN University of Applied Sciences

Kontaktinformationen

Fachhochschule Nordhausen
Studiengang Regenerative Energietechnik
Prof. Dr.-Ing. Thomas Schabbach
Weinberghof 4
99734 Nordhausen

Tel.: +49 (0) 3631/420401
Email: schabbach@fh-nordhausen.de
Internet: www.fh-nordhausen.de

Wichtigste Forschungsprojekte

- Entwicklung einer Hochlastbiogasanlage
- Effizienzbestimmung solarthermischer Kollektoren nach DIN EN 12975
- Nutzung städtebaulicher Freiflächen für erneuerbare Energien
- Leistungsbestimmung thermosiphonischer Solaranlagen
- Netzwerk Biogas – Komplexe Verfahren und Anlagen zur Nutzung regenerativer Ressourcen aus Biomasse

Wichtigste Publikationen

- Schabbach, T.; Wesselak, V.: Mehrknotenmodell eines Solarkollektors zur Beschreibung des thermischen Verhaltens in Stagnation, 17. Otti- Symposium Thermischen Energiesysteme, Bad Staffelstein, 2007
- Vollmer, R. (2006): Erste Ergebnisse zur kont. Trockenfermentation im Labormaßstab; Gülzower Fachgespräche Band 24

Kontaktinformationen

Fraunhofer-Gesellschaft
Fraunhofer-Institut für Solare Energiesysteme ISE
Prof. Eicke R. Weber
Heidenhofstraße 2
79110 Freiburg

Tel.: +49 (0) 761/4588-0
Email: eicke.weber@ise.fraunhofer.de
Internet: www.ise.fraunhofer.de

ISE
Fraunhofer Institut
Solare Energiesysteme

Wichtigste Forschungsprojekte

- Kühlung mit aktiv durchströmten Bauteilen und integrierten Latentwärmespeichern
- Selektive Absorberschichten für solarthermische Kraftwerke
- Drahtsägen von dünnen multikristallinen Siliciumwafern
- Aufbau Evaluationscenter PV-TEC
- Realisierung eines virtuellen Kraftwerkes durch Einsatz von Mini BHKWs

Wichtigste Publikationen

- Schossig, Peter (2006), Micro-encapsulated PCM, Solar Energy Materials and Solar Cells
- Schultz, Oliver (2006), High-Efficiency Solar Cells Proc. 21st E PVSC
- Dimroth, Frank (2006), Thin 5 Junction Solar Cells, Proc IEEE 4th WC PV
- Gombert, Andreas (2006), Opt. Functional Surfaces for Solar Applications, Proc. EuroSun 2006
- Hebling, Christopher (2006) Off-Grid-Fuel Cells Systems, Proc. Small Fuel Cell Systems Washington

Kontaktinformationen

Fraunhofer-Gesellschaft
Fraunhofer-Institut für Umwelt-, Sicherheits- und Energietechnik UMSICHT
Prof. Dr.-Ing. Eckhard Weidner; Stellvertr. Institutsleiter: Dr.-Ing. Görge Deerberg
Osterfelder Str. 3
46047 Oberhausen

Tel.: +49 (0) 208/8598-0
Email: info@umsicht.fraunhofer.de
Internet: www.umsicht.fraunhofer.de

IUSE
Fraunhofer Institut
Umwelt-, Sicherheits-,
Energietechnik UMSICHT

Wichtigste Forschungsprojekte

- Grubengasprojekte in Deutschland, Ukraine, Russland, Kasachstan
- Analyse und Bewertung der Nutzungsmöglichkeiten von Biomasse, katalytischer Teerspaltung unter Dauerbetriebsbedingungen
- Biogaseinspeisung in Erdgasnetze (drei Projekte, vier Mitarbeiter)
- ORC-Prozesse für Motoren-Blockheizkraftwerke (sieben Projekte, vier Mitarbeiter)

Wichtigste Publikationen

- Urban, W.; Althaus, W.; Ising, M.: (2006): Technologien und Kosten der Erzeugung von SNG aus Biomasse. In: Adlhoch, W.: Beiträge zur DGMK-Fachbereichstagung „Energetische Nutzung von Biomassen" 2006 : 24.–26. April 2006 in Velen/Westf. Hamburg: DGMK, 2
- Urban, W. (2006): Analyse und Bewertung der Nutzung von Biogas. Tl.1: Potenziale, Kosten und Emissionen
- In: BWK. Das Energie-Fachmagazin, Vol.58, No.3, pp. 45–49

Forschungszentrum Jülich
in der Helmholtz-Gemeinschaft

Kontaktinformationen

Forschungszentrum Jülich gGmbH
Projekt Brennstoffzelle PBZ
Robert Steinberger-Wilckens
52425 Jülich

Tel.: +49 (0) 2461/61-5124
Email: r.steinberger@fz-juelich.de
Internet: www.fz-juelich.de

Wichtigste Forschungsprojekte

- Koordination des EU-Projektes Real-SOFC: Understanding and Reducing Ageing in SOFC
- Entwicklung einer Leichtbau-SOFC mit BMW und weiteren Partnern
- Technologietransfer SOFC-Zellenherstellung an CeramTec
- Technologietransfer SOFC-Know-how and Saint-Gobain
- Senkung der Betriebstemperatur der SOFC auf 600 Grad

Wichtigste Publikationen

- V. Haanappel et al. (2006): Electrode activation of anode-supported SOFCs with LSM- or LSFC-type c athodes. Solid State Ionics, 177(2006)
- Steinberger-Wilckens, R., et al. (2006): Overview of the Development of Solid Oxide Fuel Cells at Forschungszentrum Juelich. International Journal of Applied Ceramic Technology, 3 (2006)

GZB

Kontaktinformationen

GEOTHERMIEZENTRUM Bochum/NRW-Verbundforschungseinrichtung
Institut für Geo- und Umwelttechnik
Prof. Dr. Rolf Bracke
Lennershofstraße 140
44801 Bochum

Tel.: +49 (0) 234/32-10233
Email: rolf.bracke@fh-bochum.de
Internet: www.geothermie-zentrum.de

Wichtigste Forschungsprojekte

- Bohrverfahrenstechnik auf Basis von Hochdruckwasserstrahltechnologie zum Einbau von Erdwärmetauschern.
- Wärmeversorgung revitalisierter Industriebrachen mit Geothermie
- Nutzung untertägiger Infrastruktur des Steinkohlebergbaus für die geothermische Energiegewinnung
- Großtechnische geothermische Stromerzeugung im HFR-Verfahren aus Permokarbonen Vulkaniten im Norddeutschen Becken am Beispiel des Geothermie-Konvois Brandenburg. Ergebnis: Machbarkeitsstudie

Wichtigste Publikationen

- C. Clauser: Geothermal Energy. In: K. Heinloth (Hrsg.): Landolt-Börnstein, Physikalischchemische Tabellen. Group VIII: Advanced Materials and Technologies. Bd 3. Energy Technologies, Subvol. C. Renewable Energies. Springer, Heidelberg/Berlin 2006, 480–595

Kontaktinformationen

Hahn-Meitner-Institut Berlin GmbH
Bereich Solarenergieforschung
Prof. Dr. Michael Steiner
Glienicker Str. 100
14109 Berlin

Tel.: +49 (0) 30/8062-2762
Email: wgf-office@hmi.de
Internet: www.hmi.de

Wichtigste Forschungsprojekte

- Polykristalline Silizium-Dünnschichtsolarzellen auf Glas und a-Si/c-Si Heterostruktursolarzellen: Wirkungsgrad nahe 20 %
- III-V-Tandemsolarzelle mit niedrigen Bandlücken basierend auf Indiumphosphid (InP): Evaluierung+Präparation eines neuartigen Tunnelkontaktes
- Organische Solarzellen: skalierbarer Herstellungsprozess
- Alternative Katalysatoren für Brennstoffzellen: platinfreie Katalysatoren (auf Eisen- + Cobaltbasis sowie selenmodifiziertes Ruthenium)

Wichtigste Publikationen

- Klenk, R.; Lux-Steiner, M.Ch. (2006): Chalcopyrite based solar cells. In: Poortmans, J. [u.a.] [Eds.] : Thin film solar cells: fabrication, characterization, and applications. Chichester: Wiley
- Klaer ,J. et al (2006): Progress in mini-modules from a CuInS2 baseline process. In: Poortman, J. [u.a.] [Eds.]: Proceedings Twentyfirst European Photovoltaic Solar Energy Conference
- Schmidt, M. et al (2007): Physical aspects of a-Si:H/c-Si hetero-junction solar cells, Thin Solid Films

Kontaktinformationen

Hochschule Bremerhaven
Forschungs- und Koordinierungsstelle Windenergie
Prof. Dipl.-Ing. Henry Seifert
An der Karlstadt 8
27568 Bremerhaven

Tel.: +49 (0) 471/4823-540
Email: Henry.Seifert@fk-wind.de
Internet: www.fk-wind.de

Wichtigste Forschungsprojekte

- POWER – Qualifizierungsmaßnahmen im Bereich Offshore-Windenergie
- WEA-Prüfstand – Konzept für einen Prüfstand für komplette Gondeln von Windenergieanlagen
- MaVeFa – Analyse der Entsorgungsmöglichkeiten und der zu entsorgenden Materialmengen für Faserverbundwerkstoffe (Rotorblätter)
- WEIDE – Konzepte zur Druckluftversorgung von Industriebetrieben mittels Windenergie
- Aqualast – Messung auftretender Lasten in Aquakulturenanlagen, die in Offshore Windparks integriert werden sollen

Wichtigste Publikationen

- Von Holz zu Kohlefaser, von Kilowatt zu Multi-Megawatt – Wohin geht die Windenergie-Rotorblatttechnik? H. Seifert; DEWI Magazin Nr. 28; Februar 2006
- Feasibility Study for the Recycling of Composite Material (MaVeFa),T. Brahms, U. Kühne, H. Albers, Paper zur DEWEK 2007
- Zielinski, O., Assheuer, J., Berg-Pollack, A., Buck, B.H., Geisen, M., Henkel, R., Kassen, D. (2006): Assessment of Mechanical Loads and Environmental, Conditions for Extensive Aquaculture Constructions within Offshore Wind Farms, Proceedings of DEWEK 200

Kontaktinformationen

Institut für Energetik und Umwelt gGmbH
Martin Kaltschmitt
Torgauer Str. 116
04147 Leipzig

Tel.: +49 (0) 341/2434-113
Email: info@ie-leipzig.de
Internet: www.ie-leipzig.de

Wichtigste Forschungsprojekte

- Analyse der Möglichkeiten einer Biogaseinspeisung ins Erdgasnetz
- Potenzialanalyse einer Biogaserzeugung in Deutschland und Europa
- Ökobilanzen einer geothermischen Stromerzeugung
- Minderung der Feinstaubemissionen von Biomassefeuerungen
- Analyse der Biomassevergasung

Wichtigste Publikationen

- Kaltschmitt, M.; Streicher, W.; Wiese, A. (Hrsg.): Erneuerbare Energien – Systemtechnik, Wirtschaftlichkeit, Umweltaspekte; Springer, Berlin, Heidelberg, 2006, 4. Auflage
- Langheinrich, C.; Kaltschmitt, M.: Implementation and application of Quality assurance systems; Biomass & Bioenergy 30(2006), S. 915–922
- Kaltschmitt, M.; Thrän, D.: Logistik bei der Versorgung von Anlagen zur energetischen Nutzung biogener Festbrennstoff – Anforderungen und Randbedingungen; Zeitschrift für Energiewirtschaft 30(2006), 4, S. 247–256

GGA INSTITUT
Mitglied der Leibniz Gemeinschaft

Kontaktinformationen

Leibniz-Gemeinschaft
Institut für Geowissenschaftliche Gemeinschaftsaufgaben
Prof. Dr. Hans-Joachim Kümpel
Stilleweg 2
30655 Hannover

Tel.: +49 (0) 511/643-3496
Email: kuempel@gga-hannover.de
Internet: www.gga-hannover.de

Wichtigste Forschungsprojekte

- Erhöhung der Erfolgswahrscheinlichkeit von geothermischen Bohrungen im Süddeutschen Molassebecken durch Anwendung neuer seismischer Interpretationsstrategien
- GeneSys-Projekt Horstberg I: In diesem Projekt wurden neue Einbohrloch-Verfahren zur Gewinnung von Erdwärme aus hydraulisch dichten Sedimentgesteinen erprobt
- Europäisches Hot-Dry-Rock-Projekt Soultz
- Aufbau eines Geothermischen Informationssystems für Deutschland

Wichtigste Publikationen

- Kehrer, P., Orzol, J., Jung, R. & Jatho, R. (2005): Das GeneSys-Projekt: Erschließungskonzepte zur Erdwärmenutzung aus gering-permeablen Sedimentgesteinen. – Erdöl Erdgas Kohle, 121. Jg 2005 Heft 4.
- Jung, R. (2007): Stand und Aussichten der Tiefengeothermie in Deutschland. – Erdöl Erdgas Kohle, 123. Jg., 2007, Heft 2, S. 60–67.
- Schulz, R., Agemar, T., Alten, A.-J., Kühne, K., Maul, A.-A., Pester, S. & Wirth, W. (2007): Aufbau eines geothermischen Informationssystems für Deutschland. – Erdöl Erdgas Kohle 123, 2: 76–81; Hamburg (Urban-Verlag).

Kontaktinformationen

Leibniz Universität Hannover
Institut für Statik und Dynamik (ISD)
Raimund Rolfes
Appelstraße 9a
30167 Hannover

Tel.: +49 (0) 511/762-3867
Email: sekretariat@isd.uni-hannover.de
Internet: www.isd.uni-hannover.de

ISD INSTITUT FÜR STATIK UND DYNAMIK

Wichtigste Forschungsprojekte

- Entwicklung von Systemen zur permanenten Zustandsüberwachung und Schadensfrüherkennung von Windenergieanlagen.

Wichtigste Publikationen

- Rolfes, R.; Gerasch, W.-J.; Haake, G.; Reetz, J.; Zerbst, S.: Early Damage Detection System for Tower and Rotor Blades of Offshore Wind Turbines, in: Güemes, A. (e.d.): Structural Health Monitoring 2006
- Rolfes, R.; Gerasch, W.-J.; Haake, G.:Validierung bautechnischer Bemessungsmethoden für Offshore-Windenergieanlagen anhand der Messdaten der Messplattformen FINO 1 und FINO 2, Jahresbericht GIGAWIND 2005, Hannover (2006)

Kontaktinformationen

Leibniz Universität Hannover
Institut für Turbomaschinen und Fluid-Dynamik
Jörg Seume
Appelstraße 9
30167 Hannover

Tel.: +49 (0) 511/762-2732
Email: seume@tfd.uni-hannover.de
Internet: www.tfd.uni-hannover.de

Institut für Turbomaschinen und Fluid-Dynamik - TFD
Prof. Dr.-Ing. Joerg Seume
Gottfried Wilhelm Leibniz Universität Hannover LUH

Wichtigste Forschungsprojekte

- DFG – Riblets auf Verdichterschaufeln; Verlustminderung in Verdichtern für Gasturbinen um 7 %
- BMWi – Diffusoren hinter Axialturbinen; Schaffung der wiss. Grundlagen für die Effiziensteigerung der Turbinen um circa 0,3 %-Punkte
- BMWi/AiF/FVV – Verbesserung des Wirkungsgrades von Radialverdichtern mit innen-liegenden Spiralen
- EU 6FP – Aufladung von Brennstoffzellen zur Bordstromversorgung von Verkehrsflugzeugen – Auslegung für hohen Wirkungsgrad

Wichtigste Publikationen

- Oehlert, K., Seume, J.R. (2006): Exploratory experiments on machined riblets on flat plates, ASME 2nd Joint U.S.-European Fluids Engineering Summer Meeting, 17.–20. July 2006, Miami, Florida, USA, 2006
- Shaaban, S., Seume, J.; Berndt, R., Pucher, H.; Linnhoff, H.J. (2006): Part-load Performance Prediction of Turbocharged Engines. 8th International Conference on Turbochargers and Turbocharging, London, 17–18 May 2006, Institution of Mechanical Engineers

Technologie- und Förderzentrum

Kontaktinformationen

Technologie- und Förderzentrum im Kompetenzzentrum für Nachwachsende Rohstoffe (TFZ)
Sachgebiet Biogene Festbrennstoffe
Dr. Hans Hartmann
Schulgasse 18
94315 Straubing

Tel.: +49 (0) 9421/300-110
Email: poststelle@tfz.bayern.de
Internet: www.tfz.bayern.de

Wichtigste Forschungsprojekte

- Optimale Scheitholz-Produktionsverfahren: Langzeitlagerungsversuche, Ermittlung von Arbeitszeit und Arbeitsschwere, Kostenanalysen für verschiedene Prozessketten, Gesamtbewertung
- Energetische Nutzung von Getreide und Halmgütern: Brennstoffeigenschaften, Verbrennungsverhalten, Emissionen
- Feinstaubemissionen bei der energetischen Nutzung von Holz, Halmgütern und Getreide: Ermittlung der staubförmigen Emissionen, insbesondere der Feinstaub-Fraktion <10 µm in mehreren Größenklassen und deren toxikologische Bedeutung

Wichtigste Publikationen

- Böhm, T.; Hartmann, H.; Haslauer, R.; Daugbjerg Jensen, P. Temmerman, M. (2005): Size Classification of Wood Chips by Horizontal Screening – Influencing Factors. In: Sjunnesson, L. Carrasco, J: E.; Helm, P.; Grassi, A. (Ed.): ETA Renewable Energies
- Hartmann, H. (2005): Klassifizierungsnorm und deren Konsequenzen. In: VDI-GESELLSCHAFT ENERGIE-TECHNIK (Ed.): Strom und Wärme aus biogenen Festbrennstoffen. Congress on June 1–2, 2005 in Salzburg, VDI-Berichte No. 1891, Düsseldorf, pp. 39–48, ISBN 3-18-0

TECHNISCHE UNIVERSITÄT CAROLO-WILHELMINA ZU BRAUNSCHWEIG

Kontaktinformationen

Technische Universität zu Braunschweig
Institut für Hochspannungstechnik und elektrische Energieanlagen
Prof. Dr.-Ing. Michael Kurrat
Schleinitzstr. 23
38106 Braunschweig

Tel.: +49 (0) 531/391-7735
Email: m.kurrat@tu-bs.de
Internet: www.htee.tu-bs.de

Wichtigste Forschungsprojekte

- Netzorientierte Integration von Mini-Blockheizkraftwerken in das elektrische Versorgungsnetz
- Entwicklung eines netzorientierten Energiemanagementsystems
- Optimierung der Netzstruktur hinsichtlich der Energieeffzienz

Wichtigste Publikationen

- Bärwaldt, Gunnar (2006): Auswirkungen stochastisch fluktuierender Stromeinspeisung auf das deutsche Stromversorgungsnetz
- Bärwaldt, Gunnar (2006): Energiespeicher-System für stochastisch fluktuierende Stromerzeugungsanlagen
- Schulz, Christian (2006): Verbundbetrieb von Mini-BHKW
- Schulz, Christian (2006): Integrations- und Marktstrategien von Mini-Blockheizkraftwerken für den Energieversorger in Deutschland

Kontaktinformationen

Technische Universität Dresden
Institut für Angewandte Physik (IAP)/Photophysik
Prof. Dr. Karl Leo
George-Bähr-Straße 1
01069 Dresden

Tel.: +49 (0) 351/463-34389
Email: leo@iapp.de
Internet: www.iapp.de

Wichtigste Forschungsprojekte

- Verbundprojekt Polymersolarzellen, Realisierung von pin-org Solarzellen
- Verbundprojekt conductive polymer brushes, DFG: neuartige Polymerstrukturen für organische Solarzellen
- Projekt-Innoprofile „organische pin-Bauelemente: Projektbeginn 11/2006, Ziel: Effizienz und Lebensdauer

Wichtigste Publikationen

- Kerstin Schulze (2006): Proc. SPIE 6192, 61920C
- Kerstin Schulze (2006): Adv. Mater. 18 (21), 2872–2875
- Jens Drechsel (2005): Appl. Phys. Lett. 86, 244102
- Kentaro Harada (2005): Phys. Rev. Lett. 94, 036601
- Bert Maennig (2004): Appl. Phys. A – Mat. Sci. Process 79, 1–14

Kontaktinformationen

Technische Universität München
Lehrstuhl für Technologie Biogener Rohstoffe
Prof. Dr.-Ing. Martin Faulstich
Petersgasse 18
94315 Straubing

Tel.: +49 (0) 9421/187-100
Email: m.faulstich@wz-straubing.de
Internet: www.rohstofftechnologie.de

Wichtigste Forschungsprojekte

- Bioethanol aus lignincellulosehaltige Rohstoffe
- Energieeffizienz und erneuerbare Energiesysteme in Bayern im Jahre 2030
- Machbarkeitsstudie zu Produktion von Ethanol durch Biokonversionen an einem Standort in Bayern
- Analyse, Bewertung und Management von Roh- und Baustoffströmen in Bayern
- Analyse und Auswertung bestimmter Stoffströme zur Entwicklung von Strategien für einen effizienten Ressourceneinsatz

Wichtigste Publikationen

- Faulstich, M. (Hrsg., 2005): Energie aus Biomasse und Abfall, Band 1, Verfahren und Werkstoffe für die Energietechnik. Förster Verlag (ISBN 3–4810391–0-6). Sulzbach-Rosenberg, 235 S
- Igelspacher, R., Antoni, D., Kroner, T., Schwarz, W.H., Prechtl, S., Schieder, D., Faulstich M. (2006): Bioethanolproduktion aus Lignocellulose, in: Springer-VDI-Verlag (Hrsg.): BWK-das Energie-Fachmagazin, Bd.3, 50–54.

Universität Karlsruhe (TH)
Forschungsuniversität · gegründet 1825

Kontaktinformationen

Universität Karlsruhe (TH)
Institut für Thermische Strömungsmaschinen
Hans-Jörg Bauer
Kaiserstrasse 12, Geb.-Nr. 10.91/30.60
76128 Karlsruhe

Tel.: +49 (0) 721/608-3240
Email: hans-joerg.bauer@its.uni-karlsruhe.de
Internet: www.its.uni-karlsruhe.de

Wichtigste Forschungsprojekte

- Kraftwerke des 21. Jahrhunderts von Baden-Württemberg und Bayern: Zukünftige Kraftwerke sollen zuverlässiger und leistungsfähiger werden
- Luftfahrtforschungsprogramm III: Langzeitschädigung: Untersuchung unterschiedlicher Kühlkonzepte unter realistischen thermomechanischer Beanspruchung
- AG-TURBO „COOREFF-T – „CO_2-Reduktion durch Effizienz; COORETEC – „CO_2-Reduktionstechnologien
- EU-Projekt Aerothermal Investigations on Turbine Endwalls and Blades (AITEB)

Wichtigste Publikationen

- Saumweber, Schulz (2004): Experimental and Numerical Investigation of Trailing Edge Film Cooling by Circular Coolant Wall Jets
- Ejected from a Slot with Internal Rib Arrays; Journal of Turbomachinery, April. 2004, Vol. 126, pp. 229,236
- Schildmacher, Koch (2005): Experimental Investigation of the Interaction of Unsteady Flow with Combustion; Journal of Engineering for Gas Turbines and Power; Vol. 127, No. 3, April 2005, pp. 295–300

Universität Konstanz

Kontaktinformationen

Universität Konstanz
Photovoltaik-Abteilung
PD Dr. Giso Hahn
Jacob-Burckhardt-Str. 29
78464 Konstanz

Tel.: +49 (0) 7531/88-3644
Email: giso.hahn@uni-konstanz.de
Internet: www.uni-konstanz.de/photovoltaics

Wichtigste Forschungsprojekte

- CrystalClear: EU Projekt zur Kostensenkung in der kristallinen Si-Photovoltaik quer durch die Herstellung (Si-Material, Zellprozess, Module). Ergebnisse: 18 % Wirkungsgrad auf mc-Si und EFG Folien-Si (Laborprozesse), >16 % auf dünnem mc-Si (Industrieprozess)
- BMU Projekt zur Entwicklung von Zellprozessen auf der Basis von dünnen Si-Wafern
- RGSells: EU Projekt zur Materialentwicklung und Entwicklung eines Industrietauglichen Prozesses für RGS Folien-Silizium zur Kostenreduktion in der Photovoltaik (13 % Wirkungsgrad erzielt)

Wichtigste Publikationen

- M. Kaes, G. Hahn, K. Peter, E. Enebakk (2006), Over 18 % efficient mc-Si solar cells from 100 % solar grade silicon feedstock from a metallurgical process route, Proc. 4th WCPEC, Waikoloa 2006, 873–878
- A. Herguth, G. Schubert, M. Kaes, G. Hahn (2006), Avoiding boron-oxygen related degradation in highly boron doped Cz silicon, Proc. 21st EC PVSEC, Dresden 2006, 530
- M. McCann, B. Raabe, W. Jooss, R. Kopecek, P. Fath (2006), 18.1 efficiency for a large area multicrystalline silicon solar cell, Proc. 4th WCPEC, Waikoloa 2006

Kontaktinformationen

Universität Duisburg-Essen
Lehrstuhl für Energiewirtschaft
Prof. Dr. Christoph Weber
Universitätsstraße 11
45117 Essen

Tel.: +49 (0) 201/1832966
Email: christoph.weber@uni-duisburg-essen.de
Internet: http://energie.energiebwl.uni-essen.de/home/

IVG

Wichtigste Forschungsprojekte

- WILMAR: Wind Integration in Liberalised Markets – stochastisches Systemmodell zur Abbildung der Effekte verstärkter Windenergienutzung auf die Netze
- SUPWIND: Tools zur strategischen und operativen Unterstützung der Planung in Elektrizitätssystemen mit verstärkter Windenergieeinspeisung
- GreenNet: Optimale Strategien zur effizienten Nutzung erneuerbarer Energien zur Stromerzeugung in Europa

Wichtigste Publikationen

- Swider, D., C. Weber (2007): The Costs of Wind's Intermittency in Germany: Application of a Stochastic Electricity Market Model. In: European Transactions on Electrical Power
- Barth, R. Brand, H., Swider, D., Weber, C., Meibom, P. (2006): Regional electricity price differences due to intermittent wind power – Impact of extended transmission and storage capacities. In: International Journal of Global Energy Issues 25
- Weber, C., P. Vogel (2006): Assessing the benefits of a provision of system services by Distributed Generation. In: International Journal of Global Energy Issues 25

Kontaktinformationen

Universität Karlsruhe (TH)
Institut für Werkstoffe der Elektrotechnik IWE
Prof. Dr.-Ing. Ellen Ivers-Tiffée
Adenauerring 20
76131 Karlsruhe

Tel.: +49 (0) 721/608-7490
Email: andre.weber@iwe.uni-karlsruhe.de
Internet: www.iwe.uni-karlsruhe.de

Universität Karlsruhe (TH)
Forschungsuniversität · gegründet 1825

Wichtigste Forschungsprojekte

- „FCTestLab – Brennstoffzellentestlabor": Test und Modellierung von CHP-Brennstoffzellensystemen
- „Nanoionics" DFG/NSF-Projekt: Untersuchung nanoskaliger Funktionsschichten für die Hochtemperatur Brennstoffzelle SOFC
- ENSA – Entwicklung Nebenaggregate SOFC-APU (BMWi-Projekt): Entwicklung und Test von Komponenten für SOFC Auxiliary Power Units
- PEMDesign – Modellbasiertes Design von Brennstoffzellensystemen (BMBF-Projekt)

Wichtigste Publikationen

- M.J. Heneka et al., (2006), Accelerated life tests for fuel cells, ECS Trans. 1, (8), p. 377
- A. Mai et al., (2006), Time dependent performance of mixed conducting SOFC cathodes, Solid State Ionics 177, p. 1965
- P. König et al., (2005), Testing and model aided analysis of a 2 kW PEMFC CHP-System, Journal of Power Sources 145/2, p. 327

Universität Stuttgart

Kontaktinformationen

Universität Stuttgart
Institut für Physikalische Elektronik
Jürgen H. Werner
Pfaffenwaldring 47
70569 Stuttgart

Tel.: +49 (0) 711/685-67141
Email: juergen.werner@ipe.uni-stuttgart.de
Internet: www.ipe.uni-stuttgart.de

Wichtigste Forschungsprojekte

- Laser-Dotierung ersetzt platz- und zeitaufwändige Ofenprozesse bei der Solarzellenherstellung, starkes Industrieinteresse.
- Vergleich des Jahresenergieertrags dreizehn verschiedener Photovoltaiktechnologien an Standorten in Deutschland, Zypern und Ägypten; Analyse und Vorhersage der Jahresenergieerträge
- Transfertechnologie einkristalliner Silizium-Dünnschicht-Solarzellen, Niedertemperaturpassivierung mit amorphem Silizium für Standard-Industrieprozesse

Wichtigste Publikationen

- A. Esturo-Breton, M. Ametowobla, C. Carlsson, J. R. Köhler, J. H. Werner (2006), „15.4 % Efficiency silicon solar cells with laser doped emitter", in J. Poortmanns, H. Ossenbrink, E. Dunlop, and P. Helm, Eds., Proc. 21st Europ. Photov. Solar Energy Conf.
- C. Berge, M. Zhu, W. Brendle, M. B. Schubert, J. H. Werner (2006), „150-mm layer transfer for monocrystalline silicon solar cells", Solar Energy Mat. Solar Cells 90, 3102

Universität Stuttgart

Kontaktinformationen

Universität Stuttgart
Institut für Strömungsmechanik und Hydraulische Strömungsmaschinen
Prof. Eberhard Göde
Pfaffenwaldring 10
70569 Stuttgart

Tel.: +49 (0) 711/685-63260
Email: sekretariat@ihs.uni-stuttgart.de
Internet: www.ihs.uni-stuttgart.de

Wichtigste Forschungsprojekte

- Entwicklung von kostengünstigen und umweltfreundlichen Kleinwasserkraftanlagen.
- Entwicklung von Schutz- und Regelalgorithmen für Pumpspeicherwerke zur Netzstabilisierung
- Entwicklung eines Meeresströmungskraftwerks
- Automatische Optimierung von Bauteilen für Wasserkraftanlagen
- Strömungstechnische Auslegung eines Aufwindkraftwerks

Wichtigste Publikationen

- Göde E., Ruprecht A., Lippold F., „On the influence of runner design on draft tube vortex", Int. Seminar Wasserkraftanl., Wien 2004
- Ruprecht A., „ Das Meeresströmungskraftwerk Seaturtle", 5. Seminar Kleinwasserkraft, Mitteilung Nr. 30, IHS, Uni Stg. 2005
- Ruprecht A., Reinhardt H. „Making older hydropower plants fit for the new energy market by improved governing strategies, Hydro Vision, Portland 2006
- Ruprecht A., Göde E., „Die Rolle der Wasserkraft im künftigen Strommarkt – Aufgaben und technische Konsequenzen", IEWT Seminar, Wien 2007

Kontaktinformationen

Universität Stuttgart
Institut für Verfahrenstechnik und Dampfkesselwesen
Prof. Dr. techn. Günter Scheffknecht
Pfaffenwaldring 23
70569 Stuttgart

Tel.: +49 (0) 711/68563487
Email: ivd@ivd.uni-stuttgart.de
Internet: www.ivd.uni-stuttgart.de

Universität Stuttgart

Wichtigste Forschungsprojekte

- EU-Projekt ENCAP: Untersuchungen zur schadstoffarmen Verbrennung von Kohle unter Oxyfuel-Bedingungen in halbtechnischer Versuchsanlage (einzigartig in Europa)
- EU-Projekt CASTOR: Erfolgreicher Nachweis der Abscheidbarkeit von CO_2 aus den Rauchgasen eines Kohlekraftwerks mit aminbasierten Waschlösungen
- Landesprojekt Kraftwerke des 21. Jahrhunderts: Methodik zur detaillierten gekoppelten Simulation von Feuerung und Dampferzeuger erfolgreich auf mehrere Kraftwerke angewandt

Wichtigste Publikationen

- Scheffknecht, G.: Power Plant Technologie's contribution to environmental protection – state of the art and perspective. 7th European Conference of Industrial Furnaces and Boilers, 18–21 April 2006, Porto, Portugal; 2006
- Thorwarth, H.; Scheffknecht, G.: The Effect of Conventional Air Pollution Control Devices and Biomass Co-Combustion on Mercury Behaviour. In: The Clearwater Coal Conference, 31st International Technical Conference on Coal Utilization & Fuel Systems, May 2

Kontaktinformationen

Universität Ulm
Institut für Organische Chemie II und Neue Materialien
Prof. Dr. Peter Bäuerle
Albert-Einstein-Allee 11
89081 Ulm

Tel.: +49 (0) 731/5022850
Email: peter.baeuerle@uni-ulm.de
Internet: www.uni-ulm.de/oc2/

UNIVERSITÄT ULM · SCIENDO · DOCENDO · CURANDO ·

Wichtigste Forschungsprojekte

- Organische Solarzellen auf der Basis von konjugierten Polymeren
- Organische Solarzellen auf der Basis von konjugierten Oligomeren
- Organische Solarzellen auf der Basis von konjugierten Dendrimeren

Wichtigste Publikationen

- J. Cremer, P. Bäuerle, M.M. Wienk, R.A.J. Janssen, Chem. Mater. 2006, 18, 5832–5834
- C.-Q. Ma, E. Mena-Osteritz, T. Debaerdemaeker, P. Bäuerle, Angew. Chem. 2007, 119, 1709–1713; Angew. Chem. Int. Ed. 2007, 46, 1679–1683
- M. Pfeiffer, C. Uhrich, A. Petrich, R. Schüppel, K. Schulze, K. Leo, E. Brier, E. Reinold, P. Bäuerle, Deutsche Patentanmeldung 10 2005 010 978.0 (4.3.2005), PCT-Anmeldung PCT/DE2006/000394 (4.3.2006): „Organisches Photoaktives Bauelement".

Westfälisches Umwelt Zentrum

Kontaktinformationen

WUZ Westfälisches Umwelt Zentrum
Rationeller Energieeinsatz
Prof. Dr.-Ing. Jürgen Voss
Pohlweg 55
33098 Paderborn

Tel.: +49 (0) 700/09897233
Email: wuz-paderborn@wuz.de
Internet: www.wuz.de

Wichtigste Forschungsprojekte

- Systemdynamische Modellierung dezentraler Energieversorgung zur Untersuchung des technischen und ökologischen Potenzials
- Qualitätssicherung von Erdwärmesonden: Entwicklung von Methoden zur Überprüfung bestehender Anlagen
- Offshore-Messmast Amrumbank West – Offshore Windenergie in der Nordsee
- Offshore-Messmast Arkona-Becken-Südost – Offshore Windenergie in der Ostsee

Wichtigste Publikationen

- Bendfeld, Higgen, Krieger, Splett, Voss (06): One year operation of Offshore Metmast Amrumbank West, DEWEK 06, Bremen, Germany
- Hollmann (07): Ein systemdynamischer Modellierungsansatz zur Untersuchung des technischen und ökologischen Potenzials dezentraler Energieversorgung, Cuvillier Verlag
- Bendfeld, Splett, Voss (07): Estimation of long term wind energy production at Offshore windfarm locations, EWEC 07, Milano, Italien

Forschungseinrichtungen: Energieeffizienz

Kontaktinformationen

Bundesforschungsanstalt für Landwirtschaft (FAL), Braunschweig
Institut für Betriebstechnik und Bauforschung
Prof. Dr. Franz-Josef Bockisch
Bundesallee 50
38116 Braunschweig

Tel.: +49 (0) 531/5964301
Email: franz.bockisch@fal.de
Internet: www.bb.fal.de

FAL Bundesforschungsanstalt für Landwirtschaft
Institut für Betriebstechnik und Bauforschung

Wichtigste Forschungsprojekte

- Verbesserung der Kombination von Schlepper und Anbaugeräten; konservierende Bodenbearbeitungsverfahren
- Neue Dachbegrünungsvarianten
- Natürliche Dämmmaterialien
- Teilflächenspezifische Beregnungstechniken
- Mobile Tropfbewässerungstechniken

Wichtigste Publikationen

- Lebert, M.; Brunotte, J.; Sommer, C.; Böken, H. (2006): Bodengefüge gegen Verdichtungen schützen – Lösungsansätze für den Schutz landwirtschaftlich genutzter Böden. Journal of plant nutrition and soil science, Band 169, Heft 5, Seite 633–641, ISSN: 1522–2
- Wieland, H.; Bockisch, F.-J. (2006): Brandschutz bei Dämmstoffen aus nachwachsenden Rohstoffen: Einfluss der Brandschutzverbindungen auf Wärmeleitfähigkeit und Feuchteverhalten. Landtechnik, Band 61, Heft 4, Seite 228–229, ISSN: 0023–8082

FIW München

Kontaktinformationen

FIW München
Forschungsinstitut für Wärmeschutz e.V. München
Dr. Roland Gellert
Lochhamer Schlag 4
82166 Gräfelfing

Tel.: +49 (0) 89/85800-0
Email: gellert@fiw-muenchen.de
Internet: www.fiw-muenchen.de

Wichtigste Forschungsprojekte

- EPS-Loop, Messmethode für die Bestimmung von gefährlichen Substanzen in Bau- und Dämmstoffen
- Einsatzfähigkeit von Dämmsystemen bei hohen Temperaturen
- Vornormative Forschung, Festlegung von Kennwerten und Anwendungsbedingungen
- Auswirkung anwendungstechnischer Einflussgrößen auf den Wärme- und Kälteschutz von Dämmungen haus- u. betriebstechnischer Anlagen
- Energieverbrauchsmessungen und Bauphysikalische Nachberechnung von ausgeführter Massnahme

Wichtigste Publikationen

- Wärmedämmstoffe für hohe Temperaturen
- EU-Dämmstoffnormen, Prüfmethoden zur Ermittlung flüchtiger, organischer Komponenten VOC
- Anwendungsgebiete von alternativen Dämmstoffen
- Sanierung durchfeuchteter Dächer
- Luftströmung in Plansteinmauerwerk

IUSE
Fraunhofer Institut
Umwelt-, Sicherheits-,
Energietechnik UMSICHT

Kontaktinformationen

Fraunhofer-Gesellschaft
Fraunhofer-Institut für Umwelt-, Sicherheits- und Energietechnik UMSICHT
Prof. Dr.-Ing. Eckhard Weidner; Stellvertr. Institutsleiter: Dr.-Ing. Görge Deerberg
Osterfelder Str. 3
46047 Oberhausen

Tel.: +49 (0) 208/8598-0
Email: info@umsicht.fraunhofer.de
Internet: www.umsicht.fraunhofer.de

Wichtigste Forschungsprojekte

- PCM/PCS-Materialien für die Kältespeicherung (vier Projekte, vier Mitarbeiter)
- Dampfstrahlkältemaschinen (vier Projekte, zwei Mitarbeiter)
- Solare Kältemaschinen (drei Projekte, zwei Mitarbeiter)
- Leckortung in Wärmenetzen (acht Projekte, drei Mitarbeiter)

Wichtigste Publikationen

- Doetsch, C.; Huang, L. (2006): PCM Slurries als Hochleistungs-Kältespeicher/Kälteträger. In: Russ, C.: Statusseminar Thermische Energiespeicherung – mehr Energieeffizienz zum Heizen und Kühlen : 2.–3. November 2006 in Freiburg. Jülich: Forschungszentrum
- Noeres, P. (2006): Thermische Kälteerzeugung mit Dampfstrahlkältemaschinen – Konzepte und Erfahrungen. In: KI – Luft- und Kältetechnik, Vol.42 (2006), No.11, pp. 478–483

Kontaktinformationen

Fraunhofer-Gesellschaft
Fraunhofer-Institut für Zuverlässigkeit und Mikrointegration
Prof. Dr.-Ing. Dr.-Ing. E.h. Herbert Reichl
Gustav-Meyer-Allee 25
13355 Berlin

Tel.: +49 (0) 30/46403-0
Email: herbert.reichl@izm.fraunhofer.de
Internet: www.izm.fraunhofer.de

IZM
Fraunhofer Institut Zuverlässigkeit und Mikrointegration

Wichtigste Forschungsprojekte

- Mikronetz – Entwicklung eines Schaltnetzteils auf Basis eines Baukastens der Mikrosystemtechnik im Kleinleistungsbereich
- EuP – Preparatory Studies for Eco-Design Requirements of EuPs (I): Lot 4 „Imaging Equipment", Lot 5 „Consumer Electronics: Televisions", Lot 6 „Standby and Off-mode Losses of EuPs", Lot 7 – „Battery Chargers and External Power Supplies"
- Prozell – Produktionstechnologie für Mikroenergiesysteme: Entwurf und Integration von mikrostrukturierten Foliensubstraten für Mikrobrennstoffzellen

Wichtigste Publikationen

- Schischke, Karsten (2006): Umweltaspekte lassen sich in jeden Entwurf integrieren – Praktische Erläuterungen am Beispiel Mikrosystemtechnik. Elektronik Sonderheft – EcoDesign, WEKA Fachzeitschriften-Verlag GmbH.
- Schischke, Karsten; Mudgal, Shailendra; Turunen, Lea; Lescuyer, Linda; Nissen, Nils (2007): Improvement Options for External Power Supplies and Battery Chargers – Results of the EuP – Preparatory Study. Eco-X – Sustainable Recycling Management & Recycling

---

Kontaktinformationen

Hochschule für Angewandte Wissenschaften Hamburg
FSP Brennstoffzellen und rationelle Energieverwendung, Fachgebiet Technische Thermodynamik, Anlagenbau und Kältetechnik
Prof. Dr.-Ing. Uwe Sievers
Berliner Tor 21
20099 Hamburg

Tel.: +49 (0) 40/42875-8702
Email: sievers@rzbt.haw-hamburg.de
Internet: http://www.haw-hamburg.de/

Hochschule für Angewandte Wissenschaften Hamburg
Hamburg University of Applied Sciences

Wichtigste Forschungsprojekte

- Energieeffizienzverbesserung von Kältemaschinen mit dem natürlichen Kältemittel CO_2
- Projektierung einer CO_2-Kälteanlage zur Fahrzeugklimatisierung
- Integration einer Prozesswärmepumpe in einen Produktionsprozess
- Energetische Optimierung von Anlagen zur CO_2-Hochdruckextraktion
- Thermodynamische Berechnungen zur partiellen Kondensation von Rauchgasen in einem Heizwerk

Wichtigste Publikationen

- Sievers, U., Baraniec, K.: CO_2-Prozesse mit ein- und mehrstufiger Verdichtung für die Kälteversorgung einer Klimaanlage. DKV-Tagungsbericht 33 (2006), Bd. II.1, 221/255.
- Sievers, U.: Thermodynamic Process Calculations for CO_2 Plants with Two-Stage Compression. Proceedings of the International Institute of Refrigeration Commission B1 Conference Thermophysical Properties and Transfer Processes of Refrigerants, Vicenza, Ital

IAF
Institut für Angewandte Forschung

Kontaktinformationen

Hochschule Karlsruhe – Technik und Wirtschaft
Institut für Angewandte Forschung
Prof. Dr. Norbert Link
Moltkestrasse 30
76133 Karlsruhe

Tel.: +49 (0) 721/925-2360
Email: arno.lagaly@hs-karlsruhe.de
Internet: www.iaf-karlsruhe.de

Wichtigste Forschungsprojekte

- Messtechnische Untersuchungen an Schulen zur Unterstützung eines energiebewussten Nutzungsverhaltens
- Kompatible Werkstoffe des Bauwesens in Erhaltungsmanagementsystemen für Verkehrsanlagen
- Messtechnische Begleitung Energie-Bilanzierung bei Modernisierungemassnahmen

Wichtigste Publikationen

- Gerdes, A.: Bauchemie im 21. Jahrhundert – Neue Strategien für die Entwicklung präventiver Oberflächenschutzmaßnahmen, in: WTA-Almanach 2006, 371–396
- Stöckner M.: Messtechnische und visuelle Zustandserfassungen. Einsatzmöglichkeiten, Vergleichbarkeit und Qualitätskontrolle, in: Straße und Autobahn, H. 4/2006, 227–232
- Stöckner, M.: Systematik eines Qualitätscontrolling, in: Straße und Autobahn, Jg. 56, H. 7/2005, 79–84

IFW
Leibniz-Institut für Festkörper- und Werkstoffforschung Dresden

Kontaktinformationen

Leibniz-Institut für Festkörper- und Werkstoffforschung Dresden e.V. (IFW Dresden)
Institut für Metallische Werkstoffe
Prof. Dr. Ludwig Schultz
Helmholtzstr. 20
01069 Dresden

Tel.: +49 (0) 351/4659-460
Email: l.schultz@ifw-dresden.de
Internet: www.ifw-dresden.de/imw

Wichtigste Forschungsprojekte

- NESPA (Nanoengineered Superconductors for Power Applications) 2006–2010: Coordination of this europe-wide network consisting of 13 partners from universities, research institutes and industry
- Hiperchem, Hipermag: development of high current YBCO and MgB2 superconducting tapes for power applications
- NESSHY (EU-IP): Novel efficient solid storage for hydrogen
- DFG: Tailored materials for magnetic refrigeration around room temperature
- COSY (EU-RTN): Complex Solid State Reactions for Energy Efficient Hydrogen Storage

Wichtigste Publikationen

- J. Eickemeyer, D. Selbmann, R. Huhne, H. Wendrock, J. Hanisch, A. Guth, L. Schultz, and B. Holzapfel, Elongated grains in textured substrate tapes and their effect on transport currents in superconductor layers, Appl. Phys. Lett. 90, 012510 (2007)
- J. Hanisch, C. Cai, R. Huhne, L. Schultz, and B. Holzapfel, Formation of nanosized BaIrO[sub 3] precipitates and their contribution to flux pinning in Ir-doped YBa[sub 2]Cu[sub 3]O[sub 7 – delta] quasi-multilayers, Appl. Phys. Lett. 86, 122508 (2005)

Kontaktinformationen

Martin-Luther-Universität Halle-Wittenberg
Institut für Informatik/Lehrstuhl Automatisierungstechnik
Prof. Dr.-Ing. Hans-Michael Hanisch
Kurt-Mothes-Straße 1
06120 Halle (Saale)

Tel.: +49 (0) 345/55-25970
Email: hans-michael.hanisch@informatik.uni-halle.de
Internet: http://aut.informatik.uni-halle.de

Wichtigste Forschungsprojekte

- Projekt VAIAS – Validierbare Architekturen für Industrielle Automatisierungssysteme
- DFG-Projekt – Formale Synthese verteilter Steuerungen
- BMWI – Projekt EnAS – Energieautarke Aktor- und Sensorsysteme

Wichtigste Publikationen

- V. Vyatkin, H.-M. Hanisch, S. Karras, T. Pfeiffer and V. Dubinin: Rapid engineering and re-configuration of automation objects aided by formal modelling and verification, Int. J. Manufacturing Research, Vol. 1, No. 4, 2006, pp 382–404.
- H.-M. Hanisch, A. Lobov, J. L. Martinez Lastra, R. Tuokko and V. Vyatkin: Formal validation of intelligent-automated production systems: Towards industrial applications, Int. J. Manufacturing Technology and Management, Vol. 8, Nos. 1/2/3, 2006, pp 75–106.

Kontaktinformationen

RWTH Aachen University
Lehrstuhl für Prozesstechnik
Prof. Dr.-Ing. Wolfgang Marquardt
Turmstraße 46
52064 Aachen

Tel.: +49 (0) 241-8094668
Email: secretary@lpt.rwth-aachen.de
Internet: www.lpt.rwth-aachen.de

Wichtigste Forschungsprojekte

- Minimierung des Energieverbrauchs von komplexen Trennsequenzen in der Verfahrenstechnik, Software-Tool zur Prozesssynthese
- Regelung von Membranfiltrationsprozessen in der Abwasseraufbereitung, bis 50-prozentige Reduktion des Energieverbrauchs
- Strategieoptimierung im Betrieb von Kläranlagen, in Simulationen bis 40-prozentige Reduktion des Energieverbrauchs

Wichtigste Publikationen

- J. Busch, W. Marquardt (2007): Model-based control of membrane filtration processes, Proceedings FILTECH 2007
- J.Busch, J. Oldenburg, M. Santos, A. Cruse, W. Marquardt (2007): Dynamic predictive scheduling of operational strategies for continuous processes using mixed-logic dynamic optimization, Comput. Chem. Eng.
- T. Kreuzinger, M. Bitzer, W. Marquardt (2007): Mathematical modeling of a domestic heating system with stratified storage tank, MCMDS

STEINBEIS

Kontaktinformationen

Steinbeis GmbH & Co. KG für Technologietransfer
Steinbeis Transferzentrum Energie-, Gebäude- und Solartechnik
Prof. Dr.-Ing. Martin Norbert Fisch
Gropiusplatz 10
70563 Stuttgart

Tel.: +49 (0) 711/9907-5
Email: info@stz-egs.de
Internet: www.stz-egs.de

Wichtigste Forschungsprojekte

- Concerto – Energy in Minds: Energetische Optimierung von vier Städten in Europa
- DeAL: Dezentrale Lüftungsgeräte in Bürogebäuden
- EVA: Evaluierung von Energiekonzepten in Bürogebäuden
- NuWog: KfW 40 Haus im Bestand
- CO_2-Neutrale Wärmeversorgung von Wohnsiedlungen

Wichtigste Publikationen

- Plesser, Schneider, Mahler, Fisch: Forschungsprojekt Evaluierung von Bürogebäuden in „Intelligente Architektur" 2006
- Mahler: Energieeffizienz+Bestand, Integrierte Planung; OTTI 2007
- Mahler, Knapp: Energiestrategie Neckarsulm in „erneuerbare energie" 2005–4
- Mahler: Optimisation of Central solar Heating Systems with seasonal Storage, 2nd European Solar Thermal Energy Conference, 2005

TECHNISCHE UNIVERSITÄT CAROLO-WILHELMINA ZU BRAUNSCHWEIG

Kontaktinformationen

Technische Universität Braunschweig
Institut für Landmaschinen und Fluidtechnik
Hans-Heinrich Harms
Langer Kamp 19a
38106 Braunschweig

Tel.: +49 (0) 531/391-2670
Email: ilf@tu-braunschweig.de
Internet: www.tu-braunschweig.de/ilf

Wichtigste Forschungsprojekte

- Reduzierung des Kraftstoffeinsatzes um 20 bis 25 % bei Traktoren und Baggern durch intelligentes Antriebsstrangmanagement
- Optimierung des Hydrauliksystems durch Einführung eines „adaptiven" Hydrauliksystems (Nachfolger Loadsensing-System)
- Verbesserung des Häckselvorgangs bei Mähdreschern (Leistungseinsparung circa 30 %)
- Entwicklung eines Online-Condition-Monitoring-Systems zur Bestimmung der Ölalterung (Möglichkeit der Nutzung von „Bioöl")

Wichtigste Publikationen

- An adaptive hydraulic system for mobile applications, 5. International Fluid Power Conference, Volume 3; Seite 95 bis 106; 2006 in Aachen, Fedde/Harms, ISBN 3–8322–4841–2, ISSN 1437–8434
- Multi-Sensor for Monitoring the Oil Condition of mobile working Machines in Operation, PTMC 2006, Seite 81 bis 94, Verlag Hadleys Ltd, Basildon, 2006, Krallmann/Harms, ISBN 08 6197135 3
- Wasserstrahlschneiden von Zuckerrüben, Landtechnik 61 (2006) H. 6, Seite: 380 bis 38, Brüser/Harms, ISSN 0023–8082

Kontaktinformationen

Technische Universität Darmstadt
Fachgebiet Entwerfen und Energieeffizientes Bauen
Prof. Manfred Hegger
El-Lissitzky-Str. 1
64287 Darmstadt

Tel.: +49 (0) 6151/16-2046
Email: hegger@ee.tu-darmstadt.de
Internet: www.ee.tu-darmstadt.de

ee TECHNISCHE UNIVERSITÄT DARMSTADT

Wichtigste Forschungsprojekte

- Solar Decathlon 2007: Entwicklung eines energieautarken Solarhauses im Rahmen eines internationalen Wettbewerbes von 20 Universitäten
- Bewertung der Nachhaltigkeit von Gebäuden: anhand von 20 Beispielprojekten als konkrete Handlungslinie und Arbeitshilfe für Planer
- Ökobilanzierung: vergleichende Nachhaltigkeitskennwerte von Baumaterialen nach Bauteilschichten

Wichtigste Publikationen

- Manfrad Hegger, Matthias Fuchs, Thomas Stark, Martin Zeumer (2007) Energie Atlas – Nachhaltige Architektur, DETAIL/Birkhäuser
- Manfred Hegger, Hans Drexler, Martin Zeumer (2007) Basics Materialität, Birkhäuser
- Manfred Hegger (2005) Planen im Lebenszyklus, Bundesanzeiger Verlag, S. 113–126
- Manfrad Hegger, Volker Auch-Schwelk, Matthias Fuchs, Thorsten Rosenkranz (2005) Baustoff Atlas, DETAIL/Birkhäuser

Kontaktinformationen

Universität Bayreuth
Lehrstuhl für Technische Thermodynamik und Transportprozesse (LTTT)
Prof. Dr.-Ing. Dieter Brüggemann
Universitätsstraße 30
95440 Bayreuth

Tel.: +49 (0) 921/55-7160
Email: LTTT@uni-bayreuth.de
Internet: www.LTTT.uni-bayreuth.de

Universität Bremen

Wichtigste Forschungsprojekte

- Für eine Reihe verschiedener Fallbeispiele wurden Formgebungs- und Härtungsprozesse in der industriellen Glasverarbeitung anhand umfangreicher Modellsimulationen sowie mittels Infrarot-Thermographie analysiert und optimiert.
- Die typischen Prozesse in der Glasherstellung und -verarbeitung erfordern einerseits den Einsatz großer Mengen an Energie und liefern andererseits Wärme, die vielfach nur zum Teil weiter genutzt wird.

Wichtigste Publikationen

- C. Phan Dang, D. Brüggemann (2006): Optimierung von Pressformen mit Hilfe einer schnellen numerischen 3D-Simulationsmethode,
- S. Freiberger, R. Steinhilper, A. Heinrich, D. Brüggemann (2006): Failure Detection and Isolation through Infrared Thermal Imaging,
- ReMaTecNews vol. 6, pp. 20
- U. Drescher (2006): Effiziente Wärmenetzanalyse durch EVU, Netzbetreiber und Universität, Euro Heat & Power, 35. Jg., Heft 5

Friedrich-Alexander-Universität Erlangen-Nürnberg

Kontaktinformationen

Universität Erlangen-Nürnberg
Lehrstuhl für Elektrische Antriebe und Steuerungen
Prof. Dr.-Ing. Bernhard Piepenbreier
Cauerstraße 9
91058 Erlangen

Tel.: +49 (0) 9131/85-27249
Email: piepenbreier@eas.eei.uni-erlangen.de
Internet: www.eas.eei.uni-erlangen.de

Wichtigste Forschungsprojekte

- Energierückspeisung mit hohem Wirkungsgrad bei elektrischen Antrieben durch neue Topologien
- Einsatz von SiC-JFETs in rückspeisefähigen Umrichtern für verminderten Materialeinsatz im System

Wichtigste Publikationen

- B. Piepenbreier, L. Sack, Verlustarmer Umrichter ohne Zwischenkreis-Kondensator, Elektronik 01/2006, eingeladener Beitrag
- B. Piepenbreier, L. Sack, VDE/VDI-Fachtagung Elektrisch-mechanische Antriebssysteme", 6.–7.10.2004, Fulda, Germany
- B. Piepenbreier, L. Sack, PESC04 2004 IEEE 35th Annual Power Electronics Specialists Conference, 20–25 June 2004, Aachen, Germany

Friedrich-Alexander-Universität Erlangen-Nürnberg

Kontaktinformationen

Universität Erlangen-Nürnberg
Lehrstuhl für Hochfrequenztechnik
Prof. Dr.-Ing. Lorenz-Peter Schmidt
Cauerstraße 9
91058 Erlangen

Tel.: +49 (0) 9131/85-27215
Email: LPS@LHFT.DE
Internet: www.LHFT.de

Wichtigste Forschungsprojekte

- Isotopenaufgelöste optische CO_2-Gasanalyse zum Studium des CO_2-Kreislaufes
- Faseroptisches Spektrometer zur in-situ CO- und CO_2-Messung in schwierigen Medien
- Optimierung der optischen und elektronischen Subsysteme zur industriellen Gasanalyse mittels Diodenlaser-Spektroskopie
- Faseroptische Dehnungs- und Temperatur-Messung in elektrischen Kraftwerksgeneratoren
- Millimeterwellen-Sensorik zur Überwachung und Optimierung des Wirkunsgrades von Turbinen in Kraftwerken

Wichtigste Publikationen

- Engelbrecht, R.; Lau, S.; Salffner, K.; Löhmannsröben, H.-G. (2006): Fasergekoppelte NIR-Diodenlaser-Spektrometer zur simultanen und isotopen-aufgelösten Messung von CO und CO_2: Anwendungen in Plasma-Diagnostik und Bodengasanalyse, VDI-Berichte Nr. 1959,
- Gubmann, F., Tran, P., Weinzierl, J., Schmidt, L.-P. (2006): Advanced Broadband Millimetre-Wave Characterization Techniques of Dielectrics, ECNDT, Berlin Sept. 2006
- Patente

Kontaktinformationen

Universität Stuttgart
Institut für Energiewirtschaft und Rationelle Energieanwendung
Alfred Voß
Heßbrühlstr. 49 A
70565 Stuttgart

Tel.: +49 (0) 711/685-87811
Email: ier@ier.uni-stuttgart.de
Internet: www.ier.uni-stuttgart.de

Wichtigste Forschungsprojekte

- Technikbewertung durch Abschätzung externer Kosten von Energieumwandlungs- und Verkehrstechniken
- Bewertung von Techniken zur Luftreinhaltung: Abschätzung von Potentialen, Kosten, Hemmnissen, Auswirkungen auf Luftqualität und Gesundheitsschutz
- Ermittlung von Klimaschutzstrategien: Potenziale von Klimaschutzmaßnahmen, Kosten, Hemmnisse, Umweltpolitische Instrumente

Wichtigste Publikationen

- Eltrop, L.; Mörschner, J.; Härdtlein, M.; König, A.: Bilanz und Perspektiven der Holzenergienutzung in Baden-Württemberg, IER Inst. Für Energiewirtschaft und Rationelle Energiewirtschaft Universität Stuttgart, Forschungsbericht Band 98, 2006
- Pregger, T., Friedrich, R.: Feinstaubemissionen in Deutschland – Quellen, zukünftige Entwicklung, Minderungspotentiale in: DIN, KRdL,im VDI und DIN (Hrsg.: Feinstaub und Stickstoffdioxid, Beuth Verlag, Berlin 2006

Kontaktinformationen

Universität Stuttgart
Institut für Technische Informatik
Prof. Dr. nat. habil. Hans-Joachim Wunderlich
Pfaffenwaldring 47
70569 Stuttgart

Tel.: +49 (0) 711/7816 391
Email: sekretariat@iti.informatik.uni-stuttgart.de
Internet: www.ra.informatik.uni-stuttgart.de

Wichtigste Forschungsprojekte

- VIVA (DFG Verbundprojekt): Verlustleistungsarmer funktionaler Selbsttest von Prozessoren
- IBM: Verbesserte Produktionsausbeute durch die Reduktion der Verlustleistung beim Test von VLSI Chips
- NXP (Projekt Maya): Beschränkung der Testanwendungszeit bei steigender Schaltungskomplexität und neuartigen Fehlerursachen
- Universität Paderborn: Verlustleistungsarme Fehlererkennung und -korrektur in dynamischen Speichern

Wichtigste Publikationen

- C. Zoellin, H.-J. Wunderlich, N. Maeding, J. Leenstra, 2006, „BIST Power Reduction Using Scan-Chain Disable in the Cell Processor", International Test Conference
- M.E. Imhof, C.G. Zoellin, H.-J. Wunderlich, N. Maeding, J. Leenstra, 2007, „Verlustleistungsoptimierende Testplanung zur Steigerung von Zuverlässigkeit und Ausbeute"
- J. Zhou, H.-J. Wunderlich, 2006, „Software-Based Self-Test of Processors under Power Constraints", Conference on Design, Automation and Test in Europe (DATE)

Forschungseinrichtungen: Rohstoff- und Materialeffizienz

Fraunhofer Institut Zuverlässigkeit und Mikrointegration

Kontaktinformationen

Fraunhofer-Gesellschaft
Fraunhofer-Institut für Zuverlässigkeit und Mikrointegration
Prof. Dr.-Ing. Dr.-Ing. e.h. Herbert Reichl
Gustav-Meyer-Allee 25
13355 Berlin

Tel.: +49 (0) 30/46403-0
Email: herbert.reichl@izm.fraunhofer.de
Internet: www.izm.fraunhofer.de

Wichtigste Forschungsprojekte

- BioFun – Modifizierung von Biopolymeren für die breite Anwendung in aktiven und passiven Funktionsstrukturen: Verfügbare Biopolymere werden durch gezielte Anpassung an die verschiedenen Anforderungen in elektronischen Produkten nutzbar gemacht
- BioPro – Biopolymere auf Basis von Polyhydroxyalkanoaten (PHA): Verfahrensentwicklung für die Herstellung innovativer und ökoeffizienter Materialien für Funktionswerkstoffe in der Elektronik

Wichtigste Publikationen

- Müller, Jutta; Nissen, Nils. F.; Scheel, Wolfgang; Schmidt, Ralf (2006): Renewable Resources for Electronics: – Lignin-based Polymers for Printed Circuit Boards. Going Green – CARE INNOVATION 2006.
- Stobbe, Lutz (2006): Öko-Design in KMUs – Europäische Union will kleine und mittelständische Hersteller unterstützen. Elektronik 23/2006.

Kontaktinformationen

Fraunhofer-Gesellschaft
Fraunhofer-Institut für Umwelt-, Sicherheits- und Energietechnik UMSICHT
Prof. Dr.-Ing. Eckhard Weidner; Stellvertr. Institutsleiter: Dr.-Ing. Görge Deerberg
Osterfelder Str. 3
46047 Oberhausen

Tel.: +49 (0) 208/8598-0
Email: info@umsicht.fraunhofer.de
Internet: www.umsicht.fraunhofer.de

IUSE
Fraunhofer Institut Umwelt-, Sicherheits-, Energietechnik UMSICHT

Wichtigste Forschungsprojekte

- Life Cycle, ökologischer Fußabdruck von neuen Flammschutzmitteln
- Bernsteinsäure als Basis für Bioraffinerien
- Entwicklung von Biokunststoffen für Spezialanwendungen

Wichtigste Publikationen

- Weidner, E. (2006): Kunststoff. Recycling. Ressourcen: Was kommt nach dem Öl? In: Fraunhofer-Institut für Umwelt-, Sicherheits- und Energietechnik -UMSICHT-, Oberhausen: 15. Kunststoff und Recycling Kolloquium 2006: Öl in der Krise – Recycler im Aufwind?
- Kabasci, S.; Kopitzky, R.; Deerberg, G.; Merrettig-Bruns, U.; Michels, C.: Industrielle C4-Chemie auf Basis nachwachsender Rohstoffe am Beispiel der Prozesskette Bernsteinsäure-Polyamid. In: Chemie-Ingenieur-Technik, Vol.78 (2006), No.9, pp. 1172–1173

Kontaktinformationen

Friedrich-Alexander-Universität Erlangen-Nürnberg
Lehrstuhl für Kunststofftechnik
Prof. Dr.-Ing. Ernst Schmachtenberg
Am Weichselgarten 9
91058 Erlangen-Tennenlohe

Tel.: +49 (0) 9131/8529700
Email: schmachtenberg@lkt.uni-erlangen.de
Internet: www.lkt.uni-erlangen.de

Friedrich-Alexander-Universität Erlangen-Nürnberg

Wichtigste Forschungsprojekte

- Durch mehrere Forschungsprojekte zur prozessoptimierten und funktionsorientierten Herstellung von flächigen sowie tragenden Hybridstrukturen konnte ein wichtiger Beitrag zum Leichtbau, zum Beispiel im Automobil, geleistet werden.
- Ein Forschungsprojekt zu integrierten dreidimensionalen multifunktionalen Antennensystemen für Sicherheits- und Kommunikationssystemen in Fahrzeugen trägt durch Substitution von Metall durch Kunststoff ebenfalls zur Gewichtsreduktion im Automobil bei

Wichtigste Publikationen

- Al-Sheyyab, A.; Ehrenstein, G.W.: Leichtmetall-Kunststoff-Hybride, Umformen und Verbinden. In: Blech InForm 5/2006, 119–122.
- Schmachtenberg, E.; Al-Sheyyab, A.; Hülder, G.; Beiss, T.; Müller, T.: Leichtbau mit faserverstärkten Kunststoffen – neue Aspekte zur Bauteilauslegung und Fertigung. Industriekolloquium 2006 des SFB 396, Hrsg.: Meisenbach Bamberg 2006

Kontaktinformationen

Friedrich-Schiller-Universität Jena
Institut für Technische Chemie und Umweltchemie
Prof. Dr. Bernd Ondruschka
Lessingstrasse 12
07743 Jena

Tel.: +49 (0) 3641/948400
Email: bernd.ondruschka@uni-jena.de
Internet: www.ituc.uni-jena.de

Wichtigste Forschungsprojekte

- Alternative Herstellung von Papiercellulose
- Herstellung der Plattformchemikalie 5HMF
- Hydrolytische Spaltung von Fetten
- Entwicklung von Photokatalysatoren
- Erzeugung von Wasserstoff

Wichtigste Publikationen

- G. Kreisel et al., (2007), Che. Ing Tech. 79, 153–159
- S. Meyer et al., (2007), J. Photoch. Photobiol. A 186, 248–253
- W. Klemm et al. (2006), Adv. Micro& Nanosystems 6, 463–495
- B. Ondruschka et al. (2006), DGMK-Tagungsband 2006-2, 247–254
- B. Ondruschka et al. (2006), 60, 326–329

Kontaktinformationen

GKSS Forschungszentrum Geesthacht GmbH
Institut für Werkstoffforschung/Werkstoffmechanik
Prof. Dr. Norbert Huber
Max-Planck-Str. 1
21502 Geesthacht

Tel.: +49 (0) 4152/872500
Email: norbert.huber@gkss.de
Internet: www.gkss.de

Wichtigste Forschungsprojekte

- IPSUS (HGF): Improving Performance and Productivity of Integral Structures through Fundamental Understanding of Metallurgical Reactions in Metallic Joints
- FITNET (EU): Anwendung einer auf bruchmechanischen Prinzipien aufbauenden Fehlerbewertungsprozedur
- FIBLAS (EU): Improvement in Steel Utilisation and Manufacturing by Recent Break-Through in High-Power Fibre Laser Welding
- WELAIR (EU): Development of short distance welding concepts for air fames
- COINS (EU): Cost Effective Integral Metallic Structure

Wichtigste Publikationen

- Olea, C.A.W.; Roldo, L.; Strohaecker, T.R.; dos Santos, J.F.: Friction stir welding of precipitate hardenable aluminium alloys: A review. In: Welding in the world. Vol. 50 Oxford: Pergamon Press, (2006) 11–12, 78–87.
- Zettler, R.; Potomati, F.; dos Santos, J.; de Alcantara, N.: Temperature evolution and mechanical properties of dissimilar friction stir weldments when joining AA2024 and AA7075 with an AA6056 alloy. In: Welding in the world. Vol. 50, Oxford.

Kontaktinformationen

RWTH Aachen
Univ.-Hautklinik UKA – Klinik für Dermatologie & Allergologie
Univ.-Prof. Dr. med. Hans F. Merk
Pauwelsstr. 30
52074 Aachen

Tel.: +49 (0) 241/8088331
Email: hans.merk@post.rwth-aachen.de
Internet: www.imib.rwth-aachen.de

UNIVERSITÄTSKLINIKUM AACHEN

Wichtigste Forschungsprojekte

- Nachwachsende Rohstoffe

Wichtigste Publikationen

- Merk HF et al.: Skin: Major target organ of allergic reactions to small molecular weight compounds. TAAP, in press (dort weitere Literatur)

Kontaktinformationen

Stiftung Institut für Werkstofftechnik
Hans-Werner Zoch
Badgasteiner Str. 3
28359 Bremen

Tel.: +49 (0) 421/218-03
Email: zoch@iwt-bremen.de
Internet: www.iwt-bremen.de

Wichtigste Forschungsprojekte

- SFB 570: Distorsion Engeneering – Verzugsbeherrschung in der Fertigung.
- SFB 372: Sprühkompaktieren – Mit dem Sprühkompaktieren überwindet man Problembereiche klassischer Urformverfahren, wie das Seigern, die Dendritenbildung, die Oxidkontamination oder Einschränkungen bezüglich der Bauteilgröße.
- Neue Verwertungswege für Stahlwerksschlacken, Entwicklung von hydrothermal gehärteten Bauprodukten

Wichtigste Publikationen

- Proceedings 1st Int. Conf. on Distortion Engineering, IDE 2005, 14.–16.09.2005, Bremen, Zoch, H.-W.; Lübben, Th. (Eds.)
- Schulz, A.; Escher, Chr.; Kohlmann, R.; Rabitsch, R.; Kulmburg, A.; Viale, D.; Montero, M. C.; Stocchi, D.: Evaluation of the capability of spray forming for the production of very high alloyed steels without necessity of heavy hot working (Draft) Final R

Kontaktinformationen

Technische Universität Braunschweig
Institut für Werkzeugmaschinen und Fertigungstechnik
Prof. Dr.-Ing. Dr. h.c. J. Hesselbach
Langer Kamp 19b
38106 Braunschweig

Tel.: +49 (0) 531/391-7601
Email: iwf-braunschweig@tu-bs.de
Internet: www.iwf.ing.tu-bs.de

Wichtigste Forschungsprojekte

- Kühlschmierstoffe aus Altfetten und technischen tierischen Fetten. Substitution von mineralölhaltigen Schmierstoffen durch regenerative Abfallstoffe
- Mineralölfreier Schmierstoff auf Polymerbasis zur Kostensenkung und Ressourcenschonung. Entwicklung von mineralölfreien Kühlschmierstoffen und Hydraulikmedien
- Automatisches dezentrales System zur Rückgewinnung von Metallen und Schmierstoffen ais industriellen Schlämmen Entwicklung von automatisierten Anlagen zur Entölung und Weiterverarbeitung zum Beispiel von Schleifschlämmen

Wichtigste Publikationen

- Dettmer, Bock, Herrmann (2005): Bioschmierstoffe aus Abfall(fetten). Von der Entsorgungswirtschaft zur Ressourcenwirtschaft. Tagungsband, Schriftenreihe ANS, ISBN 3-435974-07-8
- Hoffmeister, Schnell (2006): Leichtmetallkurbelgehäuse mit nanokristalliner Spritzschicht, VDI Kurbeltrieb, Böblingen
- Bahadir, Dettmer, Bock, u.a. (2006): Nativbasierte Grundöle für die Produktion von Kühlschmierstoffen, Umweltwissenschaften und Schadstoff.Forschung, Band 18 Nr. 2

Kontaktinformationen

Technische Universität Hamburg-Harburg
Institut für technische Biokatalyse-Arbeitsgrupe Technische Biokatalyse
Prof. Dr. Andreas Liese
Denickestrasse 15
21071 Hamburg

Tel.: +49 (0) 40/428783018
Email: liese@tuhh.de
Internet: www.tu-harburg.de/itb/

Wichtigste Forschungsprojekte

- Entwicklung einer innovativen biokatalytischen Technologieplattform zur Herstellung von Esterölen für den Einsatz in Kosmetika ausgehend von nachwachsenden Rohstoffen wie Fettsäuren und Fettalkoholen

Wichtigste Publikationen

- L. Hilterhaus, A. Liese (2007): Building Blocks, In: Advances in Biochemical Engineering/Biotechnology 105, 133–174, Springer
- A. Liese, K. Seelbach, C. Wandrey (2006): Industrial Biotransformations (second edition), VCH-Wiley
- R. Busch, T. Hirth, A. Liese, S. Nordhoff, J. Puls, O. Pulz, D. Sell, C. Syldatk, R. Ulber (2006): Nutzung nachwachsender Rohstoffe in der industriellen Stoffproduktion, Chemie Ingenieur Technik 78, 219–228

Kontaktinformationen

Technische Universität München
iwb – Institut für Werkzeugmaschinen und Betriebswissenschaften
Prof. Dr.-Ing. Gunther Reinhart, Prof. Dr.-Ing. Mcihael Zäh
Boltzmannstraße 15
85748 Garching

Tel.: +49 (0) 89/289-15502
Email: michael.zaeh@iwb.tum.de
Internet: www.iwb.tum.de

TECHNISCHE UNIVERSITÄT MÜNCHEN

Wichtigste Forschungsprojekte

- Forschungsverbund ForWerkzeug zur Fertigung innovativer Werkzeuge (drei Teilprojekte)
- FOSTA-Projekt (Simulation des Laserschweißens)
- DFG-Projekt Simulation des Schleifhärtens

Wichtigste Publikationen

- Zäh, Reinhart, Oefele, Munzert: Remote Laserstrahlschweißen; wt online Heft 9 2006

Kontaktinformationen

Universität Augsburg
Wissenschaftzentrum Umwelt
Prof. Dr. Armin Reller, Prof. Dr. Axel Tuma, Prof. Dr. Bernd Wagner, Dr. Jens Soentgen
Universitätsstraße 1a
86159 Augsburg

Tel.: +49 (0) 821/598-3560
Email: info@wzu.uni-augsburg.de
Internet: www.wzu.uni-augsburg.de

W Z U Wissenschaftszentrum Umwelt Universität Augsburg

Wichtigste Forschungsprojekte

- Ressourcengeographie des Indiums, Platins sowie Untersuchungen zur Dissipation nanoskaliger Materialien.
- Entwicklung von Modellen für Qualitätsmerkmale bei Mineralwasser und ressourcenanalyse mittelständischer Getränkeunternehmen
- Entwicklung von Tools für das Monitoring von urbanen Energiesystemen
- Gemeinsam mit der VW Autouni Entwicklung und Umsetzung eines Lehrmoduls Materials im Lehrgang Sustainable Technologies

Wichtigste Publikationen

- J. Soentgen, K. Völzke (Hg.): Staub – Spiegel der Umwelt, Reihe Stoffgeschichten, Bd. 1, oekom Verlag, München 2005.
- S. Böschen, A. Reller, J. Soentgen: Stoffgeschichten – eine neue Perspektive für transzisziplinäre Umweltforschung. In GAIA13, 2004, S. 19–25
- Heinrich Eduard Jacob: Kaffee. Biographie eines weltwirtschaftlichen Stoffes. Reihe Stoffgeschichten, Bd. 2, oekom Verlag, München 2006
- A. Reller, L. Metz, F. Zorn, C. Klados: Greener Hospitals. Improving Environmental Performance. Augsburg 2004.

Universität LÜNEBURG

Kontaktinformationen

Universität Lüneburg
Institut für Elektronische Geschäftsprozesse
Prof. Dr. Burkhardt Funk, Prof. Dr. Peter Niemeyer
Volgershall 1
21339 Lüneburg

Tel.: +49 (0) 4131/677-5180
Email: funk@uni-lueneburg.de
Internet: www.uni-lueneburg.de/fbw/index.php?id=131&L=0

Wichtigste Forschungsprojekte

- Umberto: Kontinuierliche Entwicklung eines Softwaresystems zur Stoffstromanalyse (Aufgaben an der Universität Lüneburg:
- Konzeptionelle Grundlagen und Prototyping, seit 1993 fortlaufend
- KOMSA: Kombination von Optimierungsmethoden und Stoffstromanalysen, seit 2006
- 3. Pilotanwendung SAP Exchange Infratstructure (IX), seit 2004

Wichtigste Publikationen

- Möller, A., Prox, M., Viere, T. (2006): Computer Support for Environmental Management Accounting. In: Schaltegger, S., Bennett, M., Burritt, R. (Eds.): Sustainability Accounting and Reporting, Dordrecht
- Möller, A., Schaltegger, S. (2006): Management der betrieblichen Ressourceneffizienz. In: UmweltWirtschaftsForum, 14. Jg., H. 4, Dezember 2006
- S. Kleine Stegemann, B. Funk, T. Slotos (2007): Building a Process Layer for Business Applications Using the Blackboard Pattern, SE 2007, LNI, accepted for publication

Universität Stuttgart

Kontaktinformationen

Universität Stuttgart
Abteilung Ganzheitliche Bilanzierung, Lehrstuhl für Bauphysik
Prof. Klaus Sedlbauer
Hauptstrasse 113
70771 Echterdingen

Tel.: +49 (0) 711/489999-0
Email: gabi@lbp.uni-stuttgart.de
Internet: www.lbpgabi.uni-stuttgart.de

Wichtigste Forschungsprojekte

- CUTE/ECTOS/STEP/HyFLEET:CUTE – Umweltanalyse wasserstoffbetriebener Bussysteme
- BIOFOAM – ökologische Analyse von Biopolymeren, Methodikentwicklung und Umsetzung zu Integration sozialer Aspekte in Lebenszyklusanalysen
- Life Cycle Inventory of Steel (IISI) – Lebenszyklusanalysen für Stahl
- SENSE – Sustainability Evaluation of Solar Energy systems

Wichtigste Publikationen

- Gabriel, R.; Braune, A. (2005): Eco-efficiency analysis: Applications and User contacts, Journal of Industrial Ecology, Volume 9, Number 4, Fall 2005; The MIT Press.
- Makishi, C.; Barthel, L.; Fischer, M. (2006): Social LCA – Requirements and Needs, InLCA/LCM 2006 – Business and Government Moving Ahead, InLCA/LCM 2006.
- Braune, A.; Sedlbauer, K.; Fischer, M.; Kreissig, J. (2006): Zukunftsfähige Gebäude – Ein integriertes System zur Bewertung der Nachhaltigkeit im Bau, BauSIM 2006.

Kontaktinformationen

Wuppertal Institut für Klima, Umwelt, Energie GmbH
Forschungsgruppe Stoffströme und Ressourcenmanagement
Döppersberg 19
42103 Wuppertal

Tel.: +49 (0) 202/2492-139
Email: stefan.bringezu@wupperinst.org
Internet: www.wupperinst.org

Wuppertal Institut
für Klima, Umwelt, Energie GmbH

Wichtigste Forschungsprojekte

- Ressourcenproduktivität als mögliche Kernstrategie nachhaltiger Entwicklung (für BMBF): Analyse von Monitoringinstrumenten, technologischen und institutionellen Potenzialen, Entwurf eines Forschungsprogramms zur Steigerung der RP
- Nachwachsende Rohstoffe und nachhaltige Landnutzung (für UBA): Entwicklung integrierter Szenarien für die energetische und stoffliche Verwendung
- Ressourceneffizienz (für BMU): Unterstützung des BMU bei der Entwicklung eines Programms zur Steigerung der Ressourceneffizienz der Wirtschaft

Wichtigste Publikationen

- Bleischwitz, R. (Hg.) 2007: Corporate Governance of Sustainability: A Co-Evolutionary View on Resource Management, Edward Elgar Publisher.
- Bleischwitz, R. 2006: Internationale Rohstoffmärkte: steigende Preise, wachsendes Konfliktpotential, und neue Formen von Governance, in: „Globale Trends 2007", hg. von der Stiftung Entwicklung und Frieden, Debiel, T. et al., Frankfurt a.M. 2006, S. 305

Kontaktinformationen

Wuppertal Institut für Klima, Umwelt, Energie GmbH
Forschungsgruppe Nachhaltiges Produzieren und Konsumieren
Dr. Christa Liedtke
Döppersberg 19
42103 Wuppertal

Tel.: +49 (0) 202/2492-130
Email: christa.liedtke@wupperinst.org
Internet: www.wupperinst.org

Wuppertal Institut
für Klima, Umwelt, Energie GmbH

Wichtigste Forschungsprojekte

- Ressourcenstrategie in Japan
- Verbesserung von Rohstoffproduktivität und Ressourcenschonung
- Fachliche Unterstützung einer Tagung in Vorbereitung des Aktionsprogramms Ressourceneffizienz
- Steigerung der Ressourcenproduktivität als Kernstrategie einer nachhaltigen Entwicklung

Wichtigste Publikationen

- Kristof, Kora; Bleischwitz, Raimund; Liedtke, Christa; Türk, Volker; Bringezu, Stefan; Ritthoff, Michael; Schweinfurth, Arne (2006): Ressourceneffizienz – eine Herausforderung für Politik und Wirtschaft, Hintergrundpapier des Wuppertal Instituts
- Kristof, Kora; Türk, Volker, Walliczek, Katharina; Welfens, Jola Maria (2006): Organizational and institutional innovation in companies for resource productivity. In: Charter, Mark (Ed.): Sustainable consumption and production: opportunities and challenges

Westfälisches Umwelt Zentrum

Kontaktinformationen

WUZ-Universität Paderborn
Werkstofftechnik
Prof. Dr.-Ing. Hans Jürgen Maier
Pohlweg 55
33098 Paderborn

Tel.: +49 (0) 5251/60-3855
Email: hmaier@mail.uni-paderborn.de
Internet: www.wuz.de

Wichtigste Forschungsprojekte

- Entwicklung von Lebensdauerprognosemodellen für hochbeanspruchte Werkstoffe im Bereich Automobil (Al- und Mg-Legierungen)
- Thermomechanische Beanspruchung von Turbinenschaufelwerkstoffen
- Qualifizierung von ultrafeinkörnigen Werkstoffen für Leichtbauanwendungen
- Untersuchung der lastabhängigen Phasenumwandlung
- Optimierung von Randschichten

Wichtigste Publikationen

- Niendorf, Canandinc, Karaman, Maier, Sutter, 2006, On the fatigue behavior of ultrafine-grained interstitial free-steel, Int. J. Mater. Res, vol. 97, 1328–1336
- Yapici, Karaman, Maier, 2006, Mechanical flow anisotropy in severely deformed pure titanium, Mater. Sci. Eng., vol. 434, 294–302
- Biallas, Essert, Maier, 2005, Influence of environment on fatigue mechanisms in high-temperature titanium alloy IMI834, Int. J. Fatigue, vol. 27, 1485–1493

Forschungseinrichtungen: Kreislaufwirtschaft

Kontaktinformationen

Bauhaus-Universität Weimar
Professur Abfallwirtschaft
Prof. Dr.-Ing. habil. Werner Bidlingmaier
Coudraystraße 7
99423 Weimar

Tel.: +49 (0) 3643/584614
Email: waste@bauing.uni-weimar.de
Internet: www.uni-weimar.de

Bauhaus-Universität Weimar

Wichtigste Forschungsprojekte

- Entwicklung Abfallgesetzgebung in Entwicklungsländern – Capacity Building
- Entwicklung Umweltmanagementsystem einer Stadt in Thailand
- Deponiegas
- Internetkurse
- Anaerobe Behandlung von Fäkalien

Wichtigste Publikationen

- Bidlingmaier, W.; Sidaine, J.-M.; Papadimitriou, E. K. (2005) Separate collection and biological waste treatment in the European Community
- Raninger, B.; Bidlingmaier, W.; Rundong, L.; Qi, W. (2006) Management of Municipal Solid Waste in China – Mechanical Biological Treatment can be an Option?
- Bidlingmaier, W. (2006) Recycling in Europe – political and administrative basic conditions

Kontaktinformationen

Bergische Universität Wuppertal
Fachgebiet Sicherheitstechnik/Umweltschutz
Univ.-Prof. Dr.-Ing. habil. Eberhard Schmidt
Rainer-Gruenter-Straße Geb. FF
42285 Wuppertal

Tel.: +49 (0) 202/439-2389
Email: eberhard@uni-wuppertal.de
Internet: www.uws.uni-wuppertal.de

Wichtigste Forschungsprojekte

- Berechnung des Adhäsionsverhaltens von Nano-Partikeln
- Emissionsminderung in der Industrie durch Verwendung staubarmer Produkte
- Wassereinsparung durch innovative Membranverfahren
- Emissionsminderung im Straßenverkehr durch per Simulation optimierte Filtersysteme
- Charakterisierung von partikulären Emissionen bei der Filtration

Wichtigste Publikationen

- Hamelmann, F. (2005): Untersuchungen zum Staubungsverhalten bei der Handhabung disperser Stoffsysteme, Shaker Verlag, Aachen
- Kunz, D. (2005): Prozesswasseraufbereitung mittels Umkehrosmose, Ultrafiltration und Nanofiltration, Shaker Verlag, Aachen
- Janoske, U. (2006): Modellbildung und numerische Simulation von Filtrationsvorgängen, Shaker Verlag, Aachen
- Bach, B. (2007): Fehlstellenbedingte Partikelpenetration von Oberflächenfiltern zur Staubabscheidung, Shaker Verlag, Aachen

---

Kontaktinformationen

Ecologic – Institut für Internationale und Europäische Umweltpolitik
Abfall & Ressourcen
R. Andreas Kraemer
Pfalzburger Str. 43/44
10717 Berlin

Tel.: +49 (0) 30/86880-0
Email: info@ecologic.eu
Internet: www.ecologic.eu

Wichtigste Forschungsprojekte

- Strategie für die Zukunft der Siedlungsabfallentsorgung (Ziel 2020): Die oberirdische Deponierung von häuslichen Restabfällen ist verzichtbar. Dies ist ein Ergebnis von sieben Szenarien, die Ecologic in einer Studie mit dem Titel „Strategie für die Zuk
- Abfallvermeidung und -verwertung durch Produzentenverantwortung: Ecologic unterstützt das österreichische Lebensministerium bei der Entwicklung einer Abfallvermeidungs- und -verwertungsstrategie für den Bundes-Abfallwirtschaftsplan 2006

Wichtigste Publikationen

- Neubauer, Alexander und Maic Verbücheln (2005): „Strategie für die Zukunft der Siedlungsabfallentsorgung (Ziel 2020)", Der Umweltbeauftragte, Jg. 13, Heft Juni 2005, Abfall & Industrie, 14–15.
- Kopytziok, Norbert (2005): „Gestaltungsrahmen der Produzentenverantwortung" in: Bernd Bilitewski et al. (Hrsg.): Müll-Handbuch. Berlin: Erich Schmidt Verlag.
- Maurer, Ulrich und Alexander Neubauer (2006): „Infotag zur IVU-Richtlinie." Der Umweltbeauftragte, Jg. 14, Heft Februar 2006, 6.

Kontaktinformationen

Fachhochschule Nordhausen
Studiengang Umwelt- und Recyclingtechnik
Prof. Dr.-Ing. Gerd Mühlenbeck
Weinberghof 4
99734 Nordhausen

Tel.: +49 (0) 3631/420340
Email: mueck@fh-nordhausen.de
Internet: www.fh-nordhausen.de

fh FACHHOCHSCHULE NORDHAUSEN
University of Applied Sciences

Wichtigste Forschungsprojekte

- Entwicklung einer Hochlastbiogasanlage
- Herstellungstechnologie für Hochdruckgroßbehälter
- Nutzung städtebaulicher Freiflächen für erneuerbare Energien
- Werkstoffextraktion aus nichtmetallischen NE-metallhaltigen Abfällen
- Netzwerk Biogas – Komplexe Verfahren und Anlagen zur Nutzung regenerativer Ressourcen aus Biomasse

Wichtigste Publikationen

- Schade-Dannewitz, Sylvia (2005); Untersuchungen zur mechanisch-biologischen Restabfallbehandlung Nordthüringer Restabfälle;
- Aufbereitungstechnik
- Vollmer, R. (2005); Effect of organic loading rate on biogas yield from energy crops and animal waste slurry. 7th FAO/SREN Uppsala
- Vollmer, R. (2006); Erste Ergebnisse zur kont. Trockenfermentation im labormaßstab; Gülzower Fachgespräche Band 24

Kontaktinformationen

Fraunhofer-Gesellschaft
Fraunhofer-Institut für Materialfluss und Logistik (IML),
Abteilung Entsorgungslogistik
Prof. Uwe Clausen (Institutsleiter), Henrik Hauser (Abteilungsleiter)
Joseph-von-Fraunhofer Str. 2–4
44227 Dortmund

Tel.: +49 (0) 231/9743-238
Email: elog-info@iml.fhg.de
Internet: www.iml.fraunhofer.de

IML
Fraunhofer Institut Materialfluss und Logistik

Wichtigste Forschungsprojekte

- Konzeption und Optimierung von Rücknahmesystemen für WEEE
- Aufbau eines Versuchsfeldes für Informations- und Kommunikationstechnologien in der Entsorgungswirtschaft
- Kompetenzatlas und Logistikstudie der Kreislaufwirtschaft im Ruhrgebiet
- Regionale Logistikstrukturen für Holzbrennstoffe
- Ressourcenlogistik

Wichtigste Publikationen

- Meyer, P.; Clausen, U.: Nachhaltiges Stoffstrommanagement in der Entsorgungs- und Recyclingwirtschaft: Strategische Entscheidungswirtschaft. In: ENTSORGA-Magazin 10/2006, S. 63–67
- Hesse, K; Meyer, P.; Hauser, H.; Clausen, U.: Entsorgungslogistik. In: Krampe, H. (Hrsg.); Lucke, H. J. (Hrsg.): Grundlagen der Logistik. 3. Aufl. München : Huss-Verlag, 2006.

Fraunhofer Institut Zuverlässigkeit und Mikrointegration

Kontaktinformationen

Fraunhofer-Gesellschaft
Fraunhofer-Institut für Zuverlässigkeit und Mikrointegration
Prof. Dr.-Ing. Dr.-Ing. e.h. Herbert Reichl
Gustav-Meyer-Allee 25
13355 Berlin

Tel.: +49 (0) 30/46403-0
Email: herbert.reichl@izm.fraunhofer.de
Internet: www.izm.fraunhofer.de

Wichtigste Forschungsprojekte

- ReECar – Nachhaltigkeit durch den Einsatz von Gebrauchtteilen in der Kfz-Elektronik: Ausweiten der Anwendungsbereiche des Produktrecycling auf komplexe Elektronik durch Aussagen über die Zuverlässigkeit
- Produkt-Design für WEEE- und RoHS-Konformität: Europäische Richtlinien und ähnliche Gesetze in außereuropäischen Märkten zwingen die Hersteller, ihr Produkt-Design von den technischen und ökonomischen Anforderungen in Herstellung und Betrieb zu erweitern

Wichtigste Publikationen

- Oberender, Christof; Middendorf, Andreas Bochow-Neß, Olaf Griese, Hansjörg Reichl, Herbert (2006): Electronic Systems from the Perspective of Sustainability and Reliability Going Green – Care Innovation 2006.
- Gegusch, René; Middendorf, Andreas; Reichl, Herbert; Seliger, Günther (2007): Product Life Cycle Services. In: Seliger, Günther (Hrsg.): Sustainability in Manufacturing – Recovery of Resources in Product and Material Cycles. Springer.

GKSS FORSCHUNGSZENTRUM in der HELMHOLTZ GEMEINSCHAFT

Kontaktinformationen

GKSS Forschungszentrum Geesthacht GmbH
Institut fürPolymerforschung/Polymertechnologie 1
Prof. Dr. Volker Abetz
Max-Planck-Str. 1
21502 Geesthacht

Tel.: +49 (0) 4152/872461
Email: volker.abetz@gkss.de
Internet: www.gkss.de

Wichtigste Forschungsprojekte

- BMWi-Projekt: Aufbereitung von Grubengas mit niedrigen Methangehalten zur Nutzung in HTFC Brennstoffzellen
- DBU-Projekt: Hochtemperaturdampfpermeation für die Entwässerung von Bioethanol und anderen organischen Flüssigkeiten, 2007–2009
- DBU-Projekt: Entwicklung und Untersuchung eines Verfahrens zur gezielten Beeinflussung der Verbrennungsluftzusammensetzung zwecks Reduzierung der Abgasemissionen von Dieselmotoren

Wichtigste Publikationen

- K. Ohlrogge, J. Wind, K. V. Peinemann, J. Stegger, „Verfahren zur Trennung von Gasen und Dämpfen“, in: Membranen, Wiley-VCH, Weinheim 2006, 375
- T. Brinkmann, „Modellierung und Simulation der Membranverfahren Gaspermeation, Dampfpermeation and Pervaporation“, in: Membranen, Wiley-VCH, Weinheim 2006, 273
- K. Ohlrogge, J. Wind, C. Scholles, T. Brinkmann, „Membrane processes for the separation of organic vapours in the chemical and petrochemical industry“, Chem. Ing. Tech., 2005, 77, 527

Kontaktinformationen

Helmut-Schmidt-Universität/Universität der Bundeswehr Hamburg
Professur für Verfahrenstechnik, insbsondere Stofftrennung
Prof. Dr. Bernd Niemeyer
Holstenhofweg 85
22043 Hamburg

Tel.: +49 (0) 40/6541-350
Email: bernd.Niemeyer@hsu-hh.de
Internet: www.hsu-hh.de/separations/

HELMUT SCHMIDT UNIVERSITÄT
Universität der Bundeswehr Hamburg

Wichtigste Forschungsprojekte

- Abtrennung von Geruchsstoffen aus diversen industriellen Abluftströmen
- Herstellung selektiver Adsorbentien
- Entwicklung moderner Desorptionsverfahren
- Wärmeübertragernetzwerke
- CO_2-Sequestierung

Wichtigste Publikationen

- A. Cartellieri, P.H. Thiesen, B. Niemeyer (2005): Development of a Basic Procedure to Design Sorption Processes, Waste Management, 25, 985–993.
- B. Niemeyer, G. Matz, R. Otterpohl, R. Stegmann, H. Steinhart (2006): Minimierung von Gerüchen, HAMBURGER BERICHTE 30, Verlag Abfall aktuell, Stuttgart, FRG, ISBN 3-481-00645-3, 184 Seiten.
- A. Robers, M. Figura, P.H. Thiesen, B. Niemeyer (2005): Desorption of Odour-active Compounds by Microwaves, Ultrasound and Water, Journal of the American Institute of Chemical Engineering (AIChE J), 51, 502–510.

Kontaktinformationen

Justus-Liebig-Universität Giessen, IFZ
Professur für Abfall- und Ressourcenmanagement
Prof. Dr. Stefan Gäth
Heinrich-Buff-Ring 24
35392 Giessen

Tel.: +49 (0) 641/99-37383
Email: stefan.a.gaeth@agrar.uni-giessen.de
Internet: www.uni-giessen.de/ilr/gaeth

Wichtigste Forschungsprojekte

- Entwicklung eines stofflichen Verwertungsverfahrens für den Abfall 17 06 03* in der Ziegelindustrie bis zum Produkt Woolit®
- Entwicklung einer Kapillarsperre aus Bauschuttrecyclingmaterialien als Komponente der Oberflächenabdichtung
- Einführung eines verursachergerechten Gebührensystems im Landkreis Gießen
- Entwicklung eines integrierten Sickerwasserbehandlungskonzeptes auf der Schlackedeponie Eulingsberg und der Hausmülldeponie Aßlar

Wichtigste Publikationen

- Pfeiffer, B. 2006: Vergleichende Untersuchungen von Kapillarsperren aus Natur- und Recyclingbaustoffmaterialien als Beitrag zur Deponieoberflächenabdichtung und Ressourcenschonung. Boden- und Landschaft, Band 46, Gießen
- Michels, A., 2006: Wertschöpfung plus Umweltschutz. Umweltmagazin, 7/8, 40–41
- Gäth, S., 2005: Stoffliche Verwertung künstlicher Mineralfaserabfälle in der Ziegelindustrie. Umweltreport, 50–51

TECHNISCHE UNIVERSITÄT CAROLO-WILHELMINA ZU BRAUNSCHWEIG

Kontaktinformationen

Technische Universität Braunschweig
Institut für Statik
Prof. Dr.-Ing. Dieter Dinkler
Beethovenstr. 51
38106 Braunschweig

Tel.: +49 (0) 531/391-3667
Email: statik@tu-bs.de
Internet: www.statik.tu-braunschweig.de

Wichtigste Forschungsprojekte

- Analyse der gekoppelten Prozesse von Wärmeentwicklung, Flüssigkeits- und Stofftransport in Siedlungsabfalldeponien
- Entwicklung eines Materialmodells für Siedlungsabfall zur Spannungs-Verformungs-Berechnung von Deponien
- Erarbeitung eines modellgestützten Monitoringkonzepts zur Risikobewertung und Überwachung von Deponiebauwerken

Wichtigste Publikationen

- J. Kindlein, D. Dinkler, H. Ahrens, A. Haarstrick (2005): Modelling reactive transport processes in landfills – Change of hydraulics due to degradation and biofilm growth, Sardinia 2005, Tenth International Waste Management and Landfill Symposium, Cagliar
- J. Kindlein, D. Dinkler, H. Ahrens (2006): Numerical modelling of multiphase flow and transport processes in landfills, Waste Management and Research, 24, 376–387, SAGE Publications

---

TECHNISCHE UNIVERSITÄT DRESDEN

Kontaktinformationen

Technische Universität Dresden
Abfallwirtschaft
Bernd Bilitewski; Prof.Dr.-Ing.habil.
Pratzschwitzer Str. 15
01796 Pirna

Tel.: +49 (0) 3501/53030
Email: abfall@rcs.urz.tu-dresden
Internet: www.tu-dresden.de/fghhiaa/

Wichtigste Forschungsprojekte

- WAMBUCO – Abfallminimierung im Baugewerbe, Kennzahlenerstellung und Kostenreduktion
- Chlorstudie – Schadstoffuntersuchungen in der Feuerung, Minimierung der Schadstoffe von Chlor
- CO_2 in der Abfallverbrennung – Effizienzsteigerung und CO_2-Minimierung in der Verbrennung von Abfällen
- Sickerwasserprognose von Recyclingprodukten und Abfällen und deren Einfluss auf den Boden und das Grundwasser

Wichtigste Publikationen

- Bilitewski, Werner, Reichenbach (2005): Handbook on the implementation of Pay-As-You-Throw, Forum für Abfallwirtschaft
- Bilitewski,Schirmer,u.a.(2005): Ökologische Effekte der Müllverbrennung durch Energienutzung, Forschungsbericht des EdDE
- Bilitewski, Werner u.a. (2006): Anaerobe biologische Abfallbehandlung, Entwicklung und Nutzen und Risiken der Biogastechnologie
- Bilitewski (2006): Waste to Energy, Internationale Conference „Protection and Restoration of the Environment VIII, Chania

Kontaktinformationen

Technische Universität Dresden
Altlasten
Prof. Dr. rer. nat. Peter Werner
Pratzschwitzer Str. 15
01796 Pirna

Tel.: +49 (0) 3501/53020
Email: peter.werner@tu-dresden.de
Internet: www.tu-dresden.de/fghhiaa/

TECHNISCHE UNIVERSITÄT DRESDEN

Wichtigste Forschungsprojekte

- NANOKAT – Nanoskalige Biokompositmaterialien als Biokatalysatoren für die Behandlung von mit MTBE/ETBE belastetem Wasser
- BMBF-Förderschwerpunkt KORA: Kontrollierter natürlicher Rückhalt und Abbau von Schadstoffen bei der Sanierung kontaminierter Böden und Grundwässer
- OIL SPILLS – Bioremediation of oil spills in Vietnam

Wichtigste Publikationen

- A. Fischer, C. Oehm, M. Selle, P. Werner (2005): Biotic and Abiotic Transformations of Methyl tertiary butyl ether (MTBE), Environmental Science and Pollution Research (ESPR) Vol. 12 No. 6/2005
- G. Horak, S. Willscher, P. Werner, W. Pompe (2006): Biosorption of uranium, heavy metals and arsenic by ceramic composites, Perspektiven der Umwelt-Mikrobiologie, Erich-Schmidt-Verlag
- A. Fischer and C. Hahn (2005): Biotic and abiotic degradation behaviour of ethylene glycol monomethyl ether (EGME), Water Research 39/2005

Kontaktinformationen

Technische Universität Hamburg-Harburg
Institut für Umwelttechnik und Energiewirtschaft
Prof. Dr. Ing. Martin Kaltschmitt
Eißendorfer Str. 40
21073 Hamburg

Tel.: +49 (0) 40/42878-3208
Email: kaltschmitt@tuhh.de
Internet: www.tu-harburg.de/iue/

TECHNISCHE BIOKATALYSE TUHH

Wichtigste Forschungsprojekte

- Feinstaubemissionen aus Holz-, Getreide- und Strohfeuerungen
- Feinsedimentdynamik und Schadstoffmobilität in Fließgewässern
- Elektrokoagulation und Elektroflotation von Galvanikabwässern
- Kontrollierter Rückhalt und Abbau von Schadstoffen in Böden
- Ökotoxikologische Tests zur Bestimmung der Wirkung von Schadstoffen in Böden und Sedimenten

Wichtigste Publikationen

- Stichnothe H., Calmano W., Arevalo E., Keller A. (2005) TBT-contaminated sediments: Treatment in a pilot scale. J. Soils and Sediments 5(1), 21–29
- Langheinrich, C.; Kaltschmitt, M.: Implementation and application of Quality assurance systems; Biomass & Bioenergy 30(2006), S. 915–922
- Neufeldt, H.; Schäfer, M.; Angenendt, E.; Li, C.; Kaltschmitt, M.; Zeddies, J.: Disaggregated Greenhouse Gas Emission Inventories from Agriculture via a Coupled Economic-Ecosystem Model; Agriculture, Ecosystems and Environment 112(2006), S. 233–240

Kontaktinformationen

Technische Universität München
Lehrstuhl für Statik
Prof. Dr.-Ing. Kai-Uwe Bletzinger
Arcisstr. 21
80333 München

Tel.: +49 (0) 89/289-22422
Email: kub@bv.tum.de
Internet: www.st.bv.tum.de

Wichtigste Forschungsprojekte

- Numerische Methoden für eine lebenszyklusorientierte Statik
- Sensitivitätsanalyse netzwerkübergreifende Produkt- und Strukturmodelle bei Planungsprozessen des konstruktiven Ingenieurbaus
- Integrierte Softwarekonzepte für das Entwickeln und Bewerten von Tragwerksvarianten

Wichtigste Publikationen

- Jurecka, F.; Bletzinger, K.-U. (2005) Numerische Methoden für eine lebenszyklusorientierte Statik, Abschlussbericht
- Lähr, A.; Bletzinger, K.-U. (2006) Sensitivitätsanalyse netzwerkübergreifende Produkt- und Strukturmodelle bei Planungsprozessen des konstruktiven Ingenieurbaus
- Lähr, A.; Bletzinger, K.-U. (2006) A decision supporting framework based on trend analysis of interdisciplinary distributed AEC systems

---

Kontaktinformationen

Universität Bremen
Zentrum für Umweltforschung und Umwelttechnologie (UFT)
Prof. Dr. Wolfgang Heyser
Leobener Straße
28359 Bremen

Tel.: +49 (0) 421/218-7644
Email: uft@uni-bremen.de
Internet: www.uft.uni-bremen.de

Wichtigste Forschungsprojekte

- Leitprojekt des UFT: „Nachhaltige biokompatible Produkte und Verfahren
- IDEE" (Integrated Detection, Evaluation and Management of Environmental Hazards). Hierzu gehören die Ökotoxikologie, Struktur-Wirkungs-Analysen, Innovative Analyseverfahren und Risikoabschätzung von genveränderten Organismen (GMO)
- Einsatz der Elektronischen-Nase zur Identifikation von mikrobiellen Kontaminationen anhand eines „Geruchsprofils"

Wichtigste Publikationen

- Warrelmann, J., Hettwer, K., Heyser, W., Püttmann, W., Gaab, S., Drewes, U. & Vehlhaber, D. (2006): Handlungsempfehlung zur Beurteilung des natürlichen Schadstoffabbaus und -rückhaltes in der ungesättigten Bodenzone. Forschungsbericht 298 76 712/02. Umwel
- Koehler,H. (2005) Application of ecological knowledge to habitat restoration. Encyclopedia of life support systems (EOLSS) (Barthlott, W., Linsenmair, K. E., and Porembski, S.), UNESCO & EOLSS Publisher.

Kontaktinformationen

Universität Bremen
Institut für Bodenkunde
Prof. Dr. Rolf Tippkötter
Leobener Str., UFT
28359 Bremen

Tel.: +49 (0) 421/218-7588
Email: rtipp@uni-bremen.de
Internet: www.bodenkunde.uni-bremen.de

Wichtigste Forschungsprojekte

- Darstellung landwirtschaftlicher Verwertungswege für Bremerhavener Hafenschlick – rechtliche, technische, fachliche und wirtschaftliche Eignung
- Dynamics of methanogens and methanotrophs in relation to methane emission in paddy soils under different fertilization practices.
- Microbial dynamics in paddy soils related to soil structure dynamics using 16S rRNA-targeted oligonucleotide probes (FISH).

Wichtigste Publikationen

- Beyme, B. & Tippkötter, R. (2005): Applikation von Bremer Baggergut auf landwirtschaftlich genutzte Flächen. Mitteilgn. DBG 107, 453–454.
- Eickhorst, T. & Tippkötter, R. (2006): The combination of DNA analytical methods and micropedology to investigate microorganisms in undisturbed soil samples. In: IUSS: Abstracts of the 18th World Congress of Soil Science (July 2006), Philadelphia, USA, p.
- Eickhorst, T. & Tippkötter, R. (2007): Detection of microorganisms in undisturbed soil by combining FISH and micropedological methods. Soil Biol. Biochem., submitted.

Kontaktinformationen

Universität Bremen
Fachgebiet Geochemie und Hydrogeologie, FB 5 Geowiss.
Prof. Dr. Horst D. Schulz und Dr. Kay Hamer
Klagenfurter Strasse
28359 Bremen

Tel.: +49 (0) 421/218-3393/-7120
Email: hdschulz@uni-bremen.de oder khamer@uni-bremen.de
Internet: www.geochemie.uni-bremen.de/

Wichtigste Forschungsprojekte

- Prognose der Quellstärke entspr. BBodSchG und BBodSchV: Entwicklung standardisierter Laborversuche
- Sickerwasser-Prognose entspr. BBodSchG und BBodSchV: Entwicklung des Prognose-Modells SEEPER
- Alternative Verwendungsstrategien für Hafen-Baggergut, Beratung Bremische Häfen, andere Häfen in Europa, Forschungsverbund

Wichtigste Publikationen

- BECKER, V. & SCHULZ, H.D. (2006) Seeper – Ein Transport- und Reaktionsmodell zur praxisbezogenen Durchführung der Sickerwasserprognose Modellbeschreibung und Dokumentation: http://www.geochemie.uni-bremen.de/downloads/seeper/index.htm
- SCHULZ, H.D. & ZABEL, M. (Eds.) (2006) Marine Geochemistry.- 2nd edition, 574 pp., Springer-Verlag Heidelberg, New York

Forschungseinrichtungen: Nachhaltige Wasserwirtschaft

Fachhochschule Köln
Cologne University of Applied Sciences

Kontaktinformationen

Fachhochschule Köln – Cologne University of Applied Sciences
Forschungskompetenzplattform „STEPS" (NRW)
Prof. Dr. Astrid Rehorek
Betzdorfer Straße 2
50679 Köln (Cologne)

Tel.: +49 (0) 221/8275-2201 oder -2234
Email: astrid.rehorek@fh-koeln.de
Internet: www.fh-koeln.de/steps

Wichtigste Forschungsprojekte

- Entwicklung u. Kontrolle nachhaltiger Verfahrenstechniken mittels Online-Prozess-Monitoring zur Wasser- und Abwasserbehandlung
- Automatisierungstechnik und industrielle Informationstechnik zur Lösung prozessverknüpfter, umweltrelevanter Probleme
- Umweltbiotechnologie/Entwicklung integrierter Regelungsverfahren für Kanalnetze u. Kläranlagen zur Reduzierung der Gewässerbelastungen
- Entwicklung von Trennprozessen zur Gastrennung und Wasseraufbereitung mittels nanoporöser keramischer Membranen

Wichtigste Publikationen

- A.Rehorek et.al. (2006): MUNLV-Abschlussbericht Verbesserung des Abbaus von Textilabwasserkonzentraten, ISBN 3–00–019432–0 bzw. 978-3-00–019432–0
- A. Rehorek (2006): Prozess-Flüssigchromatographie in: Prozessanalytik – Strategien und Fallbeispiele aus der industriellen Praxis, ISBN 3–527–31196–3, VCH-Verlag
- M. Bongards et. al. (2005): Untersuchungen auf kommunalen Kläranlagen – Online-Messsysteme für Stickstoff, WWT, 5, 28–32

Kontaktinformationen

Institut für Automation und Kommunikation e.V. Magdeburg
Schwerpunkt Umweltinformatik
Dr. Jens Alex
Steinfeldstr. 3
39179 Barleben

Tel.: +49 (0) 39203/81044
Email: jens.alex@ifak.eu
Internet: www.ifak.eu

ifak

Wichtigste Forschungsprojekte

- Projekt zur ganzheitlichen Simulation von Kläranlagen: Modelle der Schlammbehandlung/Faulung, Energiemodelle
- Projekt zum Export von Abwassertechnologie: Planungswerkzeug mit Integration von Kosten- und Ressourenrechnung
- Onlinesimulation von Kläranlagen
- Methodik zur systematischen Modellvereinfachung und Verbesserung der Praktikabilität von integrierten Simulationstudien

Wichtigste Publikationen

- Alex J., Ogurek M. and U. Jumar (2005): Formalised model presentation for wastewater systems., 16th IFAC World Congress, Prague, Czech Republic, 2005, Proeedings on CD
- Schütze M., Campisano A., Colas H., Schilling W. and Vanrolleghem P. (2004): Real-time control of urban wastewater systems – where do we stand today?, Journal of Hydrology, 299, 335–348
- J. Alex und U. Jumar (2005): Simulation zum integrierten Prozessentwurf von Abwassersystemen., GWF Wasser/Abwasser, 145 (2005), Nr. 10

Kontaktinformationen

Institut für Regionalentwicklung und Strukturplanung (IRS)
Prof. Dr. Heiderose Kilper
Flakenstr. 28–31
15537 Erkner

Tel.: +49 (0) 3362/793-0
Email: regional@irs-net.de
Internet: www.irs-net.de

IRS Institut für Regionalentwicklung und Strukturplanung

Wichtigste Forschungsprojekte

- EU-Projekt „Intermediaries“ über die Entstehung und Wirkung von intermediären Organisationen als neue Akteure von „water governance“ in Europa, 2002–2005
- BMBF-Projekt „netWORKS“ über die räumlichen Auswirkungen des Wandels von Wasserdienstleistungen in Deutschland und Formen der regionalen Steuerung, 2002–2005
- BMBF-Projekt „PlaceMeg“ über Strategien zu Verbesserung von Wasserdienstleistungen in der werdenden Megastadtregion Guadalajara (MX), 2006–2007

Wichtigste Publikationen

- Naumann, Matthias/Wissen, Markus (2006): Neue Räume der Wasserwirtschaft. Untersuchungen zur Trinkwasserver- und Abwasserentsorgung in den Regionen München, Hannover und Frankfurt (Oder). netWORKS-Paper, Heft 21, Berlin
- Libbe, Jens und Moss, Timothy (2006): Netzgebundene Infrastruktursysteme im Wandel: das Beispiel der Wasserversorgung. In: Kluge, Thomas, Libbe, Jens (Hrsg.): Transformation netzgebundener Infrastruktur. Strategien für Kommunen am Beispiel Wasser

Kontaktinformationen

Johannes Gutenberg-Universität Mainz
Zentrum für Umweltforschung
Prof. Dr. Wolfgang Wilcke
Geographisches Institut
Johann-Joachim-Becher-Weg 21
55128 Mainz

Tel.: +49 (0) 6131/3924528
Email: wolfgang.wilcke@uni-mainz.de
Internet: www.uni-mainz.de/forschung/14244php

Wichtigste Forschungsprojekte

- DFG-Graduiertenkolleg 826 „Elementspeziation": Innovative Methoden der Umweltanalytik
- Landesexzellenzcluster „Geocycles": Erdsystemforschung, Mensch-Natur-Interaktionen, Klimawandel, Atmosphärenschutz
- Flut und Hitze: Trinkwasserversorgung in Hessen und Rheinland-Pfalz
- Mittelrheintal: Management einer Kulturlandschaft (Welterbe)
- DFG-Forschergruppe 456 (Teilprojekt): Rolle der Biodiversität für Ökosystemfunktionen

Wichtigste Publikationen

- Ratter, B.M.W. (2005): Heimat und Naturschutz im Mittelrheintal. Mainzer Geogr. Studien, Sonderheft 2.
- Schmeide K. et al. (2006): Pu(III) complexations by humic substances... Inorg. Chim. Acta 359, 237.
- Wenzel, M. et al. (2006): The severe decline of butterflies... Biol. Conserv. 128, 542–552
- Wilken, R.D. (2006): The recovered Rhine and its history. Env. Chem. 5, 47–87.
- Oelmann, Y et al. (2007): Nitrogen and phosphorus budgets in experimental grasslands... J. Environ. Qual. 36, 396–407

Kontaktinformationen

Leibniz Universität Hannover, Fakultät für Bauingenieurwesen und Geodäsie
Institut für Siedlungswasserwirtschaft und Abfalltechnik
Prof. Karl-Heinz Rosenwinkel
Welfengarten 1
30167 Hannover

Tel.: +49 (0) 511/762-2276
Email: rosenwinkel@isah.uni-hannover.de
Internet: www.isah.uni-hannover.de

Wichtigste Forschungsprojekte

- Entwicklung eines Verfahrens zur direkten biologischen Umsetzung von Ammonium zu elementarem Stickstoff (Deammonifikation) im Biofilmverfahren (BMBF, MUNLV, DFG)
- Development of a submerged ceramic plate module (DBU): Within the scope of the current DBU project, trials are being conducted on implementing ceramic membrane plates in the form of submerged modules for the purification of large volume stream municipal

Wichtigste Publikationen

- Brinkmeyer, J.; Rosenwinkel, K.-H.; Binkle, O.; Gabriel, K. (2006) „Efficient water use and reuse in industry potentials and limitations"
- Rosenwinkel, K.-H., Brinkmeyer, J. (2006): Foodindustry in Europe",
- Rosenwinkel, K.-H.; Makinia, J. (2007): Experimental and mode-based evaluation of the maximum allowable flows in activated sludge systems under storm conditions, IWA Conference on Nutrient removal 2007, Baltimore

Kontaktinformationen

Martin-Luther-Universität Halle-Wittenberg
Arbeitsgruppe Abwasser
Zentrum für Ingenieurwissenschaften/Professur Umweltschutztechnik
Dr. rer. nat. Manfred Jank (AG Abwasser)
06099 Halle (Saale)

Tel.: +49 (0) 3461/462703
Email: manfred.jank@iw.uni-halle.de
Internet: www.ust.iw.uni-halle.de

Wichtigste Forschungsprojekte

- Immobilisierung von Mikroorganismen auf biologisch abbaubaren Kunststoffaufwuchskörpern für die industrielle Wasseraufbereitung
- Überprüfung der Wirksamkeit eines Festkörperkatalysators bei der chemischen Nassoxidation
- Entwicklung eines Verfahrens zur katalytischen Flüssigphasenreaktion mit Oszilation

Wichtigste Publikationen

- Ochmann, C.; Schubert, B.; Jank, M. (2004): Einsatz von speziell immobilisierten Mikroorganismen in der Abwasser- und Abluftbehandlung; Tagungsband „Einsatz biotechnologischer Verfahren im Umweltschutz“
- Ochmann, C.; Jank, M. (2003): Wirbelbettverfahren zur komplexen kommunalen Abwasserreinigung mittels auf Bocompounds immobilisierten Mikroorganismen; Chemingenieur Technik 75(2003) 1067–68

Kontaktinformationen

RWTH Aachen University
Lehrstuhl für Prozesstechnik
Prof. Dr.-Ing. Wolfgang Marquardt
Turmstraße 46
52064 Aachen

Tel.: +49 (0) 241/8094668
Email: secretary@lpt.rwth-aachen.de
Internet: www.lpt.rwth-aachen.de

Wichtigste Forschungsprojekte

- Strategieoptimierung im Betrieb von Kläranlagen, in Simulationen bis 40-prozentige Reduktion des Energieverbrauchs
- Regelung von Membranfiltrationsprozessen in der Abwasseraufbereitung, bis 50-prozentige Reduktion des Energieverbrauchs
- Dynamische Modellierung von Membranprozesses für die Abwasseraufbereitung

Wichtigste Publikationen

- J. Busch, W. Marquardt (2007): Model-based control of membrane filtration processes, Proceedings FILTECH 2007
- J.Busch, J. Oldenburg, M. Santos, A. Cruse, W. Marquardt (2007): Dynamic predictive scheduling of operational strategies for continuous processes using mixed-logic dynamic optimization, Comput. Chem. Eng.
- J. Busch, A. Cruse, W. Marquardt (2007) Modeling submerged hollow-fiber membrane filtration for wastewater treatment, J. Membrane Sci.

Kontaktinformationen

Technische Universität Berlin
Institut für Technischen Umweltschutz
Martin Jekel
Strasse des 17. Juni 135
10623 Berlin

Tel.: +49 (0) 30/314-25058
Email: wrh@tu-berlin
Internet: www.wasserreinhaltung.de

Wichtigste Forschungsprojekte

- Poliotuntersuchungen zur kombinierten oxidativ biologischen Behandlung von Klärwerksabläufen für die Entfernung von organischen Spuren- und Wirkstoffen und zur Desinfektion
- Weiterentwicklung von Membranverfahren in der Abwasserbehandlung, Strategien zur Fouling-Reduktion und Online-Sensoren für Fouling-Indikatoren
- Verbesserte Ansätze für Wasser- und Stoffstrommanagement in intensiv genutzten kleinen Einzugsgebieten auf Grundlage von integrierten Nutzen- und Risikobewertungen

Wichtigste Publikationen

- Arne Genz, 30.09.2005 Entwicklung einer neuen Adsprotionstechnik zur Entfernung natürlicher Organika mit granuliertem Eisenhydroxid, Dissertation TU Berlin
- Jochen Schumacher, 28.10.2005 Ozonung zur weitergehenden Aufbereitung kommunaler Kläranlagenabläufe, Dissertation TU Berlin
- Mirko Mania, 2006 Einfluss algenbürtiger Stoffe auf Flockungs- und Adsorptionsprozesse in der Wasseraufbereitung, Dissertation TU Berlin

---

Kontaktinformationen

Technische Universität Dresden
Institut für Hydrologie und Meteorologie
Lehrstuhl für Hydrologie
Prof. Dr. Dr. ing-habil. G.H. Schmitz
Würzburgerstr. 46
01187 Dresden

Tel.: +49 (0) 351/46333931
Email: hydrologie@mailbox.tu-dresden.de
Internet: www.tu-dresden.de/fghhihm/

Wichtigste Forschungsprojekte

- Optimalsteuerung von Bewässerungsanlagen mit künstlichen neuronalen Netzen, erfolgreich umgesetzt
- Entwicklung einer neuartigen Methodik zur Hochwasservorhersage in schnell reagierenden Einzugsgebieten, erfolgreich umgesetzt

Wichtigste Publikationen

- Schmitz et al., 2006: PAI-OFF: A New Way to Online Flood Forecasting in Flash Flood Prone Catchments. In review at Water Resources Research
- Cullmann et al., 2006: A new strategy for online flood forecasting in mountainous cathments. IAHS red book 303.
- Wöhling, T., Fröhner, A., Schmitz, G.H. and Liedl, R. (2006): Efficient solution of the coupled one-dimensional surface – Two-dimensional subsurface flow during furrow irrigation advance. Journal of Irrigation and Drainage Engineering-Asce 132(4), 380–388

Kontaktinformationen

Technische Universität Dresden
Institut für Wasserchemie
Prof. Dr. Eckhard Worch
01062 Dresden

Tel.: +49 (0) 351/46332759
Email: wasserchemie@mailbox.tu-dresden.de
Internet: www.tu-dresden.de/

TECHNISCHE UNIVERSITÄT DRESDEN

Wichtigste Forschungsprojekte

- Entwicklung eines katalytischen Verfahrens zur Entfernung von Schwefelwasserstoff als Grundlage für die Nutzung reduzierter Grundwässer in wasserarmen Gebieten
- Untersuchungen zum Auftreten und zur Entfernung von Geruchsstoffen aus Talsperrenwasser durch Oxidations- und Adsorptionsprozesse
- Untersuchungen zum Einfluss von hydrochemischen und hydrodynamischen Randbedingungen auf die Freisetzung von Schadstoffen aus Flusssedimenten

Wichtigste Publikationen

- Schreiber, B.; Brinkmann, T.; Schmalz, V.; Worch, E. (2005): Adsorption of dissolved organic matter onto activated carbon – the influence of temperature, absorption wavelength, and molecular size. Water Reserch 39, 3449–3456
- Donner, J.; Wagener, T.; Börnick, H.; Worch, E.; Goifman, A.; Gun, J.; Lev, O. (2006): Aufbereitung schwefelwasserstoffhaltiger Wässer durch katalytische Oxidation. Vom Wasser 104, 17–22

Kontaktinformationen

Technische Universität Kaiserslautern
Lehrstuhl für Wasserbau und Wasserwirtschaft
Prof. Dr. Robert Jüpner
Paul-Ehrlich-Strasse 14
67663 Kaiserslautern

Tel.: +49 (0) 631/205-3805
Email: juepner@rhrk.uni-kl.de
Internet: www.uni-kl.de/wcms/fww.html

FWW
FACHGEBIET
WASSERBAU UND
WASSERWIRTSCHAFT
UNIVERSITÄT KAISERSLAUTERN

Wichtigste Forschungsprojekte

- Aufbau eines Hochwassermanagementsystems für den Landkreis Stendal
- Mitarbeit im europäischen Forschungsverbundvorhaben ELLA: Elbe – Labe: Vorbeugender Hochwasserschutz durch transnationale Raumordnung
- Kommunales Hochwassermanagement als Bestandteil integrierter Flussgebietsbetrachtung (im Rahmen des Hochschul- und Wissenschaftsprogramms)

Wichtigste Publikationen

- JÜPNER [Hrsg.] (2006): Strategien und Instrumente zur Verbesserung des Vorbeugenden Hochwasserschutzes – Magdeburger Wasserwirtschaftliche Hefte, Band 5, Shaker-Verlag Aachen
- JÜPNER [Hrsg.] (2005): Hochwassermanagement – Magdeburger Wasserwirtschaftliche Hefte, Band 1, Shaker-Verlag Aachen
- JÜPNER & TZSCHIRNER (2005): Development of an Integrated Flood Management System for Stendal County in Saxony-Anhalt, Germany – a Pilot Project; in: „Floods, from defence to management."

Kontaktinformationen

Technische Universität München
Lehrstuhl für Siedlungswasserwirtschaft
Prof. Dr. Harald Horn
Am Coulombwall
85749 Garching

Tel.: +49 (0) 89/28913713
Email: wga@bv.tum.de
Internet: www.wga.bv.tum.de

Wichtigste Forschungsprojekte

- Exportorientierte Abwasserbehandlung: Toolkitentwicklung als Entscheiderwerkzeug (BMBF)
- Untersuchung von Wachstum und Abtrag in Biofilmsystemen (DFG)
- BioCrops Anaerobtechnik (BMBF)
- Verfahrensentwicklung für aerobe Granula zur Abwasserbehandlung (DFG)
- Behandlung von Regenwasser von Straßen (DBU)

Wichtigste Publikationen

- Horn, H.; Goll, D.; Teichmann, L. (2006) Monitoring of biofilm development in industrial water circuits by an online-sensor system, Proceedings of Fouling, Cleaning & Disinfection in Food Processing 2006, ISBN 0-9542483-1-7, 97–102.
- Lübken, M.; Wichern, M.; Bischof, F.; Prechtl, S.; Horn, H. (2007) Development of an Empirical Mathematical Model for Describing and Optimizing the Hygiene Potential of a Thermophilic Anaerobic Bioreactor Treating Faeces, Wat. Sci. Techn.

Universität Bremen

Kontaktinformationen

Universität Bremen
Fachbereich Produktionstechnik, Technische Thermodynamik
Prof. Dr.-Ing. Stefan Will
Badgasteiner Str. 1
28359 Bremen

Tel.: +49 (0) 421/2182229
Email: swill@uni-bremen.de
Internet: www.thermo.uni-bremen.de

Wichtigste Forschungsprojekte

- Untersuchungen zur Belagbildung und -verhinderung in Meerwasserentsalzungsanlagen zur Weiterentwicklung von polymeren Additiven
- Entwicklung von Wärmeübertragern auf der Basis von Polymer- und Polymer-Nanokomposit-Werkstoffen für den Einsatz in Meerwasserentsalzungsanlagen
- Modellbildung und Simulation von Meerwasserentsalzungsanlagen
- Untersuchungen zur Nutzung von Solarenergie in der großtechnischen Meerwasserentsalzung

Wichtigste Publikationen

- H. Glade, J.-H. Meyer, S. Will (2005): The release of CO_2 in MSF and ME distillers and its use for the recarbonation of the distillate: a comparison, Desalination, Vol. 182, S. 95–106
- C. Wildebrand, H. Glade, S. Will, M. Essig, J. Rieger, K.-H. Büchner, G. Brodt (2007): Effects of process parameters and antiscalants on scale formation in horizontal tube falling film evaporators, Desalination, Vol. 204, S. 448–463

Kontaktinformationen

Universität Duisburg-Essen
Biofilm Centre, Lehrstuhl für Aquatische Mikrobiologie
Prof. Dr. Hans-Curt Flemming, Biofilm Centre, FB Chemie
Geibelstraße 41
47057 Duisburg

Tel.: +49 (0) 203/379-1937
Email: hanscurtflemming@compuserve.com
Internet: www.biofilm-centre.de

Wichtigste Forschungsprojekte

- Untersuchung des Kontaminationsrisikos durch Biofilme in der Verteilung von Trinkwasser (BMBF)
- Electrochemically active biofilms (EU)
- Einfluss von Biofilmen beim Transport von Kolloiden im Regenwasser (DFG)
- Mobilität von Schadstoffen in Fluss-Sedimenten (BMBF)
- Ultraschall-Reinigung von Membranen (Innonet – BMBF)

Wichtigste Publikationen

- Schulte, S.; Wingender, J.; Flemming, H.-C. (2005). Efficacy of biocides against biofilms. In: Paulus, W. (Hrsg.) Directory of microbicides for the protection of materials and processes. Chapter 6, Kluwer Academic Publishers, Doordrecht, The Netherlands,
- Wloka, M., Rehage, H., Flemming, H.-C., Wingender, J. (2006): Structure and rheological behaviour of the extracellular polymeric substance network of mucoid Pseumonas aeruginosa biofilms. Biofilms 2, 275–283

Kontaktinformationen

Universität Lüneburg/Fakultät III (Umwelt und Technik)
Institut für Ökologie und Umweltchemie/Bereich Umweltchemie
Prof. Dr.-Ing. Wolfgang Ruck
Scharnhorststr. 1
21335 Lüneburg

Tel.: +49 (0) 4131/677-2870
Email: ruck@uni-lueneburg.de
Internet: www.uni-lueneburg.de

Wichtigste Forschungsprojekte

- BMBF-Projekt KORA
- BMBF-Projekt RUBIN
- Rückhaltung org. Schadstoffe über reaktive Wände an einem speziellen Standort
- Verbleib und Reaktion von Chemikalien in der Küstenregion
- Konzentration, Verteilung und Abbau organischer Verbindungen in der wässrigen Phase

Wichtigste Publikationen

- Xie, Z, Lakaschus, S., Ebinghaus, R., Caba, A, Ruck W. (2005) Atmospheric concentrations and air-sea exchanges of nonylphenol, tertiary octylphenol and nonylphenol monoethoxylate in the North Sea. Atmos. Environ. 39, 3209–3220.
- Xie, Z., Selzer, J., Ebinghaus, R., Caba, A., Ruck, W. (2006): Development and validation of a method for the determination of trace alkylphenols and phthalates in sea water and air using GC-MS. Analytica Chimica Acta 565, 198–207.

Kontaktinformationen

Universität Lüneburg
Institut für Umweltstrategien
Prof. Mariele Evers
Herbert Meyer Str. 7
29559 Suderburg

Tel.: +49 (0) 5826/988235
Email: evers@uni-lueneburg.de
Internet: www.uni-lueneburg.de

Wichtigste Forschungsprojekte

- EU Projekt FLOWS – TP 3 B vi Innovative Instrumente für Hochwasser bezogene Raumplanung und Entwicklung eines Decision Support Systems (DSS)
- EU Projekt FLOWS – TP 3C ix Nachhaltiges Auenmanagment unter Berücksichtigung von Schadstoffbelastungen
- EU Projekt FLOWS – Evaluation von Hochwasser bezogenen Raumplanungsinstrumenten in Deutschland, Norwegen und Großbritannien
- COST Project: The waterknowledge Initiative

Wichtigste Publikationen

- Evers, Mariele (2007) Decision Support Systems for Integrated Water Resources Management – requirements for a comprehensive approach. Environment: Survival and Sustainability. Conference proceedings, Near East University, Cyprus
- Evers, Mariele, Kai-Uwe Krause, Stefan Tressl (2007) A new approach towards flood concerned spatial planning – Planning and technical instruments for integrated planning and management. Environment: Survival and Sustainability. Conference proceedings, Ne

---

Kontaktinformationen

Universität Siegen
Forschungsinstitut Wasser und Umwelt – Gruppe Wasserwirtschaft
Gerd Foerch
Paul-Bonatz-Strasse 9–11
57072 Siegen

Tel.: +49 (0) 271/740-2162
Email: gerd.foerch@uni-siegen.de
Internet: www.wasserwirtschaft.uni-siegen.de

Wichtigste Forschungsprojekte

- Integrierte Bewirtschaftung von Einzugsgebieten in Ostafrika – Methodenentwicklung
- Modellierung von Bodenerosionsrisiken in Ostafrika – Modellbildung
- Water Quality Assessment Lake Abaya Chamo Basin – Quality Management Concept

Wichtigste Publikationen

- Foerch/Moges, ed. (2005), Proceedings Lars2004, Weiterbildung in Siegen WiS, Vol. 17
- Teklemariam (2006), Water Quality Monitoring Lake Abaya Chamo Basin, Weiterbildung in Siegen WiS, Vol. 18
- Thiemann/Foerch/Winnegge (2006), Topics of Integrated Watershed Management, Weiterbildung in Siegen, Vol. 16

Forschungseinrichtungen: Nachhaltige Mobilität

Kontaktinformationen

AKASOL e.V.
Felix von Borck
Merckstr. 25
64283 Darmstadt

Tel.: +49 (0) 6151/164147
Email: info@akasol.de
Internet: www.akasol.de

AKASOL

Wichtigste Forschungsprojekte

- Hocheffizienzantrieb – Entwicklung eines kompletten, hochintegrierten, seriennahen Antriebs für leichte und effizient regenerativ betreibbare Fahrzeuge auf Basis neuer Hochenergiebatterien in einem ganzheitlichen Ansatz

Wichtigste Publikationen

- Eberleh, B./Hartkopf, Th. (2006): A high speed induction machine with two-speed transmission as drive for electric vehicles. International Symposium on Power Electronics, Electrical Drives, Automation and Motion (SPEEDAM), May, 23rd – 26th, 2006. Pages
- von Borck, F./Eberleh, B. (2006): Batterieantrieb von heute für das Auto von morgen – Ein Systemvergleich mit Hybriden und Brennstoffzellen MTZ Konferenz Motor 2006 – Der Antrieb von morgen. Stuttgart 2006.

Bundesforschungsanstalt für Landwirtschaft
Institut für Betriebstechnik und Bauforschung

Kontaktinformationen

Bundesforschungsanstalt für Landwirtschaft (FAL)
Institut für Technologie und Biosystemtechnik;
Abt. Biosystemtechnik
Axel Munack
Bundesallee 50
38116 Braunschweig

Tel.: +49 (0) 531/596-4201
Email: axel.munack@fal.de
Internet: www.fal.de

Wichtigste Forschungsprojekte

- Vergleich von Shell-Mitteldestillat (GTL), Premium Dieselkraftstoff und Mineralöldieselkraftstoff mit Rapsölmethylester. GTL ergab relativ geringe Emissionen und ein vergleichsweise geringes mutagenes Potenzial der Dieselmotorabgase
- Entwicklung eines Biodiesel-Sensors
- Prüfstandsuntersuchungen zu Kraftstoffmischungen aus Diesel und Bioethanol. Hinsichtlich der Emissionen konnten für den sauerstoffreichen Kraftstoff keine Verbesserungen nachgewiesen werden

Wichtigste Publikationen

- Krahl, J., Munack, A., Schröder, O., Stein, H., Bünger, J.: Influence of biodiesel and different designed diesel fuels on the exhaust gas emissions and health effects. SAE transactions Vol. 112, 2447–2455, 2004.
- Munack, A., Speckmann, H., Krahl, J., Marto, A., Bantzhaff, R.: A sensor for discrimination of fossil diesel fuel, biodiesel, and their blends. In: Collection of extent abstracts, Vol. 1, II, S. 38, CIGR International Conference, Oct. 11–14, Beijing

---

Fraunhofer Institut Umwelt-, Sicherheits-, Energietechnik UMSICHT

Kontaktinformationen

Fraunhofer-Gesellschaft
Fraunhofer-Institut für Umwelt-, Sicherheits- und Energietechnik UMSICHT
Prof. Dr.-Ing. Eckhard Weidner; Stellvertr. Institutsleiter: Dr.-Ing. Görge Deerberg
Osterfelder Str. 3
46047 Oberhausen

Tel.: +49 (0) 208/8598-0
Email: info@umsicht.fraunhofer.de
Internet: www.umsicht.fraunhofer.de

Wichtigste Forschungsprojekte

- Pyro-katalytische Herstellung von Kraftstoffen aus biogenen Altfetten
- Grundlagenforschung zur Konversion von Altfetten und biogenen Ölen in Diesel- und Kerosinkraftstoffe
- Demonstrationsprojekt zur Herstellung von Fettsäuremethylester aus Altfetten zum Einsatz in kommunalen Fahrzeugen der Gemeinde Oeiras bei Lissabon
- Untersuchungen stickstoffhaltiger Katalysatoren zur Umesterung pflanzlicher Öle

Wichtigste Publikationen

- Weidner, E.; Kumpmann, I. (2005): (Bio-) raffiniert vom Acker in den Tank. In: Rubin, 15, Nr. 2, S. 6–13
- Cerce, T.; Peter, S.; Weidner, E. (2005): Biodiesel-transesterification of biological oils with liquid catalysts: Thermodynamic properties of oil-methanol-amine mixtures. In: Industrial and Engineering Chemistry Research, 44, Nr. 25, S. 9535–9541
- Peter, S., Weidner, E.(2007): Methanolysis of triacylglycerols by organic basic catalysts. European Journal of Lipid Science and Technology, 109, Nr. 1, S. 11–16

Kontaktinformationen

Fraunhofer-Gesellschaft
Fraunhofer-Institut für Integrierte Systeme und Bauelementetechnologie (IISB)
Prof. Dr. Heiner Ryssel
Schottkystr. 10
91058 Erlangen

Tel.: +49 (0) 9131/761-0
Email: info@iisb.fraunhofer.de
Internet: www.iisb.fraunhofer.de

IISB
Fraunhofer Institut
Integrierte Systeme und Bauelementetechnologie

Wichtigste Forschungsprojekte

- Integrierter Hybridantriebsmotor
- Hochleistungs-DC/DC-Wandler für Brennstoffzellenfahrzeuge
- 100 kW im Notebook-Format

Wichtigste Publikationen

- M. März, M. Billmann, E. Schimanek, A. Schletz (2006), Herausforderung Systemintegration am Beispiel von Leistungselektronik für die Autos von morgen, Proc. VDE-ETG-Tagung „Bauelemente der Leistungselektronik und ihre Anwendungen", Bad Nauheim
- M. März (2007), Mechatronic Integration of Power Electronics in Hyrid Powertrain Components, Proc. Haus-der-Technik-Tagung New Electrical Drive Concepts for Hybrid Vehicles, München

Kontaktinformationen

GKSS Forschungszentrum Geesthacht GmbH
Institut für Werkstoffforschung/Werkstofftechnologie
Prof. Dr. Rüdiger Bormann
Max-Planck-Str. 1
21502 Geesthacht

Tel.: +49 (0) 4152/872-562
Email: ruediger.bormann@gkss.de
Internet: www.gkss.de

GKSS
FORSCHUNGSZENTRUM
in der HELMHOLTZ GEMEINSCHAFT

Wichtigste Forschungsprojekte

- FuncHy (HGF): Funktionale Materialien für mobile Wasserstoffspeicher
- COSY (EU): Complex Solid State Reactions for Energy Efficient Hydrogen Storage
- NESSHY (EU): Novel efficient solid storage for hydrogen
- STORHY (EU): Hydrogen storage systems for automotive applications

Wichtigste Publikationen

- Dornheim, M.; Eigen, N.; Barkhordarian, G.; Klassen, T.; Bormann, R.: Tailoring Hydrogen Storage Materials Towards Application. In: Advanced Engineering Materials. Vol. 8 Weinheim: Wiley, (2006) 5, 377–385.
- Borgschulte, A.; Boesenberg, U.; Barkhordarian, G.; Dornheim, M.; Bormann, R.: Enhanced hydrogen sorption kinetics of magnesium by destabilized MgH 2-delta. In: Catalysis Today. Vol. 120 (2007) 3–4, 262–269.

Kontaktinformationen

GKSS Forschungszentrum Geesthacht GmbH
Institut für Werkstoffforschung/Zentrum für Magnesiumtechnik
Prof. Dr. K.-U. Kainer
Max-Planck-Str. 1
21502 Geesthacht

Tel.: +49 (0) 4152/872-590
Email: karl.kainer@gkss.de
Internet: www.gkss.de

Wichtigste Forschungsprojekte

- ULM (BMBF): Ultraleichtbauteile aus Magnesiumfeinblech
- Matatlend (BMBF): Magnesium Alloys Temperature And Load Enduring
- M3 (BMBF): Mobil(ität) mit Magnesium
- MAGFORGE (EU): Magnesium Forged Components for Structural Lightweight Automotive Applications
- MAGNETRUSCO (EU): Hydrostatic extrusion process for efficient production of magnesium structural components

Wichtigste Publikationen

- Hort, N.; Dieringa, H.; Thakur, S.K.; Kainer, K.U.: Magnesium Matrix Composites. In: Friedrich, H.E.; Mordike, B.L. (Hrsg.): Magnesium Technology, Metallurgy, Design Data, Applications. Berlin: Springer, 2006. 315–334. (ISBN: 3–540–20599–3)
- Hort, N.; Kainer, K.U.: Powder Metallurgically manufactured Metal Matrix Composites. In: Kainer, K.U. (Ed.): Metal Matrix Composites. Weinheim: Wiley-VCH, 2006. 243–276. (ISBN: 3–527–31360–5)

Kontaktinformationen

Hochschule für angewandte Wissenschaften Hamburg
Fakultät Technik und Informatik/Dept. Maschinenbau und Produktion/Labor für Kolbenmaschinen
Prof. Dr.-Ing. Victor Gheorghiu
Berliner Tor 21
20099 Hamburg

Tel.: +49 (0) 40/42875-8636
Email: grg@rzbt.haw-hamburg.de
Internet: www.haw-hamburg.de/pers/Gheorghiu/index.html

Wichtigste Forschungsprojekte

- Weiterentwicklung und Erprobung eines Rußsensors nach dem Durchschlagspannungsprinzip
- Entwicklung und Implementierung von Regelalgorithmen zur Reduzierung und Kontrolle der Abgasemissionen
- Modellierung und Simulation innenmotorischer Prozesse
- Entwicklung von Lösungen zur Senkung des CO_2-Ausstoßes von Verbrennungsmotoren durch Effizienzsteigerung
- Neugestaltung von Kolbenverdichtern für speziellen Anwendungen

Wichtigste Publikationen

- Gheorghiu, V. (2006): Ruß- und Partikelsensor für Onboard-Überwachung von Partikelfiltern und Kontrolle der Emissionen von Dieselmotoren. Vorstellung des aktuellen Entwicklungsstands, Fachtagung AUTOREG 2006, März 2006, Wiesloch bei Heidelberg
- Gheorghiu, V. Ueberschär, D., Zikoridse, G. (2006): Soot Sensor for Diesel Emission Onboard Control Systems, FISITA Congress 2006, October 2006, Jokohama, Japan

Kontaktinformationen

Hochschule für Angewandte Wissenschaften Hamburg
Department Verfahrenstechnik
Prof. Dr.-Ing. Thomas Willner
Lohbrügger Kirchstr. 65
21033 Hamburg

Tel.: +49 (0) 40/42875–6247
Email: thomas.willner@rzbd.haw-hamburg.de
Internet: www.haw-hamburg.de/lifesciences.html

Hochschule für Angewandte Wissenschaften Hamburg
Hamburg University of Applied Sciences

Wichtigste Forschungsprojekte

- Katalytische Direktverflüssigung von reinen Kohlenwasserstoff-Plastikmaterialien
- Katalytische Direktverflüssigung von PVC- und schwermetallhaltigen Plastikmaterialien
- Katalytische Direktverflüssigung von Stroh
- Katalytische Direktverflüssigung von Klärschlamm
- Katalytische Direktverflüssigung von Shredderleichtfraktion (SLF)

Wichtigste Publikationen

- Th. Willner, G. Brunner (2005): Pyrolysis Kinetics of Wood and Wood Components. Chem. Eng. Technol. 28(2005)No.10, pp. 1212–1225517160emperorPS
- Th. Willner (2005): Herstellung flüssiger Kraftstoffe aus fester Biomasse durch katalytische und hydrierende Direktverflüssigung. Tagungsband des 14. Symposiums „Bioenergie" von OTTI in Bad Staffelstein, 24.–25. November 2005, S. 206–211

Kontaktinformationen

Institut für Automation und Kommunikation e.V. Magdeburg
Bereich Verkehrstelematik
Andreas Herrmann
Steinfeldstr. 3 (IGZ)
39179 Barleben

Tel.: +49 (0) 39203/810-40
Email: andreas.herrmann@ifak.eu
Internet: www.ifak.eu

ifak

Wichtigste Forschungsprojekte

- INVENT-VM2010: Verkehrs- und Umweltdaten für Navigationssysteme, Geräte zur verteilten Umfeld-Datenerfassung
- MOSAIQUE: Regionales Verkehrsmanagementnetzwerk Leipzig-Halle, Verkehrs- und Umweltinformationen für ÖV, IV und Wirtschaftsverkehr
- VAGABUND: Innovative Methoden und Verfahren zur Erkennung des Gegenverkehrs, Verbesserte Fahrplaninformationen für ÖPNV
- AKTIV-VM: Neue Fahrerassistenzsysteme und Lösungen für ein effizientes Verkehrsmanagement, Car2Car und Car2Infrastructure-Kommunikation

Wichtigste Publikationen

- Hoyer, R., Herrmann, A. (2005): Forschungsarbeiten zur Verkehrstelematik im INVENT-Testfeld Magdeburg. Vortrag vor dem Arbeitsausschuss 3.16 der FGSV, Magdeburg
- Plank-Wiedenbeck, U.; Hoyer, R. (2005): MOSAIQUE – innovatives Verkehrsmanagement für Mitteldeutschland; Tagungsband zum Verkehrstelematikkongress „Sachsen-Anhalt auf dem Weg in die Zukunft" Magdeburg
- Hoyer, R.; Czogalla, O.; Naumann, S. (2006): Improvement of real time passenger information by floating car observers; 13th World Congress on Intelligent Transport Systems London

Kontaktinformationen

Leibniz Universität Hannover
Institut für Verkehrswirtschaft, Straßenwesen und Städtebau
Prof. Dr.-Ing. Bernhard Friedrich
Appelstraße 9a
30167 Hannover

Tel.: +49 (0) 511/7622283
Email: friedrich@ivh.uni-hannover.de
Internet: www.ivh.uni-hannover.de/peb/

Wichtigste Forschungsprojekte

- Emissions- und Kraftstoffreduzierung im Stadtverkehr durch innovative Verkehrslenkungsmaßnahmen

Wichtigste Publikationen

- Friedrich, B.; Almasri, E. (2006): A New Method for Offset Optimization Evaluation with Respect to Environmental Issues. Proc. of the 3rd International Symposium „Networks for Mobility 2006“, 5./6. October 2006, Stuttgart, Germany
- Friedrich B.; Almasri E. (2005): Modellbasierte Optimierung der Versatzzeiten mit dem Cell Transmission Model. Straßenverkehrstechnik Nr. 4, 49. Jahrgang Juli 2005. Kirschbaum Verlag, Bonn

---

Kontaktinformationen

RWTH Aachen
Lehrstuhl für Verbrennungskraftmaschinen Aachen
Stefan Pischinger
Schinkelstraße 8
52062 Aachen

Tel.: +49 (0) 241/8096200
Email: office@vka.rwth-aachen.de
Internet: www.vka.rwth-aachen.de

Wichtigste Forschungsprojekte

- Wirkungsgradsteigerungoptimierung Ottomotor: Direkteinspritzung, variable Ventilsteuerungen und Aufladung
- Emissionsminderung Dieselmotor: Optimierung des Brennverfahrens durch Abstimmung Einspritzung und Ladungsbewegung
- Emmissionsminderung Dieselmotor: Abgasnachbehandlungssysteme, NO_x-Speicherkatalysator, SCR-Systeme, Partikelfilter
- Optimierte Motorkonstruktion und Reibungsminderung, zum Beispiel Variabilitäten Verdichtung, Steuerzeiten und Wälzlagerung

Wichtigste Publikationen

- Pischinger (2006): Analysis of EGR-Strategies for Controlled Auto Ignition by using Numerical Simulation and Optical Measurements, SAE International, 2006-01-0630
- Pischinger (2006): Flexible Einspritzverlaufsformung – auch bei Pkw-Dieselmotoren ein wirkungsvolles Mittel zur Reduktion von Verbrach und Schadstoffemissionen, Haus der Technik, Berlin
- Pischinger (2006): Dieselpartikelfilter und NO_x-Speicherkatalysator, 27. Int. Wiener Motorensymposium, Wien

Kontaktinformationen

Technische Universität Berlin
Institut für Land- & Seeverkehr/Schienenfahrzeuge
Prof. Dr.-Ing. Markus Hecht
Salzufer 17–19 Sekr. SG 14
10587 Berlin

Tel.: +49 (0) 30/314–25150
Email: markus.hecht@tu-berlin.de
Internet: www.tu-berlin.de/~schienenfahrzeuge

Wichtigste Forschungsprojekte

- LEILA – leichtes lärmarmes Güterwagendrehgestell, Entwicklung und Konstruktion eines neuen innovativen DG für den Güterverkehr
- Kurvenkreischen – grundlegende Untersuchung des Phänomens Kurvenkreischen, Erstellung eines Handbuchs
- Kollisionssichere Auslegung von Fahrzeugstrukturen (Gesamtfahrzeug Konzepte, Modulauslegung)

Wichtigste Publikationen

- M.Hecht, G.Krause, O.Polach (2005) Kapitel Q2 Schienenfahrzeuge, DUBBEL Taschenbuch für den Maschinenbau 21.Aufl. Springer
- M.Hecht, J.Keudel (2006), Verbesserte Energieeffizienz durch radialeinstellende Fahrwerke am Bsp.LEILA Güterwagendrehgestells
- F.Krüger, W. Bartz, E. Wippler, M. Hecht (2006), Schall- und Erschütterungsschutz im Schienenverkehr, 2. Auflage 2006
- Klöpfer et al. (2006), Leben mit Lärm – Springer 2006

Kontaktinformationen

Technische Universität Berlin
Integrierte Verkehrsplanung
Prof. Siegmann
Salzufer 17–19
10587 Berlin

Tel.: +49 (0) 30/314-25145
Email: sekretariat@ivp.tu-berlin.de
Internet: www.verkehrsplanung.tu-berlin.de

Wichtigste Forschungsprojekte

- TELLUS: Evaluationskonzept für städtische Verkehrsstrategien
- Metropolis: Mobilität in Metropolen
- LARES: Barrierefreiheit
- Bestellerkooperation: Wirtschaftsverkehr
- ProMode: Wohlstand, Mobilität und demographischer Wandel

Wichtigste Publikationen

- Arndt/Becker/Kracker/Runge(2002...2006): Schriftenreihe des Instituts für Land- und Seeverkehr; TU Berlin, diverse Ausgaben
- Becker/Runge (2005): Safeguarding Mobility – Transforming Transportation, Metropolis
- Becker/Kracker/Runge u.a. (2006): TELLUS Evaluation Report; (CIVITAS Initiative)
- Runge/Becker (2006): Mobility and Social Cohesion; Metropolis
- Kracker/Walther:(2006): Partizipation von Kindern und Jugendlichen in der Verkehrsplanung; TUB, Integrierte Verkehrsplanung

Kontaktinformationen

Technische Universität Berlin
Institut für Luft- und Raumfahrt/Fachgebiet Flugführung und Luftverkehr
Gerhard Hüttig
Marchstr. 12
10587 Berlin

Tel.: +49 (0) 30/314-22462
Email: gerhard.huettig@tu-berlin.de
Internet: www.ilr.tu-berlin.de

Wichtigste Forschungsprojekte

- Verfahren des kooperativen Air Traffic Managements – Verspätungsoptimierung für Flughafen Frankfurt
- Flugbetriebliche Bewertung lärmreduzierender An- und Abflugverfahren – -3–5 db(A) durch flugbetriebliche Verfahren
- Verkehrsszenarien bei Einführung von LH2-angetriebenen Flugzeugen und Emissionswirkungen

Wichtigste Publikationen

- Forschungsberichte unveröffentlicht Lufo3/KATM – Eurocontrol – EU/Cryoplane
- Potential of cryoplane technology to reduce aircraft climate impact, 06/2006, www.sciencedirect.com

---

TECHNISCHE UNIVERSITÄT
CAROLO-WILHELMINA
ZU BRAUNSCHWEIG

Kontaktinformationen

Technische Universität Braunschweig
Institut für Betriebssysteme und Rechnerverbund
Prof. Dr.-Ing. Lars Wolf
Mühlenpfordtstraße 23, 1. OG
38106 Braunschweig

Tel.: +49 (0) 531/391-3283
Email: info@ibr.cs.tu-bs.de
Internet: www.ibr.cs.tu-bs.de

Wichtigste Forschungsprojekte

- Environmental Monitoring in Metropolitan Areas (EMMA) – Erfassung und Übermittlung von Emissiondaten durch Fahrzeuge des ÖPNV auf Basis von Fahrzeug-Fahrzeug-Kommunikation

Wichtigste Publikationen

- Sven Lahde, Michael Doering, Wolf-Bastian Pöttner, Gerrit Lammert, and Lars Wolf (to appear 2007): A Practical Analysis of Communication Characteristics for Mobile and Distributed Pollution Measurements on the Road, Journal of Wireless Communications
- Sven Lahde, Dieter Brökelmann, Michael Doering, Michael Golebski and Lars Wolf (2006): Small-Scale Demonstration Platform for Car2X Communication, in Proceedings of 3rd Symposium on Informationssysteme für mobile Anwendungen, Braunschweig, Oktober 2006

Kontaktinformationen

Technische Universität Dresden
Institut für Werkstoffwissenschaft
Professur für Funktionswerkstoffe
Doru C. Lupascu
Helmholtzstr. 7
01069 Dresden

Tel.: +49 (0) 351/46339060
Email: bettina.kloss@tu-dresden.de
Internet: www.tu-dresden.de

TECHNISCHE UNIVERSITÄT DRESDEN

Wichtigste Forschungsprojekte

- Sonderforschungsbereich 595, Ermüdung in Funktionswerkstoffen
- Mikroschädigung in Ferroelektrika
- Schädigung und Rissinitiierung in ferroelektrischen Werkstoffen durch Wechselwirkung mechanischer und elektrischer Spannungen
- Röntgenographische Untersuchung von Partikelfiltern für Dieselmotoren (Koop. mit Prof. Zellbeck, TU Dresden)

Wichtigste Publikationen

- A.B. Kounga-Njiva, et al. Crack tip switching zone in ferroelectric ferroelastic materials, Acta Mater. 52, 4919 (2004)
- Y. Zhang et al., Heterogeneity of fatigue in lead-zirconate-tianate, Acta Mater. 53, 2203 (2005)
- D.C. Lupascu, J. Rödel, Fatigue in actuator materials: a review, Adv. Engin. Mater. 7, 882 (2005)
- D.C. Lupascu et al., Aging in Ferroelectrics, J. Am Ceram. Soc. 89, 226 (2006)
- N. Balke, et al. Thickness profiles through fatigued bulk lead zirconate titanate, J. Appl. Phys. 100, 114117 (2006)

Kontaktinformationen

Technische Universität München
Lehrstuhl für Luftfahrttechnik
Prof. Horst Baier/Dr. Wolfgang Schmidt
Boltzmannstrasse 15
85747 Garching

Tel.: +49 (0) 89/289159-81
Email: schmidt@llt.mw.tum.de
Internet: www.llt.mw.tum.de

TUM
TECHNISCHE UNIVERSITÄT MÜNCHEN

Wichtigste Forschungsprojekte

- Design von Flugzeugen für minimalen Atmoshärenschaden: Bewertung von Atmosphärenschäden, parametrische Einflüssse
- Modellierung und Bewertung von Emissionen im Flughafennahbereich
- Ökonomische Bewertung von Fluglärm-Reduktionsmaßnahmen
- Lärmkontursimulationen mit verschiedenen Prognosemodellen

Wichtigste Publikationen

- Egelhofer R., Schwanke S., Gaffal R.: Holistic Approach for Environmentally Friendly Aircraft Design. In: 25th Congress of the International Council of the Aeronautical Sciences, Hamburg, 2006. Paper 503.
- Egelhofer R., Marizy C. und Bickerstaff C.: On how to consider the Earth's Atmosphere in Aircraft Design. In: International Conference on Transport, Atmosphere and Climate, Oxford, 2006.
- Gaffal, R.; Schwanke, S.; An approach for noise and emission trade off; The Roaring 20th – Aviation Noise and Air Quality Symposium 2005; Palm Springs, Kalifornien, USA

TECHNISCHE UNIVERSITÄT MÜNCHEN

Kontaktinformationen

Technische Universität München
Lehrstuhl für Flugantriebe
Prof. Dr.-Ing. Hans-Peter Kau
Boltzmannstr. 15
85747 Garching

Tel.: +49 (0) 89/289-16164
Email: kau@lfa.mw.tum.de
Internet: www.lfa.mw.tum.de

Wichtigste Forschungsprojekte

- Entwicklung von Gehäusestrukturierungen zur Verbesserung des Betriebsverhaltens von Axialverdichtern bei Gasturbinen
- Untersuchung instationärer Effekte im Schaufelrandbereich von Hochdruckverdichterstufen zur Verbesserung der Effizienz
- Neuartiges Brennstoffaufbereitungssystems für Gasturbinen zur Verbesserung der Umweltverträglichkeit

Wichtigste Publikationen

- Brignole, Wilke, Kau: Designing a Casing Treatment for a Transonic Axial Compressor. VKI-Lecture Series, 2006
- Hupfer, Rott, Kau, Vendier: Experimental Investigations on Lean Premixed Prevaporized Combustors for Small Aeroengines. ISROMAC-2006
- Wagner, Soller, Kau, Martin, Maeding:Influence of GOx/Kerosene element design on heat transfer and combustion efficiency. JPC-2006
- Rocci-Denis, Maier, Erhard, Kau: Free Stream Investigations on Methane Combustion in a Supersonic Air Flow. AIAA-2005.

Technologie- und Förderzentrum

Kontaktinformationen

Technologie- und Förderzentrum im Kompetenzzentrum für Nachwachsende Rohstoffe (TFZ)
Sachgebiet Biogene Kraft-, Schmier- und Verfahrensstoffe
Dr. Edgar Remmele
Schulgasse 18
94315 Straubing

Tel.: +49 (0) 9421/300-110
Email: poststelle@tfz.bayern.de
Internet: www.tfz.bayern.de

Wichtigste Forschungsprojekte

- Qualitätssicherung von Rapsölkraftstoff bei der Erzeugung in dezentralen Anlagen: deutschlandweite Beprobung von dezentralen Ölmühlen, systematische Untersuchung der Einflussfaktoren auf die Qualität von Rapsölkraftstoff, Erarbeitung von Handlungsempfehlungen
- Überprüfung von Abgaspartikelfiltersystemen an rapsölkraftstoffbetriebenen Blockheizkraftwerken: Prüfstandsuntersuchungen mit Abgaspartikelfiltersystemen zur Ermittlung des Partikelreduktionspotenzials, weiterer Emissionen sowie der Standzeit und der Wartung

Wichtigste Publikationen

- Remmele, E. (2006): Wissenschaftliche Begleitforschung zur Pflanzenölproduktion. Hinweise zur Herstellung von Rapsölkraftstoff nach der Vornorm DIN 51605. IN: FACHAGENTUR NACHWACHSENDE ROHSTOFFE (HRSG.): Pflanzenöl als Kraftstoff in der Landwirtschaft
- Widmann, B.; Remmele, E. (2006): Einführung in die Systemtechnik von Flüssigkraftstoffen. IN: Ostbaye-risches Technologie-Transfer-Institut e.V. (OTTI) (HRSG.): Orientierungsseminar BIONENERGIE – Technische Grundlagen. Einführung in den Stand der Technik

Kontaktinformationen

Universität Bayreuth
Bayreuth Engine Research Center (BERC)
Prof. Dr.-Ing. Dieter Brüggemann (Sprecher BERC)
Universitätsstraße 30
95440 Bayreuth

Tel.: +49 (0) 921/55-7160
Email: Brueggemann@uni-bayreuth.de
Internet: www.berc.uni-bayreuth.de

BERC
BAYREUTH ENGINE RESEARCH CENTER

Wichtigste Forschungsprojekte

- Verkokung und Regeneration eines Katalysators zur Reformierung von Schwerbenzin
- Entwicklung und Einsatz von Lasermesstechniken zur Untersuchung der Gemischbildung
- Zusammenspiel von Abgassensoren und Abgaskatalysator
- Maschinenelemente aus Hochleistungs-Kunststoffen
- Entwicklung eines industrietauglichen Prüfstands für Luftmassenmesser
- Prüfung von CAN-Bussensoren
- Modellgestützte Charakterisierung von mechatronischen Automobilkomponenten

Wichtigste Publikationen

- C. Hüttl, U. Leidenberger, D. Brüggemann (2007): Experimenteller Vergleich des Strahlausbreitungs- und Verbrennungsverhaltens von Bio- und Mineralöldiesel, In: A. Leipertz (Hrsg.): Motorische Verbrennung – Aktuelle Probleme und moderne Lösungsansätze, VII
- R. Moos (2006): Automotive Exhaust Gas Sensors, In: C.A. Crimes, E. C. Dickey, M. V. Pishko (Eds.): Encyclopedia of Sensors, vol. 1, pp. 295–312, American Scientific Publishers

Kontaktinformationen

Universität Duisburg-Essen
IVG, Institut für Verbrennung und Gasdynamik
Prof. Dr. Christof Schulz
Lotharstraße 1
47057 Duisburg

Tel.: +49 (0) 203/3793995
Email: christof.schulz@uni-due.de
Internet: www.uni-due.de/ivg/vg

IVG

Wichtigste Forschungsprojekte

- Entwicklung laseroptischer Untersuchungsverfahrung für die innermotorische Messtechnik
- Bestimmung von Zündverzugszeiten und Brenneigenschaften für neuartige Kraftstoffe
- Entwicklung und Anwendung von Messtechniken für die Nanopartikeldetektion
- Entwicklung von Anlagenkonzepten für die Herstellung von Solarsilizium
- Herstellung von maßgeschneiderten Nanomaterialien zum Beispiel für Anwendungen in der Katalyse

Wichtigste Publikationen

- B. F. Kock, B. Tribalet, C. Schulz, and P. Roth, „Two-color time-resolved LII applied to soot particle sizing in the cylinder of a Diesel engine," Combust. Flame 147, 79–92 (2006)
- W. G. Bessler, M. Hofmann, F. Zimmermann, G. Suck, J. Jakobs, S. Nicklitzsch, T. Lee, J. Wolfrum, and C. Schulz, „Quantitative in-cylinder NO-LIF imaging in a realistic gasoline engine with spray-guided direct injection," Proc. Combust. Inst. 30, 2667–267

Friedrich-Alexander-Universität Erlangen-Nürnberg

Kontaktinformationen

Universität Erlangen-Nürnberg
Technische Fakultät, Institut für Chemie- und Bioingenieurwesen, Lehrstuhl für Technische Thermodynamik
Prof. Dr.-Ing. Alfred Leipertz
Am Weichselgarten 8
91058 Erlangen

Tel.: +49 (0) 9131/85-29900
Email: sek@ltt.uni-erlangen.de
Internet: www.ltt.uni-erlangen.de

Wichtigste Forschungsprojekte

- Homogenisierung der Zylinderladung bei Common-Rail-Diesel-Einspritzung
- Rußbildung in direkteinspritzenden Diesel- und Ottomotoren
- Umfassende Untersuchung von Kraftstoffsprays
- Innermotorische Temperaturfeldmessungen
- Konzeption und Aufbau eines Hochdruckverbrennungsprüfstandes für motorische Anwendungen

Wichtigste Publikationen

- F. Beyrau et al., Locally resolved investigation of the vaporization of GDI sprays applying different laser techniques, Atom. Sprays 16 (2006) 319–330
- A. Bräuer et al., Laser-induced fluorescence of ketones at elevated temperatures for pressure up to 20 bars by using a 248 nm excitation laser wavelength: experiments and model improvements, Appl. Optics 45 (2006) 4982–4989

UNIKASSEL VERSITÄT

Kontaktinformationen

Universität Kassel
Fachbereich 06 Fachgebiet Integrierte Verkehrsplanung/ Mobilitätsentwicklung
Prof-Dr.-Ing. Hemut Holzapfel
Gottschalkstr. 28
34109 Kassel

Tel.: +49 (0) 561/8043223
Email: marlis.kretschmer@uni-kassel.de
Internet: http://uni-kassel.de/fb6/via

Wichtigste Forschungsprojekte

- EVALO: Zusammenhang von Siedlungsstruktur und Verkehr
- BMVBW: Regionaler Bahnverkehr
- Demographischer Wandel und Verkehr
- ÖPNV der Zukunft
- Verkehrsnetze schrumpfender Städte (DFG)

Wichtigste Publikationen

- Holzapfel, H., Böge, S. und Hopmeier, I. 2005: Wie die gebaute Umwelt den Alltag bestimmt; In: der städtetag; Heft 2/2005; S. 27–28
- Holzapfel, H., Böge, S. und Koch, R. 2005: Die Zukunft der Nachfrage im öffentlichen Verkehr und damit verbundene neue technische Optionen; In: Verkehr und Technik; Heft 4; 2005: S. 140–144

Kontaktinformationen

Universität Stuttgart
Lehrstuhl Verkehrsplanung und Verkehrsleittechnik
Markus Friedrich
Seidenstr. 36
70174 Stuttgart

Tel.: +49 (0) 711/68582482
Email: markus.friedrich@isv.uni-stuttgart.de
Internet: www.uni-stuttgart.de/isv/vuv/

Universität Stuttgart

Wichtigste Forschungsprojekte

- Do-iT: Nutzung von Mobilfunkdaten für die Verkehrslageerfassung
- QuietCity: Wirkungen von Lkw-Durchfahrtsverboten auf Lärmemissionen
- Caravel: EU-Programms CIVITAS („Traveling towards a new mobility")
- Moviman: Mobilitätsmanager für Industriegebiete
- SINATRA: Transportkette für stapelbare Lkw-Wechselbrücken

Wichtigste Publikationen

- Friedrich, M. (2006): Analysing and Optimising Public Transport Supply, Proceedings of 3nd International Symposium Networks for Mobility, Stuttgart.
- Wacker, M.: (2005) Optimierung von Abfalltransporten unter ökonomischen und ökologischen Aspekten an ausgewählten Beispielen. In: Martin Kranert (Hrsg.): Neuorientierung in der Abfallwirtschaft
- Wacker, M., M. Galster (2004): Renewable Fuels for Cross Border Transportation. In: Networks for Mobility, Proceedings of the 2nd International Symposium, Stuttgart

Unternehmens-verzeichnis

Dieses Verzeichnis enthält alle Unternehmen, die an der online-Befragung zum Umwelttechnologie-Atlas für Deutschland im Februar 2007 teilgenommen und den Fragebogen vollständig ausgefüllt haben. Die Liste ist offen für weitere Einträge und kann von der Internetseite des Bundesministeriums für Umwelt, Naturschutz und Reaktorsicherheit abgerufen werden. Unter www.bmu.de/umwelttechnologieatlas finden sich ebenfalls Informationen für Unternehmen, die sich eintragen lassen wollen.

Leitmarkt Umweltfreundliche Energieerzeugung und -speicherung

A.E.V. Alternative Energieversorung OHG
Hohe Straße 119, 01187 Dresden
Tel.: +49 (0) 172/8014054; www.aev-bioenergie.eu

a.u.t. agrar-umwelt-technik GmbH
Hauptstraße 89, 76872 Freckenfeld
Tel.: +49 (0) 6340/9055-0; www.agrar-umwelt-technik.de

ABACON. Büro für angewandte Geowissenschaften
Sredzkistraße 19, 10435 Berlin
Tel.: +49 (0) 30/44340837; www.abacon-berlin.de

abasto – ökologische Energietechnik GmbH
Gaußstraße 17, 22765 Hamburg
Tel.: +49 (0) 40/3906060; www.abasto.de

ABIS Nemt GmbH & Co. KG
Am Wachtelberg 18, 04808 Wurzen
Tel.: +49 (0) 3425/854658; www.abis-biogas.de

ABO Wind
Hirtenstraße 45–47, 65193 Wiesbaden
Tel.: +49 (0) 611/26765-00; www.abo-wind.de

AES Krug GmbH
Haydnstraße 8, 88299 Leutkirch
Tel.: +49 (0) 7561/70406; aes_krug_gmbh@t-online.de

AFEE Anlagen Für Erneuerbare Energiequellen GmbH
Weststraße 60, 57392 Schmallenberg
Tel.: +49 (0) 2972/4001; afee@holzgewerbepark.com

Agraferm Technologies AG
Münchener Straße 98, 85276 Pfaffenhofen
Tel.: +49 (0) 8441/8086-16; www.agraferm.de

Agrarland GmbH Felixsee
Gartenstraße 36, 03130 Felixsee
Tel.: +49 (0) 3563/3564; LTSGmbH@t-online.de

agri.capital GmbH
Hafenweg 15, 48155 Münster
Tel.: +49 (0) 251/27601530; www.agricapital.de

Alensys Engineering GmbH
Zum Wasserwerk 12, 15537 Erkner
Tel.: +49 (0) 3362/8859143; www.alensys.de

aleo solar AG
Gewerbegebiet Nord, 17291 Prenzlau
Tel.: +49 (0) 441/2198837; www.aleo-solar.de

Allianz Hauptvertretung
Joachimstaler Straße 10, 10719 Berlin
Tel.: +49 (0) 30/36410277;
www.vertretung.allianz.de/christof.maier

Alpha-InnoTec GmbH
Industriestraße 3, 95349 Kasendorf
Tel.: +49 (0) 9228/9906120; www.alpha-innotec.de

Ansyco analytische Systeme und Componenten GmbH
Ostring 4, 76131 Karlsruhe
Tel.: +49 (0) 721/626560; www.ansyco.de

AP Elektro Service GmbH
Rödinghauser Straße 125, 32257 Bünde
Tel.: +49 (0) 5223/7934585; www.ap-elektro.de

Apparatebau GmbH Crimmitschau
Fichtestraße 7, 08451 Crimmitschau
Tel.: +49 (0) 3762/7080;
www.apparatebau-crimmitschau.de

aquilex Bürogemeinschaft für Wasser- & Wind- Energie
Rostocker Straße 21, 10553 Berlin
Tel.: +49 (0) 30/3916776; www.aquilex.de

ARCA Heizkessel GmbH
Sonnenstraße 9, 91207 Lauf
Tel.: +49 (0) 9123/84581; www.arca-heizkessel.de

Archea Biogastechnologie GmbH
Hoher Kamp 7, 31840 Hessisch Oldendorf
Tel.: +49 (0) 5152/52571-0; www.archea.de

atelier a3
Rennesstraße 21, 91054 Erlangen
Tel.: +49 (0) 9131/502798; www.atelier-a3.de

AUF Eberlein & Co. GmbH
Hautschenmühle 1, 91587 Adelshofen
Tel.: +49 (0) 9865/941771; f.eberlein@t-online.de

avantTime Consulting GmbH
Drosselweg 11, 72076 Tübingen
Tel.: +49 (0) 7071/969092; www.avanttime.de

AVS Aggregatebau GmbH
Salemstraße 43, 89584 Ehingen-Stetten
Tel.: +49 (0) 7393/9507-0;
s.herrmann@avs-aggregatebau.de

BASF Fuel Cell GmbH
Industriepark Höchst, G 864, 65926 Frankfurt/Main
Tel.: +49 (0) 69/3054292; www-pemeas.xom

Bayerische Elektrizitätswerke GmbH (BEW)
Schaezlerstraße 3, 86150 Augsburg
Tel.: +49 (0) 821/328-4150; www.bew-wasserkraft.de

BD AgroRenewables GmbH & Co. KG
Auf der Lage 2, 49377 Vechta
Tel.: +49 (0) 4447/801225; info@bd-agro.de

Berens – Leasing Finanzierung –
Alter Uentroper Weg 44, 59071 Hamm
Tel.: +49 (0) 2381/485253; www.leasingconsultant.de

Bernard van Lengerich Maschinenfabrik GmbH & Co. KG
Grenzstraße, 16, 48488 Emsbüren
Tel.: +49 (0) 5903/9510; www.bvl-group.de

Bernried Erdwärme AG
Gustav-Werner-Straße 12, 74321 Bietigheim-Bissingen
Tel.: +49 (0) 7142/918320; www.bernriederdwaerme.de

BET Büro für Energiewirtschaft und Technische Planung GmbH
Theaterstraße 58–60, 52062 Aachen
Tel.: +49 (0) 241/47062-10; www.bet-aachen.de

Beutler & Lang, Schalungs- und Behälter-Bau GmbH
Mainleite 35, 97340 Marktbreit
Tel.: +49 (0) 9332/5055-34; www.sbb-beutler-lang.de

BFT Planung GmbH
Im Süsterfeld 1, 52072 Aachen
Tel.: +49 (0) 241/41357-0; www.bft-planung.de

BGU Dr. Brehm & Grünz GbR
Meisenstraße 96, 33607 Bielefeld
Tel.: +49 (0) 521/2997-250; www.bgu-geoservice.de

BIO ENERGY Biogas GmbH
Im Loher Busch 52, 32545 Bad Oeynhausen
Tel.: +49 (0) 5731/794-0; www.bioenergy.de

BioConstruct GmbH
Wellingstraße 54, 49328 Melle
Tel.: +49 (0) 5226/5932-252; www.bioconstruct.de

Biogas Fachberatung Max Zintl GmbH
Themenreuth 1, 95666 Mitterteich
Tel.: +49 (0) 9633/919487; www.biogasfachberatung.de

BIOGAS NORD GmbH
Werningshof 2–4, 33719 Bielefeld
Tel.: +49 (0) 521/5575070; www.biogas-nord.com

Biogaskontor Köberle GmbH
Sebastian-Sailer-Straße 42, 89611 Obermarchtal
Tel.: +49 (0) 7375/950380; info@biogaskontor.de

BiomasseVerwertung
Marienthaler Straße 17, 24340 Eckernfoerde
Tel.: +49 (0) 4351/735225; www.biomasseverwertung.de

BIOPRACT GmbH
Magnusstraße 11, 12489 Berlin
Tel.: +49 (0) 30/63926205; www.biopract.de

Birk & Partner AG
Bahnhofplatz 1a, 94315 Straubing
Tel.: +49 (0) 9421/8408-0; www.birk-partner.de

BOREAS Energie GmbH
Moritzburger Weg 67, 01109 Dresden
Tel.: +49 (0) 351/88507-0; b.weigel@boreas.de

BRILLIANT GmbH
Kleinreuther Weg 88, 90408 Nürnberg
Tel.: +49 (0) 911/9812277; www.brilliantsolar.de

Brunnenbau Conrad GmbH
Thamsbrücker Straße 10, 99947 Merxleben
Tel.: +49 (0) 3603/390612; www.brunnenbau-conrad.de

BTD Behältertechnik Heiz- und Trinkwassersysteme GmbH & Co. KG
Brückenstraße 1, 72135 Dettenhausen
Tel.: +49 (0) 7157/562-100; www.btd-gmbh.de

Bumiller Neue Energien GmbH
Großbeerenstraße 13a, 10963 Berlin
Tel.: +49 (0) 30/217523-41; www.bumiller-gmbh.de

Burger Wasserkraftanlagen GmbH
Hammerschmiede 1, 87733 Engetried
Tel.: +49 (0) 8392/1362; www.wasserkraft.biz

Büro für regenerative Energien
Kirchweg 24, 32427 Minden
Tel.: +49 (0) 571/40012; wrohlfing@t-online.de

Büro für regenerative Energien Dipl.-Ing. Steffen Eigenwillig
Hauptstraße 37, 06231 Bad Dürrenberg
Tel.: +49 (0) 3462/80009;
Dipl.-Ing.Steffen.Eigenwillig@t-online.de

C4 Energie AG
Blomenburg 1, 24238 Selent
Tel.: +49 (0) 4384/5091440; www.c4energie.de

CarboCycle Ingenieurbüro
Pankstraße 8–10, Aufgang C, 13127 Berlin
Tel.: +49 (0) 30/4759669911; www.CarboCycle.de

caverion GmbH
Rossbachstraße 80, 70499 Stuttgart
Tel.: +49 (0) 711/8804-2666; www.caverion.com

Celsius GmbH & Co. KG
Bergstraße 17, 75233 Tiefenbronn
Tel.: +49 (0) 7234/980764; t.jaegle@celsius-gmbh.de

Citel Electronics
Alleestr 144, 44793 Bochum
Tel.: +49 (0) 234/547210; jdamschen@citel.de

cleversolar GmbH
Kösliner Weg 5, 22850 Norderstedt
Tel.: +49 (0) 40/9436280; krug@clever-solar.de

Conergy Wärmepumpen GmbH
Speicherstraße 11a, 18273 Güstrow
Tel.: +49 (0) 40/27142-1832; www.conergy.de

CORTAN Bio-Energie GmbH
Wilhelm-Theodor-Römheld-Straße 20, 55130 Mainz
Tel.: +49 (0) 6131/9083143; www.cortan.de

CSPS Concentrating Solar Power Service
Linder Höhe, 3e SF, 51147 Köln
Tel.: +49 (0) 2203/6014714; www.csp-service.de

D.I.E. – Erneuerbare Energien
König-Konrad-Straße 2, 55127 Mainz
Tel.: +49 (0) 6131/501539-0; www.die-ee.de

Danpower GmbH
Virchowstraße 17, 14482 Potsdam
Tel.: +49 (0) 331/2378210; www.danpower.biz

DEPOSERV-Ingenieurgesellschaft mbH
Steinfeldstraße 3, 39179 Barleben
Tel.: +49 (0) 39203/96390; www.DEPOSERV.de

DH Dampfkessel- und Behälterbau Hohenthurm GmbH
Droyßiger Weg 56, 06188 Hohenthurm
Tel.: +49 (0) 34602/33-110; k.doersing@dh-hohenthurm.de

dlt Verfahrenstechnik Wille GmbH
Fahrradstraße 7, 90429 Nürnberg
Tel.: +49 (0) 911/314319; www.dlt-verfahrenstechnik.de

Dr. Födisch Umweltmesstechnik AG
Zwenkauer Straße 159, 04420 Markranstädt
Tel.:+49 (0) 34205/75528; www.foedisch.de

Dr. Reip & Köhler, Rechtsanwälte für Recht der Erneuerbaren Energien
Leipziger Straße 7, 07743 Jena
Tel.: +49 (0) 3641/384396; www.newenergy-law.de

Drechsler-Solartechnologien
Lochbach 29, 96342 Stockheim
Tel.: +49 (0) 9261/63399; solartechno@t-online.de

E&I Energie und Innovation Ingenieurbüro
Im Grund 12, 78267 Aach
Tel.: +49 (0) 7774/920863; www.Eundl.de

E.Boerger GmbH & Co.KG
Riesenfeldstraße116, 80809 München
Tel.: +49 (0) 89/35725-109; www.boerger-service.de

E.ON Energie AG
Briennerstraße 40, 80333 München
Tel.: +49 (0) 89/1254-4264; www.eon-energie.com

E.U.R.O. BIOGAS Anlagenbau GmbH
Rotenburger Straße 1, 29640 Schneverdingen
Tel.: +49 (0) 5193/974485; www.eurobiogas.de

EBA-GmbH Triesdorf
Steigruber Straße 5, 91746 Weidenbach
Tel.: +49 (0) 9826/18264; manfred.faatz@triesdorf.de

Eberwein Haustechnik GmbH
Joh.-Seb.-Bach-Straße 3, 93128 Regenstauf
Tel.: +49 (0) 9402/500114; info@ew-haustechnik.de

Eger Consult GmbH & Co. KG
Hauptstraße 346a, 33818 Leopoldshöhe
Tel.: +49 (0) 5202/881014; www.eger-consult.com

Elektro Sicheneder GmbH
Habersbrunn 1, 94424 Arnstorf
Tel.: +49 (0) 8723/979706; elektro.sicheneder@vr-web.de

ELEKTROANLAGEN Harald Hager
Lindenauer Straße 5, 08289 Schneeberg
Tel.: +49 (0) 3772/28923; www.hager-harald.de

Elektro-Gühring GmbH
Freihofstraße 25, 70439 Stuttgart
Tel.: +49 (0) 711/802218; www.elektro-guehring.de

em:energie-mainz.de
Albert-Stohr-Straße 20, 55128 Mainz
Tel.: +49 (0) 6131/933911; rebstock@energie-mainz.de

EnerCess GmbH
Robert-Bosch-Straße 7, 32547 Bad Oeynhausen
Tel.: +49 (0) 5731/15339-14; www.enercess.de

ENERCON GmbH
Dreekamp 5, 26605 Aurich
Tel.: +49 (0) 4941/927-0; ursula.vogt@enercon.de

energie + konzept
Max-Brauer-Allee 186, 22765 Hamburg
Tel.: +49 (0) 40/43254707; www.e-u-k.de

Energie Concept Müller & Mühlbauer GmbH
Im Gässlein 2, 91230 Happurg
Tel.: +49 (0) 9151/81440; www.energie-concept.de

ENERGIEANWENDUNGEN
Ludwig-Jahn-Straße, 06679 Granschütz
Tel.: +49 (0) 34441/93709; info@energieanwendungen.de

Energiebau Solarstromsysteme GmbH
Heinrich-Rohlmann-Straße 17, 50829 Köln
Tel.: +49 (0) 221/98966-230; www.energiebau.de

Energiebüro Jung
Hirzsteinstraße 17a, 34270 Schauenburg
Tel.: +49 (0) 5601/969580; www.energiebuero.net

Energiedienst Holding AG
Rheinbrückestraße 5–7, 79618 Rheinfelden
Tel.: +49 (0) 7763/812120; www.energiedienst.de

Energietechnik Kuntschar u. Schlüter GmbH
Unterm Dorfe 8, 34466 Wolfhagen
Tel.: +49 (0) 5692/988012; www.kuntschar-schlueter.de

Energieversorgung Josef Schmid
Mühlenstraße 44, 83417 Kirchanschöring
Tel.: +49 (0) 8685/462; www.evu-online.net

Energieversorgung Oberhausen AG
Danziger Straße 31, 46045 Oberhausen
Tel.: +49 (0) 208/8352437; n.schoen@evo-energie.de

Energo GmbH
Kiehnlestraße 16, 75172 Pforzheim
Tel.: +49 (0) 7231/568774; www.energo-solar.de

ENERGOSSA GmbH
Christaweg 6, 79114 Freiburg i.Br.
Tel.: +49 (0) 761/479763-0; www.energossa.de

ENERGY TEC Beratungs- und Handelsgesellschaft mbH
Ellerried 5, 19061 Schwerin
Tel.: +49 (0) 385/64109797; www.energiespartechnik-mv.de

ENERSYS Gesellschaft für Energiesysteme mbH
Haldenstraße 9, 78166 Donaueschingen
Tel.: +49 (0) 771/83790-0; www.enersys.de

Engelhardt Dach- und Solartechnik
Arndtstraße 19, 08451 Crimmitschau
Tel.: +49 (0) 3763/4313; www.engelhardt-solartechnik.info

En-O-Trak System GmbH
Erich-Weinert-Straße 1, 03046 Cottbus
Tel.: +49 (0) 355/693940; www.enotrak.de

ENRO Geothermie AG
Huyssenallee 86–88, 45128 Essen
Tel.: +49 (0) 201/24536-41; www.enro-geothermie.de

ENTERPRISE Bau Technik Umwelt GmbH
Nordhauser Straße 1, 10589 Berlin
Tel.: +49 (0) 30/4129073; uwe.negengert@enterprise-btu.com

enveco GmbH
Grevener Straße, 61c, 48149 Münster
Tel.: +49 (0) 251/315810; www.enveco.de

Envire Solar AG
Berliner Straße 36, 10715 Berlin
Tel.: +49 (0) 30/86397459; www.envire-holding.de

EnviTec Biogas GmbH
Boschstraße 2, 48369 Saerbeck
Tel.: +49 (0) 2574/88 88 810; www.envitec-biogas.de

EPURON GmbH
Anckelmannsplatz 1, 20537 Hamburg
Tel.: +49 (0) 40/271423201; www.epuron.de

Erdwärme Kraft GbR
Köpenicker Straße 59–71, 10179 Berlin
Tel.: +49 (0) 30/26723135; www.erdwaermekraft.de

ESWE Versorgungs AG
Weidenbornstraße 1, 65189 Wiesbaden
Tel.: +49 (0) 611/780-2298; www.eswe-versorgung.de

eta energietechnik GmbH
Hauptstraße 104, 25899 Klixbüll
Tel.: +49 (0) 4662/77414; eta-energietechnik@t-online.de

ETW Energietechnik GmbH
Ferdinand-Zeppelin-Straße 19, 47445 Moers
Tel.: +49 (0) 2841/99900; www.etw-energie.de

EURO-P Kleindienst GmbH
Knickrehm 10, 23611 Bad Schwartau
Tel.: +49 (0) 451/29309-0; christiane@uwe-kleindienst.de

EUtech Energie & Management GmbH
Dennewartstraße 25–27, 52068 Aachen
Tel.: +49 (0) 241/9631970; www.eutech.de

EVK GmbH
An der Tigge 4, 59469 Ense-Oberense
Tel.: +49 (0) 2938/97800; www.evk-oberense.de

EVN Energieversorgung Nord GmbH & Co. KG
Otto-Hahn-Straße 12–16, 24855 Husum
Tel.: +49 (0) 4841/8944-00; jochen.thomsen@nordstrom.de

E-Werk Markelsheim
Engelsbergstraße 1, 97980 Bad Mergentheim-Markelsheim
Tel.: +49 (0) 7931/964944; karl.kuhn@muehle-kuhn.de

ewmr – Energie und Wasserversorgung Mittleres Ruhrgebiet
Ostring 28, 44787 Bochum
Tel.: +49 (0) 234/960-1707; www.ewmr.de

EWS – Energie aus Wind und Sonne GmbH & Co. KG
Am Bahnhof 20, 24983 Handewitt
Tel.: +49 (0) 4608/6781; www.ews-handewitt.de

ExTox Gasmess-Systeme GmbH
Max-Planck-Straße 15a, 59423 Unna
Tel.: +49 (0) 2303/33247-18; www.ExTox.de

Extrawatt – Gesellschaft für erneuerbare Energien mbH
Schlachthofstraße 8–10, 99423 Weimar
Tel.: +49 (0) 3643/743088; www.extrawatt.de

Fernwärmeges. Noll mbH
Richard-Wolff-Straße2–4, 37235 Hessisch Lichtenau
Tel.: +49 (0) 5602/915326; www.fernwaermenoll.de

Fichtner GmbH & Co. KG
Sarweystraße 3, 70191 Stuttgart
Tel.: +49 (0) 711/8995-1820; www.fichtner.de

Fink Energie & Umwelt
Wilhelmstraße 9, 72820 Sonnenbühl
Tel.: +49 (0) 7128/92345; info@fink-energie-umwelt.de

FR – Frankensolar GmbH
Edisonstraße 45, 90431 Nürnberg
Tel.: +49 (0) 911/2170741; www.solaranlagen.de

Franz Obermeier Dipl. Ing. (FH) BIOGAS-ELEKTROTECHNIK
Reithaler Weg 1, 84435 Lengdorf
biogas-Obermeier@web.de

Friedrich Scharr KG
Liebknechtstraße 50, 70565 Stuttgart
Tel.: +49 (0) 711/7868-1; r.scharr@scharr.de

Fritz Solar GmbH
Langäcker 12, 69168 Schatthausen
Tel.: +49 (0) 6222/75530; www.fritzsolar.de

FUTOUR Umwelt-, Tourismus- und Regionalberatung GmbH & Co KG
Waltherstraße 29, 80337 München
Tel.: +49 (0) 89/5440910; www.futour.com

G.A.S. GmbH
Vogelsangerstraße 162, 50823 Köln
Tel.: +49 (0) 221/5101774; geokreuser@web.de

GAZPROM Germania GmbH
Markgrafenstraße 23/24, 10117 Berlin
Tel.: +49 (0) 30/20195-153; www.gazprom-germania.de

GBH Mieterservice Vahrenheide GmbH
In den Sieben Stücken 7A, 30655 Hannover
Tel.: +49 (0) 511/64673430; www.gbh-mieterservice.de

GEDEMO GmbH
Steigerstraße 7, 73312 Geislingen
Tel.: +49 (0) 7331/98880; www.GEDEMO.de

Gefatex GmbH
Griesener Straße 71, 06844 Dessau
Tel.: +49 (0) 340/2162431; gefatex.analyse@t-online.de

Gehrlicher Umweltschonende Energiesysteme GmbH
Feldkirchener Straße 2, 85540 Haar
Tel.: +49 (0) 89/420792-97; www.gehrlicher.com

Gemeinhardt AG
Kautendorfer Straße 37, 95145 Oberkotzau
Tel.: +49 (0) 9286/989-0; www.gemeinhardt.ag

Geophysik GGD mbH, Gesellschaft für Geowissenschaftliche Dienste mbH
Ehrensteinstraße 33, 04105 Leipzig
Tel.: +49 (0) 341/5831313; www.geophysik-ggd.com

GETproject GmbH & Co. KG
Russeer Weg 149a, 24109 Kiel
Tel.:+49 (0) 431/389600; www.getproject.de

GFN mbH
Adolfplatz 8, 24105 Kiel
Tel.: +49 (0) 431/8009483; kiel@gfnmbh.de

GICON – Großmann Ingenieur Consult GmbH
Tiergartenstraße 48, 01219 Dresden
Tel.: +49 (0) 351/47878-0; www.gicon.de

GLOBUTECH SERVICES e.K.
Eichbergstraße 6a, 79117 Freiburg i.Br.
Tel.: +49 (0) 761/6967166; www.globutech.de

Green Energy Servicegesellschaft mbH
Bemeroder Straße 67, 30559 Hannover
Tel.: +49 (0) 511/67667700; www.green-energy.de

Grenzkraftwerke GmbH
Münchner Straße 48, 84359 Simbach am Inn
Tel.: +49 (0) 8571/609235; karl.maresch@gkw-gmbh.com

H. Anger´s Söhne Bohr- und Brunnenbaugesellschaft mbH
Gutenbergstraße 33, 37235 Hessisch-Lichtenau
Tel.: +49 (0) 5602/93300; www.angers-soehne.com

H.S.W. Ingenieurbüro GmbH
Gerhart-Hauptmann-Straße 19, 18055 Rostock
Tel.: +49 (0) 381/37015; www.hsw-rostock.de

HaWi Energietechnik GmbH
Scherrwies 2, 84329 Rogglfing
Tel.: +49 (0) 8725/9664-14; www.hawi-energietechnik.de

HDG Bavaria Gmb
Siemensstraße 22, 84323 Massing
Tel.: +49 (0) 8724/897240; www.hdg-bavaria.com

HEC GmbH
Königsbrücker Straße 2, 01917 Kamenz
Tel.: +49 (0) 3578/34460; www.hec-gmbh.de

Heinz Wraneschitz bildtext.de
Feld-am-See-Ring 15a, 91452 Wilhermsdorf
Tel.: +49 (0) 9102/318162; www.bildtext.de

Heitmann Dämmtechnik
Heidebachstraße 27, 32760 Detmold
Tel.: +49 (0) 5231/307776;
www.heitmann-daemmtechnik.de

Henjes Metall- und Anlagenbau GmbH
Molkereistraße 66, 30826 Garbsen
Tel.: +49 (0) 5131/459026; www.hma-garbsen.de

Hese Biogas GmbH
Magdeburger Straße 16b, 45881 Gelsenkirchen
Tel.: +49 (0) 209/98099985; www.hese-biogas.de

HESTIA Service GmbH
Kappelstraße 12, 86510 Ried
Tel.: +49 (0) 8208/1264; www.hestia.de

Hetmank & Partner Finanz- und Versicherungsmakler GmbH
Sporerstraße 9, 04758 Oschatz
Tel.: +49 (0) 3435/926315; www.hetmank-partner.de

Holzheizkraftwerk Mansfelder Land GmbH
Am Ernst-Schacht 8, 06311 Helbra
Tel.: +49 (0) 34772/2120; www.hhkw-ml.de

Hydrosphere Umwelttechnik GmbH & Co. KG
Moorstraße 20b, 24999 Wees
Tel.: +49 (0) 4631/3196; www.Hydrosphere.de

If E Ingenieurgesellschaft für Energieprojekte mbH & Co. KG
Ringstraße 2, 26721 Emden
Tel.: +49 (0) 4921/9785-0; www.ife-emden.de

IBC SOLAR AG
Am Hochgericht 10, 96231 Bad Staffelstein
Tel.: +49 (0) 9573/9224-100; www.ibc-solar.com

idea Ingenieurbüro
Alt-Köpenick 12, 12555 Berlin
Tel.: +49 (0) 30/26551260; info@idea-office.de

IGEU Ingenieurgesellschaft für Energie- und Umwelttechnik mbH
Fichtenstraße 2, 82061 Neuried
Tel.: +49 (0) 89/790886-0; www.igeu.de

IHT AG Institut Haus & Technologie Aktiengesellschaft
Karl-Goerdeler-Straße 91, 59590 Geseke
Tel.: +49 (0) 2942/3449; IHT.AG-Institut@email.de

ijsse Unternehmensgruppe NL/D
Immermannstraße13, 40210 Düsseldorf
Tel.: +49 (0) 211/577989-0; www.ijsse.eu

IKS Photovoltaik Kunsch & Schröder GbR
An der Kurhessenhalle 16b, 34134 Kassel
Tel.: +49 (0) 561/9538050; www.iks-photovoltaik.de

IMR-T&T Ingenieurgesellschaft mbH
Am Wildacker 18, 74172 Neckarsulm
Tel.: +49 (0) 7132/96060; www.imr-messtechnik.de

infra consult Ic GmbH
Erlenwiese 11, 35794 Mengerskirchen
Tel.: +49 (0) 6476/418984-12; info@infraconsult-ic.de

InfraServ GmbH & Co. Wiesbaden KG
Rheingaustraße 190–196, 65203 Wiesbaden
Tel.: +49 (0) 611/9626717; www.infraserv-wi.de

Ing. Büro Dr. Karl-Heinz Loske
In den Kühlen 44, 59590 Geseke
Tel.: +49 (0) 2942/6149; karl-heinz.loske@derpatriot.com

Ing.- Büro Gölz
Am Heesen 30, 32457 Porta Westfalica
Tel.: +49 (0) 571/3981324; mail@stefangoelz.de

Ing.-Büro Regenerative Energiesysteme Dipl.-Ing. (FH) Joachim Siebert
Kügelgenweg 30, 01108 Dresden
Tel.: +49 (0) 351/8900489; syrad@arcor.de

Ingenieur- und Planungsbüro für Energie & Umwelttechnik
Zur Sägemühle 21, 04178 Leipzig
Tel.: +49 (0) 341/4422432; www.solarsysteme-leipzig.de

Ingenieurbüro Behn
Höristraße 7, 78224 Singen
Tel.: +49 (0) 7731/79508-12; www.energie-behn.de

Ingenieurbüro für Sägewerkstechnik
Tannenstraße 2, 01099 Dresden
Tel.: +49 (0) 351/8107930; ib-dresden@arcor.de

Ingenieurbüro für Umweltschutz & Technik
Am Oxer 32, 24955 Harrislee
Tel.: +49 (0) 461/70702324; www.iut-flensburg.de

INGENIEURBÜRO NORBERT KUNZ
Straße des 12. August 15, Burkhardswalde, 01809 Müglitztal
Tel.: +49 (0) 35027/62966; www.holzenergie-kunz.de

Ingenieurbüro Ralf Meyer e.K.
Jurastraße 25, 93133 Burglengenfeld
Tel.: +49 (0) 9471/307466; www.ib-ralf-meyer.de

Ingenieurbüro Scheuermann
Rilkestraße 15c, 37120 Bovenden
Tel.: +49 (0) 551/838393; Joachim.Scheuermann@t-online.de

Ingenieurbüro UTEC GmbH
Cuxhavener Straße 10, 28217 Bremen
Tel.: +49 (0) 421/38678-60; www.utec-bremen.de

Ingenieurbüro W. Truss VDI
Kapellenstraße 27, 65439 Flörsheim
Tel.: +49 (0) 06145 6869; truss-ing-buero@t-online.de

Ingenieurdienstleistungen Stefan Schmidt
Olsbergerstraße 42, 59939 Olsberg
Tel.: +49 (0) 2962/3051; www.schmidt-olsberg.de

Intelli Solar Ltd.
Luxemburger Straße 284, 50937 Köln
Tel.: +49 (0) 221/9433967-5; www.intelli-solar.de

IRES GmbH International Renewble Energy Systems
Flechtdorfer Straße 67, 34497 Korbach
Tel.: +49 (0) 5631/5069950; www.ires-solar.com

ISG – Ingenieurbüro T. Sauer Gierstädt
Große Gasse 62, 99100 Gierstädt
Tel.: +49 (0) 36206/21976; www.isg-gierstaedt.de

IST Innovative Solar Technologie GmbH
Kreuzwiesenstraße 1, 75181 Pforzheim
Tel.: +49 (0) 7234/4763; KSBauer@aol.com

ITAD Ingenieurgesellschaft für technische Ausrüstung mbH Dessau
Essener Straße 30, 06846 Dessau
Tel.: +49 (0) 340/64014-0; www.itad-dessau.de

ITT Flygt Pumpen GmbH
Bayernstraße 11, 30855 Langenhagen
Tel.: +49 (0) 511/7800-610; www.flygt.de

IUG-Ingenieurgesellschaft für Umweltgeologie und Geotechnik, Gommeringer + Partner
In der Neckarhelle 127/1, 69118 Heidelberg
Tel.: +49 (0) 6221/805862; www.ingenieure-geologen.de

IWE-Ingenieurgesellschaft für Wasser und Entsorgung
Wasastraße 46, 01445 Radebeul
Tel.: +49 (0) 351/8328431; www.iwe-radebeul.de

juwi GmbH
Untere Zahlbacher Straße 13, 55131 Mainz
Tel.: +49 (0) 6131/58856-40; www.juwi.de

KBB Kollektorbau GmbH
Bruno-Bürgel-Weg 142–144, 12435 Berlin
Tel.: +49 (0) 30/6781789-0; www.kbb-solar.com

KBL Schiffahrtsgesellschaft mbH
Schoenhausenstraße 12, 28203 Bremen
Tel.: +49 (0) 421/705997; www.kbl-shipping.de

Keller Lufttechnik GmbH + Co.KG
Neue Weilheimer Straße 30, 73230 Kirchheim u.T.
Tel.: +49 (0) 7021/574-0; www.kl-direkt.de

Kirchner Engineering Consultants GmbH
Teichstraße 3, 31655 Stadthagen
Tel.: +49 (0) 5721/809527; www.kirchner-ingenieure.de

Kleinwasserkraftwerke GmbH & Co. KG
Egelseer Straße 21, 87700 Memmingen
Tel.: +49 (0) 8331/94344; kwk@wkw-mm.de

Klima Jentzsch GmbH
Pröda Nr. 4, 01623 Leuben-Schleinitz
Tel.: +49 (0) 35246/50537; www.jentzsch-wp.de

KMGNE Kolleg für Management und Gestaltung nachhaltiger Entwicklung
Reichenberger Straße 150, 10999 Berlin
Tel.: +49 (0) 30/29367940; www.kmgne.de

Königlich Norwegisches Generalkonsulat, Handels- und Technologieabteilung, Norwegian Trade Council
ABC-Straße 19, 20354 Hamburg
Tel.: +49 (0) 40/22941563; www.innovationnorway.no

Kooperationsgesellschaft Ostbayerischer Versorgungsunternehmen mbH
Christoph-Dorner-Straße 9, 84028 Landshut
Tel.: +49 (0) 871/27639061; www.kov-energie.de

Kraftanlagen München GmbH
Ridlerstraße 31c, 80339 München
Tel.: +49 (0) 89/6237-431; www.ka-muenchen.de

Krieg & Fischer Ingenieure GmbH
Hannah-Vogt-Straße 1, 37085 Göttingen
Tel.: +49 (0) 551/900363 28; www.KriegFischer.de

Kunkler Ltd. – Fachbetrieb für Bäder, Wärme & Solar
Rheinstraße 82, 55424 Münster-Sarmsheim
Tel.: +49 (0) 6721/975100; www.kunkler.de

Kurt Pietsch GmbH & Co. KG
von-Braun-Straße 17–19, 48683 Ahaus
Tel.: +49 (0) 2561/77-208; www.pietsch.de

Landmark Alternative Energy & Consulting
Otto-Stomps-Straße 79, 06116 Halle/Saale
Tel.: +49 (0) 345/2900591; www.landmark-energy.com

Landstrom GmbH & Co. KG
Cecilienkoog 16, 25821 Reußenköge
Tel.: +49 (0) 4671/3337; www.nettoenergie.de

LKU Lüftung Klima Umwelttechnik GmbH
Rosenbacher Straße 12, 91604 Flachslanden
Tel.: +49 (0) 9829/912282; www.lku-technik.de

Loos Deutschland GmbH
Nürnberger Straße 73, 91710 Gunzenhausen
Tel.: +49 (0) 9831/56248; www.loos.de

Lothar Becker Agrartechnik GmbH & Co. KG
Engelader Straße 5, 38723 Seesen
Tel.: +49 (0) 5381/46983; www.becker-seesen.de

maanen, solar- und regenwassertechnik
An den Finkenweiden 25, 52074 Aachen
Tel.: +49 (0) 241/875871; www.maanen.de

Maas, Söhne, Bau und Verkauf, GmbH
Querweg 9a, 21423 Winsen/Luhe
Tel.: +49 (0) 4171/3388; maas-soehne@web.de

MAGNUM Automatisierungstechnik GmbH
Bunsenstraße 22, 64293 Darmstadt
Tel.: +49 (0) 6151/8025 00; www.magnum.de

MARQUMTECH GmbH Regenerative Energien
Fischbacher Hauptstraße 31, 90475 Nürnberg
Tel.: +49 (0) 911/9837500; www.MARQUMTECH.de

Martin Bucher Projektentwicklungen
Chopinstraße 64, 70195 Stuttgart
Tel.: +49 (0) 711/6960368; www.martin-bucher.de

Maul Müller Ingenieurgesellschaft mbH
Brunnenwiesenweg 23, 90562 Kalchreuth
Tel.: +49 (0) 911/95688-20; mueller-kalchreuth@t-online.de

MAX STREICHER GmbH & Co. Kommanditgesellschaft auf Aktien
Schwaigerbreite 17, 94469 Deggendorf
Tel.: +49 (0) 991/330-201; www.streicher.de

MDE Dezentrale Energiesysteme GmbH
Dasinger Straße 11, 86165 Augsburg
Tel.: +49 (0) 821/7480-232; www.mde-online.com

Meikowe-Elektrotechnik GmbH
Gewerbegebiet 1, 54597 Fleringen
Tel.: +49 (0) 6558/92920; www.meikowe.de

MERCEDÖL-FEUERUNGSBAU GMBH
Hauptstraße 58–60, 13158 Berlin
Tel.: +49 (0) 30/9160000; www.mercedoel-berlin.de

Meuvo Ökotechnik
Angerbrunnenstr, 10, 85356 Freising
Tel.: +49 (0) 8161/8849022; www.meuvo.de

MFC Brennstoffzellentechnologie
Emil-Figge-Straße 76, 44227 Dortmund
Tel.: +49 (0) 231/97427275; mfcmueller@gmx.de

MFG Management & Finanzberatung AG
Kleinoberfeld 5, 76135 Karlsruhe
Tel.: +49 (0) 721/98681-0; www.mfg-ag.de

Moderation – Unternehmerberatung – Training
Wehneberger Straße 31, 36251 Bad Hersfeld
Tel.: +49 (0) 6621/15113;
Moderation.Dr.Reinhardt@t-online.de

MT-ENERGIE GmbH und Co. KG
Vor dem Seemoor 1, 27404 Rockstedt
Tel.: +49 (0) 4285/92440; www.mt-energie.com

Natur-Energie Andre Fritzsche
Dorfstraße 24, 04618 Göpfersdorf
Tel.: +49 (0) 37608/20138; natur-energie@gmx.de

Naturstrom Rheinland-Pfalz
Schulweg 8, 57520 Langenbach
Tel.: +49 (0) 261/392-1891; www.naturstrom-rlp.de

NAWARO BioEnergie AG
Liviastraße 8, 04105 Leipzig
Tel.: +49 (0) 341/2310280; www.nawaro.ag

NEZ-Ausstellungszentrum für erneuerbare Energien GmbH
Görslower Straße 9a, 19067 Leezen
Tel.: +49 (0) 3866/470913; www.NEZ-GmbH.com

Nordex Aktiengesellschaft
Bornbarch 2, 22848 Norderstedt
Tel.: +49 (0) 40/50098-100; www.nordex-online.com

Nöring & Preißler GmbH
Hüpstedter Straße 27, 99976 Dünwald OT Beberstedt
Tel.: +49 (0) 36023/50221; www.noering-preissler.de

Novatec Planungs- und Vertriebsgesellschaft für Verfahrenstechnik mbH
Nußbaumweg 11, 14552 Michendorf
Tel.: +49 (0) 33205/62694; www.ntc.de

NT-Solartechnik GmbH
Neelandstraße 41, 41716 Meppen
Tel.: +49 (0) 5931/883662; www.nt-solartechnik.de

OPTIMESS GmbH
Gewerbepark Keplerstraße 33, 07549 Gera
Tel.: +49 (0) 365/5516572; www.optimess.net

Ossberger GmbH + Co
Otto-Rieder-Straße 3, 91781 Weißenburg i. Bayern
Tel.: +49 (0) 9141/97712; ossberger@ossberger.de

OSTWIND
Gesandtenstraße 3, 93047 Regensburg
Tel.: +49 (0) 841/975915; www.ostwind.eu

Paproth Ingenieurdienstleistungen
Laikier 4, 24977 Langballig
Tel.: +49 (0) 4636/979875; m.paproth@t-online.de

Parabel GmbH
Parkstraße 7–9, 13187 Berlin
Tel.: +49 (0) 30/48160114; www.parabel-solar.de

Paradigma Energie-und Umwelttechnik GmbH & Co. KG
Ettlinger Straße 30, 76307 Karlsbad
Tel.: +49 (0) 7202/922-209; www.paradigma.de

Paul Künzel GmbH & Co
Ohlrattweg 5, 25497 Prisdorf
Tel.: +49 (0) 4101/700042; www.kuenzel.de

PFALZWERKE AKTIENGESELLSCHAFT
Kurfürstenstraße 29, 67061 Ludwigshafen
Tel.: +49 (0) 621/585-2455; www.pfalzwerke.de

Phönix SonnenStrom AG
Hirschbergstraße 8, 85254 Sulzemoos
Tel.: +49 (0) 8135/938-313; www.SonnenStromAG.de

PIHZ-Informationszentrum für Deutsch-Polnische Zusammenarbeit GmbH
Fraunhoferstraße 8, 53121 Bonn
Tel.: +49 (0) 228/365055; www.pihz.de

PLANET – Planungsgruppe Energie und Technik GbR
Donnerschweer Straße 89/91, 26123 Oldenburg
Tel.: +49 (0) 441/85051; www.planet-energie.de

PlanET Biogastechnik GmbH
Up de Hacke 26, 48691 Vreden
Tel.: +49 (0) 2564/3950-52; www.planet-biogas.com

Planungsbüro HHF GmbH
Unterdorf Süd 22, 38838 Gemeinde Huy/Röderhof
Tel.: +49 (0) 39425/96690; www.hhf-planung.de

Planungsbüro Matthias Hussel
Ziswinger Straße 7, 86753 Möttingen
Tel.: +49 (0) 9083/920355; mail@hussel-plan.de

plusPOWER GmbH
Horber Straße 14, 72108 Ergenzingen
Tel.: +49 (0) 7457/954000; www.ppower.de

Power PV e.K.
Siegburger Straße 68, 53639 Königswinter
Tel.: +49 (0) 2244/87786-23; info@power-pv.de

Pöyry GKW GmbH
Grunaer Weg 26, 01277 Dresden
Tel.: +49 (0) 351/2118530; www.poyry.com

Pro2 Anlagentechnik GmbH
Schmelzerstraße 25, 47877 Willich
Tel.: +49 (0) 2154/488110; www.pro2.de

ProGeoS Kremser & Kremser GbR
Wolferoder Weg 5, 99976 Beberstedt
Tel.: +49 (0) 36023/18731; www.progeos.de

Prometheus GmbH
Ströbitzer Hauptstraße 30, 03046 Cottbus
Tel.: +49 (0) 355/701524; www.prometheus-cottbus.de

Prowind GmbH
Lengericher Landstraße 11b, 49078 Osnabrück
Tel.: +49 (0) 541/600290; www.prowind.de

Prüfstelle für Strahlenschutz München Dr. Goldstein
Niedernburger Weg 1, 80638 München
Tel.: +49 (0) 89/1783420; wilhelm.goldstein@gmx.de

PSE GmbH
Emmy-Noether-Straße 2, 79110 Freiburg
Tel.: +49 (0) 761/47914-18; www.pse.de

Pumpenfabrik Wangen GmbH
Simoniusstraße 17, 88239 Wangen
Tel.: +49 (0) 7522/997-212; www.wangen.com

Q-Cells AG
Guardianstraße 16, 06766 Thalheim
Tel.: +49 (0) 3494/6688107; www.q-cells.com

Rduncik & Enners GmbH
Industriegebiet, 57642 Alpenrod
Tel.: +49 (0) 2662/80070; www.rudnick-enners.com

Regio Biogas AG
Amalienstraße 6, 26135 Oldenburg
Tel.: +49 (0) 441/361423-33; www.regio-biogas.de

Reif GmbH
Brückenstraße 25, 56220 Urmitz
Tel.: +49 (0) 2630/98970; info@reif-sanitaer.de

Reinhard Solartechnik GmbH
Brückenstraße 2, 28857 Syke-Barrien
Tel.: +49 (0) 4242/80106; solar@reinhard-solartechnik.de

Rematec
Reuterstraße 13, 33415 Verl
Tel.: +49 (0) 5246/933401;
maik.kleinehelleforth@solar-1a.de

Renerco Renewable Energy Concepts AG
Nußbaumstraße 10, 80336 München
Tel.: +49 (0) 89/38393247; www.renerco.de

Ritz-Atro
Max-Brod-Straße 2, 90471 Nürnberg
Tel.: +49 (0) 911/9981212; www.ritz-atro.de

Rödl & Partner GbR – Wirtschaftsprüfer, Steuerberater, Rechtsanwälte
Äußere Sulzbacher Straße 100, 90491 Nürnberg
Tel.: +49 (0) 911/91933501; www.roedl.de/pmc

Rossow & Partner
Augustastraße 18, 17033 Neubrandenburg
Tel.: +49 (0) 381/6691861; www.energiegewinn.de

Rückert Naturgas GmbH
Marktplatz 17, 91207 Lauf
Tel.: +49 (0) 9123/7899-12; maill@rueckert-naturgas.de

RUF GmbH & Co.KG
Hausener Straße 101, 86874 Tussenhausen
Tel.: +49 (0) 8268/90900; www.brikettieren.de

RWE Key Account Contracting GmbH
Flamingoweg 1, 44139 Dortmund
Tel.: +49 (0) 231/4382925; www.rwe.com

RWE Power AG
Huyssenallee 2, 45128 Essen
Tel.: +49 (0) 201/1241265; info.rwepower@rwe.com

SAACKE GmbH
Südweststraße 13, 28237 Bremen
Tel.: +49 (0) 421/6495156; www.saacke.com

Sächsischer Brunnen- und Spezialtiefbau GmbH
Karl-Gustav-Wunder-Straße 2,
04683 Naunhof OT Albrechtshain
Tel.: +49 (0) 34293/515-0; SBSGmbH.Leipzig@t-online.de

SARAD GmbH
Wiesbadener Straße 10, 01159 Dresden
Tel.: +49 (0) 351/6580711; www.sarad.de

Schäff & Stallmann GmbH Wasserkraftanlagen
Neustädter Straße 37, 91622 Rügland
Tel.: +49 (0) 9828/233; www.schaeff-stallmann.de

Scharenberg Industrieanlagen GmbH
Bremer Landstraße 32, 27412 Tarmstedt
Tel.: +49 (0) 4283/1363; www.scharenberg.de

Scheer Heizsysteme & Produktionstechnik GmbH
Chausseestraße 12–16, 25797 Wöhrden
Tel.: +49 (0) 4839/90514; www.scheer-heizsysteme.de

Schmack Biogas AG
Bayernwerk 8, 92421 Schwandorf
Tel.: +49 (0) 9431/751111; www.schmack-biogas.com

Schmidt Solar-Heizung-Sanitär
Dorfstraße 23, 14913 Rinow
Tel.: +49 (0) 33744/60739; www.schmidt-solar.de

Schnell Zündstrahlmotoren AG & Co. KG
Schattbucher Straße 11, 88279 Amtzell
Tel.: +49 (0) 7520/9661-59; www.schnellmotor.de

Schoenau AG
Düppelstraße 1, 14163 Berlin
Tel.: +49 (0) 30/7967912; www.schoenau-ag.de

Scholdra PBN
Rosmarstraße 112, 50226 Frechen
Tel.: +49 (0) 2234/271127; info@scholdra-pbn.de

SCHOTT Solar GmbH
Carl-Zeiss-Straße 4, 63755 Alzenau
Tel.: +49 (0) 6023/911811; www.schott.de/solar

Schöttle Logistik und Dienstleistungen
Von-Speth-Schülzburg-Straße 29, 89584 Ehingen
Tel.: +49 (0) 160/98908225; info@schoettle-logistik.de

Schroedter Copernicus-Consult
Stationsweg 21, 53127 Bonn
Tel.: +49 (0) 228/2899943; info@copernicus-consult.de

Science & Media, Büro für Technikkommunikation
Betastraße 9A, 85774 München-Unterföhring
Tel.: +49 (0) 89/208057-00; www.scienceundmedia.de

SES Energiesysteme GmbH
Eichenstraße 3b, 12435 Berlin
Tel.: +49 (0) 30/31900721; www.ses-energiesysteme.com

SGEU mbH
Poststraße 2, 79098 Freiburg
Tel.: +49 (0) 761/80118; sgeu.jg@t-online.de

SGL Carbon AG
Rheingaustraße 182–184, 65203 Wiesbaden
Tel.: +49 (0) 8271/831621; www.sglcarbon.com

SHK-Beratung und Handelsvertretung Gerd Ebermann,Dipl.-Ing.(FH)
Am Volkspark 10, 01909 Großharthau
Tel.: +49 (0) 35954/52405; g.ebm@gmx.de

Sigmar Mothes Hochdrucktechnik GmbH
Volmerstraße 7B, 12489 Berlin
Tel.: +49 (0) 30/63925476; www.mothes-hdt.de

SILOXA Engineering AG
Katernberger Straße 107, 45327 Essen
Tel.: +49 (0) 201/28951-13; www.siloxa.com

SkySails GmbH & Co. KG
Veritaskai 3, 21079 Hamburg
Tel.: +49 (0) 40/70299111; www.skysails.de

skytron energy Martin Sauter
Ernst-Augustin-Straße 12, 12489 Berlin
Tel.: +49 (0) 30/6185076; www.skytron-energy.com

SMA Technologie AG
Hannoversche Straße 1–5, 34266 Niestetal
Tel.: +49 (0) 561/95224120; www.sma.de

Solar Consult Service Center Ltd.
Am Fälltor 2, 89584 Ehingen-Rißtissen
Tel.: +49 (0) 7392/7092910; jkuebler@t-online.de

SoLaR GmbH
Am Rathaus 7, 84095 Furth
Tel.: +49 (0) 8704/929200; www.solar-gmbh.de

Solar Millennium AG
Nägelsbachstraße 40, 91052 Erlangen
Tel.: +49 (0) 9131/9409-122; www.solarmillennium.de

Solar- und Energiesparsysteme M. Boden
O.-Boessneck-Straße 2, 08132 Mülsen
Tel.: +49 (0) 37601/2880; www.solar-energie-boden.de

SolarArt e.K.
Lindenstraße 28A, 97922 Lauda-Königshofen
Tel.: +49 (0) 9343/5899798; www.solarart.de

Solarc Innovative Solarprodukte GmbH
Gustav-Meyer-Allee 25, 13355 Berlin
Tel.: +49 (0) 30/46307-165; www.solarc.de

solarcomplex GmbH
Ekkehardstraße 10, 78224 Singen
Tel.: +49 (0) 7731/8274-0; www.solarcomplex.de

Solarenergische GmbH
Köpenicker Straße 61, 24211 Kiel
Tel.: +49 (0) 431/2209883; www.solarenergische.de

Solar-Fabrik AG
Munzinger Straße 10, 79111 Freiburg
Tel.: +49 (0) 761/4000-130; www.solar-fabrik.de

SOLAR-FUN Thomas Hofmann
Mühlsteig 22, 90579 Langenzenn
Tel.: +49 (0) 9101/6690; www.solar-fun.de

Solar-Perfect
Admiral-Spee-Straße 1, 79100 Freiburg i. Br.
Tel.: +49 (0) 761/4774873; www.solar-perfect.de

Solarpraxis AG
Zinnowitzer Straße 1, 10115 Berlin
Tel.: +49 (0) 30/726296-300; info@solarpraxis.de

Solarquelle Vertriebs GmbH
Am Berg 1, 56479 Neustadt
Tel.: +49 (0) 2664/90111; www.solarquelle.de

Solartechnik F & S
Rathausstraße 5, 64291 Darmstadt
Tel.: +49 (0) 6151/374240; www.solarsat.de

solarwerkstatt berlin GmbH
Rohrbachstraße 13a, 12307 Berlin
Tel.: +49 (0) 30/62409394; www.richtung-sonne.de

SOLON AG für Solartechnik
Ederstraße 16, 12059 Berlin
Tel.: +49 (0) 30/81879-134; www.solonag.com

SOLTECH GmbH
Rachheide 12, 33739 Bielefeld
Tel.: +49 (0) 5206/920550; info@solartechniken.de

SOLVIS GmbH & Co KG
Grotrian-Steinweg-Straße 12, 38112 Braunschweig
Tel.: +49 (0) 531/28904-122; www.solvis.de

Sonnendach-Invest e.K.
Ziegelbergsweg 98, 38855 Wernigerode
Tel.: +49 (0) 3943/905440; www.sonnendach-invest.de

Spilling Energie Systeme GmbH
Werftstraße 5, 20457 Hamburg
Tel.: +49 (0) 40/78917544; info@spilling.de

spotHunter Online-Marktplatz GmbH
Mühlbruckstraße 5/1, 88212 Ravensburg
Tel.: +49 (0) 751/35906-46; www.spotHunter.com

Stadtwerke Fellbach GmbH
Essigweg 6, 70736 Fellbach
Tel.: +49 (0) 711/5754324; www.stadtwerke-fellbach.de

Steca GmbH
Mammostraße 1, 87700 Memmingen
Tel.: +49 (0) 8331/8558-200; www.steca.de

Steffen Möller GmbH & Co.KG
Mühlenbeker Straße 9, 25548 Kellinghusen
Tel.: +49 (0) 4822/6083; www.steffenmoeller.de

STEINBERG Ökologische Haustechnik GmbH
Marie-Curie-Straße 12, 59192 Bergkamen
Tel.: +49 (0) 2389/928713; www.sonnen-heizung.info

Stoltenberg Energie GmbH
Große Mühlenstraße 45, 24217 Schönberg
Tel.: +49 (0) 4344/4110-13; www.stoltenberg-energie.de

StorConsult Bürogemeinschaft für Untergrundspeicherung
Ahrensburger Straße 1, 30659 Hannover
Tel.: +49 (0) 511/64666713; www.StorConsult.de

STS Solartechnik Schrödel GmbH
Laffenau Nr. 2, 91180 Heideck
Tel.: +49 (0) 9177/1855; info@sts-solar.de

sun direct-sd ltd.
Sachsenring 38, 50677 Köln
Tel.: +49 (0) 221/403078; info@sundirect-sd.de

SUNSET Energietechnik GmbH
Industriestraße 8–22, 91325 Adelsdorf
Tel.: +49 (0) 9195/9494-210; www.sunset-solar.com

Suntechnics Franke Elektrotechnik Gmbh
Windsbacher Straße 53, 91564 Neuendettelsau
Tel.: +49 (0) 9874/5499; www.suntechnics-franke.de

Sunways AG
Macairestraße 3–5, 78467 Konstanz
Tel.: +49 (0) 7531/99677480; www.sunways.de

SWU Stadtwerke Ulm/Neu-Ulm GmbH
Karlstraße 1, 89073 Ulm
Tel.: +49 (0) 731/1661070; www.swu.de

System Sonne GmbH, Nachhaltige Energietechnik
Grundlerstraße 14, 89616 Rottenacker
Tel.: +49 (0) 7393/954940; info@system-sonne.de

TACONOVA GmbH
Rudolf-Diesel-Straße 8, 78224 Singen
Tel.: +49 (0) 7731/982880; www.taconova.de

TAUBER-SOLAR Management GMBH
Würzburger Straße 23, 97941 Tauberbischofsheim
Tel.: +49 (0) 9341/895820; www.tauber-solar.de

Technische Werke Friedrichshafen GmbH
Karlstraße 19, 88045 Friedrichshafen
Tel.: +49 (0) 7541/505445; www.twf-fn.de

TERRASYS Geophysics GmbH & Co. KG
Baumeisterstraße 2, 20099 Hamburg
Tel.: +49 (0) 40/280046-0; www.terrasysgeo.com

Thermo Integral GmbH & Co. KG
Gutsparkstraße 5–9, 04328 Leipzig
Tel.: +49 (0) 341/2522762; triesch@gmx.de

Thomas Mayer
Schwetzinger Straße 79, 68766 Hockenheim
Tel.: +49 (0) 6205/8807; info@solardrom.de

Thüringer Landgesellschaft mbH
Weimarische Straße 29b, 99099 Erfurt
Tel.: +49 (0) 361/4413100; www.thlg.de

Tippkötter GmbH
Velsen 49, 48231 Warendorf
Tel.: +49 (0) 2584/93020; www.tippkoetter.de

Trianel Service GmbH
Brohler Straße 13, 50968 Köln
Tel.: +49 (0) 221/3400-725; www.trianel-service.de

TST Arge Solartechnik Thom Setzermann
Baron-Riederer-Straße 23, 84337 Schönau
Tel.: +49 (0) 8726/910037; www.solarladen.de

U.T.S. Umwelt-Technik-Süd GmbH
Steinkirchen 9, 84419 Schwindegg
Tel.: +49 (0) 8082/930565; www.umwelt-technik-sued.de

Uhlmann Solarelectronic GmbH
Tullastraße5, 79331 Teningen
Tel.: +49 (0) 7641/934560; www.uhlmann-solar.de

Umweltbüro für Berlin-Brandenburg e.V.
Greifswalder Straße 34–35, 10405 Berlin
Tel.: +49 (0) 30/4213700; www.ubb.de

Unternehmensberatung Markus Bernhard
Frontenhausener Straße 33, 84137 Vilsbiburg
Tel.: +49 (0) 8741/94800; www.markusbernhard.de

VAS GmbH
Am Tannenborn 1, 07806 Weira
Tel.: +49 (0) 36484/63502; VAS-GmbH@gmx.org

VASA Energy GmbH & Co. KG
Überseering 12, 22297 Hamburg
Tel.: +49 (0) 40/63965551; www.vasa.de

Vattenfall Europe AG
Chauseestraße 23, 10115 Berlin
Tel.: +49 (0) 30/81822120; www.vattenfall.de

VitaSign GmbH & Co. KG
Eichenweg 3, 96215 Lichtenfels
Tel.: +49 (0) 9571/9474-74; www.vitasign.de

VUC Dr. Vogel Umwelt und Management Consult GmbH Sachverständigenbüro
Lettenweg 7, 92256 Hahnbach
Tel.: +49 (0) 9621/9619093; www.vuc-gmbh.de

Walcher GmbH & Co.KG
Zum Lingeshof 3, 36124 Eichenzell
Tel.: +49 (0) 6659/987940; www.walcher.com

Wallstein Ing. GmbH
Hubertusstraße 44, 45657 Recklinghausen
Tel.: +49 (0) 2361/1047-0; www.wallstein.de

Warm + Kalt Haustechnik
Dieselstraße 3, 86356 Neusäß
Tel.: +49 (0) 87511/875928; www.warm-kalt.com

Wärmebüro Klaft GmbH
Christophstraße 10, 34123 Kassel
Tel.: +49 (0) 561/773082; klaftgmbh@t-online.de

Weis Heizungstechnik Sanitärtechnik GmbH
Brückenmühle 93, 36100 Petersberg
Tel.: +49 (0) 661/969900; www.weis24.de

Werner Schreckert
Unterer Semmetweg 1, 34311 Naumburg
Tel.: +49 (0) 5625/923950; www.schreckert.de

Weste-GaseTec
Alfred-Delp-Straße 2, 88094 Oberteuringen
Tel.: +49 (0) 7546/918266; www.weste-gasetec.de

WestfalenSolar GmbH
Otto-Stadler-Straße 23a, 33100 Paderborn
Tel.: +49 (0) 5251/8789641; www.westfalensolar.de

Wick GmbH Marken: Exotherm und Geoenergysystems
Eisenbahnstraße 11, 77933 Lahr
Tel.: +49 (0) 7821/99469-20; www.geoenergysystems.com

Wiebach Elektrotechnik
Elbinger Platz 3, 27570 Bremerhaven
Tel.: +49 (0) 471/21403; kontakt@wiebach.de

Wilh. Lambrecht GmbH
Friedländer Weg 65–67, 37085 Göttingen
Tel.: +49 (0) 551/4958-331; www.lambrecht.net

Windpark Westerwald GmbH
Schützenstraße 80–82, 56068 Koblenz
Tel.: +49 (0) 261/392-1819; www.kevag.de

Windpower GmbH
Westheim 22, 93049 Regensburg
Tel.: +49 (0) 941/5999847; www.windpower-gmbh.de

windstream Energieumwandlung GmbH
Bürgermeister-Smidt-Straße 82, 28195 Bremen
Tel.: +49 (0) 421/3963123; www.windstream.de

WINDTEST Kaiser-Wilhelm-Koog GmbH
Sommerdeich 14b, 25709 Kaiser-Wilhelm-Koog
Tel.: +49 (0) 4856/90122; www.windtest.de

Windwärts Energie GmbH
Plaza de Rosalia 1, 30449 Hannover
Tel.: +49 (0) 511/123573-37; www.windwaerts.de

Wirtschaftsbetriebe Norderney GmbH
Jann-Berghaus-Straße 34, 26548 Norderney
Tel.: +49 (0) 4932/87910;
www.wirtschaftsbetriebe-norderney.de

Wissenschaftspark Gelsenkirchen – Abteilung Zukunftsenergien
Munscheidstraße 14, 45886 Gelsenkirchen
Tel.: +49 (0) 209/1671011; www.wipage.de/energie

Wolfgang Stanjek
Wendl-Dietrich-Straße 14, 80634 München
Tel.: +49 (0) 171/8575976; www.wstanjek.de

WSB Neue Energien GmbH
Schweizer Straße 3a, 01069 Dresden
Tel.: +49 (0) 351/21183-68; www.wsb.de

Würth Solar GmbH & Co. KG
Alfred-Leikam-Straße 25, 74523 Schwäbisch Hall
Tel.: +49 (0) 791/94600-301; www.wuerth-solar.de

Yandalux GmbH
Schellerdamm 4, 21079 Hamburg
Tel.: +49 (0) 40/790051-53; www.yandalux.de

Zeo-Tech GmbH
Ohmstraße 3, 85716 Unterschleißheim
Tel.: +49 (0) 89/3104482; www.zeo-tech.de

ZUFA e.K.
Lindenallee 30, 04420 Markranstädt
Tel.: +49 (0) 34205/449524; frank.martick@zufa.de

Zweite Me-Thie Supergas GmbH & Co KG
Koloniestraße 66, 26683 Saterland-Sedelsberg
Tel.: +49 (0) 170/9047363; vivafranka@freenet.de

Energieagentur Mittelrhein EAM
Bahnhofstraße 51, 56564 Neuwied
Tel.: +49 (0) 2631/356399; www.eam-web.de

Energieagentur Sachsen-Anhalt GmbH
Gerichtsrain 3, 06217 Merseburg
Tel.: +49 (0) 3461/230172; www.energieagentur-lsa.de

Energieberatung Dr. Peter Gärtner
Fuchstanzstraße 97, 60489 Frankfurt am Main
Tel.: +49 (0) 69/7893661; www.energie-gaertner.de

Energieberatung Kettelmann e.K.
Bremer Straße 116, 49084 Osnabrück
Tel.: +49 (0) 541/9773676;
www.energieberatung-kettelmann.de

Energieberatung-Klatt
Kuhlbornstraße 9, 33184 Altenbeken
Tel.: +49 (0) 5255/934900; www.energieberatung-klatt.de

Energieoptimierung Werner Nerz
David-Mieser-Straße 7, 88213 Ravensburg
Tel.: +49 (0) 751/94346; www.energieoptimierung.de

EnerGuide GmbH & Co. KG
Kunzenhof 4, 79117 Freiburg
Tel.: +49 (0) 761/6966644; www.energuide.de

Energy Services Peter Michel
Amselweg 51, 53797 Lohmar
Tel.: +49 (0) 2246/912936; info@es-pm.de

ENKHO e.K.
Böckersstraße 21, 33397 Rietberg
Tel.: +49 (0) 5244/97190; www.enkho.de

enUMtec GmbH
Zschokkestraße 36, 80687 München
Tel.: +49 (0) 89/13078026; www.enUMtec.de

ENVICON Klärtechnik GmbH & Co. KG
Bassfeldshof 4–6, 46537 Dinslaken
Tel.: +49 (0) 2064/474-31; www.envicon.net

ep beratungen
Zum Ravenhorst 22, 46147 Oberhausen
Tel.: +49 (0) 208/888824; www.ep-beratungen.de

ESI GmbH
Maximilianstraße 28b, 85399 Hallbergmoos
Tel.: +49 (0) 811/1422; www.esi-eu.de

ETG- Energy Technology Germany Ltd.
An der Bega 20, 32657 Lemgo
Tel.: +49 (0) 5261/961902; www.etg-engeneering.eu

Fa. Weier Antriebe und Energietechnik GmbH
Otto-Hahn-Straße 7, 23801 Eutin
Tel.: +49 (0) 4521/8040; www.weier-energie.de

Funkat Haustechnik
Heidelbergerstraße 43, 64395 Brensbach
Tel.: +49 (0) 6161/877951; www.badshop-web.de

Gabriel & Stahl, Architekten, Ingenieure & Sachverständige
Uhlenburgstraße 45, 32756 Detmold
Tel.: +49 (0) 5231/933587; sabine.gabriel@gmxpro.de

Gebrüder Komsthöft GmbH & Co. KG
Boltensternstraße 159, 50735 Köln
Tel.: +49 (0) 221/664457; gebr@komsthoeft.de

GETEC AG
Albert-Vater-Straße 50, 39108 Magdeburg
Tel.: +49 (0) 391/2568226; thron@getec.de

GfG – Gesellschaft für Gerätebau mbH
Klönnestraße 99, 44143 Dortmund
Tel.: +49 (0) 231/5640027; www.gasmessung.de

GfU GmbH
Castellbergstraße 5, 79282 Ballrechten-Dottingen
Tel.: +49 (0) 7634/6758; gfUmbH@t-online.de

Glas Schuler GmbH & Co.KG
Ziegelstraße 23–25, 91126 Rednitzhembach
Tel.: +49 (0) 9122/97560; www.isolette.de

Glen Dimplex Deutschland GmbH
Am Goldenen Feld 18, 95326 Kulmbach
Tel.: +49 (0) 9221/709186; www.glendimplex.de

Graubner Industrie-Beratung GmbH
Schwimmbadstraße 26, 76332 Bad Herrenalb
Tel.: +49 (0) 7225/509043; info@graubner24.de

Handelsvertretungen Michael Giesen
Dohrstraße51c, 41334 Nettetal
Tel.: +49 (0) 2153/71498; www.heiztechnik24.de

HASIT Trockenmörtel GmbH
Landshuter Straße 30, 85356 Freising
Tel.: +49 (0) 8161/602495; www.hasit.de

Haus- und Energieberatung Carla Groß
Pettenkoferstraße 12, 04179 Leipzig
Tel.: +49 (0) 341/2322917; www.energiepassinformation.de

Haus- und Umwelttechnik e.K.
Ernst-Thälmann-Straße 58, 03226 Vetschau/Spreewald
Tel.: +49 (0) 35433/3092;
martin.neumann@hs-magdeburg.de

Haydn Energie Consult GmbH
Heininger Straße 60, 94036 Passau
Tel.: +49 (0) 851/989190; www.haydn.de

Heimann Ingenieure GmbH
Köpenicker Straße 9, 10997 Berlin
Tel.: +49 (0) 30/6179170; ib@heimann.de

Heinrich Planungsbüro
Dorfstraße 23a, 19273 Preten
Tel.: +49 (0) 38841/61394; www.heinrichplus.de

HGH-Plan Ingenieurbüro für Versorgungstechnik GmbH
Niedstraße 39, 12159 Berlin
Tel.: +49 (0) 30/8519318; www.HGH-Plan.de

Hirzle + Lais Ingenieur GmbH
Im Schwenkeland 8, 79224 Umkirch
Tel.: +49 (0) 7665/98010; www.hirzle-lais.de

hofbauer ingenieurbüro gmbh
Schanzenweg 27, 94469 Deggendorf
Tel.: +49 (0) 991/371030; www.hofbauer-ib.de

Horle Architekten-GmbH
Nebelhornstraße 36, 87561 Oberstdorf
Tel.: +49 (0) 8322/2397; horle@horle-koegel.de

IBT.InfraBioTech GmbH
Am Sankt Niclas Schacht 13, 09599 Freiberg
Tel.: +49 (0) 3731/168310; www.infrabiotech.de

IDV Import- und Direkt-Vertriebsges. mbH
Birkenweiherstraße 2, 63505 Langenselbold
Tel.: +49 (0) 6184/931942; www.megaman.de

IGS Ing.-Büro für Energie- und Umwelttechnik
Maximilianstraße 28b, 85399 Hallbergmoos
Tel.: +49 (0) 811/1422; www.igs-eu.de

Ing.-Büro für Energiewirtschaft und Energietechnik
Paschlewer Straße 9, 06366 Köthen
Tel.: +49 (0) 3496/553657; Dr.IngoWirth@t-online.de

Ing.-büro für Verfahrenstechnik und Energieberatung
Lange Straße 47, 49152 Bad Essen
Tel.: +49 (0) 5472/977651; www.rakow-energie.de

Ingenieur- und Sachverständigenbüro ENERGIELOGISTIK UMWELTTECHNIK
Kolumbusring 33, 18106 Rostock
Tel.: +49 (0) 381/1208808; www.ib-benthin.de

Ingenieurbüro ebök
Schellingstraße 4/2, 72072 Tübingen
Tel.: +49 (0) 7071/9394-0; www.eboek.de

Ingenieurbüro Energie Control
Kuckucksallee 11a, 19065 Pinnow
Tel.: +49 (0) 3860/8654; www.energieberater-koch.de

IngenieurBüro Floritz
Bismarckstraße 21, 82319 Starnberg
Tel.: +49 (0) 8151/739515; info@floritz.de

Ingenieurbüro für Energie- & Umwelttechnik Dipl.-Ing. Klaus Hüneburg
Monschauer Straße 2, 41068 Mönchengladbach
Tel.: +49 (0) 2161/352910; www.hueneburg.com

Ingenieurbüro für Energieberatung
Zschertnitzer Weg 21
01217 Dresden
Tel.: +49 (0) 351/4719265; jufi@ecojet.com

Ingenieurbüro für Energiewirtschaft
Auf dem Rode 12, 99100 Erfurt
Tel.: +49 (0) 36208/80772; patrickbischoff@web.de

Ingenieurbüro für Haustechnik
Karl-Liebknecht-Straße 64, 15732 Schulzendorf
Tel.: +49 (0) 33762/46353; www.ing-pmetzger.de

Ingenieurbüro für Umwelt- und Energietechnologie
Keßlerstraße 27, 07745 Jena
Tel.: +49 (0) 3641/225385; www.uea-jena.de

Ingenieurbüro für unabhängige Energieberatung
Alter Nieskyer Weg 1, 02923 Hähnichen OT Trebus
Tel.: +49 (0) 35894/31189; www.kaetehilger.de

Ingenieurbüro Horst Springer
Rothenburger Straße 14, 90542 Eckental
Tel.: +49 (0) 9126/9754; www.calavero.net/~energie/

Ingenieurbüro I.B.A.P. – Wasser und Gastechnik Live
Voglerstraße 7, 01277 Dresden
Tel.: +49 (0) 351/2013050; www.ibap.de

Ingenieurbüro MAUER
Dettinger Straße 8, 73230 Kirchheim/Teck
Tel.: +49 (0) 7021/484434; www.ib-mauer.de

Ingenieure Süd GmbH Akustik + Bauphysik
Siegesstraße 8, 80802 München
Tel.: +49 (0) 89/3839450; www.akustikms.de

InnoDämm GmbH
Mönchebrede 18, 33102 Paderborn
Tel.: +49 (0) 5251/871470; www.innodaemm.de

Innov-Tech
Stachenhäuser Straße 16, 74677 Dörzbach-Hohebach
Tel.: +49 (0) 7937/803860; www.innov-tech.de

innTherm-Raumklima-Kahla e.K.
Saalstraße 3, 07768 Kahla
Tel.: +49 (0) 36424/82906; www.raumklima-kahla.de

Institut für Bau-, Umwelt- und Solarforschung GmbH
Caspar-Theyß-Straße 14a, 14193 Berlin
Tel.: +49 (0) 30/8969950; www.ibus-berlin.de

Institut für Umwelttechnik Dr. Kühnemann und Partner
Prinzenstraße 10a, 30159 Hannover
Tel.: +49 (0) 511/121940; www.kuehnemann.de

isab Ingenieurgesellschaft für Bauphysik mbH
Limesstraße 12, 61273 Wehrheim
Tel.: +49 (0) 6081/9584-0; www.isab-bauphysik.de

Leitmarkt Rohstoff- und Materialeffizienz

AB Anlagenplanung GmbH
Im Finigen 11, 28832 Achim
Tel.: +49 (0) 4202/70029; brockmann@ab-gruppe.de

ANRESA GmbH
Rathelbeckstraße 262, 40627 Düsseldorf
Tel.: +49 (0) 211/204036; www.anresa.de

AQUAZOSTA MB MARINE PLANT BIOTECHNOLOGY
Hagenower Straße 73, 19061 Schwerin
Tel.: +49 (0) 385/3993400; www.aquazosta.de

Architekt Bittner Traunstein
Schützenstraße 8, 83278 Traunstein
Tel.: +49 (0) 861/2093020; www.habito.de

Architekturbüro Diefenbach
Berger Straße 368, 60385 Frankfurt am Main
Tel.: +49 (0) 69/468338; www.architekturbuero-d.de

ARL INGENIEURBERATUNG FÜR SICHERHEIT UND UMWELTSCHUTZ
Kaltbrunnerstraße 24, 78476 Allensbach
Tel.: +49 (0) 7533/1709; arl@tza.de

AURINKO-QM
Sigmaringer Straße1, 10713 Berlin
Tel.: +49 (0) 30/34624542; www.aurinko-qm.de

Bauart:Schade
Gewerbestraße 9, 25358 Horst
Tel.: +49 (0) 4126/39110; www.bauart-schade.de

Bayer MaterialScience AG
Bayerwerk, 51368 Leverkusen
Tel.: +49 (0) 214/3065877; www.bayermaterialscience.de

biber. Ges. für ökologische Bautechnik mbH
Kurzfeld 2, 42499 Hückeswagen
Tel.: +49 (0) 2192/93126-0; www.biber-bautechnik.de

Bohrlochmessungen-Dr. Buckup (DBM)
Hohenwarther Straße 2, 39126 Magdeburg
Tel.: +49 (0) 391/505715; buckup@bohrlochmesser.de

Bremer Gesellschaft für Angewandte Umwelttechnologie (bregau)
Mary-Astell-Straße 10, 28359 Bremen
Tel.: +49 (0) 421/22097-50; www.bregau.de

Carl Ungewitter Trinidad Lake Asphalt GmbH & Co. KG
Bürgermeister-Smidt-Straße 56, 28195 Bremen
Tel.: +49 (0) 421/3040234; www.trinidad-lake-asphalt.com

CFCS-Consult GmbH
Rebenranke 22, 45239 Essen
Glockenstraße 6, 49143 Bissendorf/OT Jeggen,
Tel.: +49 (0) 201/407396; www.cfcs-consult.com

Deutsche Amphibolin-Werke von Robert Murjahn Stiftung & Co KG
Roßdörfer Straße 50, 64372 Ober-Ramstadt
Tel.: +49 (0) 6154/710; www.caparol.de

Dr. Ehrenstorfer GmbH
Bgm.-Schlosser-Straße 6A, 86199 Augsburg
Tel.: +49 (0) 821/906080; www.analytical-standards.com

Dr. Ludwig Glatzner MBU – Büro für Umwelt, Qualität und Sicherheit
Büchnerstraße 16, 48147 Münster
Tel.: +49 (0) 251/1620-606; glatzner@muenster.de

Dr. Reinschmidt-Gefahrgutberatung
Paulusstraße 31, 76356 Weingarten/Baden
Tel.: +49 (0) 7244/706439; www.gefahrguthilfe.de

eidos consult
Franz-Mehring-Platz 1, 10243 Berlin
Tel.: +49 (0) 30/29782323; www.eidos-consult.de

Felix, Stirnadel & Partner
Wiesenstraße 4, 79541 Lörrach
Tel.: +49 (0) 7621/54469; www.felix-stirnadel-partner.de

FRIEDRICHS FILTERSYSTEME GMBH
Lothforster Benden 2, 41849 Wassenberg
Tel.: +49 (0) 2432/96600; www.FriedrichsFilter.de

Gebäudereinigung Michael Kober
Stöckigter Straße 25, 08527 Plauen
Tel.: +49 (0) 3741/4869-0; kober-plauen@t-online.de

GWP Gesellschaft für Werkstoffprüfung mbH
Georg-Wimmer-Ring 25, 85604 Zorneding
Tel.: +49 (0) 8106/994123; www.gwp.eu

H & M Ingenieurbüro Gmbh & Co. KG
An der Fabrik 3, 26835 Hesel
Tel.: +49 (0) 4950/93920; www.hm-germany.de

Haxthausen, Wilderich Freiherr von Haxthausen
Steinkuhle 16, 33165 Lichtenau
Tel.: +49 (0) 5295/998031;
haxthausen@maisspindelgranulat.de

Hering Consult
Altstraße 72, 52066 Aachen
Tel.: +49 (0) 241/54554; www.hering-consult.de

HÖCKER Polytechnik GmbH
Borgloher Straße 1, 49176 Hilter a.T.W.
Tel.: +49 (0) 5409/4050; www.hoecker-polytechnik.de

Hoferick Engineering GmbH
Rathsfelder Straße 1, 99734 Nordhausen
Tel.: +49 (0) 3631/477152; www.he-gmbh.info

Holl & Stöhr GmbH
Bahnhofstraße 4, 86459 Gessertshausen
Tel.: +49 (0) 8238/4456; www.holl-stoehr.de

IAG Industrieanlagen Goebel GmbH
Am Heller 3, 57250 Netphen
Tel.: +49 (0) 2737/226890; www.iag-goebel.de

IHP Igenieurges.mbH Dr. Harden Mz
Petritorwall 25, 38118 Braunschweig
Tel.: +49 (0) 531/4800734; www.ipec-bs.de

IMS-Consulting Dr. B. Piotrowski
Alte Lohmarer Straße 84, 53797 Lohmar
Tel.: +49 (0) 2256/169177; dr.b.piotrowski@t-online.de

Ingenieurbüro für Umwelt und Abfall Schweiker
Bergstraße 8, 63526 Erlensee
Tel.: +49 (0) 6183/71226; IUAS@gmx.de

Ingenieurbüro Geologie Bergbau Steine und Erden Galinsky & Partner GmbH
Dorfstraße 28, 09603 Großschirma OT Obergruna
Tel.: +49 (0) 3732/482807; www.ib-galinsky-fg.de

Kunststoff-Zentrum in Leipzig gGmbH
Erich-Zeigner-Allee 44, 04229 Leipzig
Tel.: +49 (0) 341/4941-501; www.kuz-leipzig.de

Leonard Bermel Umwelthygieneservice
Hofmattstraße 12a, 79725 Laufenburg-Hochsal
Tel.: +49 (0) 7763/6116;
www.schaedlingsbekaempfung-bermel.de

MAGETA GmbH
Gutenbergring 67d, 22848 Norderstedt
Tel.: +49 (0) 40/6706177; www.mageta.de

martin Myska Managementsysteme
Am weißen Stein 3, 53227 Bonn
Tel.: +49 (0) 228/445227; www.myska.de

NATUFA Ökol. Holz und Bautenschutz – Naturfarben
Apfelweg 2, 12524 Berlin
Tel.: +49 (0) 30/6731365; www.das-gesunde-bauwerk.de

OSCHWALD Boden aus Natur GmbH
Rudolf-Blessing-Straße 7, 79183 Waldkirch
Tel.: +49 (0) 7681/474480; www.oschwaldkirch.de

Ostthüringische Materialprüfgesellschaft für Textil und Kunststoffe
Breitscheidstraße 97, 07407 Rudolstadt
Tel.: +49 (0) 3672/379130; www.ompg.de

PILOSITH
Hauptstraße 65–67, 37176 Parensen
Tel.: +49 (0) 5503/805250; www.pilosith.de

proDentum DentaltechnikGmbH Berlin
Gerichtstraße 12/13, 13347 Berlin
Tel.: +49 (0) 30/46900816; www.denttabs.com

PSP Papierschaum AG
Desmastraße 3–5, 28832 Achim
Tel.: +49 (0) 4202/8068; www.psp-ag.de

Rainer GmbH
Frankfurter Straße 493, 51145 Köln
Tel.: +49 (0) 2203/922970;
www.ladungssicherungstechnik.de

Ring Schirm-und Zeltsysteme
Steinweg 23, 51107 Köln
Tel.: +49 (0) 221/866520; www.profizelt.de

SiCon GmbH
Dammstraße 1, 57271 Hilchenbach
Tel.: +49 (0) 2733/7896; www.sicontechnology.com

Technologietransfer und Innovationsförderung Magdeburg GmbH
Bruno-Wille-Straße 9, 39108 Magdeburg
Tel.: +49 (0) 391/7443520; www.tti-md.de

TECNARO GmbH
Burgweg 5, 74360 Ilsfeld-Auenstein
Tel.: +49 (0) 7062/9178902; www.tecnaro.de

Thomas Knapp Historische Baustoffe GmbH
Am Bahnhof 1, 37627 Deensen
Tel.: +49 (0) 5532/1320; www.knapp-online.de

Thüringer Agrartechnik und Maschinenbau GmbH
Am Bahnhof 1, 37351 Dingelstädt
Tel.: +49 (0) 36075/688-28; www.tam-dingelstaedt.de

TKM Materialveredelung GmbH
In den Waldstücken 6, 76829 Landau
Tel.: +49 (0) 6341/52010; www.tkm-landau.de

triple innova
Luisenstraße 102; 42103 Wuppertal
Tel.: +49 (0) 202/4299514; www.triple-innova.de

Unternehmensberatung Stottrop
Im Bergerhof 26, 50999 Köln
Tel.: +49 (0) 2236/967149; www.stottrop-online.de

Voith Paper Environmental Solutions GmbH & Co. KG
Escher-Wyss-Straße 25, 88212 Ravensburg
Tel.: +49 (0) 751/83-3087; www.Voith.com

Weinrich TechnologieBeratung
Pommernstraße 6, 80809 München
Tel.: +49 (0) 89/35737600;
manfred.weinrich@wtb-biotech.de

ZIROX Sensoren & Elektronik GmbH
Am Koppelberg 21, 17489 Greifswald
Tel.: +49 (0) 3834/830901; www.zirox.de

BAV Baustellenabfall-Verwertung GmbH, Köln
Robert-Bosch-Straße 20–22, 50769 Köln
Tel.: +49 (0) 221/97060402; www.gvg-bav.de

Bayer Industry Services GmbH & Co. OHG
Gebäude Q 26, 51368 Leverkusen
Tel.: +49 (0) 2133/5122677; www.bayerindustry.de

BBA GmbH & Co. KG
Römerstraße 113, 59075 Hamm
Tel.: +49 (0) 2381/97227-0; www.bba-hamm.de

BBI Wirtschaftsberatung GmbH
Ankerstraße 2, 06108 Halle/Saale
Tel.: +49 (0) 345/2323516; www.bbi-wb.de

BBO Bodensee/Hegau Bauschuttaufbereitung GmbH & Co.KG
Mühleweg 21, 78256 Steißlingen
Tel.: +49 (0) 7738/9291-50; info@kieswerk-schray.de

Beekmann Umwelttechnik GmbH Boden-, Wasser- und Bausanierung
Kanalstraße Nord 246, 26629 Großefehn
Tel.: +49 (0) 4944/30368; www.beekmann.de

Behrendt Recycling GmbH
Leinestraße 31–33, 24539 Neumünster
Tel.: +49 (0) 4321/98498-0; www.electronic-recycling.de

BEKON Lärmschutz & Akustik GmbH
Schaezlerstraße 9, 86150 Augsburg
Tel.: +49 (0) 821/34779-0; www.bekon-akustik.de

BEREC Recycling GmbH
Löhmer Dorfstraße1b, 16356 Werneuchen
OT Seefeld-Löhme
Tel: +49 (0) 33398/7053; www.berec.de

Berger-Seidle Siegeltechnik GmbH
Maybachstraße2, 67269 Grünstadt
Tel.: +49 (0) 6359/800517; info@berger-seidle.de

Bergler GmbH & Co.KG
Etzenrichterstraße12, 92729 Weiherhammer
Tel.: +49 (0) 9605/9202-0; www.bergler.de

Bergtechnisches Ingenieurbüro GEOPRAX
Max-Planck-Straße 18, 09114 Chemnitz
Tel.: +49 (0) 371/3362788; bernd@leissring.de

Berndt Bio Energy GmbH
Geraer Straße 10, 07570 Wünschendorf
Tel.: +49 (0) 36603/845-0; www.speisereste.de

B-F Sonderabfall GmbH & Co KG
Dietkircher Straße 7–13, 65551 Limburg-Lindenholzhausen
Tel.: +49 (0) 6431/912611; www.bf-limburg.de

BGI – Ingenieurgesellschaft mbH
Lindenstraße 12, 06773 Kemberg
Tel.: +49 (0) 34921/28507;
www.bgi-ingenieurgesellschaft-mbh.com

BGT Umwelttechnische Anlagen Handelsgesellschaft mbH
In der Beckuhl 54, 46569 Hünxe
Tel.: +49 (0) 2858/91500; info@bgt-umwelttechnik.de

BGU Gesellschaft für Baustoffüberwachung und Geotechnischen Umweltschutz mbH
Rüst 30, 52224 Stolberg
Tel.: +49 (0) 2402/98520; info@bgu-online.info

BIB Bolduan Ingenieurbüro
Goethestraße 71, 01587 Riesa
Tel.: +49 (0) 3525/631-370; www.BIB-BolduanIB.de

BILFINGER BERGER Umweltsanierung GmbH
Schanbelstraße 11, 45134 Essen
Tel.: +49 (0) 201/8929-108;
www.bilfingerberger-umweltsanierung.de

Bilgenentölungsgesellschaft mbH
August-Hirsch-Straße 3, 47119 Duisburg
Tel.: +49 (0) 203-8009-410; www.bilgenentoelung.de

Bio Composites and More GmbH
Marktplatz 12, 91472 Ipsheim
Tel.: +49 (0) 9846/977940; info@bio-comp-gmbh.com

BioAktiv GmbH
Hauptstraße 67, 06712 Würchwitz
Tel.: +49 (0) 34426/2100; www.bioaktivgmbh.de

Biologic GmbH & Co. KG
Gildenstraße 18, 48157 Münster
Tel.: +49 (0) 251/239480; www.biologic.de

Biologische Bodensanierung Günter Meyer GmbH
Alte Ziegelei 13–17, 51491 Overath
Tel.: +49 (0) 2204/97260; www.bbgm.de

BioSense
Marie-Curie-Straße 5, 53332 Bornheim
Tel.: +49 (0) 228/653809; www.biosense.de

Biotrans GmbH
Hagener Straße 400, 58239 Schwerte
Tel.: +49 (0) 2304/96850-11; www.biotrans-gmbh.de

BioVersal Deutschland
Döbernitzer Straße 1a, 04509 Delitzsch
Tel: +49 (0) 34202/8300; www.bioversal.de

BIT-Tiefbauplanung GmbH
Kirchplatz 7, 07552 Gera
Tel.: +49 (0) 365/43048-12; www.bit-tiefbauplanung.de

BIUG GmbH
Weisbachstraße 6, 09599 Freiberg/Sachsen
Tel.: +49 (0) 3731/26010; www.biug-geotechnik.de

Blum GmbH
Heidestraße 60, 49324 Melle
Tel.: +49 (0) 5422/98200; www.blum-gruppe.de

Blum Recycling GmbH
Admannshäger Damm 18, 18211 Bargeshagen
Tel.: +49 (0) 38203/7040; www.blum-gruppe.de

Blunk GmbH
Dorfstraße 1 und 2, 24619 Rendswühren
Tel.: +49 (0) 4323/907052; www.jogiblunk.de

BOCK, Partner für innovative Unternehmensführung
Leutenweg 33, 78239 Rielasingen-Worblingen
Tel.: +49 (0) 7731/51992;
www.bock-unternehmensberatung.privat.t-online.de/

Bodensohn präzision GmbH
Liebigstraße 2, 63500 Seligenstadt
Tel.: +49 (0) 6182/92218-14; www.filterreinigung.de

Böhme GmbH Wertstofferfassung
Neukühschwitz 33, 95111 Rehau
Tel.: +49 (0) 9283/8800-0; www.boehme-gmbh.de

BOVE GmbH
Bahnhofstraße 35, 34549 Edertal
Tel.: +49 (0) 5623/947-0; a.nagel@irma-oppermann.de

Bramin GmbH
Hauptstraße10, 25488 Holm
Tel.: +49 (0) 4103/918051; www.bramin.de

Brauco Rohr- und Umweltservice GmbH & Co. Dienstleistungen KG
Sonnenallee 224e, 12059 Berlin
Tel.: +49 (0) 30/78181818; www.brauco.de

BRB Prüflabor Bernau
Albertshofer Chaussee 5, 16321 Bernau
Tel.: +49 (0) 3338/396878; info@brb-prueflabor.com

Breitfuss Messtechnik GmbH
Danziger Straße 20, 27243 Harpstedt
Tel.: +49 (0) 4244/96790; www.breitfuss.de

Breitsamer Entsorgung und Recycling GmbH
Dachauer Straße 535, 80993 München
Tel.: +49 (0) 89/1417676; www.breitsamer.com

Brenk Systemplanung GmbH
Heider-Hof-Weg 23, 52080 Aachen
Tel.: +49 (0) 2405/465112; www.brenk.com

BRV Baustoff-Recycling und Vertriebs GmbH
Otto-Hahn-Straße 8, 29664 Walsrode
Tel.: +49 (0) 5161/7887-0; hagemann-knust@pcconnect.de

BS Abfallmanagement und Umwelttechnik GmbH
Bienenweg 5a, 82194 Gröbenzell
Tel.: +49 (0) 8142/4482378; www.bs-umwelttechnik.de

buk Behrends & Koop Umwelt-Ing. GmbH
Neue Kasseler Straße 7a, 35039 Marburg
Tel.: +49 (0) 6421/88913-11; www.buk-marburg.de

Bundesgütegemeinschaft Kompost e.V.
von-der-Wettern-Straße 25, 51149 Köln
Tel.: +49 (0) 2203/358370; www.kompost.de

Büro Dr. Beerbalk
Gustav-Meyer-Allee 25, 13355 Berlin
Tel.: +49 (0) 30/46307580; dr@beerbalk.biz

Büro für angewandte Geowissenschaften
Charlottenstraße 14, 52070 Aachen
Tel.: +49 (0) 241/5150550; bag.weyers@arcor.de

Büro für Entsorgungstechnik
Liselotte-Herrmann-Straße 8, 04318 Leipzig
Tel.: +49 (0) 341/6886941; erklee@nexgo.de

BUT Büro für Umwelttechnik & Transportlogistik e.K.
Tököl-Allee 21, 23795 Klein Rönnau
Tel.: +49 (0) 4551/967757; www.but-umwelttechnik.de

BUTEC Büro für Umwelt- und Technologieberatung GmbH
Fabrikweg 2B, 37075 Göttingen
Tel.: +49 (0) 551/99876-0; www.butec.net

BWF Offermann, Schmid & Co. KG
Bahnhofstraße 20, 89362 Offingen
Tel.: +49 (0) 8224/71101; www.bwf-group.com

C&E Consulting und Engineering GmbH
Jagdschänkenstraße 52, 09117 Chemnitz
Tel.: +49 (0) 371/881-4228, www.cue-chemnitz.de

C. M. Heim GmbH
Fockenbrunnen 17/1, 72218 Wildberg
Tel.: +49 (0) 7054/92320; www.cmheim.de

C.A.R.E. Centrum für Abfall-, Recycling- und Entsorgungswirtschaft GmbH
Postfach 16 02 24, 06037 Halle
Tel.: +49 (0) 345/5667460; www.care-int.de

C.C. Umwelt AG
Bataverstraße 25, 47809 Krefeld
Tel.: +49 (0) 2151/5258-748; www.cc-umwelt.de

CABLO Metall-Recycling & Handel GmbH
Flugplatzstraße 1–2, 16833 Fehrbellin
Tel.: +49 (0) 33932/61911; www.cablo.de

Calrec Ersatzbrennstoffaufbereitung GmbH Co. KG
Oskar-Märker-Straße 24, 86655 Harburg
Tel.: +49 (0) 9080/967950; www.calrec-ebs.de

Camfil KG
Feldstraße 26–32, 23858 Reinfeld
Tel.: +49 (0) 4533/202101; www.camfilfarr.com

Carl Padberg Zentrifugenbau GmbH
Geroldsecker Vorstadt 60, 77933 Lahr
Tel.: +49 (0) 7821/924928; www.cepa.de

Carola Huge sive Huwe KG
Königskämpe 1, 48565 Steinfurt
Tel.: +49 (0) 2552/2882; www.huge-kg.de

CCI Transport GmbH & Co. KG
Südring 43, 69514 Laudenbach
Tel.: +49 (0) 6201/4961-10; info@cci-transport.de

CCR Logistics Systems AG
Karl-Hammerschmidt-Straße 36, 85609 Dornach
Tel.: +49 (0) 89/49049120; www.ccr.de

CDM Consult GmbH
Am Umweltpark 3–5, 44793 Bochum
Tel.: +49 (0) 6257/504-414; www.cdm-ag.de

Cetex Chemnitzer Textilmaschinenentwicklung gGmbH
Altchemnitzer Straße 11, 09120 Chemnitz
Tel.: +49 (0) 371/5277-0; www.cetex.de

CFB & Partner
Konrad-Adenauer-Straße 9–13, 45699 Herten
Tel.: +49 (0) 2366/305184; www.bickeboeller.de

Christoph Dürr GmbH
Hugo-Wolf-Straße 2, 97922 Lauda-Königshofen
Tel: +49 (0) 9343/622511; www.duerr-gmbh.de

Claus Schmidke Baustoffe GmbH
Frankfurter Straße 462, 51145 Köln
Tel.: +49 (0) 2203/922570; www.schmidke-baustoffe.de

Clausthaler Umwelttechnik-Institut GmbH (CUTEC)
Leibnizstraße 21+23, 38678 Clausthal-Zellerfeld
Tel.: +49 (0) 5323/933-124; www.cutec.de

Collect GmbH
Industriepark 1, 77955 Ettenheim
Tel.: +49 (0) 7822/8985-315; www.collecture.com

COMES MESSTECHNIK + AUTOMATION WOLF DÄHN
Am Wietzestrand 7, 30900 Wedemark
Tel.: +49 (0) 5130/8681; comesma@t-online.de

Consulting und technische Beratung Igelspacher
Tannenstraße2, 86459 Gessertshausen
Tel.: +49 (0) 8238/1034; kon.igel@t-online.de

Consultingbüro UB Dr. Elzner & Partner
Domplatz 5, 38820 Halberstadt
Tel: +49 (0) 3941/609898; www.cbub.de

Containerdienst
Goethestraße14, 72827 Wannweil
Tel.: +49 (0) 7121/579987; u.joos@t-online.de

Containerdienst Zimmermann
Ernst-Claes-Straße 15, 99974 Mühlhausen
Tel.: +49 (0) 3601/445858; recyclinghof@email.de

CORTAN Handels GmbH
Wilhelm-Theodor-Römheld-Straße 20, 55130 Mainz
Tel.: +49 (0) 6131/9083143; www.cortan.de

CU Unternehmensberatung – Umweltmanagement und Kommunikation
Speyerweg 69, 40229 Düsseldorf
Tel.: +49 (0) 211/224336; info@cu-consult.eu

CUT GmbH & Co. KG
Heinrich-Hertz-Straße 19b, 40699 Erkrath
Tel.: +49 (0) 211/2408660; www.cut-membrane.com

D. Krüger + D. Schiller GbR
Alemannenstraße21, 53844 Troisdorf
Tel.: +49 (0) 2241/493792; www.KS-Containerdienst.de

DBE TECHNOLGY GmbH
Eschenstraße 55, 31224 Peine
Tel.: +49 (0) 5171/431528; www.dbetec.de

DENIOS AG
Dehmer Straße 58–66, 32549 Bad Oeynhausen
Tel.: +49 (0) 5731/753105; www.denios.de

Detlef Hegemann GmbH
Außer der Schleifmühle 39/43, 28203 Bremen
Tel.: +49 (0) 421/4107-0; www.hegemann-gruppe.de

Diestelmann-Luther GmbH & Co. KG
Fettenweg 2, 50829 Köln
Tel.: +49 (0) 221/503033; www.diestelmann-luther.de

Dipl. Geol. Ratajczak, Angewandte Geologie/Hydrogeologie
Dorfstraße, 24363 Holtsee
Tel.: +49 (0) 4357/999540; www.angewandte-geologie.de

Dipl.-Geograph Jens-Henning Müller
Rudolfstraße 24, 48145 Münster
Tel.: +49 (0) 251/9730102; www.jhm-net.de

Dipl.-Geol. Gudrun Bartel UMWELTBERATUNG
Schubertweg 16, 64646 Heppenheim
Tel.: +49 (0) 6252/77622; www.immobilien-umwelt.de

Dipl.-Ing. Erich Fetzer GmbH & Co.KG.
Mühlwiesenstraße 17, 72770 Reutlingen
Tel.: +49 (0) 7072/91420; www.zyklomat.de

Dipl.Ing.Sallermann GmbH Garten- und Landschaftsbau
Röhrenspring 28, 58093 Hagen
Tel.: +49 (0) 2331/56715; www.sallermann.de

Direktvertrieb CONTAINER
Zechstraße 35, 82067 Ebenhausen
Tel.: +49 (0) 8178/7280; info@pphconsulting.com

Dorr Städtereinigung GmbH & Co KG
Unterwanger Straße 8, 87439 Kempten
Tel.: +49 (0) 831/5911716; www.dorr.de

Dr. Born – Dr. Ermel GmbH
Finienweg 7, 28832 Achim
Tel.: +49 (0) 4202/758-0; www.born-ermel.de

Dr. Fintelmann und Dr. Meyer GmbH
Mendelssohnstraße 15d, 22761 Hamburg
Tel.: +49 (0) 40/89966421; meyer@fintelmann-meyer.de

Dr. Hug Geoconsult GmbH
Zimmersmühlenweg 11, 61440 Oberursel
Tel.: +49 (0) 6171/704010; www.hug-geoconsult.com

Dr. Kostka-Rick
Langwiesenstraße 41, 70771 Echterdingen
Tel.: +49 (0) 711/7978803; kostka-rick@biomonitoring.de

Dr. Markus Keller Umwelt- und Qualitätsmanagement
Collinistraße 5, 17/01, 68161 Mannheim
Tel.: +49 (0) 621/1560019; markus.keller@gmx.de

Dr. R. Sieke
Würzburger Straße 14, 30880 Laatzen
Tel.: +49 (0) 511/47566892; rsieke@t-online.de

Dr. Werning Umwelttechnik GmbH
Am Schnerrer 4b, 91413 Neustadt/Aisch
Tel.: +49 (0) 9161/873901;
www.bodensanierung-werning.de

Dr. H. Martin Consulting
Postfach 1102, 82224 Seefeld
Tel.: +49 (0) 8152/98598; info@dr-martin-consulting.de

Dr. H. Marx GmbH
Gewerbepark 1, 66583 Spiesen-Elversberg
Tel.: +49 (0) 6821/971812; Heiner.Marx@drmarxgmbh.de

Dr.-Ing. B. Diering GmbH
Juelicher Straße 318–320, 52070 Aachen
Tel.: +49 (0) 241/182730; p.metzen@diering-gmbh.de

DreiPlus Abfallmanagement GmbH
Hauptstraße 42, 86694 Niederschönenfeld
Tel.: +49 (0) 9090/920674; www.dreiplus-online.de

Dr. GELDSETZER
Landskroner Weg 7, 85737 Ismaning
Tel.: +49 (0) 89/99634986; www.drgeldsetzer.de

Drin GmbH
Werner-Metzen-Straße 3, 07580 Großenstein
Tel.: +49 (0) 36602/22163; www.drin-gmbh.de

DURMIN Entsorgung und Logistik GmbH
Antwerpener Straße 19, 90451 Nürnberg
Tel.: +49 (0) 911/64193910; info@abz-nuernberg.de

Dürr Systems GmbH, Environmental & Energy Systems
Otto-Dürr-Straße 8, 70435 Stuttgart
Tel.: +49 (0) 711/1361042; www.durr.com

Echtner + Nimsgarn bio-desodor-Filterservice GmbH
Harmenhauser Straße 40, 27777 Ganderkesee
Tel.: +49 (0) 4223/381061; www.biodesodor.de

ECI EnviroConsult IngenieurBüro Dr. Lux
Meuselwitzer Straße 5, 99092 Erfurt
Tel.: +49 (0) 361/6536378; www.lux-umweltschutz.de

Ecosoil Holding GmbH
Lindnerstraße 96, 46149 Oberhausen
Tel.: +49 (0) 208/9414102; www.ecosoil.de

ECOWIN GmbH – Prof. Dr. Gäth & Partner
Im Ostpark 7, 35435 Wettenberg
Tel.: +49 (0) 641/87780343; www.ecowin.de

EDR-Erdbau-Deponie-Recycling GmbH
Burgenser Weg 100, 39175 Körbelitz
Tel.: +49 (0) 39222/9316; www.edr-mas.de

Efiba-Handelsgesellschaft mbH
Carl-Zeiss-Straße 6, 27211 Bassum
Tel.: +49 (0) 4241/930316; info@efiba.de

Eggers Umwelttechnik GmbH
Hovestraße 74–76, 20539 Hamburg
Tel.: +49 (0) 4109/279941; www.eut-hh.de

EGON KRUSE GmbH & Co. Städtereinigung KG
Oxter Weg 10, 27478 Cuxhaven
Tel.: +49 (0) 4723/4132; egonkruse@web.de

EGR GmbH
Hohewardstraße 327, 45699 Herten
Tel.: +49 (0) 2366/106312; www.egr-online.de

EISENMANN Anlagenbau GmbH & Co. KG
Daimlerstraße 5, 71088 Holzgerlingen
Tel.: +49 (0) 7031/782839; www.eisenmann.de

ELPRO Elektronik-Produkt Recycling GmbH
Hannoversche Straße 66a, 38116 Braunschweig
Tel.: +49 (0) 531/59001-11; www.elpro-gmbh.de

ELZI Entsorgungslogistik Zimmermann GmbH
Ohmstraße 11, 91126 Rednitzhembach
Tel.: +49 (0) 9122/691636; www.elzi.de

emc GmbH
Liebknechtstraße 51, 99086 Erfurt
Tel.: +49 (0) 361/5656530; www.emc-gmbh.de

EMC GmbH Engineering
Große St.-Ilsen-Straße 22, 29410 Salzwedel
Tel.: +49 (0) 3901/81167; emc-salzwedel@t-online.de

Enders & Dührkop Ingenieurgesellschaft mbH
Hasenhöhe 126–128, 22587 Hamburg
Tel.: +49 (0) 40/870868-0; www.enders-duehrkop.de

energy-21
Klessingweg 17, 80997 München
Tel.: +49 (0) 89/18921790; www.energy-21.de

ENSA W. Schroll+Partner GmbH
Zamdorfer Straße 86, 81677 München
Tel.: +49 (0) 89/464013; ensagmbh@aol.com

Entek Entsorgungstechnik
Hüttenweg 1–2, 35075 Gladenbach
Tel.: +49 (0) 6462/2551; entsorgung@bds-gladenbach.de

Entsorgungsgesellschaft Steinfurt mbH
Oststraße 1, 48599 Altenberge
Tel.: +49 (0) 2505/93160; www.egst.de

Entsorgungs-Gesellschaft Westmünsterland mbH
Estern 41, 48712 Gescher
Tel.: +49 (0) 2542/929142; info@egw.de

Entsorgungstechnik Bavaria GmbH
Siemensstraße 14, 85716 Unterschleißheim
Tel. +49 (0) 89/3211443;
www.entsorgungstechnik-bavaria.de

Entsorgungszentrum GmbH Lauchhammer
Lauchhammerstraße 38, 01979 Lauchhammer
Tel.: +49 (0) 3574/88603; www.ezl.de

Envicont Recycling Technology
Werftstraße 22, 30926 Seelze
Tel.: +49 (0) 5137/877077; www.envicont.de

Environmental Systems GmbH
Uhlandstraße 22, 27576 Bremerhaven
Tel: +49 (0) 471/5010451; www.essorp.com

Ergo Forschungsgesellschaft mbH
Geierstraße 1, 22305 Hamburg
Tel.: +49 (0) 40/697096-0; www.ergo-research.com

ERM GmbH
Konrad-Adenauer-Straße 3, 63263 Neu-Isenburg
Tel.: +49 (0) 6102/206252; www.erm.com

ERZ Entsorgung und Recycling Zwickau GmbH
Trabantstraße 2–6, 08058 Zwickau
Tel.: +49 (0) 375/332-2248; www.erz-gmbh.de

ESBO Espenhainer Bodenrecycling GmbH
An der Mölbiser Landstraße 1, 04579 Espenhain
Tel.: +49 (0) 34206/645; mv@mail.mueg.de

ESC GmbH Ingenieurgesellschaft für Oberflächen-Reinigungstechnik
Daimlerstraße 17, 72351 Geislingen
Tel.: +49 (0) 7433/26020-10; www.escsys.de

ESC Umwelttechnik GmbH
Breite Straße 2, 53819 Neunkirchen-Seelscheid
Tel.: +49 (0) 2247/75608-11; info@esc-umwelttechnik.com

ETLog Health EnviroTech & Logistics GmbH
Linienstraße 72, 10119 Berlin
Tel.: +49 (0) 30/443187-40; www.etlog-health.de

EuRec Technology Sales & Distribution GmbH
Borntalstraße 9, 36460 Merkers
Tel.: +49 (0) 36969/58132; www.eurec.de

EURODOR GmbH
Industriestraße 20, 21481 Lauenburg
Tel.: +49 (0) 4153/550913; www.eurodor.com

EUROVIA Beton GmbH, NL TECO Schallschutz
Woltorfer Straße 112, 31224 Peine
Tel.: +49 (0) 5171/4005-17; www.teco-schallschutz.de

EVG Nord GmbH
Große Bauerngasse 80, 91315 Höchstadt
Tel.: +49 (0) 9193/50718-0; www.evg-nord.de

EVS Gesellschaft für Abfallwirtschaft mbH
Untertürkheimer Straße 21, 66117 Saarbrücken
Tel.: +49 (0) 681/5000-650; www.entsorgungsverband.de

EWU Dr. Wallberg & Partner GmbH
Schomburgkstraße 2, 04179 Leipzig
Tel.: +49 (0) 341/4291345;
info@ewu-unternehmensberatung.com

FAIST Anlagenbau GmbH
Bahnhofstraße 41, 86381 Krumbach
Tel.: +49 (0) 8282/8880120; www.faist.de

Feddersen & Starke Recycling Service GmbH & Co KG
Kirchweg 135, 24558 Henstedt-Ulzburg
Tel.: +49 (0) 4193/755021;
dieter.starke@fs-recyclingservice.de

Feldmann GmbH
Am Schacht 8, 59368 Werne-Stockum
Tel.: +49 (0) 2389/3956; www.container-feldmann.de

FILCON-Filtermedien
Friedensweg 8, 35116 Hatzfeld-Reddighausen
Tel.: +49 (0) 6452/930-63/-64;
www.FILCON-Filtermedien.de

Filter- und Pumpentechnik Hülswitt GmbH
Gildestraße 6, 47665 Sonsbeck
Tel.: +49 (0) 2838/9898-0; www.filterundpumpen.de

Florian König Enterprises GmbH
Kreuzlinger Straße 39, 82110 Germering
Tel.: +49 (0) 89/84938136; www.fk-e.de

Frank Sauer
Oberer Fahrbachweg 9, 63741 Aschaffenburg/Main
Tel.: +49 (0) 6021/411124; www.flocke-sauer.de

Franzen, Ingenieurbüro für Arbeits- und Umweltschutz
Pappelweg 5, 52511 Geilenkirchen
Tel.: +49 (0) 2451/8321; www.franzen-ingenieur.de

Fritsch Containerdienst
Daimlerstraße 14, 82291 Mammendorf
Tel.: +49 (0) 8145/9286-60; www.fritsch-containerdienst.de

FRIWO Entstaubungstechnik GmbH & Co. KG
Industriestraße 47, 42499 Hückeswagen
Tel.: +49 (0) 2192/6848; info@friwo.net

Future-Recycling
Lohwiese 7, 86937 Scheuring
Tel.: +49 (0) 8195/932286; www.future-recycling.de

G.E.O.S. Freiberg Ingenieurgesellschaft mbH
Gewerbepark Schwarze Kiefern, 09633 Halsbrücke
Tel.: +49 (0) 3731/369313; info@geosfreiberg.de

G.U.B. Ingenieurgesellschaft mbH
Katharinenstraße 11, 08056 Zwickau
Tel.: +49 (0) 375/2717548; www.gub-ing.de

G3 Messtachnik GmbH
Dr.-Zinn-Weg 3, 16225 Eberswalde
Tel.: +49 (0) 3334/237583; www.g3messtechnik.de

GEA Delbag Lufttechnik GmbH
Südstraße 48, 44625 Herne
Tel.: +49 (0) 2325/468735; www.gea-delbag-lufttechnik.de

Gebr. Juchem GmbH
Auf der Höhe 10, 47059 Duisburg
Tel.: +49 (0) 203/313493; www.gebr-juchem.de

Gefahrgutbüro Weigel GmbH
Bornaer Straße 205, 09114 Chemnitz
Tel.: +49 (0) 371/4743300; info@gb-weigel.de

GEFTA Umweltlabor GmbH
Niemetzstraße 47–49, 12055 Berlin
Tel.: +49 (0) 30/68598373; www.umweltlabor.de

GeoBüro Ulm Heinz Schönwald und Oliver Bauer
Söflinger Straße 100, 89077 Ulm
Tel.: +49 (0) 731/9600770; www.geoulm.de

GeoConsult David/Linnenberg GbR
Lyrenstraße 13, 44866 Bochum
Tel.: +49 (0) 2327/321872; www.geoconsult-bochum.de

GEO-data GmbH
Carl-Zeiss-Straße 15, 30827 Garbsen
Tel.: +49 (0) 5131/4681-30; www.geo-data.de

geo-id GmbH
Werksstraße 15, 45527 Hattingen
Tel.: +49 (0) 2324/902927-3; www.geo-id.de

GEOlogik Wilbers & Oeder GmbH
Nienkamp 80, 48147 Münster
Tel.: +49 (0) 251/20127-0; www.geologik.de

geopro GmbH
Gaswerkstraße 17, 78333 Stockach
Tel.: +49 (0) 7771/879967; juergen.koberstein@geopro.de

Georg Reuss
Am Reitenberg, 99817 Eisenach – Neukirchen
Tel.: +49 (0) 36924/481-0; www.georg-reuss.de

GEOTECH GmbH
Bautzner Straße 67, 04347 Leipzig
Tel.: +49 (0) 341/3502798; geotech-gmbh@onlinehome.de

Geotechnisches Büro Prof. Dr.-Ing. H. Düllmann GmbH
Neuenhofstraße 112, 52078 Aachen
Tel.: +49 (0) 2227/900284; www.gbduellmann.de

Geowissenschaftliches Büro S. Seitz
Wallenrodstraße 3, 91126 Schwabach
Tel.: +49 (0) 9122/8329264; www.gbs-geologie.de

Gerd Borghaus, Ingenieur-Büro
Griegweg 8, 33758 Schloß Holte-Stukenbrock
Tel.: +49 (0) 5207/5582; G.Borghaus@online.de

GeReSo mbH
Carl-Orff-Straße 33, 37574 Einbeck
Tel.: +49 (0) 5562/8055; www.gereso.de

Gerhard Kittsteiner
An der Natterwiese 3, 91799 Langenaltheim
Tel.: +49 (0) 9145/571; g.kittsteiner@kittcom.de

Gerhard Lang GmbH & Co.KG
Wilhelm-Lang-Straße 1–3, 76571 Gaggenau
Tel.: +49 (0) 7225/9816104; www.lang-recycling.de

Gerullis Umweltberatung Behördenlotse
Bausteinstraße 8, 75443 Ötisheim
Tel.: +49 (0) 7041/812120; www.gub-service.de

Gesellschaft für Anlagen- und Reaktorsicherheit (GRS) mbH
Schwertnergasse 1, 50667 Köln
Tel.: +49 (0) 221/2068772; www.grs.de

Gesellschaft für Geo- und Umwelttechnik Consulting mbH
Ruchelnheimstraße 4, 63743 Aschaffenburg
Tel.: +49 (0) 6028/99043-3; ggc.ab@t-online.de

GfA A.d.ö.R
Josef-Kistler-Weg 22, 82140 Olching
Tel.: +49 (0) 8142/286741; www.mva-geiselbullach.de

GfS, Gesellschaft für Schadstoffuntersuchung mbH
Bei der Gerasmühle 1, 90453 Nürnberg
Tel.: +49 (0) 911/9964515; www.gfs.info

GfU Gesellschaft für Umwelt-Consulting mbH
Zum Wartturm 3, 63571 Gelnhausen
Tel.: +49 (0) 6051/18835; info@gfu-gelnhausen.de

Gibs – Geologen + Ingenieure W. Blumenthal und Dr. H. Schoger
Deichslerstraße, 25, 90489 Nürnberg
Tel.: +49 (0) 911/9599530; www.gibs-online.de

Gigler GmbH
Gollingkreuter Weg 13, 86529 Schrobenhausen
Tel.: +49 (0) 8252/8977-0; www.gigler.de

Gilles GmbH
Dieselstraße 27, 56422 Wirges
Tel.: +49 (0) 2602/680011; peter.gilles@gilles-baustoffe.de

GKR-Golzower Kunststoffrecycling GmbH
Belziger Straße; 14778 Golzow
Tel.: +49 (0) 33835/281; gkr_golzow@web.de

GMT Gothaer Meliorations-und Tiefbau GmbH
Langensalzaer Straße 54a, 99867 Gotha
Tel.: +49 (0) 3621/82110; reimund.lehmann@t-online.de

GN Dr. Netta
Bienengarten 3, 56072 Koblenz
Tel.: +49 (0) 261/41392; www.drnetta.de

Grau Recycling GmbH
Werner-Heisenberg-Straße 6, 93055 Regensburg
Tel.: +49 (0) 941/604880; prokopidis@grau-transporte.de

GREENTOP GmbH Emission Reduction Systems
Siemensstraße 21–23, 61267 Neu-Anspach
Tel.: +49 (0) 6081/443710; www.greentop.de

Grillo-Werke AG
Weseler Straße 1, 47169 Duisburg
Tel.: +49 (0) 203/5557-0; www.grillo.de

Grimm Aerosol Technik GmbH & Co. KG
Dorfstraße 9, 83404 Ainring
Tel.: +49 (0) 8654/578-0; www.grimm-aerosol.com

Grumbach GmbH & Co. KG
In der Heide 2, 33428 Harsewinkel
Tel.: +49 (0) 2588/93010; www.altpapier.de

Grüner & Partner GmbH
Annaberger Straße 104, 09120 Chemnitz
Tel.: +49 (0) 371/5611565; www.gruener-und-partner.de

GSES GmbH
Schachtstraße 20–22, 99706 Sondershausen
Tel.: +49 (0) 3632/655-111; www.gses.de

GSU mbH
Lange Enden 29, 10347 Berlin
Tel.: +49 (0) 7947/98103-0; matthiasfailing@gsu.de

GTA Gesellschaft für Technische Akustik mbH
Vahrenwalder Straße 7, 30165 Hannover
Tel.: +49 (0) 511/9357-580; info@gta-akustik.de

GTS – Grube Teutschenthal Sicherungs GmbH & Co. KG
Straße der Einheit 9, 06179 Teutschenthal
Tel.: +49 (0) 34601/35-614; www.grube-teutschenthal.de

Gummiwerk KRAIBURG RELASTEC GmbH
Fuchsberger Straße 4, 29410 Salzwedel
Tel.: +49 (0) 8683/701-119;
georg.stockhammer@kraiburg-relastec.com

Gumz Industrievertretung
Eichhornweg 12, 48683 Ahaus
Tel.: +49 (0) 2567/907110; www.gumz.de

Günter Buscha-Entsorgung
Am Sülzegraben 19, 38820 Halberstadt
Tel.: +49 (0) 3941/600358; info@buscha-entsorgung.de

Gutachterbüro Dr. Wächter
Johannesstraße 9, 48341 Altenberge
Tel.: +49 (0) 2505/937394; www.heinrich-waechter.de

GüteZERT GmbH
Abraham-Lincoln-Straße 30, 65189 Wiesbaden
Tel.: +49 (0) 611/9994830; www.guetezert.de

GVG Gewerbeabfallsortierung und Verwertung Gesellschaft Köln mbH
Robert-Bosch-Straße 20–22, 50769 Köln
Tel.: +49 (0) 221/97060402; www.gvg-bav.de

GZS Gesellschaft zum Schutz von Wasser, Boden und Luft mbH
Emil-Fischer-Straße 20, 06237 Leuna
Tel.: +49 (0) 3461/8246-0; kontakt@gzs-mbh.com

H&C-VGU Engineering GmbH
Mozartstraße 4, 51643 Gummersbach
Tel.: +49 (0) 2261/804640; www.huc-vgu.de

H. Brühne Umwelttechnik GmbH & Co. KG
Gernotstraße 6–8, 44319 Dortmund
Tel.: +49 (0) 2335/9642-0; www.bruehne.de

H.Hoppe Textilrecycling GmbH
Am Nordostbahnhof 31, 90491 Nürnberg
Tel.: +49 (0) 911/562948; www.textil-recycling.com

H.-J. Wölfer GmbH
Schlosswolfsbrunnenweg 10, 69117 Heidelberg
Tel.: +49 (0) 6221/25879; www.wolfer-plastics.com

H+H Umwelt- und Industrietechnik GmbH
Lindenstraße 12a, 55595 Hargesheim
Tel.: +49 (0) 671/92064-10; www.huhgmbh.com

Hahn & Seiffe GmbH
Bitterfelder Weg 81, 12355 Berlin
Tel.: +49 (0) 2247/913451; www.hahnundseiffe.de

hamos GmbH Recycling- und Separationstechnik
Im Thal 17, 82377 Penzberg
Tel.: +49 (0) 8856/92610; www.hamos.com

Handelschemisches Prüfinstitut Hähnel
Albrechtstraße 4, 06712 Zeitz
Tel.: +49 (0) 3441/214051;
www.mineraloelsachverstaendiger.de

Hanseatisches Umwelt-Kontor GmbH
Sophienstraße 19–21, 23560 Lübeck
Tel.: +49 (0) 451/702540;
www.hanseatisches-umwelt-kontor.de

Hartmann GmbH & Co. KG
Rombrocker Bach 24, 58640 Iserlohn
Tel.: +49 (0) 2371/461629; www.hartmann-entsorgung.de

HARTON Anlagentechnik GmbH
Ahornweg 13, 57518 Alsdorf
Tel.: +49 (0) 2741/9234-0; www.harton.de

Hebeler Markt- und Industrieforschung
Flutgrabenstraße 32, 35576 Wetzlar
Tel.: +49 (0) 6441/48265; www.hebeler.de

Heers & Brockstedt Umwelttechnik GmbH
Krokamp 70, 24539 Neumünster
Tel.: +49 (0) 4321/99890; www.heers-brockstedt.de

Heesch GmbH
Meckbacher Straße1, 36251 Ludwigsau
Tel.: +49 (0) 511/4738393; HeeschGmbH@t-online.de

HEG Engineering GmbH
Ottersbekallee 17, 20255 Hamburg
Tel.: +49 (0) 40/4231110; www.heg.de

Heinr. Propfe GmbH
Düsseldorferstraße 9–11, 69219 Mannheim
Tel.: +49 (0) 621/895061; propfe-mannheim@t-online.de

Hellmann Process Management
Adolf-Köhne-Straße 11, 49090 Osnabrück
Tel.: +49 (0) 541/6051581; www.hellmann-shop.de

Henke und Partner GmbH, Ingenieurbüro für Geotechnik
Emilienstraße 2, 70563 Stuttgart
Tel.: +49 (0) 711/733335; www.henkegeo.de

Herding GmbH Filtertechnik
August-Borsig-Straße 3, 92224 Amberg
Tel.: +49 (0) 9621/630-0; www.herding.de

Hertig GmbH & Co. Recycling KG
Meckfeld Dorfanger 18, 99444 Blankenhain
Tel.: +49 (0) 36459/491-13; www.hertig-recycling.de

HHK Bobinger GmbH
Kirchberg 2, 86391 Leitershofen
Tel.: +49 (0) 821/438878; Bobinger-Widmann@t-online.de

Hinske GmbH
Auf der Heide 1, 56244 Ettinghausen
Tel.: +49 (0) 6435/2331; www.entsorgung-hinske.de

HÖGL Kompost- und Recycling-GmbH
Dietrichsdorf 5, 84106 Volkenschwand
Tel.: +49 (0) 8754/9609-0; www.hoegl.de

Höllerer + Bayer GmbH
Kurzes Geländ 6, 86156 Augsburg
Tel.: +49 (0) 821/444680; www.hoellerer-bayer.de

Honold GmbH & Co. KG
Goldenbergstraße 2, 50354 Hürth
Tel.: +49 (0) 2233/4062-10; www.honold-umwelt.de

hoock farny ingenieure
Neustadt 449, 84028 Landshut
Tel.: +49 (0) 871/630642; www.hoock-farny.de

HOWE GmbH
Einsteinstraße 44, 73230 Kirchheim unter Teck
Tel.: +49 (0) 7021/98007-0; info@howe.de

HPC HARRESS PICKEL CONSULT AG
Winsenerstraße 1, 21271 Hanstedt
Tel.: +49 (0) 4184/892814;
www.hpc-ag.biz/index_deutsch.html

HSE Dr. Hofmann, Risikomanagement bei Gefahrstoffen
Wilhelm-Brockhaus-Weg 13, 42327 Wuppertal
Tel.: +49 (0) 202/2448650;
wolfram-hofmann@stoffbewertung.de

HUB Umweltservice GmbH
Otto-Hahn-Straße 8–16, 79395 Neuenburg
Tel.: +49 (0) 7631/795-251; www.hub-umweltservice.de

Hubert Schmid Recycling und Umweltschutz GmbH
Röntgenring 20–24, 87616 Marktoberdorf
Tel.: +49 (0) 8342/9610-700; www.schmid-umweltschutz.de

Hülskens Wasserbau GmbH & Co KG
Maassenstraße 5, 46483 Wesel
Tel.: +49 (0) 281/204218; www.huelskens-wasserbau.de

Hündgen Entsorgungs GmbH & Co. KG
Peterstraße 70, 53913 Swisttal-Ollheim
Tel.: +49 (0) 2255/943013; www.huendgen-entsorgung.de

IABG Industrieanlagen-Betriebsgesellschaft mbH
Einsteinstraße 20, 85521 Ottobrunn
Tel.: +49 (0) 89/60882784; www.iabg.de

IBB Ingenieurbüro Beger für Umweltanalyse und Forschung im Technologiezentrum Rossendorf
Bautzner Landstraße 45, 01454 Radeberg OT Rossendorf
Tel.: +49 (0) 351/2695248; www.ibbeger.de

ICS Composting Services GmbH
Lockhauserstraße 26, 32052 Herford
Tel.: +49 (0) 5221/759754; www.ics-germany.com

IGB Ingenieurgesellschaft mbH
Heinrich-Hertz-Straße 116, 22083 Hamburg
Tel.: +49 (0) 431/535580; www.igb-ingenieure.de

IGM Ingenieurgesellschaft für Gefahrstoffanalysen mbH München
Eduard-Schmid-Straße 34, 81541 München
Tel.: +49 (0) 89/655415; www.igm-gefahrstoffe.de

ILT Industrie-Luftfiltertechnik
Sonnenhang 40, 53809 Ruppichteroth
Tel.: +49 (0) 2295/9210; www.ilt.info

IMPro GmbH
Am Hochheimer See 15, 99192 Neudietendorf
Tel.: +49 (0) 36202/80514; www.impro-bio.de

INDUTEC Industrietechnik GmbH
Konstantinstraße 58, 41238 Mönchengladbach
Tel.: +49 (0) 2166/98891-19; www.INDUTEC-GmbH.de

Ing.Büro Bökeler
Spohnstraße 5, 88212 Ravensburg
Tel.: +49 (0) 751/21992; boekeler@t-online.de

Ing.-Büro für Akustik und Lärm-Immissionsschutz
Eppenhauser Straße 101, 58093 Hagen
Tel.: +49 (0) 2331/51616; ialhagenbuchholz@aol.com

Ing.-Büro Hertwich & Ebert
Brückenstraße 22, 90768 Fürth
Tel.: +49 (0) 911/757277;
www.he-umwelttechnik.privat.t-online.de

Ing.-Büro Pokroppa
Hastener Straße 142, 42855 Remscheid
Tel.: +49 (0) 2191/81962; www.gp-umweltconsult.de

Ing.-Büro R.W. Ashauer und Partner GmbH
Neue Straße 43, 04451 Borsdorf
Tel.: +49 (0) 34291/86617; www.ashauer-ingenieure.de

Ing.-Büro Ullrich
Am Stein 13, 34266 Niestetal
Tel.: +49 (0) 561/524636; papadong@web.de

Ingenieur- und Sachverständigenbüro Hahn
Schenkendorfstraße 4, 39108 Magdeburg
Tel.: +49 (0) 391/7326037;
www.sachverstaendigenbuero-hahn.de

Ingenieurbüro Birkhahn + Nolte Ingenieurgesellschaft mbH
Drosselweg 13, 25569 Kremperheide
Tel.: +49 (0) 4821/8993-0; www.birkhahn-nolte.com

Ingenieurbüro Dieter Busch f. Schall/Lärm/Geräusche
Knarrbergweg 43, 06846 Dessau
Tel.: +49 (0) 340/6611692; www.ing-dbusch.de

Ingenieurbüro Dr. Gülland
Am Gelben Wasser 24, 06749 Bitterfeld
Tel.: +49 (0) 3493/41468; www.dr-guelland.de

Ingenieurbüro Dr. Richard Wiedemann
Mathildenstraße 23, 87600 Kaufbeuren
Tel.: +49 (0) 8341/74227;
www.Ingenieurbuero-Wiedemann.de

Ingenieurbüro Dr. Thomas Scholle
Kirschallee 1, 01833 Stolpen
Tel.: +49 (0) 35973/29261; IBScholle@aol.com

Ingenieurbüro Dr. Thomas Streil
Wiesbadener Straße 20, 01159 Dresden
Tel.: +49 (0) 171/4331072; thomas.streil@t-online.de

Ingenieurbüro für Arbeitsschutz und Messtechnik
Am Greimberg 17a, 32791 Lage
Tel.: +49 (0) 5232/929045; www.schutzdesign.de

Ingenieurbüro für Bauakustik Schürer
Passendorfer Weg 1, 06128 Halle/Saale
Tel.: +49 (0) 345/5507585; www.schuerer-bauakustik.de

Ingenieurbüro für Qualitätssicherung
Rosefelder Straße 16, 06846 Dessau
Tel.: +49 (0) 340/617090; www.iqs-dessau.de

Ingenieurbüro für Schallschutz
Stüttgener Straße 33, 41468 Neuss
Tel.: +49 (0) 2131/35505; www.laerm.com

Ingenieurbüro für Technische Dienstleistungen ITD
Otto-Wagner-Straße 3b, 82110 Germering
Tel.: +49 (0) 89/89430344; www.itd-emvu.de

Ingenieurbüro für Umwelttechnik Dipl.-Ing. Ulf Doerner
Ackermannstraße 47/7.OG, 80797 München
Tel.: +49 (0) 89/362682; ulfdoe@aol.com

Ingenieurbüro H. Hörich Umwelttechnik GmbH
Poststraße 22, 01689 Weinböhla
Tel.: +49 (0) 35243/36681; info@hoerich-umwelttechnik.de

Ingenieurbüro Horst Bennert
Vor der Grube 9, 64331 Weiterstadt
Tel.: +49 (0) 6150/14960; Bennert.Ing.-Buero@t-online.de

Ingenieurbüro Meßinger & Völkel
Kohlstraße 26/Am Wallgraben 29, 04509 Delitzsch
Tel.: +49 (0) 34202/51085;
www.messinger-voelkel.homepage.t-online.de

Ingenieurbüro Robrecht RBI
Charlottenstraße 1c, 44799 Bochum
Tel.: +49 (0) 234/705569; robrecht-rbi@t-online.de

Ingenieurbüro van Bentum
Am Walde 1, 06888 Abtsdorf
Tel.: +49 (0) 3491/401666; www.vanbentum.de

Ingenieurbüro Winand HANELT
Industriestraße 18–20, 52459 Inden
Tel.: +49 (0) 2428/901851; info@hanelt-umweltberater.de

Ingenieurgesellschaft für Umweltberatung
Gartenstraße, 38, 52249 Eschweiler
Tel.: +49 (0) 2403/790513; www.janyma.de

Ingenieurgesellschaft für Umwelttechnik und Bauwesen Dr. Eisele mbH
Schütte 12–16, 72108 Rottenburg am Neckar
Tel.: +49 (0) 7472/158-150; www.dr-eisele.de

Ingenieurgesellschaft Prof. Dr.-Ing. Hoins und Partner GmbH
Harburger Straße 25, 21680 Stade
Tel.: +49 (0) 4141/5200-27; www.ihp.grontmij.de

ingo uhl gmbh
Quickborner Straße 27, 25494 Borstel-Hohenraden
Tel.: +49 (0) 4101/74404; www.uhlgmbh.de

INGUT Ingenieurbüro für Umwelttechnologie
Bahnstraße 71A, 64560 Riedstadt
Tel.: +49 (0) 6158/4619; INGUT@aol.com

Inplus GmbH
Therese-Giehse-Platz 6, 82110 Germering
Tel.: +49 (0) 89/8006588-0; www.inplus.de

INTECUS GmbH – Abfallwirtschaft und umweltintegratives Management
Pohlandstraße 17, 01309 Dresden
Tel.: +49 (0) 351/3182314; www.intecus.de

iplas Innovative Plasma Systems GmbH
Langbaurghstraße 10, 53842 Troisdorf
Tel.: +49 (0) 2241/93268-0; www.cyrannus.com

IPW Ingenieurbüro P. Windisch
Leipziger Straße 222, 08058 Zwickau
Tel.: +49 (0) 375/296504; www.ipwzwickau.de

ISM Immobilien-Schadstoffmanagement GmbH
Schau-ins-Land 1, 65189 Wiesbaden
Tel.: +49 (0) 611/2052374; www.ism-schadstoff.de

IST Industrie-Service-Technik
Kampstraße 2, 47445 Moers
Tel.: +49 (0) 2841/940-0; www.maas-tiefbau.de

JENA-GEOS-Ingenieurbüro GmbH
Saalbahnhofstraße 25c, 07743 Jena
Tel.: +49 (0) 3641/453513; www.jena-geos.de

jiggle consulting GmbH
Platanenstraße 3, 15370 Fredersdorf-Vogelsdorf
Tel.: +49 (0) 174/3244187; www.jiggle-consulting.com

JLO Consulting
Am Schweigeracker 8A, 90425 Nürnberg
Tel.: +49 (0) 171/6829276; www.loy.tc

Johann Döring KG
Bellinger Straße 22, 36043 Fulda
Tel.: +49 (0) 661/41024; michaela-doering@gmx.net

JT&S Beratung und Umwelttechnik GmbH
Emil-Rohrmann-Straße 4a, 58239 Schwerte
Tel.: +49 (0) 2304/9420270;
www.umwelttechnik-dortmund.de

K. STARKE CONSULT Unternehmensberatung betrieblicher Umweltschutz
Friedrich-Engels-Straße 7, 09337 Hohenstein-Ernstthal
Tel.: +49 (0) 3723/411258; KStarkeCon@aol.com

K+S Entsorgung GmbH
Bertha-von-Suttner-Straße 7, 34131 Kassel
Tel.: +49 (0) 561/93011466; www.ks-entsorgung.com

Karl Bernauer GmbH
Carl-Benz-Straße 11, 73235 Weilheim/Teck
Tel.: +49 (0) 7023/2233; www.karl-bernauer-gmbh.de

Karsten Tietz
Timmasper Weg 33b, 24589 Nortorf
Tel.: +49 (0) 4392/690313; ktietz@tkr-tietz.de

Kaub Umwelt Consult
Taunusstraße 78, 64380 Rossdorf
Tel.: +49 (0) 6154/800822; www.kaub-umwelt-consult.de

KBA-MetalPrint GmbH
Wernerstraße 119–129, 70435 Stuttgart
Tel.: +49 (0) 711/8201192; www.kba-metalprint.de

KBS Kreislaufsystem Blechverpackungen Stahl GmbH
Jahnstraße 3, 40215 Düsseldorf
Tel.: +49 (0) 211/23922814; www.kbs-recycling.de

KESKE Entsorgung GmbH
Am Hafen 9, 38112 Braunschweig
Tel.: +49 (0) 531/2101114; www.keske.de

Kiepe GmbH & Co.KG
Mülheimer Straße 314, 46045 Oberhausen
Tel.: +49 (0) 208/848289-0; www.kiepe.de

Klaus Riedl Industrieprodukte GmbH
Kampenwandstraße 11, 85435 Erding
Tel.: +49 (0) 8122/49445; www.kri-gmbh.de

Knopf-Amelow GmbH & Co. KG
Seeberg, 24220 Böhnhusen
Tel.: +49 (0) 4347/71650; www.knopf-amelow.de

Kommunalentsorgung Landkreis Leipziger Land GmbH
Lütznerstraße, 38, 04420 Markranstädt
Tel.: +49 (0) 34205/710-0; www.kell-gmbh.de

Kompost-, Bauschutt-, Altstoff-Aufbereitungs- und Verwertungsgesellschaft T&T GmbH u. Co. KG (KBA)
Klintweg 15, 25704 Bargenstedt
Tel.: +49 (0) 4832/957010; www.kba-dithmarschen.de

Kompostwerk Hellefelder Höhe GmbH
Schwermecketal 2, 59846 Sundern
Tel.: +49 (0) 2933/6336; www.kompostwerk-online.de

KRALL Kunststoff-Recycling GmbH
Glanzstoffstraße 21, 63820 Elsenfeld
Tel.: +49 (0) 6022/70990; www.kunststoff-recycling.de

KRD GmbH
Industriestraße 7, 39443 Atzendorf
Tel.: +49 (0) 39266/50125; www.krd-gmbh.de

Kreis Weseler Abfallgesellschaft mbH & Co. KG
Graftstraße 25, 47475 Kamp-Lintfort
Tel.: +49 (0) 2842/940168; www.aez-asdonkshof.de

Kreitzer Umwelt- u. Industrieservice
Flaumbachstraße 20, 56858 Haserich
Tel.: +49 (0) 6545/6852; www.kis-umwelt.de

Kremer Baustoffe und Transporte GmbH & Co. KG
Hauptstraße 32, 97475 Zeil am Main
Tel.: +49 (0) 9524/822014; www.kremer-zeil.de

Küpper Umwelttechnik GmbH
Ferdinand-Clasen-Straße 35, 41812 Erkelenz
Tel.: +49 (0) 2431/807170;
www.kuepper-umwelttechnik.de

K-UTEC GmbH
Am Petersenschacht 7, 99706 Sondershausen
Tel.: +49 (0) 3632/6100; K-UTEC@K-UTEC.com

KVK Kompostierung und Verwertung Gesellschaft Köln mbH
Robert-Bosch-Straße 20–22, 50769 Köln
Tel.: +49 (0) 221/97969492; www.kompostierung-koeln.de

Labor für Rasterelektronenmikroskopie Walter Lang
Celtisstraße 16, 90459 Nürnberg
Tel.: +49 (0) 911/4467824; www.Labor-Lang.de

Labor für Wasser und Umwelt GmbH
Berliner Straße 13, 04924 Bad Liebenwerda
Tel.: +49 (0) 35341/2712; www.lwu-lib.de

LaCont Umwelttechnik GmbH
Halberstädter Straße 20a, 39435 Egeln
Tel.: +49 (0) 39268/9896-0; www.lacont.de

LAFUWA GmbH Ingenieurbüro für Umwelttechnik Beratung und Analytik
Bergfeld 15, 94538 Fürstenstein
Tel.: +49 (0) 8544/96240; www.LAFUWA.de

Lentjes GmbH
Daniel-Goldbach-Straße 19, 40880 Ratingen
Tel.: +49 (0) 2102/1661478; www.lentjes.de

Likusta Umwelttechnik GmbH
Gottlieb-Daimler-Straße 11, 35423 Lich
Tel.: +49 (0) 6404/9100-12; www.likusta.de

Lissi Gebhardt Spezialtransporte Umweltschutz GmbH
Breslauer Straße 392, 90471 Nürnberg
Tel.: +49 (0) 911/989946; www.gebhardt-entsorgung.com

LK Metallwaren GmbH
Am Falbenholzweg 36, 91126 Schwabach
Tel.: +49 (0) 9122/699123; www.lk-metall.de

LLA Instruments GmbH
Justus-von-Liebig-Straße 9, 12489 Berlin
Tel.: +49 (0) 30/6290790-0; lucht@lla.de

Lober GmbH & Co Abfallentsorgungs KG
Industriestraße 4, 92431 Neunburg vorm Wald
Tel.: +49 (0) 9672/920123; www.lober-entsorgung.de

LOGEX SYSTEM GmbH & Co. KG
Eriagstraße 2, 85053 Ingolstadt
Tel.: +49 (0) 841/9660330; www.logex.de

LTC Lufttechnik Crimmitschau GmbH
Gewerbering 26, 08451 Crimmitschau
Tel.: +49 (0) 3762/95520; ltc.crimmitschau@t-online.de

LUBAG – Ingenieurbüro für Geotechnik und Umweltschutz Niederlassung der Tauw GmbH
Im Gewerbepark D 65, 93059 Regensburg
Tel.: +49 (0) 941/46306-15; www.lubag.de

Luft- und Raumhygiene Service Adolf Kolbinger
Niederlindhart 40, 84066 Mallersdorf-Pfaffenberg
Tel.: +49 (0) 8772/1659; www.lrs-kolbinger.de

LUS GmbH
Sandtorstraße 23, 39106 Magdeburg
Tel.: +49 (0) 391/5616011; www.lus-magdeburg.de

LUX & Co. GmbH
Mayener Straße 11, 56070 Koblenz
Tel.: +49 (0) 261/9885850; buero-koblenz@lux-gmbh.com

MABA Spezialmaschinen GmbH
Helmholtzstraße 117, 06766 Wolfen
Tel.: +49 (0) 3494/651629;
www.maba-spezialmaschinen.de

Manfred Skomrock Consulting Engineering
Krieterstraße 52, 21109 Hamburg
Tel.: +49 (0) 40/7540409;
Manfred-Skomrock-HH@t-online.de

Manfred Wiebe
Im Laab 11–13, 29690 Schwarmstedt
Tel.: +49 (0) 5071/3648; info@wiebe-container.de

MarkOrPlan Agentur & Verlag – Klaus-Michael Peter & Arnika Bötzer GbR
Schmittgasser Kirchweg 54, 53123 Bonn
Tel.: +49 (0) 228/284698; www.MarkOrPlan.de

Martin GmbH für Umwelt- und Energietechnik
Leopoldstraße 248, 80807 München
Tel.: +49 (0) 89/35617207; www.martingmbh.de

Martins Kohlenhandlung GmbH
Am Güterbahnhof 2, 08626 Adorf/Vogtl.
Tel.: +49 (0) 37423/2390;
www.martinskohlenhandlunggmbh.de

MAS-Maschinenvermietung u. Agrarservice GmbH
Burgenser Weg 100, 39175 Körbelitz
Tel.: +49 (0) 39222/9319; www.edr-mas.de

MÄUSGEIER & DÖRING KG
Landeckerstraße 15, 36251 Bad Hersfeld
Tel.: +49 (0) 6621/14464; jungsteindoe@web.de

Menteroda Recycling GmbH
Holzthalebener Straße 31, 99996 Menteroda
Tel.: +49 (0) 36029/7400; www.Menteroda-Recycling.de

Metallverarbeitung Buttstädt GmbH
Bahnhofstraße 22, 99628 Buttstädt
Tel.: +49 (0) 36373/40332; www.mebutt.de

Metek Meteorologische Messtechnik GmbH
Fritz-Strassmann-Straße 4, 25337 Elmshorn
Tel.: +49 (0) 4121/4359-0; info@metek.de

METRAG Aktiengesellschaft
Gewerbering 21, 47661 Issum
Tel.: +49 (0) 2835/4475870; heinzelmann@metrag.de

METRAS-CARE-Concept GmbH
Im Kreuzseifen 4, 57489 Drolshagen
Tel.: +49 (0) 2761/97450; info@metras.de

MEYER ENGINEERING
Lemberger Weg 15, 74392 Freudental
Tel.: +49 (0) 7143/88570; hfmeyer1@aol.com

Michael Schmid Umwelt-Service
Lochhausener Straße 205, 81249 München
Tel.: +49 (0) 89/8649550; www.schmid-entsorgung.de

Mineralölhandel Hans Schmidt GmbH & Co. KG
Mühltalstraße 24, 90766 Fürth
Tel.: +49 (0) 911/759975-36; www.oel-schmidt.de

MKV GmbH Kunststoffgranulate
Siemensstraße5, 65779 Kelkheim
Tel.: +49 (0) 6195/990010; www.mkv-kunststoff.com

MOLNAR GmbH
Frankenstraße 3, 63776 Mömbris
Tel.: +49 (0) 6029/9930-0; www.molnar-gmbh. de

monte Das Sicherheitsmanagement
Rembertistraße 28, 28203 Bremen
Tel.: +49 (0) 421/4919778; www.monte-online.de

MOTUL Deutschland GmbH
Kölner Straße 263, 51149 Köln
Tel.: +49 (0) 2203/1700-0; h.demke@motul.de

MPE ENERGIETECHNIK GmbH
Reudnitzer Straße 13, 04103 Leipzig
Tel.: +49 (0) 341/9605598; www.mpe-energie.de

Mplus Ges. f. instrumentelle Analytik mbH
Hastedter Heerstraße 48, 28207 Bremen
Tel.: +49 (0) 421/5769295; www.mplus-gmbh.de

MRR Mitteldeutsche Rohstoff-Recycling GmbH
Am Saalehafen 5, 06118 Halle
Tel.: +49 (0) 345/5218525; www.mrr-gmbh.de

MSP – Dr. Mark, Dr. Schewe & Partner GmbH
Fallgatter 3, 44369 Dortmund
Tel.: +49 (0) 231/967872-12; www.msp-dortmund.de

mtm plastics GmbH
Bahnhofstraße 106, 99759 Niedergebra
Tel.: +49 (0) 36338/325-0; m-scriba@mtm-plastics.eu

MUEG Mitteldeutsche Umwelt- und Entsorgung GmbH
Geiseltalstraße 1, 06242 Braunsbedra
Tel.: +49 (0) 34633/41141; www.mueg.de

Müllbehälter-Reinigungs-Service-Storch GmbH
Am Wasen 25, 83026 Rosenheim
Tel.: +49 (0) 8031/65511; info@mrs-storch.de

müllentsorgung werner wiederhold gmbh
Alfred-Nobel-Straße 2, 34576 Homberg
Tel.: +49 (0) 5681/1400; wiederhold.gmbh@t-online.de

Müller Speiseresteverwertung GmbH
Am Nordhafen 13, 26871 Papenburg
Tel.: +49 (0) 4961/6655-0; www.mueller-verwertung.de

Müller-BBM GmbH
Robert-Koch-Straße 11, 82152 Planegg/München
Tel.: +49 (0) 89/85602-340; www.MuellerBBM.de

Mülsener Recycling und Handelsgesellschaft
Gartenstraße 49, 08132 Mülsen
Tel.: +49 (0) 37601/3180; www.altreifen-recycling.de

Münch Beratungen und Dienstleistungen GmbH
Langenessweg 2, 25541 Brunsbüttel
Tel.: +49 (0) 4852/5306000; www.muench-bd.de

Müntefering Industrie und Städtereinigungs GmbH
Op der Heide 16, 44653 Herne
Tel.: +49 (0) 2325/55880; www.muentefering-gmbh.de

MuUT Meß- und Umwelttechnik GmbH
Zehnthofstraße 2, 53489 Sinzig
Tel.: +49 (0) 2642/99052-0; www.muut.de

MVV Energie AG
Luisenring 49, 68159 Mannheim
Tel.: +49 (0) 621/2903618; d.wittneben@mvv.de

Nagel – Recycling
Benzstraße11, 73660 Urbach
Tel.: +49 (0) 7181/83979; nagel-recycling@t.online.de

nano GmbH
Gewerbering 5, 82544 Egling
Tel.: +49 (0) 8176/1501; w.rubin@nano-co.de

NDH-Entsorgungsbetreibergesellschaft mbH
Nordhäuser Straße 70, 99752 Bleicherode
Tel.: +49 (0) 36338/37-416; www.ndhe.de

Nehlsen AG
Furtstraße 14–16, 28759 Bremen
Tel.: +49 (0) 421/6266455; www.nehlsen.com

Nickol & Partner GMBH
Breslauer Straße 36–38, 82194 Gröbenzell
Tel.: +49 (0) 8142/57820; www.nickol-partner.de

NILL – TECH GMBH
Robert-Bosch-Straße 11, 71088 Holzgerlingen
Tel.: +49 (0) 7031/411755; nill@nill-tech.de

Nordbayerische Lampenrecycling GmbH
Kropfersricht 39, 92237 Sulzbach-Rosenberg
Tel.: +49 (0) 9661/7502; www.nlr-lampenrecycling.de

Oemeta chemische Werke GmbH
Ossenpadd 54, 25436 Uetersen
Tel.: +49 (0) 4122/924124; www.oemeta.com

OKO-tech GmbH & Co. KG
Obernhagen 2, 31840 Hessisch Oldendorf
Tel.: +49 (0) 5152/524410; www.oko-tech.de

Ölreinigung Dipl.-Ing. Dirk Petzold
Stepenitzer Weg 25, 12621 Berlin
Tel.: +49 (0) 30/5663099; petzold@oel-reinigung.de

omnicycle GmbH & Co. KG
Ostendarper Straße 64, 48691 Vreden
Tel.: +49 (0) 2564/395505; www.omnicycle.de

OMROS
Schortauer Weg 16, 06242 Krumpa
Tel.: +49 (0) 34632/23031; www.OMROSgo.de

Orga Lab GmbH
Fürther Straße 35, 90513 Zirndorf
Tel.: +49 (0) 911/60046028; www.orgalab.de

ORI-Abwassertechnik GmbH & Co
Bollacken 2, 32479 Hille
Tel.: +49 (0) 5703/51010; www.origmbh.de

ORM Bergold Chemie GmbH & Co KG
Daimler Straße 2–4, 44805 Bochum
Tel.: +49 (0) 234/87908-47; www.ormbergold.de

Osswald Entsorgungsfachbetrieb
Grüner Weg 3, 35792 Löhnberg
Tel.: +49 (0) 6471/8420; h.osswald@freenet.de

Otto Höglmeier Entsorgungs-GmbH
Ziegelweg 15, 91792 Ellingen
Tel.: +49 (0) 9141/861066; www.hoeglmeier.de

Otto-Rüdiger Schulze Holz und Baustoffrecycling GmbH & Co. KG
Schleuener Weg, 16775 Löwenberger Land OT Neuendorf
Tel.: +49 (0) 33051/629-12; info@ors-recycling.de

Page Entsorgungsmanagement
Wiesengrund 5, 53343 Wachtberg
Tel.: +49 (0) 228/1842831; bernd.page@t-online.de

Panse Wetzlar Entsorgung GmbH
An der Kommandantur 8, 35578 Wetzlar
Tel.: +49 (0) 6441/92499-22; www.panse.de

Parsum GmbH
Annaberger Straße 240, 09125 Chemnitz
Tel.: +49 (0) 371/5347328; www.parsum.de

pbo Ingenieurgesellschaft mbH
Altstraße 54, 52066 Aachen
Tel.: +49 (0) 241/97889-0; www.pbo.de

PDR Recycling GmbH + Co KG
Am alten Sägewerk 3, 95349 Thurnau
Tel.: +49 (0) 9228/950-410; www.pdr.de

Pekutherm Kunststoffe GmbH
Rudolf-Ihm-Straße 17, 65479 Raunheim
Tel.: +49 (0) 6142/45270; www.pekutherm.de

Peter Fink Gesellschaft für intelligente Entsorgung mbH
Theodor-Heuß-Straße 111, 85221 Dachau
Tel.: +49 (0) 8131/512-100; www.fink-entsorgung.de

Peter Stooß Entsorgungstechnik GmbH & Co. KG
Daimlerstraße 24–28, 72829 Engstingen
Tel.: +49 (0) 7129/9398-64;
info@stooss-entsorgungstechnik.de

Petrotec AG
Fürst-zu-Salm-Salm-Straße 18, 46325 Borken
Tel.: +49 (0) 2862/910060; www.petrotec.de

Phil.Berger Lack-u.chem. Fabrik GmbH
Maybachstraße 2, 67269 Grünstadt
Tel.: +49 (0) 6359/800517; info@berger-lacke.de

PIGFIT Speiseresteverwertung
Georgstraße 24, 88212 Ravensburg
Tel.: +49 (0) 751/369654; www.pigfit.de

Pionier Lufttechnik GMBH
Kelvinstraße 3, 47506 Neukirchen-Vluyn
Tel.: +49 (0) 2845/915341; info@pionier-lufttechnik.de

Poly-Beek Kunststoffe GmbH
Schmiedestraße 34, 26629 Großefehn
Tel.: +49 (0) 4943/91990; www.polybeek.de

Prantner GmbH Verfahrenstechnik
Ferdinand-Lassalle-Straße 46, 72770 Reutlingen
Tel.: +49 (0) 7121/91050; www.Prantner.de

Präzima GmbH Berlin
Ostendstraße 1, 12459 Berlin
Tel.: +49 (0) 30/53073860; www.praezima.de

PRO EMV Labor Strausberg GmbH
Garzauer Chaussee 1, 15344 Strausberg
Tel.: +49 (0) 3341/335255; www.proemv.de

ProCon GmbH
Annaberger Straße 240, 09125 Chemnitz
Tel.: +49 (0) 371/5347583; www.procon-chemnitz.de

ProEntsorga Beratungs- und Entsorgungs GmbH
Vor dem Heimelberg 6, 27729 Hambergen
Tel.: +49 (0) 4793/4218-10; www.proentsorga.de

proenvi Gesellschaft für Umweltberatung GmbH
Augustastraße 22, 42655 Solingen
Tel.: +49 (0) 212/3833707; www.proenvi.de

Prof. Dr.-Ing. Hans-J. Gober
Junoring 43, 23562 Lübeck
Tel.: +49 (0) 451/505150; hans.gober@arcor.de

proTerra Umweltschutz- und Managementberatung GmbH
Am TÜV 1, 66280 Sulzbach
Tel.: +49 (0) 6897/569520; www.proterra-umwelt.de

Q.M.K. Qualitäts- u. Managementberatung Kneidl
Schinnerstraße 6, 92690 Pressath
Tel.: +49 (0) 9644/9186-72; www.qmk.de

QU-Management
Schillerstraße 14, 53501 Grafschaft-Holzweiler
Tel.: +49 (0) 2641/359178; www.qu-management.de

Rafflenbeul Ingenieure
Voltastraße 5, 63225 Langen
Tel.: +49 (0) 6103/300978; rafflenbeul@envisolve.com

Rainer Hartmann – Gesellschaft für angewandte Biologie und Geologie mbH
August-Spindler-Straße 1, 37079 Göttingen
Tel.: +49 (0) 551/38902-0; www.hartmann-analytik.de

RAU-Recycling am Umweltpark GmbH
Hanielstraße 1, 44801 Bochum
Tel.: +49 (0) 234/3336182;
andreas.natkowski@usb-bochum.de

Rauschert Verfahrenstechnik GmbH
Paul-Rauschert-Straße 6, 96349 Steinwiesen
Tel.: +49 (0) 9262/77760; www.rvtpe.com

RDG Kunststoffe GmbH
Mühlenstraße 10, 87647 Kraftisried
Tel.: +49 (0) 8377/9749132; www.rdg-kunststoffe.de

RECON GmbH
Theaterstraße 7, 99084 Erfurt
Tel.: +49 (0) 361/30192-6; Recon-EF@t-online.de

Recool Kühlgeräterecycling GmbH
Schrottinsel 2–10, 47138 Duisburg
Tel.: +49 (0) 203/45587-11; www.recool.de

recycLANG GmbH & Co.KG
Im Holderwäldele 1, 76571 Gaggenau
Tel.: +49 (0) 7225/916693; www.recyclang.de

Recycling Sanierung Thale GmbH
Theodor- Fontane-Ring 12, 06502 Thale
Tel.: +49 (0) 3947/777403; www.rst-thale.de

Recycling und Umweltschutz GmbH Gerwisch
August-Bebel-Straße 35, 39175 Gerwisch
Tel.: +49 (0) 39292/26166; www.suc-gmbh.de

Recycling-Park Harz GmbH
Harzstraße 2, 38855 Heudeber
Tel.: +49 (0) 5321/686724; www.recyclingpark.de

REFCCO Rau – Environment, Food and Communications Consulting
Griesstraße 32, 82239 Alling
Tel.: +49 (0) 8141/38946; refcco-rau@t-online.de

REG Rohstofferfassung GmbH
Foltzring 82, 67227 Frankenthal
Tel.: +49 (0) 6233/319234; www.reg-gmbh.com

Regioplus Ingenieurgesellschaft
Colmarstraße 12, 55118 Mainz
Tel.: +49 (0) 6131/9964875; www.regioplus-ingenieure.de

Reifen Bingel GmbH
Industriestraße 13, 56357 Miehlen
Tel.: +49 (0) 6772/931716; www.reifen-bingel.de

Reifen Uselli
Im Ruhrfeld 47b, 53340 Meckenheim
Tel.: +49 (0) 2225/9997073; www.reifen.uselli.com

Reiner Wertstoffrecycling GmbH
Ramminger Straße 5, 86874 Tussenhausen
Tel.: +49 (0) 8268/9080-01; rwr.gmbh@t-online.de

REKO GmbH
In der Bannhalde 31, 74343 Sachsenheim
Tel.: +49 (0) 7147/96100; www.rekogmbh.de

REKO Sieb- und Fördertechnik GmbH
St. Urban-Straße 6, 87669 Rieden
Tel.: +49 (0) 8362/941-505; www.reko-sft.de

REMITEC GmbH
Buchenberg 70, 44532 Lünen
Tel.: +49 (0) 2306/20343-36; www.remitec.de

REMONDIS AG & CO. KG
Brunnenstraße 138, 44536 Lünen
Tel.: +49 (0) 2306/106549; www.remondis.de

REU Schwarza GmbH
Dr.-Hermann-Ludewig-Ring 14, 07407 Rudolstadt
Tel.: +49 (0) 3672/52573; www.reu-schwarza.de

REW Elektronikgeräte-Verwertung
Kleefeldstraße 10, 06679 Muschwitz
Tel.: +49 (0) 34441/23724; www.akku-defekt.de

Rewindo Fenster-Recycling-Service GmbH
Am Hofgarten 1–2, 53113 Bonn
Tel.: +49 (0) 228/9212830; www.rewindo.de

Richter & Co. GmbH
Auf dem Immel 17, 67685 Weilerbach
Tel.: +49 (0) 6374/995570;
frittierfettentsorung@t-online.de

Richter-Recycling GmbH
Wildparkstraße 15b, 14548 Schwielowsee OT Geltow
Tel.: +49 (0) 163/9780651; www.richter-recycling.de

RIMU-Lüftungstechnik
Messerschmittring 19, 86343 Königsbrunn
Tel.: +49 (0) 8231/9639-0; www.rimu.de

RING Ingenieurbüro für Planungsleistungen Umwelttechnik
Duisburger Straße 19a, 40477 Düsseldorf
Tel.: +49 (0) 211/9894838; ring@rugies.de

RMB Rhein-Main Biokompost GmbH
Peter-Behrens-Straße 8, 60314 Frankfurt am Main
Tel.: +49 (0) 69/4089860; www.rhein-main-biokompost.de

Rohr- und Kanalservice Dietmar Berndt Dresden e.K.
Zschoner Ring 24, 01723 Kesselsdorf
Tel.: +49 (0) 35204/98551; doris.berndt@rks-berndt.de

Ros Roca Internacional S.L.
Plochinger Straße 3, 73733 Esslingen
Tel.: +49 (0) 711/31059970; www.rosroca.de

ROSAG Recycling Ostsachsen AG
Zittauer Straße 58, 02788 Hirschfelde
Tel.: +49 (0) 35843/22751; www.rosag.de

ROTAMILL Anlagen- und Ventilatorenbau GmbH
Eisenhüttenstraße 26, 57074 Siegen
Tel.: +49 (0) 271/661230; www.rotamill.de

RRO Rohstoff Recycling Osnabrück GmbH
Rheinstraße 90–122, 49090 Osnabrück
Tel.: +49 (0) 541/96124-57; www.rro-gmbh.de

Rückborn Umweltberatung
Untere Burgstraße 26, 73773 Aichwald
Tel.: +49 (0) 711/9364919; www.rueckborn-ub.de

RVE GmbH
Buchenberg 70, 44532 Lünen
Tel.: +49 (0) 2306/203430; www.recycling-park.de

S.D.R. Biotec Verfahrenstechnik GmbH
Brehnaer Straße 38, 04509 Neukyhna OT Pohritzsch
Tel.: +49 (0) 34954/443-0; www.sdrbiotec.de

S.U.K. Betriebs GmbH
Meitzendorfer Straße 2, 39326 Wolmirstedt
Tel.: +49 (0) 39201/32107; SUK_GmbH@freenet.de

Säbu Morsbach GmbH
Schlechtingen 24, 51597 Morsbach
Tel.: +49 (0) 2294/69410; www.saebu.de

Sachverständigenbüro Dipl.-Geogr. Helmut Neubert
Zeisspfad 26c, 12305 Berlin
Tel.: +49 (0) 30/7427844; www.helmut-neubert.de

Sachverständigenbüro Dr. M. Lindinger
Richard-Mayer-Straße 3, 88250 Weingarten
Tel.: +49 (0) 751/56175-0; www.LindingerGeologie.de

Sander Umweltwirtschaft
Am Tannenwäldchen 8, 34414 Warburg
Tel.: +49 (0) 5641/742197; www.umweltwirtschaft.de

SBM Maschinen GmbH
In der Lache 9, 87657 Görisried
Tel.: +49 (0) 6202/6070750; www.sbm-maschinen.de

Schallschutzbüro Ulrich Diete, Bau- und Raumakustik, Lärmbekämpfung
Am Gelben Wasser 5, 06749 Bitterfeld
Tel.: +49 (0) 3493/363119; ssbbtfud@aol.com

Scheidt Ventilatoren GmbH
Löhestraße 57, 52773 Hennef
Tel.: +49 (0) 2242/9135470; www.vakutec.de

Scherer + Kohl GmbH
Rheinhorststraße 63, 67071 Ludwigshafen
Tel.: +49 (0) 621/6715035; www.scherer-kohl.de

SCHIRMER-Ingenieurgesellschaft mbH
Joerg-Syrlinstraße 65–67, 89081 Ulm
Tel.: +49 (0) 731/381509; www.schirmer-ulm.com

Schneemann Recycling GmbH
Schöneberger Straße 12–16, 37115 Duderstadt
Tel.: +49 (0) 5527/984425; www.schneemann-recycling.de

Schönebecker Kabelrecycling
Magdeburgerstraße 241, 39218 Schönebeck
Tel.: +49 (0) 3928/85237; sbk_kabelrecycling@yahoo.de

SCHRADER Speisefett Recycling GmbH
Olxheim 26, 37547 Kreiensen
Tel.: +49 (0) 5382/790240; www.speisefettrecycling.de

Schwarzer Precision GmbH + Co. KG
Steeler Straße 477, 45276 Essen
Tel.: +49 (0) 201/316970; www.schwarzer.com

SECUMONT Dr. Eyssen & Partner GmbH
Quamorgen 16, 38259 Salzgitter-Bad
Tel.: +49 (0) 5341/392410; VEyssen@t-online.de

Selas-Linde GmbH
Wolfratshauser Straße 138, 82049 Pullach
Tel.: +49 (0) 89/74474751; www.Selas-Linde.com

Sequa GmbH & Co. MEGTEC Systems KG
Honeywellstraße 18, 63477 Maintal
Tel.: +49 (0) 6181/940425; www.megtec.com

Silcarbon Aktivkohle GmbH
Mühlenweg 15, 57399 Kirchhundem
Tel.: +49 (0) 2764/93510; www.silcarbon.com

SIMA Mühlentechnik GmbH
Geibeltstraße 1A, 01796 Pirna
Tel.: +49 (0) 3501/7901-0; www.sima-muehlentechnik.de

Simon ARC GmbH
Heilbronner Straße 300, 70469 Stuttgart
Tel.: +49 (0) 711/817584; www.simon-arc.de

Simons Druck und Vertrieb GmbH
Lise-Meitner-Straße 6, 48301 Nottuln
Tel.: +49 (0) 2502/233313; dirk.simons@secutag.com

SINUS CONSULT GmbH
Am Mittleren Moos 48, 86167 Augsburg
Tel.: +49 (0) 821/7477580; info@sinus-consult.de

Sonderabfallentsorgung und -behandlung Hohenlohe GmbH
Austraße 5, 74238 Krautheim
Tel.: +49 (0) 6294/4209-0; www.sbh-gmbh.de

S-plus Umweltservice GmbH
Anton-Schmidt-Straße 25, 71332 Waiblingen
Tel.: +49 (0) 7151/1713-205; www.s-plus.de

SRS Deponiebau
Karl-Seckinger-Straße 41, 76229 Karlsruhe
Tel.: +49 (0) 721/946520; www.bvv-srs.de

SRT Strahl- und Reinigungstechnik GmbH
Weinbergweg 23, 06120 Halle/Saale
Tel.: +49 (0) 345/6893994; co2tec@srt-halle.de

Stadler Anlagenbau GmbH
Robert-Bosch-Straße 4, 88361 Altshausen
Tel.: +49 (0) 7584/922614; info@w-stadler.de

STEAG Entsorgungs-GmbH
Duisburger Straße 170, 46535 Dinslaken
Tel.: +49 (0) 2064/608250; www.steag-entsorgung.de

Stefan Stooß Umwelttechnik
Neckartalstraße 24, 72108 Rottenburg
Tel.: +49 (0) 7472/4420-27; www.stooss-umwelttechnik.de

Steinbeis Temming Papier GmbH & Co
Stadtstraße 2–20, 25348 Glückstadt
Tel.: +49 (0) 4124/911-01; www.stp.de

STOEKERBYS Marketing- und Handelsagentur Volkmar Gubsch
Weimarische Straße 9, 01127 Dresden
Tel.: +49 (0) 351/840670; www.account24.info

SUC Entsorgung GmbH Ohrdruf
Gothaer Straße 43, 99885 Ohrdruf
Tel.: +49 (0) 3624/3740-0; www.suc-gmbh.de

SULO GmbH
Am Sandtorkai 75, 20457 Hamburg
Tel.: +49 (0) 40/822260333; www.sulo.de

Sult GmbH
Im Feldle 7, 76356 Calw
Tel.: +49 (0) 7051/93699-0; www.sult.de

Sutco RecyclingTechnik GmbH & Co. KG
Britanniahütte 14, 51469 Bergisch Gladbach
Tel.: +49 (0) 2202/200577; www.sutco.de

SWE Stadtwirtschaft GmbH
Magdeburger Allee 34, 99086 Erfurt
Tel.: +49 (0) 361/5644300;
stadtwirtschaft@stadtwerke-erfurt.de

Swing Recycling GmbH
Wernsdorfer Straße 21, 09526 Olbernhau
Tel.: +49 (0) 37360/74952; www.swing-cut.de

SWS Stralsunder Entsorgungs GmbH
Voigdehäger Weg 60, 18439 Stralsund
Tel.: +49 (0) 3831/379620; www.s-e-g.de

Tauw GmbH
Richard-Löchel-Straße 9, 47441 Moers
Tel.: +49 (0) 2841/14900; www.tauw.de

TAXER GmbH
Lechrainstraße 26, 86899 Landsberg am Lech
Tel.: +49 (0) 89/8413081; info@taxer-gmbh.de

TAYMEX Handelsgesellschaft mbH
Schwaaner Straße 2, 18258 Groß Grenz
Tel.: +49 (0) 3844/813717; www.taymex.de

TDE-Recycling GmbH
Gewerbegebiet Im Vorwerk 22, 36456 Barchfeld
Tel.: +49 (0) 36961/46016; www.tde-recycling.de

Technisches Büro Abraham
Fr.-Naumann-Straße 65, 95030 Hof/Saale
Tel.: +49 (0) 9281/766350; www.tba-hof.de

TechnoSan Umwelttechnik GmbH
Felix-Wankel-Straße 1, 82152 Krailling
Tel.: +49 (0) 89/8951450; www.technosan.de

ted technologie entwicklungen & dienstleistungen GmbH
Stresemannstraße 46, 27570 Bremerhaven
Tel.: +49 (0) 471/1870; www.tedgmbh.de

Tiefbau Davids GmbH
Schiebrookstraße 2, 23816 Neversdorf
Tel.: +49 (0) 4552/9976-0; www.tiefbaudavids.de

terracon mbH
Am Reitstadion 5, 14913 Jüterbog
Tel.: +49 (0) 3372/401539; www.terracon-jueterbog.de

Testa GmbH
Kathi-Kobus-Straße 15, 80797 München
Tel.: +49 (0) 89/1293005; www.testa-fid.de

Texplast GmbH
Andresenstraße 5, 06766 Wolfen
Tel.: +49 (0) 3494/6517-330; www.texplast.de

THECO-Kabelrecycling
Dieselstraße11, 48653 Coesfeld
Tel.: +49 (0) 2541/981690; info@theco-recycling.de

TKG Technische Kunststoffteile GmbH
Schottlandstraße 6, 58675 Hemer
Tel.: +49 (0)2372/966800; www.tkg-gmbh.com

TOMM +C
Nieritzweg 23, 14165 Berlin
Tel.: +49 (0) 30/84509553; www.tom-obermeier.de

TRG Cyclamin GmbH
Hohendorfer Straße 20, 39218 Schönebeck
Tel.: +49 (0) 3928/787086; www.trg-cyclamin.de

TRION Enßlin Hopf PartG., Geologen
Blücherstraße 22, 10961 Berlin
Tel.: +49 (0) 30/61403525; www.trion-geologen.de

U&E Gonna
Am Osterberg 2, 06526 Sangerhausen
Tel.: +49 (0) 3464/589506; u-e-gonna@t-online.de

u.e.c. Berlin Umwelt- und Energie-Consult GmbH
Gartenstraße 1, 10115 Berlin
Tel.: +49 (0) 30/3448039; oetjen-dehne@uec-berlin.de

UBIG GmbH
Geraerstraße 10, 07570 Wünschendorf
Tel.: +49 (0) 36603/88263; www.ubig.de

UBM Gesellschaft für Umwelt-, Boden- und Materialanalytik mbH
Schaffrathsgasse 2B, 50829 Köln
Tel.: +49 (0) 221/5002754; ubmgmbhkoeln@t-online.de

UCON AG Containersysteme KG
Gustav-Rivinius-Platz 2, 77756 Hausach
Tel.: +49 (0) 7831/77229; www.ucon-ag.de

Ulrich Hampel
Im Mühlengrund 1, 06188 Braschwitz/OT Plößnitz
Tel.: +49 (0) 34604/20245; www.abfallmakler-hampel.de

ULTRAWAVES GmbH Wasser & Umwelttechnologien
Kasernenstraße 12, 21073 Hamburg
Tel.: +49 (0) 40/32507203; www.ultrawaves.de

UMAD Umweltmeßtechnik und Datenverarbeitungsgesellschaft mbH
Ferdinand-Schultze-Straße 71, 13055 Berlin
Tel.: +49 (0) 30/98694531; www.umad.de

UmGIS Informatik GmbH
Robert-Bosch-Straße 7, 64293 Darmstadt
Tel.: +49 (0) 6151/872-4000; www.umgis.de

UMSITEC Umwelt-, Sicherheits- und Technik-Prüfungs GmbH
Pippinstraße 3, 82131 Gauting
Tel.: +49 (0) 89/89312102; www.umsitec-gmbh.de

Umweltanalytischer Dienst
Steinsstraße 89b, 41199 Mönchengladbach
Tel.: +49 (0) 2166/10434; www.umwelt-web.de

Umweltberatung Dr. Marmodée
Gartenstraße 1, 39326 Wolmirstedt
Tel.: +49 (0) 39201/21586; www.umweltanalyt.de

Umweltberatung Ullrich
Christian-Keimann-Straße 14, 02763 Zittau
Tel.: +49 (0) 3583/702951;
www.umweltberatung-ullrich.de

Umweltconsulting
In der Furch 3, 82487 Oberammergau
Tel.: +49 (0) 8822/949574; www.ther-umweltconsulting.de

UMWELTKONZEPT DR. MEYER
Fritschestraße 26, 10585 Berlin
Tel.: +49 (0) 30/34702299;
www.umweltkonzept-dr-meyer.de

Umweltmanagement & Recycling Belzig
Lärchenweg 28, 14806 Belzig
Tel.: +49 (0) 33841/34823; LF1017@t-online.de

Umweltplanungsbüro Deuse
Storchplatz 6, 01665 Diera
Tel.: +49 (0) 3521/738949;
Umweltplanung.Deuse@t-online.de

Umweltschutzberatung Prof. Dr. Thiele
Apfelweg 16, 17489 Greifswald
Tel.: +49 (0) 3834/829494;
www.umweltberatungwthiele.de

Umweltschutzbüro Dr. Angela Nabinger de Diaz
Südliche Winzerstraße 17, 67251 Freinsheim
Tel.: +49 (0) 6353/989087; info@dr-nabinger.de

Unternehmensberatung Arbeitssicherheit und Umweltschutz
Wurzacher Straße 68, 88339 Bad Waldsee
Tel.: +49 (0) 7524/28 60;
ubp.priebe.badwaldsee@t-online.de

Unternehmensentwicklung Dr. Michael
Anbaustraße 107, 01471 Radeburg
klaus@dr-michael.de

URS Deutschland GmbH
Heinrich-Hertz-Straße 3, 63303 Dreieich
Tel.: +49 (0) 40/460760-12; www.urscorp.de

ÜSD Ingenieurbüro – NL Altenburg
Penkwitzer Weg 39, 04610 Meuselwitz
Tel.: +49 (0) 3448/2958; www.uesd.de

UTG – Umwelt-Technologisches Gründerzentrum Augsburg
Am Mittleren Moos 48, 86167 Augsburg
Tel.: +49 (0) 821/74930; www.u-t-g.de

UTL Verarbeitungs- und Dienstleistungs GmbH
Kaschow 1b, 18516 Süderholz
Tel.: +49 (0) 38326/2257; www.utl-reinberg.de

UTM Ingenieurbüro für Umwelttechnik & Umweltmanagement Dipl.-Ing. R. Seppelt GmbH
Lise-Meitner-Straße 5, 48161 Münster
Tel.: +49 (0) 2534/447; www.utm-info.de

UVR-FIA GmbH
Chemnitzer Straße 40, 09599 Freiberg
Tel.: +49 (0) 3731/797201; www.uvr-fia.de

UWE Sondermüll & Recycling GmbH
Am Steinbruch 2, 04425 Taucha
Tel.: +49 (0) 34298/35121; www.sondermuell.de

V & C Metzner GmbH
Dubring 46, 02997 Wittichenau
Tel.: +49 (0) 35725/9293-0; www.vcmetzner.de

Venjakob Umwelttechnik GmbH & Co. KG
Wellweg 97, 31157 Sarstedt
Tel.: +49 (0) 5066/98060; www.pflock-meckeler.com

Vogteier Kompost GmbH
An der Oberrothe 1, 99986 Niederdorla
Tel.: +49 (0) 3601/751210; www.vogteier-kompost.de

VSS-Umwelttechnik GmbH
Heuserweg 13–15, 54842 Troisdorf
Tel.: +49 (0) 2241/951770; www.vss-ut.de

VWU Micheel Ingenieurbüro
Schneebergstraße 14, 01277 Dresden
Tel.: +49 (0) 351/2522063; kfb-micheel@lycos.de

Wackerbauer Maschinenbau KG
Wernher-von-Braun-Straße 7, 84539 Ampfing
Tel.: +49 (0) 8636/9838-0;
www.wackerbauer-maschinenbau.de

wbw Wildbach GmbH
Hartensteiner Straße 1, 08301 Bad Schlema/OT Wildbach
Tel.: +49 (0) 3772/21043; www.wilesith-wbw.de

WEISSHAAR GmbH & Co KG
Max-Planck-Straße 65, 32107 Bad Salzuflen
Tel.: +49 (0) 5222/92730; www.weisshaar.com

Werner Garten- und Landschaftsbau GmbH
Stahlgruberring 7a, 81829 München
Tel.: +49 (0) 89/45108811; www.werner-muc.de

WESSLING-Gruppe
Oststraße 7, 48341 Altenberge
Tel.: +49 (0) 2505/89-257; www.wessling.de

Wieland Lufttechnik GmbH & Co. KG
Wetterkreuz 12, 91058 Erlangen
Tel.: +49 (0) 9131/6067-40; www.wieland-luft.de

Wilhelm Krebs RESORG GmbH
Jacob-Mönch-Straße 5, 63073 Offenbach
Tel.: +49 (0) 69/989442-0; info@resorg.de

Winkler GmbH
Englerstraße 24, 69126 Heidelberg
Tel.: +49 (0) 6221/3646-0; www.winkler-heidelberg.de

WIPAG Süd GmbH & Co. KG
Nördliche Grünauer Straße 31, 86633 Neuburg
Tel.: +49 (0) 8431/43360; www.wipag.de

Wittelmeyer Industrievertretungen
Friedenstraße1, 32584 Löhne
Tel.: +49 (0) 5731/785010; www.wittelmeyer.de

Wittgensteiner Abfuhrbetrieb Treude GmbH & Co KG
Zum Heilbach 1+3, 57319 Bad Berleburg
Tel.: +49 (0) 2759/207; www.treude-entsorgung.de

Wolfgang Menner – Technische Unternehmensberatung
Am Weiherrain 3, 72138 Kirchentellinsfurt
Tel.: +49 (0) 7121/670763; www.wmenner.de

WS AKSOT & Co KG
Am Sand 7, 04639 Gößnitz
Tel.: +49 (0) 34493/21556; aksot_goessnitz@yahoo.de

WTB-Dr. J.Weiss, Ing.büro für Werkstoff-Technik, Qualitäts- und Umweltmanagement
Hinterheuweiler 22, 79194 Heuweiler
Tel.: +49 (0) 7666/7497; www.wtb-drweiss.de

Wurm – Humus – Farm Dieter Krauß
Kirchstraße 5b, 06308 Klostermansfeld
Tel.: +49 (0) 34772/31699; wurmzucht@msn.com

Wurzer Umwelt GmbH
Am Kompostwerk 1, 85462 Eitting
Tel.: +49 (0) 8122/9919-22; www.wurzer-umwelt.de

ZAUG Recycling GmbH
Fischbach 5, 35418 Buseck
Tel.: +49 (0) 6408/9070-14; www.zaugrecycling.de

ZECH Ingenieurgesellschaft mbH
Hessenweg 38, 49809 Lingen
Tel.: +49 (0) 591/800160; www.zechgmbh.de

Zeller GmbH
Martin-Luther-Ring 13, 04109 Leipzig
Tel.: +49 (0) 341/2339040; www.zellergmbh.eu

Zerrle GmbH
Meierweg 6, 86154 Augsburg
Tel.: +49 (0) 821/298299-15; www.zerrle.com

Zerzog GmbH&Co KG
Haidgraben 9, 85521 Ottobrunn
Tel.: +49 (0) 89/60800851

Zimmermann Entsorgung GmbH & Co. KG
Friedensstraße 19, 39279 Gommern OT Ladeburg
Tel.: +49 (0) 39241/93214; www.zimmermann-gruppe.de

ZIMMERMANN GmbH
Rathausstraße 35, 74613 Öhringen
Tel.: +49 (0) 7941/9165-0; www.zimmermann-dv.de

Zipkat und Speer OHG
Koppelweg 16, 23996 Bad Kleinen
Tel.: +49 (0) 38423/401; zipkat-Speer@gollan.de

ZM-Elektronik Recycling GmbH
Ludwig-Rinn-Straße 14–16, 35452 Heuchelheim
Tel.: +49 (0) 641/98444810; www.zme-heuchelheim.de

Zweckverband für Abfallwirtschaft in Nordwest-Oberfranken
Von-Werthern-Straße 1, 96487 Dörfles-Esbach
Tel.: +49 (0) 9561/8580-13; www.zaw-coburg.de

Leitmarkt Nachhaltige Wasserwirtschaft

3A Wassertechnik GmbH & Co. KG
Werner-Haas-Straße 2, 86153 Augsburg
Tel.: +49 (0) 821/568860; www.3a-wassertechnik.de

3s sensors systems solutions
Warener Straße 5, 12683 Berlin
Tel.: +49 (0) 30/56295676; www.3sberlin.de

A.C.S. AQUA-CARE-SYSTEMS GMBH
Asternweg 5, 65396 Walluf
Tel.: +49 (0) 6123/990605; www.acs-water.de

A3 Water Solutions GmbH
Magdeburger Straße 16a, 45881 Gelsenkirchen
Tel.: +49 (0) 209/98099–821; www.a3-gmbh.com

AGL
Weberstraße 52, 28203 Bremen
Tel.: +49 (0) 421/4305955; AGL-Bremen@ewetel.net

AGO Hydroair GmbH Anlagen- und Systemtechnik
Wiesendamm 33, 13597 Berlin
Tel.: +49 (0) 30/34600721; www.agoberlin.de

AGROFIT
Lindenstraße30, 97947 Grünsfeld – Paimar
Tel.: +49 (0) 9346/909080; agrofit@web.de

Alltech Dosieranlagen GmbH
Rudolf-Diesel-Straße 2, 76356 Weingarten
Tel.: +49 (0) 7244/702623; www.alltech-dosieranlagen.de

AMT Analysenmesstechnik GmbH
Joachim-Jungius-Straße 9, 18059 Rostock
Tel.: +49 (0) 381/4059380; www.amt-gmbh.com

AQUABIOTEC GmbH
Maria-Goeppert-Straße1, 23562 Lübeck
Tel.: +49 (0) 451/29031409; www.aquabiotec.com

aquadrat ingenieure GmbH
Raiffeisenstraße 15, 64347 Griesheim
Tel.: +49 (0) 6155/8445-14; www.a2i.de

AquaEcology Dürselen/Raabe GbR
Marie-Curie-Straße 1, 26129 Oldenburg
Tel.: +49 (0) 441/36116250; www.aquaecology.de

AquaMundo GmbH
Platanenallee 55, 64673 Zwingenberg
Tel.: +49 (0) 6251/9800300; www.aquamundo.com

aquaplaner – Ingenieurbüro für Wasserwirtschaft | Umwelt | Abwasser
Zur Bettfedernfabrik 1, 30451 Hannover
Tel.: +49 (0) 511/3577844; www.aquaplaner.de

ARIS GmbH
Daimlerstraße 9–11, 73249 Wernau
Tel.: +49 (0) 7153/929011; www.aris-systeme.de

ARK Umweltplanung und -consulting Partnerschaft
Paul-Marien-Straße 18, 66111 Saarbrücken
Tel.: +49 (0) 681/373469; www.ark-partnerschaft.de

ATB Umwelttechnologien GmbH
Südstraße 2, 32457 Porta Westfalica
Tel.: +49 (0) 5731/30230-0; www.aquamax.net

ATN Anlagen + Service
Im Neuenbühl 14, 71287 Weissach
Tel.: +49 (0) 7044/930360; www.atn-brauwasser.de

AWAS Ihne GmbH
Schulstraße 24, 57234 Wilnsdorf
Tel.: +49 (0) 2737/98500; www.awas.de

Axel Steigüber Consult Ing.-Büro GmbH
Am Dorfplatz 11, 59329 Wadersloh
Tel.: +49 (0) 2520/94040; info@as-consult.de

bach-messtechnik gmbh
Gotzweg 103, 41238 Mönchengladbach
Tel.: +49 (0) 2166/915400; www.bach-messtechnik.de

b-a-u Ingenieurgesellschaft mbH
Sandstraße 41, 80335 München
Tel.: +49 (0) 89/54212625; www.b-a-u-ingenieure.de

BEFEGA GmbH
Reichenbacher Straße 22, 91126 Schwabach
Tel.: +49 (0) 9122/3087-0; www.befega.de

Berghof Analytik und Umweltengineering
Ob dem Himmelreich 9, 72074 Tübingen
Tel.: +49 (0) 7071/9878-0; service@institut-berghof.de

Bergmann Gruppe
Am Zeisig Nr. 8, 09322 Penig OT Wernsdorf
Tel.: +49 (0) 37381/8610; www.wsb-clean.com

BEST Beratungsgesellschaft für Sicherheitstechnik mbH
Venloer Straße 151, 50672 Köln
Tel.: +49 (0) 221/516051; www.bestconsult.com

BfL Mühlinghaus Planungsgesellschaft mbH
Bahnhofstraße 13, 64625 Bensheim
Tel.: +49 (0) 7254/92434; www.bfl-muehlinghaus.de

bfm Umwelt-Beratung-Management-GmbH
Am Mittleren Moos 48, 86167 Augsburg
Tel.: +49 (0) 821/7493-123; www.bfm-umwelt.de

BGA Suckow + Zarske + Partner GbR
Hamelnweg 12, 38124 Braunschweig
Tel.: +49 (0) 531/26416-0; www.bga-bs.de

BGD Boden- und Grundwasserlabor GmbH
Tiergartenstraße 48, 01219 Dresden
Tel.: +49 (0) 351/43899030; www.bgd-gmbh.de

Bilfinger Berger Umwelttechnik GmbH
Passavant-Roediger-Straße 1, 65326 Aarbergen
Tel.: +49 (0) 6120/282475;
www.bilfingerberger-umwelttechnik.de

bioturbo
Buchenstraße 7, 82166 Gräfelfing
Tel.: +49 (0) 178/8899882; www.bioturbo.com

BKC Kommunal-Consult GmbH
Gartenweg 9, 14558 Saarmund
Tel.: +49 (0) 33200/52900; www.bkc-net.de

Blank-Consult
Karl-Bröger-Straße 48/Lilienstraße 14,
91074 Herzogenaurach
Tel.: +49 (0) 9132/735–410; www.blank-consult.de

BNL Petry & Hoffmann GbR – Büro für Naturschutz und Landschaftsökologie –
Wilhelm-Heinrich-Straße39, 66564 Ottweiler
Tel.: +49 (0) 6824/7090940; www.bnl-petry-hoffmann.de

Böck AG
Stefan-Flötzl-Straße 24, 83342 Tacherting
Tel.: +49 (0) 8621/646628; www.boeck.de

Bönsch & Schomers
Bonner Straße 60, 50677 Köln
Tel.: +49 (0) 221/3400722; h.boensch@netcologne.de

Bürger Umwelttechnik GmbH
OT Nostitz Nr. 66, Gut Trauschwitz,02627 Weißenberg
Tel.: +49 (0) 35876/4860; but.nostitz@t-online.de

Büro für Landschafts- und Gewässerökologie
Karl-Marx-Straße5, 63526 Erlensee
Tel.: +49 (0) 6183/73551; www.lplan.de

CE – Vertriebs GmbH
Holbeinstraße 22b, 84513 Töging
Tel.: +49 (0) 8631/309020; www.ce-pumpen.de

Cealin – chemische Fabrik GmbH
Im Kälberkamp 5–8, 31157 Sarstedt
Tel.: +49 (0) 5066/8092-0; www.cealin.de

Chemisch – Technische Umweltberatung, W. van Lengen und A. Semmelmann
Isarstraße 12a, 83026 Rosenheim
Tel.: +49 (0) 8031/29815; www.ctu-online.de

Cleartec Water Management GmbH
Großvichtach 2+4, 96364 Marktrodach
Tel.: +49 (0) 9261/96725; www.cleartec.de

CM Consult Dr. Christian H. Möbius & Partner
Muesmannstraße 15g, 86199 Augsburg
Tel.: +49 (0) 821/994120; www.cm-consult.de

Conplaning GmbH
Eberhardtstraße 60, 89073 Ulm
Tel.: +49 (0) 731/9220-150; www.conplaning.de

DELTA Engineering & Chemistry GmbH
Christophorusweg 22, 14476 Groß Glienicke
Tel.: +49 (0) 33201/50788; www.delta-ec.de

Didier Filtertechnik GmbH
Konrad-Adenauer-Straße 4, 67304 Eisenberg
Tel.: +49 (0) 6351/141-111; www.didier-filter.de

Dino Consult
Toepferstraße 14, 06925 Annaburg
Tel.: +49 (0) 176/24118553; www.dino-consult.de

dispo GmbH
Hauptstraße 65–67, 37176 Parensen
Tel.: +49 (0) 5503/80520; www.dispo-online.de

dittgen Bauunternehmen GmbH
Saarbrücker Straße 99, 66839 Schmelz
Tel.: +49 (0) 6887/307135; www.dittgen.de

Dornier Consulting GmbH
Leutholdstraße 30, 88045 Friedrichshafen
Tel.: +49 (0) 7545/85319; www.dornier-consulting.com

Dr. Arnold Technische Unternehmensberatung GmbH
Im Bruch 17, 51427 Bergisch Gladbach
Tel.: +49 (0) 2204/67019; www.dr-arnold-tub.de

Dr. Dittrich & Partner Hydro-Consult GmbH
Gerlinger Straße 4, 01728 Bannewitz
Tel.: +49 (0) 351/4014793; Hydro-Consult@t-online.de

Dr. Hollatz Unternehmensberatung & Ingenieurbüro
Iburgweg 5, 33332 Gütersloh
Tel.: +49 (0) 5241/580907; Info@Hollatz-Beratung.de

Dr. Kahl GmbH
Friedenstraße 24, 76351 Linkenheim-Hochstetten
Tel.: +49 (0) 7247/7588; www.aufforstungskonzepte.de

dr. papadakis GmbH
Werksstraße 15, 45527 Hattingen
Tel.: +49 (0) 2324/55300;
www.drpapadakis.de (im Aufbau)

DRAUSY GmbH
Schulstraße 5, 76889 Schweigen-Rechtenbach
Tel.: +49 (0) 6342/929130; www.drausy.de

EAG Entsorgungs-AG
Werner-von-Siemens-Straße 2, 64319 Pfungstadt
Tel.: +49 (0) 6151/7093755; www.entsorgungsag.de

ECH Elektrochemie Halle GmbH
Weinbergweg 23, 06120 Halle
Tel.: +49 (0) 345/5583–711; www.ech.de

ECO Efinger Consulting für Umwelttechniken
Mohnstraße 18, 84036 Kumhausen
Tel.: +49 (0) 871/9454440; D.Efinger@online.de

Ecolith Wassertechnologie Inh. Thilo Herrmann
Brandenburger Straße 21, 95448 Bayreuth
Tel.: +49 (0) 921/7877541; www.ecolith.de

ECOMATIK
Münchner Straße 22, 85221 Dachau
Tel.: +49 (0) 8131/260738; www.ecomatik.de

EcoTec Verfahrenstechnik GmbH
Kaiserstraße 133, 52134 Herzogenrath
Tel.: +49 (0) 2407/9579–0; www.ecotec-online.de

Eigenbrodt GmbH & Co. KG
Baurat-Wiese-Straße 68, 21255 Königsmoor
Tel.: +49 (0) 4180/732; www.eigenbrodt.de

EKO-PLANT GmbH
Karlsbrunnenstraße 11, 37249 Neu-Eichenberg
Tel.: +49 (0) 5542/9361–82; www.eko-plant.de

ELGA Berkefeld GmbH
Lückenweg 5, 29227 Celle
Tel.: +49 (0) 5141/803174; www.elga-berkefeld.de

Emscher Gesellschaft für Wassertechnik mbH
Kronprinzenstraße 24, 45128 Essen
Tel.: +49 (0) 201/3510-0; www.ewlw.de

Entsorgung & Kanalreinigung
Wittstocker Straße 9, 16909 Klein Haßlow
Tel.: +49 (0) 3394/440893; www.eberhard-granzow.de

EnviQ GmbH & Co. KG
Ruhrallee 19, 45525 Hattingen
Tel.: +49 (0) 2324/594465; www.enviq.de

EnviroChemie GmbH
In den Leppsteinswiesen 9, 64380 Roßdorf
Tel.: +49 (0) 6154/699872; www.envirochemie.com

ETC engineering & technology consulting GmbH
Industriestraße 18, 89331 Burgau
Tel.: +49 (0) 8222/9682-0; www.etc-gmbh.de

Eurawasser Aufbereitungs- und Entsorgungs GmbH
Knesebeckstraße 1, 10623 Berlin
Tel.: +49 (0) 30/89385336; www.eurawasser.de

EUROFINS AUA GmbH
Löbstedter Straße 78, 07749 Jena
Tel.: +49 (0) 3641/464920; www.aua-jena.de

Fachbetriebsgemeinschaft Maschinenbau e.V. (FGMA)
Lyoner Straße 18, 60528 Frankfurt am Main
Tel.: +49 (0) 69/66031324; www.fgma.de

FAFNIR GmbH
Bahrenfelder Straße 19, 22765 Hamburg
Tel.: +49 (0) 40/39820754; www.fafnir.de

FORSTER Geotechnik
Kesselwasen 10, 73728 Esslingen
Tel.: +49 (0) 711/354970; forstergeo@aol.com

Fuchs Gas- und Wassertechnik GmbH
Stocktal 2, 56727 Mayen
Tel.: +49 (0) 2651/80040; www.fuchs-germany.com

FUGRO CONSULT GMBH
Wolfener Straße 36 V, 12681 Berlin
Tel.: +49 (0) 30/93651-0; www.fugro.de

G.E.O.S. Freiberg Ingenieurgesellschaft mbH
Gewerbepark „Schwarze Kiefern", 09633 Halsbrücke
Tel.: +49 (0) 3731/369311; www.geosfreiberg.de

G.M.F. Gesellschaft für Meß- und Filtertechnik mbH
Am Kirchberg 41, 76229 Karlsruhe
Tel.: +49 (0) 721/468791; www.gmf-mbH.de

Gebr. Röders AG
Marktstraße 19, 29614 Soltau
Tel.: +49 (0) 5191/60420; www.gebr-roeders-ag.de

Gebrüder Heyl Analysentechnik GmbH & Co. KG
Orleansstraße 75b, 31135 Hildesheim
Tel.: +49 (0) 5121/28933-0; www.heyl.de

GEOSAN GmbH
Woorthweg 7, 34346 Hann. Münden
Tel.: +49 (0) 5541/8074; info@geosan.de

GeoTerra GmbH
Krantzstraße 7, 52070 Aachen
Tel.: +49 (0) 241/9609630; www.geoterra.de

GEP Umwelttechnok GmbH
Bogestraße 98; 53783 Eitorf
Tel.: +49 (0) 2243/9206-0; dehoust@dehoust.de

German Greece Consulting
Veilchenweg 36, 01326 Dresden
Tel.: +49 (0) 351/2678962;
www.german-greece-consulting.de

GI Geoinformatik GmbH
Morellstraße 33, 86159 Augsburg
Tel.: +49 (0) 821/25869–20; www.gi-geoinformatik.de

Glass GmbH & Co. Umwelttechnik KG
Rudolf-Diesel-Straße 20, 86825 Bad Wörishofen
Tel.: +49 (0) 8247/992-170; www.glass-umwelttechnik.de

Görlich, Meß- und Regeltechnik GmbH
Dieselstraße 3, 30827 Garbsen
Tel.: +49 (0) 5131/90861-11; www.goerlichgmbh.com

Gothaer Risk-Management GmbH
Höninger Weg 115, 50969 Köln
Tel.: +49 (0) 221/30903717;
www.gothaer-risk-management.de

GreenGate AG
Höher Landstraße 3, 51570 Windeck
Tel.: +49 (0) 2243/92307-12; www.greengate.de

Gröger & Obst Vertriebs- und Service GmbH
Hans-Urmiller-Ring 24, 82515 Wolfratshausen
Tel.: +49 (0) 8171/9977-00; www.groegerobst.de

Grombach GmbH
Benzstraße 13, 61352 Bad Homburg
Tel.: +49 (0) 6172/68960; www.ibgrombach.com

Grünbeck Wasseraufbereitung gmbH
Industriestraße 1, 89420 Höchstädt
Tel.: +49 (0) 9074/41-220; www.gruenbeck.de

GUEBS Ingenieurgesellschaft mbH
Neuer Weg 11a, 39175 Gübs
Tel.: +49 (0) 39292/7020; nitschke@guebs.de

GUS Geo- & Umweltservice GmbH
Nordhauser Straße 1, 10589 Berlin
Tel.: +49 (0) 177/2901787; info@geo-umwelt-service.com

H. P. Gauff Ingenieure GmbH & Co. KG
Passauer Straße 7, 90480 Nürnberg
Tel.: +49 (0) 911/9409-134; www.gauff.com

Hahn Kunststoffe GmbH
Gebäude 1027, 55483 Hahn-Flughafen
Tel.: +49 (0) 6543/9886-0; www.hahnkunststoffe.de

Hallesche Wasser und Abwasser GmbH
Bornknechtstraße 5, 06108 Halle/Saale
Tel.: +49 (0) 345/5816025; www.wasser-halle.de

HAMBURG WASSER
Billhorner Deich 2, 20539 Hamburg
Tel.: +49 (0) 40/78882412; www.hamburgwasser.de

Hans Huber AG
Industriepark Erasbach A1, 92334 Berching
Tel.: +49 (0) 8462/201-744; www.huber.de

Hartmut Kleine GmbH
Am Scharbker Bach 1, 32699 Extertal
Tel.: +49 (0) 5262/9481-0; www.kleine.de

HeGo Biotec GmbH
Goerzallee 305b, 14167 Berlin
Tel.: +49 (0) 30/84718550; www.hego-biotec.de

Heinrich von Bloh GmbH
Eichenweg 5, 26160 Bad Zwischenahn
Tel.: +49 (0) 4486/9263-12; www.heinrichvonbloh.de

Heinrich Wiltschut
Hermann-Korb-Straße 21, 32676 Lügde
Tel.: +49 (0) 5283/94417; www.wiltschut.de

Hermann Sewerin GmbH
Robert-Bosch-Straße 3, 33334 Gütersloh
Tel.: +49 (0) 5241/934-103; www.sewerin.com

Hermann Terporten – Büro für Ing.- und Tiefbau GmbH
Friedrichstraße 5a, 53474 Bad Neuenahr – Ahrweiler
Tel.: +49 (0) 2641/3893-30; hermann.terporten@t-online.de

Hildebrand Ingenieurbüro GmbH
Maxim-Gorki-Straße 10, 06114 Halle
Tel.: +49 (0) 3761/80070;
wolfgang.wanka@hildebrand-ing.de

Hydro-Elektrik GmbH
Angelestraße 48/50, 88214 Ravensburg
Tel.: +49 (0) 751/6009-0; www.hydro-elektrik.de

Hydro-Ingenieure GmbH
Stockkampstraße 10, 40477 Düsseldorf
Tel.: +49 (0) 211/4499137; www.hydro-ingeniere.de

HYDROMOD
Bahnhofstraße 52, 22880 Wedel
Tel.: +49 (0) 4103/912230; www.hydromod.de

Hydrotec AG
Reichenberger Straße 22, 95111 Rehau
Tel.: +49 (0) 9283/85133; www.hydrotec-ag.com

HYDROTEC Meißner GmbH
Lanker Straße 15A, 16359 Biesenthal
Tel.: +49 (0) 3337/40910; www.hydrotec-biesenthal.de

I.T.U. GmbH für Ingenieurtechnik-Technologieanwendung
Roter Berg 19, 29565 Wriedel
Tel.: +49 (0) 5829/988766; www.ITU-Umweltschutz.de

iat-Ingenieurberatung für Abwassertechnik
Havelstraße 7a, 64295 Darmstadt
Tel.: +49 (0) 6151/788448; www.ivaa.de

IBAK Helmut Hunger GmbH & Co. KG
Wehdenweg 122, 24148 Kiel
Tel.: +49 (0) 431/7270-0; info@ibak.de

IBAT Payer GmbH
Schillerstraße 68, 99096 Erfurt
Tel.: +49 (0) 361/2257675; www.ib-payer.com

IBOS Ingenieurbüro für Tiefbau, Wasserwirtschaft und Umweltfragen, Ostsachsen GmbH
Kleine Konsulstraße 3–5, 02826 Görlitz
Tel.: +49 (0) 3581/4737-13; info@ibos-goerlitz.de

iKD Ingenieur-Consult GmbH
Zur Wetterwarte 50, Haus 337/G; 01109 Dresden
Tel.: +49 (0) 351/884410; www.ikd-consult.de

IMKO Micromodultechnik GmbH
Im Stöck 2, 76275 Ettlingen
Tel.: +49 (0) 7243/5921-0; www.imko.de

IMS Ingenieurgesellschaft mbH
Stadtdeich 5, 20097 Hamburg
Tel.: +49 (0) 40/328180; www.ims-ing.de

imw – Innovative Messtechnik Dr. Weiss
Wilhelmstraße 107, 72074 Tübingen
Tel.: +49 (0) 7071/551920; www.im-weiss.de

Informus GmbH
Gneiststraße 16, 10437 Berlin
Tel.: +49 (0) 30/46307-300; fell@informus.de

Ing.-Büro Dipl.-Ing. Michael Rademacher
Vosswinkeler Straße 52, 59757 Arnsberg
Tel.: +49 (0) 2932/23281; www.michael.rademacher.com

Ing.-Büro Mayer
Kössenerstraße 6b, 81373 München
Tel.: +49 (0) 89/74371213; www.ibom.de

inge AG
Flurstraße 27, 86926 Greifenberg
Tel.: +49 (0) 8192/997-712; www.inge.ag

Ingenieurbüro VTU
Platanenstraße 5b, 07549 Gera
Tel.: +49 (0) 365/7342413; www.vtu-gera.de

INGENIEURBÜRO CH. STERNEL
Humboldtstraße 86b, 90459 Nürnberg
Tel.: +49 (0) 911/4469517; www.ib-sternel.de

Ingenieurbüro Dipl.-Ing. Detlef David GmbH
Liststraße 50, 40470 Düsseldorf
Tel.: +49 (0) 211/964730; www.davidgmbh.de

Ingenieurbüro Dr. Lehners+Partner
An der Dänischburg 10, 23569 Lübeck
Tel.: +49 (0) 451/5929800; lehners@geo-technik.com

Ingenieurbüro I. Rietmann
Siegburger Straße 243a, 53639 Königswinter
Tel.: +49 (0) 2244/912626; info@buero-rietmann.de

Ingenieurbüro Quintel GmbH & Co. KG
Hähnleiner Straße 1D, 64665 Alsbach-Hähnlein
Tel.: +49 (0) 6257/3784; www.ibsq.de

Ingenieurbüro Scholze
Kapellenweg 5, 37520 Osterode am Harz
Tel.: +49 (0) 5522/91600;
Ing_Buero_Scholze_OHA@t-online.de

Ingenieurgemeinschaft Sass & Kuhrt GmbH
Grossers Allee 24, 25767 Albersdorf
Tel.: +49 (0) 4835/9777-0; www.suk-ingenieure.de

Ingenieurgesellschaft Dr. Siekmann + Partner mbH
Segbachstraße 9, 56743 Thür
Tel.: +49 (0) 2652/9398-0; www.siekmann-ingenieure.de

Ingenieurgesellschaft Pasche & Buley GbR, Umweltingenieure
Am Borsigturm 42, 13507 Berlin
Tel.: +49 (0) 30/43032063; -arby@web.de

Ingenieurgesellschaft Prof. Dr. Sieker mbh
Rennbahnallee 109A, 15366 Hoppegarten
Tel.: +49 (0) 3342/3595-0; www.sieker.de

INOWA Abwassertechnologie GmbH & Co VertriebsKG
Traunsteinerstraße 8, 83395 Freilassing
Tel.: +49 (0) 8654/479090; www.inowa.at

Inros Lackner AG
Rosa-Luxemburg-Straße 16, 18055 Rostock
Tel.: +49 (0) 381/4567570; rostock@inros-lackner.de

INSUMMA Projektgesellschaft mbH
Neudörfer Straße 3, 90402 Nürnberg
Tel.: +49 (0) 911/926180; www.insumma.de

I-T-G Umwelttechnik GmbH
Buchenstraße 24, 72810 Gomaringen
Tel.: +49 (0) 7072/8706; info@itg-gom.de

IWATEC GmbH
Andresenstraße 1a, 06766 Wolfen
Tel.: +49 (0) 3494/638310; iwatec@tpnet.de

Joachim Krüger Pflanzenkläranlagen GmbH
Schloss Duckwitz, 17179 Duckwitz
Tel.: +49 (0) 39972/51961; www.subterra.de

Joachim Tiesler Hoch- und Tiefbau GmbH & Co. KG
Hafenstraße 9, 26931 Elsfleth
Tel.: +49 (0) 4404/921021; www.tiesler-bau.de

Kaus Anlagen-Technik GmbH
Albrecht-Berblinger-Straße 1, 89231 Neu-Ulm
Tel.: +49 (0) 731/1402089-0; kaus-pumpen@t-online.de

KB.tec GmbH
Siegfriedstraße 72b, 56727 Mayen
Tel.: +49 (0) 2651/4956-0; www.kbtec.de

Klinger und Partner, Ingenieurbüro für Bauwesen und Umwelttechnik GmbH
Friolzheimer Straße 3, 70499 Stuttgart
Tel.: +49 (0) 711/693308-11; info@klinger-partner.de

KP Ingenieurgesellschaft für Wasser und Boden mbH
Bahnhofstraße 37, 91710 Gunzenhausen
Tel.: +49 (0) 9831/8860-11; www.ibwabo.de

LAnTechnik
Rottstraße 28, 67459 Böhl-Iggelheim
Tel.: +49 (0) 6324/8398000; www.lantechnik.eu

Leiblein GmbH
Adolf-Seeber-Straße 2, 74736 Hardheim
Tel.: +49 (0) 6283/2220-20; www.Leiblein.de

Lenné Kläranlagen Tiefbau u. Wartungsdienste GmbH
Laupendahler Landstraße 200, 45239 Essen
Tel.: +49 (0) 208/590806; mail@lenne-klaeranlagen.de

LEnova, Vera Lellinger
Sommerbergstraße 168a, 66346 Püttlingen
Tel.: +49 (0) 6806/2399; www.LEnova.de

LFE GmbH & Co. KG
Henschelstraße 3, 63477 Maintal
Tel.: +49 (0) 6181/495302; www.lfe.de

LimCo International
An der Aa 5, 49477 Ibbenbueren
Tel.: +49 (0) 5451/970-390; www.limco-int.com

LVI-Beratungs- und Service-GmbH
Gerhard-Koch-Straße 2–4, 73760 Ostfildern
Tel.: +49 (0) 711/327325-0; www.lvi.de

managementservices lutz
Ludgerusstraße 19, 45663 Recklinghausen
Tel.: +49 (0) 2361/943746; www.mslutz.de

Manfred Jünemann Mess- & Regeltechnik GmbH
Max-Planck-Straße 49, 32107 Bad Salzuflen
Tel.: +49 (0) 5222/807680;
www.juenemann-instruments.de

Marcus Wolf Umwelttechnik
Leineweberstraße 51, 16348 Wandlitz
Tel.: +49 (0) 33056/438524; www.mw-umwelttechnik.de

Medizin- und Labortechnik Engineering GmbH Dresden
Bernhard-Voß-Straße 27, 01445 Radebeul
Tel.: +49 (0) 351/833810; www.mle-dresden.de

Menke & Richter Wassertechnik GmbH
Wiesenstraße 31, 29331 Lachendorf
Tel.: +49 (0) 5145/9390340; www.watech.de

MSE Mobile Schlammentwässerungs- und Entsorgungsgesellschaft mbH
Geschwister-Scholl-Straße 9, 08060 Zwickau
Tel.: +49 (0) 375/27750-0; mse.zwickau@t-online.de

Müller-Kalchreuth Planungsgesellschaft mbH
Reichenberger Straße 124, 10999 Berlin
Tel.: +49 (0) 30/6116002;
www.mueller-kalchreuth-berlin.de

NaturSinn GmbH
Provinostraße 52, 86153 Augsburg
Tel.: +49 (0) 821/5676935; www.wasser2000.de

nico andritschke – Biologische Kläranlagen und Regenwassersysteme
Prenzlauer Promenade 149–152, 13189 Berlin
Tel.: +49 (0) 30/91702866; www.ah-abwasser.de

Nordland Umwelttechnik
Hasselbusch, 47, 22941 Bargteheide
Tel.: +49 (0) 4532/267494;
www.nordland-umwelttechnik.de

Oekolab FUHRMANN GmbH Gesellschaft für Abwassertechnik + Umweltanalytik
Kleiner Flecken 1, 96242 Sonnefeld
Tel.: +49 (0) 9266/6435; www.oekolab.de

Ökoservice GmbH Umwelt- und Abwassertechnik
Köngener Straße 14, 73770 Denkendorf
Tel.: +49 (0) 711/9349330; www.oekoservice.com

OPPERMANN GMBH Beratende Ingenieure
Adalbert-Stifter-Straße 20, 34246 Vellmar
Tel.: +49 (0) 561/8290720; www.oppermann-ingenieure.de

Optimare Sensorsystem AG
Am Luneort 15a, 27572 Bremerhaven
Tel.: +49 (0) 461/483610; www.optimare.de

ORPHEUS Geophysik GmbH
Leicherstraße 21, 65830 Kriftel
Tel.: +49 (0) 6192/911194; www.orpheus-geophysik.de

OSD GmbH – Druckluft- und Kondensataufbereitungstechnik
Pestalozzistraße 7a, 93173 Wenzenbach
Tel.: +49 (0) 9407/9409-11; www.osd-druckluft.de

OWL Umweltanalytik GmbH
Westring 93, 33818 Leopoldshöhe
Tel.: +49 (0) 5202/923320; reinhard.noll@owlumwelt.de

Peter Ernst Abwassertechnik
Bahnweg 2, 96253 Untersiemau
Tel.: +49 (0) 9565/61237; mail@ernst-abwassertechnik.de

Planungsgemeinschaft SUDAU + PARTNER
Mindener Straße 205, 49084 Osnabrück
Tel.: +49 (0) 541/7102222;
zentrale@planungsgemeinschaft-sudau.de

PRO – Entec east GmbH bio engineering
Hofstraße 2, 16928 Gerdshagen
Tel.: +49 (0) 33986/50229-11; www.pro-enteceast.de

proaqua GmbH & Co. KG
Dekan-Laist-Straße 13, 55129 Mainz
Tel.: +49 (0) 6131/9713100; www.pro-aqua.net

Prüfinstitut für Abwassertechnik GmbH
Hergenrather Weg 30, 52074 Aachen
Tel.: +49 (0) 241/750820; www.pia-gmbh.com

PUMPEN-BERTHOLD e.K.
Christian-Wehner-Straße 10, 09113 Chemnitz
Tel.: +49 (0) 371/46123-0; info@pumpen-berthold.de

PWU Planungsgesellschaft mbH
Goethestraße 43, 39108 Magdeburg
Tel.: +49 (0) 391/73883; www.pwu-md.de

R.Späne GmbH Wassertechnologie
Annenstraße 44, 15370 Petershagen
Tel.: +49 (0) 33439/5148-0; wassertechnologie@carela.com

Rademacher + Partner Ingenieurberatung GmbH IRP
Schloss Bedburg, 50181 Bedburg
Tel.: +49 (0) 2272-912110; www.irp-hagen.de

Rainer Kiel Kanalsanierung GmbH
Blomberger Straße 36, 32825 Blomberg
Tel.: +49 (0) 5235/96090; www.kanalsanierung-kiel.de

REDO Water Systems GmbH
Waldstraße 79, 64846 Groß-Zimmern
Tel.: +49 (0) 6071/977922; www.redowater.com

Rohrreinigung Teichert GmbH
Winkelfeld 8a, 45739 Oer-Erkenschwick
Tel.: +49 (0) 2368/96280; www.rr-t.de

ROVAL Umwelt Technologien Vertriebsges.mbH
Am Herweg 13, 51645 Gummersbach
Tel.: +49 (0) 2261/500149; www.roval.de

RSE Entsorgung AG
Am Nussrech 4, 66606 Sankt Wendel
Tel.: +49 (0) 6854/709670; www.rseag.de

S&H Filter+Klärtechnik
Rostocker Straße 35, 17033 Neubrandenburg
Tel.: +49 (0) 395/5822916; sh-clear@arcor.de

SAAS GmbH
Rippiener Straße 1, 01728 Bannewitz OT Possendorf
Tel.: +49 (0) 35206/23871; www.saas-online.de

Schachtbau Nordhausen GmbH
Industrieweg 2a, 99734 Nordhausen
Tel.: +49 (0) 3631/632-355; www.schachtbau.de

Schunke Gewässerökolomie
Ahornstraße 65, 63071 Offenbach
Tel.: +49 (0) 6108/823821; www.schunke.org

SEHLHOFF GMBH INGENIEURE+ARCHITEKTEN
Industriestraße 10, 84137 Vilsbiburg
Tel.: +49 (0) 8741/9604-0; www.sehlhoff.eu

Spitzlei & Jossen
Fichtenweg 1–3, 53721 Siegburg
Tel.: +49 (0) 2241/91920; www.geologie.de

SPX Cooling Technologies GmbH
Ernst-Dietrich-Platz 2, 40882 Ratingen
Tel.: +49 (0) 2102/1669666; www.spxcooling.com

Strehle & Partner Ingenieure GbR
Chemnitzer Straße 46a, 01187 Dresden
Tel.: +49 (0) 351/8734200; www.spi-dresden.de

SWW Wunsiedel GmbH
Hofer Straße 19, 95632 Wunsiedel
Tel.: +49 (0) 9232/887-0; www.s-w-w.com

Technisches Büro für Wasserwirtschaft und Landeskultur
Goethestraße 1, 16259 Bad Freienwalde
Tel.: +49 (0) 3344/4165-0; www.tbwl.de

Terrasond GmbH & Co.KG
Siemensstraße 9, 79331 Teningen-Nimburg
Tel.: +49 (0) 7663/914711; www.terrasond.de

Tholander Ablufttechnik GmbH
Werkstraße 31, 68519 Viernheim
Tel.: +49 (0) 6204/92923-13; info@tholander.de

Tuttahs & Meyer Ingenieurgesellschaft mbH
Universitätsstraße 74, 44797 Bochum
Tel.: +49 (0) 234/3330513; www.tuttahs-meyer.de

Umweltgeologie Ostermann & Partner
Leifacker 1, 44892 Bochum
Tel.: +49 (0) 234/9233800;
www.umweltgeologie-ostermann.de

Umweltschutztechnik Peter
Rosenstraße 5, 89423 Gundelfingen
Tel.: +49 (0) 9073/921212; www.utpeter.com

Umweltvorhaben Dr. Klaus Möller GmbH
Knesebeckstraße 18, 10623 Berlin
Tel.: +49 (0) 30/3186130; www.u-bb.de

UNGER ingenieure
Julius-Reiber-Straße,19, 64293 Darmstadt
Tel.: +49 (0) 6151/60352; www.unger-ingenieure.de

UT&S Umwelttechnik und Service GmbH & Co. KG
Panoramastraße 65, 75217 Birkenfeld
Tel.: +49 (0) 7231/949811; www.ut-s.de

UTV-Ingenieurgesellschaft für Umwelt, Tiefbau und Verkehr mbH
Käthe-Kollwitz-Straße 61, 04600 Altenburg
Tel.: +49 (0) 3447/8923-12;utv@ingenieurbuero-utv.de

VAWU-GmbH
Joliot-Curie-Straße 42, 07548 Gera
Tel.: +49 (0) 365/8814-33; www.vawu.de

VDI-Büro Dr. R. Klein
Häuser Weg 5, 63456 Hanau
Tel.: +49 (0) 6181/9699010; DrRuedigerKlein@aol.com

Versorgungsbetriebe Seesen/Harz GmbH
Bahnhofsplatz 2, 38723 Seesen
Tel.: +49 (0) 5381/940221;
www.Versorgungsbetriebe-seesen.de

Von Nordenskjöld Verfahrenstechnik GmbH
Killistraße 3, 85658 Egmating-Münster
Tel.: +49 (0) 8093/90240-0; www.biolak.de

W.A.S. Wasser-Abwasser Systemtechnik GmbH
Am Hafen 22, 38112 Braunschweig
Tel.: +49 (0) 531/310390, www.was-bs.de

WALD + CORBE Beratende Ingenieure
Am Hecklehamm 18, 76549 Hügelsheim
Tel.: +49 (0) 7229/187610; j.wald@wald-corbe.de

Wasser-Agentur Dr. Klaus J. Nick
Rudolf-Hahn-Straße 61, 53225 Bonn
Tel.: +49 (0) 228/33657050; www.wasser-agentur.de

wasserschmidt
Greiters 348, 87764 Legau
Tel.: +49 (0) 8330/911922; www.wasserschmidt.de

Wassertechnik-Nord Dipl.-Ing. Ulf Engfer
Cambser Straße 24, 19067 Rampe
Tel.: +49 (0) 3866/470955; www.wassertechnik-nrd.de

WASY Gesellschaft für wasserwirtschaftliche Planung und Systemforschung mbH
Waltersdorfer Straße 105, 12526 Berlin
Tel.: +49 (0) 30/6799980; www.wasy.de

Weißenhorn Städtereinigung GmbH & Co. KG
Hunnenstraße 35, 86343 Königsbrunn
Tel.: +49 (0) 8231/9677-0; www.weissenhorn-umwelt.de

Wickenkamp Abfallmanagement Inh. Andreas Wickenkamp
Wansdorfer Chaussee 1, 16727 Oberkrämer OT Bötzow
Tel.: +49 (0) 3304/502903; www.ohv-abfall.de

Windhoff Wassertechnik GmbH
Burgsteinfurter Damm 89, 48485 Neuenkirchen
Tel.: +49 (0) 5973/63-100; www.windhoff-wassertechnik.de

WOLF Umwelttechnologie GmbH
Martinstraße 2, 83329 Waging
Tel.: +49 (0) 8681/479390;
www.wolf-umwelttechnologie.de

WTM Egineers GmbH
Ballindamm 17, 20095 Hamburg
Tel.: +49 (0) 40/350090; info@wtm-hh.de

Zapf Wassersysteme GmbH
Nürnberger Straße 38, 95440 Bayreuth
Tel.: +49 (0) 921/601274; www.zapf-wassersysteme.de

Zehneck Büro für Umwelt- und Geowissenschaften
Hauptstraße56a, 79426 Buggingen
Tel.: +49 (0) 7631/12280; zehneck.freiburg@t-online.de

Züllig Deutschland GmbH
Seligenstädter Straße 24, 63791 Karlstein
Tel.: +49 (0) 6188/44588-0; www.zuellig.de

Leitmarkt Nachhaltige Mobilität

Agroplant GmbH
Zützener Dorfstraße 22, 16303 Schwedt, OT Zützen
Tel.: +49 (0) 3332/521525; www.agroplant.de

ajuvo Ltd. – Solar & Pflanzenöl
Goethestraße 34, 80336 München
Tel.: +49 (0) 89/55069985; www.ajuvo.com

Autogastechnik Triptis GmbH
Alte Neustädter Straße 5, 07819 Triptis
Tel.: +49 (0) 36482/3680; www.auto-gas-technik.de

BERU Aktiengesellschaft
Mörikestraße 155, 71636 Ludwigsburg
Tel.: +49 (0) 7141/132-235;
andreas.klingebiel@beru.de

cdf Schallschutz Dresden
Alte Dresdner Straße 54, 01108 Dresden
Tel.: +49 (0) 351/8809057; www.cdf-schallschutz.de

Consulting-Projektplanung-Gutachten
Bergstraße 4, 23909 Ratzeburg
Tel.: +49 (0) 4541/8026692; www.vonwachholtz.de

Continental AG
Vahrenwalder Straße 9, 30165 Hannover
Tel.: +49 (0) 511/938-01; www.conti-online.com

DaimlerChrysler Services FleetBoard GmbH
Am Wallgraben 125, 70565 Stuttgart
Tel.: +49 (0) 711/1791999; www.fleetboard.de

Degussa GmbH
Bennigsenplatz 1, 40474 Düsseldorf
Tel.: +49 (0) 211/65041256; www.degussa.com

design works
Wupperstraße 9, 44225 Dortmund
Tel.: +49 (0) 231/7901230; www.designworks-3D.de

Dr. Willi Bethäuser
Johannesstraße 15, 66450 Bexbach
Tel.: +49 (0) 6826/81472; www.bethaeuser.eu

ELSBETT AG
Weißenburger Straße 15, 91177 Thalmässing
Tel.: +49 (0) 9173/7944517; www.elsbett.com

EOP Biodiesel AG
Am Hünengrab 9, 16928 Pritzwalk
Tel.: +49 (0) 33986/5050; www.eopbiodieselag.de

Femtastec GmbH
Gollierstraße 70 C/1.OG, 80339 München
Tel.: +49 (0) 89/96198307; www.dieselumbau.de

florafuel AG
Stahlgruberring 7a, 81829 München
Tel.: +49 (0) 89/4510880; hwerner@florafuel.de

Florapower
Am Mittleren Moos 48, 86176 Augsburg
Tel.: +49 (0) 163/9765268; www.florapower.de

Geo-Lab Umweltanalytik
Richthofenstraße 29, 31137 Hildesheim
Tel.: +49 (0) 5121/708237; www.geo-lab.de

Göbel & Co. Tankanlagen KG
An der Prießnitzaue 12, 01328 Dresden
Tel.: +49 (0) 351/2169830; www.tank-goebel.de

HALLER Umweltsysteme GmbH & Co.
Rigistraße 1–3, 12277 Berlin
Tel.: +49 (0) 30/72085-156;
www.haller-umweltsysteme.de

HJS Fahrzeugtechnik
Dieselweg 12, 58706 Menden
Tel.: +49 (0) 2373/987-210; www.hjs.com

Hoesch Spundwand und Profil GmbH
Alte Radstraße 27, 44147 Dortmund
Tel.: +49 (0) 231/185-6644; www.spundwand.de

igi Consult GmbH
Oberdorfstraße 12, 91747 Westheim
Tel.: +49 (0) 9082/73-420; www.igi-consult.de

Industriemontagen Merseburg GmbH
Rosa-Luxemburg-Straße 18, 06217 Merseburg
Tel.: +49 (0) 3461/443390; www.imo.merseburg.de

Ingenieurbüro Lohmeyer GmbH & Co. KG
An der Rossweid 3, 76229 Karlsruhe
Tel.: +49 (0) 721/625100; info.ka@lohmeyer.de

LANDSCHAFT + SIEDLUNG GbR
Blitzkuhlenstraße 121 A, 45659 Recklinghausen
Tel.: +49 (0) 2361/490464-22; www.LuSRe.de

Möhler + Partner
Paul-Heyse-Straße 79, 80336 München
Tel.: +49 (0) 89/54421711; www.mopa.de

MRH print production
Benatzkystraße 2, 86199 Augsburg
Tel.: +49 (0) 821/9067565; mrhconsulting@t-online.de

PTV Planung Transport Verkehr AG
Stumpfstraße 1, 76131 Karlsruhe
Tel.: +49 (0) 721/9651-0; www.ptv.de

Rheinische Bio Ester GmbH & Co KG
Duisburger Straße 15, 41460 Neuss
Tel.: +49 (0) 2131/6652313; www.rbe.de

RMEnergy Umweltverfahrenstechnik GmbH
Angerstraße 9a, 85416 Langenbach
Tel.: +49 (0) 8761/334980; www.RMEnergy.de

Rudi Kimm GmbH
Forellenweg 14, 34253 Lohfelden
Tel.: +49 (0) 561/95092-11; www.kimm-filter.de

SCALAR Wittenberger Transport GmbH
Nordendstraße73, 06886 Lutherstadt Wittenberg
Tel.: +49 (0) 3491/445720; www.scalar-traffic.de

Schröck, Landschaftsbau GmbH
Münchehofer Weg 36, 15374 Müncheberg
Tel.: +49 (0) 33432/72800; www.schroeck-begruenung.de

SFC Smart Fuel Cell AG
Eugen-Saenger-Ring 4, 85649 Brunnthal
Tel.: +49 (0) 89/673592-379; www.efoy.com

Siemens AG,Transportation Systems
Werner-von-Siemens-Straße 67, 91052 Erlangen
Tel.: +49 (0) 9131/724987;
www.transportation.siemens.com

SolarWaterWorld AG
Dreysestraße 3, 10559 Berlin
Tel.: +49 (0) 171/5341138; www.solarwaterworld.net

Team for Amphitec – Christian Schimanski
Am Mittleren Moos 48, 86167 Augsburg
Tel.: +49 (0) 160/1685368; www.amphitec.org

Thielert AG
Helbingstraße 64–66, 22047 Hamburg
Tel.: +49 (0) 40/6969500; www.thielert.com

TWINTEC AG
Eduard-Rhein-Straße 21–23, 53639 Königswinter
Tel.: +49 (0) 2244/9180-0; www.twintec.de

VARTA Automotive AG/Johnson Controls Power Solutions
Am Leineufer 51, 30419 Hannover
Tel.: +49 (0) 511/9751100; www.varta-automotive.com

Verzeichnis der Forschungs-einrichtungen

Dieses Verzeichnis enthält alle Forschungseinrichtungen, die an der Befragung zum Umwelttechnologie-Atlas für Deutschland im Februar und März 2007 teilgenommen und den Fragebogen vollständig ausgefüllt haben. Die Liste ist offen für weitere Einträge und kann von der Internetseite des Bundesministeriums für Umwelt, Naturschutz und Reaktorsicherheit abgerufen werden. Unter www.bmu.de/umwelttechnologieatlas finden sich ebenfalls Informationen für Forschungseinrichtungen, die sich eintragen lassen wollen.

Leitmarkt Umweltfreundliche Energieerzeugung und -speicherung

ATZ-Entwicklungszentrum
Kropfersrichter Straße 6–10, 92237 Sulzbach-Rosenberg
Tel.: +49 (0) 96 61/908-400; www.atz.de

Bauhaus-Universität Weimar, Professur Bauphysik
Coudraystraße 11a, 99423 Weimar
Tel.: +49 (0) 3643/584701;
www.uni-weimar.de/Bauing/bauphysik/

Bayerische Landesanstalt für Landwirtschaft, Institut für Landtechnik, Bauwesen und Umwelttechnik
Vöttingerstraße 36, 85354 Freising
Tel.: +49 (0) 8161/713450; www.LfL.Bayern.de

Bayerisches Zentrum für Angewandte Energieforschung e.V.
Am Hubland, 97074 Würzburg
Tel.: +49 (0) 931/70564-0; www.zae-bayern.de

Bayerisches Zentrum für Angewandte Energieforschung e.V. ZAE Bayern, Abt. 3 Thermosensorik und Photovoltaik
Am Weichselgarten 7, 91058 Erlangen
Tel.: +49 (0) 9131/691-180; www.zae-bayern.de

Brandenburgische Technische Universität Cottbus, Lehrstuhl Kraftwerkstechnik
Walter-Pauer-Straße 5, 03046 Cottbus
Tel.: +49 (0) 355/694501; www.kwt.tu-cottbus.de

Brandenburgische Technische Universität Cottbus, Lehrstuhl Abfallwirtschaft
Siemens-Halske-Ring 8, 03046 Cottbus
Tel.: +49 (0) 355/69-4330; www.abfall.tu-cottbus.de

Bundesanstalt für Geowissenschaften und Rohstoffe (BGR) Geozentrum Hannover
Stilleweg 2, 30655 Hannover
Tel.: +49 (0) 511/643-0; www.bgr.bund.de

Bundesanstalt für Materialforschung und -prüfung (BAM)
Unter den Eichen 87, 12205 Berlin
Tel.: +49 (0) 30/8104-0; www.bam.de

Deutsches Windenergieinstitut (DEWI)
Ebertstraße 96, 26382 Wilhelmshaven
Tel.: +49 (0) 4421/4808-0; www.dewi.de

DLR – Deutsches Zentrum für Luft- und Raumfahrt, Standort Berlin Adlershof
Rutherfordstraße 2, 12489 Berlin
Tel.: +49 (0) 30/67055-0; www.dlr.de

DLR – Deutsches Zentrum für Luft- und Raumfahrt, Standort Köln-Porz
Linder Höhe, 51147 Köln
Tel.: +49 (0) 2203/601-0; www.dlr.de/

Ecologic – Institut für Internationale und Europäische Umweltpolitik, Klima und Energie
Pfalzburger Straße 43/44, 10717 Berlin
Tel.: +49 (0) 30/86880-0; www.ecologic.eu

Fachhochschule Nordhausen, Studiengang Regenerative Energietechnik
Weinberghof 4, 99734 Nordhausen
Tel.: +49 (0) 3631/420401; www.fh-nordhausen.de

Forschungsverbund Sonnenenergie (FVS)
Kekuléstraße 5, 12489 Berlin
Tel.: +49 (0) 30/8062-1338; www.fv-sonnenenergie.de/

Forschungszentrum Jülich GmbH, Institut für Energietechnik – Brennstoffzellen
52425 Jülich
Tel.: +49 (0) 2461/613076; www.fz-juelich.de/iwv/iwv3

Forschungszentrum Karlsruhe, Programm UMWELT
Hermann-von-Helmholtz-Platz 1
6344 Eggenstein-Leopoldshafen
Tel.: +49 (0) 7247/82–8590; www.fzk.de

Fraunhofer-Gesellschaft, Institut für Solare Energiesysteme (ISE)
Heidenhofstraße 2, 79110 Freiburg
Tel.: +49 (0) 761/4588-0; www.ise.fraunhofer.de

Fraunhofer-Gesellschaft, Fraunhofer-Institut für Umwelt-, Sicherheits- und Energietechnik UMSICHT
Osterfelder Straße 3, 46047 Oberhausen
Tel.: +49 (0) 208/8598-0; www.umsicht.fraunhofer.de

Friedrich-Alexander-Universität Erlangen-Nürnberg
Institut für Physik der Kondensierten Materie,
Lehrstuhl für Kristallographie und Strukturphysik
Staudtstraße 3, 91058 Erlangen
Tel.: +49 (0) 9131/8525188;
www.lks.physik.uni-erlangen.de

GeoForschungsZentrum Potsdam
Telegrafenberg, G324, 14473 Potsdam
Tel.: +49 (0) 331/288-1020; www.gfz-potsdam.de

GEOTHERMIEZENTRUM Bochum/NRW-Verbundforschungseinrichtung, Institut für Geo- und Umwelttechnik
Lennershofstraße 140, 44801 Bochum
Tel.: +49 (0) 234/32-10233; www.geothermie-zentrum.de

Hahn-Meitner-Institut Berlin
Glienicker Straße 100, 14109 Berlin
Tel.: +49 (0) 30/8062-2762; www.hmi.de/

Hochschule Bremerhaven, Forschungs- und Koordinierungsstelle Windenergie
An der Karlstadt 8, 27568 Bremerhaven
Tel.: +49 (0) 471/4823-540; www.fk-wind.de

Hochschule für Angewandte Wissenschaften Hamburg, Forschungsschwerpunkt Lifetec Process Engineering
Lohbrügger Kirchstraße 65, 21033 Hamburg
Tel.: +49 (0) 40/42875-6355; www.haw-hamburg.de/?4357

Hochschule für Technik und Wirtschaft des Saarlandes
Postfach 650134, 66140 Saarbrücken
Tel.: +49 (0) 681/5867-0; www.htw-saarland.de/

Hochschule für Technik, Wirtschaft und Kultur Leipzig (FH)
Karl-Liebknecht-Straße 132, 04277 Leipzig
Tel.: +49 (0) 341/3076-0; www.htwk-leipzig.de

Hochschule Karlsruhe – Technik und Wirtschaft, Institut für Angewandte Forschung
Moltkestraße 30, 76133 Karlsruhe
Tel.: +49 (0) 721/925-2360; www.iaf-karlsruhe.de

ifeu – Institut für Energie- und Umweltforschung Heidelberg
Wilckenstraße 3, 69120 Heidelberg
Tel.: +49 (0) 6221/4767-0; ifeu@ifeu.de

IGV Institut für Getreideverarbeitung GmbH
Arthur-Dscheunert-Allee 40/41, 14558 Nuthetal
Tel.: +49 (0) 3320/890; www.igv-gmbh.de

Institut für Energetik und Umwelt gGmbH
Torgauer Straße 116, 04347 Leipzig
Tel.: +49 (0) 341/2434-112; www.ie-leipzig.de

Institut für Solare Energieversorgungstechnik e.V. (ISET)
Königstor 59, 34119 Kassel
Tel.: +49 (0) 561/7294-0; www.iset.de

Institut für Solarenergieforschung GmbH Hameln (ISFH)
Am Ohrberg 1, 31860 Emmerthal
Tel.: +49 (0) 5151/999-100; www.isfh.de

Institut für Solare Energieversorgungstechnik (ISET) – Verein an der Universität Kassel e.V., Vorstand
Königstor 59, 34119 Kassel
Tel.: +49 (0) 561/7294-345; www.iset.uni-kassel.de

Institut für Technische Thermodynamik (ITT) Deutsches Zentrum für Luft- und Raumfahrt e.V. (DLR) in der Helmholtz-Gemeinschaft
Pfaffenwaldring 38–40, 70569 Stuttgart
Tel.: +49 (0) 711/6862-359; www.dlr.de/tt

Leibniz Universität Hannover, Institut für Turbomaschinen und Fluid-Dynamik
Appelstraße 9, 30167 Hannover
Tel.: +49 (0) 511/762-2732; www.tfd.uni-hannover.de

Leibniz Universität Hannover, Institut für Statik und Dynamik (ISD)
Appelstraße 9a, 30167 Hannover
Tel.: +49 (0) 511/762-3867; www.isd.uni-hannover.de

Leibniz Universität Hannover, Institut für Stahlbau
Appelstraße 9a, 30167 Hannover
Tel.: +49 (0) 511/762-3781; www.stahlbau.uni-hannover.de

Leibniz Universtät Hannover, Institut für Strömungsmechanik
Appelstraße 9a, 30167 Hannover
Tel.: +49 (0) 511/762-3537;
www.hydromech.uni-hannover.de

Leibniz-Gemeinschaft, Institut für Geowissenschaftliche Gemeinschaftsaufgaben
Stilleweg 2, 30655 Hannover
Tel.: +49 (0) 511/643-3496; www.gga-hannover.de

LMU München, Department Chemie, Abteilung für Organische und Makromolekulare chemie
Butenandtstraße 13, 81377 München
Tel.: +49 (0) 2180-0;
www.cup.uni-muenchen.de/oc/langhals/index.html

Max-Planck-Institut für Festkörperforschung, Abteilung Prof. J. Maier
Heisenbergstraße 1, 70569 Stuttgart
Tel.: +49 (0) 711/689-1721; www.fkf.mpg.de/maier/

Öko-Institut e.V. Freiburg
Postfach 500240, 79028 Freiburg
Tel.: +49 (0) 761/45295-0; www.oeko.de

RWTH Aachen, Institut für Stromrichtertechnik und Elektrische Antriebe (ISEA)
Jaegerstraße 17/19, 52066 Aachen
Tel.: +49 (0) 241/80-96920; www.isea.rwth-aachen.de

RWTH Aachen, Juniorprofessur für Elektrochemische Energiewandlung und Speichersystemtechnik
Jägerstraße 17/19, 52066 Aachen
Tel.: +49 (0) 241/80-96977; www.isea.rwth-aachen.de

RWTH Aachen, E.ON Institut für Energieforschung
Jaegerstraße 17/19, 52066 Aachen
Tel.: +49 (0) 241/80-96920; www.isea.rwth-aachen.de

RWTH Aachen, Institut für Hochspannungstechnik
Schinkelstraße 2, 52056 Aachen
Tel.: +49 (0) 241/80-94930; www.ifht.rwth-aachen.de

Technische Universität Berlin, Institut für Landschaftsarchitektur und Umweltplanung, Fachgebiet Umweltprüfung
Sekr. EB 5, Straße des 17. Juni 145, 10623 Berlin
Tel.: +49 (0) 30/314-22344; www.tu-berlin.de/~lbp

Technische Universität Braunschweig, Institut für Statik
Beethovenstraße 51, 38106 Braunschweig
Tel.: +49 (0) 531/391-3668; www.statik.tu-bs.de

Technische Universität Dresden, Institut für Thermodynamik und Technische Gebäudeausrüstung
Helmholtzstraße 10, 01069 Dresden
Tel.: +49 (0) 351/463-32322; www.tu-dresden.de

Technische Universität Dresden, Institut für Angewandte Physik (IAP)/Photophysik
George-Bähr-Straße 1, 01069 Dresden
Tel.: +49 (0) 351/463-34389; www.iapp.de

Technische Universität München, Lehrstuhl für Thermodynamik/Fakultät Maschinenwesen
Boltzmannstraße 15, 85748 Garching
Tel.: +49 (0) 89/289-16217; www.td.mw.tum.de

Technische Universität München, Lehrstuhl für Technologie Biogener Rohstoffe
Petersgasse 18, 94315 Straubing
Tel.: +49 (0) 9421/187-100; www.rohstofftechnologie.de

Technische Universität zu Braunschweig, Institut für Hochspannungstechnik und elektrische Energieanlagen
Schleinitzstraße 23, 38106 Braunschweig
Tel.: +49 (0) 531/391-7735; www.htee.tu-bs.de

Technologie- und Förderzentrum im Kompetenzzentrum für Nachwachsende Rohstoffe (TFZ), Sachgebiet Biogene Festbrennstoffe
Schulgasse 18, 94315 Straubing
Tel.: +49 (0) 9421/300-110; www.tfz.bayern.de

Universität Bayreuth, Lehrstuhl für Technische Thermodynamik und Transportprozesse (LTTT)
Universitätsstraße 30, 95440 Bayreuth
Tel.: +49 (0) 921/55-7160; www.LTTT.uni-bayreuth.de

Universität Duisburg-Essen, Lehrstuhl für Energiewirtschaft
Universitätsstraße 11, 45117 Essen
Tel.: +49 (0) 201/1832966;
www.energie.energiebwl.uni-essen.de/home/

Martin-Luther-Universität Halle-Wittenberg, Institut für Geowissenschaften-Ingenieurgeologie
Von-Seckendorff-Platz 3, 06120 Halle (Saale)
Tel.: +49 (0) 345/5526090
www.ingenieurgeologie.geologie.uni-halle.de/

Universität Karlsruhe (TH), Institut für Thermische Strömungsmaschinen
Kaiserstraße 12, Geb.-Nr. 10.91/30.60, 76128 Karlsruhe
Tel.: +49 (0) 721/608-3240; www.its.uni-karlsruhe.de

Universität Karlsruhe (TH), Engler-Bunte-Institut, Bereich Gas, Erdöl und Kohle
Engler-Bunte-Ring 1, 76131 Karlsruhe
Tel.: +49 (0) 721/6082560; www.ebig.uni-karlsruhe.de

Universität Karlsruhe (TH), Institut für Werkstoffe der Elektrotechnik IWE
Adenauerring 20, 76131 Karlsruhe
Tel.: +49 (0) 721/608-7490; www.iwe.uni-karlsruhe.de

Universität Konstanz, Photovoltaik-Abteilung
Jacob-Burckhardt-Straße 29, 78464 Konstanz
Tel.: +49 (0) 7531/88-3644;
www.uni-konstanz.de/photovoltaics

Universität Paderborn, Institut für Elektrotechnik/Lehrstuhl für Nachhaltige Energiekonzepte
Pohlweg 55, 33098 Paderborn
Tel.: +49 (0) 5251/602301; www.nek.upb.de

Universität Stuttgart, Institut für Energiewirtschaft und rationelle Energieanwendung (IER)
Heßbrühlstraße 49a, 70565 Stuttgart
Tel.: +49 (0) 711/685-87800; www.ier.uni-stuttgart.de

Universität Stuttgart, Institut für Verfahrenstechnik u. Dampfkesselwesen
Pfaffenwaldring 23, 70569 Stuttgart
Tel.: +49 (0) 711/68563487; www.ivd.uni-stuttgart.de

Universität Stuttgart, Institut für Physikalische Elektronik
Pfaffenwaldring 47, 70569 Stuttgart
Tel.: +49 (0) 711/685-67141; www.ipe.uni-stuttgart.de

Universität Stuttgart, Institut für Strömungsmechanik und Hydraulische Strömungsmaschinen
Pfaffenwaldring 10, 70569 Stuttgart
Tel.: +49 (0) 711/685-63260; www.ihs.uni-stuttgart.de

Universität Stuttgart, Institut für Technische Thermodynamik und Thermische Verfahrenstechnik
Pfaffenwaldring 9, 70569 Stuttgart
Tel.: +49 (0) 711/68566105; www.itt.uni-stuttgart.de

Universität Ulm, Institut für Organische Chemie II und Neue Materialien
Albert-Einstein-Allee 11, 89081 Ulm
Tel.: +49 (0) 731/5022850; www.uni-ulm.de/oc2/

Witzenhausen-Institut für Abfall, Umwelt und Energie GmbH
Werner-Eisenberg-Weg 1, 37213 Witzenhausen
Tel.: +49 (0) 5542/9380-0; www.witzenhausen-institut.de

WUZ Westfälisches Umwelt Zentrum, Rationeller Energieeinsatz
Pohlweg 55, 33098 Paderborn
Tel.: +49 (0) 700/09897233; www.wuz.de

Zentrum für Sonnenenergie und Wasserstoff-Forschung
Industriestraße 6, 70565 Stuttgart
Tel.: +49 (0) 711/7870-100; www.zsw-bw.de

ZREU Zentrum für rationelle Energieanwendung und Umwelt GmbH
Wieshuberstraße 3, 93059 Regensburg
Tel.: +49 (0) 941/46419-0; www.zreu.de

Leitmarkt Energieeffizienz

bremer energie institut (bei)
Campus Ring 1, 28759 Bremen
Tel.: +49 (0) 421/200-4888;
info@bremer-energie-institut.de

Bundesforschungsanstalt für Landwirtschaft (FAL), Braunschweig, Institut für Betriebstechnik und Bauforschung
Bundesallee 50, 38116 Braunschweig
Tel.: +49 (0) 531/5964301; www.bb.fal.de

Deutsches Institut für Wirtschaftsforschung (DIW)
14191 Berlin
Tel.: +49 (0) 30/89789-0;
www.diw.de/deutsch/kontakt/index.html

Energiewirtschaftliches Institut (EWI) an der Universität zu Köln
Albertus-Magnus-Platz, 50923 Köln
Tel.: +49 (0) 221/470-2258; www.ewi-uni-koeln.de

Fachhochschule Hannover, Institut für Energie und Klimaschutz (Fakultät für Maschinenbau und Bioverfahrenstechnik)
Ricklinger Straße 120, 30459 Hannover
Tel.: +49 (0) 511/9296-1400; www.fh-hannover.de

FIW München, Forschungsinstitut für Wärmeschutz e.V. München
Lochhamer Schlag 4, 82166 Gräfelfing
Tel.: +49 (0) 89/85800-0; www.fiw-muenchen.de

Forschungs- und Entwicklungsbüro für die autarke Wind- und Solarenergienutzung (FEWS), FEWS Dr.-Ing. Rainer Barth
Nöthnitzer Straße 29, 01187 Dresden
Tel.: +49 (0) 351/471-9430

Forschungszentrum Jülich
Wilhelm-Johnen-Straße, 52428 Jülich
Tel.: +49 (0) 2461/61-0; info@fz-juelich.de

Fraunhofer-Gesellschaft, Fraunhofer-Institut für Bauphysik (IBP)
Nobelstraße 12, 70569 Stuttgart
Tel.: +49 (0) 711/970-00; info@ibp.fraunhofer.de

Fraunhofer-Gesellschaft, Fraunhofer-Institut für System- und Innovationsforschung (ISI)
Breslauer Straße 48; 76139 Karlsruhe
Tel.: +49 (0) 721/6809-0; isi@fraunhofer.de

Fraunhofer-Gesellschaft, Fraunhofer-Institut für Umwelt-, Sicherheits- und Energietechnik UMSICHT
Osterfelder Straße 3, 46047 Oberhausen
Tel.: +49 (0) 208/8598-0, www.umsicht.fraunhofer.de

Fraunhofer-Gesellschaft, Fraunhofer-Institut für Zuverlässigkeit und Mikrointegration
Gustav-Meyer-Allee 25, 13355 Berlin
Tel.: +49 (0) 30/46403-0; www.izm.fraunhofer.de

Hochschule für Angewandte Wissenschaften Hamburg, FSP Brennstoffzellen und rationelle Energieverwendung, Fachgebiet Technische Thermodynamik, Anlagenbau und Kältetechnik
Berliner Tor 21, 20099 Hamburg
Tel.: +49 (0) 40/42875-8702

Hochschule Karlsruhe – Technik und Wirtschaft, Institut für Angewandte Forschung
Moltkestraße 30, 76133 Karlsruhe
Tel.: +49 (0) 721/925-2360; www.iaf-karlsruhe.de

Institut für Energie und Umwelt Heidelberg (ifeu)
Wilckenstraße 3, 69120 Heidelberg
Tel.: +49 (0) 6221/4767-0; ifeu@ifeu.de

Institut für Erhaltung und Modernisierung von Bauwerken e.V. an der TU Berlin (IEMB)
Salzufer 14, 10587 Berlin
Tel.: +49 (0) 30/39921-6; zentrale@iemb.de

Institut für Technische Thermodynamik (ITT) Deutsches Zentrum für Luft- und Raumfahrt e.V. (DLR) in der Helmholtz-Gemeinschaft
Pfaffenwaldring 38–40, 70569 Stuttgart
Tel.: +49 (0) 711/6862-359; www.dlr.de/tt

Institut Wohnen und Umwelt Darmstadt (IWU)
Annastraße 15, 64285 Darmstadt
Tel.: +49 (0) 6151/2904-0; www.iwu.de

Kompetenzzentrum für Energieeffizienz e.V.
Stammestraße 115, 30459 Hannover
Tel.: +49 (0) 511/9296-1400

Leibniz-Institut für Festkörper- und Werkstoffforschung Dresden e.V. (IFW Dresden), Institut für Metallische Werkstoffe
Helmholtzstraße 20, 01069 Dresden
Tel.: +49 (0) 351/4659-460; www.ifw-dresden.de/imw

Martin-Luther-Universität Halle-Wittenberg, Institut für Informatik/Lehrstuhl Automatisierungstechnik
Kurt-Mothes-Straße 1, 06120 Halle (Saale)
Tel.: +49 (0) 345/55-25970;
http://aut.informatik.uni-halle.de

Öko-Institut e. V. Freiburg
Postfach 50 02 40, 79028 Freiburg
Tel.: +49 (0) 761/45295-0; www.oeko.de

Passivhaus Institut Darmstadt
Rheinstraße 44/46, 64283 Darmstadt
Tel.: +49 (0) 6151/82699-0; www.passiv.de

RWTH Aachen, Lehrstuhl für Prozesstechnik
Turmstraße 46, 52064 Aachen
Tel.: +49 (0) 241/80-94668; www.lpt.rwth-aachen.de

Steinbeis GmbH&Co.KG für Technologietransfer, Steinbeis Transferzentrum Energie-, Gebäude- und Solartechnik
Gropiusplatz 10, 70563 Stuttgart
Tel.: +49 (0) 711/9907-5; www.stz-egs.de

Technische Universität Braunschweig, Institut für Landmaschinen und Fluidtechnik
Langer Kamp 19a, 38106 Braunschweig
Tel.: +49 (0) 531/391-2670; www.tu-braunschweig.de/ilf

Technische Universität Braunschweig, Institut für Gebäude- und Solartechnik
Mühlenpfordtstraße 23, 38106 Braunschweig
Tel.: +49 (0) 391/3555; www.igs.bau.tu-bs.de

Technische Universität Darmstadt, Fachgebiet Entwerfen und Energieeffizientes Bauen
El-Lissitzky-Straße 1, 64287 Darmstadt
Tel.: +49 (0) 6151/16-2046; www.ee.tu-darmstadt.de

Technische Universität München, Lehrstuhl für Bauphysik
Arcisstraße 21, 80333 München
Tel.: +49 (0) 89/289-25750; bauphysik@bv.tum.de

Technische Universität München, Lehrstuhl für Energiewirtschaft und Anwendungstechnik
Arcisstraße 21, 80333 München
Tel.: +49 (0) 89/289-28301; uwagner@tum.de

Universität Bayreuth, Lehrstuhl für Technische Thermodynamik und Transportprozesse (LTTT)
Universitätsstraße 30, 95440 Bayreuth
Tel.: +49 (0) 921/55-7160; www.LTTT.uni-bayreuth.de

Universität Erlangen-Nürnberg, Lehrstuhl für Elektrische Antriebe und Steuerungen
Cauerstraße 9, 91058 Erlangen
Tel.: +49 (0) 9131/85-27249; www.eas.eei.uni-erlangen.de

Universität Erlangen-Nürnberg, Lehrstuhl für Hochfrequenztechnik
Cauerstraße 9, 91058 Erlangen
Tel.: +49 (0) 9131/85-27215; www.LHFT.de

Universität Stuttgart, Institut für Energiewirtschaft und Rationelle Energieanwendung
Heßbrühlstraße 49A, 70565 Stuttgart
Tel.: +49 (0) 711/685-87811; www.ier.uni-stuttgart.de

Universität Stuttgart, Institut für Technische Informatik
Pfaffenwaldring 47, 70569 Stuttgart
Tel.: +49 (0) 711/7816 391;
www.ra.informatik.uni-stuttgart.de

Universität Stuttgart, Institut für Technische Thermodynamik und Thermische Verfahrenstechnik
Pfaffenwaldring 9, 70569 Stuttgart
Tel.: +49 (0) 711/685-66105; www.itt.uni-stuttgart.de

Wuppertal Institut für Klima, Umwelt, Energie GmbH
Döppersberg 19, 42103 Wuppertal
Tel.: +49 (0) 202/2492-0; info@wupperinst.org

Leitmarkt Rohstoff- und Materialeffizienz

Bergische Unversität Wuppertal, Fachbereich D, Abt. Maschinenbau, Fachgebiet 07: Kunststofftechnik
Gaußstraße 20, 42119 Wuppertal
Tel.: +49 (0) 202/439-2026; www.uni-wuppertal.de

Berliner Elektronenspeicherring-Gesellschaft für Synchrotronstrahlung mbH (BESSY)
Albert-Einstein-Straße 15, 12489 Berlin
Tel.: +49 (0) 30/6392-2999; www.bessy.de

Fraunhofer-Institut für Zuverlässigkeit und Mikrointegration
Gustav-Meyer-Allee 25, 13355 Berlin
Tel.: +49 (0) 30/46403-0; www.izm.fraunhofer.de

Fraunhofer-Institut für Umwelt-, Sicherheits- und Energietechnik UMSICHT
Osterfelder Straße 3, 46047 Oberhausen
Tel.: +49 (0) 208/8598-0; www.umsicht.fraunhofer.de

Friedrich-Alexander-Universität Erlangen-Nürnberg, Lehrstuhl für Kunststofftechnik
Am Weichselgarten 9, 91058 Erlangen-Tennenlohe
Tel.: +49 (0) 9131/8529700; www.lkt.uni-erlangen.de

Friedrich-Schiller-Universität Jena, Institut für Technische Chemie und Umweltchemie
Lessingstraße 12, 07743 Jena
Tel.: +49 (0) 3641/948400; www.ituc.uni-jena.de

GKSS Forschungszentrum Geesthacht GmbH, Institut für Werkstoffforschung/Werkstoffmechanik
Max-Planck-Straße 1, 21502 Geesthacht
Tel.: +49 (0) 4152/872500; www.gkss.de

Max-Planck-Gesellschaft, Fritz-Haber-Institut, Berlin
Faradayweg 4–6, 14195 Berlin
Tel.: +49 (0) 30/8311563; www.fhi-berlin.mpg.de/

Max-Planck-Institut für Kohlenforschung
Kaiser-Wilhelm-Platz 1, 45470 Mühlheim/Ruhr
Tel.: +49 (0) 208/306-1; www.mpi-muelheim.mpg.de/

Max-Planck-Institut für Kolloid- und Grenzflächenforschung, Potsdam
Wissenschaftspark Golm, 14424 Potsdam
Tel.: +49 (0) 331/567-90; www.mpikg-golm.mpg.de/

Öko-Institut e.V. Geschäftsstelle Freiburg
Postfach 500240, 79028 Freiburg
Tel.: +49 (0) 761/45295-0; www.oeko.de

RWTH Aachen, Univ.-Hautklinik UKA – Klinik für Dermatologie & Allergologie
Pauwelsstraße 30, 52074 Aachen
Tel.: +49 (0) 241/8088331; www.imib.rwth-aachen.de

Stiftung Institut für Werkstofftechnik
Badgasteiner Straße 3, 28359 Bremen
Tel.: +49 (0) 421/218-03; www.iwt-bremen.de

Technische Universität Braunschweig, Institut für Werkzeugmaschinen und Fertigungstechnik
Langer Kamp 19b, 38106 Braunschweig
Tel.: +49 (0) 531/391-7601; www.iwf.ing.tu-bs.de

Technische Universität Braunschweig, Institut für Landmaschinen und Fluidtechnik
Langer Kamp 19a, 38106 Braunschweig
Tel.: +49 (0) 531/391-2670; www.tu-braunschweig.de/ilf

Technische Universität Hamburg-Harburg, Institut für technische Biokatalyse-Arbeitsgruppe Technische Biokatalyse
Denickestraße 15, 21071 Hamburg
Tel.: +49 (0) 40/428783018; www.tu-harburg.de/itb/

Technische Universität München, iwb – Institut für Werkzeugmaschinen und Betriebswissenschaften
Boltzmannstraße 15, 85748 Garching
Tel.: +49 (0) 89/289-15502; www.iwb.tum.de

Universität Augsburg, Wissenschaftzentrum Umwelt
Universitätsstraße 1a, 86159 Augsburg
Tel.: +49 (0) 821/598-3560; www.wzu.uni-augsburg.de

Universität Lüneburg, Institut für Umweltkommunikation
Scharnhorststraße 1, 21335 Lüneburg
Tel.: +49 (0) 4131/677-2920;www.uni-lueneburg.de/infu/

Universität Lüneburg, Institut für Elektronische Geschäftsprozesse
Volgershall 1, 21339 Lüneburg
Tel.: +49 (0) 4131/677-5180; www.uni-lueneburg.de

Universität Lüneburg, Centre for Sustainability Management
Scharnhorststraße 1, 21335 Lüneburg
Tel.: +49 (0) 4131/677-2181; www.uni-lueneburg.de/csm

Universität Regensburg, Institut für Organische Chemie
Universitätsstraße 31, 93040 Regensburg
Tel.: +49 (0) 941/943-4575; www.uni-regensburg.de

Universität Stuttgart, Abteilung Ganzheitliche Bilanzierung, Lehrstuhl für Bauphysik
Hauptstraße 113, 70771 Echterdingen
Tel.: +49 (0) 711/489999-0; www.lbpgabi.uni-stuttgart.de

Wuppertal Institut für Klima, Umwelt, Energie GmbH, Forschungsgruppe Stoffströme und Ressourcenmanagement
Döppersberg 19, 42103 Wuppertal
Tel.: +49 (0) 202/2492-139; www.wupperinst.org/

Wuppertal Institut für Klima, Umwelt, Energie GmbH, Forschungsgruppe Nachhaltiges Produzieren und Konsumieren
Döppersberg 19, 42103 Wuppertal
Tel.: +49 (0) 202/2492-130; www.wupperinst.org

WUZ-Universität Paderborn, Werkstofftechnik
Pohlweg 55, 33098 Paderborn
Tel.: +49 (0) 5251/60-3855; www.wuz.de

Leitmarkt Kreislaufwirtschaft

Bauhaus-Universität Weimar, Fakultät Bauingenieurwesen, Professur Aufbereitung von Baustoffen und Wiederverwertung
Coudraystraße 7, 99421 Weimar
Tel.: +49 (0) 3643/584606;
www.uni-weimar.de/Bauing/aufber/

Bauhaus-Universität Weimar, Professur Abfallwirtschaft
Coudraystraße 7, 99423 Weimar
Tel.: +49 (0) 3643/584614; www.uni-weimar.de

Bergische Universität Wuppertal, Fachgebiet Sicherheitstechnik/Umweltschutz
Rainer-Gruenter-Straße Geb. FF, 42285 Wuppertal
Tel.: +49 (0) 202/439-2389; www.uws.uni-wuppertal.de

BIfA – Bayerisches Institut für Angewandte Umweltforschung und -Technik GmbH
Am Mittleren Moos 46, 86167 Augsburg
Tel.: +49 (0) 821/7000-0; www.bifa.de

Ecologic – Institut für Internationale und Europäische Umweltpolitik, Abfall & Ressourcen
Pfalzburger Straße 43/44, 10717 Berlin
Tel.: +49 (0) 30/86880-0; www.ecologic.eu

Ernst-Moritz-Arndt-Universität Greifswald, Institut für Mikrobiologie
Friedrich-Ludwig-Jahn-Straße 15a, 17487 Greifswald
Tel.: +49 (0) 3834/864204; www.uni-greifswald.de

Fachhochschule Frankfurt am Main, Fachbereich Informatik und Ingenieurwissenschaften
Nibelungenplatz 1, 60318 Frankfurt am Main
Tel.: +49 (0) 69/1533-2229; www.fh-frankfurt.de

Fachhochschule Nordhausen, Studiengang Umwelt- und Recyclingtechnik
Weinberghof 4, 99734 Nordhausen
Tel.: +49 (0) 3631/420340; www.fh-nordhausen.de

Fachhochschule Osnabrück, Labor Verfahrenstechnik
Albrechtstraße 30, 49076 Osnabrück
Tel.: +49 (0) 541/969-2220;
www.ecs.fh-osnabrueck.de/vt-labor.html

FES Forschungs- und Entwicklungszentrum für Sondertechnologien
Siemensstraße 3–5, 91126 Rednitzhembach
Tel.: +49 (0) 9122/6313-0; www.fes-schwabach.de

Forschungsgesellschaft BAU UND UMWELT mbH
Rießerseestraße 10, 12527 Berlin
Tel.: +49 (0) 30/67994710; www.bau-und-umwelt.de

Forschungszentrum Karlsruhe, Programm UMWELT
Hermann-von-Helmholtz-Platz 1, 76344 Eggenstein-Leopoldahafen
Tel.: +49 (0) 7247/82-8590; www.fzk.de

Fraunhofer-Gesellschaft, Fraunhofer-Institut für Materialfluß und Logistik (IML), Abteilung Entsorgungslogistik
Joseph-von-Fraunhofer Straße 2–4, 44227 Dortmund
Tel.: +49 (0) 231/9743-238; www.iml.fraunhofer.de

Fraunhofer-Gesellschaft, Fraunhofer-Institut für Zuverlässigkeit und Mikrointegration
Gustav-Meyer-Allee 25; 13355 Berlin
Tel.: +49 (0) 30/46403-0; www.izm.fraunhofer.de

Fraunhofer-Gesellschaft, Fraunhofer-Institut für Umwelt-, Sicherheits- und Energietechnik UMSICHT
Osterfelder Straße 3, 46047 Oberhausen
Tel.: +49 (0) 208/8598-0; www.umsicht.fraunhofer.de

GKSS Forschungszentrum Geesthacht GmbH, Institut fürPolymerforschung/Polymertechnologie 1
Max-Planck-Straße 1, 21502 Geesthacht
Tel.: +49 (0) 4152/872461; www.gkss.de

Helmut-Schmidt-Universität/Universität der Bundeswehr Hamburg, Professur für Verfahrenstechnik, insbesondere Stofftrennung
Holstenhofweg 85, 22043 Hamburg
Tel.: +49 (0) 40/6541-350; www.hsu-hh.de/separations/

Institut für Erhaltung und Modernisieurung von Bauwerken e.V. an der TU Berlin (IEMB)
Salzufer 14, 10587 Berlin
Tel.: +49 (0) 30/39921-6; zentrale@iemb.de

Justus-Liebig-Universität Giessen, IFZ, Professur für Abfall- und Ressourcenmanagement
Heinrich-Buff-Ring 24; 35392 Giessen
Tel.: +49 (0) 641/99-37383; www.uni-giessen.de/ilr/gaeth

RWTH Aachen, Metallurgische Prozesstechnik und Metallrecycling
Intzestraße 3, 52056 Aachen
Tel.: +49 (0) 241/809-5850; www.ime-aachen.de

Technische Universität Braunschweig, Institut für Statik
Beethovenstraße 51, 38106 Braunschweig
Tel.: +49 (0) 531/391-3667; www.statik.tu-braunschweig.de

Technische Universität Braunschweig, Institut für Landmaschinen und Fluidtechnik
Langer Kamp 19a, 38106 Braunschweig
Tel.: +49 (0) 531/391-2670; www.tu-braunschweig.de/ilf

Technische Universität Dresden, Abfallwirtschaft
Pratzschwitzer Straße 15, 01796 Pirna
Tel.: +49 (0) 3501/53030; www.tu-dresden.de/fghhiaa/

Technische Universität Dresden, Altlasten
Pratzschwitzer Straße 15, 01796 Pirna
Tel.: +49 (0) 3501/53020; www.tu-dresden.de/fghhiaa/

Technische Universität Hamburg-Harburg, Institut für Umwelttechnik und Energiewirtschaft
Eißendorfer Straße 40, 21073 Hamburg
Tel.: +49 (0) 40/42878-3208; www.tu-harburg.de/iue/

Technische Universität Hamburg-Harburg, Institut für technische Biokatalyse-Arbeitsgruppe technische Biochemie
Denickestraße 15, 21071 Hamburg
Tel.: +49 (0) 40/42878-3118; www.tu-harburg.de/itb/

Technische Universität München, Lehrstuhl für Statik
Arcisstraße 21, 80333 München
Tel.: +49 (0) 89/289-22422; www.st.bv.tum.de

Technische Universität München, Zentrum Geotechnik
Baumbachstraße 7, 81245 München
Tel.: +49 (0) 89/289-27131; www.gb.bv.tum.de

Universität Bremen, Zentrum für Umweltforschung und Umwelttechnologie (UFT)
Leobener Straße, 28359 Bremen
Tel.: +49 (0) 421/218-7644; www.uft.uni-bremen.de

Universität Bremen, Institut für Bodenkunde
Leobener Straße, UFT, 28359 Bremen
Tel.: +49 (0) 421/218-7588;
www.bodenkunde.uni-bremen.de

Universität Bremen, Fachgebiet Geochemie und Hydrogeologie, FB 5 Geowissenschaften
Klagenfurter Straße, 28359 Bremen
Tel.: +49 (0) 421/218-3393/-7120;
www.geochemie.uni-bremen.de/

Universität Karlsruhe (TH), Institut für Chemische Verfahrenstechnik CVT
Kaiserstraße 12, 76128 Karlsruhe
Tel.: +49 (0) 721/608-4133; www.cvt.uni-karlsruhe.de

Universität Karlsruhe, Lehrstuhl Ökonomie und Ökologie des Wohnungsbaus
Kaiserstraße 12, 76131 Karlsruhe
Tel.: +49 (0) 721/608-8336;
thomas.luetzkendorf@wiwi.uka.de

Universität Siegen, Lehrstuhl für Betriebswirtschaftslehre, insbesondere Bauwirtschaft
Paul-Bonatz-Straße 9–11, 57068 Siegen
Tel.: +49 (0) 271/740-2209; www.bauwl.uni-siegen.de

Universität Stuttgart, Institut für Siedlungswasserbau, Wassergüte- und Abfallwirtschaft, Lehrstuhl für Abfallwirtschaft und Abluft
Bandtäle 2, 70569 Stuttgart
Tel.: +49 (0) 711/68565495; www.iswa.uni-stuttgart.de

WUZ Westfälisches Umwelt Zentrum
Pohlweg 55, 33098 Paderborn
Tel.: +49 (0) 5251/602301; www.wuz.de

Leitmarkt Nachhaltige Wasserwirtschaft

Ecologic – Institut für Internationale und Europäische Umweltpolitik, Wasserwirtschaft
Pfalzburger Straße 43/44, 10717 Berlin
Tel.: +49 (0) 30/86880-0; www.ecologic.eu

Engler-Bunte-Institut, Bereich Wasserchemie, Universität Karlsruhe
Postfach 6980, 76128 Karlsruhe
fritz.frimmel@ebi-wasser.uni-karlsruhe.de

Fachhochschule Deggendorf – University of Applied Sciences, Wasser und Umwelt
Edlmairstraße6+8, 94469 Deggendorf
Tel.: +49 (0) 991/3615-472;
www.fh-deggendorf/wasserumwelt

Fachhochschule Köln – Cologne University of Applied Sciences, Forschungskompetenzplattform „STEPS" (NRW)
Betzdorfer Straße 2, 50679 Köln
Tel.: +49 (0) 221/8275-2201; www.fh-koeln.de/steps

Fachhochschule Osnabrück, Ingenieurwissenschaften und Informatik
Albrechtstraße 30, 49076 Osnabrück
Tel.: +49 (0) 541/969-3234;
www.ecs.fh-osnabrueck.de\helmus.html

Forschungszentrum Karlsruhe, Programm UMWELT
Hermann-von-Helmholtz-Platz 1,
76344 Eggenstein-Leopoldahafen
Tel.: +49 (0) 7247/82-8590; www.fzk.de

Fraunhofer-Gesellschaft, Fraunhofer-Institut für Angewandte Ökologie
Auf dem Aberg 1, 57392 Schmallenberg-Grafschaft
Tel.: +49 (0) 2972/302-0; info@ime.fraunhofer.de

Fraunhofer-Gesellschaft, Fraunhofer-Institut für Molekularbiologie
Forckenbeckstraße 6, 52074 Aachen
Tel.: +49 (0) 241/6085-0; info@ime.fraunhofer.de

GKSS Forschungszentrum Geesthacht GmbH, Institut für Küstenforschung/Systemanalyse und Modellierung
Max-Planck-Straße 1, 21502 Geesthacht
Tel.: +49 (0) 4152/871831; www.gkss.de

Institut für Automation und Kommunikation e.V. Magdeburg, Schwerpunkt Umweltinformatik
Steinfeldstraße 3, 39179 Barleben
Tel.: +49 (0) 39203/81044; www.ifak.eu

Institut für Hygiene und Umwelt, Abteilung Mikrobiologischer Verbraucherschutz
Marckmannstraße 129a, 20539 Hamburg
Tel.: +49 (0) 40/42845-7217; www.hu.hamburg.de

Institut für Regionalentwicklung und Strukturplanung (IRS)
Flakenstraße 28–31, 15537 Erkner
Tel.: +49 (0) 3362/793-0; www.irs-net.de

Institut für Siedlungswasserbau, Wassergüte- und Abfallwirtschaft an der Universität Stuttgart
Bandtäle 2, 70569 Stuttgart
Tel.: +49 (0) 711/685-65500;
www.iswa.uni-stuttgart.de/kontakt/index.html

Institut für sozial-ökologische Forschung, IB Wasser und nachhaltige Umweltplanung
Hamburger Allee 45, 60486 Frankfurt am Main
Tel.: +49 (0) 69/7076919-0; www.isoe.de

Institut für Wasser und Gewässerentwicklung, Universität Karlsruhe (TH)
Kaiserstraße 12, 76131 Karlsruhe
Tel.: +49 (0) 721/608-6388; www.iwk.uni-karlsruhe.de

IZES – Institut für Zukunftsenergiesysteme
IT Park Saarland, Gebäude 1, Altenkesseler Straße 17,
66115 Saarbrücken
Tel.: +49 (0) 681/9762-840; izes@izes.de

Johannes Gutenberg-Universität Mainz, Zentrum für Umweltforschung, Geographisches Institut
Johann-Joachim-Becher-Weg 21, 55128 Mainz
Tel.: +49 (0) 6131/3924528;
www.uni-mainz.de/forschung/14244php

Leibniz Universität Hannover, Fakultät für Bauingenieurwesen und Geodäsie, Institut für Siedlungswasserwirtschaft und Abfalltechnik
Welfengarten 1, 30167 Hannover
Tel.: +49 (0) 511/762-2276; www.isah.uni-hannover.de

Leibniz Universität Hannover, Institut für Wasserwirtschaft, Hydrologie und landwirtschaftlichen Wasserbau
Appelstraße 9a, 30167 Hannover
Tel.: +49 (0) 511/762 2237; www.iww.uni-hannover.de

Martin-Luther-Universität Halle-Wittenberg Arbeitsgruppe Abwasser, Zentrum für Ingenieurwissenschaften/Professur Umweltschutztechnik
06099 Halle (Saale)
Tel.: +49 (0) 3461/462703; www.ust.iw.uni-halle.de

Öko-Institut e.V. Freiburg
Postfach 500240, 79028 Freiburg
Tel.: +49 (0) 761/45295-0; www.oeko.de

PIK – Potsdamer Institut für Klimafolgenforschung
Postfach 601203, 14412 Potsdam
Tel.: +49 (0) 331/288-2500; info@pik-potsdam.de

RWTH Aachen, Lehrstuhl für Prozesstechnik
Turmstraße 46, 52064 Aachen
Tel.: +49 (0) 241/8094668; www.lpt.rwth-aachen.de

Technische Universität Berlin, Institut für Bauingenieurwesen/FG Siedlungswasserwirtschaft
Gustav-Meyer-Allee 25, 13355 Berlin
Tel.: +49 (0) 30/314-72246; www.siwawi.tu-berlin.de

Technische Universität Berlin, Institut für Technischen Umweltschutz
Straße des 17. Juni 135, 10623 Berlin
Tel.: +49 (0) 30/314-25058; www.wasserreinhaltung.de

Technische Universität Dresden, Institut für Wasserchemie
01062 Dresden
Tel.: +49 (0) 351/46332759; www.tu-dresden.de

Technische Universität Dresden, Institut für Hydrologie und Meteorologie, Lehrstuhl für Hydrologie
Würzburger Straße 46, 01187 Dresden
Tel.: +49 (0) 351/46333931; www.tu-dresden.de/fghhihm/

Technische Universität Hamburg-Harburg, Institut für Abwasserwirtschaft und Gewässerschutz
Eißendorfer Str. 42, 21073 Hamburg
Tel.: +49 (0) 40/42878-3207; awawi@tu-harburg.de

Technische Universität Ilmenau, Fachgebiet Technische Optik
Postfach 100565, 98693 Ilmenau
Tel.: +49 (0) 3677/692490;
www.tu-ilmenau.de/site/optik/index.ph?id=779

Technische Universität Kaiserslautern, Lehrstuhl für Wasserbau und Wasserwirtschaft
Paul-Ehrlich-Straße 14, 67663 Kaiserslautern
Tel.: +49 (0) 631/205-3805; www.uni-kl.de/wcms/fww.html

Technische Universität München, Lehrstuhl für Siedlungswasserwirtschaft
Am Coulombwall, 85749 Garching
Tel.: +49 (0) 89/28913713; www.wga.bv.tum.de

Universität Bielefeld, Fakultät für Gesundheitswissenschaften, AG 7 Umwelt und Gesundheit
Postfach 10 01 31, 33501 Bielefeld
Tel.: +49 (0) 521/106-4365 oder Sekretariat -4366;
www.uni-bielefeld.de/gesundhw/ag7/index.html

Universität Bremen, Institut für Umweltphysik, Abt. Ozeanographie – Helis
Otto-Hahn-Allee, 28359 Bremen
Tel.: +49 (0) 421/218–4317; www.noblegas.uni-bremen.de

Universität Bremen, Fachbereich Produktionstechnik, Technische Thermodynamik
Badgasteiner Straße 1, 28359 Bremen
Tel.: +49 (0) 421/2182229; www.thermo.uni-bremen.de

Universität Duisburg-Essen, Biofilm Centre, Lehrstuhl für Aquatische Mikrobiologie
Geibelstraße 41, 47057 Duisburg
Tel.: +49 (0) 203/379-1937; www.biofilm-centre.de

Universität Freiburg, Meteorologisches Institut
Werderring 10, 79085 Freiburg
Tel.: +49 (0) 761/2033590; www.meteo.uni-freiburg.de

Universität Kassel; Fachbereich 14 Bauingenieurwesen, Fachgebiet Wasserbau und Wasserwirtschaft
Kurt-Wolters-Straße 3, 34109 Kassel
Tel.: +49 (0) 561/8042749;
www.uni-kassel.de/fb14/wasserbau

Universität Leipzig, Lehrstuhl Umwelttechnik/Umweltmanagement
Marschnerstraße 31, 04109 Leipzig
Tel.: +49 (0) 341/97–33870; www.uni-leipzig/~dbusp

Universität Lüneburg, Institut für Umweltstrategien
Herbert-Meyer-Straße 7, 29559 Suderburg
Tel.: +49 (0) 5826/988235; www.uni-lueneburg.de

Universität Lüneburg/Fakultät III (Umwelt und Technik), Institut für Ökologie und Umweltchemie/Bereich Umweltchemie
Scharnhorststraße 1, 21335 Lüneburg
Tel.: +49 (0) 4131/677-2870; www.uni-lueneburg.de

Universität Siegen, Forschungsinstitut Wasser und Umwelt – Gruppe Wasserwirtschaft
Paul-Bonatz-Straße 9–11, 57072 Siegen
Tel.: +49 (0) 271/740–2162;
www.wasserwirtschaft.uni-siegen.de

Wuppertal Institut für Klima, Umwelt, Energie GmbH
Döppersberg 19, 42103 Wuppertal
Tel.: +49 (0) 2492-0; info@wupperinst.org

ZEW – Zentrum für Europäische
Wirtschaftsforschung GmbH
Postfach 103443, 68161 Mannheim
Tel.: +49 (0) 621/1235-01; www.zew.de

Leitmarkt Nachhaltige Mobilität

AKASOL e.V.
Merckstraße 25, 64283 Darmstadt
Tel.: +49 (0) 6151/164147; www.akasol.de

Bundesforschungsanstalt für Landwirtschaft (FAL), Institut für Technologie und Biosystemtechnik; Abt. Biosystemtechnik
Bundesallee 50, 38116 Braunschweig
Tel.: +49 (0) 531/596-4201; www.fal.de

Deutsches Zentrum für Luft- und Raumfahrt (DLR) Programmdirektion Verkehr
Linder Höhe, 51147 Köln
Tel.: +49 (0) 2203/601-3631; www.dlr.de

Forschungsinstitut für Kraftfahrwesen und Fahrzeugmotoren Stuttgart FKFS
Pfaffenwaldring 12, 70569 Stuttgart
Tel.: +49 (0) 711/685-65628; www.fkfs.de

Fraunhofer-Gesellschaft, Fraunhofer-Institut für Umwelt-, Sicherheits- und Energietechnik UMSICHT
Osterfelder Straße 3, 46047 Oberhausen
Tel.: +49 (0) 208/8598-0; www.umsicht.fraunhofer.de

Fraunhofer-Gesellschaft, Fraunhofer-Institut für Integrierte Systeme und Bauelementetechnologie (IISB)
Schottkystraße 10, 91058 Erlangen
Tel.: +49 (0) 9131/761-0; www.iisb.fraunhofer.de

GKSS Forschungszentrum Geesthacht GmbH, Institut fürPolymerforschung/Polymertechnologie 1
Max-Planck-Straße 1, 21502 Geesthacht
Tel.: +49 (0) 4152/872-461; www.gkss.de

GKSS Forschungszentrum Geesthacht GmbH, Institut für Werkstoffforschung/Werkstofftechnologie
Max-Planck-Straße 1, 21502 Geesthacht
Tel.: +49 (0) 4152/872-562; www.gkss.de

GKSS Forschungszentrum Geesthacht GmbH, Institut für Werkstoffforschung/Zentrum für Magnesiumtechnik
Max-Planck-Straße 1, 21502 Geesthacht
Tel.: +49 (0) 4152/872-590; www.gkss.de

Hochschule für Angewandte Wissenschaften Hamburg, Fakultät Technik und Informatik/ Department Maschinenbau und Produktion/ Labor für Kolbenmaschinen
Berliner Tor 21, 20099 Hamburg
Tel.: +49 (0) 40/42875-8636;
www.haw-hamburg.de/pers/Gheorghiu/index.html

Hochschule für Angewandte Wissenschaften Hamburg, Department Verfahrenstechnik
Lohbrügger Kirchstraße 65, 21033 Hamburg
Tel.: +49 (0) 40/42875-6247;
www.haw-hamburg.de/lifesciences.html

Hochschule für Angewandte Wissenschaften Hamburg, Forschungsgruppe Flugzeugentwurf und -systeme
Berliner Tor 5, 20099 Hamburg
Tel.: +49 (0) 40/70971646; http://forschung.ProfScholz.de

Institut für Automation und Kommunikation e.V. Magdeburg, Bereich Verkehrstelematik
Steinfeldstraße 3 (IGZ), 39179 Barleben
Tel.: +49 (0) 39203/810-40; www.ifak.eu

Leibniz Universität Hannover, Institut für Verkehrswirtschaft, Straßenwesen und Städtebau
Appelstraße 9a, 30167 Hannover
Tel.: +49 (0) 511/7622283; www.ivh.uni-hannover.de/peb/

RWTH Aachen, Lehrstuhl für Verbrennungskraftmaschinen Aachen
Schinkelstraße 8, 52062 Aachen
Tel.: +49 (0) 241/8096200; www.vka.rwth-aachen.de

Technische Universität Berlin, Institut für Land- & Seeverkehr/Schienenfahrzeuge
Salzufer 17–19 Sekr. SG 14, 10587 Berlin
Tel.: +49 (0) 30/314-25150;
www.tu-berlin.de/~schienenfahrzeuge

Technische Universität Berlin, Institut für Luft- und Raumfahrt/Fachgebiet Flugführung und Luftverkehr
Marchstraße 12, 10587 Berlin
Tel.: +49 (0) 30/314-22462; www.ilr.tu-berlin.de

Technische Universität Berlin, Integrierte Verkehrsplanung
Salzufer 17–19, 10587 Berlin
Tel.: +49 (0) 30/314-25145;
www.verkehrsplanung.tu-berlin.de

Technische Universität Braunschweig, Institut für Betriebssysteme und Rechnerverbund
Mühlenpfordtstraße 23, 1. OG, 38106 Braunschweig
Tel.: +49 (0) 531/391-3283; www.ibr.cs.tu-bs.de

Technische Universität Braunschweig, Institut für Landmaschinen und Fluidtechnik
Langer Kamp 19a, 38106 Braunschweig
Tel.: +49 (0) 531/391-2670; www.tu-braunschweig.de/ilf

B

C

D

F

G

H

N

Q

R

T

U

V